GUID
DES **LIBELLULES**

de France et d'Europe

2e ÉDITION **MISE À JOUR** ET **AUGMENTÉE**

K.-D.B. **DIJKSTRA**
ASMUS **SCHRÖTER**
ILLUSTRATIONS : R. **LEWINGTON**
TRADUCTION : PHILIPPE **JOURDE**, ODILE **KOENIG**

Édition originale
Titre : *Field Guide to the Dragonflies of Britain and Europe. Second edition.*

Édition française

Dépôt legal : avril 2021
Réimpression : juillet 2026
ISBN : 978-2-603-02806-3
Impression : DZS, Slovénie
Traduction et adaptation : Philippe Jourde, Odile Koenig
Mise en pages : Nord Compo, Villeneuve-d'Ascq
Couverture : Léa Larrieu

Sommaire

Remerciements

Remerciements de l'auteur et de l'illustrateur pour la première édition

Il est impossible de mentionner tous les collègues qui m'ont apporté leur savoir et leur soutien. Steve Brook et Graham Vick ont été d'un grand secours au stade embryonnaire de ce livre. Henri Dumont, Reinhard Jödicke, Vincent Kalkman, Andreas Martens, Ole Müller, Gert Jan van Pelt, Göran Sahlén, Frank Suhling et Hansruedi Wildermuth ont contribué à l'ouvrage en tant qu'auteurs de monographies d'espèces. Certains d'entre eux ont aussi rédigé des textes régionaux. Se sont joints à eux Andras Ambrús, Matjaž Bedjanič, Rafał Bernard, Tomo Bogdanović, Jean-Pierre Boudot, Paweł Buczyński, Steve Cham, Adolfo Cordero Rivera, Sónia Ferreira, Matti Hämäläinen, Otakar Holuša, Gilles Jacquemin, Philippe Jourde, Geert De Knijf, Milen Marinov, Rüdiger Mauersberger, Brian Nelson, Maurizio Pavesi, Rainer Raab, Boudjéma Samraoui et Florian Weihrauch. Plusieurs ont aussi apporté leur concours à la réalisation des cartes, notamment Adolfo, Jean-Pierre, Otakar, Paweł, Rafał, Rainer et Sónia avec le soutien d'Elena Dyatlova, Miloš Jović et Cosmin Manci. D'autres ont fourni des spécimens ou des images utiles à l'illustration de l'ouvrage dont Gilles, Graham et Reinhard, mais aussi Graham Giles, Bob Kemp, Günther Peters et Wolfgang Schneider. Adrian Paar s'est beaucoup impliqué dans le débat relatif aux noms vernaculaires anglais. L'accès aux ressources du Muséum national d'histoire naturelle de Leiden et le soutien de Jan van Tol ont été déterminants. Enfin, nous devons remercier chaleureusement nos éditeurs, Andrew et Anne Branson, pour leur enthousiasme et leur implication. Nous sommes redevables envers tous et tout particulièrement envers Vincent, pierre de touche et contributeur forcené tout au long du projet.

Avec une équipe aussi importante et expérimentée, il n'a pas toujours été facile de s'accorder sur la forme que devait prendre ce guide d'une « nouvelle génération ». Nous espérons que cet ouvrage apportera une pierre à l'édifice et contribuera à de nombreux et passionnants projets odonatologiques.

K.-D. B. Dijkstra et Richard Lewington

Remerciements pour la seconde édition

En plus des personnes citées ci-dessus, nous remercions les personnes suivantes pour l'aide qu'elles nous ont apportée durant les différentes étapes de la révision : Vasil Ananian, Jörg Arlt, Phil Benstead, Natia Berdzenishvili, Magnus Billqvist, Angelika Borkenstein, Christophe Brochard, Andrea Corso, Cecilia Díaz Martínez, André Günther, Fons Peels, Jorge Pérez, Oz Rittner, Malte Seehausen, David Sparrow, Warwick Tarboton et Santiago Teruel (de Parotets, Sociedad Odonatológica de la Comunitat Valenciana).

K.-D. B. Dijkstra et Asmus Schröter

Les auteurs suivants ont contribué à la rédaction des monographies génériques et spécifiques :

H. J. Dumont (*Calopteryx*), R. Jödicke (*Sympecma, Ischnura, Enallagma*), V. J. Kalkman (*Epallage, Pyrrhosoma, Ceriagrion, Anax, Onychogomphus, Paragomphus, Lindenia, Orthetrum, Brachythemis, Selysiothemis*), A. Martens (*Platycnemis*), G. J. van Pelt (*Cordulegaster*), G. Sahlén (*Leucorrhinia*), F. Suhling et O. Müller (*Gomphus* et *Stylurus, Ophiogomphus*) et H. Wildermuth (*Cordulia, Somatochlora, Epitheca, Oxygastra, Macromia*). Toutes les autres sont de K.-D. B. Dijkstra et d'Asmus Schröter.

Remerciements du traducteur/adaptateur pour la première édition

Nous tenons à remercier les personnes nous ayant apporté conseil et soutien durant l'adaptation de cet ouvrage : Jean-Pierre Boudot, Cyrille Déliry, Jean-Louis Dommanget, Christian Goyaud, Daniel Grand, Robert Hussey et Josephine Wilson.

Philippe Jourde

Avant-propos

▲ *Erythromma najas*, accouplement.

J'ai eu mon premier guide de détermination, sur les oiseaux d'Europe, à 9 ans. Mais comme nous vivions en Égypte, j'ai décidé de créer mon propre guide le jour de mes 10 ans. Et à 12 ans, j'ai commencé à décrire et nommer les libellules. Plus tard, j'ai appris que ma « libellule rouge sang » et ma « libellule vert pré » étaient le mâle et la femelle d'une seule espèce, *Crocothemis erythraea*. Huit ans après avoir baptisé la « libellule poilue », mes amis et moi avons trouvé le premier Anax porte-selle aux Pays-Bas. C'est là qu'est réellement née ma passion pour les Odonates. Et à la sortie de la première édition de ce livre en 2006, j'ai eu le sentiment d'accomplir mon destin.

Quatorze ans plus tard, cet ouvrage (maintenant disponible en cinq langues) reste ma plus grande fierté. Il a attiré de très nombreux utilisateurs pendant ses dix premières années d'existence. Pendant ce temps, des libellules ont gagné du terrain à la faveur d'étés plus chauds ou se sont accrues du fait du rétablissement de leurs habitats, tandis que d'autres ont décliné. Des sociétés locales ont connu un fort développement et publié des atlas. Toutes les espèces d'Europe étaient cartographiées en 2015. Six nouvelles espèces ont été découvertes dans la zone couverte par le guide, dont deux pour la science. Dorénavant, la plupart des autres continents disposent aussi de guides, ce qui permet aux plateformes en ligne d'accumuler des dizaines de milliers d'enregistrements par an. Dans un futur proche, les quelque 6 300 espèces connues seront toutes évaluées pour la Liste rouge de l'UICN, faisant des Odonates le premier ordre d'insectes à voir son inventaire achevé au niveau mondial.

Peu de créatures évoquent l'eau douce – probablement la ressource la plus précieuse pour la vie – de manière aussi vivante que les libellules. J'envie souvent l'attention portée aux insectes pollinisateurs ou aux poissons dans la préservation des eaux douces. Les gens se posent souvent des questions sur l'utilité des libellules et pourtant, ce n'est pas là leur principal intérêt. Nous les admirons pour leur beauté. Et nous les protégeons pour préserver leur santé et celle de leur environnement – donc du nôtre. Seule une attitude sans condition envers la nature dans son ensemble peut nous guérir de nos tendances destructrices.

Les guides de détermination nous montrent que les espèces ont des identités, au même titre que les gens. Chacune a une apparence, un nom et une histoire. Les guides nous permettent de découvrir l'extraordinaire variété des formes de vie, nous amenant à aimer les milieux qu'elles habitent. Grâce à la détermination, les espèces « renaissent », cette fois à nos yeux. Nous prenons conscience d'un univers infini de mondes parallèles, chacun occupé par des espèces différentes, toutes aussi importantes que l'humanité.

Pour moi, les guides de détermination concernent toutes les destinées. La biodiversité nous permet de mieux comprendre la réalité des inégalités sur Terre. Le pouvoir de gérer l'espace habitable donne-t-il le droit de se l'approprier ? Notre défi n'est pas d'apporter une réponse mais d'en faire une question rhétorique. Peut-être qu'un jour verra la naissance d'un mouvement international, sorte de « guide de détermination universel » qui fera passer le message, une espèce – et un observateur – à la fois.

Klaas-Douwe « K.-D. » B. Dijkstra

La collecte de libellules peut, par ailleurs, servir aux analyses génétiques. Des questions complexes sur l'ancienneté, l'origine, les relations interspécifiques, subspécifiques et interpopulationnelles d'une espèce ne peuvent trouver réponse que par l'étude de nombreux échantillons, répartis sur une aire géographique significative. Bien que l'ADN puisse être extrait d'excicat, sa structure semble se détériorer rapidement avec le temps. La préservation dans l'alcool (70 % ou plus) est plus fiable. Dans la plupart des cas, une seule patte peut fournir assez de matière pour les analyses moléculaires. L'extraction de l'ADN des exuvies semble idéale car elle n'implique pas d'abîmer ou de tuer un individu mais elle ne fonctionne probablement qu'avec des échantillons très frais et préservés de façon adéquate.

Contacts et littérature

De nombreux pays ou régions couverts par ce guide ont des sociétés d'étude des libellules, des revues, des programmes d'atlas cartographique ou des guides de terrain consacrés aux Odonates. Les références bibliographiques ci-dessous ne sont qu'une sélection de quelques ouvrages fondamentaux.

Boudot J.-P., Kalkman V. J. (2015) – *Atlas of the European Dragonflies and Damselflies*. KNNV Publishing, Zeist, 381 p. (en anglais). Ouvrage de référence complet sur la taxonomie, l'écologie, la préservation et la distribution régionale et mondiale des espèces britanniques et européennes.

Boudot J.-P., Kalkman V. J., Azpilicueta Amorín M., Bogdanović T., Cordero Rivera A., Degabriele G., Dommanget J.-L., Ferreira S., Garrigós B., Jović M., Kotarac M., Lopau W., Marinov M., Mihoković N., Riservato E., Samraoui B., Schneider W. (2009) – *Atlas of the Odonata of the Mediterranean and North Africa*. Libellula Supplement 9, p. 1-256 (en anglais). Complément de l'atlas européen, traitant également des espèces de Turquie et d'Afrique du Nord couvertes par ce guide.

Brochard C., Groenendijk D., van der Ploeg E., Termaat T. (2012) – *Fotogids Larvenhuidjes van Libellen*. KNNV Publishing, Zeist, 320 p. (en néerlandais). Guide superbement illustré des exuvies du nord-ouest de l'Europe.

Brochard C., van der Ploeg E. (2014) – *Fotogids Larven van Libellen*. KNNV Publishing, Zeist, 272 p. (en néerlandais). Guide superbement illustré des larves du nord-ouest de l'Europe.

Cham S. (2012) – *Field Guide to the Larvae and Exuviae of British Dragonflies*. British Dragonfly Society, Peterborough, 152 p. (en anglais). Excellente alternative aux guides Brochard *et al.* (2012) et Brochard et van der Ploeg (2014), pour les espèces britanniques seulement.

Corbet P. S., (1999) – *Dragonflies. Behaviours and Ecology of Odonata*. Harley Books, Colchester, 829 p. (en anglais). Rédigé par une des plus importantes autorités mondiales en matière d'odonatologie, ce traité aborde de façon détaillée tous les aspects de la biologie des Odonates.

Paulson D. (2019) – *Dragonflies & Damselflies. A Natural History*. Ivy Press, Brighton, 224 p. (en anglais). Introduction grand public richement illustrée aux espèces du monde entier.

Suhling F., Sahlen G., Gorb S., Kalkman V. J., Dijkstra K.-D. B., van Tol J. (2015) – « Order Odonata ». *In* Thorp J. et Rodgers D. C. (éd.). *Écologie et biologie générale. Thorp and Covich's Freshwater Invertebrates. 4e édition*. Academic Press, p. 893-932 (en anglais). Introduction générale mais détaillée à la diversité, la morphologie et les mœurs de l'ordre.

Wildermuth H., Martens A. (2018) – *Die Libellen Europas*. Quelle & Meyer, Wiebelsheim, 957 p. (en allemand). L'ouvrage photographique et écologique le plus détaillé sur les espèces trouvées en Europe, des Açores à l'Oural.

Comportement des libellules

Ce guide, axé vers l'identification, ne constitue qu'une introduction à l'écologie et la biologie des libellules. Dans les monographies, seuls les traits comportementaux diagnostiques susceptibles d'aider à l'identification sont détaillés. Nous renvoyons aux divers travaux traitant de la biologie des Odonates, notamment au monumental traité de Corbet (1999), ainsi qu'aux sites internet. Trois traits comportementaux fondamentaux expliquent la plupart des comportements des libellules.

▲ *Sympetrum danae*, cœur copulatoire. Les Odonates ont un mode de copulation unique impliquant chez les mâles des pièces copulatrices spéciales.

1. Les libellules sont amphibiotiques. Les larves se développent dans l'eau alors que les adultes ont une vie aérienne. La larve subit plusieurs mues durant sa croissance. Une fois sa taille maximale atteinte, elle quitte l'eau, entreprend sa dernière mue puis étire ses ailes et son abdomen. Lorsque son corps et ses ailes ont suffisamment durci, elle prend son essor. Cette transformation est appelée « émergence ». On qualifie l'insecte volant d'« imago ». La découverte de dépouilles larvaires, ou exuvies, le long des berges atteste de la reproduction locale des espèces.

2. Les libellules sont carnivores. Toutes les espèces chassent, tant à l'état larvaire qu'imaginal. La majorité des proies sont des arthropodes, notamment des insectes. Une larve de grande taille peut toutefois consommer des têtards ou des alevins.

3. Les libellules ont un mode de reproduction unique avec une insémination indirecte et une fertilisation retardée. Le sperme est transféré par le mâle des organes génitaux situés au bout de l'abdomen vers les pièces copulatrices situées à sa base. Les œufs sont fertilisés lors de la ponte.

Ces faits ont de nombreuses conséquences sur le comportement des libellules et expliquent par exemple la territorialité des mâles (qui se cantonnent sur de bons sites de développement larvaire, susceptibles d'attirer des femelles prêtes à pondre), les rassemblements de chasse (notamment lors des émergences de fourmis volantes), le cœur copulatoire (qui se produit lors de l'accouplement) et le gardiennage de la femelle en ponte par son partenaire (qui la défend contre des concurrents susceptibles de remplacer son sperme par le leur).

Statut et répartition des libellules

Ce guide concerne toutes les espèces d'Odonates (demoiselles et libellules vraies) présentes à l'état sauvage en Europe (ouest de Moscou), en Turquie (à l'ouest d'une ligne Samsun-Iskenderun), en Afrique du Nord-Ouest (jusqu'à la limite septentrionale du Sahara), et aux Açores, aux Canaries, à Chypre et à Madère. Les espèces introduites accidentellement mais non implantées en milieu naturel ne sont pas prises en compte.

Étant donné la surface couverte par ce livre, il est impossible de détailler les variations régionales de répartition, d'habitat ou de période de vol. À titre d'exemple, *Aeshna juncea* fréquente une grande variété de zones humides stagnantes à des altitudes ou des latitudes élevées mais est essentiellement inféodée aux eaux acides en plaine.

La température et la disponibilité alimentaire sont influencées par la localisation géographique et l'habitat et jouent sur la vitesse de développement larvaire et donc sur la période d'émergence. Cette complexité ne peut être restituée dans de courtes monographies. Nous avons donc tenté de décrire les caractéristiques générales en ne signalant que les variations régionales les plus marquées. La tâche est d'autant plus difficile que nous manquons d'informations sur de nombreuses régions et que les modifications d'aire sont parfois rapides. Bien que nous ayons tenté de fournir l'information la plus à jour possible, des zones d'ombre demeurent. Nous incitons le lecteur à contribuer à l'amélioration des connaissances en transmettant ses observations.

Statut de conservation

Le degré d'abondance d'une espèce dans une région peut varier à court et long terme. De nombreuses libellules ont souffert de la destruction ou de la dégradation de leur habitat. Un cinquième des espèces de ce guide figure dans la Liste rouge internationale ou dans la Directive habitats-faune-flore. Un nombre équivalent est endémique d'Europe ou du Maghreb (*cf.* tableau ci-contre). Cela signifie que la conservation de près d'un tiers de nos espèces nécessite une attention toute particulière. De nombreuses espèces supplémentaires sont d'ailleurs inscrites dans les listes rouges nationales ou régionales.

Inversement, d'autres espèces ont récemment étendu leur aire de répartition. Il s'agit pour l'essentiel d'espèces méridionales, bénéficiant de la hausse récente des températures estivales, telles qu'*Erythromma viridulum*, *Anax imperator* et *Crocothemis erythraea*. Leur expansion est souvent explosive. Ainsi, si les conditions sont favorables, de nombreux individus d'*Aeshna affinis* ou de *Sympetrum fonscolombii* peuvent apparaître et se reproduire dans des régions où ils étaient jusqu'alors rares ou inconnus. Certaines espèces orientales sont aussi réputées pour leur caractère invasionnel (*Sympetrum flaveolum*) ou expansif (*Sympetrum pedemontanum*). D'autres espèces bénéficient de la création de zones humides artificielles, telles que mares d'agrément ou gravières. C'est par exemple le cas de *Chalcolestes viridis* ou d'*Orthetrum cancellatum*.

Répartition géographique

La répartition des libellules de notre région découle des glaciations et des capacités d'adaptation de cet ordre d'insectes. Beaucoup d'espèces ont probablement disparu lors des épisodes glaciaires d'Eurasie occidentale. Notre odonatofaune est donc plus pauvre que celle d'autres régions tempérées, comme le Japon ou l'Amérique du Nord. Dans la plupart des pays, le peuplement est relativement jeune, les dernières glaciations n'ayant pris fin qu'il y a dix mille ans. Les composantes les plus évidentes de notre odonatofaune sont les suivantes :

1. Les espèces méridionales. L'Europe ne fut jamais totalement recouverte par les glaces mais de vastes zones furent défavorables à de nombreuses espèces et le sont restées longtemps après la fin des glaciations. Les libellules n'ont survécu que dans des secteurs où le climat est demeuré chaud, vraisemblablement à l'est et à l'ouest de la Méditerranée. Les espèces ayant actuellement une répartition sud-occidentale comme *Boyeria irene*, *Macromia splendens* et *Oxygastra curtisii* ont probablement survécu à l'ouest. À l'inverse, *Epallage fatime* et *Caliaeschna microstigma*, présentes en Europe dans les Balkans, ont dû se maintenir dans la partie orientale. Les autres espèces ont si fortement étendu leur aire depuis qu'il est difficile aujourd'hui de déterminer leur origine.

2. Les espèces septentrionales, plus tolérantes envers le froid, ont connu une forte expansion quand taïga et toundra dominaient les paysages européens. Lors du réchauffement climatique, elles se sont réfugiées sous de hautes altitudes et latitudes. *Aeshna caerulea* et *Somatochlora alpestris* sont deux des espèces qualifiées de « boréo-alpines ».

3. Les espèces orientales habitent des zones de températures intermédiaires. Elles se sont répandues à partir de l'est et sont associées aux boisements et tourbières tempérées. *Aeshna grandis* et les *Leucorrhinia* sont des exemples de libellules communes en Europe du Nord-Est

Espèce	End.	LR	Eur.	Méd.	DH
Lestes macrostigma			VU	QM	
L. numidicus	AF	DI		DI	
Sympecma paedisca				ED	IV
Calopteryx exul	AF	ED		ED	
C. haemorrhoidalis	E+AF				
C. xanthostoma	E				
Platycnemis acutipennis	E				
P. latipes	E				
P. subdilatata	AF				
Ceriagrion georgifreyi		VU	DC	VU	
C. tenellum	E+AF				
Coenagrion caerulescens	E+AF				
C. hylas			VU		II+IV
C. intermedium	E	VU	VU	VU	
C. mercuriale	E+AF	QM	QM	QM	II+IV
C. ornatum			QM	QM	II
C. syriacum		QM		QM	
Ischnura fountaineae			VU		
I. genei	E				
I. graellsii	E+AF				
I. hastata			VU		
I. intermedia		QM	QM	QM	
Nehalennia speciosa		QM	QM	DC	
Pyrrhosoma elisabethae	E	DC	DC	DC	
Aeshna viridis			QM		IV
Anax immaculifrons			VU		
Boyeria cretensis	E	ED	ED	ED	
B. irene	E+AF				
Gomphus graslinii	E	QM	QM	ED	II+IV
G. lucasii	AF	VU		VU	
G. pulchellus	E				
G. simillimus	E+AF			QM	
Lindenia tetraphylla			VU	QM	II+IV
Onychogomphus assimilis		VU		ED	
O. boudoti	AF	DC		DC	
O. costae	E+AF	QM	ED	QM	
O. flexuosus		VU		VU	
O. macrodon		VU		VU	
O. uncatus	E+AF				
Ophiogomphus cecilia					II+IV
Stylurus flavipes				QM	IV
Cordulegaster bidentata	E			QM	
C. boltonii	E+AF				
C. helladica	E	ED	ED	ED	
C. heros	E	QM	QM	VU	II+IV
C. insignis			ED	QM	
C. picta			VU	VU	
C. princeps	AF				
C. trinacriae	E	QM	QM	QM	II+IV
Oxygastra curtisii	E+AF	QM	QM	QM	II+IV
Macromia splendens	E	VU	VU	VU	II+IV
Somatochlora borisi	E	VU	VU	VU	
Brachythemis fuscopalliata		VU		VU	
Leucorrhinia albifrons				ED	IV
L. caudalis				QM	IV
L. pectoralis					II+IV
Libellula pontica		QM		QM	
Orthetrum nitidinerve	E+AF		VU		
Sympetrum depressiusculum			VU	VU	
S. (striolatum) nigrifemur	AF				
Zygonyx torridus			VU	QM	

Statut de conservation international des espèces

Espèces endémiques (**End.**) : d'Europe (**E**), d'Afrique du Nord-Ouest (**AF**) ou combinaison des deux. Liste rouge de l'UICN (2019) : en Danger critique (**DC**), En danger (**ED**), Quasi menacé (**QM**) ou Données insuffisantes (**DI**), au niveau mondial (**LR**) et/ou au niveau européen (**Eur.**). Il est également mentionné les espèces figurant dans la Directive habitats (**DH**) à l'annexe **II** (espèces dont la conservation nécessite la désignation de zones spéciales de conservation) et/ou l'annexe **IV** (espèces qui nécessitent une protection stricte), ainsi que le statut Liste rouge dans le bassin méditerranéen (**Méd.**) pour les espèces présentées.

et en Sibérie mais rares à l'ouest et souvent localisées en zones d'altitude. La fragmentation de la marge occidentale de leur aire s'explique par une colonisation partielle de cet espace et de nombreuses extinctions locales ultérieures.

Bien que tous les types de répartitions ne correspondent pas parfaitement aux trois scénarios exposés ci-dessus (des espèces ont survécu en plusieurs points), ils décrivent globalement les différences d'aire que nous observons aujourd'hui. La répartition des trois espèces d'*Erythromma* suggère, par exemple, que chacune s'est développée à partir d'un ancêtre commun, dont la population a été isolée en trois secteurs géographiques : au sud-ouest *E. lindenii*, au sud-est *E. viridulum* et à l'est *E. najas*. De nos jours, la répartition de ces espèces se recouvre partiellement, mais les insectes ne peuvent plus s'hybrider. Ce même scénario peut aussi s'appliquer aux *Platycnemis*. Certaines populations isolées ont dérivé génétiquement mais peuvent encore s'hybrider entre elles dans les zones de chevauchement d'aire. Ce phénomène peut expliquer la complexité de la taxonomie sous-spécifique de *Calopteryx splendens*.

Cartes

Les cartes ont été établies d'après l'*Atlas of the European Dragonflies and Damselflies* (2015 ; *cf.* bibliographie, p. 8), un ouvrage en anglais auquel nous nous sommes aussi référés pour les détails concernant la distribution et la présence locale des espèces. Dans la plupart des pays, des programmes cartographiques sont en cours et de nombreux atlas de répartition ont déjà été publiés. On parle même d'un projet de cartographie européen. Néanmoins, de grandes lacunes demeurent (Roumanie, Russie, Algérie, Scandinavie, Espagne, Biélorussie, Ukraine notamment par exemple). Seul le triangle reliant l'Irlande, l'Allemagne et l'Italie est réellement bien connu ; mais même là, l'évolution des espèces doit être étudiée. Les cartes proposées dans le livre ne constituent qu'une estimation de la répartition des espèces. Dans certaines régions peu étudiées, la cartographie des espèces ne s'appuie parfois que sur l'avis d'experts. De passionnantes découvertes sont donc possibles partout.

Pour savoir où communiquer vos observations : www.naturalis.nl/europeandragonflies

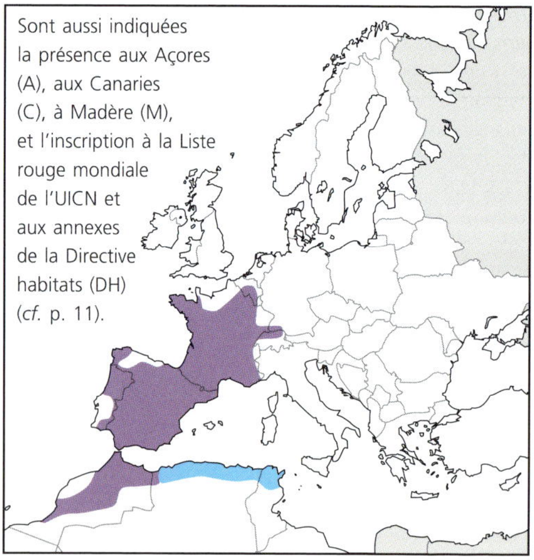

Sont aussi indiquées la présence aux Açores (A), aux Canaries (C), à Madère (M), et l'inscription à la Liste rouge mondiale de l'UICN et aux annexes de la Directive habitats (DH) (*cf.* p. 11).

Violet : aire principale de répartition ; les points indiquent des populations ou des données isolées.
Bleu : aire de répartition d'une espèce étroitement apparentée ayant une distribution distincte, par exemple *Gomphus lucasii* sur la carte de *G. simillimus*.

Habitats

Étant donné la taille de la région couverte par ce guide et l'étendue de la répartition de nombreuses libellules, il est difficile de fournir une description exhaustive des habitats fréquentés par chaque espèce. Beaucoup ont des exigences écologiques fines en marge de leur répartition mais sont plus tolérants au sein de leur aire. La présence d'habitats de développement larvaire est primordiale, mais les espèces dépendent aussi de milieux environnants. Une mare favorable peut ne pas être colonisée si les milieux servant d'abris aux adultes n'existent pas à proximité. Les éléments fondamentaux déterminant la présence des libellules sont par ordre d'importance les suivants :

▲ *Chalcolestes viridis* femelle en ponte sur un rameau de saule. Identifier les exigences écologiques des larves et des imagos est indispensable à la compréhension des besoins d'une espèce en matière d'habitat.

1. Le courant. La majorité des espèces sont inféodées soit aux eaux courantes (ruisseaux, rivières), soit aux eaux stagnantes (mares, étangs, lacs). Cette stricte dichotomie se fait souvent à l'échelle de la famille. Ainsi, les Platycnemididae et les Gomphidae fréquentent presque tous des eaux courantes alors que les Coenagrionidae et les Libellulidae préfèrent les eaux stagnantes. Les différences de peuplement sont induites par le taux d'oxygène dissous et le type de substrat. Certaines espèces des eaux courantes trouvent des habitats favorables le long des berges des lacs balayées par les vagues.

2. La permanence de l'eau : eau temporaire ou permanente. Beaucoup d'espèces ne peuvent survivre à l'assèchement de leur habitat ou aux variations de température induites par la modification du niveau d'eau. D'autres, dont les œufs ou les larves résistent à la dessiccation, profitent, dans les points d'eau temporaires, de l'absence de prédateurs et de l'échauffement accru de la nappe qui permet un rapide développement larvaire (par exemple chez les *Chalcolestes*, *Lestes*, *Sympetrum*).

▶ Étendue d'Aloès d'eau (*Stratiotes aloides*) dans un canal d'East Anglia, Grande-Bretagne. Localement, cette plante constitue le principal support de ponte d'*Aeshna isoceles*. Sur le continent, c'est l'habitat exclusif d'*A. viridis*.

3. La végétation. La présence et la structure de la végétation submergée, flottante, émergente et rivulaire conditionnent l'existence de microhabitats indispensables à la ponte et à la survie des larves. Seules quelques libellules sont inféodées à la présence de plantes particulières : *Aeshna viridis* apprécie les marais à Aloès d'eau (*Stratiotes aloides*), tandis que *Nehalennia speciosa* préfère les cariçaies à *Carex lasiocarpa* et *C. limosa* par exemple.
4. La chimie de l'eau. Le niveau trophique et le pH conditionnent le type de substrat, la végétation et la turbidité. Les conditions environnementales extrêmes (fortes acidités ou eutrophie) permettent le développement massif d'un nombre limité d'espèces. Au contraire, des conditions plus moyennes (mésotrophie) favorisent l'existence de cortèges variés d'espèces spécialisées, souvent très vulnérables aux moindres changements environnementaux.

Bien évidemment, ces quatre facteurs sont intimement liés. Les libellules ont développé des adaptations particulières à chacun de ces paramètres en fonction de leur cycle de développement. D'autres facteurs, tels que le parasitisme, la prédation et la compétition entre espèces, conditionnent aussi les possibilités de survie des libellules dans les divers habitats.

Période de vol

La période de vol des imagos est principalement déterminée par la durée du développement larvaire. Les adultes ne peuvent émerger qu'une fois leur développement totalement achevé. La croissance des larves varie en fonction de la température de l'eau et de la disponibilité alimentaire, paramètres qui dépendent du type d'habitat. La période de vol varie donc d'une région à l'autre mais aussi d'une année à l'autre. Les monographies donnent des indications générales sur les périodes de vol ; il sera toutefois possible d'observer des imagos avant ou après les dates avancées.

Dans les régions tempérées, la saison chaude est généralement trop courte pour permettre l'émergence de plusieurs générations annuelles. La phénologie de vol varie sensiblement entre les espèces qui atteignent leur développement larvaire maximal avant ou après l'hiver. Avec le réchauffement printanier de l'eau, les premières peuvent émerger en masse dès que les conditions sont favorables. La période à laquelle la plupart des imagos apparaissent est généralement courte et précoce. Ces espèces sont qualifiées de « vernales ». Les libellules dont les larves sont encore petites à la fin de l'hiver ne peuvent pas se métamorphoser au printemps. L'émergence de ces espèces, dites « estivales », est étalée dans le temps et généralement tardive.

Bien que la majorité des libellules ne présentent qu'un pic de présence annuel, certaines en connaissent deux. *Anax imperator* peut terminer son développement larvaire en un an, et se comporter en espèce estivale, ou en deux ans, et adopter un mode d'émergence vernal. Parfois, les deux types de comportement s'observent dans la même localité. Les espèces du genre *Sympecma* présentent l'originalité d'hiverner à l'état imaginal. Les adultes meurent après la ponte, au printemps, et la génération suivante émerge en fin d'été ou en automne. Dans les régions arides, les sites de reproduction peuvent s'assécher en été. Les imagos n'y sont observés qu'au printemps, lors de l'émergence. Ils estivent ensuite à distance et ne reviennent sur les sites de ponte qu'à l'automne, quand la pluie réalimente les zones humides. Si l'hibernation permet de survivre à l'hiver, l'estivation, ou plus exactement la siccation, permet, par une période d'inactivité, de résister à la période sèche. Les températures élevées bénéficient aux espèces à cycle de développement court, qui peuvent effectuer plusieurs générations par an. *Sympetrum fonscolombii* fait preuve d'une telle stratégie. Les afflux de cette libellule migratrice en Europe centrale peuvent être suffisamment précoces au printemps pour permettre le développement d'une génération locale avant la fin de l'été. La succession perpétuelle de générations ne s'observe que chez quelques espèces des zones chaudes (marges du Sahara par exemple).

Dénomination des libellules

Certains préfèrent la familiarité des noms vernaculaires, d'autres la solidité de la nomenclature scientifique. Ce guide propose les deux.

Noms scientifiques

Bien que la taxonomie des Odonates d'Europe soit globalement bien établie, certains problèmes subsistent et on observe souvent des incohérences dans l'utilisation des noms scientifiques. La consultation de la littérature récente et de l'Internet fait apparaître des divergences importantes. Ainsi, il est encore fréquent de voir *Aeshna isoceles* affiliée au genre *Anaciaeschna*, *Chalcolestes viridis* à *Lestes* et *Stylurus flavipes* à *Gomphus*, ou des noms d'espèces mal orthographiés pour *A. isoceles*, *Cordulegaster bidentata* et *Sympetrum fonscolombii*. Ces variations orthographiques prouvent le manque de consensus que rencontrent les différentes propositions de changement de nom. Les choix d'affiliation d'une espèce à un genre et la question de savoir si certaines sous-espèces sont mieux traitées en tant qu'espèces sont résumés en Annexe 1. Une liste récapitulative figure en outre dans l'Annexe 3.

Noms vernaculaires

Les noms vernaculaires sont essentiels pour mieux faire connaître les libellules. Ils doivent être aussi compréhensibles, utilisables et cohérents que possible. Pour l'adaptation de cet ouvrage en français, des noms ont été attribués à chacune des espèces décrites. Les dénominations classiques existantes ont été reprises quand elles ne posaient pas problème. Pour les espèces désignées par plusieurs appellations, des choix ont été effectués. Pour les autres, de nouveaux noms sont proposés (*cf.* Annexe 2).

Identification des libellules

Dans ce guide, le processus d'identification s'appuie sur l'illustration. Les descriptions et les tableaux diagnostiques ont été limités au maximum et se focalisent sur la diagnose des espèces et les points essentiels décrivant l'habitat, le statut et la répartition. Le lecteur doit être conscient de la variabilité des espèces, particulièrement en ce qui concerne la taille, la couleur ou les marques. Cette variabilité ne peut être totalement restituée par l'illustration ou le texte. Néanmoins, une fois que l'observateur connaît les différences entre mâles et femelles ou jeunes et vieux individus, l'identification des libellules ne pose pas de difficulté (*cf.* Mesures, Critères à observer et Variations).

Un guide abondamment illustré peut être utilisé différemment d'un manuel d'identification basé sur des clés dichotomiques. L'observateur peut directement comparer ce qu'il observe sur le terrain avec les planches du livre, avant de consulter le texte. Les tableaux des genres et des espèces ont été conçus comme des aide-mémoire synthétisant les principaux critères et rassemblant les espèces proches. Ils sont aussi un outil simplifié pour trouver le meilleur cheminement qui conduit à l'identification au sein de groupes complexes. Les tableaux ne doivent pas être perçus comme une présentation rigide de critères parfaitement fiables. Une telle perfection est utopique du fait de la variabilité et de la complexité des critères d'identification des libellules. Ces critères étant présentés sous plusieurs formes dans le guide, l'utilisateur peut adopter une approche « intuitive » et parcourir les informations en essayant plusieurs méthodes. Il peut, indifféremment, utiliser directement les illustrations ou se référer préalablement aux tableaux diagnostiques. L'information la plus dense, et donc la plus décisive, se trouve toujours dans le texte et non dans les tableaux ou les légendes des figures.

Anatomie et terminologie

Les libellules, prédateurs aériens qui repèrent essentiellement leurs proies à vue, ont de grands yeux composés, des ailes puissantes mais flexibles, des pattes fortes orientées vers l'avant pour capturer leurs proies. Les mâles sont dotés de pièces copulatrices situées sur la partie inférieure du deuxième segment abdominal et d'appendices anaux en forme de pinces pour maintenir leur partenaire lors de l'accouplement (*cf.* Comportement des libellules). La pointe de l'abdomen de la femelle est équipée d'un ovipositeur pour insérer ses œufs dans les tissus végétaux (Zygoptera et Aeshnidae) ou d'une lame vulvaire à partir de laquelle les œufs sont déposés dans l'eau (toutes les autres espèces).

Anatomie des Odonates

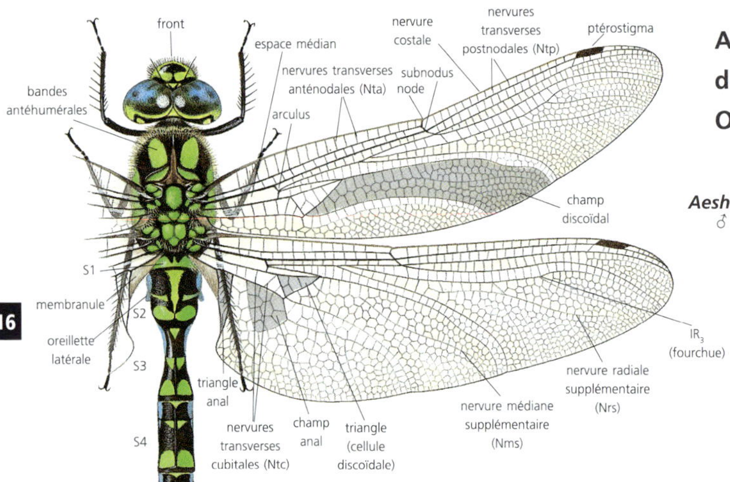

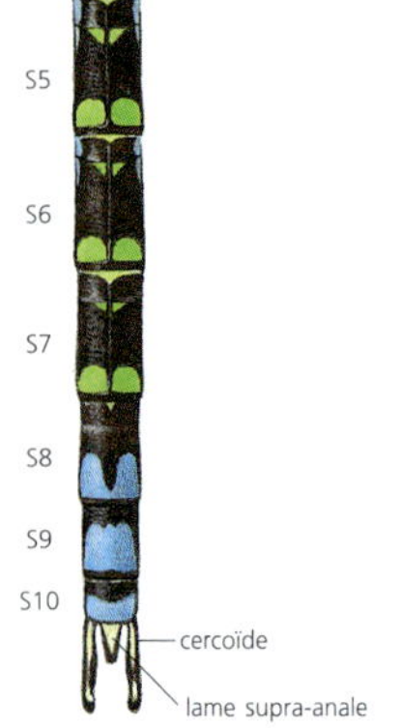

Aeshna cyanea
♂ mature

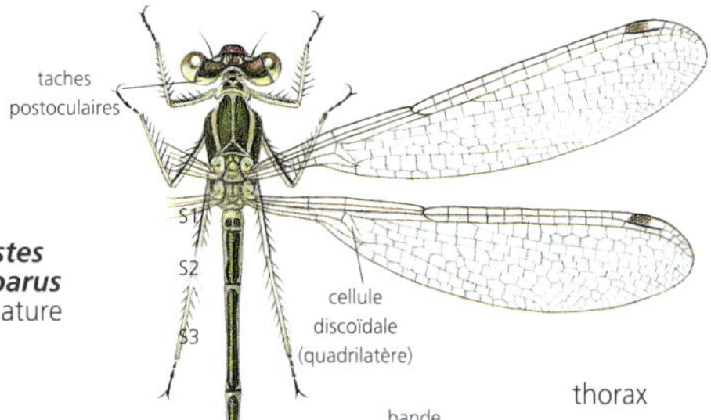

Lestes barbarus
♂ mature

thorax

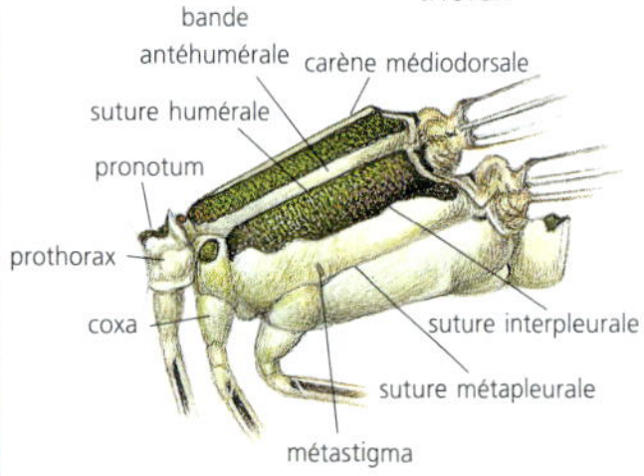

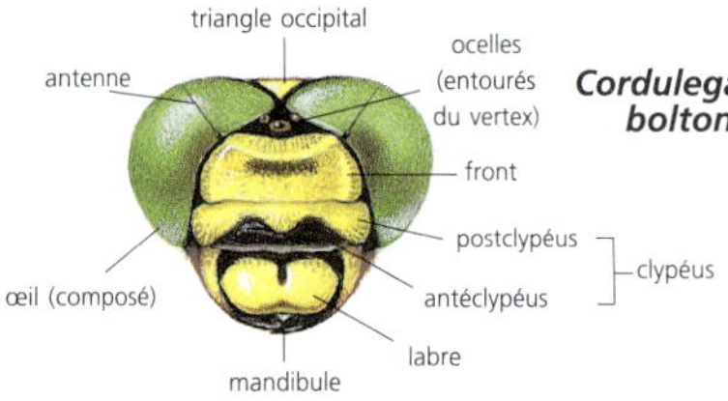

Cordulegaster boltonii

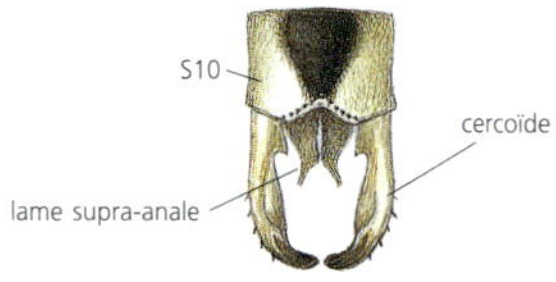

appendices anaux du ♂

extrémité de l'abdomen de la ♀

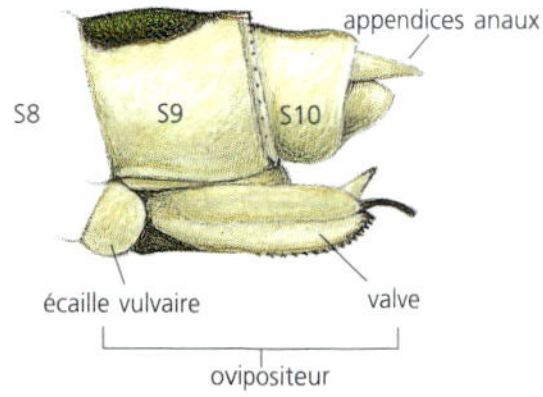

Leucorrhinia dubia
♂ mature

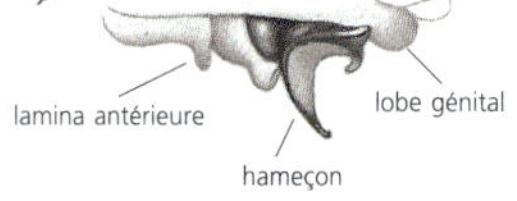

Glossaire

Abréviations utilisées :
Abrév. = Abréviation ; Ant. = Antonyme ; *Cf.* = voir ;
Syn. = Synonyme ; ♂ = mâle ; ♀ = femelle

Aa Aile antérieure.
Abdomen Partie postérieure du corps, composée de dix segments. Abrév. : Ab.
Andromorphe Femelle arborant une coloration de mâle. Syn. : homéomorphe. Ant. : gynomorphe.
Antéclypéus *Cf.* Clypéus.
Anténodales (nervures transverses) Nervures transverses situées dans la partie antérieure des ailes, entre le nodus et la base. Abrév. : Nta.
Antérieur Situé vers l'avant. Ant. : postérieur.
Ap Aile postérieure.
Apex Pointe, extrémité d'un organe. Ant. : base.
Apical Situé à la pointe, à l'extrémité. Ant. : basal.
Appendices anaux Pièces situées à l'extrémité de l'abdomen. Ceux du mâle se composent supérieurement d'une paire de cercoïdes et inférieurement d'une paire de cerques (Zygoptères) ou d'une lame supra-anale (Anisoptères).
La femelle ne possède que des cercoïdes.
Arculus Nervure transverse épaisse, en forme de virgule, située dans la partie centro-basale de l'aile. Abrév. : arc.

Bandes antéhumérales Bandes claires situées sur le thorax, antérieurement à la suture humérale (*cf.* Identifier les Coenagrionidae, p. 24).
Bandes humérales Bandes noires situées sur la suture humérale du thorax (*cf.* Identifier les Coenagrionidae, p. 24).
Bandes interpleurales Bandes noires du thorax situées sous la suture humérale (*cf.* Identifier les Coenagrionidae, p. 24).
Bandes métapleurales Bandes sombres situées sur la suture métapleurale (syn. : métahumérale), la plus ventrale et la plus postérieure du thorax.
Basal Situé à ou près de la base. Ant. : apical.

Carène Saillie longitudinale sur le thorax ou l'abdomen.
Carène dorsale Saillie qui parcourt longitudinalement la partie supérieure de l'abdomen.
Carène latérale Saillie longitudinale courant le long des côtés de l'abdomen, séparant les parties supérieures et inférieures.
Carène médiodorsale Suture en saillie de la partie supérieure du thorax, qui sépare les côtés droit et gauche.
Catadioptre Zone vivement colorée située sous les derniers segments abdominaux des Calopterygidae.
Cellule discoïdale Cellule(s) proche(s) de la base de l'aile, en forme de triangle chez les Anisoptères (syn. : triangle) et de quadrilatère chez les Zygoptères (syn. : quadrilatère) ; *cf.* Identifier les Anisoptera (p. 26), les Corduliidae (p. 30), les Libellulidae (p. 31) et les Zygoptera (p. 22).
Cercoïdes Appendices anaux supérieurs.
Cerques Appendices anaux inférieurs.
Champ anal Champ de cellules situé près de la base des ailes postérieures des Anisoptères ; sa forme est définie par une nervure qui part près de l'angle postérieur de la cellule discoïdale et se termine près de la base de l'aile (*cf.* Identifier les Corduliidae Macromiidae et Oxygastra, p. 30).
Champ discoïdal Groupe de cellules qui s'étend distalement de la cellule discoïdale vers la bordure postérieure de l'aile (*cf.* Identifier les Libellulidae, p. 31).
Clypéus Partie médiane de la face, située entre le front et le labre, constituée de l'antéclypéus (partie antérieure et inférieure) et du postclypéus (supérieure et postérieure).
Converger Qui se rejoint. Ant. : diverger.
Costale Nervure épaisse, située sur le bord d'attaque de l'aile (bord antérieur) reliant la base à l'apex.
Coxa Segment qui relie la patte au thorax.
Cubitales (nervures transverses) Nervures transverses de l'aile, situées entre le triangle et la base. Abrév. : Ntc (*cf.* Identifier les Corduliidae, p. 30).

Denticulé Qui porte des denticules.
Denticules Petites dents couvrant une partie du corps ou un organe.

Estivation Modification d'activité chez l'imago favorisant sa survie en période estivale (déplacement vers des zones plus fraîches par exemple). Ant. : hibernation. *Cf.* Siccatation.
Exuvie Dépouille larvaire.
Expansion foliacée Élargissement latéral des derniers segments abdominaux.

Fémur Segment long et relativement épais de la patte, situé entre la coxa et le tibia.

Forme Ensemble d'individus qui, au sein d'une population, présentent une particularité, coloration par exemple.
Front Partie de la tête, support des antennes, située entre le vertex et le clypéus.

Genre Dans la classification, ensemble taxonomique qui rassemble des espèces proches. *Lestes sponsa* appartient au genre *Lestes* par exemple.
Griffes Paire d'ongles située à l'extrémité de la patte.
Gynomorphe Femelle à coloration terne, typique de son sexe. Syn. : hétérochrome, hétéromorphe, gynochrome. Ant. : andromorphe.

Hameçon Organe d'accrochage des pièces copulatrices, bien visible chez les Libellulidae.
Homéomorphe *Cf.* Andromorphe.
Hyalin Transparent. Ant. : opaque.

Imago Insecte volant.

Labium Structure recouvrant les mandibules.
Labre Partie inférieure de la face, recouvrant les mandibules, située sous le clypéus.
Lame supra-anale Appendices anaux inférieurs des Anisoptères, parfois divisés en deux lobes.
Lame vulvaire Organe femelle situé sous S8 en forme de lèvre, de bec verseur ou de goulotte par où sortent les œufs. Remplacé par un ovipositeur chez les espèces insérant leurs œufs dans des tissus végétaux.
Lamina antérieure Structure transversale des pièces copulatrices du mâle, située antérieurement à l'hameçon.
Latéral Situé sur les côtés. Ant. : médian.
Lobe pénien Expansion ventrale saillante de S2 située postérieurement à l'hameçon.

Maturation Période postérieure à l'émergence où l'imago n'est pas encore mature sexuellement ; durant la période de maturation, les insectes s'éloignent généralement des sites de reproduction.
Médian Situé au milieu. Ant. : latéral.
Médiane supplémentaire Nervure longitudinale de l'aile des Anisoptères dont l'origine et l'extrémité ne sont pas clairement définies, située centralement, à hauteur du nodus. Abrév. : Mspl (*cf.* Identifier les Aeshnidae, p. 28).
Médiodorsal Situé au milieu de la partie supérieure.
Membranule Membrane subtriangulaire opaque située dans la partie postérieure de la base des ailes des Anisoptères, plus large et plus visible aux ailes postérieures.
Métastigma Orifice respiratoire situé sur le côté du thorax, antérieurement à la suture métapleurale.
Mspl *cf.* Médiane supplémentaire.

Nervation Réseau de nervure des ailes.
Nodus Renforcement du bord antérieur de l'aile, situé environ à mi-distance entre la base et le ptérostigma.
Nta *Cf.* Anténodales (nervures transverses).
Ntc *Cf.* Cubitales (nervures transverses).
Ntp *Cf.* Postnodales (nervures transverses).

Occiput Partie supérieure de la tête située entre ou derrière les yeux, marquée parfois de taches postoculaires.
Ocelle Organe photosensible à l'apparence d'œil. Les Odonates ont trois ocelles sur le vertex entre ou en avant des yeux.
Oreillettes latérales Expansions latérales de S2, présentes chez les mâles de certains Anisoptères.
Ovipositeur Organe femelle situé sous les derniers segments abdominaux des Zygoptères et des Anisoptères, utilisé lors de la ponte pour introduire les œufs dans des tissus végétaux (remplacé chez certaines espèces par une lame vulvaire).

Pièces copulatrices Organes de stockage et de transfert du sperme, situés sous le deuxième segment abdominal des mâles. Le transfert du sperme des organes génitaux vers les organes copulatoires permet au mâle de maintenir la femelle tout en la fécondant.
Postclypéus *Cf.* Clypéus.
Postérieur Situé derrière, vers l'arrière. Ant. : antérieur.
Postnodales (nervures transverses) Nervures transverses situées le long de la bordure antérieure de l'aile entre le nodus et le ptérostigma. Abrév. : Ntp.
Pronotum Plaque qui recouvre le prothorax et dont la forme est diagnostique chez beaucoup de Zygoptères.
Prothorax Partie antérieure du thorax, reliée à la tête et portant les pattes antérieures.
Proximal Qui est le plus près du corps ou d'un point de référence. Ant. : distal.
Pruine Fine pellicule cireuse grise ou bleuâtre qui couvre tout ou partie du corps de certains Odonates matures. Syn. : pruinosité.
Pruineux Couvert de pruine.
Pruinosité *Cf.* Pruine.

Pseudoptérostigma Remplace le ptérostigma chez les femelles de *Calopteryx* ; en diffère par la présence de nervures transverses.
Pt *Cf.* Ptérostigma.
Ptérostigma Zone épaissie, opaque et souvent sombre située sur le bord antérieur de l'aile, près de l'extrémité. Abrév. : Pt.

Quadrilatère *Cf.* cellule discoïdale.

Radiale supplémentaire Nervure longitudinale de l'aile des Anisoptères dont l'origine et l'extrémité ne sont pas clairement définies, située centralement, dans la moitié apicale de l'aile. Abrév. : Nrs (*cf.* Identifier les Aeshnidae, p. 28, et les Libellulidae, p. 31).
Rspl *Cf.* Radiale supplémentaire.

S Abrév. de segment abdominal.
S2-S4 Abrév. de deuxième à quatrième segment abdominal.
Selle Marque colorée située sur S1-S2 de certains Anisoptères.
Siccatation Modification de l'activité de l'imago favorisant sa survie en période sèche (réduction de l'activité sexuelle par exemple).
Sub- Préfixe exprimant la proximité ou la situation en dessous : subbasal signifie près de la base, subnodus signifie sous le nodus.
Subnodus Nervure oblique qui prend son origine au nodus.
Sous-espèce Dans la classification, sous-population d'une espèce ayant développé des caractéristiques propres, sans que ces différences n'affectent les possibilités de reproduction au sein de l'espèce.
Subtriangle Champ alaire, généralement de forme triangulaire, composé d'une ou plusieurs cellules, situé à la base du triangle de l'aile antérieure de certains Anisoptères (*cf.* Identifier les Corduliidae, p. 30, et les Libellulidae, p. 31).
Suture Ligne faisant la jonction de diverses parties du corps.

Tache caudale Zone vivement colorée, située supérieurement près de l'extrémité de l'abdomen.
Taches postoculaires Paire de marques claires située en arrière de la tête (occiput) présente chez beaucoup de Zygoptères (*cf.* Identifier les Coenagrionidae, p. 24).
Tandem Formation d'appariement entre un mâle et une femelle d'Odonates. Les appendices anaux du mâle agrippent la femelle à la tête ou au prothorax.
Tarse Groupe de petits segments situés à l'extrémité de la patte, inférieurement au tibia.
Ténéral Qualifie un imago fraîchement émergé, encore mou et brillant, dépourvu de la coloration typique des individus matures.
Thorax Partie médiane du corps où sont fixées les ailes et les pattes.
Tibia Segment long et relativement fin de la patte, situé entre le fémur et le tarse.
Triangle *Cf.* cellule discoïdale.
Triangle anal Champ triangulaire de deux cellules ou plus, bordant la membranule, à la base des ailes postérieures de nombreux Anisoptères.
Triangle occipital Partie postérieure de l'occiput (arrière de la tête), située en retrait des yeux des Anisoptères (absent chez les Gomphidae).
Triangle subnodal Espace triangulaire allongé situé sur le côté basal du subnodus (*cf.* Identifier les Libellulidae, p. 31).

Ventral Situé sur la partie inférieure du corps. Ant. : dorsal.
Vertex Partie supérieure de la tête circonscrite par les ocelles.

Sexes

Il est important de savoir déterminer le sexe d'un Odonate car mâles et femelles, au sein d'une même espèce, peuvent être dissemblables. On reconnaît les mâles à la présence de pièces copulatrices sous le deuxième segment abdominal. Généralement plus colorés que les femelles, ils sont aussi pourvus d'appendices anaux plus développés à l'extrémité de l'abdomen.

Les femelles, généralement plus trapues, sont dotées d'une lame vulvaire ou d'un ovipositeur sous les derniers segments abdominaux.

La description des mâles est généralement plus détaillée car, du fait de leur comportement, ils sont davantage repérés ou capturés. Par ailleurs, beaucoup d'éléments diagnostiques sont propres aux mâles (pruinosité, coloration vive, pièces copulatrices). Les critères d'identification basés sur la nervation ou sur la présence de marques particulières sont par contre utilisés pour les deux sexes.

Caractéristiques des Odonates mâles et femelles

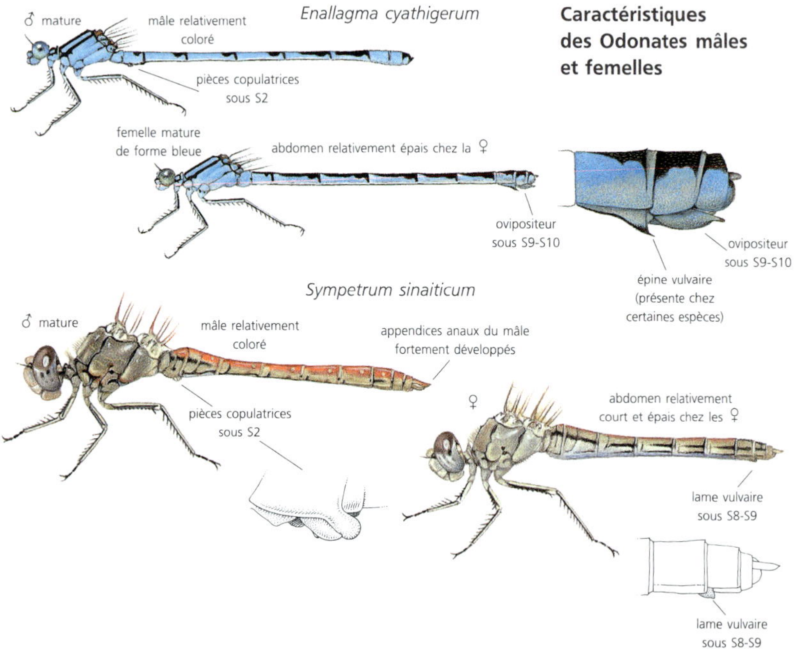

Mensurations

Les mensurations fournies doivent être considérées comme des indications d'échelle car ces données proviennent de sources diverses et parfois limitées. Elles concernent les longueurs : **totale** (Tot) entre le front et la pointe de l'abdomen ; **abdominale** (Ab) ; de l'**aile postérieure** (Ap). Les libellules varient considérablement en taille au sein d'une espèce mais les différences entre sexes sont généralement faibles. Pour cette raison, les mensurations des deux sexes n'ont été dissociées que pour les *Cordulegaster*, chez qui les différences sont plus marquées.

Critères à distance

Ce guide est conçu pour être emporté sur le terrain car la majorité des critères utilisés pour identifier les libellules sont visibles à l'œil nu ou aux jumelles. Certains critères peuvent paraître vagues ou subjectifs, comme la pilosité générale ou les nuances de teinte. Mais avec de l'expérience, la plupart des espèces peuvent être identifiées à distance par leur simple apparence générale. Néanmoins, tout odonatologue, surtout débutant, se doit de confirmer ses observations par l'examen des spécimens en main (*cf.* Observer et capturer). Les critères d'identification les plus fiables sont souvent ténus et demandent un examen détaillé (*cf.* Critères en main). Dans les monographies spécifiques, la rubrique « Critères à distance » compare chaque espèce avec les plus ressemblantes, renvoyant fréquemment à d'autres textes pour de plus amples informations.

Critères en main

Les critères les plus visibles sont traités dans chaque monographie au paragraphe « Critères à distance ». La rubrique « Critères en main » concerne des détails anatomiques plus ténus : appendices anaux et pièces copulatrices des mâles, pronotum et ovipositeur des femelles par exemple. Leur observation requiert souvent l'usage d'une loupe à main, idéalement d'un grossissement de 10 fois. L'identification des familles et des genres s'appuie souvent sur des critères relatifs à la nervation alaire. Le glossaire et le chapitre « Identification des sous-ordres, familles et genres » facilitent leur compréhension.

Variations

Chez toutes les espèces, la taille, la coloration et les dessins varient en fonction du sexe, de l'âge et de l'origine de l'insecte. Dans les monographies, le dimorphisme sexuel et les variations de taille sont généralement décrits au paragraphe « Critères à distance ». Toutes les autres variations sont traitées dans « Variations », mais il est impossible de les restituer dans leur complète diversité. La majorité des confusions résulte des variations liées à l'âge. À l'émergence, la plupart des espèces apparaissent jaunâtres, dépourvues de marques noires. Les couleurs vives et la pruinosité ne se développent qu'à maturité. La coloration alaire dépend elle aussi de l'âge. Certaines espèces perdent les couleurs ambrées qu'elles ont sur les ailes à l'émergence alors que d'autres voient leurs ailes s'enfumer en vieillissant. Certaines variations de coloration sont fréquentes et peuvent donc être nommées. Elles peuvent être régionales (*cf.* Sous-espèces) ou apparaître n'importe où dans l'aire de répartition (*cf.* Formes).

Sous-espèces

Dans le passé, de nombreuses sous-espèces ont été décrites, souvent sur la base de critères instables (extension des marques noires par exemple) et sans considérations géographiques ou génétiques. De nombreuses régions et espèces sont méconnues et les variations pourraient être plus grandes que celles actuellement décrites. Nous pensons qu'une fois faites les analyses sur la variabilité géographique, notamment celles de l'ADN, il sera démontré que de nombreuses sous-espèces ne constituent pas des entités génétiquement distinctes méritant une différenciation. Pour ce guide, la décision d'inclure les sous-espèces a été laissée à la discrétion des auteurs. Généralement, seules les sous-espèces identifiables, bien différenciées par leur caractère ou leur répartition, ont été considérées. Dans la mesure où les limites de répartition sont généralement mal connues (si elles existent), la distribution des sous-espèces n'est pas figurée sur les cartes.

Formes

Alors que l'allure des mâles est généralement homogène au sein des populations, celle des femelles de nombreuses espèces peut varier sensiblement, notamment du fait de l'existence d'individus à coloration mâle. Certaines femelles andromorphes n'acquièrent leur coloration inhabituelle qu'avec l'âge. Chez les Coenagrionidae, les formes colorées sont déterminées génétiquement, indépendamment de l'âge. Les exemples les plus démonstratifs s'observent chez les *Ceriagrion* et les *Pyrrhosoma*, où il existe des formes andromorphes totalement rouges, des formes dites « gynomorphes » totalement noires et des formes intermédiaires (partiellement rouge et noire). La distinction entre les andromorphes et les gynomorphes peut être graduelle et n'est pas toujours claire. La variation est encore plus marquée chez les *Ischnura*, où elle est à la fois liée à la phase de maturation et à l'héritage génétique. Les formes immatures vivement colorées (violet, rose ou orange) donnent des adultes brunâtres de type femelle ou bleus de type mâle (*cf.* Glossaire à Andromorphe et Gynomorphe).

Identification des sous-ordres, familles et genres

L'ordre des Odonata est généralement divisé en trois sous-ordres : les Zygoptera, les Anisoptera et les Anisozygoptera. On compte 2 700 espèces de Zygoptères dans le monde et 2 900 d'Anisoptères. Les Anisozygoptères ne sont représentés que par une espèce himalayenne et une japonaise. Proches des Anisoptères, ils s'en distinguent par une nervation alaire rappelant celle des Zygoptères. Dans la classification moderne, Anisoptères et Anisozygoptères sont souvent rassemblés. En français, on désigne souvent les Odonates « libellules », les Zygoptères « demoiselles » et les Anisoptères « libellules ». Pour lever l'ambiguïté de ce dernier terme, on utilise parfois pour les Anisoptères le nom « libelles » ou « libellules vraies ».

Séparer les deux sous-ordres constitue la première étape menant à l'identification. Habituellement, la posture de l'insecte suffit à le classer : les Anisoptères sont robustes et se posent avec les ailes étalées alors que les Zygoptères sont plus fins et maintiennent les ailes fermées au repos. Les espèces des genres *Chalcolestes* et *Lestes* se perchent cependant avec les ailes à

Différencier les sous-ordres des Zygoptères et des Anisoptères

Base de l'Ap	Yeux	Ailes au repos	Suborder
Semblable à l'antérieure	Largement séparés par la tête	Habituellement fermées	Zygoptera
Plus large que l'antérieure	Enveloppent la tête et se touchent généralement	Étalées	Anisoptera

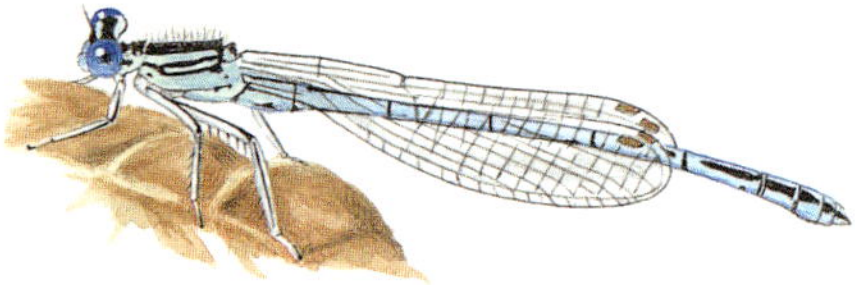

Pennipatte bleuâtre *Platycnemis pennipes* – un Zygoptère typique

Libellule à quatre taches *Libellula quadrimaculata* – un Anisoptère typique

demi étendues bien qu'étant des Zygoptères. Un grand nombre de critères complémentaires distinguent les deux sous-ordres mais la forme des ailes, la position et la taille des yeux sont les plus évidents (*cf.* ci-dessous).

Dans ce chapitre, l'objectif est de séparer les grands groupes taxonomiques (sous-ordres, familles, genres) des Odonates figurant dans le guide. Les critères diagnostiques sont présentés dans des tableaux et les moins évidents commentés dans un texte d'accompagnement, où ils figurent en gras pour une visualisation rapide. De nombreux groupes se différencient aisément par un ou plusieurs **critères diagnostiques**. Il s'agit de caractéristiques que ne partagent pas les autres groupes figurant dans le même tableau. À titre d'exemple, si « absence de taches postoculaires » est un critère diagnostique pour un groupe, cela implique que les autres possèdent tous des taches. Les termes « souvent » et « généralement » sont utilisés pour signaler la possibilité d'exceptions. Pour confirmer l'identification générique obtenue par les tableaux, il est recommandé de lire les textes de présentation des genres ou de vérifier si les illustrations correspondent bien à l'insecte étudié.

Identifier les Zygoptera (Zygoptères ou demoiselles)

Toutes les familles sont caractéristiques et se reconnaissent rapidement. Les Coenagrionidae sont diversifiés et riches en espèces. La détermination est plus simple en procédant par l'élimination des quatre autres familles, plus homogènes. Deux d'entre elles, pauvres en espèces, se reconnaissent immédiatement à leur grande taille et leur nervation dense (Calopterygidae et Euphaeidae).

On peut aussi différencier les familles à la forme de la **cellule discoïdale**, centrée à la base de l'aile. Elle est unicellulaire, sauf chez les Calopterygidae où elle est constituée d'une série de cellules formant un rectangle étroit. Le côté antérieur de la cellule discoïdale est si court chez les Coenagrionidae et les Lestidae qu'il prend la forme d'un trapèze effilé chez les Coenagrionidae et presque d'un triangle chez les Lestidae. Chez les Euphaeidae et les Platycnemididae, le côté antérieur est presque aussi long que le postérieur, formant quasiment un rectangle.

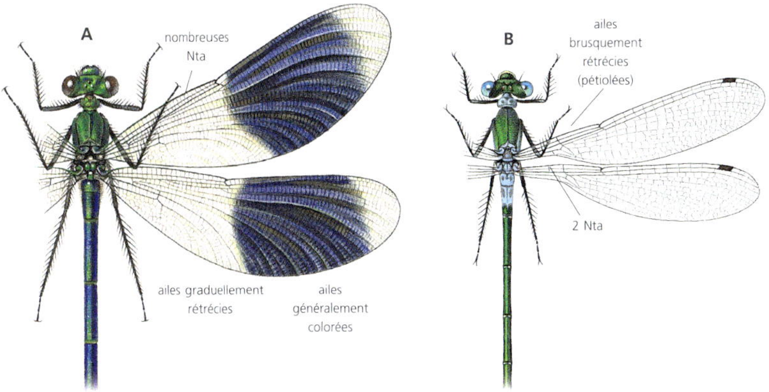

Différencier les familles de Zygoptères (Zygoptera – Demoiselles)

Longueur Ap	Nta aile antérieure	Ailes	Famille	▶
23-37 mm	12 ou plus	Souvent colorées à rétrécissement graduel vers la base ; nombreuses nervures jusqu'à la base	Calopterygidae Euphaeidae	A
11-28 mm	2	Toujours hyalines. Pétiolées et pauvres en nervures transverses à la base	Lestidae Platycnemididae Coenagrionidae	B

A : grands Zygoptères

Corps	Ptérostigmas	Nta aile antérieure	▶
Vert ou bleu métallique	Absents chez ♂, mais ♀ avec pseudoptérostigmas blanchâtres (nervurés)	8 ou plus	Calopterygidae : *Calopteryx* (p. 84)
Clair à sombre, se couvrant d'une pruine grise	Très longs chez les deux sexes, blanchâtres à noirs	2-4	Euphaeidae : *Epallage* (p. 93)

B : petits Zygoptères

Critères diagnostiques	▶
Pt rectangulaire, plus long que large, non en losange. Nombreuses cellules pentagonales, les rectangulaires minoritaires. Deux nervures longitudinales partent de la nervure qui relie l'arculus au subnodus. Corps généralement vert métallique et/ou couvert d'une pruine bleutée	Lestidae
Tibias en forme de plume, souvent clairs (non entièrement noirs et fins). Tête très large (3 fois plus large que longue) à ligne claire traversant le vertex d'un œil à l'autre. Quadrilatère rectangulaire, non en trapèze effilé	Platycnemididae : *Platycnemis* (p. 95)
Pas comme ci-dessus. Pt typiquement en losange. Majorité des cellules quadrangulaires. Quadrilatère en trapèze effilé. Corps rarement vert métallique ou pruineux. Tête environ 2 fois plus large que longue, avec tout au plus une ligne claire en avant du vertex (sur le front) ou en arrière du vertex (ou présence de taches postoculaires). Tibias fins et généralement sombres	Coenagrionidae

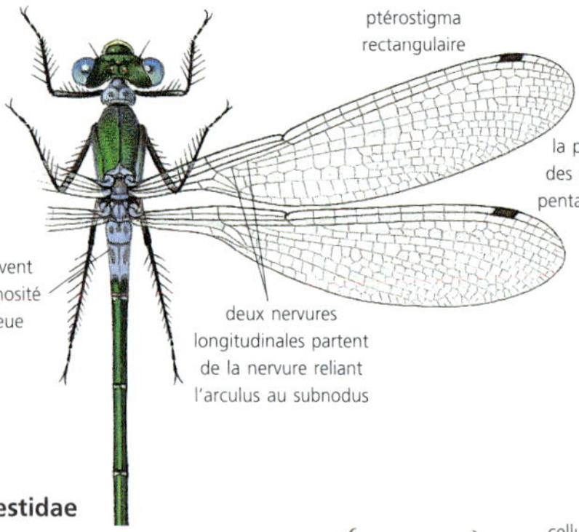

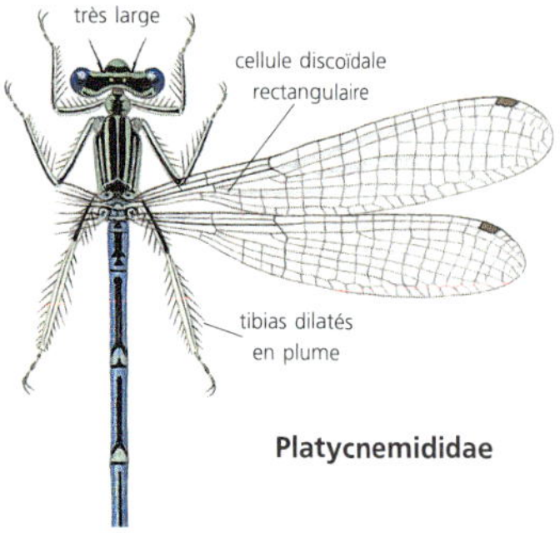

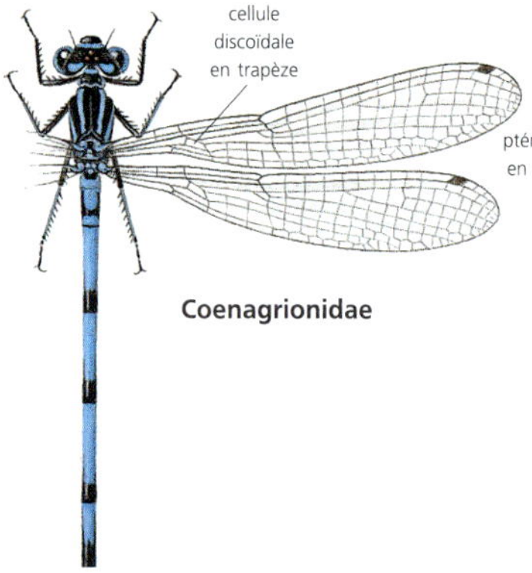

Différencier les genres au sein des Lestidae (Lestidés)

Position des Pt sur l'aile	Corps	Ailes au repos	▶
Même distance de l'apex aux ailes antérieures et postérieures	Vert à bronze métallique et/ou couvert d'une pruine bleuâtre	Généralement à demi étalées	*Chalcolestes* et *Lestes* (p. 69)
Nettement plus proches de l'apex aux ailes antérieures	Brun clair ponctué de marques plus sombres à reflets	Toujours fermées	*Sympecma* (p. 80)

Identifier les Coenagrionidae

Il s'agit d'une des familles qui posent le plus de difficultés aux débutants. Les mâles matures de la plupart des espèces se classent facilement en deux catégories selon la présence ou l'absence de taches postoculaires et de coloration rouge. Les genres *Pseudagrion* et *Nehalennia* n'entrent pas dans ce classement mais les deux espèces de la région sont localisées (*cf.* ci-contre, tableau du haut). Les mâles immatures et les femelles sont plus délicats à différencier. Les femelles d'*Enallagma* et d'*Ischnura* se singularisent par la présence d'une **épine vulvaire** sous S8, à la base de l'ovipositeur (visible avec une loupe à main). Les femelles orangées d'*Ischnura* se distinguent des espèces à coloration rouge par la présence de grandes marques postoculaires et d'une épine vulvaire bien visible.

Les demoiselles bleues (tableau B) sont souvent confondues par le débutant. Les marques du thorax sont discriminantes dans la plupart des cas. Les **bandes antéhumérales**, localisées dans la partie antérieure du thorax, sont les bandes claires des « épaules ». Elles sont étroites (plus étroites que les bandes humérales noires situées en dessous) ou larges (autant ou davantage que les bandes humérales). Les **bandes interpleurales** sont des bandes noires courtes situées sur les sutures en dessous des sutures humérales. L'apparence de ces dessins est variable chez les *Ischnura*, dont les femelles sont polychromes. Dans ce cas, la présence d'une épine vulvaire aide à l'identification.

Différencier les genres au sein des Coenagrionidae (Coenagrionidés)

Critères diagnostiques	**Genus**	▶
Taches postoculaires absentes. Yeux et souvent corps rouges. Remarque : si les ♀ notamment peuvent ne pas être rouges, elles n'ont jamais de taches oculaires ou d'épine vulvaire	*Ceriagrion* *Erythromma* *Pyrrhosoma*	A
Pas comme ci-dessus. Remarque : toutes les demoiselles dotées de 2 taches postoculaires distinctes et sans couleur rouge appartiennent à ce groupe, ainsi que les femelles pourvues d'épine vulvaire	*Coenagrion* *Enallagma* *Erythromma* *Ischnura*	B
Maroc seulement. ♂ mature à face rouge, taches postoculaires et corps pruineux	*Pseudagrion* (p. 145)	
Inféodé aux cariçaies à *Carex lasiocarpa* et *C. limosa*, très localisé. Ap généralement < 5 mm. Corps vert métallique brillant. Tête bordée postérieurement d'une bande claire arquée ; pas de taches oculaires	*Nehalennia* (p. 144)	

25

A : Zygoptères rouges ou aux yeux rouges

Critères diagnostiques	▶
Pattes et Pt rougeâtres, pas noirs. Front pourvu d'une crête transversale entre les antennes	*Ceriagrion* (p. 142)
Corps du ♂ non dominé de rouge, mais marqué de noir et de bleu. ♀ à corps bleu et vert, jamais teinté de rouge	*Erythromma* (p. 135)
Pas comme ci-dessus, mais corps rouge (sauf chez certaines ♀) et pattes noires	*Pyrrhosoma* (p. 139)

B : Zygoptères bleus

Critères diagnostiques	**Bandes antéhumérales**	**Bandes interpleurales**	♂ **Dessus de S2**	**Épine vulvaire**	▶
♂ : S8 entièrement noir supérieurement (non bleu), cercoïdes plus longs que cerques et que S10. ♀ : renflement de chaque côté du thorax, en arrière du pronotum	Larges	Présentes	Noir	Absente	*Erythromma* (p. 135)
Généralement, combinaison de bandes antéhumérales étroites et présence de bandes interpleurales	Étroites	Présentes	Bleu	Absente	*Coenagrion* (p. 120)
♀ avec marques noires en forme de torpille sur l'abdomen et une épine vulvaire. ♂ doté d'un thorax et d'une marque sur S2 caractéristiques	Larges	Absentes	Bleu	Présente	*Enallagma* (p. 117)
Pt des Aa des ♂ et de quelques ♀ noir et blanc (bicolore)	Variables	Variables	Noir	Présente	*Ischnura* (p. 103)

Identifier les Anisoptera (Anisoptères – Libelles)

Avec un peu de pratique, la distinction des différentes familles d'Anisoptères devient un jeu d'enfant. Il suffit d'observer la position des yeux pour reconnaître les trois familles considérées comme les plus primitives : yeux distinctement séparés (Gomphidae), se touchant en un point (Cordulegastridae) ou largement jointifs (Aeshnidae). Chez ces trois familles, les triangles des ailes antérieures et postérieures sont orientés dans la même direction, vers l'apex de l'aile. Chez les Corduliidae et les Libellulidae, au contraire, l'**angle aigu du triangle des ailes antérieures** pointe vers l'arrière. Par ailleurs, chez les trois familles primitives, deux **anténodales** (Nta) sont épaissies et coupent la nervure subcostale (les sections de part et d'autre de la nervure sont donc alignées). Les autres nervures anténodales sont plus fines et nombre d'entre elles ne sont pas alignées de chaque côté de la subcostale. Chez les Corduliidae et les Libellulidae, toutes les nervures transverses anténodales sont de même épaisseur et présentent le même alignement.

Les mâles d'Anisoptères, à l'exception des *Anax* (Aeshnidae) et des Libellulidae, possèdent tous un **triangle anal**. Ce champ triangulaire et très visible se situe à la base des ailes postérieures, près de la membranule, au niveau des oreillettes latérales qui bordent le S2.

Le **comportement**, et tout particulièrement celui des mâles territoriaux et des individus en chasse, aide aussi à identifier les familles d'Anisoptères. Les « patrouilleurs » sillonnent inlassablement leur territoire ou leur terrain de chasse. Ils se perchent rarement et se tiennent verticalement ou le corps très incliné vers le bas au repos. Les « percheurs » s'envolent d'un poste d'observation où ils passent beaucoup de temps à l'affût. Leur corps est tenu plus horizontalement, l'abdomen parfois relevé vers le haut. Les Libellulidae sont tous des percheurs, à l'exception des *Zygonyx*. Les Corduliidae sont tous des patrouilleurs. Cette différence comportementale est d'un grand secours, car si les Corduliidae et les Libellulidae sont facilement différentiables par leur apparence générale (*cf.* illustrations), leurs différences structurelles sont relativement subtiles et limitées aux mâles.

Différencier les familles d'Anisoptera (Anisoptères – Libelles)

Caractères diagnostiques	♂ : Triangle anal et oreillettes	Triangle des Aa pointé vers	Comportement	▶
Yeux nettement séparés	Présents	Apex	Percheurs	Gomphidae (p. 29)
Abdomen généralement sombre à taches bleues. Coloré par des pigments internes et non par une pruine. ♀ à ovipositeur complet	Présents ou absents	Apex	Patrouilleurs	Aeshnidae (p. 28)
Yeux ne se touchant qu'en un point. Écaille vulvaire pointue, en forme d'ovipositeur, dépassant l'extrémité de l'abdomen	Présents	Apex	Patrouilleurs	Cordulegastridae : *Cordulegaster* (p. 220)
Bordure postérieure des yeux brutalement arquée à mi-hauteur. Corps généralement vert métallique	Présents	Arrière	Patrouilleurs	Corduliidae (p. 30)
Abdomen souvent rouge ou couvert d'une pruine bleuâtre	Absents	Arrière	Percheurs	Libellulidae (p. 31)

Familles d'Anisoptères

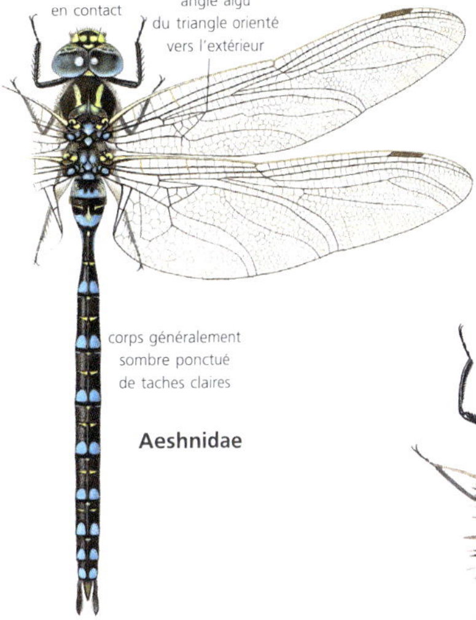

Aeshnidae

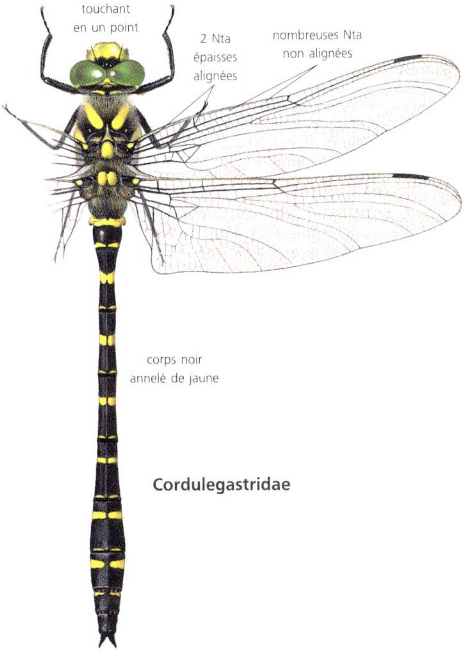

Cordulegastridae

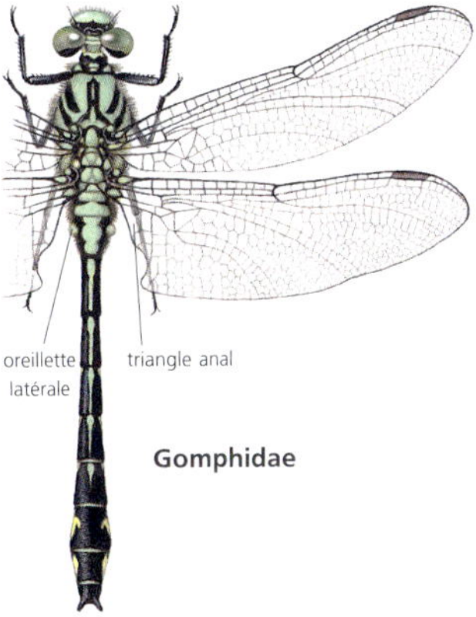

Gomphidae

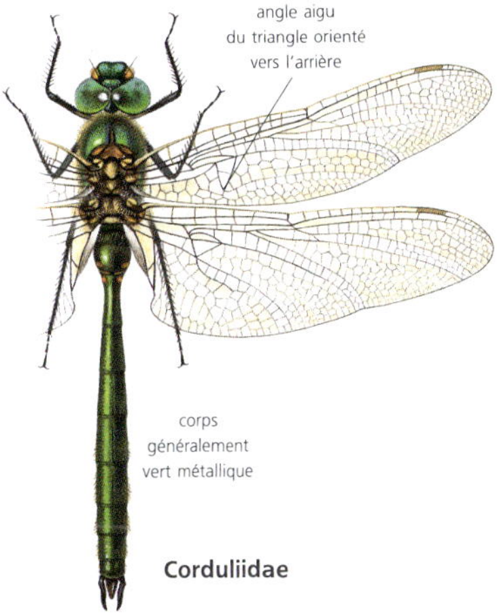

Corduliidae

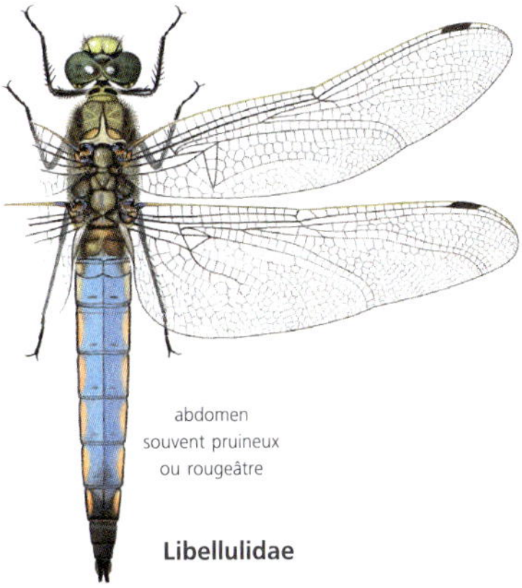

Libellulidae

Identifier les Aeshnidae

L'examen des caractéristiques de nervation permet une identification directe des genres. L'absence de **nervures transverses dans le champ médian** est particulièrement visible. La **fourche interradiale IR_3**, quand elle est présente, se situe centralement dans la moitié apicale de l'aile. Il s'agit du dédoublement d'une nervure longitudinale, située entre le Pt et la radiale supplémentaire. Il peut y avoir une ou plusieurs (de 1 à 5) **rangées de cellules antérieures à la radiale supplémentaire (Nrs) et/ou la médiane supplémentaire (Nms)**. Ces rangées de cellules se situent entre ces nervures et la nervure longitudinale qui les surplombe. L'orientation de la radiale supplémentaire par rapport à l'extrémité de l'aile permet de différencier les *Anax* (Nrs dirigée en avant de l'apex) des autres Aeshnidae (Rspl dirigée postérieurement à l'apex). Les femelles d'Aeshnidae sont toutes dépourvues d'angle anal et d'oreillettes latérales sur S2. Seuls les mâles de *Brachytron* présentent la première lacune et seuls ceux d'*Anax* la seconde.

Ailes des Aeshnidae

Images à l'échelle. Présentation des caractères utilisés dans le tableau.

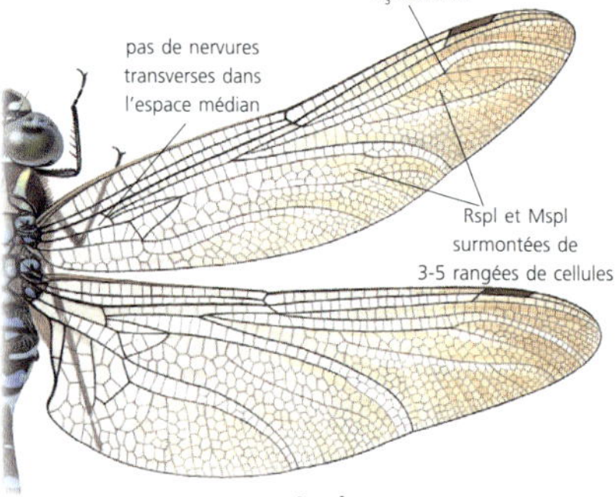

Aeshna

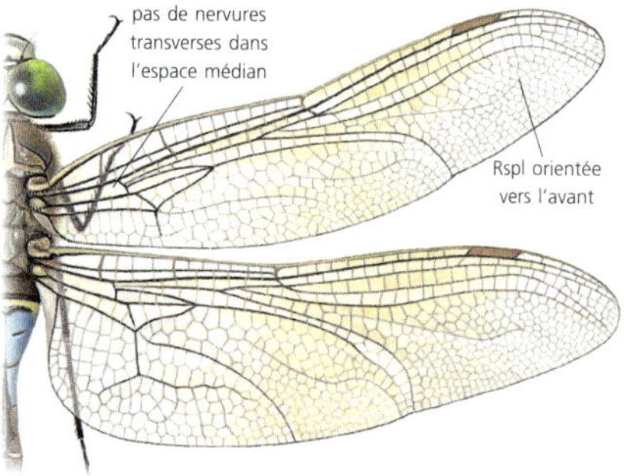

Anax

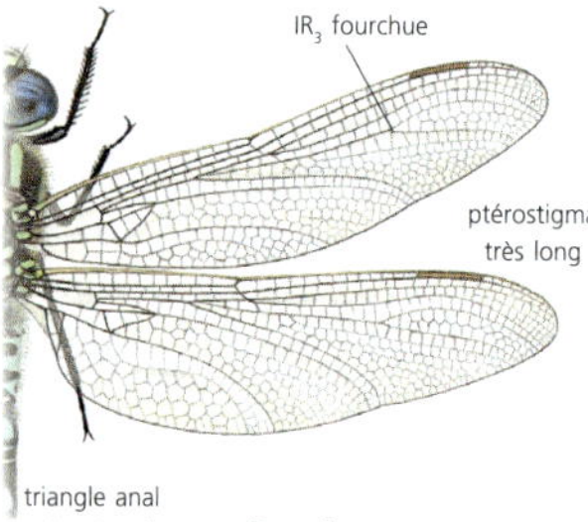

Brachytron

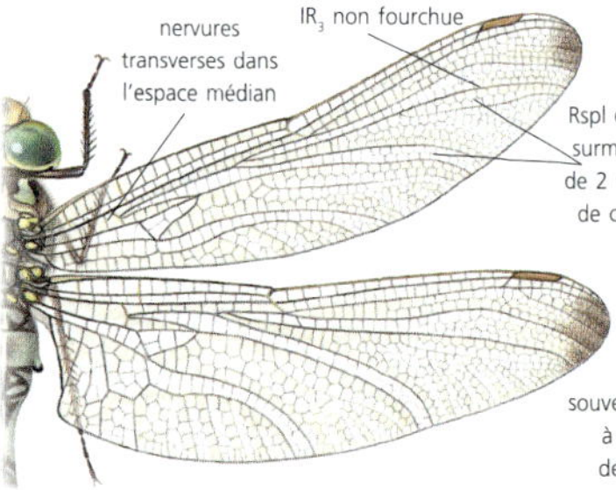

Boyeria

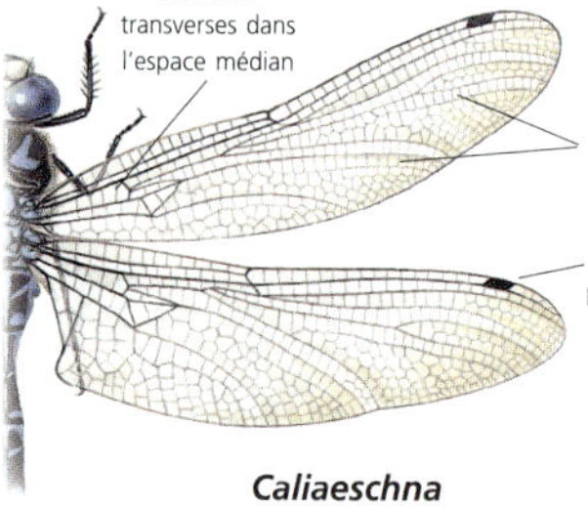

Caliaeschna

Différencier les genres des Aeshnidae (Aeschnidés)

Critères diagnostiques	**Nervures transverses dans le champ médian**	**Fourche IR_3**	**Rangées de cellules antérieures à Nrs et Nms**	▸
Pas comme ci-dessous	Absentes	Présente	3-5	*Aeshna* (p. 147)
Thorax généralement uniforme, non barré. ♂ à base postérieure des Ap arrondie, non anguleuse, pas de triangle anal, pas d'oreillettes latérales sur S2. Nrs pointe entre le Pt et l'apex de l'aile	Absentes	Absente	4-5	*Anax* (p. 170)
Généralement pointes des ailes fumées	Présentes	Absente	2	*Boyeria* (p. 184)
♂ à abdomen cylindrique près de la base (non rétréci). ♂ à base postérieure des Ap arrondie, mais triangle anal et oreillettes latérales sur S2 présents. Pt très long	Absentes	Présente	1 (2)	*Brachytron* (p. 182)
Pt à peine plus long que large	Présentes	Présente	1	*Caliaeschna* (p. 186)

Identifier les Gomphidae

La forme des **appendices anaux** permet de classer facilement les mâles dans un genre. Les femelles peuvent poser plus de difficultés. Les genres *Gomphus* et *Stylurus* seront identifiés par l'étroite ligne claire qui parcourt longitudinalement l'abdomen, mais ce critère est à utiliser avec précaution car il existe des variations. Le **champ anal** se compose d'une ou plusieurs cellules. Il se situe entre le triangle et le triangle anal de l'aile postérieure.

Différencier les genres des Gomphidae (Gomphidés)

Critères diagnostiques	**♂ Cercoïdes et lobes Lame supra-anale (ls)**	**Champ anal**	▸
Longueur totale > 65 mm Triangle pluricellulaire Larges foliations sur S7-S8	Cercoïdes > ls, digités et parallèles 	Présent	*Lindenia* (p. 218)
Larges foliations sur S8-S9	Cercoïdes > ls et parallèles, à extrémité recourbée vers le bas 	Absent	*Paragomphus* (p. 216)
Partie supérieure de l'abdomen marquée d'une ligne claire plus étroite que la largeur de l'abdomen	Cercoïdes = ls et divergents 	Absent	*Gomphus* et *Stylurus* (p. 188)
♀ à occiput doté de 2 crêtes épineuses	Cercoïdes = ls et parallèles 	Présent	*Ophiogomphus* (p. 202)
Pas comme ci-dessus	Cercoïdes = ls et arqués l'un vers l'autre en pinces 	Présent	*Onychogomphus* (p. 204)

Identifier les Corduliidae, Macromiidae et *Oxygastra*

La famille des Corduliidae est composée de genres proches des Libellulidae, mais elle possède des caractères (souvent considérés comme primitifs) perdus par ces dernières. Elle est assez hétérogène ; on considère que les genres *Macromia* et *Oxygastra* appartiennent à d'autres familles. La distinction des genres est assez aisée, particulièrement pour les mâles, mais trois caractéristiques de la nervation méritent une explication. Aux ailes antérieures, le **triangle** et le **subtriangle** (champ triangulaire sur lequel repose le triangle) peuvent être uni- ou pluricellulaires. Le nombre de **nervures transverses cubitales** (Ntc) de l'aile postérieure doit être compté entre le triangle et la base de l'aile. La **forme du champ anal** est délimitée par une nervure qui démarre près de l'angle postérieur du triangle et se termine près de la base de l'aile. Cette nervure enserre une série de cellules dont le contour dessine une botte (forme allongée avec pied et talon, comme chez tous les Libellulidae), un sac (forme allongée sans pied) ou une sorte de carré.

Ailes des Corduliidae.

Image à l'échelle. Présentation des critères mentionnés dans le tableau.

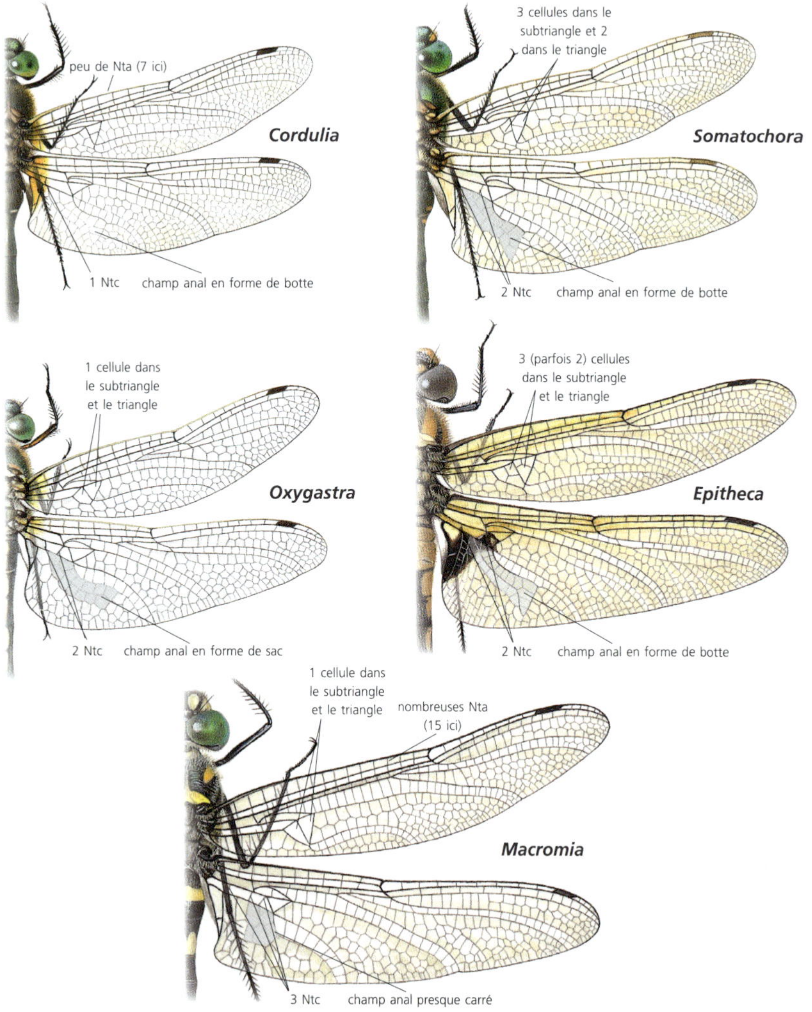

Différencier les genres des Corduliidae (Cordulidés), les genres des Macromiidae (Macromiidés) et la Cordulie à corps fin (*Oxygastra curtisii*)

Critères diagnostiques	**Face**	**Triangle et subtriangle de Aa**	**Ntc de Ap**	**Forme champ anal**	**♂ incision lame supra-anale**	▸
Tache noire à la base des Ap (LT = longueur totale). Corps brun et non noir et/ou à reflets métalliques. Abdomen se rétrécissant régulièrement de la base à l'extrémité	Dominée de jaune	3 (2)	2	Botte	Absente	*Epitheca* (p. 250)
Abdomen habituellement plus épais au niveau de S5-S7, plutôt qu'à la base ou à l'extrémité	Marquée de jaune	2-3	2 (1)	Botte	Absente	*Somatochlora* (p. 238)
♂ à lame supra-anale à 2 dents tournées vers haut (apex et un peu avant)	Entièrement sombre	2-3	1	Botte	Présente	*Cordulia* (p. 236)
♂ : S10 avec une crête longitudinale claire sur la partie supérieure	Entièrement sombre	1	2	Sac	Présente	*Oxygastra* (p. 232)
Lt > 69 mm. 13-15 Nta aux ailes antérieures, et non 7-10	Dominée de jaune	1	3 ou plus	Carré	Absente	*Macromia* (p. 234)

Identifier les Libellulidae

La différenciation des genres repose essentiellement sur des critères de nervation et peut parfois être laborieuse. Seuls les genres en gras sont répandus (*cf.* tableau, page suivante). Leur identification est rapide si deux critères sont notés : 1) la présence/l'absence d'une **tache noirâtre à la base de l'aile postérieure** ; 2) le nombre de **nervures transverses anténodales (Nta) de l'aile antérieure** (compté le long de la costale entre la base de l'aile et le nodus). Par ailleurs, la **dernière Nta de l'aile antérieure** (la plus proche du nodus) peut être complète et traverser la nervure subcostale (identique aux autres) ou être incomplète et ne présenter que la partie antérieure (ne coupe pas la subcostale).

Les autres genres, nombreux, ne s'observent que dans les régions les plus méridionales ou en cas d'erratisme. Par commodité, ils sont rassemblés en quatre groupes et comparés dans des tableaux séparés. Leur différenciation s'appuie dans la plupart des cas sur la combinaison des critères liés à la nervation mentionnés ci-après. Le **champ postdiscoïdal de l'aile antérieure** s'étend vers le bout de l'aile à partir du triangle et présente un nombre de rangées de cellules à sa base variable selon les genres (1-4). Il peut se rétrécir ou s'élargir à proximité de la bordure de l'aile. Le **triangle de l'aile antérieure** peut être unicellulaire ou divisé en 2-3 cellules par 1-2 nervures transverses. À la base du triangle de l'aile antérieure, le **subtriangle** peut être composé de 1-6 cellules. Il peut y avoir **1-2 rangées de cellules** entre la nervure radiale supplémentaire (Nrs) et la nervure longitudinale qui la surplombe. Enfin, le genre *Libellula* se distingue en ayant 2 ou plusieurs (et non 1) **nervures transverses dans le triangle subnodal**. L'angle aigu de cet espace en triangle allongé est dirigé vers la base de l'aile et son petit côté s'appuie sur une nervure oblique, originaire de la partie postérieure du subnodus.

Il convient de garder à l'esprit que la nervation peut varier. Nous avons pris en compte cette variation dans les tableaux d'identification, ainsi que dans les illustrations, basées sur de vrais spécimens et non sur des canons idéaux aux yeux des taxonomistes (*cf.* p. 34).

Différencier les genres de Libellulidae (Libellulidés)

	Tache noire à la base de l'Ap	
	Absente	**Présente**
8½-20 Nta à l'aile antérieure, généralement 2 rangées de cellules au-dessus de Nrs	▶ A ***Crocothemis*** ***Orthetrum*** *Pantala* *Trithemis* *Zygonyx*	▶ B ***Libellula*** *Tramea* *Trithemis*
6-8 Nta à l'aile antérieure*, généralement 1 rangée de cellules au-dessus de Nrs	▶ C ***Sympetrum*** *Acisoma** *Brachythemis* *Diplacodes** *Pachydiplax* *Selysiothemis*	▶ D ***Leucorrhinia*** *Brachythemis* *Diplacodes** *Pachydiplax* *Rhyothemis* *Urothemis*

* *Diplacodes* et *Acisoma* peuvent occasionnellement avoir 8½ Nta.

A : Libellulidae sans tache basale noirâtre aux Ap, 8½ Nta ou plus aux Aa

Critères diagnostiques	Tache ambre à la base de l'Ap	Champ discoïdal Aa	Rangées de cellules au-dessus Nrs	▶
Pas de noir aux pattes	Marquée	S'élargit	1	*Crocothemis* (p. 301)
Nta distale de Aa complète. Abdomen du ♂ se couvre généralement d'une pruine bleu-gris	Absente ou peu marquée	S'élargit	1-2	*Orthetrum* (p. 259)
Longueur Ap > 44 mm. Patrouille sans se percher. Ne se tient pas horizontalement au repos. Abdomen sombre avec 6-7 anneaux clairs	Absente	Se rétrécit	1-2	*Zygonyx* (p. 322)
Pt de Ap nettement plus petit que celui de Aa. R très sinueux. 2 Ntc aux Ap et non 1. S3-S5 avec une strie transversale	Peu marquée	Se rétrécit	2	*Pantala* (p. 316)
Pas comme ci-dessus	Marquée	Se rétrécit	2 (1)	*Trithemis* (p. 304)

B : Libellulidae à tache basale noirâtre aux Ap, 8½ Nta ou plus aux Aa

Critères diagnostiques	Nombre de Nta aux Aa	Champ discoïdal Aa	▶
2 ou plus Nta dans le triangle subnodal des 2 ailes	12-20	S'élargit	*Libellula* (p. 252)
Base de l'Ap avec des taches sombres en « trous de serrure ». Pt de l'Ap plus étroit que celui de l'Aa. 2 rangées de cellules à la base de la Nms de l'Aa	10½-12½	Se rétrécit	*Tramea* (p. 318)
Longueur totale < 40 mm. Partie dorsale de la face avec souvent un éclat métallique	9½-12½	Se rétrécit	*Trithemis* (p. 304)

C : Libellulidae sans tache basale noirâtre aux Ap, à 8 Nta ou moins aux Aa

Critères diagnostiques	**Nta distale Aa**	**Champ discoïdal Aa**	**Triangle Aa**	**Subtriangle**	▶
Erratique d'Amérique du Nord. Front blanc contrastant avec le vertex sombre métallique. Base des Ap jaune barrée de 2 bandes sombres	1	3	2	3	*Pachydiplax* (p. 315)
Abdomen souvent rouge	½	3 (2-4)	2	3	*Sympetrum* (p. 281)
Pas comme ci-dessus	½	2	1	1-2	*Diplacodes* (p. 312)
S3-S4 avec une strie transversale. Ailes marquées de brun à base hyaline. Il peut y avoir 2 rangées de cellules au-dessus de la Rspl	½	3	1	1	*Brachythemis* (p. 309)
Seulement N-O de l'Afrique. Abdomen en poinçon, noir ponctué de petits points blanchâtres	½	2	1	1	*Acisoma* (p. 314)
Nervation très claire, presque invisible	1	2	1	1	*Selysiothemis* (p. 313)

D : Libellulidae à tache noirâtre à la base des Ap et 8 Nta ou moins aux Aa

Critères diagnostiques	**Nta distale de Aa**	**Champ discoïdal Aa**	**Triangle Aa**	**Subtriangle**	▶
Seulement N-O de l'Afrique. Zone sombre couvrant le tiers basal de l'Ap. Corps entièrement bronze	½	3-4	2-3	4-6	*Rhyothemis* (p. 320)
Front entièrement blanc	1	3	2	3	*Leucorrhinia* (p. 274)
Erratique d'Amérique du Nord. Front blanc contrastant avec le vertex sombre métallique. Base des Ap jaune barrée de 2 bandes sombres	1	3	2	3	*Pachydiplax* (p. 315)
Seulement N-O de l'Afrique. Abdomen ♂ devient sombre, pas clair, ni bleu pruineux	1	2	1	3	*Urothemis* (p. 321)
Pas comme ci-dessus	½	2	1	1-2	*Diplacodes* (p. 312)
S3-S4 avec une strie transversale	½ (1)	3	1	1 (3)	*Brachythemis* (p. 309)

Ailes des Libellulidae

Présentation des caractéristiques décrites dans les tableaux sur une sélection de genres. Figures non à l'échelle.

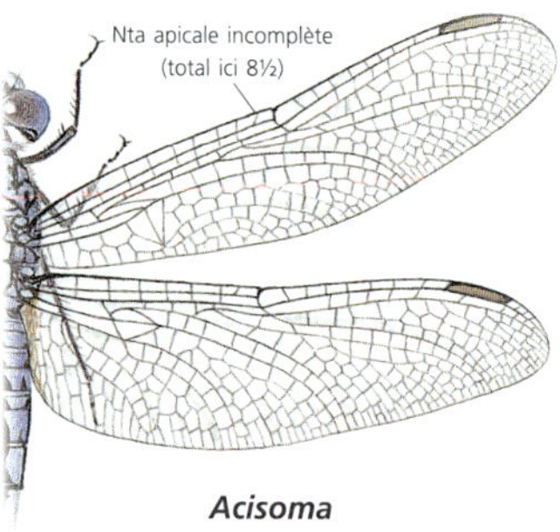

Acisoma

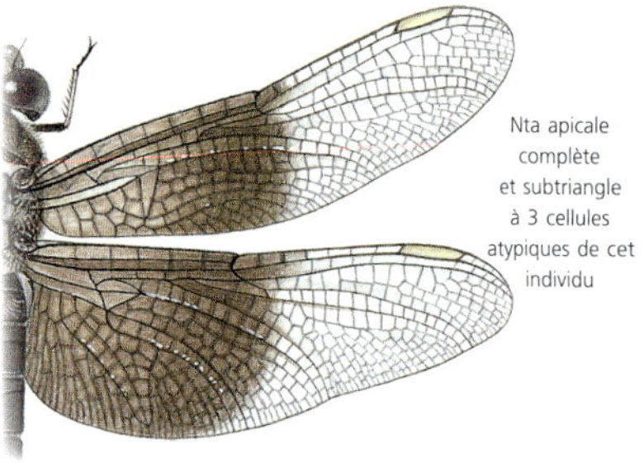

Brachythemis fuscopalliata

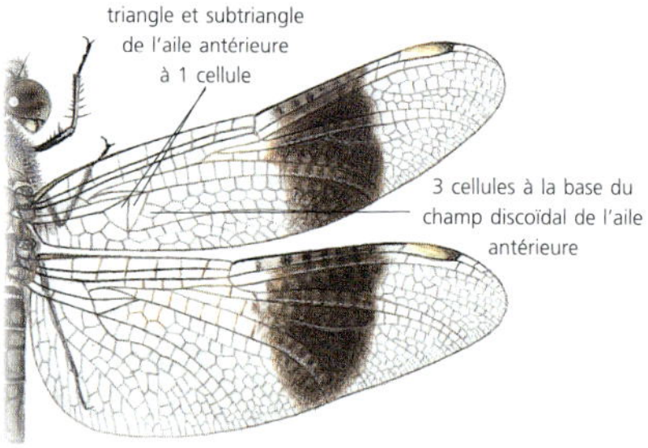

Brachythemis impartita

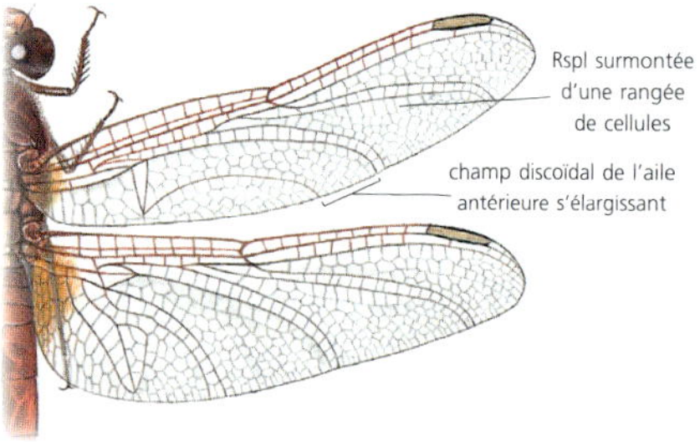

Crocothemis

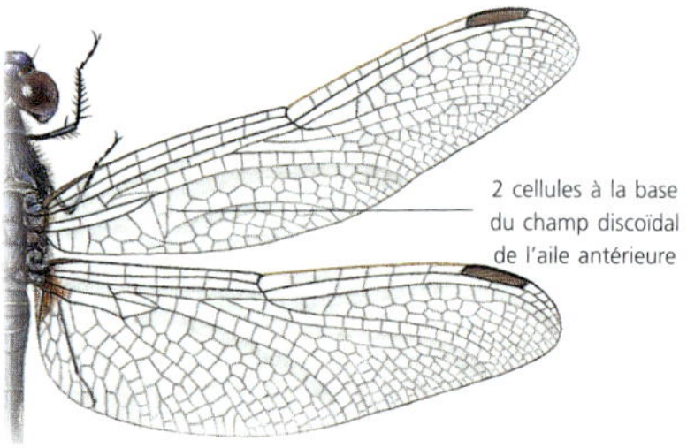

Diplacodes

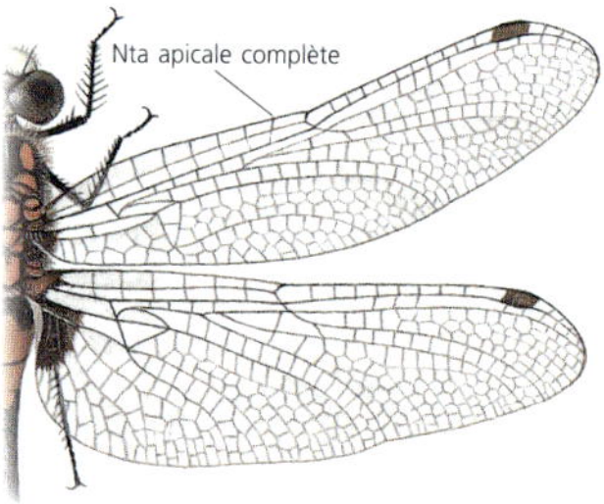

Leucorrhinia

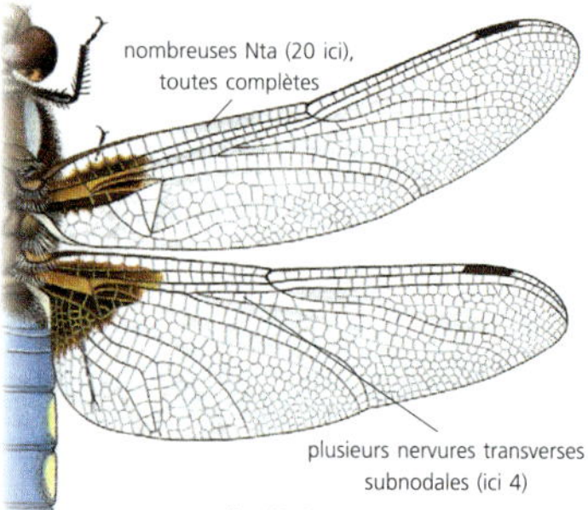

Libellula

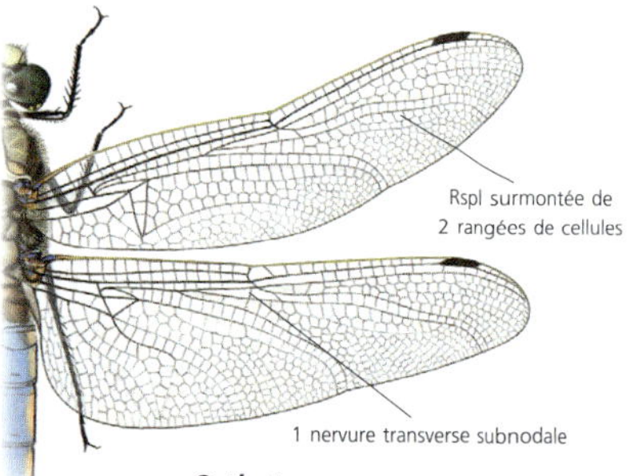

Orthetrum

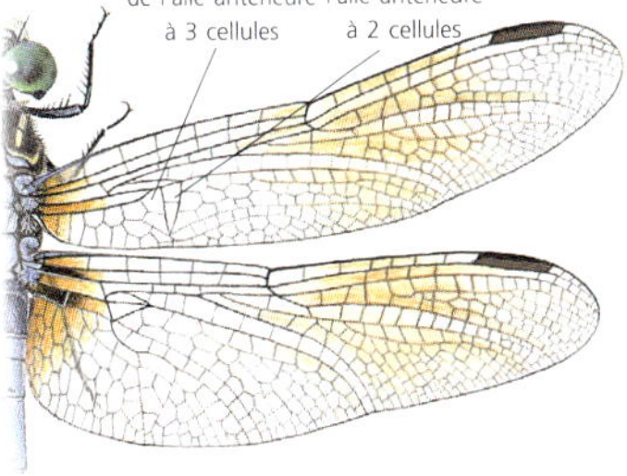

Pachydiplax

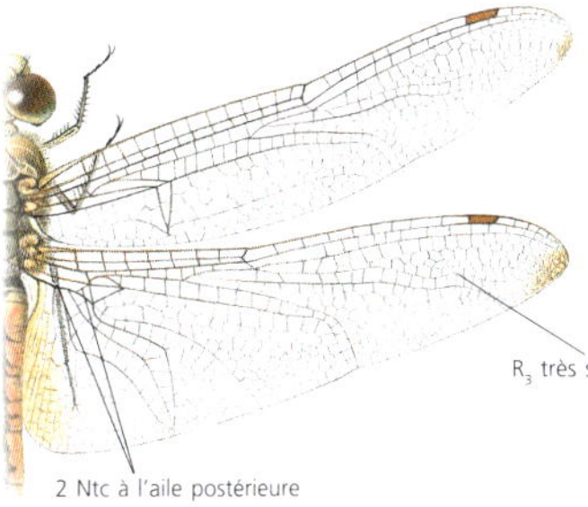

Pantala

Rhyothemis

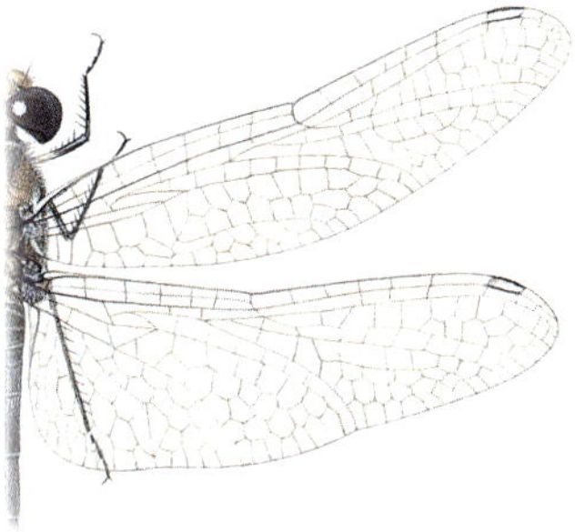

Selysiothemis

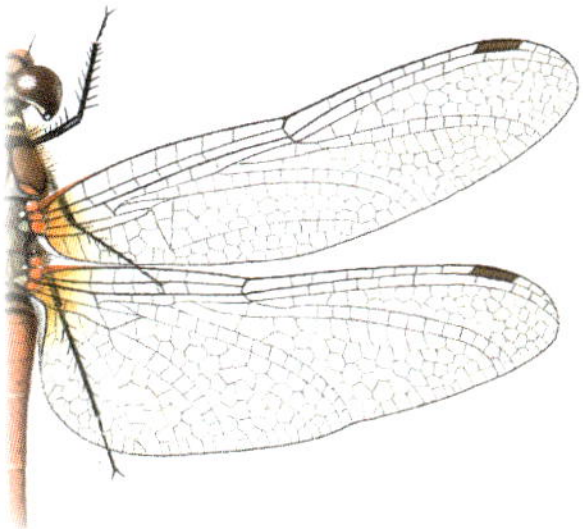

Sympetrum

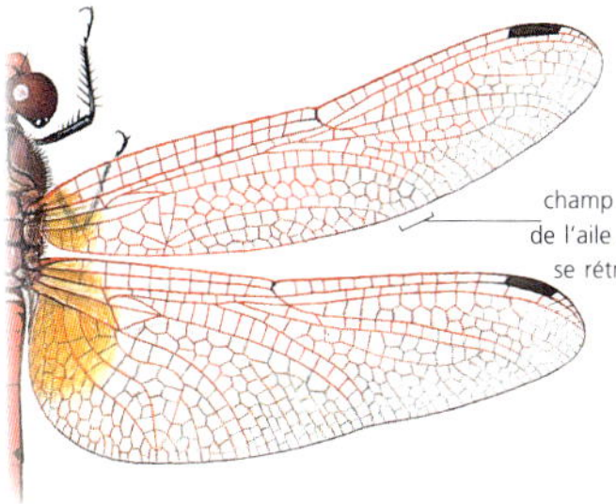

Trithemis

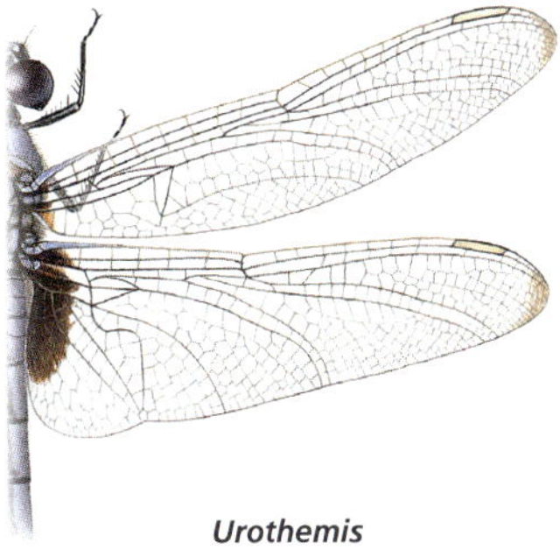

Urothemis

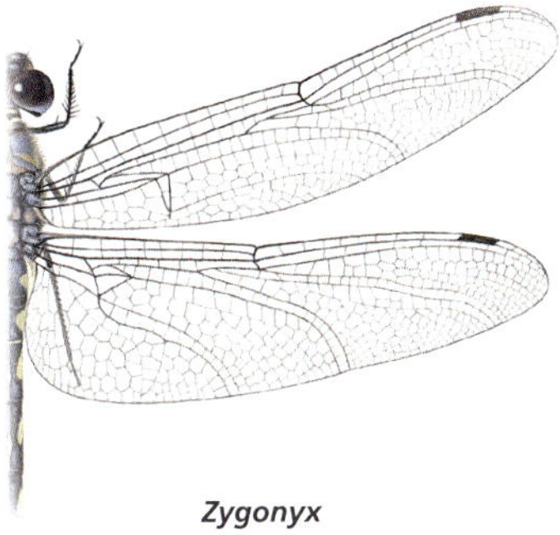

Zygonyx

Larves et exuvies

La détermination des Odonates repose sur l'examen des imagos, comme dans ce guide. Toutefois, pour comprendre l'écologie d'une espèce ou suivre la dynamique de ses populations, les larves et les exuvies (l'enveloppe larvaire laissée par l'adulte qui émerge) livrent plus d'informations. La plupart des espèces européennes passent plus de temps dans l'eau que dans les airs. En outre, les larves sont de féroces prédateurs, comme les adultes, et elles offrent des aspects et des comportements variés.

Les larves des libellules vraies et des demoiselles ont toutes des pièces buccales transformées pour saisir les proies avec une extrême rapidité, un peu comme la langue d'un caméléon. Caractéristique des insectes de l'ordre des Odonates, ce « masque » a une forme très variable selon les espèces et est très précieux pour la détermination.

▲ *Aeshna mixta.*

▲ *Macromia splendens.*

Toutes les larves de demoiselles ont trois lamelles servant de branchies à l'extrémité de l'abdomen. Celles-ci sont souvent foliacées, mais elles diffèrent largement en taille et en forme, ce qui permet la détermination.

▲ *Enallagma cyathigerum.*

▲ *Calopteryx haemorrhoidalis.*

▲ *Chalcolestes viridis.*

La larve d'*Epallage fatime* est unique en Europe par ses lamelles renflées et ses branchies filamenteuses sous les segments abdominaux ; elle évoque une larve d'éphémère.

▶ *Epallage fatime.*

Chez les libellules vraies, la larve est dépourvue de lamelles ; ses branchies sont situées dans l'intestin. Elle aspire de l'eau par l'anus pour sa respiration, puis peut l'éjecter violemment pour se propulser vers l'avant.

▲ *Aeshna crenata*.

▲ *Leucorrhinia caudalis*.

▲ *Cordulegaster helladica*.

Au terme de son développement, la larve sort de l'eau et rejoint un rocher, une branche ou tout autre support, puis son enveloppe se déchire et l'adulte émerge, comme chez cet *Onychogomphus uncatus*.

▲ *Onychogomphus uncatus*.

L'adulte fraîchement émergé (dit « ténéral »), comme cet *Epitheca bimaculata* mâle, attend un certain temps que son corps durcisse, puis s'envole, abandonnant son enveloppe larvaire. On trouve souvent de nombreuses exuvies empilées les unes sur les autres dans les sites favorables à l'émergence, comme ici pour *Trithemis annulata*.

◀ *Epitheca bimaculata* mâle.

▼ *Trithemis annulata*.

Où voir les libellules

Ce livre vise à faciliter l'identification et la découverte des libellules sur le terrain. Dans ce chapitre, la visite de quelques bons sites odonatologiques est suggérée pour permettre au lecteur de découvrir les espèces qu'il recherche. Il ne s'agit pas de fournir un guide de voyage détaillé ni un traité de biogéographie, mais plutôt d'esquisser le portrait de l'odonatofaune des diverses régions et d'en décrire les principaux habitats. Bien évidemment, toutes les localités remarquables ne sont pas mentionnées. La Moldavie, par exemple, n'est pas traitée car il y a très peu d'informations disponibles. À ce jour, environ 35 espèces ont déjà été identifiées dans ce pays et il est probable qu'une vingtaine y sont encore à découvrir. La partie européenne de la Russie héberge au moins 84 espèces connues, mais à l'exception de l'oblast de Kaliningrad, une exclave située entre la Pologne et la Lituanie abritant 60 espèces, cette vaste zone est peu explorée. Dans le sud-est de la zone étudiée, par exemple, on trouve des espèces méditerranéennes comme *Epallage fatime* et *Cordulegaster picta*, ainsi que les uniques populations européennes des espèces asiatiques *Sympecma gobica*, *Coenagrion glaciale*, *Coenagrion ecornutum*, *Somatochlora graeseri* et *Sympetrum tibiale* (non traitées dans le livre).

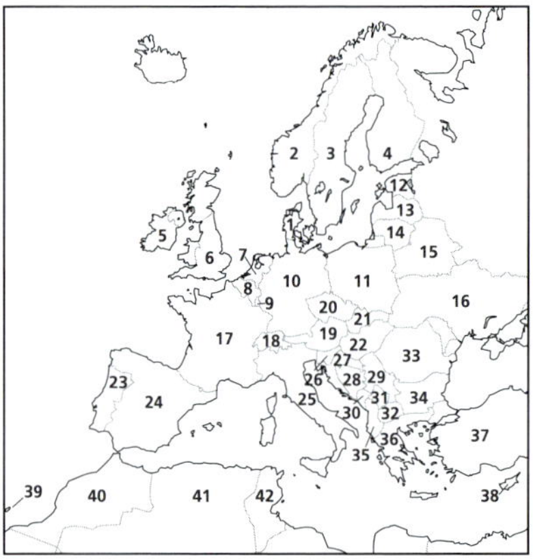

Liste des pays et ordre de traitement

1 Danemark
2 Norvège
3 Suède
4 Finlande
5 Irlande
6 Royaume-Uni
7 Pays-Bas
8 Belgique
9 Luxembourg
10 Allemagne
11 Pologne
12 Estonie
13 Lettonie
14 Lituanie
15 Biélorussie
16 Ukraine
17 France
18 Suisse
19 Autriche
20 République tchèque
21 République slovaque
22 Hongrie
23 Portugal
24 Espagne
25 Italie
26 Slovénie
27 Croatie
28 Bosnie-Herzégovine
29 Serbie
30 Monténégro
31 Kosovo
32 Macédoine du Nord
33 Roumanie
34 Bulgarie
35 Albanie
36 Grèce
37 Turquie
38 Chypre
39 Canaries, Madère et Açores
40 Maroc
41 Algérie
42 Tunisie

Danemark, Norvège et Suède

La Scandinavie présente une grande diversité d'habitats allant des toundras et montagnes gelées de la chaîne des Scandes aux vastes étendues morainiques, en passant par les paysages sableux ou les zones argileuses fertiles du Sud. La majeure partie de ce territoire est couverte de forêts boréales où les tourbières représentent près de 30 % de la surface. L'eau est partout : mares de tourbières, lacs, rivières. La partie méridionale est plus sèche, de nombreuses zones humides ayant été drainées dans les secteurs agricoles.

La plupart des lacs du Sud abritent une grande variété d'espèces, dont beaucoup sont menacées ailleurs en Europe : *Aeshna viridis*, *Leucorrhinia albifrons* et *L. pectoralis*. Le cortège odonatologique classique des eaux scandinaves se compose de *Lestes sponsa*, *Enallagma cyathigerum*, *Aeshna grandis*, *Cordulia aenea*, *Libellula quadrimaculata*, *Leucorrhinia dubia*, *Leucorrhinia rubicunda* et *Sympetrum danae*. Dans les zones forestières, on trouve en plus *Coenagrion hastulatum* et *Aeshna juncea*.

L'odonatofaune des rivières se compose de *Calopteryx virgo*, *C. splendens*, *Platycnemis pennipes* et parfois *Gomphus vulgatissimus*. Dans les zones forestières, on trouve *Onychogomphus forcipatus*, *Cordulegaster boltonii* et *Calopteryx virgo*.

Tourbière dans la toundra du parc national d'Abisko, Suède

À l'heure actuelle ont déjà été identifiées 48 espèces en Norvège, 59 au Danemark et 64 en Suède, avec des espèces méridionales (comme *Erythromma viridulum*, *Anax imperator*, *Crocothemis erythraea* et *Sympetrum fonscolombii*) en expansion et d'autres en attente de découverte.

Peu d'espèces sont capables de se reproduire dans la toundra. *Aeshna caerulea*, *Somatochlora alpestris* et *Leucorrhinia rubicunda* peuvent néanmoins s'y trouver en nombre. L'insaisissable *Somatochlora sahlbergi* peut être observée autour des lacs des tourbières à palses près du lac **Dávvajávri** au nord-est de Kiruna (Suède) et le long de la route côtière à l'ouest de **Bugøynes**, sur la côte sud du fjord Varanger (Norvège).

En zone boréale, les secteurs tourbeux n'abritent généralement que 40 espèces dont *Aeshna caerulea*, *A. juncea*, *Leucorrhinia dubia* et *L. rubicunda*. Les endroits où poussent quelques laîches parmi les sphaignes et où les zones d'eau libre sont de petite taille accueillent davantage de libellules dont *Coenagrion hastulatum*, *C. johanssoni*, *Enallagma cyathigerum*, *Aeshna grandis*, *Libellula quadrimaculata* et parfois *Cordulia aenea*. Les sentiers qui pénètrent dans le **parc national de Sarek** à partir d'**Abisko**, à l'ouest de Kiruna, permettent de prospecter ces habitats nordiques.

La côte occidentale de la Norvège, entre **Trondheim** et **Bergen**, présente un climat atlantique relativement doux. On y trouve des zones humides intéressantes avec *Pyrrhosoma nymphula*, *Somatochlora alpestris*, *S. arctica* ainsi qu'une forme sombre de *Sympetrum striolatum* parfois considérée comme une espèce distincte de *S. nigrescens*. Les six *Coenagrion* nordiques (*C. armatum*, *hastulatum*, *johanssoni*, *lunulatum*, *puella* et *pulchellum*) et les cinq *Leucorrhinia* (*L. albifrons*, *caudalis*, *dubia*, *pectoralis* et *rubicunda*) peuvent s'observer dans certains lacs tourbeux du sud de la Suède.

Mårdsjön, près de Norrtälje dans l'Uppland (Suède), héberge 17 espèces. Les massifs d'Aloès d'eau (*Stratiotes aloides*) permettent la reproduction d'*Aeshna viridis* et le développement des tremblants de sphaignes. *Coenagrion johanssoni* accompagne souvent ces deux espèces. Les roselières des lacs peu profonds de **Tåkern** et **Hornborgasjön**, dans le sud de la Suède, accueillent d'importantes populations de *Coenagrion armatum*, *Aeshna serrata*, *Somatochlora flavomaculata* ainsi qu'un grand nombre de *Sympetrum*. Au total, 40 espèces ont été observées dans les seuls environs de Tåkern dont *Epitheca bimaculata*. Le lac mésotrophe de **Dagstorpsjön**, au nord de Höör en Scanie (Suède), héberge des milliers d'individus les bonnes années. L'observation y est plus facile en bateau ou en canoë.

Les eaux saumâtres côtières de la mer Baltique sont particulièrement intéressantes, notamment le secteur situé en Uppland septentrional, près du petit village de **Hållnäs**. On y trouve notamment *Aeshna serrata*. D'autres lacs de cette région abritent d'abondantes populations de *Somatochlora flavomaculata*. L'île d'**Öland**, dans la Baltique, présente un plateau calcaire presque dépourvu de sol, un *alvar* ; jusqu'à 6 espèces de *Sympetrum* peuvent y être observées. On peut entreprendre la prospection de ce site par **Möckelmossen**, entre Resmo et Stenåsa, d'où partent plusieurs sentiers. Les zones humides du **Gotland** hébergent de belles populations d'*Aeshna isoceles*, tandis qu'a été redécouverte récemment la rare *Nehalennia speciosa*. Durant les dix dernières années, cet archipel de la Baltique a connu des afflux d'espèces par le sud et l'est, comme *Sympecma paedisca*, *Sympetrum fonscolombii*, *Erythromma viridulum* et *Anax imperator*.

Les lacs du sud de la région peuvent abriter de fortes populations de *Gomphus vulgatissimus*. **Algunnen**, dans le Småland (Suède), et de nombreux lacs dans la région de **Ry**, dans le Jutland (Danemark), abritent plus de 30 espèces dont *Aeshna subarctica* et *Libellula fulva*. *Aeshna serrata*, qui a récemment colonisé le nord du Jutland, peut être observée dans plusieurs lacs clairs à grandes roselières, comme **Han Vejle**. Les cours d'eau les plus intéressants sont le **Susån** à Næstved, dans le Zealand danois ou les rivières **Emån** et **Alsterån**, entre Kalmar et Oskarshamn (Suède). On y observe *Calopteryx splendens* et *C. virgo*, *Platycnemis pennipes*, *Pyrrhosoma nymphula*, *Gomphus vulgatissimus*, *Somatochlora metallica* et *Libellula fulva*. Dans le nord de la Suède, les rivières abritent essentiellement *Calopteryx virgo*, *Onychogomphus forcipatus* et *Cordulegaster boltonii*. *Ophiogomphus cecilia* peut être observé dans la rivière **Råne älv**, dans le Grand Nord. Ceux qui souhaitent prospecter ces cours d'eau nordiques peuvent visiter le secteur proche du lac **Siljan** en Dalarna, la région de **Klarälven** dans le Värmland ou celle de **Ljusnan** en Hälsingland.

G. Sahlén

Lac de tourbière dans le parc national de Nuuksio, Finlande

Finlande

Le paysage finnois typique est un mélange de forêts et d'eau. La forêt résineuse, qui couvre les deux tiers du pays, est émaillée d'innombrables lacs, mares, rivières ou ruisseaux. Les lacs sont particulièrement nombreux dans le Centre et le Sud-Est alors qu'au Sud-Ouest on trouve un vaste archipel de petites îles. Les tourbières et les marais couvrent de vastes surfaces dans le Nord. Le nombre d'habitats favorables aux libellules est absolument incroyable !

Soixante-deux espèces sont actuellement connues en Finlande. Les plus récentes acquisitions sont *Aeshna affinis* (2008), *Anax imperator* (2010), *Sympetrum pedemontanum* (2010), *Lestes virens* (2011), *Sympetrum fonscolombii* (2011), *Anax ephippiger* (2014) et *Stylurus flavipes* (2014). Pas moins de 25 espèces ont été trouvées au nord du cercle polaire et 16 atteignent la latitude de 68°30'N. *Aeshna caerulea* est l'espèce dominante en Laponie. Toutes les petites routes de l'intérieur des terres sont susceptibles de mener à de bons sites odonatologiques tels que des mares tourbeuses, des baies de lacs ou des petits cours d'eau. Le sud-est du pays (au nord et à l'est d'Hamina) présente l'odonatofaune la plus riche (au moins 45 espèces). Le secteur autour des lacs **Lohjanjärvi** et **Enäjärvi** (50-80 km à l'ouest d'Helsinki) est particulièrement recommandé. La plus grande diversité d'espèces se rencontre dans la seconde moitié de juillet, l'Odonate le plus commun étant *Coenagrion hastulatum*.

L'espoir d'observer des espèces rares telles qu'*Aeshna crenata*, *A. serrata* et *Somatochlora sahlbergi* conduit de nombreux odonatologues vers la Finlande. Les deux premières espèces sont relativement faciles à trouver. *A. crenata* a plus de chance d'être observée le long des crêtes des moraines de Salpausselkä, à environ 100 km au nord d'Helsinki, où les glaciers, en se retirant, ont laissé des blocs de glace qui ont formé des lacs profonds. Beaucoup de ces « marmites » abritent d'importantes populations, comme **Santastenlammi**, le long de la route qui relie

Tammela et Loppi. Il existe d'autres sites intéressants à 20-25 km au nord-ouest du centre d'Helsinki sur les hauteurs de Nuuksio, dans l'Espoo. L'espèce occupe plusieurs petits lacs forestiers sur les berges desquels se développent des tourbières plus ou moins larges, à la fois dans et hors des limites du **parc national de Nuuksio**. Le meilleur site pour voir *A. crenata* est peut-être la zone forestière entre les lacs Bodominjärvi et Nuuksion Pitkäjärvi ; le lac **Pikku Sorlampi**, notamment, offre de bonnes conditions d'observation. L'espèce émerge début juillet et sa période de vol s'étire jusqu'à la première semaine de septembre. Parmi les autres espèces boréales intéressantes visibles à Nuuksio, où 35 espèces ont été observées, on peut mentionner *Coenagrion johanssoni*, *Aeshna subarctica*, *Leucorrhinia albifrons* et *L. caudalis*.

Aeshna serrata s'observe le long des côtes méridionales et occidentales. Elle se reproduit dans les eaux saumâtres des petites criques riches en végétation aquatique. On peut facilement l'observer à **Uutela**, une petite réserve naturelle au sud-est d'Helsinki. Il existe d'autres localités intéressantes autour de la baie de **Lupinlahti**, en Hamina, et entre **Tvärminne** et **Hanko**. *Orthetrum cancellatum*, *Sympetrum striolatum* et la très rare *Nehalennia speciosa* sont aussi inféodés aux habitats saumâtres en Finlande. Il est préférable de chercher *Somatochlora sahlbergi* sur le fjell au sud de **Nuorgam** (municipalité d'Utsjoki), le village le plus septentrional de Finlande. Elle y abonde autour de plusieurs lacs profonds à l'est du lac de **Skáidejávri**. Le fjell Laassavaara au sud-est du lac **Kilpisjärvi** (municipalité d'Enontekiö), dans l'extrême nord-ouest du pays, est un autre site intéressant pour trouver cette espèce rare ; elle se reproduit dans plusieurs lacs de tourbières d'étendue faible à moyenne où poussent carex et linaigrettes.

M. Hämäläinen

Irlande

Le climat actuel de l'Irlande est tempéré mais, à l'apogée de l'époque glaciaire, tout le pays fut totalement recouvert par les glaces. Le sol est majoritairement recouvert de dépôts glaciaires qui empêchent un bon drainage des eaux. Le centre de l'île est constitué d'une basse plaine calcaire ponctuée de nombreuses zones humides. Les reliefs, qui n'atteignent cependant qu'une altitude modérée, se situent essentiellement aux marges de l'île. Plus froids et moins ensoleillés, ils n'abritent qu'une odonatofaune très appauvrie au-dessus de 200 m d'altitude. Trente-deux espèces ont été observées en Irlande, dont 24 se reproduisent, mais 4 n'ont pas été retrouvées depuis le début du XXe siècle. *Anax imperator* et *Aeshna mixta* ne sont apparues que depuis 2000.

Les marais et les lacs de la plaine centrale et de la ceinture de collines de la moitié nord de l'île sont les régions les plus riches en libellules. On trouve classiquement entre 8 et 10 espèces par site, les meilleures localités atteignant 13 ou 14 espèces. *Aeshna grandis*, *Brachytron pratense* et *Coenagrion pulchellum* sont les libellules les plus caractéristiques mais *Coenagrion lunulatum* est la spécialité locale. Les tourbières bombées étaient autrefois abondantes dans les vallées alluviales et les bassins des lacs, mais la plupart ont été exploitées pour la tourbe. Les tourbières intactes n'hébergent que quelques espèces tolérant les eaux acides (*Aeshna juncea* et *Pyrrhosoma nymphula* par exemple), mais là où la tourbe a été exploitée manuellement, des zones humides diversifiées et intéressantes se sont développées. **Montiaghs Moss**, près de Lough Neagh en Irlande du Nord, et **Boora Parklands**, près de Tullamore (Offaly), constituent de bons exemples. *Brachytron pratense*, *Coenagrion pulchellum* et *Sympetrum danae* sont habituellement communs dans tous les sites. Dans le Sud-Ouest, les tourbières et les étangs de la région de Killarney hébergent l'unique population irlandaise de *Somatochlora arctica* et de *Cordulia aenea*. Les meilleurs sites se situent dans le **parc national de Killarney**. Les zones humides temporaires des karsts de l'ouest de l'Irlande, dénommés *turloughs*, constituent un habitat odonatologique original, apprécié par *Lestes dryas* notamment. Les lacs alcalins peu profonds et naturellement oligotrophes des régions occidentales constituent le principal habitat d'*Orthetrum cancellatum* en Irlande.

B. Nelson

Grande-Bretagne

Les habitats britanniques sont variés, allant des marais pâturés arrière-littoraux aux petits lacs de montagne. La Grande-Bretagne constitue la limite septentrionale de répartition pour de nombreuses espèces communes sur le continent. En règle générale, la diversité spécifique décroît à mesure que l'on va vers le nord.

Une succession de flux migratoires a récemment permis l'installation d'espèces nouvelles venues du continent, d'autres ont étendu leur répartition vers le nord. À titre d'exemple, *Erythromma viridulum* a colonisé l'essentiel du sud-est de l'Angleterre au cours des deux dernières décennies et *Lestes barbarus* s'est installé le long de la côte orientale de cette région. Alors qu'il n'avait été signalé que trois fois avant 2009, *Chalcolestes viridis* est maintenant établi ; il n'est pas rare dans le sud-est de l'Angleterre, notamment dans l'Essex et le Suffolk. Considéré comme éteint depuis les années 1950, *Coenagrion scitulum* a récemment été retrouvé et en 2010, on a pu prouver qu'il se reproduisait. Le premier enregistrement de *Sympecma fusca* (2008) peut être le prélude d'une colonisation par une espèce qui progresse actuellement vers le nord de l'Europe continentale. Au total, on a enregistré au moins 58 espèces en Grande-Bretagne, la dernière addition étant *Somatochlora flavomaculata* (2018), bien que 13 espèces ne soient pas encore considérées comme établies.

Habitat de *Coenagrion mercuriale*, New Forest, Grande-Bretagne.

Dans le sud de l'Angleterre, les habitats les plus remarquables, où la diversité est la plus grande, sont associés aux landes et aux tourbières de plaine. Avec 28 espèces, **Thursley Common**, près de Guildford, est la zone la plus riche de Grande-Bretagne. On y trouve de belles populations de *Cordulia aenea*, *Ceriagrion tenellum*, *Orthetrum coerulescens*, *Somatochlora metallica* et *Sympetrum danae*. On trouve aussi, à **New Forest** (Hampshire), des zones de landes et de tourbières d'importance nationale, principal bastion de *Coenagrion mercuriale* pour le sud de l'Angleterre. Le piétinement des berges des mares et des ruisseaux par le bétail crée un habitat original que semble apprécier cette espèce. Elle est particulièrement abondante le long du Crockford Steam. **Mynydd Preseli**, dans le Pembrokeshire (pays de Galles), abrite aussi d'importantes populations de cette espèce qui fréquentent de petits ruisseaux drainant les tourbières des landes pâturées par le bétail. L'Agrion de Mercure se trouve aussi le long de quelques tronçons des rivières **Test** et **Itchen**, qui drainent les zones crayeuses du Hampshire. Il fréquente alors les réseaux de canaux et fossés des marais alluviaux pâturés.

Quelques bassins de rivières de plaine en Angleterre et au pays de Galles abritent des espèces rares. Bien que relativement abondante sur le continent, *Gomphus vulgatissimus* présente une répartition limitée en Grande-Bretagne. Un des meilleurs endroits pour observer les émergences massives de cette espèce au début de l'été se situe le long de la **Tamise** entre Goring et Pangbourne. *Libellula fulva* est aussi une espèce cantonnée à un nombre limité de rivières du sud et de l'est de l'Angleterre. Elle est relativement abondante sur la rivière **Arun** (Sussex) où l'on observe aussi *Gomphus vulgatissimus* et *Brachytron pratense*. L'apparition de l'espèce dans de nouvelles localités suggère qu'elle commence à étendre son aire de répartition.

Aeshna isoceles est rare en Grande-Bretagne, localisée à quelques sites du Suffolk et du Norfolk, où elle est généralement associée à l'Aloès d'eau (*Stratiotes aloides*). Les marais pâturés de **Norfolk Broads**, dans l'est de l'Angleterre, constituent un bon site d'observation. L' æschne se reproduit de façon assez abondante dans la réserve d'Upton Fen. Le bastion de la population de *Lestes dryas* se situe aussi dans l'est de l'Angleterre. Ce leste est localement abondant dans les canaux des marais pâturés de l'Essex et du Kent. Dans le Norfolk, on ne le trouve que dans les mares peu profondes, formées lors du retrait des glaciers à la fin de la dernière glaciation. **Thompson Common** et **Frost's Common** accueillent de belles populations.

De nombreuses espèces ont étendu leur aire de répartition vers le nord durant la dernière décennie.

Leucorrhinia dubia connaît, quant à elle, une nette rétraction d'aire. Sa localité la plus méridionale se situe désormais à **Chartley Moss**, dans le Staffordshire. Ce site, dont l'accès est contrôlé, est probablement un des meilleurs exemples de tremblants du pays (*schwingmoor*). L'espèce est aussi présente, plus au nord, à **Whixall Moss** (Shropshire) et dans quelques sites tels que **Scaleby Moss** en Cumbria. La leucorrhine n'est cependant réellement répandue que dans le nord de l'Écosse.

Les zones d'altitude d'Écosse ne sont peuplées que d'un nombre limité d'espèces mais peuvent présenter d'importantes populations d'Odonates rares. Les petits lacs des environs de **Glen Affric**, au nord-ouest de l'Écosse, hébergent de florissantes populations de *Cordulia aenea*, *Somatochlora arctica*, *S. metallica*, ainsi que de *Leucorrhinia dubia* et *Aeshna caerulea*. La répartition de *S. metallica* est une énigme. Elle présente deux noyaux de population : un en Écosse, l'autre au sud de l'Angleterre. L'Écosse abrite aussi une population en aire disjointe de *Coenagrion hastulatum*. On trouve cette espèce dans des mares peu profondes, notamment dans la région de **Loch Garten**, dans la vallée de la rivière Spey, au cœur des Highlands.

S. Cham

Pays-Bas

Formés par les deltas du Rhin et de la Meuse et recouverts d'argile et de tourbe, les Pays-Bas sont un des pays les plus humides d'Europe. Canaux et lacs d'anciennes tourbières sont abondants. Les plaines sont bordées à l'ouest de dunes côtières. Les moraines et les sols sableux de la partie orientale donnent à cette région un caractère plus continental. Soixante et onze espèces ont été identifiées à ce jour. *Anax ephippiger* et *Coenagrion scitulum* sont d'apparition récente : 1995 et 2003 respectivement.

Les *laagveen* constituent un habitat typiquement néerlandais : il s'agit de zones palustres engendrées par l'exploitation de la tourbe. L'alternance de *petgaten* (d'où la tourbe était extraite) et de *legakkers* (où la tourbe était séchée) crée une mosaïque de forêts, de roselières et d'étangs bordés d'une riche végétation palustre qui abrite des espèces rares dans les pays voisins. *Coenagrion pulchellum*, *Erythromma najas*, *Brachytron pratense*, *Cordulia aenea* et *Libellula fulva* sont communs. Les formations d'Aloès d'eau (*Stratiotes aloides*) hébergent d'importantes populations d'*Aeshna isoceles* et d'*A. viridis*. Un bon endroit pour découvrir ces espèces et ce milieu se situe à **Kromme Rade**, près de Hilversum, où un sentier permet de longer deux superbes canaux. *Leucorrhinia pectoralis* y est d'observation régulière. La zone la plus intéressante des Pays-Bas pour observer les libellules est sans nul doute le **Weerribben**. La recherche peut se faire le long des sentiers du **Woldlakebos**, mais il est également possible de louer un bateau à Ossenzijl ou à Kalenberg pour explorer directement les marais. L'unique localité néerlandaise de *Coenagrion armatum* est inaccessible mais l'autre spécialité locale, *Sympecma paedisca*, est commune ainsi que les espèces déjà citées. En outre, *Somatochlora flavomaculata*, *Leucorrhinia caudalis* et *Sympetrum depressiusculum* ont vu leur fréquence augmenter ces dernières décennies.

L'été, les dunes côtières sont de bons sites pour observer les afflux massifs d'*Aeshna mixta* et de sympétrums poussés par les vents d'est. En fonction des niveaux d'eau, les vallées peu profondes dans la réserve des dunes de Voorne (**Voornes Duin**) et près de **Hoek van Holland** peuvent héberger de belles colonies de *Lestes barbarus* et de trois autres espèces de *Lestes* ; certaines années, *Aeshna affinis*, *Sympetrum fonscolombii* et *S. meridionale* y sont aussi présentes (et s'y reproduisent parfois). *Coenagrion scitulum* remonte progressivement la côte et devrait bientôt dépasser Rotterdam.

Les grands fleuves qui ont façonné les Pays-Bas semblent dénués de libellules. Pourtant, sur chaque plage des bras du Rhin **Lek**, **Waal** et **Ijssel**, on peut trouver des exuvies de *Stylurus flavipes* et de *Gomphus vulgatissimus*. Ces deux espèces ont recolonisé les rivières néerlandaises à la fin des années 1990. La région frontalière avec la Belgique dans les secteurs de **Dorplein**, près de Weert, et des **Plateaux**, près de Bergeyk, est riche. On peut y observer 25 espèces en un week-end, dont *Somatochlora flavomaculata*, *Sympetrum depressiusculum* et *S. pedemontanum*. La région de **Meinweg**, près de Roermond, vaut aussi le détour. La rivière **Roer** présente une des faunes alluviales les plus riches du pays, avec la plus importante population néerlandaise d'*Ophiogomphus cecilia*. Les tourbières (*veen*) et les lacs (*ven*) parsemant les landes plantées de pins de Drenthe hébergent en grand nombre *Lestes virens*, *Ceriagrion tenellum*, *Coenagrion lunulatum* et *Leucorrhinia rubicunda*. Dans les tourbières à sphaignes, on trouve aussi *Aeshna subarctica*.

K.-D. B. Dijkstra

Belgique et Luxembourg

Bien que de petite taille, la Belgique présente une certaine diversité d'habitats. La partie septentrionale dispose d'un réseau hydrographique dense et de nombreuses zones humides. Le Nord-Est est recouvert de sols sableux pauvres, drainés de petites vallées tourbeuses. Les Ardennes, au sud, forment une région montueuse largement boisée, coupée de rivières aux eaux vives et claires.

Des tourbières se développent sur les reliefs de cette région arrosée et froide, au caractère nettement continental. Quelque 71 espèces d'Odonates ont été observées en Belgique, dont *Orthetrum albistylum*, ajoutée en 2016.

La Campine, au nord-est, présente la plus grande diversité odonatologique. On y trouve une localité riche de 48 espèces. Le meilleur endroit pour entreprendre des prospections est **Den Diel** à Mol-Postel ou **Hageven** à Neerpelt. Cette région, qui s'étire jusqu'aux Pays-Bas (*cf.* Plateaux), se compose d'une mosaïque de lacs mésotrophes (*vennen*), d'étangs et de ruisseaux. *Sympecma fusca*, *Brachytron pratense* et *Libellula fulva* y sont remplacées en été par *Sympetrum depressiusculum*, *S. pedemontanum*, *Orthetrum coerulescens* et *Ceriagrion tenellum*.

Plus à l'ouest s'étendent les landes de **Kalmthout** et **Groot Schietveld** à Brecht-Wuustwezel, qu'il vaut mieux visiter au printemps quand *Coenagrion lunulatum* et *Leucorrhinia rubicunda* sont abondants. Les landes de **Teut** à Zonhoven, ou celles de **Zijpbeek** à Lanaken, méritent aussi d'être visitées. On y trouve *Coenagrion hastulatum*, *Ceriagrion tenellum*, *Somatochlora arctica*, *S. flavomaculata* et *Orthetrum coerulescens*. Les bras morts des rivières Escaut (près de Gand) et Creek à Rupelmonde abritent *Erythromma najas*, *Coenagrion pulchellum*, *Libellula fulva* et *Brachytron pratense*.

Les **Ardennes** sont réputées pour les espèces des rivières. Les cours d'eau les plus intéressants sont l'Ourthe, la Lesse et la Semois où se développent de nombreuses populations d'*Onychogomphus forcipatus*, *Calopteryx splendens* et *Gomphus vulgatissimus*. La population la plus septentrionale d'*Oxygastra curtisii* s'observe le long de l'Ourthe, entre Barvaux et Durbuy. Plus en amont et dans la plupart des petits affluents, *Calopteryx virgo* et *Cordulegaster boltonii* sont assez communs. Les tourbières d'altitude les plus intéressantes des Ardennes se situent sur le **Plateau des Tailles**, près de la Baraque de Fraiture et sur les **Fagnes de Spa-Malchamps**. Les spécialités odonatologiques sont *Aeshna subarctica*, *Somatochlora arctica* et *Coenagrion hastulatum*.

À l'extrême sud, en **Gaume**, la faune est originale. On trouve des populations de *Cordulegaster bidentata* dans les sources pétrifiantes (*crons*) proches de Buzenol. *Coenagrion mercuriale*, *C. scitulum*, *Libellula fulva* et *Orthetrum brunneum* peuvent être observés dans la vallée de Laclaireau, entre Buzenol et Ethe. À Landbruch, près de Vance, se développe une population de *Somatochlora flavomaculata*. Avec de la chance, on peut rencontrer des espèces méridionales dans plusieurs étangs de la région (Étalle, Latour) telles qu'*Anax parthenope* et *Aeshna affinis*.

La faune du **Luxembourg** est similaire à celle du sud-est de la Belgique. La seule population d'*Oxygastra curtisii* du Grand-Duché et d'Allemagne se situe sur la rivière frontalière Our.

G. de Knijf

Allemagne

Des mers du Nord et de la Baltique aux Alpes, l'Allemagne offre une grande variété de sites favorables aux libellules. On y trouve une grande diversité d'habitats : de grands fleuves comme le Rhin, l'Elbe, l'Oder ou le Danube ; des plaines ponctuées de lacs au nord-est ; des montagnes basses pourvues de sources, ruisselets et tourbières ; des landes et zones tourbeuses d'origine glaciaire au sud. Les 81 espèces d'Allemagne (77 considérées comme établies) sont toutes strictement protégées. La capture et la collecte sont interdites sans autorisation spéciale. Les exuvies peuvent être ramassées hors des réserves naturelles.

Le nord-ouest de l'Allemagne était autrefois particulièrement riche en landes et en tourbières. Malgré les mises en culture, on trouve encore aujourd'hui de bons sites à *Coenagrion lunulatum*, *C. hastulatum*, *Aeshna subarctica* et *A. juncea* dans la région de la **Lande de Lunebourg**, et tout particulièrement autour de Celle. En mai, on peut observer de nombreuses *Leucorrhinia rubicunda* et *L. dubia*. Un microclimat favorable permet la présence dans ces tourbières de *Ceriagrion tenellum*, *Lestes virens* ou *Orthetrum coerulescens*. Les affluents de l'**Elbe** et de l'**Aller** sont riches en *Ophiogomphus cecilia*, *Cordulegaster boltonii*, *Calopteryx virgo* et *Platycnemis pennipes*. La particularité locale est la population importante mais extrêmement isolée de *Boyeria irene* découverte en 2010 sur la rivière **Örtze**. L'espèce s'observe principalement entre Hermannsburg et la confluence de la rivière avec l'Aller, par exemple juste au sud d'Eversen et autour du pont à l'est de Winsen. Les bras morts de la zone d'expansion de crue de l'Aller, et les fossés dans celle de la **Weser**, près de Brême, sont connus pour leurs populations d'*Aeshna viridis* et de *Coenagrion pulchellum*.

Les quelque 5 000 lacs, étangs et mares du **Mecklenbourg** et du **Brandebourg** forment un réseau de zones humides long de 300 km entre Schwerin et Francfort-sur-l'Oder. *Sympecma fusca*, *Brachytron pratense*, *Aeshna isoceles*, *Anax parthenope* et *Libellula fulva* s'observent le long des ceintures de roseaux qui bordent les lacs ou les canaux. Toutes ces espèces, ainsi qu'*Epitheca bimaculata*, sont visibles durant une excursion en bateau sur les lacs des environs de Templin. Dans la réserve de la biosphère de Schorfheide-Chorin, 40 espèces d'Odonates peuvent être observées au cours d'un week-end ensoleillé de juin. On repère facilement les mâles d'*Onychogomphus forcipatus* sur les plages du lac Gollinsee. L'odonatofaune des étangs peu profonds, riches en hydrophytes et aux berges marécageuses, peut révéler 38 espèces dont *Leucorrhinia caudalis*, *L. pectoralis*, *Sympecma paedisca*, *Erythromma viridulum* et *Somatochlora flavomaculata*. Le lac Streißsee, près de Metzelthin, dans l'ouest de l'Uckermark, est facilement accessible. Les gouilles de tourbière abritent des populations de *Leucorrhinia albifrons* et *Aeshna subarctica*.

Durant une bonne partie du XXe siècle, l'**Oder** et la **Spree** ont été le principal refuge allemand pour *Stylurus flavipes*, *Gomphus vulgatissimus* et *Ophigomphus cecilia*. De nos jours, l'**Elbe** joue un rôle important pour ces espèces. Les zones humides temporaires proches abritent *Aeshna affinis* et *Lestes barbarus*. *Aeshna viridis* fréquente les formations d'Aloès d'eau (*Stratiotes aloides*), qui se développent dans les canaux et les mares de l'ancien lit majeur de la rivière **Havel**, à l'ouest de Berlin, ainsi que dans les anciennes exploitations de tourbe de la vallée de la **Peene**, près d'Anklam. Les fossés de drainage de l'affluent de la rivière **Unstrut**, entre Sangerhausen et Gotha, sont de bons sites pour rechercher *Coenagrion mercuriale* et *C. ornatum*, tous deux en limite de répartition.

Les tourbières d'altitude des **Monts Métallifères**, de la **Forêt de Thuringe** et du **Harz** constituent l'habitat d'*Aeshna subarctica*, *Somatochlora alpestris* et *S. arctica*. D'intéressantes communautés de libellules se développent dans les anciennes zones minières entre **Cottbus** et **Halle**. *Lestes virens*, *Ischnura pumilio*, *Orthetrum coerulescens*, *O. brunneum*, *Sympetrum fonscolombii*, *Leucorrhinia dubia* et *L. albifrons* peuvent être observés dans les grands lacs récents, les eaux temporaires et les suintements.

Les *Heidemoore* de Rhénanie-du-Nord-Westphalie sont de bons sites odonatologiques. Il s'agit de petites zones humides tourbeuses coincées entre des dunes continentales. On peut découvrir ce milieu à **Wahner Heide**, près de Cologne, ou dans la réserve naturelle de **Schwalm-Nette**, près de Viersen. Les *Schlatts* sont des étangs d'origine glaciaire que l'on trouve en Basse-Saxe. Le meilleur exemple sont les deux lacs de **Dianasee**, près de Cloppenburg. Les vastes tourbières d'autrefois (les *Dosen*) ont disparu, à l'exception de quelques espaces relictuels tels que **Esterweger Dose** dans l'Emsland. On y trouve *Lestes virens*, *Ceriagrion tenellum*, *Coenagrion lunulatum* et *Aeshna subarctica*. Les *Kuhlen* (bras morts et marais) tels que ceux de **Fleutkuhlen**, près de Geldern, sont typiques de la **basse vallée du Rhin**. Les espèces les plus remarquables sont *Brachytron pratense* et *Libellula fulva*. Les grands systèmes d'étangs piscicoles de **Dülmener** et **Ahlhorner** sont régulièrement vidés en hiver, ce qui semble favoriser *Sympetrum depressiusculum*.

À la frontière entre la Rhénanie-Palatinat et le Luxembourg, la rivière **Our** abrite la seule population allemande connue d'*Oxygastra curtisii*. Dans les plaines du **Rhin supérieur**, entre Karlsruhe et Freiburg, on trouve de bons sites à *Coenagrion mercuriale*. Des espèces méridionales telles qu'*Anax parthenope*, *Crocothemis erythraea* et *Orthetrum albistylum* s'y observent facilement. Les sources et les ruisseaux des pentes occidentales de la **Forêt-Noire** hébergent *Cordulegaster bidentata* et *C. boltonii*. Le **haut Rhin**, partie du fleuve située entre le lac de Constance et Bâle, abrite l'unique localité allemande de *Gomphus simillimus*.

Boyeria irene peut être observée le long des berges du **lac de Constance**. Près d'Ulm, le lac temporaire de **Schmiechener See** constitue un site de reproduction optimale pour *Lestes dryas*, *Sympetrum flaveolum* et parfois même *S. meridionale*.

Zone humide dans le Chiemgau, sud de l'Allemagne.

La **Franconie centrale** est réputée pour ses populations de *Stylurus flavipes*, *Gomphus vulgatissimus* et *Ophiogomphus cecilia* qui peuplent les grandes rivières comme la Regnitz. Une population exceptionnelle de *Coenagrion ornatum* a proliféré dans les fossés du bassin de la rivière Altmühl, autour d'Ansbach. Les gravières et les bras morts de la vallée du **Danube** aux environs de **Plattling** permettent d'observer (aux jumelles) les interminables allées et venues des mâles d'*Epitheca bimaculata* et de collecter ses impressionnantes exuvies (si l'on ne craint pas les ronciers). *Sympetrum pedemontanum* est typique de la plaine des environs de **Munich** et de leurs zones humides temporaires. Dans les fossés et les ruisseaux de ce secteur réside une importante population de *Coenagrion mercuriale*, accompagnée d'*Orthetrum coerulescens*. Dans les régions de l'**Allgäu**, du **Werdenfelser Land**, de l'**Oberland** et du **Chiemgau**, de nombreuses zones humides d'origine glaciaire, dont beaucoup sont en réserve naturelle, forment une large ceinture au nord de la chaîne des Alpes. Citons par exemple Murnauer Moos, Kirchsee ou le secteur du lac près de Eggstätt et Seeon. On y trouve notamment *Sympecma paedisca*, *Coenagrion hastulatum*, *C. pulchellum*, *Aeshna isoceles*, *A. subarctica*, *Somatochlora arctica*, *S. flavomaculata*, *Leucorrhinia caudalis* et *L. albifrons*. Les odonatologues les plus efficaces pourront peut-être même découvrir le petit joyau local, la très menacée *Nehalennia speciosa*. En prenant de l'altitude dans les Alpes, on peut trouver la rare *Aeshna caerulea* dans les tourbières à sphaignes des sommets surplombant Obersdorf.

F. Weihrauch, R. Jödicke, A. Martens, R. Mauersberger

Pologne, Estonie, Lituanie, Lettonie, Biélorussie et Ukraine

Les plaines parsemées de zones humides d'origine glaciaire dominent cette vaste région. Les seuls reliefs montagneux se situent au sud de la Pologne et en Ukraine (monts des Sudètes et chaîne des Carpates). Le climat continental prédomine. Les paysages sont extrêmement variés : taïga au nord ; forêts tempérées plus au sud ; montagnes au sud-ouest et steppes au sud-est.

Une des caractéristiques de la région réside dans l'abondance et la diversité des habitats aquatiques primaires. Les lacs, aux statuts trophiques variés, s'étendent le long d'une large bande qui traverse le nord de la Biélorussie, le sud-est de l'Estonie, l'est de la Lettonie, l'est et le sud de la Lituanie jusqu'au nord et au centre de la Pologne. Les tourbières et les étangs bordés de tremblants à sphaignes deviennent moins fréquents à mesure que l'on va vers le sud. Les marais et bas marais se trouvent dans les régions de lacs ou les vallées. Les fleuves et les rivières ne sont pas aménagés (c'est moins vrai dans le Sud-Ouest) et sont souvent associés à un chevelu de petites vallées intactes.

Au moins 80 espèces ont été répertoriées dans la région, les additions notables les plus récentes étant *Lindenia tetraphylla* (Ukraine, 2013) et *Pantala flavescens* (Pologne, 2016). Cette région marque la limite nord pour de nombreuses espèces méditerranéennes. La richesse en espèces orientales est remarquable et la région constitue désormais un important refuge pour ces libellules qui se font rares en Europe occidentale et centrale. La connaissance odonatologique est moyenne en Pologne, en Lituanie, en Lettonie et en Ukraine, limitée en Estonie et en Biélorussie. Son amélioration constituera à terme un des principaux challenges pour les odonatologues européens.

Les eaux acides où se développent les sphaignes sont abondantes dans les zones forestières boréales et tempérées. Elles abritent *Aeshna subarctica* (régulièrement), *Leucorrhinia albifrons* (fréquemment) et *Nehalennia speciosa* (localement et seulement dans les cariçaies peu profondes à *Carex limosa* et *C. lasiocarpa*). *Aeshna crenata* et *Coenagrion johanssoni* ne se reproduisent que dans cet habitat et uniquement dans la partie nord de la région des lacs. Dans les étangs de la tourbière située à 2 km à l'est de Golce (23 km NNO de Piła, N Pologne), les *N. speciosa* sont nombreuses et accompagnées de *L. albifrons* et *A. subarctica*. Dans le **parc régional de Labanoras** et dans les forêts plus au sud (E Lituanie), les mêmes habitats abritent la même odonatofaune mais *Aeshna crenata* s'y ajoute. Dans les petits lacs de l'est de la Lituanie et du sud-est de l'Estonie, *Coenagrion johanssoni* augmente le cortège (mais *A. crenata* est absente). Il est abondant au lac près de **Vinnora** (1,2 km au sud-ouest de l'angle sud-occidental du lac de Kerigumaë, Estonie). Le lac **M. Paikis**, le long de la route vers Pskov, à 3 km au sud-ouest de Korneti, et le lac **Lidacis**, entre le lac de Garulis et Cirgali (N Aumeisteri, Lettonie), valent aussi la visite.

Les tourbières au sud de la région des lacs, souvent forestières et de petite taille, sont généralement occupées par *Somatochlora arctica* et localement par *N. speciosa*. Ces deux espèces peuvent aussi être observées dans le sud-est de la Pologne, à 1 km au sud-est d'**Hamernia** par exemple. *S. arctica* apprécie les petits étangs totalement recouverts de sphaignes situés à 0,7 km au sud de **Majdan Kasztelanski**. En fin de printemps, cette espèce forme des rassemblements au sud de **Khvaensk** (Hvoyensk) dans le **parc national de Prypiatskii** (Biélorussie). La tourbière de **Simanichy** (Simonichi), toute proche, abrite *A. subarctica*, *L. albifrons* et *N. speciosa*.

En mai, on peut trouver de nombreuses exuvies d'*Epitheca bimaculata* le long des berges des lacs forestiers, par exemple dans le **parc national Drawienski** (NO Pologne) ; la région des lacs de **Ława** (N Pologne) ; le lac **Golosiivski** (Goloseevskie) à Kyiv (Kiev) et le lac de **Supii** (Supoy) près de Yahotyn (Ukraine). Fin mai et en juin, les adultes volent au-dessus des lacs ou dans les clairières forestières et le long des lisières des environs. Les lacs des pays baltes et du nord de la Pologne sont d'excellents habitats pour les leucorrhines. *L. albifrons* est largement répandue et localement commune. C'est une espèce caractéristique des lacs légèrement acides, pauvres en nutriments, caractérisés par la présence d'une végétation spécialisée (*Lobelia*, *Isoetes*, *Litorella*), des eaux limpides et de faibles concentrations en calcium. Les lacs de **Czarnówek**, au nord de Złocieniec, ou de **Bieskowichie**, près de Bieskowice, en constituent de bons exemples. *L. caudalis* est généralement dispersée mais n'est pas rare dans le Nord. En juin et début juillet, elle fréquente les lacs de **Łąkie**, à 5 km au sud de Goscim dans l'ouest de la Pologne (en compagnie d'*Erythromma lindenii*), et la partie sud-est du lac de **Šventas**, dans le parc régional de Gražute, au nord-est de la Lituanie (bateau nécessaire dans les deux cas). Deux autres lacs valent le détour dans le sud-est de l'Estonie. Il s'agit du lac de **Külajärv**, près de Plaani (avec *L. albifrons*) et **Vaaba järv**, près de Kooraste.

Les zones humides colonisées par l'Aloès d'eau (*Stratiotes aloides*) et peuplées par *Aeshna viridis* sont aussi caractéristiques du nord-est de l'Europe. Les bras morts et autres zones humides au nord de **Khvaensk** (Hvoyensk) en Biélorussie, l'observatoire

Lac dans la forêt de Bialowieža, nord-est de la Pologne.

de la rive sud-est du lac **Łukie** dans le parc national de Poleski, les zones d'exploitation de tourbe au nord de Dorohucza (Pologne orientale) et les environs de Borne Sulinowo (N Pologne) sont tous de bons endroits pour observer cette espèce. Si vous visitez les deux premiers sites en mai, il faut chercher *Coenagrion armatum* là où les hélophytes ne sont pas trop denses.

Les rivières de plaine hébergent de belles populations de Gomphidae. *Ophiogomphus cecilia* fréquente divers types de cours d'eau mais il est plus facile à observer dans les petites rivières comme celles du **parc national de Drawienski** ou la rivière **Grabia** (respectivement nord et centre de la Pologne). La région se situe au centre de l'aire de répartition de *Stylurus flavipes*. On trouve ses exuvies en grand nombre sur les berges de nombreuses rivières larges comme la **Warta**, **Wisła**, **Pilica**, **Narew**, **Bug** (Pologne, même au sein de villes comme Varsovie ou Poznan), **Nioman/ Nemunas** (Biélorussie, Lituanie), **Prypiats** (Pripyat), **Biarezina** (Berezina, Biélorussie), **Dnipr** (Dnepr) et **Vorskla** (Ukraine).

Les rivières et cours d'eau de montagne et des piémonts du sud de la **Crimée** (rivières **Alma** et cours d'eau des environs de **Simferopol**) hébergent des populations de *Calopteryx splendens* dont la coloration alaire est très réduite, parfois traitée comme une espèce endémique : *C. taurica*. En Crimée, les points d'eau de la zone steppique hébergent de florissantes populations de *Lestes macrostigma* et *Sympetrum meridionale*.

Les habitats originaux abritent des espèces originales : *Sympetrum pedemontanum* colonise de petits cours d'eau tels que des fossés, des ruisseaux, des petites rivières souvent proches ou traversant des étangs ou des marais. Les fossés près des étangs de **Chojno-Młyn** (O Pologne), la rivière **Neresla** et les cours d'eau proches à Tykocin (NE Pologne) et les pièces d'eau stagnante d'une gravière à **Matuizos** (S Lituanie) peuvent permettre d'observer l'espèce. *Aeshna serrata* se trouve dans des eaux douces ou saumâtres riches en roseaux qui bordent ou sont proches de la Baltique. **Saaremaa**, une île au large de l'Estonie, est un bon site d'observation. Les jumelles sont souvent nécessaires pour repérer les mâles qui patrouillent le long des roselières dans les baies littorales ou les lagunes. *Aeshna serrata* chasse aussi dans les clairières et lisières forestières.

En plus des habitats naturels, les zones humides d'origine anthropique sont nombreuses dans la région et jouent parfois un rôle important pour les libellules. En Pologne, on peut facilement accéder à d'anciennes zones d'exploitation de tourbe près du lac de **Strzeszynskie** et de la rivière **Bogdanka** à Pozna (*Leucorrhina caudalis*, *L. pectoralis*, *L. albifrons*) ou à 0,8 km au sud-est de **Zagłębocze**, dans la zone tampon du parc national de Poleski où un odonatologue attentif peut aussi observer *Nehalennia speciosa*, *Aeshna subarctica*, *L. albifrons*, *L. pectoralis* et *Sympecma paedisca*. Cette dernière espèce est localement abondante dans la région. Dans l'est de la Pologne, elle peut être observée en nombre dans les étangs de **Zalesie Kanskie**, près de Rejowiec, ou à 3 km au sud-ouest de **Brus Stary**, dans le parc national de Poleski. Après une extension récente de sa répartition, *Orthetrum albistylum* est aujourd'hui largement distribué dans les étangs, gravières et sablières (mais aussi dans les pièces d'eau naturelles) du sud-ouest de la Pologne et de l'Ukraine. Le sud de la région est favorable aux espèces d'affinité méditerranéenne. Les meilleures localités se situent en Ukraine, où il est facile de rencontrer *Aeshna affinis* et *Sympetrum meridionale*. On peut visiter les environs de **Kaniv**, **Baryshivka** et **Yahotyn** (N et C Ukraine) où *Orthetrum albistylum* est aussi présent.

R. Bernard, P. Buczyński

France

La France est soumise à des influences climatiques atlantiques et méditerranéennes. Les paysages sont variés, se répartissant du niveau de la mer jusqu'à 4 808 m d'altitude. L'odonatofaune est diversifiée, composée de 97 espèces de diverses origines. Dix ne s'observent que dans le sud-ouest de l'Europe, parmi lesquelles figurent plusieurs endémiques de la péninsule Ibérique et de la France, comme *Platycnemis latipes*, *P. acutipennis*, *Gomphus graslinii* et *Macromia splendens*. Le quart des espèces a une répartition essentiellement méditerranéenne et plusieurs ne s'observent qu'en Corse. Sept sont d'origine africaine. Certaines ont récemment étendu leur aire de répartition vers le nord.

Le peuplement odonatologique varie selon les régions. Les cours d'eau aquitains et méditerranéens hébergent la majeure partie des espèces du Sud et du Sud-Ouest. On peut y observer quasiment partout *Calopteryx xanthostoma*, *Platycnemis latipes*, *P. acutipennis*, *Gomphus simillimus*, *Oxygastra curtisii* et *Calopteryx virgo meridionalis*. *Gomphus graslinii* et *Macromia splendens* sont deux espèces protégées, dont la répartition est plus limitée. On les trouve dans le quart sud-ouest, du Rhône à la Charente. *Gomphus graslinii* s'observe sans difficulté dans les cours d'eau à courant lent à modéré, souvent en compagnie de *Boyeria irene*. *Macromia splendens* est beaucoup plus difficile à voir hormis dans quelques secteurs du sud du **Massif central** et des plaines du **Languedoc**. Elle fréquente indifféremment des tronçons naturellement calmes de rivières (**gorges de l'Ardèche**) ou des zones aménagées de barrages (**Tarn** entre Millau et Albi, par exemple).

Si *Coenagrion mercuriale*, *Ceriagrion tenellum* et *Calopteryx haemorrhoidalis* sont répandus dans les ruisseaux riches en végétation, *C. caerulescens* est, quant à lui, extrêmement localisé. La sous-espèce *immaculifrons* de *Cordulegaster boltonii* s'observe dans les ruisseaux sableux à l'est du Rhône. Les cours d'eau des piémonts méridionaux des Alpes et du Massif central présentent de belles populations d'*Onychogomphus forcipatus unguiculatus*. *O. uncatus* s'observe dans les tronçons de rivières à courant vif. Les **bras morts du Rhône** permettent d'observer de belles populations de *Sympetrum depressiusculum* et *S. pedemontanum*, notamment à proximité de Bourg-Saint-Andéol et Pierrelatte.

Les eaux saumâtres de la zone méditerranéenne, notamment en **Camargue**, sont propices au développement de *Lestes barbarus*, *L. macrostigma* (très localisé), *Anax parthenope*, *A. ephippiger*, *Sympetrum fonscolombii* et *S. meridionale*. Arrivé en France continentale en 1994, *Trithemis annulata* est maintenant assez répandue dans le Sud et le Sud-Ouest. L'espèce apparentée *T. kirbyi* devrait suivre, ayant été observée pour la première fois à cinq endroits en 2017.

En **Corse**, outre les nombreuses espèces méditerranéennes et les observations d'espèces rares, comme *Lindenia tetraphylla*, *Brachythemis impartita*, *Selysiothemis nigra* et *Orthetrum trinacria*, on trouve une endémique tyrrhénienne, véritable spécialité locale : *Ischnura genei*. Comme en Sardaigne et en Sicile, elle est répandue dans tous les types d'eaux stagnantes à faiblement courantes. On trouve aussi en Corse *Chalcolestes parvidens*, *Somatochlora meridionalis* et *Paragomphus genei*, mais ces espèces sont rares et ne s'observent que par chance ou après d'attentives prospections. Le **parc naturel des Landes de Gascogne** est riche en lacs et en étangs. Sur certaines « lagunes » coexistent *L. caudalis*, *L. pectoralis* et *L. albifrons*. Les densités de *Lestes dryas* et de *Libellula quadrimaculata* peuvent être remarquables. Le long du rivage, entre Loire et Gironde, se succèdent une série de vastes marais arrière-littoraux. C'est dans les formations denses de Scirpe maritime (*Bolboschoenus maritimus*) qu'il faut rechercher *Lestes macrostigma*. Cette espèce en aire disjointe peut localement être très abondante. Elle se développe souvent en compagnie de milliers de *L. barbarus*, *L. dryas*, *L. virens*, *Ischnura pumilio*, *Aeshna affinis*, *Sympetrum meridionale* et *S. fonscolombii*. Entre septembre et octobre, le long des côtes, on peut observer des déplacements massifs de libellules, impliquant souvent des millions d'individus. Ce déferlement, très largement dominé par *Sympetrum striolatum*, peut durer plusieurs semaines et s'observe très facilement sur le rivage de la **Charente-Maritime** notamment.

Rivière à bancs de galets, gorges du Tarn, Cévennes, France.

Lac de la haute vallée du Drugeon, Jura, France.

Le **bassin de la Loire** présente un intérêt odonatologique majeur, notamment pour les Gomphidae. *Stylurus flavipes* et *Ophiogomphus cecilia* sont relativement communs. Les meilleurs tronçons pour les observer se situent sur la Loire et la Vienne dans le département de l'**Indre-et-Loire**, la Loire dans le département du **Loiret**, la Loire et l'Allier dans le département de la **Nièvre**. On peut aussi y observer *Gomphus vulgatissimus*, *G. simillimus*, *G. pulchellus*, *Onychogomphus f. forcipatus* et, au niveau des tronçons plus rapides, *O. uncatus*. La **réserve naturelle du Pinail**, dans la Vienne, au nord-est de Poitiers, permet l'observation facile de *Leucorrhinia pectoralis* et *L. caudalis*. On retrouve aussi ces espèces dans les étangs de la **Brenne**, près de Châteauroux, où *Epitheca bimaculata* a été découverte il y a quelques années. Une population relictuelle en aire disjointe de *Coenagrion ornatum* se maintient dans les ruisselets d'une petite zone géographique centrée sur l'ouest de la **Saône-et-Loire**. L'espèce, rare et menacée, se développe dans des ruisselets ouverts, situés à moins de 600 m d'altitude, souvent en compagnie de *C. mercuriale*.

En Lorraine et en Champagne-Ardenne, les étangs pourvus d'une abondante végétation aquatique et de roseaux sur leurs marges abritent d'importantes populations d'*Epitheca bimaculata*. Il faut chercher l'espèce mi-mai, en période d'émergence, dans les zones boisées du **parc naturel régional de Lorraine**, notamment dans le **pays des Étangs**, au centre de la Moselle, ou dans la **forêt de la Reine**, à l'ouest de Nancy. On y observe également *Leucorrhinia caudalis* et des espèces plus répandues comme *Aeshna isoceles*, *Brachytron pratense*, *Crocothemis erythraea*, *Erythromma viridulum* et *Lestes virens*. Dans le Territoire de Belfort, au sein du **parc naturel régional des Ballons des Vosges**, on peut observer *Sympetrum pedemontanum* sur de nombreux étangs piscicoles artificiels. Les ruisseaux sableux du nord-est de la Lorraine et du nord-ouest de l'Alsace, particulièrement dans les **Vosges du Nord**, abritent de belles populations d'*Ophiogomphus cecilia*, accompagnées de *Cordulegaster boltonii*, *Gomphus vulgatissimus* et *G. pulchellus*.

Les **régions montagneuses** sont peuplées d'une odonatofaune distincte, incluant des populations relictuelles d'espèces boréales. Les tourbières constituent les milieux les plus intéressants. On y observe facilement *Enallagma cyathigerum*, *Pyrrhosoma nymphula*, *Aeshna grandis*, *Cordulia aenea*, *Somatochlora metallica* et *Libellula quadrimaculata*. *Somatochlora arctica* est répandue dans les tourbières favorables à des altitudes variables (sauf dans les Pyrénées où elle est localisée). *S. alpestris* présente une répartition altitudinale plus restreinte. Il ne se reproduit dans les Vosges et le Jura qu'au-dessus de 800 m, et généralement au-delà de 1 800 m dans les Alpes. On le trouve relativement facilement à quelques kilomètres au nord du col de Salèse, dans le **parc national du Mercantour**. Alors que *Coenagrion hastulatum*, *Aeshna juncea*, *Leucorrhinia dubia* et *Sympetrum danae* sont des espèces relativement fréquentes dans la plupart des tourbières de montagne, *Aeshna subarctica elisabethae* est rare et ne se reproduit en France que dans les **Vosges** et le **Jura**, au-dessus de 700 m. *C. lunulatum* n'existe plus que dans le Massif central, entre Cantal et Puy-de-Dôme. Enfin, *Cordulegaster bidentata* est à rechercher près des sources pétrifiantes et des ruisselets. Certaines populations se développent à basse altitude, notamment dans le quart nord-est de la France.

J.-P. Boudot, G. Jacquemin, P. Jourde

Suisse

La Suisse est un petit pays montagneux, dont les trois quarts de la surface se partagent entre Alpes au sud et Jura à l'ouest. Entre ces chaînes de montagnes s'étend le Plateau. Il s'agit d'une plaine densément peuplée et intensément cultivée, vallonnée de collines et ponctuée de grands lacs.

Avec 77 espèces, l'odonatofaune est riche étant donné la physionomie du pays. Elle comprend des éléments méditerranéens et alpins. La présence de *Boyeria irene* autour du **lac des Quatre-Cantons** (lac de Lucerne), du **lac de Zoug** et du **lac d'Ägeri**, et celle d'*Oxygastra curtisii* au bord des **lacs de Lugano et d'Origlio** sont exceptionnelles pour l'Europe centrale. La région alpine comprise entre 1 200-2 000 m d'altitude recèle de nombreuses mares, zones tourbeuses et une multitude de petits lacs dans des paysages somptueux. À partir de la limite des arbres, la diversité spécifique se réduit à quelques Odonates spécialisés. De nombreux sites sont isolés, petits, difficiles à trouver et uniquement accessibles à pied. D'autres peuvent être atteints en voiture ou par les transports publics. La meilleure période de prospection se situe entre juillet et août. Il convient de noter que la collecte des libellules est interdite en Suisse.

Les tourbières constituent un des habitats caractéristiques du **Jura**, bien que la majorité ait été endommagée par l'exploitation passée de la tourbe. L'étang de **la Gruère**, près de Saignelégier, est un petit lac de tourbière. Situé à 1 000 m d'altitude, il héberge 22 espèces dont *Coenagrion hastulatum* et *Aeshna juncea*, typiques de la région. Les étangs piscicoles de **Bonfol**, en partie situés dans les bois, sont le meilleur endroit pour pouvoir observer *Epitheca bimaculata* en Suisse. On y trouve 40 espèces dont *Libellula fulva* et *Anax parthenope*.

Au nord du piémont jurassien, dans le **Plateau**, s'étend le lac de **Neuchâtel**. **La Grande Cariçaie**, dans la partie méridionale, comprend 800 ha de roselière et de cariçaie gérées. On y a observé 45 espèces d'Odonates dont d'importantes populations de *Sympecma fusca*, *Nehalennia speciosa*, *Brachytron pratense* et *Somatochlora flavomaculata*. Le meilleur point d'observation se situe à **Champ-Pittet**, près d'Yverdon. Dans la partie germanophone du Plateau, le **Greifensee**, près d'Uster, présente aussi une odonatofaune riche, notamment grâce à la création récente de plusieurs étangs dans la partie méridionale du lac. Ceux-ci ont été colonisés par plus de 35 espèces. Outre les libellules communes des plaines, des espèces rares et méridionales peuvent y être observées comme *Orthetrum albistylum*, *Sympetrum fonscolombii* et *Crocothemis erythraea*. Les ruisseaux abritent *Calopteryx virgo* et *C. splendens*. De l'exutoire de la rivière **Glatt** émergent chaque année de nombreux *Gomphus vulgatissimus* et *Onychogomphus forcipatus*.

Dans les Alpes, la région de **Flumserberg**, en surplomb est du lac de Walenstadt, est un bon site pour observer certaines espèces alpines typiques. Les alpages de **Panüöl** et de **Fursch**, avec leurs pièces d'eau de tailles variées, situés juste au-dessus de la limite des arbres, sont accessibles à pied depuis la station téléphérique de Maschgakamm. On y trouve *Aeshna juncea*, *A. caerulea*, *Somatochlora alpestris* et *Leucorrhinia dubia*. Dans les trois petits lacs de **Seebenalp**, 11 espèces ont été recensées, dont de belles populations de *Somatochlora metallica* et *Enallagma cyathigerum*, seul Zygoptère à survivre à cette altitude.

La haute Engadine, large vallée d'altitude des Grisons, est aussi intéressante pour les espèces alpines. **Lej da Staz**, près de la station de Saint-Moritz, est un petit lac de tourbière où vivent trois espèces de *Somatochlora*, ainsi qu'*Aeshna caerulea*, *A. subarctica*, *Leucorrhinia dubia* et *Coenagrion hastulatum*. La même faune s'observe plus haut dans la vallée, notamment dans les tourbières près de **Maloja** et du lac de **Cavloc**. En basse Engadine, près de Scuol-Tarasp, un petit lac, dénommé **Lai Nair** du fait de ses eaux noires, accueille 14 espèces. Tout juste au-delà de la frontière suisse, au-dessus de Nauders (Tyrol autrichien), on trouve un autre lac aux eaux noires, le **Schwarzer See**. Le **Grüner See** et les nombreuses clairières forestières marécageuses environnantes valent aussi une visite. *Somatochlora arctica*, *S. alpestris*, *S. metallica*, *Aeshna grandis*, *Erythromma najas* et *Coenagrion hastulatum* sont typiques de la région du **Tiefwald**.

Dans la partie occidentale des Alpes suisses, la région d'**Aletsch**, inscrite au patrimoine mondial de l'humanité, mérite le détour. Dans un panorama donnant sur le plus long glacier des Alpes, les petits lacs proches de **Breitebode**, au-dessus de Riederalp, abritent de nombreuses espèces alpines. *Somatochlora alpestris* et *Aeshna juncea* peuvent même être observées dans le jardin botanique de la maison de la Nature de Riederfurka.

Le fond de la vallée du Rhône, dans le Valais, contraste par sa chaleur. La **forêt de Finges** (Pfynwald) près de Sierre et les bras morts du **Leukerfeld**, près de Loèche, accueillent tous deux au moins 30 espèces dont *Erythromma lindenii*, *E. viridulum*, *Aeshna isoceles* et *Leucorrhinia albifrons*. On trouve aussi des espèces alpines sur le versant sud des Alpes. Plusieurs localités intéressantes se situent dans la haute vallée de Ticino, notamment dans le secteur de **Piora**, au-dessus d'Ambri-Piotta.

H. Wildermuth

Autriche

L'Autriche est dominée par les hautes montagnes dans l'Ouest et le Sud. Les régions du Nord et du Nord-Est ne présentent qu'une pente douce, formant la plaine du Danube. Ce fleuve traverse la cuvette de Vienne dont la partie est se termine par le lac de Neusiedl (Neusiedler See). Avec 78 espèces, l'odonatofaune autrichienne est diversifiée. Elle se compose d'éléments méditerranéens et alpins dont quelques spécialités telles que *Lestes macrostigma*, *Coenagrion hylas*, *Stylurus flavipes*, *Cordulegaster heros*, *Somatochlora meridionalis* et *Chalcolestes parvidens* – dernière addition à la liste d'Autriche. À l'exception de *S. flavipes*, toutes sont absentes de la Suisse voisine. Les espèces typiquement alpines sont les mêmes dans les deux pays.

Les conditions d'accès aux sites alpins sont identiques à celles de la Suisse. Si la meilleure période pour visiter les sites alpins se situe en juillet-août, les prospections odonatologiques sont fructueuses d'avril à septembre dans les sites de plaine comme le lac de Neusiedl ou la vallée du Danube. Toutes les libellules sont protégées en Autriche et leur collecte est interdite.

Dans le Vorarlberg (ouest du pays), des espèces alpines comme *Aeshna juncea*, *A. caerulea*, *Somatochlora alpestris* et *Leucorrhinia dubia* peuvent être observées, notamment dans la région de Montafon. À partir de la station téléphérique de Tafamuntalpe près de Partenen, on peut rejoindre à pied le **Wiegensee** (1 900 m) et le secteur de **Zeinisjoch**, près du barrage de Knops. On trouve ces mêmes espèces avec en plus *Coenagrion hastulatum* et *Aeshna subarctica* dans de nombreux endroits du Tyrol, par exemple sur le **Hartkaiser** (près d'Ellmau), sur le **Schatzberg** à **Wildschönau** (près d'Auffach), au col de **Filzenscharte** et dans la vallée du **Trattenbach** (entre Westendorf et Wald im Pinzgau, Salzbourg), et dans la forêt d'aroles (*Pinus cembra*) d'**Obergurgl** (vallée d'Ötztal). Dans la basse vallée de l'Inn, la région du **Thierberg** près de Kufstein et celle de **Kramsach** (émaillée des lacs de **Reintaler**) hébergent respectivement 42 et 37 espèces, dont *Sympecma paedisca* et *Libellula fulva*. Le **Lech**, entre Stanzach et Weissenbach, est une des dernières rivières sauvages des Alpes. On y trouve une odonatofaune particulièrement intéressante. Parmi les espèces les plus remarquables figure *Coenagrion hylas*, qui peut être observé dans des dépressions où l'eau froide circule lentement, en marge du lit majeur. La région fait l'objet d'un projet de parc national. Le point d'information de Weissenbach vaut la peine d'être visité pour obtenir plus d'informations.

À l'est de l'Autriche, la basse région de Neusiedler See-Seewinkel est une des plus intéressantes, odonatologiquement parlant. Le **lac de Neusiedl** est le lac de steppe le plus occidental d'Europe. Une roselière, large par endroits de 5 km, ceinture les berges du lac. Le **Seewinkel**, tout proche, se caractérise par la présence de 45 petits lacs salés et peu profonds dont le niveau d'eau varie fortement selon la saison. Ces deux sites font partie du **parc national de Neusiedler See-Seewinkel** qui possède un excellent centre d'information à Illmitz. La mosaïque de zones humides composée d'habitats vastes et diversifiés fait de cette région une des plus importantes pour des espèces comme *Lestes macrostigma*, *L. barbarus*, *L. virens*, *Chalcolestes parvidens*, *Ischnura pumilio*, *Aeshna affinis*, *A. isoceles*, *Sympetrum fonscolombii*, *S. meridionale* et *Leucorrhinia pectoralis*. Au total, 49 espèces y ont été observées.

Roselière des berges du lac de Neusiedl, Autriche.

La vallée du **Danube** (Donau) à l'est de Vienne est aussi une région remarquable pour les Odonates (50 espèces signalées). En Autriche, c'est en aval de Vienne que l'on trouve les derniers tronçons naturels du fleuve, caractérisés par un large lit majeur et de vastes ripisylves. Le site est protégé par le **parc national de Danube-Auen**. Les vastes plans d'eau de l'**Untere Lobau**, tels que le Mittelwasser et le Kühwörther

Wasser, à seulement quelques kilomètres de Vienne, accueillent de belles populations de *Coenagrion pulchellum*, *Brachytron pratense*, *Aeshna isoceles* et *Epitheca bimaculata*. Plus à l'ouest, plus près encore de la cité, dans l'**Obere Lobau**, on peut rechercher *Anax parthenope* et *Libellula fulva*. Le site le plus important pour *Stylurus flavipes* se situe à la confluence de la **Morava** (March) avec le Danube, à la frontière austro-slovaque. La vallée de la Morava héberge d'importantes populations d'*Epitheca bimaculata* et d'*Orthetrum albistylum*. Dans les zones d'expansion de crue, on peut observer *Aeshna affinis* et *Sympetrum flaveolum*. Marchegg est un bon site pour entreprendre une visite odonatologique du secteur. De là, vous pouvez randonner vers le nord en direction de Baumgarten.

La forêt du **Wienerwald** couvre les piémonts nord-est des Alpes et pénètre dans les faubourgs sud-ouest de Vienne. Dans les petits ruisseaux s'observe *Cordulegaster heros*. On trouve même cette espèce dans la cité, le long des ruisseaux Rotwasserbach et Gütenbach, au sein du Lainzer Tiergarten.

Le **Waldviertel**, au nord de l'Autriche, s'appuie sur les contreforts méridionaux des massifs granitiques de Bohême, qui séparent les bassins hydrographiques de l'Elbe et du Danube.
On trouve 58 espèces dans cette région, couverte de 1 400 étangs piscicoles (dont beaucoup gérés de façon extensive) représentant une surface totale de 1 700 ha. Les étangs les plus vastes sont souvent bordés d'hélophytes. Pour observer la fascinante variété odonatologique de la région, on peut visiter les étangs des environs de **Pürbach**, au sud de Schrems, ou ceux situés au sud et à l'ouest de **Heidenreichstein**, notamment le Brünauteich.
Outre les étangs piscicoles, on trouve dans le Waldviertel des tourbières et des ruisseaux où vivent d'importantes populations de *Lestes dryas*, *L. virens*, *Coenagrion hastulatum*, *Erythromma najas*, *Cordulegaster boltonii*, *Sympetrum flaveolum* et *Leucorrhinia dubia*. Les seules localités autrichiennes à *Leucorrhinia rubicunda* se situent dans trois tourbières du nord-ouest du Waldviertel. Dans un petit ruisseau du sud de Waldviertel, le **Felbrinbach**, on peut observer les trois espèces autrichiennes de *Cordulegaster* : *bidentata* au niveau des sources de petits affluents ; *heros* dans les zones médianes, essentiellement forestières ; *boltonii* dans les tronçons aval, bordés de prairies.
Les rivières du sud-est de la **Styrie** (Steiermark) sont riches en espèces. On y trouve *Somatochlora meridionalis*. Cette espèce apprécie les berges semi-ombragées des cours d'eau, comme le **Mühlgang**, au sud-ouest de Poklitsch.

R. Raab

République tchèque et Slovaquie

Au cœur de l'Europe centrale, ces deux pays sont vallonnés, atteignant des altitudes plus élevées à leurs frontières nord et ouest et s'affaissant au sud vers le bassin pannonien. Des espèces méridionales pénètrent dans les zones basses alors que des boréales sont isolées dans les massifs montagneux. Soixante-quatorze espèces ont été répertoriées en République tchèque, dont des enregistrements récents d'*Erythromma lindenii*, de *Gomphus pulchellus*, de *Cordulegaster heros* et de *Somatochlora meridionalis*. À l'heure actuelle, on connaît 69 espèces en Slovaquie, la dernière addition étant *Anax ephippiger*.

Les régions montagneuses de **Šumava**, **Krušné hory**, **Jizerské hory**, **Krkonoše**, **Králický Sněžník** et **Hrubý Jeseník** à la frontière tchèque sont riches d'habitats à explorer. On trouve *Aeshna juncea* et *Somatochlora alpestris* dans les petits lacs. Les petites tourbières hébergent *S. arctica* et les plus élevées de nombreuses populations d'*A. caerulea*. Les lacs pourvus de radeaux de sphaignes sont fréquentés par *Coenagrion hastulatum*, *Aeshna subarctica*, *Cordulia aenea* et *Leucorrhinia dubia*.

Lac du parc national de Šumava, République tchèque.

Dans les montagnes des **Carpates** slovaques (Karpaty), les ruisseaux forestiers abritent *Cordulegaster bidentata*. *Gomphus vulgatissimus* et *Onychogomphus forcipatus* préfèrent les rivières pourvues de bancs de galets.

Les régions vallonnées de **Středočeská pahorkatina** et **Ceskomoravská vrchovina** entre Prague et Brno sont pourvues de centaines d'étangs. *Coenagrion puella*, *Aeshna mixta*, *A. grandis*, *Libellula quadrimaculata*, les *Lestes* et les *Sympetrum* sont communs. Dans les pièces d'eau bordées de sphaignes s'ajoutent *Coenagrion hastulatum*, *Leucorrhinia pectoralis*, *Sympetrum danae* et, plus rarement, *C. lunulatum* et *L. rubicunda*. Dans les ruisseaux et rivières, on trouve *Calopteryx splendens*, *C. virgo*, *Cordulegaster boltonii* et *Somatochlora metallica*. À plus basse altitude, dans les nombreux étangs et sablières des environs de **Trebon**, à l'est de České Budějovice, *Erythromma viridulum*, *Aeshna isoceles* et *Crocothemis erythraea* sont fréquents. On peut aussi observer *Ophiogomphus cecilia* et *Cordulegaster boltonii* le long des rivières de ce secteur. Dans les tourbières vivent quelques raretés comme *Nehalennia speciosa*, *Somatochlora arctica*, *S. flavomaculata*, *Leucorrhinia dubia*, *L. pectoralis*, *L. rubicunda*. *Sympecma paedisca* pourrait encore se trouver dans les plaines près de **Most**, dans le nord-ouest de la République tchèque. *Libellula fulva* et *Sympetrum depressiusculum* fréquentent les dépressions minières près d'**Ostrava** dans le Nord-Est. Les tronçons naturels de la rivière **Odra** abritent *Stylurus flavipes*, *Gomphus vulgatissimus*, *Ophiogomphus cecilia* et *Onychogomphus forcipatus*.

Les plaines le long du **Danube** (Dunaj) et de ses affluents (Dyje, Morava, Ipel et Tisa) présentent des populations d'espèces méridionales telles que *Coenagrion scitulum*, *Crocothemis erythraea*, *Orthetrum brunneum* et *Sympetrum meridionale*, mais *Aeshna affinis* est irrégulière. *Epitheca bimaculata* fréquente des gravières et des tronçons de cours d'eau encore sauvages où vivent aussi *Stylurus flavipes*, *Ophiogomphus cecilia* et parfois *Onychogomphus forcipatus*. Les ruisseaux forestiers aux eaux limpides sont l'habitat de *Cordulegaster heros*. Les ruisseaux ouverts et boueux accueillent *Coenagrion ornatum*, *Orthetrum coerulescens* et *Sympetrum pedemontanum*. *Somatochlora meridionalis* a été découverte en 1995 et *Leucorrhinia caudalis* en 2002.

O. Holuša

Hongrie

La Hongrie est un pays au relief peu marqué. Le vaste bassin pannonien est drainé de nombreux cours d'eau sinueux qui offrent une grande diversité d'habitats. Les paysages de *puszta* de la Grande Plaine (Alföld) recouvrent une vaste zone au centre du pays. On y trouve de nombreux lacs de steppe, alcalins et peu profonds, qui s'assèchent souvent l'été. La découverte d'une population d'*Erythromma lindenii* dans le sud-est du pays (2014) et d'un mâle isolé de *Trithemis annulata* (2016) a porté le nombre d'espèces connues à 66.

Les lacs de la **Grande Plaine** (Alföld) sont les habitats lentiques les plus importants pour les libellules hongroises. Leur caractère temporaire favorise un cortège d'espèces adaptées composé notamment de *Lestes* et de *Sympetrum* dont *Lestes macrostigma* et de *S. depressiusculum* et *S. meridionale*. Les lacs en eau plus longtemps permettent le développement de *Sympetrum fonscolombii* et d'*Anax ephippiger*. *Coenagrion scitulum* est plus localisé. Kelemen-szék, dans le **parc national de Kiskunság** (30 km au sud de Budapest), est un grand site odonatologique. Les zones marécageuses des environs de Kiskunság et de Kis-Balaton hébergent de belles populations de *Coenagrion pulchellum*, *Aeshna isoceles*, *Somatochlora flavomaculata* et *Leucorrhinia pectoralis*. Une des plus importantes populations d'Europe centrale de cette dernière espèce s'observe au lac Kolon (parc national de Kiskunság). Pour visiter les lacs du parc, il est possible de se faire accompagner par des guides locaux.

Des habitats comparables se rencontrent dans le parc national transfrontalier de **Neusiedler See** et **Fertő-Hanság** (frontière austro-hongroise). Il s'agit d'un lac de steppe peu profond bordé d'une large roselière, de petits lacs salés et de pâtures traditionnelles. En juin, on peut y observer *Lestes macrostigma* et *Leucorrhinia pectoralis*. L'important réseau de canaux de la région tourbeuse de Hanság-Nord permet l'existence de belles populations de *Coenagrion ornatum* et *Libellula fulva*, accompagnées d'*Orthetrum coerulescens* et *O. brunneum*. Durant l'été, *Aeshna grandis* et *Sympetrum pedemontanum* sont souvent observés dans ce secteur.

Quelques rivières hongroises, telles que la partie amont de la **Tisza** dans le nord-est (notamment près de Tiszabecs, Tarpa, Vásárosnamény et Tokaj)

Parc national de Hansági, Hongrie.

et **Rába** à l'ouest (Szentgotthárd, Magyarlak, Körmend, Rábahídvég), permettent d'observer simultanément les quatre gomphidés d'Europe centrale : *Stylurus flavipes*, *Ophiogomphus cecilia*, *Onychogomphus forcipatus* et *Gomphus vulgatissimus*. La Tisza est célèbre pour ses émergences massives de l'éphémère *Palingenia longicauda* qui s'y produit mi-juin. Les bras morts, les zones inondables et les gravières sont importants pour *Leucorrhinia caudalis*, *L. pectoralis* (toutes deux très localisées) et pour *Epitheca bimaculata* (plus répandue).

Les meilleurs sites se situent près de Tiszadob, Tiszafüred et Tiszacsege-Egyek et peuvent être visités en compagnie de guides du parc national d'Hortobágy.

Dans le nord-est de la Hongrie, il est possible d'observer *Aeshna viridis* dans les herbiers à Faux Aloès (*Stratiotes aloides*). On la cherchera le long de la **Csaronda** à Tiszaszalka et Lónya, à la frontière ukrainienne. Les meilleurs endroits pour observer *Cordulegaster heros* se situent dans les ruisseaux des collines de **Sopron**, **Ordég**, **Szentgyörgyvölgy** et **Mecsek** dans le nord et l'ouest de la Hongrie.

A. Ambrús, M. Bedjanic

Portugal

Formant la partie sud-occidentale de la péninsule Ibérique, le Portugal présente une grande diversité d'habitats. L'altitude décroît de la frontière espagnole vers l'océan Atlantique et du nord au sud. Le Tage (Tejol) divise le pays en séparant les zones montagneuses du Nord des plateaux et plaines du Sud. La faune du Portugal continental comprend 65 espèces. Dans le Nord-Ouest, le **parc national de Peneda-Gerês** comprend un réseau hydrographique où *Boyeria irene*, *Cordulegaster boltonii*, *Onychogomphus uncatus*, *Calopteryx virgo* et *Pyrrhosoma nymphula* sont partout. S'ajoute à ces espèces *Macromia splendens* que l'on trouve dans le lac de barrage de **Lindoso**, à la frontière espagnole. La vallée du **Rio Sabor** et ses affluents, au nord-est, abritent plus d'une vingtaine d'espèces dont les espèces protégées suivantes : *Coenagrion mercuriale*, *Gomphus graslinii*, *Macromia splendens* et *Oxygastra curtisii*.

La région de **Salreu**, zone marécageuse arrière-littorale près d'Aveiro, vaut aussi la visite. Les libellules peuvent y être observées quasiment toute l'année, parfois en grand nombre. L'espèce la plus intéressante est *Brachytron pratense*, qui vole ici dès le début mars. On trouve aussi *Aeshna mixta*, *Crocothemis erythraea* et *Chalcolestes viridis*. **Lagoa da Vela** est un petit lac côtier situé un peu plus au sud. Les espèces les plus remarquables y sont *Diplacodes lefebvrii* et *Brachythemis impartita*.

Aeshna juncea n'est connue que d'une unique région au Portugal, la **Serra da Estrela**. Il s'agit de la plus haute montagne et du plus vaste parc naturel de la partie continentale du Portugal. Dans les lacs de son haut plateau se développent *Lestes dryas*, *Enallagma cyathigerum*, *Anax imperator*, *Libellula quadrimaculata* et *Sympetrum flaveolum*. Les ruisseaux et rivières claires abritent *Calopteryx virgo*, *Platycnemis latipes*, *P. acutipennis*, *Boyeria irene*, *Cordulegaster boltonii*, *Onychogomphus forcipatus* et *O. uncatus*. La vallée de **Rio Mira**, près de Santa Clara-a-Velha, est un bon site pour rechercher *Lestes virens*, *Ceriagrion tenellum* et *Coenagrion scitulum*. Les vallées naturelles des nombreuses petites rivières du bassin du **Rio Guadiana** ont une odonatofaune très intéressante avec *Calopteryx xanthostoma*, *Ischnura pumilio*, *Gomphus graslinii*, *G. simillimus*, *Onychogomphus costae*, *O. forcipatus*, *Paragomphus genei*, *Macromia splendens*, *Oxygastra curtisii*, *Orthetrum chrysostigma*, *O. nitidinerve*, *O. trinacria* et

Trithemis annulata. La rivière **Ribeira do Vascão**, à la limite des districts de Beja et Faro, est un bon exemple.

En **Algarve**, les marais d'**Alvor** abritent notamment *Diplacodes lefebvrii*, *Anax pathenope* et *Libellula quadrimaculata*. Le long de la côte sud, des migrations massives d'*Anax ephippiger* et de *Sympetrum fonscolombii* peuvent parfois être observées, notamment en automne. *Selysiothemis nigra* a récemment été découvert près de **Faro**, point le plus occidental de son aire de répartition. Il faut s'attendre à trouver ailleurs dans le Sud-Est *Trithemis kirbyi*, dont la reproduction a pu être observée à **Ribeira de Asseca** en 2017.

F. Weihrauch, S. Feirrera

Espagne

Quatre-vingts espèces ont été répertoriées en Espagne (hors Canaries), la dernière addition étant *Trithemis kirbyi*. Après son arrivée en Andalousie en 2007, cette espèce a rapidement colonisé une grande partie de l'est et de l'intérieur du territoire et récemment atteint les contreforts des Pyrénées. Le climat du nord de l'Espagne, aux étés humides, contraste avec le climat subdésertique du sud. La répartition de la faune se calque sur ces différences. Les espèces comme *Macromia splendens*, *Oxygastra curtisii*, *Lestes dryas*, *L. sponsa*, *Calopteryx virgo*, *Aeshna juncea*, *Gomphus vulgatissimus* et *Cordulegaster bidentata* ne se trouvent que dans le Nord ou se raréfient en allant vers le sud. *Lestes macrostigma*, *Anax parthenope*, *A. ephippiger*, *Paragomphus genei*, *Orthetrum trinacria*, *O. chrysostigma*, *Brachythemis impartita*, *Diplacodes lefebvrii*, *Trithemis annulata*, *T. kirbyi*, *Selysiothemis nigra* et *Zygonyx torridus* sont typiquement des espèces du Sud, dont beaucoup s'observent aussi en Afrique du Nord.

Les rivières de **Galice** (Cabe, Sil, Lérez, Tea, Tambre, Arnoia, Limia) abritent une riche communauté d'Odonates. *Oxygastra curtisii* est très commune et généralement accompagnée par *Macromia splendens* et parfois *Gomphus graslinii*. Les lagunes côtières, telles que Doniños, Valdoviño, Louro, Xuño et Vixán, abritent d'importantes populations d'*Ischnura elegans* (rare dans la majeure partie de l'Espagne), *Lestes virens*, *L. barbarus*, *Aeshna mixta* et *Sympetrum fonscolombii*. Dans certaines vivent conjointement *I. elegans* et *I. graellsii* et les cas d'hybridation sont fréquents.

Dans les rivières rapides des montagnes des **Asturies**, les espèces les plus communes sont *Calopteryx virgo*, *Boyeria irene* et *Cordulegaster boltonii*. *Calopteryx haemorrhoidalis* est commun. Les mâles au corps violet métallique sont parfois considérés comme une sous-espèce distincte : *asturica*. Les lacs de montagne d'**Aragon**, les *ibones*, hébergent de belles populations d'*Aeshna juncea*, *A. cyanea*, *Libellula depressa*, *L. quadrimaculata*, *Sympetrum flaveolum*, *Lestes dryas*, *L. sponsa*, *Pyrrhosoma nymphula* et *Enallagma cyathigerum*. Ces espèces nordiques sont généralement peu abondantes et confinées aux hautes altitudes dans la péninsule Ibérique. Quelques espèces rares en Espagne telles que *Sympetrum vulgatum* (ssp. *ibericum*), *S. flaveolum*, *Lestes sponsa*, *Aeshna juncea* et *Gomphus vulgatissimus* peuvent être observées dans les montagnes en **León**. Plusieurs espèces nordiques ne s'observent que dans les Pyrénées : *Coenagrion hastulatum*, *Somatochlora metallica*, *Leucorrhinia dubia* et *L. pectoralis*.

La région de **Madrid** est riche en libellules car espèces du Nord et du Sud se côtoient. La côte méditerranéenne accueille de nombreuses espèces africaines, telles qu'*Orthetrum nitidinerve*, *O. chrysostigma*, *Brachythemis impartita*, *Trithemis annulata*, *T. kirbyi*, *Selysiothemis nigra* et *Zygonyx torridus* ; *S. nigra* est aussi régulièrement enregistrée

Lagune d'El Roció, Coto Doñana, Espagne.

Lac de montagne, Lago de Erina, parc national de Covadonga, Picos de Europa, Espagne.

aux Baléares. La région de **Valence** et la rivière **Ebre**, notamment le delta, sont deux des zones les plus riches de la région. Plusieurs rivières andalouses, la **Yeguas** et la **Hozgarganta** par exemple, présentent de belles populations d'endémiques ouest-européennes telles que *Platycnemis acutipennis*, *P. latipes*, *Gomphus graslinii*, *G. pulchellus* et *Macromia splendens*. *Onychogomphus costae* est localement abondant dans les bassins du Guadalquivir, du Júcar et de l'Ebre. *Sympetrum sinaiticum* se reproduit dans tous les types de zones humides et s'observe assez communément tout au long de la côte entre l'Andalousie et la Catalogne. Le **parc national de Doñana** est particulièrement intéressant avec de nombreuses espèces plus rares telles que *Lestes macrostigma*, *Brachytron pratense*, *Anax ephippiger*, *Paragomphus genei* et *Diplacodes lefebvrii*, bien que *B. pratense* n'y ait pas été trouvée récemment.

A. Cordero Rivera

Italie

S'étendant des sommets des Alpes à la Méditerranée, l'Italie présente une extraordinaire diversité de paysages et une faune riche de 95 espèces. L'odonatofaune (notamment dans les îles tyrrhéniennes) se teinte de saveurs africaines et on trouve même dans le Sud une espèce endémique : *Cordulegaster trinacriae*. Plusieurs espèces ont été récemment ajoutées : *Aeshna subarctica* dans les Alpes (2009) et *Sympetrum sinaiticum* (2010), *Pantala flavescens* (2012), *Diplacodes lefebvrii* (2013) et *Tramea basilaris* (2016) sur les petites îles de la Méditerranée ; la dernière est le premier enregistrement au nord du Sahara et en Europe.

Dans le nord du pays, les Alpes méridionales constituent l'endroit idéal pour débuter les prospections odonatologiques. Juste au-dessous du refuge de montagne de **Baita Segantini**, à Passo Rolle dans le Trentin, on trouve une tourbière où se développent *Aeshna caerulea* et *Somatochlora alpestris*. Dans la haute vallée de **Valtellina**, à Trivigno en Lombardie, la **Torbiera di Pian Gembro** est un bon site à *Coenagrion hastulatum*, *Somatochlora arctica* et *Leucorrhinia dubia*. Le petit **Lago di Lod**, près du village d'Antey-Saint-André à Valtournenche (Val d'Aoste), permet d'observer des douzaines d'*Aeshna grandis*.

En allant plus au sud, la vaste **Torbiere d'Iseo**, entre Iseo et Provaglio, héberge plus de la moitié des espèces présentes en Italie. On y trouve la rare *Oxygastra curtisii* ainsi que *Brachytron pratense*, la seule population viable de *Leucorrhinia pectoralis* et, il y a quelques décennies encore, *Nehalennia speciosa*. Ici, comme dans les autres bassins le long des Préalpes lombardes, s'observent *Erythromma najas*, *Cordulia aenea*, accompagnées de *Coenagrion pulchellum*, *Erythromma viridulum*, *E. lindenii*, *Ceriagrion tenellum*, *Aeshna isoceles* et *Somatochlora flavomaculata*.

La partie occidentale de la plaine du Pô (**Pianura Padana**) est une région agricole, parcourue de larges canaux et de ruisseaux où, parmi les nombreux *Orthetrum albistylum* et *Sympetrum pedemontanum*, il est possible d'observer *Ophiogomphus cecilia* le long des champs de maïs et *Stylurus flavipes* patrouillant au-dessus de l'eau. Jusque dans les années 1970, il était possible d'observer des vols énormes de *Sympetrum depressiusculum* dans les rizières mais cette espèce a depuis décliné de façon remarquable. Les petits ruisseaux sont peuplés de *Calopteryx splendens*, *Pyrrhosoma nymphula*, *Gomphus vulgatissimus*, *Libellula fulva* et occasionnellement *Calopteryx virgo*, *Boyeria irene* et *Cordulegaster boltonii*. Pour visiter cette région, on peut essayer le secteur de

Tromello (Lombardie, province de Pavie), près des canaux **Naviglio Langosco** et **Canale Cavour**, ainsi que la rivière **Terdoppio**. Entre la Lombardie et l'Émilie, un tronçon relativement préservé du **Pô** permet d'observer *Stylurus flavipes*, parfois avec des populations importantes. Plusieurs rivières de Ligurie, par exemple l'**Erro** près de Pontinvrea, abritent *Boyeria irene*, *Onychogomphus uncatus* et *Oxygastra curtisii*. Dans les environs de **Lago di Massaciuccoli**, en Toscane, vous aurez peut-être la chance d'observer la discrète *Lindenia tetraphylla*. C'est dans les ruisseaux de montagne du sud de l'Italie, comme le cours amont des rivières **Bussenti** (Campanie) et **Agri** (Basilicate), qu'il faut rechercher l'endémique italien *Cordulegaster trinacriae*.

Vallée d'Ampola dans les Alpes méridionales, lac de Garde, Italie.

Les îles tyrrhéniennes sont les meilleurs sites pour observer les espèces africaines, préférentiellement durant l'été. C'est aussi le seul endroit pour découvrir l'endémique mais commun *Ischnura genei*. La **Sicile** offre de nombreuses possibilités de découvertes. Le lac côtier de **Biviere di Gela**, près de Gela sur la côte sud, permet l'observation de nombreux *Orthetrum trinacria*, *Trithemis annulata*, *Selysiothemis nigra*, voire *Paragomphus genei*.

Même avant d'atteindre le rivage, des douzaines de *Brachythemis impartita* voleront autour de vous. Dans les montagnes près de **Palerme**, il faut prospecter les ruisselets du versant sud de Rocca Busambra, à **Ficuzza**, pour découvrir la sous-espèce *sicilica* de *Cordulegaster bidentata*, souvent en compagnie du rare *Orthetrum nitidinerve*. On trouve *Cordulegaster trinacriae* dans les environs de Castelbuono et Mezzojuso.

Si vous prenez des vacances sur la petite île de **Pantelleria**, il convient de visiter le lac volcanique de **Bagno dell'Acqua** ou **Specchio di Venere**, qui abrite la seule population européenne connue à ce jour d'*Ischnura fountaineae*, pratiquement la seule libellule de l'île.

Les espèces africaines *Orthetrum trinacria* et *Trithemis annulata* se trouvent aussi en **Sardaigne**. La dernière s'observe plutôt le long des rivières et des ruisseaux, alors que la première fréquente les eaux stagnantes, par exemple dans le Nord-Ouest, au **Lago Baratz** ou à l'étang de **Stagno di Platamona**. Il faut chercher *Paragomphus genei* dans les cours d'eau limpides au fond et aux berges sableux tels que le **Rio Terramala** près de Monti ou les ruisseaux des environs de **Posada**.

On peut essayer d'observer *Lindenia tetraphylla* à Stagno di Platamona ou près de l'embouchure du **Rio Padrogianus**. Près des petits étangs salés à Su Pallosu, près d'Oristano, fin mai-début juin, les scirpaies sont couvertes de centaines de *Lestes macrostigma*. Les étangs temporaires tels que ceux dispersés autour de **Monte Limbara**, près de **Tempio Pausania**, sont favorables à *Lestes barbarus* et *L. virens*.

M. Pavesi

Slovénie

La Slovénie est un petit pays, situé au sud des Alpes, caractérisé par la beauté de ses paysages et la richesse de sa faune et de sa flore. Sa position à la confluence des zones biogéographiques méditerranéenne, pannonienne, alpine, dinarique et la variété des habitats aquatiques font de la Slovénie un pays diversifié au plan odonatologique, riche de 72 espèces. La Slovénie est le meilleur endroit en Europe pour observer *Cordulegaster heros* et *Somatochlora meridionalis*.

À quelques kilomètres à peine au sud de la capitale, Ljubljana, se trouve le marais de **Ljubljansko barje**. Autrefois sauvage, c'est aujourd'hui un paysage agricole extensif, quadrillé d'un réseau dense de canaux de drainage et de cours d'eau. Parmi les 40 espèces dénombrées ici, on trouve *Somatochlora flavomaculata* (la plus importante population slovène) et *Coenagrion ornatum*.

Le début de l'été est la meilleure période pour observer le plus grand Odonate d'Europe, *Cordulegaster heros*. Il apprécie les petits cours d'eau forestiers à courant lent à modéré, typiques des zones de transition entre collines et plaines. Au nord de Ljubljana, on peut le chercher dans les ruisseaux à l'ouest de la route de Kranj-Škofja et au nord de celle de Cerklje-Preddvor. *C. heros* est très commun aussi dans le centre et l'est de la Slovénie. Il est souvent accompagné de *Calopteryx virgo* et parfois de *Cordulegaster bidentata* et *Somatochlora meridionalis*. Cette dernière espèce est elle aussi très commune, mais elle préfère des cours d'eau un peu plus larges, ombragés, serpentant dans les plaines. On la trouve le plus souvent avec *Calopteryx virgo*, *C. splendens*, *Platycnemis pennipes* et *Onychogomphus forcipatus*.

Situé sur le versant le plus ensoleillé des Alpes, le nord de la Slovénie dispose de quelques tourbières parmi les plus méridionales d'Europe. Les montagnes de Pohorje et les plateaux de Pokljuka et Jelovica dans les **Alpes juliennes** sont de bons sites à *Aeshna juncea*, *Somatochlora arctica* et *Leucorrhinia dubia*. À une heure de route de là, on peut visiter une des curiosités karstiques remarquables : le lac intermittent de **Cerknica**. Dans ce lac, qui change en permanence d'apparence, 36 espèces ont été inventoriées. Pour éviter la foule qui s'amasse en été sur le **littoral slovène**, il vaut mieux visiter la côte au mois de juin. Les anciennes salines de Secovlje, la lagune saumâtre de Škocjanski zatok près de Koper et deux lacs argileux à Fiesa, près de Piran, abritent plus de 40 espèces dont une forte population de *Ceriagrion tenellum* à Fiesa.

Dans le nord-est de la Slovénie, de vastes étangs piscicoles autour des villages de **Podvinci** et **Zgornji Velovlek** près de Ptuj, les réservoirs de **Komarnik** près de Lenart et de **Medvedce** au sud de Pragersko hébergent tous plus de 35 espèces. Mai est la meilleure période pour observer *Epitheca bimaculata*, qui est connue de plus de 70 localités de cette région de la Slovénie. En juin, on peut facilement observer plus de 30 espèces en un week-end dont *Leucorrhinia pectoralis*, *Aeshna isoceles* et *Erythromma najas*.

Plus à l'est, la plaine inondable de **Mura**, avec ses bras morts et ses nombreuses gravières, constitue, avec plus de 50 espèces, un autre grand site à libellules. Les plus vieux bras morts dans la section frontalière du Mura, près de **Petišovci**, hébergent à la fois *Chalcolestes viridis* et *C. parvidens*. Quelques-uns abritent même les espèces menacées que sont *Aeshna viridis*, *Leucorrhinia caudalis* et *L. pectoralis*. *Aeshna isoceles* et *Coenagrion pulchellum* sont communs.

M. Bedjanic

Croatie

À l'exception des tourbières, la Croatie possède tous les autres types d'habitats aquatiques favorables aux libellules : belles rivières de plaine avec des lits majeurs et des bras morts préservés, vastes étangs piscicoles, rivières traversant des paysages karstiques, la pittoresque côte adriatique et ses îles avec ses innombrables mares et abreuvoirs à bétail. Il faut être vigilant dans certains secteurs de Slavonie orientale, de Banovina et de Dalmatie à cause des champs de mines déposées durant la guerre. L'odonatofaune se compose de 68 espèces.

Dans le nord de la Croatie, à la frontière avec la Hongrie, la partie aval de la rivière **Drava** est très intéressante et permet l'observation d'*Ophiogomphus cecilia*, *Stylurus flavipes* et *Gomphus vulgatissimus*. Le parc naturel de **Kopacki rit** est une des plus vastes zones humides naturelles d'Europe, composée de marais et de zones d'expansion de crue. Il se situe à la confluence de la Drava et du Danube (Dunav). Plus de 40 espèces y ont été répertoriées.

En Croatie centrale, on trouve les mêmes types d'habitats dans le parc national de **Lonjsko Polje**. Le pittoresque village de Cigoc est célèbre pour ses cigognes nicheuses et ses cochons sauvages qui, sans le savoir, créent de nombreux habitats favorables aux libellules dans les pâtures inondées. Ces petites mares temporaires constituent l'habitat de *Lestes barbarus*, *L. dryas*, *Sympecma fusca*, *Ischnura pumilio*, *Aeshna affinis* et *Sympetrum meridionale*.

En s'éloignant de Zagreb et en traversant les montagnes de Kapela vers la côte adriatique, on atteint les célèbres lacs de **Plitvice**, protégés par un parc national et classés au patrimoine mondial de l'humanité. Plitvice est un exemple remarquable de paysage karstique. Il s'agit d'une série de lacs, séparés par des barrières de travertin, qui s'échelonnent le long de la rivière Korana *via* de nombreuses et superbes cascades. Plus de 30 espèces y ont été inventoriées.

Le cortège typique des rivières alcalines se compose de *Calopteryx splendens*, *C. virgo*, *Platycnemis pennipes*, *Gomphus vulgatissimus* et *Orthetrum coerulescens*.

La côte adriatique est magnifique et offre de nombreuses possibilités de combiner vacances familiales et odonatologiques. Certaines grandes îles de la baie de Kvarner, telles que **Pag** et **Krk**, hébergent plus de 35 espèces et se situent en limite d'aire septentrionale pour les rares *Selysiothemis nigra* et *Lindenia tetraphylla*. Fin juin et pendant le mois de juillet, le **lac Velo Blato**, dans la partie sud de Pag, est un des meilleurs sites en Europe pour observer ces deux espèces. *Pantala flavescens* a été enregistrée pour la première fois en Croatie sur Krk en 2010. La rareté des grands lacs et des grandes rivières est compensée par les centaines, voire les milliers de mares servant d'abreuvoirs au bétail et qualifiées localement de *lokve*. Leur odonatofaune se compose d'*Anax imperator*, *Libellula depressa*, *Crocothemis erythraea*, *Sympetrum striolatum* et *S. meridionale* mais peut aussi inclure *Chalcolestes parvidens*, *Coenagrion scitulum*, *Ceriagrion tenellum* et, dans le parc national de **Brijuni**, *Lestes macrostigma*. La côte sud de la **Dalmatie** fait partie des zones les plus riches d'Europe pour les libellules. Dans le **delta de la Neretva**, au moins 36 espèces ont été inventoriées dont *Sympecma fusca*, *Ceriagrion tenellum*, *Coenagrion ornatum*, *Erythromma lindenii*, *Lindenia tetraphylla* et *Selysiothemis nigra*. La région de **Konavli** permet d'observer *Caliaeschna microstigma*, *Cordulegaster bidentata* et *Calopteryx splendens balcanica*.

T. Bogdanovic, M. Bedjanic

Autres États de l'ancienne Yougoslavie

La Serbie-et-Monténégro, la Bosnie-Herzégovine, le Kosovo et la Macédoine du Nord s'étendent sur une vaste région du nord-ouest des Balkans. Au nord-est, les habitats favorables aux Odonates sont largement influencés par le Danube (Dunav) et ses affluents. La partie centrale de la région est montagneuse avec un paysage karstique relativement défavorable aux libellules. Plus au sud, vers le Monténégro et la Macédoine du Nord, l'influence méditerranéenne se fait à la fois sentir sur le climat, les habitats et l'odonatofaune. Cette dernière est encore largement méconnue. Soixante-trois espèces ont été répertoriées en Serbie, 64 en Bosnie-Herzégovine, 67 au Monténégro, 62 en Macédoine du Nord et 42 au Kosovo.

Il convient d'être prudent lors des prospections en Bosnie-Herzégovine du fait des champs de mines déposées durant la guerre.

La partie des plaines pannoniennes de la Serbie présente des rivières, des étangs et des marais favorables, assez semblables à ceux des pays voisins (Hongrie, Croatie). Les populations relictuelles de *Coenagrion hastulatum*, *Leucorrhinia dubia* et *Aeshna juncea* sont particulièrement intéressantes au plan biogéographique. Elles se maintiennent dans les lacs de montagne du **parc national de Durmitor** dans le Monténégro et dans la montagne de **Golija** dans le sud de la Serbie (NO Novi Pazar). Les rivières et ruisseaux des régions vallonnées et montagneuses de Serbie et de Macédoine du Nord sont fréquemment occupés par *Cordulegaster heros* et *C. insignis*.

La Bosnie-Herzégovine possède des habitats diversifiés. Les plaines bordant les rivières **Sava** et **Bosna** sont favorables à de nombreuses espèces communes telles que *Calopteryx virgo* et *Libellula depressa* mais on y trouve aussi ponctuellement des populations de *Leucorrhinia pectoralis* et de *L. caudalis*. Les rivières de haute montagne, particulièrement au centre de la Bosnie, accueillent *Cordulegaster bidentata* et *Gomphus vulgatissimus*. L'influence du passage de la zone méditerranéenne à la zone continentale s'observe sur les populations de *Calopteryx splendens*, avec les caractères des sous-espèces *ancilla* et *balcanica* s'exprimant à divers degrés. Bien que généralement sèche et rocheuse, l'Herzégovine est riche en petits ruisseaux. Parmi les espèces les plus intéressantes de la région, présentes notamment dans le **parc national de Hutovo Blato** près de Capljina, signalons *Lindenia tetraphylla*, *Cordulia aenea*, *Somatochlora meridionalis* et *Coenagrion ornatum*.

Si les montagnes karstiques de l'intérieur du Monténégro sont peu favorables, les plaines environnant le lac **Skadar**, ainsi que la région côtière adriatique autour d'**Ulcinj**, peuvent permettre d'observer des espèces méridionales telles que *Gomphus schneiderii*, *Trithemis annulata*, *Selysiothemis nigra* et la sous-espèce *Platycnemis pennipes nitidula*. Le lac héberge l'une des plus importantes populations connues de *Lindenia tetraphylla*, ainsi qu'une population très isolée (et découverte depuis peu) de *Gomphus pulchellus*, qui vit habituellement en Méditerranée occidentale.

En Macédoine du Nord, les libellules des lacs **Doiran** et **Prespa** et leurs environs sont bien connues. Le lac Prespa se situe dans les collines frontalières avec la Grèce et l'Albanie. Plus de 30 espèces y ont été observées, les plus intéressantes étant *Leucorrhinia pectoralis*, *Cordulia aenea* et *Sympetrum vulgatum*, qui devient rare en allant vers le sud de l'Europe. Le lac de la plaine de Doiran se situe à la frontière grecque et héberge plus de 35 espèces, dont une importante population de *Lindenia tetraphylla*. *Epallage fatime* a été observé dans les collines au nord du lac. *Caliaeschna microstigma* s'observe facilement, formant des rassemblements le soir, le long de quelques rivières des pentes du **mont Belasica**.

M. Bedjanic, T. Bogdanovic

Rivière Veleka dans le sud de la Bulgarie, habitat de *Somatochlora borisi*.

Bulgarie et Roumanie

La région possède des paysages parmi les plus variés d'Europe. De nombreuses rivières drainent les plaines et se jettent dans le Danube. Le cours du fleuve est émaillé d'innombrables étangs et lacs et se termine dans le plus grand delta d'Europe. Des lagunes côtières sont bordées de ripisylves à l'allure quasi tropicale. Des plateaux légèrement vallonnés ponctués de lacs karstiques aboutissent à de vastes chaînes montagneuses où l'on trouve les tourbières parmi les plus méridionales d'Europe. Les Odonates des Balkans, d'Europe continentale et de Méditerranée s'y rencontrent. De récents enregistrements de *Pantala flavescens* (2012) et d'*Epitheca bimaculata* (2017) ont porté la liste de la Bulgarie à 71 espèces. En Roumanie, où les libellules sont encore relativement méconnues, on a également recensé 71 espèces, avec les additions récentes d'*Aeshna subarctica* (2009) et *Selysiothemis nigra* (2013).

Dans les **montagnes de Rila**, au sud-ouest de la Bulgarie, des populations de *Somatochlora arctica* et *Leucorrhinia dubia* ont été récemment découvertes. Les tourbières d'altitude forment désormais des isolats pour tout un cortège d'espèces : *Lestes sponsa*, *Pyrrhosoma nymphula*, *Aeshna juncea*, *Cordulia aenea*, *Libellula quadrimaculata* et *Sympetrum flaveolum*.

Certaines, comme *Erythromma najas*, *Coenagrion hastulatum*, *C. lunulatum*, *Aeshna grandis*, *Epitheca bimaculata*, *Somatochlora metallica*, *S. alpestris* et *Leucorrhinia pectoralis*, sont très localisées mais seront peut-être découvertes dans d'autres régions quand la Moldavie roumaine et la Transylvanie seront mieux explorées. *Coenagrion armatum* et *Nehalennia speciosa* pourraient se maintenir dans l'extrémité nord des Carpates roumaines.

Les plaines et les larges vallées des cours d'eau s'écoulant vers la mer Égée et la mer Noire sont le territoire des Odonates méditerranéens. **Burgas** constitue un bon point de départ pour explorer la partie méridionale du **littoral de la mer Noire**.

Il faut chercher *Epallage fatime*, *Caliaeschna microstigma*, *Cordulegaster picta* et *Somatochlora meridionalis* dans les nombreuses petites rivières de la région. *Lestes macrostigma* peut être observé dans les dépressions dunaires au sud de la ville.

Certains affluents du Danube sont de bons sites pour *Cordulegaster insignis*, par exemple près de Vetren. *Somatochlora borisi* a été trouvée près des rivières Ropotamo et Veleka, mais sa première découverte en tant que nouvelle espèce pour la science a eu lieu (en 1999) dans la vallée de **Byala reka**, au cœur des Rhodopes orientales, à proximité des villages de Byakgradets et Gugutka. On sait que la Roumanie centrale abrite au moins *S. meridionalis* et *L. macrostigma*. L'odonatofaune caractéristique des ruisseaux de plaine se compose de *Calopteryx splendens*, *Coenagrion ornatum*, *Orthetrum brunneum* et *O. coerulescens*, souvent accompagnés de *Libellula fulva* et *Erythromma* *lindenii*. Les meilleurs endroits pour rechercher l'espèce nomade *Selysiothemis nigra* sont les milieux saumâtres près de la mer Noire à l'extrême sud du pays, où la reproduction de *Lindenia tetraphylla* a été observée en 2017 et où l'on peut aussi s'attendre à découvrir *Trithemis annulata*.

Le **Danube** forme une véritable artère dans la région. *Stylurus flavipes* se trouve tout au long de son cours. Le delta couvre l'essentiel de la partie nord de la **Dobroudja** (Dobrogea) roumaine. Il est riche en lacs, canaux et zones inondables. Dans le « delta vivant », des radeaux de végétation forment des îles qui se déplacent avec le vent et la marée. *Aeshna isoceles* et *Anax imperator* sont typiques des eaux libres pourvues de roseaux.

Erythromma viridulum préfère se percher sur les feuilles des végétaux flottants. Plus de 30 espèces ont été inventoriées dans le delta mais plusieurs enregistrements récents, comme celui de *Selysiothemis nigra*, suggèrent qu'on est plus proche de la quarantaine. La même diversité s'observe dans la **réserve naturelle de Srébarna**, zone humide située le long du Danube dans la Dobroudja bulgare.

M. Marinov

Grèce et Albanie

Près des quatre cinquièmes de la partie continentale de la Grèce sont constitués de montagnes où plusieurs espèces atteignent leur limite sud de répartition. Près de 2 000 îles représentent près du cinquième de la surface du pays. Beaucoup sont pauvres en libellules mais les plus grandes sont favorables. Actuellement, 79 espèces ont été identifiées en Grèce. L'odonatofaune d'Albanie est comparable à celle du nord de la Grèce mais nécessite des études complémentaires : avec *Gomphus pulchellus* (2014) et *Somatochlora metallica* (2015), la liste atteint 59 espèces.

La Grèce est le pays d'Europe le plus riche en espèces (quasi) endémiques où elles sont dispersées dans les îles et le continent, ce qui rend leur observation difficile en un unique séjour. La plupart sont plutôt liées aux eaux courantes. *Somatochlora borisi* n'est connue que de quelques localités de l'est des montagnes des **Rhodopes** et d'**Istranca**, ainsi que des régions limitrophes de Turquie et de Bulgarie. Pour l'observer, on peut prospecter la rivière **Diavolorema**, près de Dadia, à 10 km au sud-ouest de Souflion près de la frontière turque. *Pyrrhosoma elisabethae*, autre espèce quasi endémique de Grèce continentale, n'a été trouvée que dans quelques ruisseaux du nord du **Péloponnèse** (la chercher dans les environs de Kalávryta et de Dáfni), une localité du sud de l'Albanie et dans l'île de Corfou.

À **Corfou**, on trouve *Ceriagrion georgifreyi*, autre Zygoptère rouge dont la répartition est très limitée. Cette espèce s'observe aussi sur les îles de Thásos, Zante (Zákinthos), Lesbos et localement dans le Péloponnèse. Curieusement, *Ceriagrion tenellum* est présent en **Crète** et sur l'île voisine de los, alors qu'il est absent du reste de la Grèce. La Crète abrite deux espèces endémiques : *Coenagrion intermedium*, Zygoptère peu démonstratif aux allures de *C. puella*, assez répandu autour des cours d'eau dans toute l'île, et *Boyeria cretensis*. Cette espèce, qui n'est commune que localement, a été observée près d'une quinzaine de rivières, dont le **Kabanos** au sud-est de Koufi et le **Petres** au nord-ouest de Kaloniktis. Elle est menacée du fait de sa faible répartition et de la dégradation continue de ses habitats.

Avec cinq espèces, la Grèce est un paradis pour ceux qui apprécient les différences ténues entre les espèces

Gorge dans le Pinde, au nord de la Grèce.

et les sous-espèces de *Cordulegaster*. Sur le continent, on trouve *C. bidentata*, *heros*, *picta* et *helladica*. Ce dernier est endémique de Grèce et est représenté par trois sous-espèces, dont *buchholzi*, qui n'existe que dans les **Cyclades**. Plusieurs sous-espèces de *C. helladica* peuvent être observées, accompagnées de *C. heros*, au niveau du vaste puits situé à 8 km à l'ouest de Kalávryta. Les sources des ruines de Delphes hébergent la sous-espèce *kastalia*. Les ruisselets situés immédiatement au sud-ouest de Neos Pandeleimónas, à 30 km au sud de Katerini, sont de bons sites pour *C. bidentata* et *C. heros*. La cinquième espèce, *C. insignis*, se trouve dans les îles de Thassos, Lesbos et Samos, où elle côtoie *C. picta*. *Anax immaculifrons*, d'origine asiatique, ressemble à un grand *Cordulegaster*. Sa population la plus occidentale se situe dans les îles de Rhodes, Kárpathos et Ikaría. La mystérieuse *Lindenia tetraphylla* s'observe dans les grands lacs tels que Volvi et Iliki.

L'île de **Lesbos**, avec plus de 40 espèces, est intéressante pour les libellules, dont les plus remarquables sont : *Epallage fatime*, *Lestes macrostigma*, *Ceriagrion georgifreyi*, *Caliaeschna microstigma*, *Gomphus schneiderii*, *Cordulegaster picta*, *C. insignis* et *Selysiothemis nigra*.

V. J. Kalkman

Turquie et Chypre

La Turquie est un vaste pays dont les paysages vont des pics enneigés aux forêts tempérées, des steppes froides aux déserts brûlants, des zones arides aux côtes subtropicales. Avec au moins 101 espèces, c'est aussi le pays le plus riche parmi ceux couverts par le guide. Plusieurs espèces d'Odonates africaines et asiatiques atteignent leur limite de répartition sur les rivages méditerranéens de la Turquie et de Chypre.

Le sud de la Turquie est une destination populaire. *Orthetrum chrysostigma*, *O. sabina*, *O. taeniolatum* et *Trithemis annulata* sont communs et répandus. *Epallage fatime*, *Caliaeschna microstigma* et *Trithemis festiva* fréquentent la plupart des cours d'eau. On peut entreprendre la visite de la région par le **lac Köycegiz**. Cinquante espèces ont été inventoriées dont certaines présentent des densités remarquables : *Erythromma lindenii*, *Aeshna isoceles*, *Lindenia tetraphylla* et *Libellula fulva*. La rivière **Esen**, toute proche, permet d'observer *Onychogomphus flexuosus*. Les cours d'eau traversant les forêts de Copalme oriental (*Liquidambar orientalis*) hébergent *Gomphus schneiderii*, *Cordulegaster insignis* et *C. picta*. Les ruisseaux des montagnes rocheuses abritent l'impressionnant *Anax immaculifrons*, et les ruisselets proches du village de Köycegiz sont fréquentés par *Ceriagrion georgifreyi* et une variété inhabituellement sombre de *Coenagrion pulchellum*.

Le delta du **Göksu** et tout particulièrement des dépressions arrière-dunaires et les fossés emplis de roseaux près de la lagune d'Akgöl permettent d'observer *Lestes macrostigma*, *Brachythemis fuscopalliata*, *Diplacodes lefebvrii*, *Pantala flavescens*, *Selysiothemis nigra* et *Trithemis arteriosa*. *Crocothemis servilia* vole ici en compagnie de *C. erythraea*. La plupart de ces espèces peuvent aussi être observées autour d'**Adana**. Les canaux et les points d'eau hébergent également *Coenagrion syriacum*, *Platycnemis dealbata*, *P. kervillei*, *Gomphus davidi*, *Paragomphus lineatus* et *Libellula pontica*. Quatre espèces d'*Onychogomphus* vivent dans le delta du fleuve Ceyhan (*O. forcipatus*, *O. flexuosus*, *O. lefebvrii* et *O. macrodon*) ainsi que *Stylurus ubadschii*, répandu dans toute la Turquie mais rarement observé. Les gorges calcaires de **Limonlu**, situées entre Göksu et Adana, abritent *Gomphus schneiderii*, *Onychogomphus assimilis* et *Anax immaculifrons*. La population

Carputz Cay en Turquie, habitat de *Brachythemis fuscopalliata*.

la plus occidentale de *Sympetrum haritonovi*, espèce originaire d'Asie centrale, se situe en altitude, dans les montagnes surplombant Alanya.

L'ouest de la Turquie est moins prospecté. Une florissante population de *Libellula pontica* vit au bord d'un ruisseau à 5 km au sud de **Tarakli** (40 km au sud de Sakarya). Dans le nord-ouest de la Turquie, les lacs **Kis** (Manyas) et **Ulubat** (Apolyont) et le delta du fleuve **Koca**, tous à l'ouest de Bursa, semblent prometteurs. Il faut rechercher *Lestes macrostigma* dans les nombreuses lagunes et *Stylurus ubadschii* dans les rivières côtières de la côte occidentale. Des milliers d'*Erythromma lindenii* survolent les grands lacs près d'Isparta et les collines environnantes présentent de bons habitats pour *Leucorrhinia pectoralis* et *Sympetrum vulgatum decoloratum* (dont l'exuvie reste à décrire). Des immatures fraîchement émergés ont été observés dans un lac au nord de Çayiryazi, 35 km au sud de Çay.

Le nord de la Turquie présente une physionomie et une faune originales, rappelant les montagnes d'Europe centrale. *Pyrrhosoma nymphula*, *Aeshna cyanea*, *Cordulia aenea* et *Sympetrum danae* ne se trouvent que là en Turquie. La région plus arrosée du littoral oriental de la mer Noire (non couverte par ce guide) abrite d'autres formes de *Calopteryx splendens*, *Coenagrion puella* et *Cordulegaster insignis*, souvent considérées comme des espèces valides.

L'odonatofaune de **Chypre** est comparable à celle de la zone continentale proche mais, avec 37 espèces, elle est sensiblement appauvrie. Des genres sont totalement absents de l'île (*Coenagrion*, *Gomphus*, *Cordulegaster*, *Libellula*), mais les espèces charismatiques des rivières d'Anatolie *Epallage fatime*, *Caliaeschna microstigma* et *Anax immaculifrons* sont présentes dans toute l'île (la dernière n'est pas commune). Les cours d'eau dans le bassin du **Diarizos** sont les meilleurs endroits pour trouver la spécialité de l'île, *Ischnura intermedia*, qui a été ajoutée à la liste d'Europe en 2013.

Lestes macrostigma s'observe dans les lagunes saumâtres de **Larnaca** et **Akrotiri**.

V. J. Kalkman, K.-D. B. Dijkstra

Canaries, Madère et Açores

Ces archipels volcaniques de l'Atlantique présentent des montagnes élevées (le Pico del Teide atteint 3 715 m), rocheuses, dont les pentes abruptes se jettent dans la mer. Les alizés venus du nord-est déchargent leur humidité sur les versants montagneux de la plupart des îles Canaries et déterminent le climat de chaque île : partie nord fertile et partie sud aride et chaude. Mis à part aux Açores, les zones humides naturelles sont rares et l'odonatofaune peu diversifiée : 10 espèces régulières aux Canaries, 7 à Madère et 5 aux Açores.

La faune odonatologique est fortement influencée par la proximité de l'Afrique, comme le démontrent les deux seules espèces de Zygoptères des Canaries, *Ischnura saharensis* et *I. senegalensis*. Une espèce américaine d'*Ischnura* installée aux **Açores** justifie à elle seule une visite sur cet archipel : *I. hastata* est présente sur toutes les îles principales, mais on ne trouve que des femelles. Il s'agit de l'unique espèce parthénogénétique d'Odonate au monde. *I. pumilio* a aussi colonisé les Açores ainsi que **Madère**.

Les *barrancos* des Canaries, gorges abruptes qui descendent des montagnes, n'abritent que des cours d'eau temporaires. Le manque d'eau dans les *barrancos* est compensé par la présence de canaux d'irrigation qui peuvent servir de sites de reproduction aux espèces africaines que sont *Orthetrum chrysostigma*, *Trithemis arteriosa* et *Zygonyx torridus*. **Barranco del infierno** et **Barranco de Masca** sont deux sites intéressants à visiter sur Tenerife. Des afflux massifs d'*Anax ephippiger* venus d'Afrique et de l'ubiquiste *Sympetrum fonscolombii* s'observent de temps à autre. *Pantala flavescens* a probablement suivi leurs traces : le premier enregistrement de cette espèce aux Canaries provient de deux individus observés sur Gran Canaria en 2013. Le premier enregistrement européen d'*Orthetrum ransonnetii* a eu lieu au bord du **Barranco de Río Cabras** sur Fuerteventura en 2018, tandis qu'*Ischnura senegalensis* s'est établie dans quelques sites sur La Palma et dans le sud de Tenerife.

Sympetrum nigrifemur n'a été observé que sur Madère, La Gomera, Gran Canaria et Tenerife. Certains considèrent que ce taxon n'est qu'une forme sombre et de grande taille de *S. striolatum*. Il est assez commun et vole à peu près toute l'année.

F. Weihrauch

Maroc

Pour un voyageur européen, le Maroc constitue le lien parfait avec l'Afrique. Seulement séparé de l'Espagne par un détroit de 15 km, les paysages et habitats du Nord rappellent ceux de l'Andalousie. Le Sud et l'Est sont plus arides, le Sahara formant la limite entre les empires biogéographiques paléarctique et afrotropical. Cette jonction entre Europe et Afrique se retrouve aussi en Algérie et en Tunisie, mais le Maroc se distingue de deux façons. Tout d'abord, l'océan Atlantique apporte une certaine humidité qui permet le développement d'habitats originaux le long du littoral. Enfin, de hautes montagnes traversent le pays, offrant des habitats alpins remarquables.

Vallée du Haut-Atlas, Maroc.

Le Rif (2 448 m), au nord, est relativement humide. Au centre, on trouve le Moyen- et le Haut-Atlas (3 340 m et 4 165 m), une impressionnante colonne vertébrale qui divise le pays en deux régions très contrastées : le Nord-Ouest, qui est relativement humide, et le Sud-Est, quasi désertique. Dans le Sud, on trouve l'Anti-Atlas (2 531 m), relativement arrosé du fait de la proximité de l'Atlantique, et l'aride Jbel Saghro (2 712 m).

L'odonatofaune du Maroc est composée de 64 espèces. Les Odonates méditerranéens prédominent : *Calopteryx haemorrhoidalis*, *Ischnura graellsii* et *Boyeria irene*. On trouve aussi des espèces eurosibériennes formant des isolats en altitude (*Lestes dryas*, *Libellula quadrimaculata*) ainsi que des espèces que l'on ne trouve qu'au Maghreb et dans la péninsule Ibérique. Il s'agit d'*Onychogomphus costae* et d'*Orthetrum nitidinerve* ; de trois espèces endémiques maghrébines (*Calopteryx exul*, *Platycnemis subdilatata* et *Enallagma deserti*) ; d'une endémique saharienne (*Ischnura saharensis*), et même de deux endémiques marocaines (*Cordulegaster princeps* et *Onychogomphus boudoti*). Près de 15 espèces sont typiquement africaines. La plupart pénètrent dans l'extrême sud européen (*Paragomphus genei*, *Trithemis annulata*, *T. kirbyi*, *Brachythemis impartita* et *Zygonyx torridus*), mais *Trithemis arteriosa* et *Pseudagrion sublacteum* n'ont pas atteint l'Europe. *Ischnura fountaineae* atteint les zones arides d'Asie.

L'observation des libellules au Maroc peut être difficile. Les habitats favorables ne sont pas toujours accessibles en voiture et peuvent être asséchés les mauvaises années. La période de vol est très longue et les libellules peuvent être relativement rares durant les mois les plus chauds. De plus, on n'observe généralement qu'une demi-douzaine d'espèces dans une même localité. Les eaux stagnantes sont rares, mis à part les lacs de barrage destinés à l'irrigation et les *dayas*, points d'eau temporaires qui se forment après les pluies. Il ne faut pas négliger les oueds (rivières et ruisseaux) qui abritent la majorité des espèces marocaines.

Les oueds du **Rif** occidental sont un bon point de départ pour explorer la partie nord et le littoral atlantique du Maroc. *Trithemis annulata*, *Orthetrum nitidinerve* et *O. chrysostigma* sont faciles à trouver, souvent accompagnés de *Paragomphus genei*, *Onychogomphus costae* et *Trithemis kirbyi*. **Oued Loukkos**, entre Chefchaouen et Ouezzane, est un bon site. **Oued Laou**, près de Chefchaouen, a des allures plus montagnardes. Les marais côtiers de **Larache**, à l'embouchure de l'Oued Loukkos, permettent de faire de nombreuses observations. *Diplacodes lefebvrii*, d'origine africaine, est difficile à observer ailleurs. Plus au sud, la lagune saumâtre de **Sidi Boughaba**, près de Qenitra, permet d'observer à la fois les espèces africaines que sont *Orthetrum trinacria* et *Brachythemis impartita* et les européennes *O. cancellatum* et *Aeshna affinis*. Il faut visiter **Oued Massa** et le **barrage de Youssef Ben Tachfine**, au pied de l'Anti-Atlas, entre Agadir et Tiznit, pour observer les espèces du Sud telles que *Trithemis arteriosa*, *Ischnura saharensis* et, avec de la chance, *Pantala flavescens*.

Les montagnes intérieures et la chaîne de l'Atlas promettent de belles observations. Les *aguelman* (lacs) du **Moyen-Atlas** abritent des espèces paléarctiques comme *Lestes dryas*, *Enallagma cyathigerum* et *Libellula quadrimaculata* ainsi que des spécialités comme *E. deserti* et la sous-espèce *maroccanus* de *Gomphus simillimus*. Il est parfois difficile ici de distinguer les deux espèces d'*Enallagma*. Nous recommandons la visite des *aguelman* de **Sidi Ali** et **Azigza**, tous deux situés dans un panorama montagnard remarquable, et des *dayet* (points d'eau pouvant s'assécher) d'**Ifrah**, **Iffer** et **Aoua**. Sur ces pièces d'eau stagnantes, on trouve *Coenagrion scitulum* et *Aeshna affinis*. L'**Oued Tizguid**, près d'Ifrane, est une superbe rivière (par exemple au niveau du lieu-dit « Source Vittel »), où l'observation de *Calopteryx exul* et de *Cordulegaster princeps* est quasiment garantie.

Pseudagrion sublacteum et *Zygonyx torridus* doivent être recherchées dans des oueds étroits à moyennement larges des régions intérieures et semi-arides du pays. Elles côtoient généralement *Onychogomphus costae*. On peut prospecter les tronçons rapides de l'**Oued Sebou**, au-dessus de Fès, ou ceux de ses affluents (**Oued El-Hammar** à Matmata par exemple), ainsi que sur les affluents de l'**Oued Oum Er-Rbia**, issus de l'Atlas (**Oued El-Abiod**, au pont d'Imezgane). Ces affluents pourraient aussi abriter *Onychogomphus boudoti*, une espèce nouvelle pour la science qui n'a été jusqu'à présent observée que dans la province de **Khénifra** en 2014. Pour trouver *Ischnura fountaineae*, il faut explorer la région qualifiée par les Marocains de « l'Oriental », située à l'est du Moyen-Atlas. Le meilleur site est probablement **Oued Za** et ses affluents, près d'Aïn Beni Mathar. Il est abondant dans ce secteur et vole en compagnie d'*Ischnura saharensis* et *Enallagma deserti* (ici sans *Enallagma cyathigerum* !). On peut aussi observer ces trois espèces dans les bassins du **Guir** et du **Ziz**.

Au sud, les palmeraies des vallées du **Ziz**, du **Todgha**, du **Dades** ou du **Draa** sont des endroits magnifiques. Les rivières et les *saqiya* (fossés d'irrigation) permettent l'observation de *Platycnemis subdilatata*, *Coenagrion caerulescens*, *Ischnura saharensis*, *Anax parthenope*, *Orthetrum chrysostigma*, *O. nitidinerve*, *Sympetrum fonscolombii* et des différentes espèces de *Trithemis*. *Selysiothemis nigra* peut être recherché autour d'un petit réservoir près de l'**Oued Tata**, au sud-ouest de Tata. *Orthetrum ransonnetii* a été découvert pour la première fois au Maroc au bord de cette rivière en 2003. Il est aussi présent au bord de l'**Oued Tarkal**, près de Zaouiat Sidi Blal, de même que *Sympetrum sinaiticum*, une autre espèce récemment ajoutée à la liste du Maroc. *Orthetrum sabina* a été découvert pour la première fois au Maroc au bord de l'**Oued Ez-Zahar**, près d'Akhfennir, en 2007.

G. Jacquemin

Algérie

L'Algérie est le deuxième plus vaste pays d'Afrique. Elle présente un climat et une topographie très variés et peut être divisée en trois régions : une bande littorale humide où croissent des forêts de chênes sempervirents et des maquis qui entourent de nombreux marais et *garaet* (lacs peu profonds) ; une zone de plateaux d'altitude semi-arides ponctuée de lacs salés immenses, les *chotts* et *sebkhas* ; le Sahara, avec de rares oasis, où alternent *ergs* (dunes de sable) et *regs* (plateaux rocheux). En tout, 63 espèces ont été inventoriées en Algérie. *Lestes numidicus*, nouveau pour la science, a été décrit en 2003. L'Algérie partage de nombreuses espèces avec le Maroc et la Tunisie mais, étant moins touristique, elle est moins étudiée. Les lacunes dans la répartition des espèces ne révèlent sans doute qu'un manque de prospection.

L'Algérie abrite quelques spécialités telles que *Gomphus lucasii*, *Urothemis edwardsii* et *Acisoma inflatum*. Une visite dans le Grand Sud, pour parcourir les splendides canyons de Tassili n'Ajjer et les montagnes du Ahaggar, hors de la couverture de ce guide, permet l'observation d'espèces africaines telles que *Pseudagrion hamoni* ou inféodées au désert comme *Orthetrum ransonnetii*.

Dotée d'un climat subtropical, la Numidie, dans le Nord-Est, est riche en espèces. Des sites tels que les lacs **Tonga**, **des Oiseaux** et **Oubeïra** ont bénéficié de mesures de protection. L'exploration de la mosaïque des zones humides du **parc national d'El Kala** permet l'observation de nombreux *Ischnura graellsii*, *Erythromma viridulum*, *Aeshna isoceles* et les espèces africaines *Diplacodes lefebvrii* et *Brachythemis impartita*. Cette dernière suit les troupeaux de grands mammifères à la façon des Hérons garde-bœufs. Les oueds à courants rapides et les *wadis* (rivières) hébergent *Calopteryx haemorrhoidalis*, *Coenagrion mercuriale*, *Gomphus lucasii* et *Boyeria irene*. Dans les rivières plus lentes, on peut observer *Platycnemis subdilatata* et *Paragomphus genei*.

Les dépressions des dunes littorales sont riches. Dans le **lac Bleu**, plus de 30 espèces d'Odonates ont été inventoriées dont quelques raretés comme *Urothemis edwardsii* et *Acisoma inflatum*. Il y a de grandes différences saisonnières dans la composition et le comportement de l'odonatofaune. Durant le court printemps nord-africain, *Sympecma fusca*, *Anax ephippiger* et *Sympetrum fonscolombii* sont abondants. L'aulnaie inondable du **lac Tonga** est fréquentée par

Aeshna isoceles. Plus tard, *Lestes barbarus* ou *Chalcolestes viridis*, fuyant les zones humides qui s'assèchent, se réfugient dans les boisements d'aulnes. Peu avant le retour des pluies automnales, on peut observer le spectaculaire vol de retour de millions d'*Aeshna mixta*, *Sympetrum meridionale* et *S. striolatum*. Quittant leurs refuges d'altitude, les insectes s'activent dans les marais de **Mekhada** et les zones humides voisines. Le parc national d'**El Kala** est connu pour héberger *Lindenia tetraphylla* et *Rhyothemis semihyalina*. Tandis que la première espèce a été redécouverte au lac Noir en 2018 après cent soixante-dix ans, la seconde est toujours considérée comme éteinte en Algérie.

Oued Mellègue, Tunisie.

Les rares zones humides des hauts plateaux, telles que le **lac de Timerganine**, près d'Oum El Bouaghi, hébergent d'importantes populations d'*Enallagma deserti*, *Coenagrion caerulescens*, *Anax parthenope* et *Orthetrum cancellatum*. Certains cours d'eau permanents abritent *Orthetrum nitidinerve* et *Calopteryx exul*. La bordure nord du Sahara est un bon endroit pour observer *Ischnura saharensis* et *I. fountaineae*, ainsi que *Sympetrum sinaiticum*, *Trithemis arteriosa* et *T. kirbyi*.

B. Samraoui

Tunisie

Cinquante-huit espèces d'Odonates ont été observées en Tunisie. L'odonatofaune comprend, en plus des espèces paléarctiques, tout un cortège d'espèces africaines et plusieurs endémiques maghrébines. En une semaine, il est possible de visiter une sélection de sites répartis dans tout le pays. L'été étant particulièrement chaud, il est préférable de visiter la Tunisie entre mi-mai et juin et en septembre. Dans les oasis du Sud, la plupart des espèces se rencontrent entre fin mars et fin octobre. La collecte est autorisée hors des réserves naturelles.

Au nord, dans la partie méditerranéenne, plusieurs rivières permanentes prennent leur source dans l'**Atlas tellien**. Leur lit est pierreux et bordé de Lauriers-roses (*Nerium oleander*) ou vaseux avec de vastes étendues de massettes (*Typha* spp.). Il peut être intéressant de prospecter toutes les rivières que la route traverse. *Boyeria irene* et *Onychogomphus uncatus* abondent dans les rivières **Lebgâa** et **Bransia** près d'Aïn Draham. *Pyrrhosoma nymphula* et *Aeshna cyanea*, découvertes en 2014, sont les dernières additions à la liste de Tunisie. L'**Oued Zarga**, dans la région de Beja, l'**Oued Maden**, près de Nefza, et l'**Oued Ghezala**, près de Fernana, hébergent tous les endémiques nord-africaines que sont *Calopteryx exul*, *Platycnemis subdilatata* et *Gomphus lucasii*. La vaste steppe centrale est située entre les contreforts méridionaux de l'Atlas tellien et la limite nord du Sahara. Dans cette région sèche, les barrages peuvent s'avérer très attractifs pour les libellules. Le meilleur exemple est le petit lac situé à l'émissaire sud-est du **Barrage el Habib**, au nord de la route Kairouan-Sbeitla. À ce jour, 25 espèces y ont été inventoriées dont *Lindenia tetraphylla*, *Onychogomphus costae* et *Orthetrum nitidinerve*. *Brachythemis impartita* est typique des grandes retenues alors qu'*Enallagma deserti* préfère les petites.

Dans la plupart des sites du Sud, libellules et palmiers s'associent souvent dans des paysages remarquables. Les oasis du **nord du Sahara** offrent de nombreux habitats favorables : fossés d'irrigation, lacs saumâtres ou suintements marécageux. Les meilleurs sites se situent autour de **Douz** et **Tozeur** et hébergent des milliers d'*Ischnura fountaineae*, *I. saharensis*, *Sympetrum sinaiticum*, *Diplacodes lefebvrii* et *Selysiothemis nigra*. La route au nord de Gabès traverse l'**Oued Akarit**, un des petits cours d'eau côtiers où vivent *Orthetrum trinacria*, *O. sabina* et *Paragomphus genei*. *Zygonyx torridus* a été découvert en 2002 au bord de l'une des trois cascades du torrent de montagne qui prend sa source à l'oasis de Tamerza.

R. Jödicke

Identification

Ordre des genres et des espèces

Les familles sont classées par ordre taxonomique (*cf.* Annexe 3). Ce classement reflète les relations phylogénétiques et la richesse des familles en commençant par la branche de l'« arbre généalogique » qui comporte le moins d'espèces. Des recherches moléculaires récentes ont confirmé la plupart des déductions sur la phylogénie des Odonates établies auparavant à partir de la morphologie. Il s'avère que les espèces de Lestidae et de quelques familles apparentées (absentes d'Europe) ont des liens de parenté plus étroits entre elles qu'avec tous les autres Zygoptères. Ce sont donc elles, plutôt que les Calopterygidae et Euphaeidae, qui sont présentées en premier. De même, les Platycnemididae et les Coenagrionidae sont étroitement apparentés, mais c'est la première famille (plus petite) qui est placée en premier. Enfin, les genres *Oxygastra* et *Macromia* ont été déplacés car on a trouvé qu'ils n'appartenaient pas aux Corduliidae. L'ordre des familles diffère donc légèrement de celui de l'édition de 2006, mais il est conforme à celui des publications actuelles (et futures). L'ordre des genres et des espèces au sein des familles place les taxons plus familiers en premier et ceux semblables à proximité les uns des autres. Quand cela était possible, nous avons placé des couples d'espèces proches en vis-à-vis afin de faciliter la comparaison.

Monographies des genres et des espèces

Les noms scientifiques et vernaculaires font l'objet d'une discussion dans l'introduction ainsi que dans les annexes. Les textes des genres abordent la distinction des genres les uns par rapport aux autres, ainsi que l'identification des espèces au sein du genre. Étant donné que des espèces proches ont généralement des comportements similaires, la plupart des caractéristiques comportementales sont présentées dans les monographies génériques. L'introduction comporte aussi un chapitre relatif à l'identification des libellules, du niveau du sous-ordre jusqu'à celui du genre (p. 21-35).

Chaque monographie spécifique est divisée en deux sections. La première partie comprend les sous-paragraphes **Identification**, **Critères à distance**, **Critères en main**, **Variations et Comportement**, et la seconde partie les sous-paragraphes **Répartition et statut**, **Habitats** et **Période de vol**. Pour les genres monospécifiques, les monographies génériques et spécifiques ont été fusionnées. On trouve plus de détails sur le contenu de ces rubriques dans l'Introduction. Pour plus de détails, *cf.* : Identification des libellules (p. 15-21), Comportement des libellules (p. 8-9), Statut et répartition des libellules (p. 9-12), Habitats (p. 12-14), Période de vol (p. 14), ainsi que les légendes des cartes (p. 12).

Échelle des illustrations

Les principales illustrations en couleur sont dessinées à l'échelle. Les Zygoptères sont à 1,8× la taille réelle, les Anisoptères à 1,4×. Les annotations qui accompagnent les illustrations visent à souligner des critères diagnostiques (ou des particularités individuelles). Elles doivent être utilisées en étroite relation avec le texte descriptif. Dans toutes les planches, la tête de l'animal se situe à gauche ou en haut. Dans la rubrique **Critères à distance**, on écrira : Tot pour Total, Ab pour Abdomen, Ap pour Ailes postérieures.

Calyopteryx splendens ♂

Lestes Leach, 1815, *Chalcolestes* Kennedy, 1920

Zygoptera et Zygoptères – Demoiselles

Lestes

Identification
La plupart des demoiselles dotées d'un corps couleur métallique, souvent partiellement recouvert de pruine, de Pt longuement rectangulaires (bordés inférieurement de 2-3 cellules) et se perchant les ailes étalées sont des *Lestes* ou des *Chalcolestes*.
Caractérisation du genre La nervation (nombreuses cellules octogonales plutôt que rectangulaires), les Pt rectangulaires et les appendices anaux du mâle rappellent ceux des *Sympecma*. Ces derniers sont brun clair, ponctués de marques sombres, se perchent les ailes fermées et les Pt des Aa et des Ap ne se superposent pas alors (*cf. Sympecma*). Les *Calopteryx* ont aussi des corps métalliques ; *Epallage* combine pruinosité, longs Pt et ailes étendues au repos, mais les espèces de ces genres ont de nombreuses nervures anténodales (et non deux). Certains petits Zygoptères peuvent avoir des corps à reflets métalliques (*Ceriagrion*, *Erythromma* et *Nehalennia* par exemple) mais ils ont de petits Pt en losange, une nervation à cellules carrées et des marques différentes. En cas de doute, on distingue les Lestes à la présence de deux nervures longitudinales qui partent de la nervure reliant l'arculus à la subnodale (*cf.* p. 24).
Identification des espèces Le genre *Lestes*, composé d'environ 80 espèces, est cosmopolite. Nos espèces ont des écologies proches et jusqu'à cinq peuvent s'observer au même endroit. Les deux espèces de *Chalcolestes* connues sont plus grandes et plus élancées que les *Lestes* et n'ont jamais de pruine. En Europe, ce sont les seuls Odonates à pondre dans le bois vivant. Outre quelques différences subtiles dans la morphologie des adultes et des larves, les *Chalcolestes* sont génétiquement plus proches des *Sympecma* que des *Lestes*. L'identification des mâles est facile et repose sur l'observation des appendices anaux. Celle des femelles se fait à partir de l'observation de l'ovipositeur. On peut identifier les mâles à courte distance mais la distinction de *C. parvidens* et *C. viridis* dans le Sud-Est et de *L. barbarus* et *L. virens* dans le Sud-Ouest requiert un examen détaillé. *L. dryas* et *L. sponsa* coexistent souvent et la présence de l'un ou de l'autre peut passer inaperçue.
Comportement Les *Lestes* peuvent survivre dans des points d'eau temporaires. Cette capacité s'exprime fortement chez *L. barbarus*, moins chez les deux espèces de *Chalcolestes*. Les mâles sont entreprenants, formant souvent des tandems avec d'autres mâles ou avec d'autres espèces de *Lestes* mais l'hybridation n'est connue qu'entre *C. parvidens* et *C. viridis*. La ponte se fait en tandem. Les œufs sont déposés dans des tissus végétaux vivants, souvent nettement au-dessus ou à distance de l'eau.

K.-D. B. Dijkstra

Attention : la pruinosité et la coloration des Pt n'apparaissent que chez les imagos matures !

Comparaison entre espèces
Si le critère convient, comparer les espèces du groupe, sinon passer à la ligne suivante.

Limite inférieure de la coloration vert métallique du côté du thorax avec une pointe **saillante** sous la suture interpleurale.	*C. parvidens* *C. viridis*
Partie arrière de la tête jaune, contrastant fortement avec le dessus sombre. Pt brun clair **et**/ou jaunes, jamais noirâtres. S9-S10 pouvant être pruineux, S1-S2 et S8 jamais.	*L. barbarus* *L. virens*
Thorax entièrement pruineux, dépourvu de coloration métallique vert ou bronze. Grands Pt, bordés inférieurement de 3 cellules. Cerques moitié moins longs que les cercoïdes. **Écaille** vulvaire arrondie, entièrement sombre.	*L. macrostigma*
Au moins la partie supérieure du thorax vert ou bronze métallique. Pt plus courts, bordés inférieurement de 2 cellules. Cerques dépassant la moitié de la longueur des cercoïdes. Écaille vulvaire pointue, partiellement claire.	*L. dryas* *L. sponsa*

Lestes sponsa (Hansemann, 1823) Leste fiancé

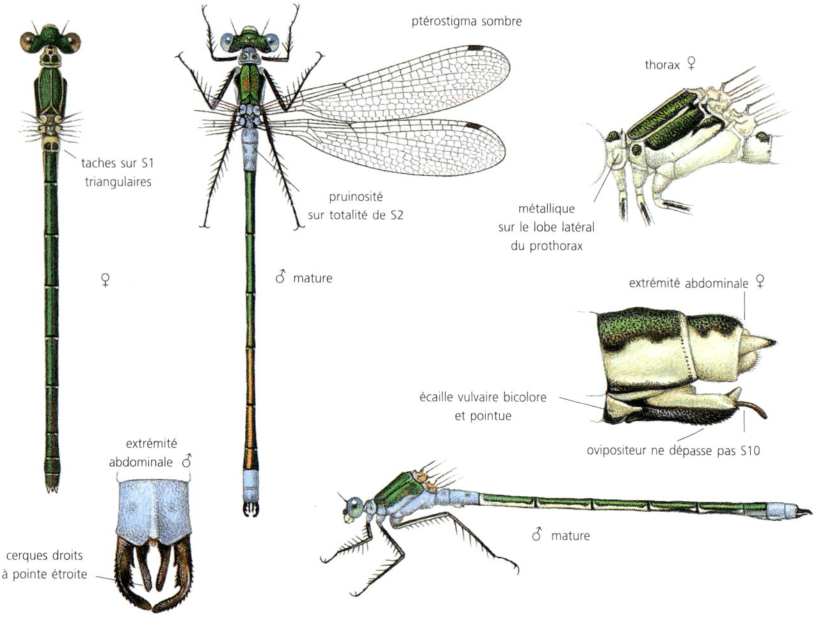

Identification

Répandu et abondant dans de nombreuses régions, probablement du fait d'une moindre dépendance envers les milieux temporaires.
Critères à distance Tot 35-39 mm, Ab 25-33 mm, Ap 17-24 mm. Taille et corpulence moyennes. Se distingue de *L. barbarus* et de *L. virens* par une pruinosité plus importante, l'arrière de la tête et les Pt sombres. *C. parvidens* et *C. viridis* ont des appendices anaux blanchâtres, des Pt plus longs et plus clairs, des marques thoraciques caractéristiques et ne se couvrent pas de pruine. *L. macrostigma* a des Pt plus longs et le corps plus sombre, quasiment dépourvu de vert, couvert d'une pruinosité plus étendue. *Cf. L. dryas* pour distinction.
Critères en main Cerques du mâle caractéristiques : longs et droits à pointe étroite. Les femelles, comme celles de *L. dryas*, ont une écaille vulvaire pointue et bicolore. L'ovipositeur est par contre moins robuste, plus court, et la coloration du prothorax diffère (*cf. L. dryas*).
Variations Les zones claires sont nettement orangées après l'émergence et la coloration métallique est plus vive et plus bleue avant l'apparition de la pruine. Les femelles peuvent développer de la pruine comme les mâles, notamment sur S1-S2.

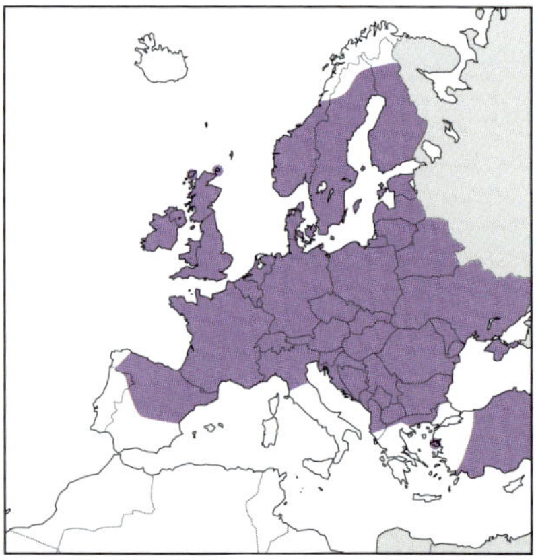

Répartition et statut Commun du nord de l'Europe au Japon, rare ou absent dans le Sud.
Habitats Eaux stagnantes bordées d'hélophytes. Souvent plus abondant dans les points d'eau récents ou acides, mais non inféodé à ces milieux.
Période de vol Généralement de mi-mai à mi-octobre avec un pic en août. La plupart des émergences se produisent quelques semaines après celles de *L. dryas*.

Lestes dryas (Kirby, 1890)

Leste dryade

Leste des bois

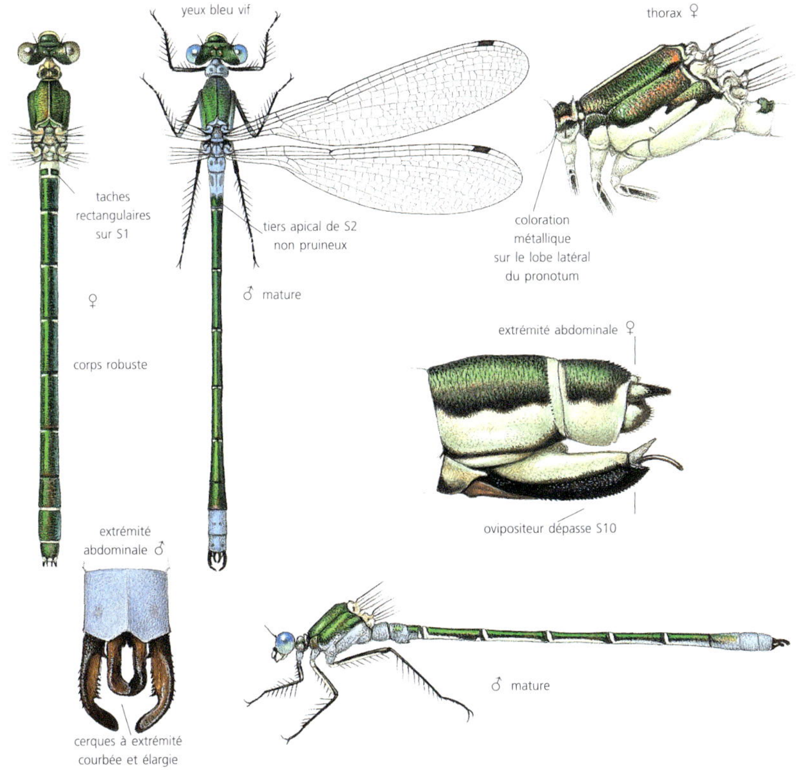

Identification

Souvent en compagnie de *L. sponsa*, avec lequel il peut être confondu. Généralement moins abondant mais peut dominer dans les points d'eau temporaires. Identification à distance possible mais examen à la loupe préférable.

Critères à distance Tot 35-40 mm, Ab 26-33 mm, Ap 20-25 mm. Taille et apparence générale proches de *L. sponsa*, mais plus robuste (abdomen plus large) et plus vivement coloré. Les femelles sont particulièrement robustes et sombres.
Les mâles se distinguent de ceux de *L. sponsa* par plusieurs critères qui ne sont pas totalement discriminants : 1) la pruinosité couvre seulement les deux tiers de S2, laissant apparaître un carré vert métallique dans la partie postérieure ; 2) le Pt est moins long avec des bordures claires contrastées ; 3) les yeux sont d'un bleu plus profond.

Critères en main Les cerques des mâles sont élargis et courbés l'un vers l'autre à leur extrémité. L'ovipositeur de la femelle est plus grand que celui de *L. sponsa*, dépassant S10. Deux détails de la coloration confirment l'identification des femelles :
1) la couleur vert métallique des côtés du prothorax s'étend nettement vers le bas ; 2) les deux marques métalliques de la partie dorsale de S2 sont carrées, pas triangulaires. Ces critères de coloration s'appliquent aussi aux mâles avant l'apparition de la pruinosité.

Variations Comme *L. sponsa*.

Répartition et statut Répartition semblable à celle de *L. sponsa* mais plus commun au sud et à l'ouest, souvent plus localisé et moins abondant que *L. sponsa* dans la majeure partie du nord de son aire. Présent en Amérique du Nord.

◀ *Lestes dryas* mâle. Noter que la pruinosité ne couvre que les deux tiers de S2.

Habitats Eaux stagnantes dans des points d'eau souvent asséchés l'été ou dont les marges peu profondes permettent aux larves de trouver des microhabitats chauds. Habituellement, pièces d'eau à végétation dense composée de joncs et de laîches : dépressions dunaires, roselières peu profondes, mares prairiales, bordures des tourbières.
Période de vol Dans de nombreuses régions, le leste le plus précoce. Émerge d'avril (Espagne) à fin mai (nord de l'Europe), pic en juillet-août, dernières observations en octobre.

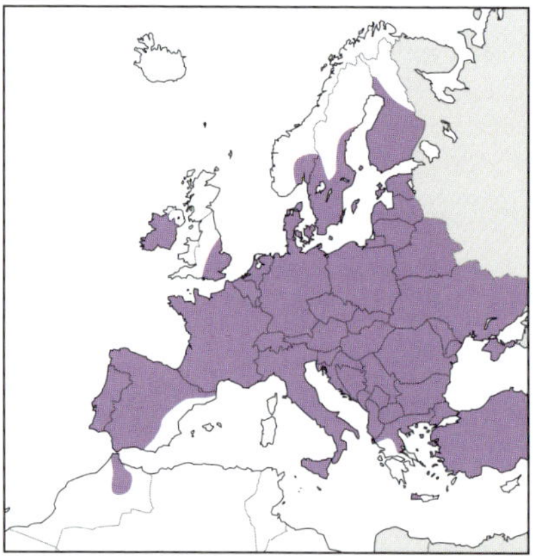

▲ *Lestes macrostigma* en tandem, montrant la pruinosité bleue et les ptérostigmas longs et sombres.

Lestes macrostigma (Eversmann, 1836) Leste à grands stigmas

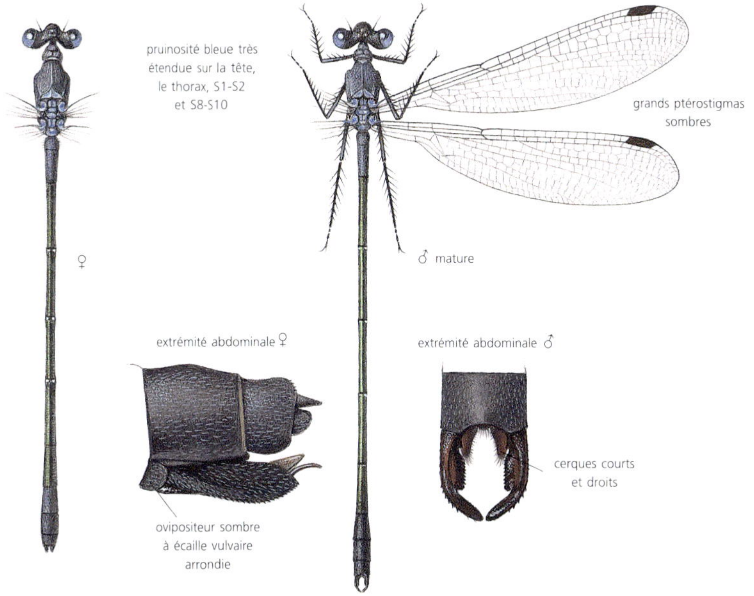

Identification

La coloration sombre du corps, la pruinosité importante et la longueur des ptérostigmas caractérisent cette espèce.

Critères à distance Tot 39-48 mm, Ab 31-38 mm, Ap 24-27 mm. Plus grand et plus robuste que la majorité de ses congénères. Ne présente jamais sa coloration vert ou bronze métallique ; au mieux S3-S7 vert bronze, sinon entièrement sombre et massivement pruineux sur la tête, le thorax, S1-S2 et S8-S10. Cette pruinosité caractéristique, bleu violacé velouté de blanc, couvre les deux sexes et apparaît très tôt après l'émergence. Le ptérostigma est particulièrement long et sombre, bordé inférieurement de trois cellules. Il est noirâtre chez les individus matures et brun clair chez les immatures. Les autres lestes ont au moins la partie supérieure du thorax vert métallique et ont des ptérostigmas plus courts (généralement bordés inférieurement de deux cellules) et/ou plus clairs.

Critères en main Cerques du mâle caractéristiques, relativement courts et droits. Ovipositeur de la femelle moyennement long, entièrement sombre et pruineux. Écaille vulvaire arrondie.

Variations Le corps est plus métallique chez les immatures frais donnant à la pruinosité un lustre particulier.

Répartition et statut De l'Atlantique aux steppes mongoles mais répartition très fragmentée. En France, principaux bastions en Corse et entre Loire et Gironde. Espèce souvent erratique.

Habitats Presque exclusivement inféodé aux eaux côtières ou continentales, peu profondes, colonisées par le Scirpe maritime (*Bolboschoenus maritimus*) : salines abandonnées, dépressions dunaires et marge des lacs salés.

Période de vol Apparaît dès février-mars en zone méditerranéenne espagnole et turque ; vole de mai à août sur le littoral atlantique français et de juin à août en Europe centrale.

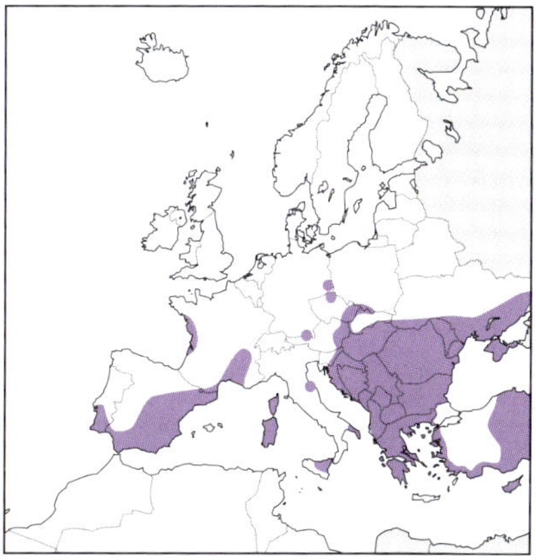

Lestes barbarus (Fabricius, 1798) — Leste barbare

Leste sauvage

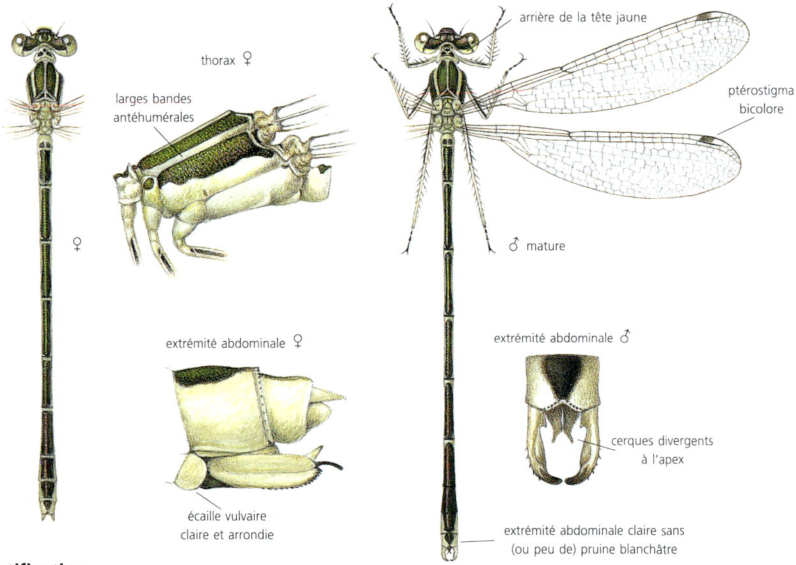

Identification

Cette espèce très mobile est typique des habitats soumis à assèchement. Dans la plupart des régions, on la reconnaît à sa coloration claire et à ses Pt bicolores.

Critères à distance Tot 40-45 mm ; Ab 26-35 mm, Ap 20-27 mm. Plus clair et légèrement plus grand que la plupart des autres *Lestes*. Ne partage la coloration jaune de la partie inférieure et arrière de la tête qu'avec *L. virens*. La démarcation des couleurs est nette au niveau de la « nuque ». Les immatures des autres espèces peuvent paraître clairs dessous mais sont dépourvus de contraste tranché. Diffère des autres *Lestes* par : 1) Pt bicolores brun clair à la base, jaunes dans la moitié apicale ; 2) zones jaunes du corps plus étendues (large bande antéhumérale, côtés de S9-S10, appendices anaux clairs) ; 3) mâles presque sans pruinosité (tout au plus pruine blanche sur S10). Dans certaines régions de la péninsule Ibérique, *L. virens* a aussi des Pt bicolores (mais la partie claire occupe seulement ⅓ de la surface). Les mâles présentent une pruinosité bleuâtre sur S9 et S10.

Critères en main Cerques des mâles fins, à pointes divergentes. Ovipositeur et écaille vulvaire de la femelle entièrement clairs. Écaille ronde et non pointue comme chez *L. dryas*, *L. sponsa* et *L. virens*.

Variations Varie beaucoup en taille. Les zones claires des immatures sont jaune citron brillant.

Comportement Souvent observée en ponte dans des zones totalement sèches.

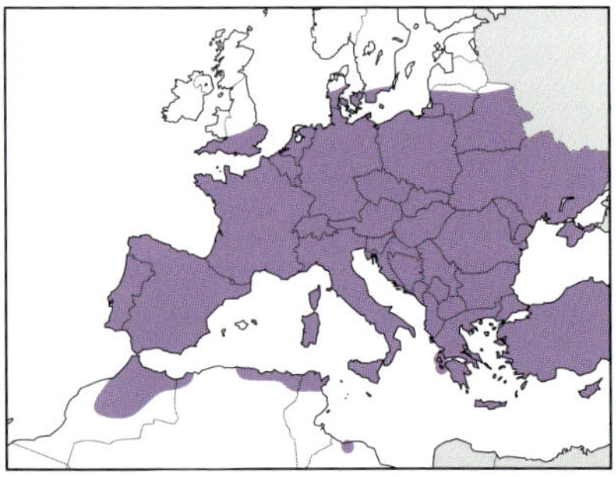

Répartition et statut Atteint la Mongolie. Capable de grandes dispersions, cette espèce peut s'établir pour plusieurs années dans des sites où elle était absente. Méridionale, elle a considérablement étendu son aire vers le nord de l'Europe depuis le milieu des années 1990, atteignant la Grande-Bretagne en 2002.

Habitats Attirance marquée pour les milieux humides temporaires, qui s'assèchent au début de l'été.

Période de vol De mars à octobre au sud de la Méditerranée, mais émergence en juin et juillet dans le Nord, pic en août.

Lestes virens (Charpentier, 1825) Leste verdoyant

Inclut : *Lestes numidicus* Samraoui, Weekers & Dumont, 2003 **Leste numide**

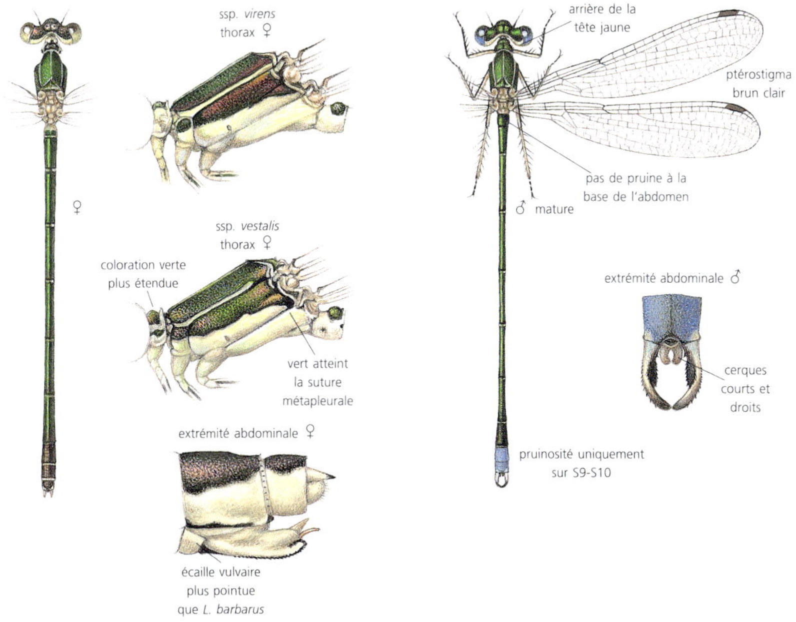

Identification

Lestes virens est le plus délicat des *Lestes*. Il se différencie généralement des autres espèces par sa stature et sa coloration. Des populations sur la péninsule Ibérique rappelant *Lestes barbarus* font partie, comme *Lestes numidicus* (espèce cryptique récemment décrite d'Algérie), d'un groupe de taxons dont la systématique n'est pas encore établie.

Critères à distance Tot 30-39 mm, Ab 25-32 mm, Ap 19-23 mm. Légèrement plus petit et plus fin que *L. sponsa*. Se différencie des autres *Lestes*, *Lestes barbarus* mis à part, par l'arrière de la tête jaune. La coloration abdominale du mâle est unique : pruinosité bleue limitée à S9-S10 et absente de S1-S2. Pt généralement uniformément brun clair encadrés de nervures blanchâtres. Certaines populations sur la péninsule Ibérique ont le tiers apical du Pt jaune clair et, étant par ailleurs plus claires, ressemblent à *L. barbarus* (*cf.* cette espèce).

Critères en main Les cerques des mâles sont courts et droits. L'ovipositeur de la femelle est relativement faible. L'écaille vulvaire est claire et plus pointue que celle de *L. barbarus*, mais moins que celle de *L. dryas* et *L. sponsa*.

Variations Les spécimens d'Afrique, de la péninsule Ibérique, du sud de la France et des îles tyrrhéniennes ont des marques sombres réduites, notamment sur le thorax : 1) la zone verte du prothorax est petite ; 2) les bandes antéhumérales sont plus étroites et plus longues ; 3) la zone verte n'atteint pas la suture métapleurale ; 4) cette suture n'est pas marquée d'un trait noir. Ces populations sont rassemblées dans la sous-espèce *virens*. Les populations dans le nord et l'est appartiennent à la sous-espèce *vestalis*, dont la couleur pâlit progressivement vers les Balkans et la Turquie. Les spécimens de l'ouest et du sud de la péninsule Ibérique, dont ceux issus de la localité type de *virens*, ont des Pt bicolores (*cf.* ci-dessus). Les *virens* d'Algérie sont composés de deux populations, plus séparées par leur période de reproduction que par la distribution et la morphologie. Le groupe automnal a récemment été différencié sur la base de critères génétiques et nommé *L. numidicus*. Les spécimens sont décrits comme teintés de rougeâtre plutôt que de vert, mais chez toutes

◀ *Lestes virens* mâle. Noter la pruine sur S9-S10 mais pas sur S1-S2.

◀ *Lestes barbarus* mâle. Noter la large bande antéhumérale et les côtés de l'abdomen clairs.

les formes de *L. virens*, la couleur métallique tend à devenir plus cuivrée avec l'âge. Des études plus larges menées sur les populations du nord-ouest de l'Afrique et du sud de l'Europe occidentale permettraient de mieux comprendre ce groupe complexe.

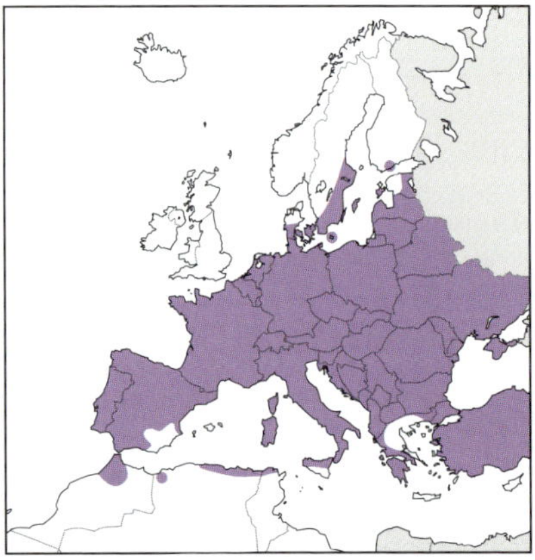

Répartition et statut Répandu, bien que rarement le *Lestes* dominant. Sa répartition rappelle celle de *L. barbarus*. Tout aussi vagabond, il apparaît rarement en aussi grand nombre.
Habitats Grande variété de points d'eau peu profonds et bordés d'hélophytes, s'asséchant en été (comme *L. barbarus*). Dans le Nord-Ouest, préfère les lacs et les étangs acides à sphaignes et joncs.
Période de vol De juillet à novembre dans le Nord, d'avril à novembre dans le Sud. En Algérie, émergence durant la seconde moitié d'avril et en mai, incluant probablement les individus qui se reproduisent entre juin et août (*L. virens*) et ceux qui le font entre fin août-début novembre (*L. numidicus*).

Chalcolestes viridis (Vander Linden, 1825)

Leste vert

Identification

Chalcolestes viridis et *C. parvidens* se différencient des *Lestes* par leur apparence et leur comportement. Ces espèces se distinguent par leur corps vert vif, leurs appendices anaux blanchâtres, leur grande taille et leur habitude de se dissimuler dans les arbres et les buissons. Ce sont les seuls *Lestes* européens à déposer leurs œufs dans du bois vivant.

Critères à distance Tot 39-48 mm, Ab 29-39 mm, Ap 23-28 mm. Plus grand que les *Lestes* et pourvu d'un abdomen plus long. Corps vert métallique brillant sans bleu (yeux, pruinosité), prenant des reflets cuivrés avec l'âge. *C. viridis* et *C. parvidens* se caractérisent par la coloration verte du côté du thorax qui dessine une pointe. Ils ne sont jamais pruineux, le bout de leur abdomen demeure entièrement vert métallique sombre, contrastant avec les appendices blanchâtres. Pt grands et, chez les individus matures, brun clair avec une partie centrale crème plus pâle. Noter que les imagos fraîchement émergés des *Lestes* sont souvent pris pour des *C. viridis* (coloration temporairement claire de leurs Pt et pruinosité non apparue). On les distingue par l'absence ou la petitesse de la marque colorée en forme de pointe du côté du thorax.

Critères en main Chez le mâle, cerques très courts et dent saillante près de l'extrémité des cercoïdes. Ovipositeur de la femelle globalement sombre à bordure inférieure claire (ovipositeur clair ou sombre ou à partie supérieure claire chez les *Lestes*). Extrémité de la partie inférieure de l'ovipositeur à 10-14 dents marquées mais discrètes. Les *Lestes* ont des indentations plus nombreuses et plus petites.

Variations Limitées par rapport aux espèces de *Lestes*, car les Pt foncent très peu et la pruinosité ne se développe pas.

Comportement Adultes souvent perchés dans les arbres ou les buissons, parfois loin de l'eau. Contrairement aux *Lestes*, pond généralement dans le bois et autres supports compacts (moins dans le nord-est de son aire), principalement des branches

▶ *Chalcolestes viridis,* tandem en ponte sur une branche.

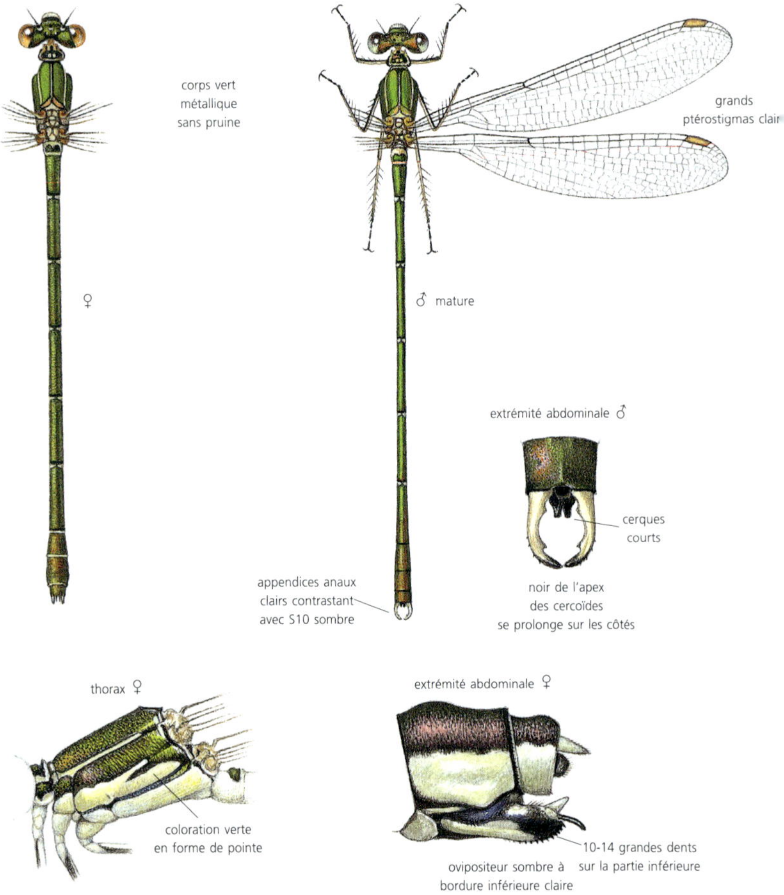

surplombant l'eau. Les cicatrices de ponte demeurent visibles sur l'écorce.

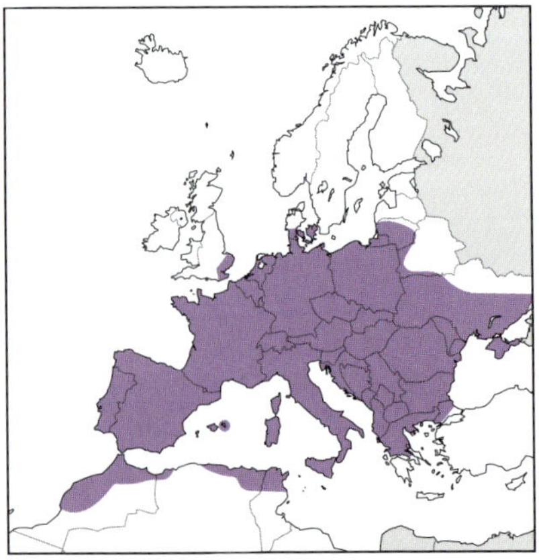

Répartition et statut Répandu et commun dans la majeure partie de l'Europe. Probablement en expansion vers le nord. Limites sud-orientales encore imparfaitement connues du fait de confusions avec *C. parvidens*, mais s'étend au moins jusqu'à la Sicile et la Grèce centrale.

Habitats Eaux stagnantes à faiblement courantes, bordées d'arbres ou d'arbustes. Contrairement aux *Lestes*, ne recherche pas spécialement les points d'eau temporaires.

Période de vol Émerge rarement avant mi-juillet en Europe centrale mais apparaît en péninsule Ibérique dès début mai. Abondant en août et septembre, les derniers en novembre.

Chalcolestes parvidens (Artobolevsky, 1929)

Leste à cerques retroussés

Leste italien

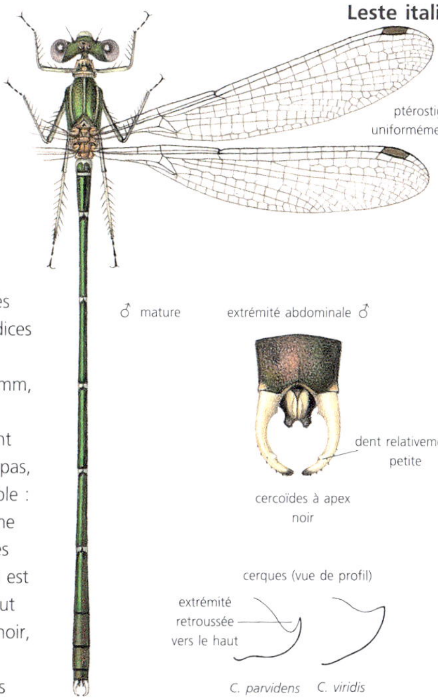

Identification

Ne se différencie de *Chalcolestes viridis* qu'après observation à la loupe, notamment des appendices anaux du mâle.

Critères à distance Tot 44-50 mm, Ab 34-39 mm, Ap 22-26 mm. Taille et apparence générale semblables à *C. viridis*. Deux différences peuvent être observées à distance mais ne garantissent pas, à elles seules, d'aboutir à une identification fiable : 1) Pt plus sombres, uniformément bruns (comme chez *L. virens*) plutôt que crème (blancs chez les jeunes immatures) ; 2) seul l'apex des cercoïdes est sombre, jamais la bordure externe (*C. viridis* peut aussi présenter des cercoïdes peu marqués de noir, notamment dans le sud-ouest de son aire).

Critères en main Le critère diagnostique le plus fiable s'observe sur les appendices anaux du mâle (à la loupe) : 1) la bordure interne des cercoïdes est pourvue d'une dent placée plus dorsalement que chez *C. viridis* (vue de dessus) ; 2) les cerques sont plus étroits, à extrémité plus retroussée (vue de profil). Les femelles ont 6-8 dents sur la bordure de l'ovipositeur (10-14 chez *C. viridis*). Les rares femelles à 9 dents ne sont pas déterminables.

Variations Les mâles hybridés avec *C. viridis* présentent des appendices anaux de forme intermédiaire. On les trouve dans la zone de chevauchement d'aire où ils sont rares.

Comportement Comme *C. viridis* mais peut plus fréquemment pondre dans des supports non ligneux. Dans les populations mixtes en Italie, *C. parvidens* est essentiellement actif le matin, *C. viridis* l'après-midi.

Répartition et statut L'aire de répartition se chevauche avec celle de *C. viridis* dans une vaste zone au sud des Alpes et des Tatras. L'espèce est surpassée en nombre par *C. viridis* en Italie et dans le nord des Balkans, mais domine largement dans le sud des Balkans (par exemple en Bulgarie et en Grèce). S'étend jusqu'à la région du Caucase, au nord de l'Iran et au Levant.

Habitats Comme *C. viridis* ; éventuelles divergences dans les exigences écologiques encore méconnues.

Période de vol Fin avril à fin novembre. Émergence apparemment plus précoce que chez *C. viridis* : fin mai en Italie et au nord-ouest des Balkans. Après une période de maturation de plusieurs semaines, les adultes retournent sur leurs sites de reproduction fin juillet.

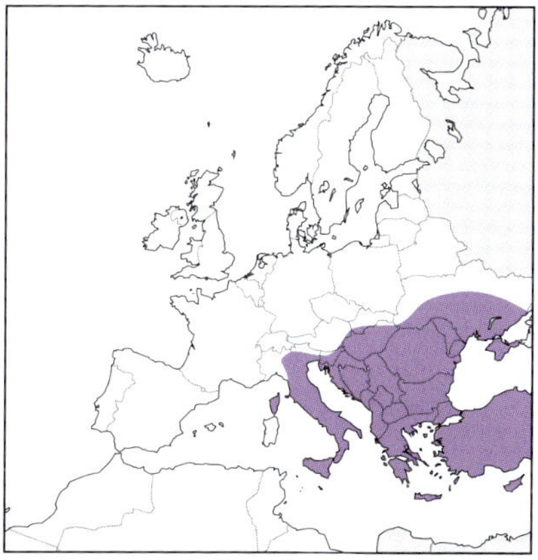

Sympecma Burmeister, 1839 — Brunettes

▲ *Sympecma fusca* mâle.

Identification

Corps brunâtre pourvu de marques dorsales bronze, en forme de torpille sur S3-S6. Pt brun clair en rectangle allongé, bordés inférieurement de 2 cellules. Le Pt est plus près de l'apex aux Aa qu'aux Ap. Cette caractéristique s'observe parfaitement quand l'insecte est au repos, les ailes fermées ; les Pt des Aa et des Ap ne se superposent alors quasiment pas.

Caractérisation du genre La nervation (nombreuses cellules pentagonales plutôt que rectangulaires), les longs Pt et les appendices anaux du mâle rappellent les *Lestes* et *Chalcolestes*. Bien que les marques métalliques des jeunes immatures soient verdâtres, les *Sympecma* ne présentent jamais la coloration vert brillant des *Lestes* et des *Chalcolestes*. Chez les *Sympecma*, les ailes sont plus étroites et pointues. Les *Lestes* et *Chalcolestes* se tiennent généralement les ailes à demi étendues (si elles sont fermées, les Pt des Aa et des Ap se superposent à peu près). Chez les *Sympecma*, les ailes sont plutôt repliées et les Pt ne se superposent pas. La bordure postérieure du pronotum des *Lestes* et des *Chalcolestes* est arrondie ; elle est trilobée chez les *Sympecma* : deux incisions dessinent un lobe médian proéminent et deux lobes latéraux. L'ovipositeur des *Sympecma* est fragile et court, son extrémité n'atteignant que la moitié de S10. Les appendices anaux des femelles sont grands et clairs. Les femelles brunes d'*Enallagma cyathigerum* présentent un même type de coloration abdominale mais ont de petits Pt en forme de losange, des appendices anaux courts, une épine vulvaire à la base de l'ovipositeur et des marques plus sombres, disposées différemment sur le thorax et la tête (dont des taches postoculaires).

Identification des espèces Ce genre paléarctique compte trois espèces : une confinée à l'Asie centrale et à l'Iran, les deux autres atteignant l'Europe. Leur identification nécessite un examen des marques latérales du thorax et des appendices anaux des mâles.

Comportement Couleur et comportement cryptiques. Au repos, les ailes sont rabattues le long de l'abdomen. Les insectes se plaquent contre le support auquel ils s'accrochent pour se camoufler. Les imagos émergent à la fin de l'été et se reproduisent le printemps suivant. Contrairement aux autres Odonates européens qui passent l'hiver à l'état d'œufs ou de larves, les *Sympecma* hibernent à l'état imaginal. Après l'émergence, ils fréquentent des habitats semi-ouverts (friches, landes parsemées de buissons, lisières forestières). Ils y recherchent de la nourriture à l'automne et y passent l'hiver, affrontant les frimas sur une tige ou sous une pierre ou de l'écorce. Peu d'adultes sont observés entre novembre et mars mais ils peuvent se montrer s'il fait chaud. La ponte se fait en tandem, dans des débris végétaux flottants.

R. Jödicke

▲ Femelle de *Sympecma fusca* en cours d'hibernation couverte de givre.

▲ *Sympecma fusca*, cœur copulatoire. Noter l'absence de chevauchement des ptérostigmas.

Sympecma fusca (Vander Linden, 1820)

Brunette hivernale

Leste brun

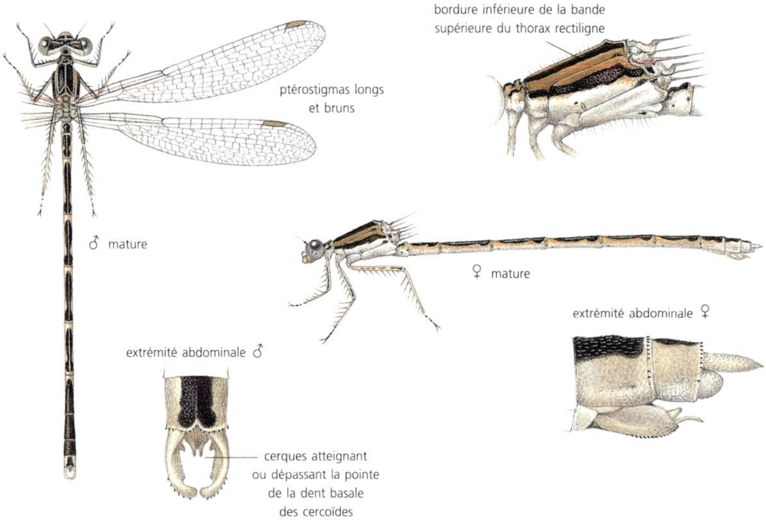

Identification

Espèce commune, petite et terne, qui passe facilement inaperçue. Les tandems apparaissent soudainement aux premiers beaux jours du printemps pour pondre dans des débris végétaux ou sur des tiges sèches. Dans le nord-est de l'Europe, *S. paedisca* peut se mêler aux populations de *S. fusca*, et inversement.

Critères à distance Tot 34-39 mm, Ab 25-30 mm, Ap 18-23 mm. À peine plus grand qu'*Enallagma cyathigerum*. Corps clair, ponctué de marques brillantes sur la partie supérieure de la tête, du thorax et de l'abdomen. Peut facilement être confondu avec *S. paedisca* (*cf.* cette espèce), mais la bordure inférieure de la bande sombre du sommet du thorax est rectiligne (au-dessus de la bande humérale).

Critères en main Cerques du mâle fins dont la pointe atteint (ou dépasse) l'extrémité de la dent basale des cercoïdes.

Variations Marques sombres moins étendues dans le Sud. La couleur brune s'assombrit jusqu'en automne et peut devenir noirâtre chez les vieux individus. Au printemps, les imagos ont une tache bleue sur la partie supérieure de l'œil.

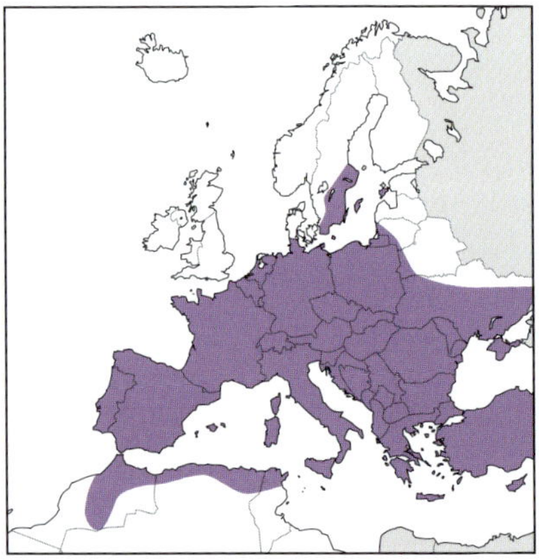

Répartition et statut Commun dans une vaste région ; atteint l'Asie centrale. Plus rare dans le nord de son aire où il est actuellement en phase d'expansion rapide.

Habitats Eaux stagnantes à faiblement courantes, particulièrement dans les zones d'accumulation de débris végétaux flottants (tiges de roseaux ou de joncs).

Période de vol Adultes visibles toute l'année mais reproduction en avril-mai. Pic d'activité en août-septembre. Les générations successives peuvent se chevaucher, notamment dans le Sud.

Sympecma paedisca
(Brauer, 1877)

Brunette sibérienne
Leste enfant

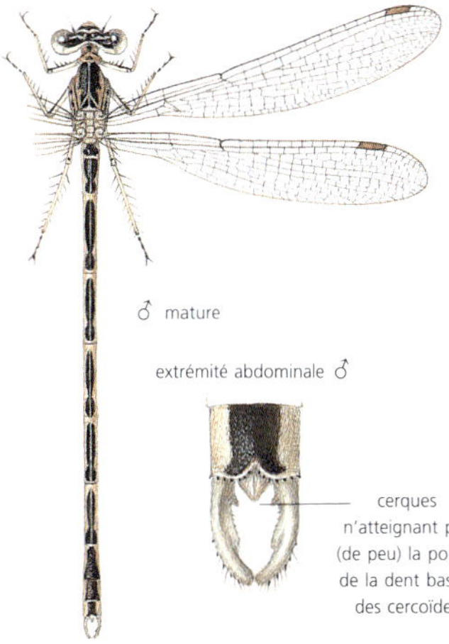

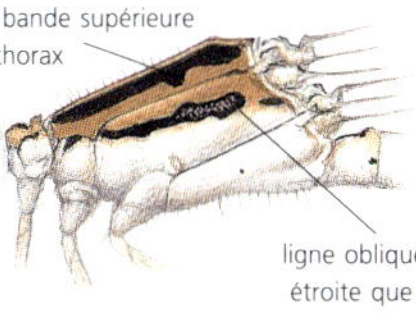

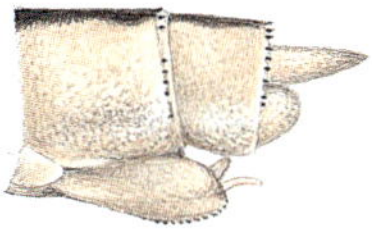

Identification

Très proche de *S. fusca* au plan de la coloration, du comportement et de la biologie mais sa répartition est décalée vers le nord-est. Les identifications doivent être rigoureuses en Europe centrale où les habitats favorables peuvent abriter les deux espèces.

Critères à distance Tot 36-39 mm, Ab 25-29 mm, Ap 18-22 mm. De même taille que *S. fusca*. La distinction des deux espèces est délicate sur le terrain : la bordure inférieure de la bande sombre du sommet du thorax présente un décrochement relativement rectangulaire (suivi d'une petite échancrure). La bande sombre latérale du côté du thorax est normalement plus fine que chez *S. fusca* (parfois même interrompue).

Critères en main La seule véritable différence morphologique concerne la forme des appendices anaux du mâle : les cerques sont plus courts que ceux de *S. fusca*, n'atteignant que la moitié de la dent basale des cercoïdes. Ces dents basales sont un peu plus éloignées de la base des cercoïdes chez *S. paedisca*.

Variations Les spécimens asiatiques peuvent ne pas présenter le décrochement thoracique caractéristique, mais cette variation n'est pas connue en Europe. S'assombrit avec l'âge comme *S. fusca*, ce qui peut rendre difficile l'observation des marques sombres du thorax. La moitié supérieure des yeux des mâles matures (au printemps) est bleue alors que les femelles développent une tache oculaire semblable à celle de *S. fusca*.

Comportement Les œufs sont déposés dans des végétaux morts, parfois aussi vivants.

Répartition et statut Vaste répartition au nord de l'Eurasie qui s'étend jusqu'au Japon. Commun dans l'est de la Pologne et plus à l'est, mais très localisé et menacé à l'ouest.

Habitats Comme *S. fusca* ; se reproduit dans tous les types d'eaux stagnantes.

Période de vol Émergence fin juillet ; ponte en avril-mai.

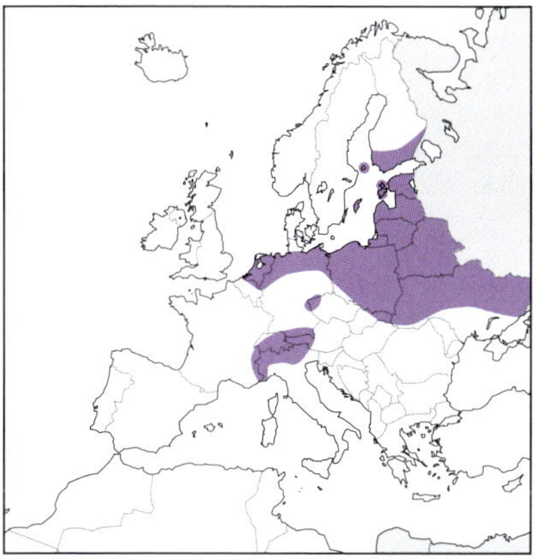

Calopterygidae

Calopteryx Leach, 1815 Caloptéryx

▲ *Calopteryx splendens* mâle. Les caloptéryx mâles exhibent leurs ailes colorées pendant la parade nuptiale.

Identification

Ailes grandes et larges dotées de nervures et d'un corps à coloration métallique. Les mâles sont vivement colorés (le plus souvent de bleu) et présentent généralement une importante coloration alaire. Les femelles sont vert métallique ou brunes avec des ailes claires ; elles développent parfois des colorations de mâles. Les longues pattes sont ciliées de longues soies. Les ailes sont progressivement rétrécies vers la base (et non pédonculées) et pourvues de nombreuses nervures transversales anténodales (18 ou plus). Les mâles n'ont pas de Pt. Les femelles ont des pseudoptérostigmas pâles (mal définis et traversés de nervures).

Caractérisation du genre La coloration alaire, la couleur métallique du corps, l'absence de vrais Pt et la nervation dense sont caractéristiques. Les *Lestes* et *Chalcolestes* ont un corps vert métallique mais sont plus petites, et leurs ailes sont étroites, pédonculées et hyalines. *Epallage fatime* a des ailes semblables mais est dépourvue de reflets métalliques, elle a aussi des épines courtes sur les pattes et de longs Pt.

Identification des espèces Les différences morphologiques entre espèces sont insignifiantes (les pièces copulatrices des mâles sont presque identiques), mais la coloration alaire et corporelle ainsi que la couleur du catadioptre permettent d'identifier les mâles. Les femelles peuvent être d'identification délicate ; il est souvent plus facile de chercher des mâles à proximité. De nombreuses sous-espèces, parfois faiblement différenciées, ont été décrites chez les espèces à large répartition : *C. haemorrhoidalis*, *C. splendens*, *C. virgo*. Les deux autres espèces, *C. exul* et *C. xanthostoma*, sont parfois considérées comme de simples sous-espèces de *C. splendens*. L'hybridation entre sous-espèces (présumées) est fréquente. On trouve aussi dans la nature des hybrides entre espèces coexistantes, même entre *C. splendens* et *C. virgo*, bien que celles-ci ne soient pas étroitement apparentées. Les hybrides mâles montrent des caractères intermédiaires, par exemple les taches alaires de *C. splendens* et le catadioptre rougeâtre de *C. virgo*.

Comportement Au repos, l'abdomen est relevé et les ailes fermées. Les deux sexes se cantonnent le long des cours d'eau, souvent en grand nombre. Les mâles défendent vigoureusement leur territoire, à proximité d'un site de ponte favorable. Ils attirent les femelles au cours d'une parade nuptiale aérienne élaborée. Les caloptéryx se rassemblent souvent le soir en dortoirs dans la végétation rivulaire.

H. J. Dumont

Calopteryx splendens (Harris, 1780) Caloptéryx éclatant

Identification

Cette espèce familière des cours d'eau est variable et de nombreuses formes ont été décrites. *C. xanthostoma* et *C. exul* sont traités en tant qu'espèces.

Critères à distance Tot 45-48 mm, Ab 33-41 mm, Ap 27-36 mm. Grand Zygoptère. Mâles bleu-vert métallique avec les ailes barrées de bleu sombre. Catadioptre du mâle jaune vif à blanc grisâtre à ligne noire longitudinale sur S8 et, chez les vieux mâles, à pruinosité blanchâtre. Femelles typiques plus ternes, avec un corps et des nervures vert métallique, des ailes verdâtres (non teintées de brun) et habituellement un pseudoptérostigma blanc. Chez les femelles andromorphes, la bande alaire contraste avec le pseudoptérostigma blanc (que n'ont pas les mâles). *Cf.* autres espèces pour les critères distinctifs.

Variations Les marques alaires sont présentes dès l'émergence, mais ne sont pas totalement colorées. L'étendue de la coloration alaire du mâle varie selon les individus et selon les régions. De nombreuses sous-espèces ont été proposées sur la base de ces variations mais il existe de vastes zones d'introgression entre elles. Cette diversité résulte essentiellement d'une hybridation de grande ampleur suite à l'expansion des populations qui étaient isolées pendant la dernière période glaciaire. En conséquence, les populations mixtes ne sont pas distinctes d'un point de vue génétique ou géographique et ne justifient pas le statut de sous-espèce. Au-delà de notre zone, on trouve des populations de *C. splendens* entièrement dépourvues de bandes alaires (rappelant *C. exul*).

Répartition et statut Souvent abondant. Atteint le lac Baïkal et le nord-ouest de la Chine. Mâles erratiques parfois observés loin des habitats favorables.

Habitats Généralement dans les eaux courantes en milieu ouvert à semi-ouvert ; évite les torrents froids, les hautes montagnes et les forts ombrages. Moins abondant sur les grandes rivières.

Période de vol Fin avril-octobre dans le Sud ; mai-août dans le Nord.

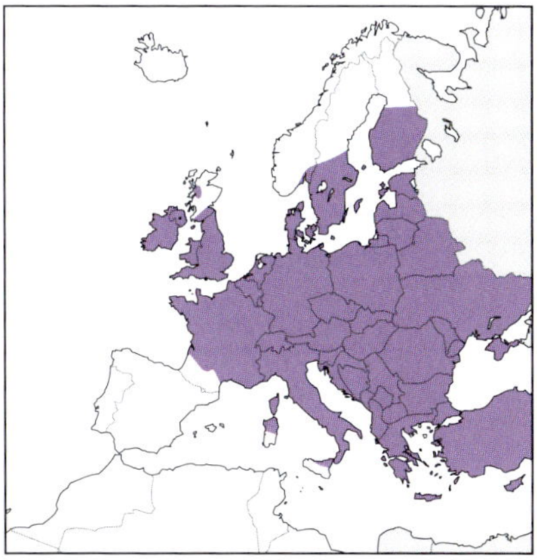

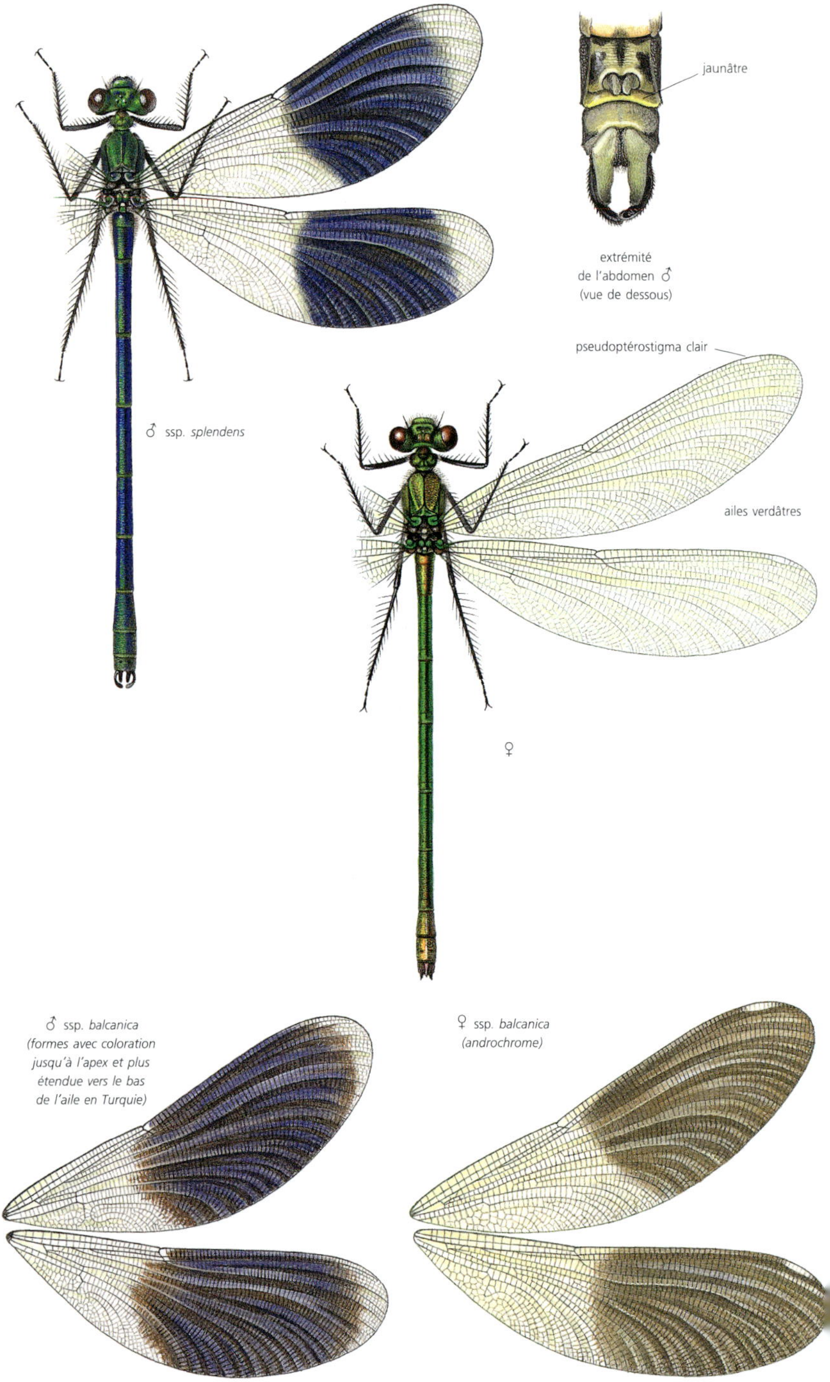
jaunâtre
extrémité
de l'abdomen ♂
(vue de dessous)
♂ ssp. *splendens*
pseudoptérostigma clair
ailes verdâtres
♀
♂ ssp. *balcanica*
(formes avec coloration
jusqu'à l'apex et plus
étendue vers le bas
de l'aile en Turquie)
♀ ssp. *balcanica*
(androchrome)

Calopteryx xanthostoma (Charpentier, 1825)

Caloptéryx occitan

Caloptéryx ouest-méditerranéen

Identification

Remplace *C. splendens* en péninsule Ibérique, dans le sud de la France et le long de la côte ligure italienne. Parfois considéré comme une sous-espèce de *C. splendens*, mais distinct au plan génétique. Dans les zones de chevauchement de répartition, se distingue par la coloration alaire qui atteint l'extrémité de l'aile. Dans le sud-est de l'Europe, les sous-espèces de *C. splendens* sont indissociables de *C. xanthostoma* par la coloration des ailes.
Critères à distance Tot 45-48 mm, Ab 35-37 mm, Ap 28-31 mm. Taille et comportement identiques à *C. splendens*, mais la coloration alaire des mâles atteint toujours l'apex de l'aile et s'étend rarement au-delà du nodus. La couleur du catadioptre du mâle ne constitue pas un critère fiable. Il est néanmoins plus sombre avec une large ligne sous S8, une ligne et souvent des points sous S9. Chez les vieux mâles, la majeure partie de S8 s'assombrit, devenant même parfois métallique. Les femelles, vert métallique, sont difficiles à différencier de celles de *C. splendens*. Généralement, la partie dorsale des derniers segments abdominaux n'est pas vert métallique mais brun terne. Contrairement à *C. splendens*, la coloration alaire est absente à l'émergence, se développant durant la première semaine de vie de l'imago.
Variations Extension de la coloration alaire variable. Femelles andromorphes inconnues mais fréquentes chez les sous-espèces sud-orientales de *C. splendens* (à coloration alaire identique à *C. xanthostoma*).

Répartition et statut Abondant dans le sud de la France, devenant rare vers le sud de la péninsule Ibérique. S'hybride souvent avec *C. splendens*, notamment en Ligurie (Italie) et entre Loire et Garonne (France). Les mentions nord-africaines sont probablement erronées.
Habitats Comme pour *C. splendens* (rivières et canaux) avec parfois une prédilection plus grande pour les grandes rivières.
Période de vol Avril à septembre.

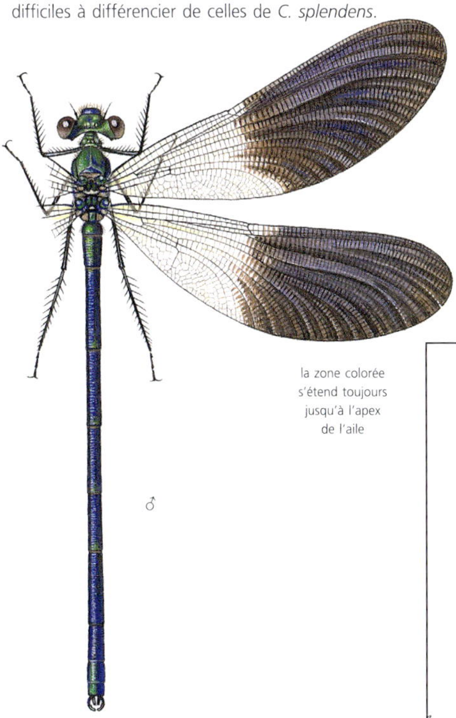

la zone colorée s'étend toujours jusqu'à l'apex de l'aile

Calopteryx virgo (Linnaeus, 1758) Caloptéryx vierge

Identification
Le plus grand et le plus sombre des *Calopteryx* avec des ailes (presque) entièrement bleu cobalt métallique chez le mâle, verdâtres à ivoire transparent chez la femelle. Vol papillonnant, plus lourd que chez *C. splendens*. S'observe plus fréquemment dans des localités ombragées.
Critères à distance Tot 45-49 mm, Ab 31-42 mm, Ap 24-36 mm. Relativement grand et robuste. Les ailes, particulièrement les Ap du mâle, sont plus larges que chez les autres *Calopteryx*. Les ailes du mâle apparaissent complètement bleu violacé (*cf.* Variations). Le catadioptre est brun à rougeâtre, nettement marqué de noir (plus clair ou non marqué chez les autres espèces). Seuls les grands mâles des formes sombres de *C. splendens* (ssp. *intermedia* de Turquie par exemple) peuvent être confondus avec *C. virgo* (particulièrement avec la ssp. plus claire *meridionalis* du sud-ouest de l'Europe), mais ces formes sont très éloignées géographiquement et le catadioptre de *C. splendens* est jaunâtre. Les femelles sont vert (brunâtre) métallique, difficiles à différencier de celles de *C. splendens*. Les ailes sont généralement plus larges et plus brunes (parfois très sombres).
Variations Trois sous-espèces se distinguent par leur coloration alaire. Au nord de la Loire, des Alpes et du Danube, on trouve *virgo*, caractérisé par la base et l'apex de l'aile plus clairs, comme délavés. Au sud d'une ligne Caen-Genève, on trouve *meridionalis*, qui se caractérise par la base des ailes hyaline et un apex coloré. La délimitation de la zone hyaline est relativement nette (non délavée). En Turquie et dans le sud des Balkans, on trouve *festiva*. C'est le plus grand *Calopteryx* européen. Les mâles ont les ailes entièrement bleu-violet. Les femelles aux ailes brun sombre peuvent adopter le type de coloration des mâles de leur sous-espèce. L'étendue et la répartition des formes d'introgression entre ces trois sous-espèces sont méconnues. En Italie par exemple, on trouve *meridionalis*, *festiva* et des intermédiaires. Chez les femelles parfois observées autour de la mer Noire (*festiva*) et de la Méditerranée occidentale (*meridionalis*), l'apex des Ap est plus sombre, rappelant *C. haemorrhoidalis*.

Répartition et statut Localement commun, mais en raison de la forte ressemblance avec son espèce sœur orientale, *C. japonica*, on ne sait pas encore très bien jusqu'où s'étend l'aire de *C. virgo* au-delà de l'Oural en Sibérie. Absent de vastes régions méridionales et de nombreuses îles. En Anatolie, limité aux zones côtières, rare sur le plateau.
Habitats Préfère des cours d'eau plus rapides et plus frais que les autres espèces, souvent de petite taille, plus ombragés, à plus haute altitude ou karstiques. Les ruisseaux boisés sont l'habitat typique. Quand le cours d'eau s'élargit, ralentit ou s'ouvre, *C. virgo* est supplantée par *C. splendens*. Les deux espèces peuvent néanmoins vivre ensemble et s'hybrider occasionnellement.

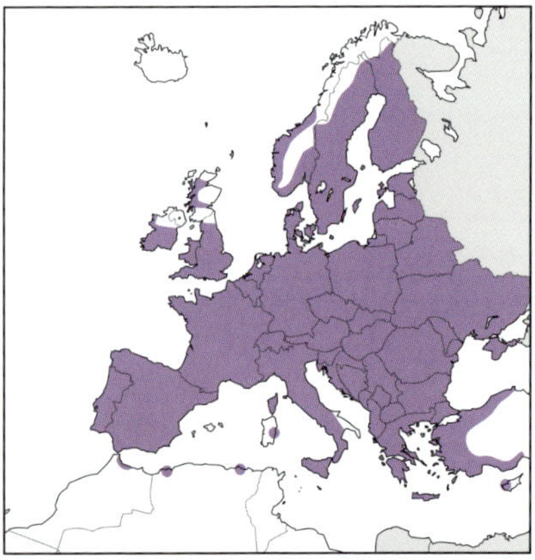

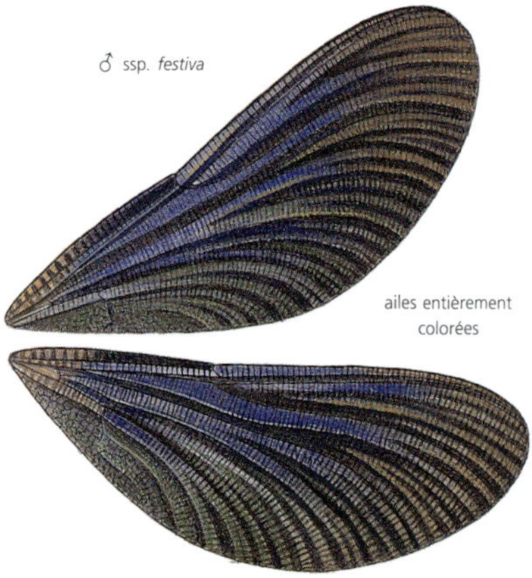

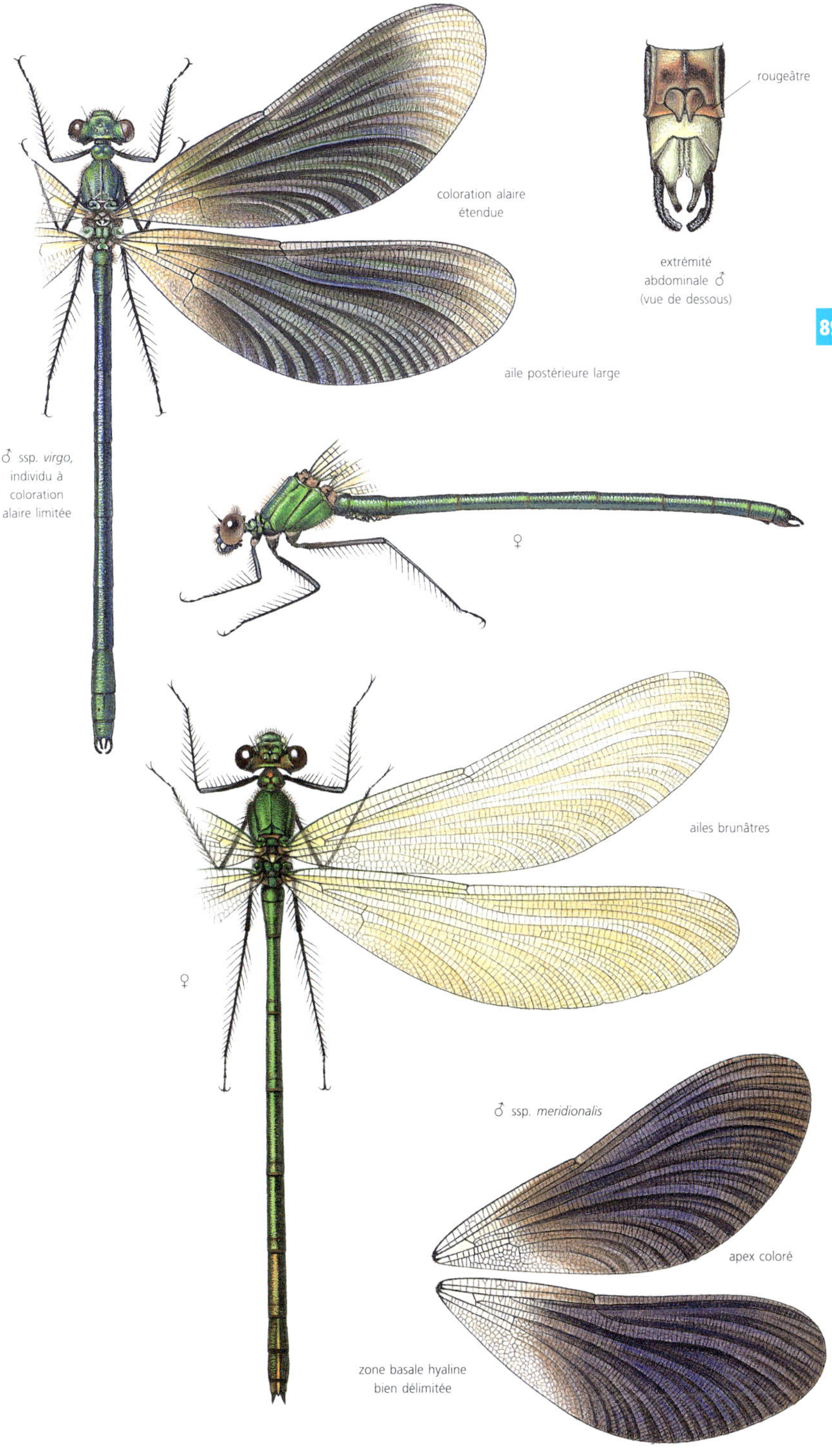
rougeâtre
coloration alaire
étendue
extrémité
abdominale ♂
(vue de dessous)
aile postérieure large
♂ ssp. *virgo*,
individu à
coloration
alaire limitée
♀
ailes brunâtres
♀
♂ ssp. *meridionalis*
apex coloré
zone basale hyaline
bien délimitée

Calopteryx haemorrhoidalis (Vander Linden, 1825) Caloptéryx hémorroïdal

Identification
Le catadioptre carmin du mâle et les bandes apicales des Ap de la femelle sont caractéristiques. Les reflets rouge cuivré du corps du mâle sont distinctifs dans la plupart des régions mais manquent dans certaines populations.

Critères à distance Tot 45-48 mm, Ab 30-43 mm, Ap 23-37 mm. Mâles typiques impossibles à confondre : corps toujours plus sombre et plus terne que le vert ou le bleu brillant de *C. splendens* et *C. virgo*, généralement cuivré (mais parfois brun, pourpré, bleu sombre, olive ou presque noir) ; catadioptre uniformément rose à rouge vif ; ailes fermées brun sombre (et non bleues), à base hyaline et à limite de coloration sombre oblique atteignant presque la base de l'aile dans la bordure antérieure. Les femelles, vert métallique à bronze, se distinguent facilement par la bande apicale sombre des Ap. Contrairement aux autres *Calopteryx*, elles arborent de fines bandes antéhumérales claires. Mâles et femelles ont fréquemment les tibias brun rouille (noirs chez la plupart des autres *Calopteryx*).

Variations La coloration alaire des mâles varie considérablement et ne semble pas justifier la reconnaissance de sous-espèces distinctes. Chez les *haemorrhoidalis* typiques, les deux tiers de la surface de l'aile des mâles sont sombres (la partie apicale ne présente tout au plus qu'une fine lisière hyaline). Les populations nord-occidentales ont des ailes plus pâles ; on trouve des mâles avec de larges zones hyalines à l'apex des Aa (connus sous le nom d'*occasi*) le long de la côte ligure au nord de l'Italie, dans des régions françaises éloignées de la Méditerranée et sur le versant espagnol des Pyrénées. Dans la zone côtière du

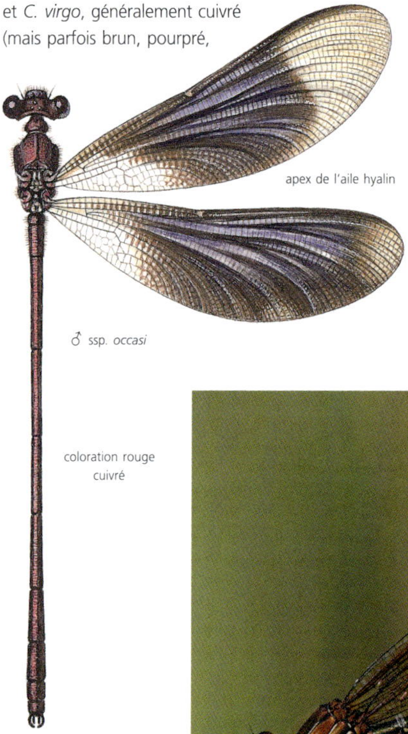

▶ Femelle de *Calopteryx haemorrhoidalis* : extrémité des ailes postérieures colorée contrastant avec le pseudoptérostigma blanc ; tibias rouille clair.

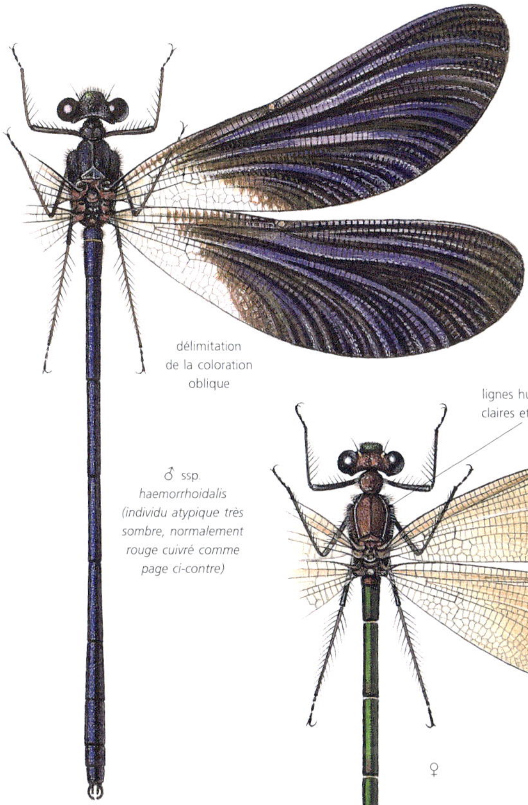

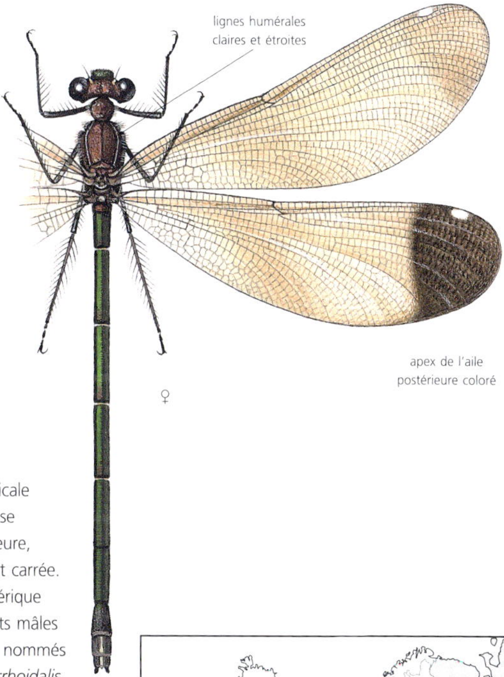

nord-ouest de l'Espagne, la zone apicale hyaline de l'Aa s'étend jusqu'à la base de l'aile le long de la marge postérieure, laissant une tache sombre nettement carrée. Certains individus de la péninsule Ibérique sont particulièrement petits. Les petits mâles clairs du littoral des Asturies ont été nommés *asturica*. Les mentions de *C. haemorrhoidalis* en dehors de la Méditerranée occidentale concernent en fait des femelles de la sous-espèce *C. virgo* ssp. *festiva* à l'apex particulièrement sombre.

Répartition et statut Endémique ouest méditerranéen, présent dans la majorité des îles. *Calopteryx* généralement commun, le plus répandu en Afrique du Nord-Ouest. En France, au sud d'une ligne La Rochelle-Lyon-Nice.
Habitats Ruisseaux limpides, rivières parfois de grande taille, fréquemment avec d'autres *Calopteryx*.
Période de vol Mai à septembre.

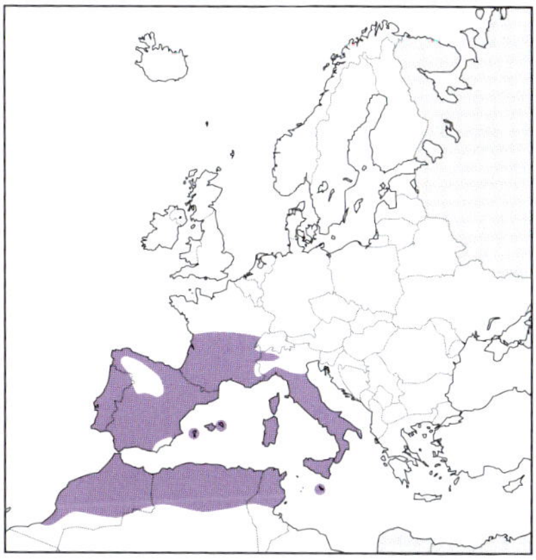

Calopteryx exul (Selys, 1853) Caloptéryx maghrébin

Caloptéryx exilé

▼ *Calopteryx exul* mâle.

Identification

Remplace *C. splendens* dans le nord-ouest de l'Afrique, où on le repère à ses ailes étroites dépourvues de bandes alaires.

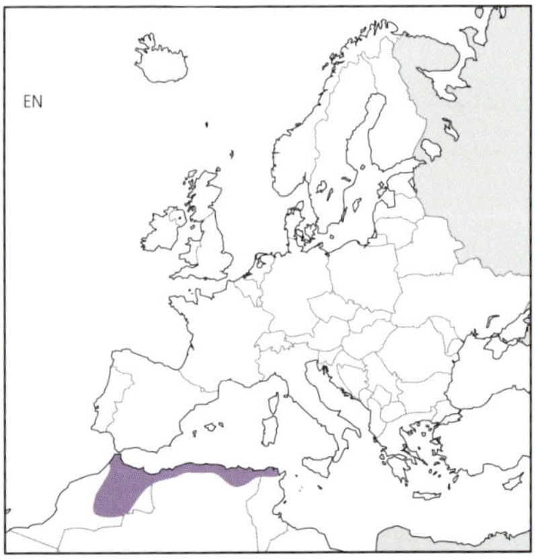

Caractères de terrain Tot 45-50 mm, Ab 34-36 mm, Ap 27-29 mm. Ailes plus étroites que chez tous les autres membres du genre et dépourvues de bandes alaires. La nervation du mâle est métallique, produisant un éclair bleuté à chaque battement d'ailes. Les pattes, particulièrement les fémurs, généralement plus claires que chez les autres espèces (plutôt brun chocolat que noir ou noir avec le côté interne jaune).

Comportement Vole rapidement, souvent au ras de l'eau.

Répartition et statut Endémique des montagnes du Maroc à la Tunisie. Rare en Algérie, où la majorité de son habitat a été polluée. Généralement, peu d'individus observés à la fois.

Habitats Ruisseaux et rivières entre 200 et 2 000 m d'altitude.

Période de vol Mai à août.

Euphaeidae

Epallage Charpentier, 1840 Odalisques

Epallage fatime (Charpentier, 1840) Odalisque pruineuse

Identification
Zygoptère lourd, de grande taille, facilement reconnaissable à sa constitution d'Anisoptère, à sa posture et à ses ailes colorées à l'apex. La pruinosité bleue des mâles matures et la coloration bariolée des femelles et des jeunes mâles sont caractéristiques. Le genre *Epallage* est monospécifique. *E. fatime* est l'unique représentant européen de la famille des Euphaeidae, qui se compose de plus de 70 espèces sud-est asiatiques, pour la plupart du genre *Euphaea*.
Critères à distance Tot 40-50 cm, Ab 28-37 mm, Ap 30-34 mm. De même taille que *Calopteryx splendens* mais avec un corps beaucoup plus robuste, des ailes plus étroites et de courtes soies aux pattes. Femelles à corps jaune blanchâtre ou bleuâtre pâle maculé de marques sombres qui s'étendent avec l'âge. Jeunes mâles presque noirs avec des bandes claires sur les côtés du thorax et de l'abdomen. Quelques jours après l'émergence, ils se couvrent d'une pruinosité bleue. Très long Pt caractéristique : bleu-gris sombre chez les mâles et blanc à gris chez les femelles. La coloration de l'apex des ailes s'étend généralement jusqu'à la moitié du Pt (*cf.* Variations). Ailes des femelles généralement teintées de jaune pâle et présentant une zone ambrée à leur base. La présence de 12-14 nervures anténodales distingue *E. fatime* de toutes les autres espèces de la zone étudiée (les *Calopteryx*, qui ont aussi des ailes non pétiolées, en ont 18 ou plus). Tous les autres Zygoptères ont des ailes pétiolées avec seulement deux anténodales.
Variations L'étendue et l'intensité de la coloration apicale de l'aile varient considérablement : ailes entièrement fumées ou absence de marques.
Comportement Les deux sexes se tiennent généralement perchés au sommet d'une branche ou d'une pierre au-dessus ou proche de l'eau. Les densités parfois fortes n'engendrent que peu d'interactions. C'est le seul Zygoptère de la zone d'étude à tenir les ailes étalées au repos et l'abdomen horizontal, voire dressé. Le vol, bref et rapide, rappelle celui des Anisoptères. Pond en tandem, dans des matériaux organiques tels que

◀ *Epallage fatime* en tandem. Noter le corps robuste rappelant celui des Anisoptères, la pruinosité bleue et l'apex des ailes coloré.

des racines, des branchettes ou des aiguilles de pin coincées entre les galets ou la végétation.

Répartition et statut Assez commun en Turquie, à Chypre, en Grèce et quelques îles. Rare dans l'est de la Bulgarie. Probablement présent dans le sud de l'Albanie. S'étend à l'est jusqu'à l'Afghanistan et au Pakistan.
Habitats Cours d'eau rocheux aux eaux courantes ; préfère les ruisseaux, mais fréquente parfois les rivières plus larges.
Période de vol En Turquie, de fin avril à mi-août.

V. J. Kalkman

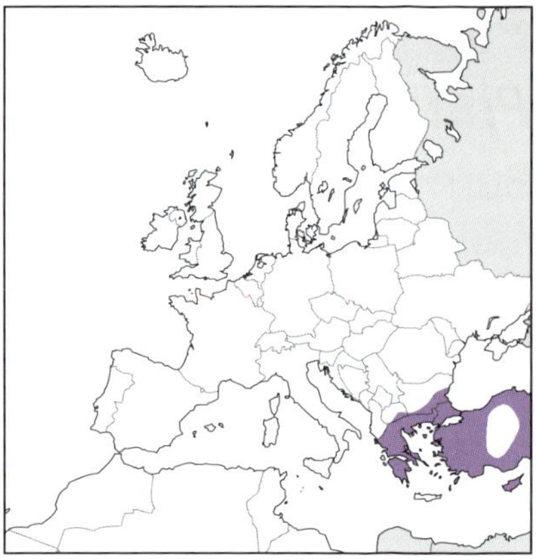

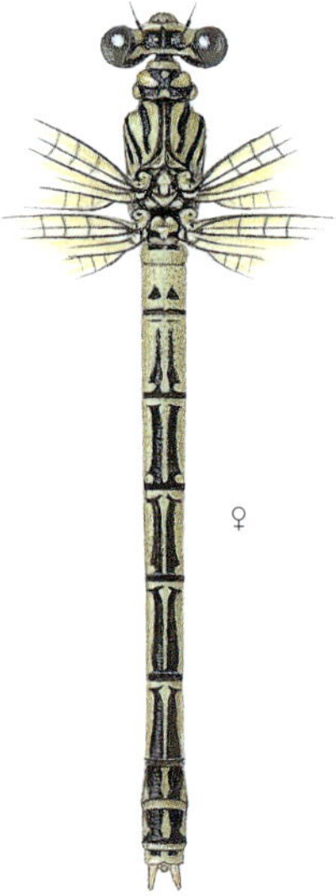

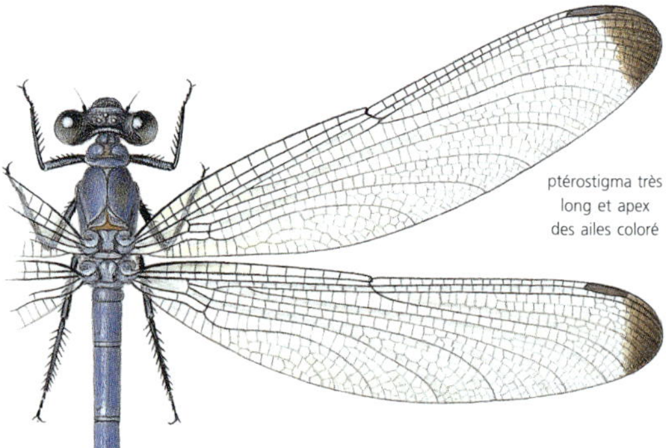

▲ *Epallage fatime* femelle. Les femelles peuvent avoir les ailes entièrement colorées ou seulement à l'apex.

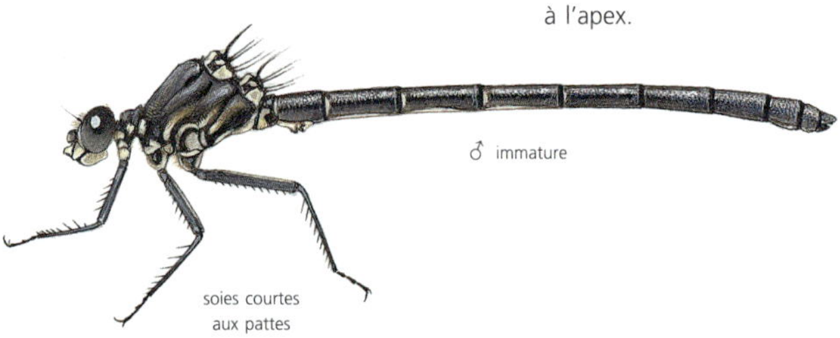

Platycnemididae

Platycnemis Burmeister, 1839

Pennipattes

Identification
Zygoptères clairs, non métalliques, à large tête caractéristique. Pattes, portant de longues soies, aux tibias clairs souvent élargis en forme de plumes. Cellule discoïdale presque rectangulaire, généralement séparée de la nervure subnodale par deux cellules. La tête, les pattes et la nervation sont uniques parmi nos Zygoptères, de même que le détail de la coloration.
Caractérisation du genre Les coenagrionidés ont des têtes plus compactes, des pattes sombres, aux soies moins longues et aux tibias non dilatés. Chez eux, la cellule discoïdale est en forme de trapèze, et non de rectangle. Seul *P. pennipes* prend une teinte bleue, mais ses dessins noirs sont très différents de ceux des Coenagrionidae.
Identification des espèces Il est plus simple d'identifier nos six espèces en prenant en compte leur répartition. À maturité, les mâles se différencient par leur coloration, l'épaisseur de leurs tibias et la forme de leurs appendices anaux. Les femelles sont moins contrastées et la largeur des tibias varie dans de moindres proportions. On les distingue par l'examen minutieux du prothorax (*cf.* tableau ci-dessous).
Comportement Les mâles se perchent sur la végétation rivulaire. Ils cherchent les femelles en longeant les berges d'un vol lent caractéristique, ponctué de zigzags verticaux. Le mâle agrippe la femelle en se posant sur son thorax, souvent en plein vol. Après la copulation, le tandem se pose sur la végétation flottante pour pondre. Les couples se rassemblent souvent, parfois en grand nombre. Les pattes ne sont pas utilisées dans la parade nuptiale, mais lors de la posture d'intimidation. Elles sont tendues et agitées en direction de l'intrus.

A. Martens

Comparaison des espèces. Les tibias sont blancs avec une ligne noire de longueur variable. Les cercoïdes sont généralement échancrés à l'apex ; la longueur relative des pointes situées de part et d'autre de cette échancrure est diagnostique. Le pronotum de la femelle peut présenter une paire de denticules à sa marge, dont la taille et la position varient.

Comparer les espèces	Répartition	Abdomen du mâle mature	Largeur tibia patte postérieure ; ligne noire du mâle	Extrémités des lobes des cercoïdes du mâle	Dents de la marge du pronotum	Espèces
	NO Afrique	Blanc à bleu-vert	Étroite ; complète	À peu près égales	Absentes	*subdilatata*
	France, Espagne et Portugal	Blanc	Très large ; au plus à la base	Inférieure plus longue	Petites, sublatérales	*latipes*
Sud-ouest de l'Europe		Orange à roussâtre	Très étroite ; complète	Supérieure plus longue	Grandes, latérales	*acutipennis*
Turquie	Largement réparti, pas en péninsule Ibérique ni en Afrique	Bleu pâle	Large, au moins à la base ; souvent complète	À peu près égales	Absentes	*pennipes*
	SE Turquie	Blanc	Large ; absente	Non divisées	Petites, latérales	*dealbata*
		Pruinosité gris-bleu	Très étroite ; complète	À peu près égales	Absentes	*kervillei*

Platycnemis pennipes (Pallas, 1771) Pennipatte bleuâtre

Agrion à larges pattes

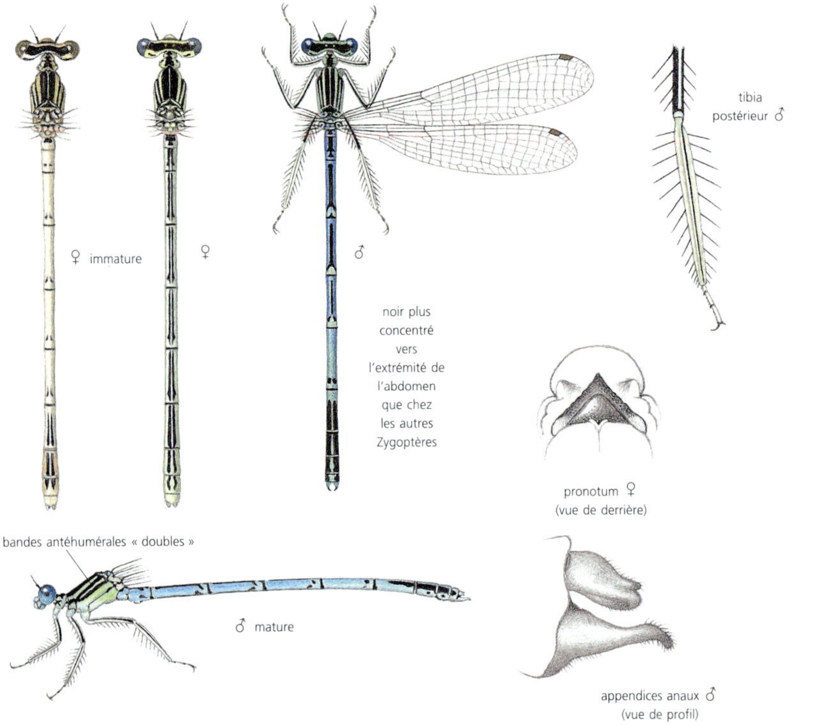

Identification

P. pennipes est une espèce fréquente le long des rivières d'une grande partie de l'Europe. Dans de nombreuses régions, il s'agit du seul représentant du genre *Platycnemis*. On le reconnaît alors facilement à sa large tête et à ses tibias dilatés.

Critères à distance Tot 35-37 mm, Ab 27-31 mm, Ap 19-23 mm. Un peu plus grand que *Coenagrion puella* et *Enallagma cyathigerum*. Les mâles sont les seuls *Platycnemis* à devenir bleus ; en comparaison avec les autres demoiselles bleues (*Coenagrion* par exemple), ils paraissent plus pâles. La répartition des marques noires des *Platycnemis* diffère singulièrement de celle des autres demoiselles : 1) face plus claire barrée d'une bande sombre qui traverse la tête au niveau des ocelles, pas devant ; 2) il semble y avoir deux paires de bandes antéhumérales au lieu d'une ; 3) les marques noires sur S7-S10 ne sont pas interrompues transversalement par une « tache caudale » mais sont divisées longitudinalement par une ligne claire. Ne cohabite avec d'autres *Platycnemis* que dans le sud-ouest et le sud-est de son aire. On peut confondre les jeunes, de couleur blanchâtre, avec *P. latipes* en France et *P. dealbata* en Turquie, mais les mâles matures de ces deux espèces ont des tibias très dilatés, et (presque) dénués de ligne noire médiane.

Critères en main Vus de profil, les deux lobes du cercoïde du mâle sont environ de la même longueur. Bordure postérieure du pronotum de la femelle sans dents latérales.

Variations L'étendue des marques noires dépend de l'hygrométrie à l'émergence et varie donc dans le temps et l'espace. Les individus qui émergent par temps sec ont des marques sombres réduites. Dans certains cas, les marques du tibia et de S2-S6 peuvent ne pas apparaître. La coloration passe de rose transparent à l'émergence à blanche en maturation puis devient bleue chez le mâle et brun jaunâtre ou verdâtre chez la femelle. Les mâles de la côte adriatique du Monténégro à la Grèce ont en moyenne des tibias plus larges à ligne noire moins marquée. Considérés comme appartenant à la sous-espèce *nitidula*, ils ressemblent quelque peu à *P. latipes* et *P. dealbata* mais les aires de ces trois taxons ne se chevauchent pas.

Comportement Les couples s'assemblent souvent pour pondre dans des plantes ou des débris végétaux flottants.

Répartition et statut Répandu de l'Atlantique au fleuve Ienisseï en Sibérie, souvent abondant. Bien que non menacée, la ssp. *nitidula* mériterait protection et suivi.

Habitats Bras morts, fleuves, rivières, ruisseaux ensoleillés. Fréquente aussi les lacs et de nombreux types de zones humides artificielles tels que canaux, gravières ou étangs de pêche. La larve est adaptée à la présence de poissons prédateurs. Dans le Nord-Ouest (Angleterre, Pays-Bas, Fennoscandie par exemple), cette demoiselle préfère les eaux courantes.

Période de vol Début mai à fin septembre en Europe avec un pic de présence en juin-juillet. Période de vol plus longue en Turquie, plus courte en Angleterre et Fennoscandie.

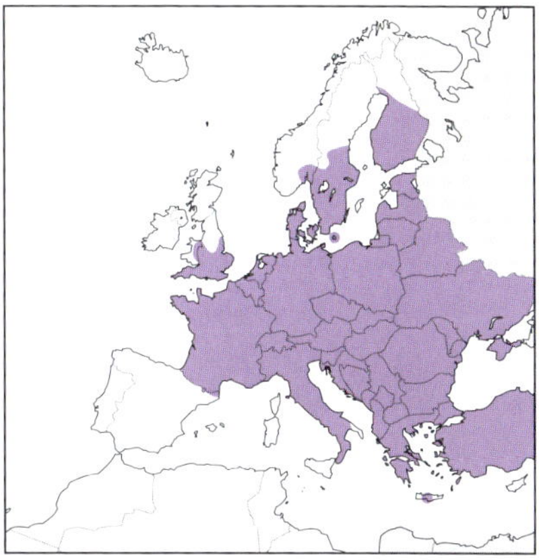

◄ *Platycnemis dealbata* mâle. Noter la large coloration blanche de l'abdomen et des pattes.

◄ *Platycnemis pennipes* mâle. Noter la prépondérance des marques noires au bout de l'abdomen et les « doubles » bandes antéhumérales, caractéristiques des *Platycnemis*.

Platycnemis subdilatata (Selys, 1849) — Pennipatte maghrébin

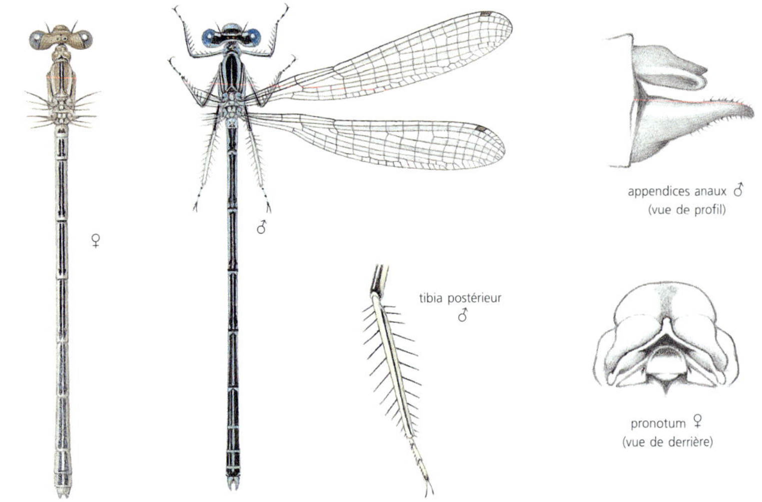

Identification
Endémique du nord-ouest de l'Afrique et seul représentant du genre *Platycnemis* dans cette région.
Critères à distance Tot 33-36 mm, Ab 22-28 mm, Ap 17-21 mm. Le seul Zygoptère clair, à tête large, à cellule discoïdale rectangulaire et à pattes pennées du Maghreb. Très semblable à *P. pennipes* dans la répartition du noir sur l'abdomen et les pattes, mais le mâle mature est blanc à bleu verdâtre clair et non bleu ; les femelles deviennent blanches à maturité. Les tibias sont plus étroits que ceux de *P. pennipes*.
Critères en main Appendices du mâle et pronotum de la femelle très semblables à ceux de *P. pennipes*.
Variations Comme chez les autres *Platycnemis*, l'étendue des marques noires est variable. Tête, pattes et thorax des jeunes femelles sont nettement rougeâtre orangé.

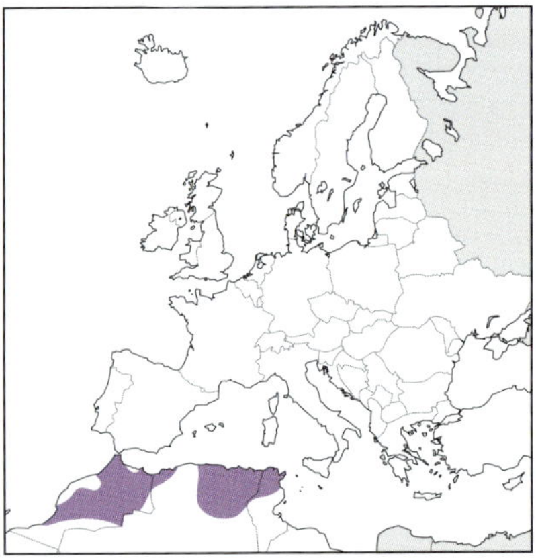

Répartition et statut Endémique du Maroc, d'Algérie et de Tunisie, où il est commun. Pas de mention au sud de l'Atlas hormis quelques oasis algériennes. Probablement répandu dans tout le nord de l'Algérie. Les prospections de terrain n'ont pas permis la confirmation d'une donnée provenant d'un individu en collection dont l'étiquette porte la mention Tenerife (Canaries). Localement menacé par la surexploitation de l'eau dans les régions les plus arides.
Habitats Tronçons permanents des cours d'eau.
Période de vol Mi-avril à fin septembre.

Platycnemis acutipennis (Selys, 1841) Pennipatte orangé

Agrion orangé

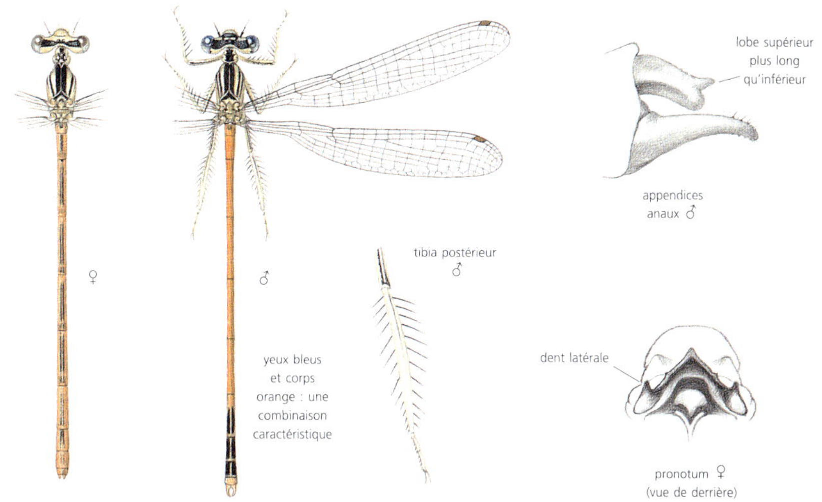

Identification

La couleur rousse orangée et les tibias étroits peuvent ne pas faire immédiatement penser à un *Platycnemis*. Le mâle, orangé aux yeux bleus, est un de nos plus beaux Zygoptères.

Critères à distance Tot 34-37 mm, Ab 24-28 mm, Ap 18-19 mm. Les dessins noirs et la forme de la tête sont typiques des *Platycnemis* mais les tibias des pattes médianes et postérieures ne sont que peu élargis et les adultes matures ont un abdomen orangé. *P. pennipes* et *P. latipes*, qui côtoient *P. acutipennis* en France, ont des tibias nettement dilatés et seules quelques femelles peuvent présenter des nuances orangées. Les imagos matures sont moins intensément colorés que *Ceriagrion tenellum* ou *Pyrrhosoma nymphula*, qui présentent d'ailleurs des marques différentes. Contrairement à ces espèces, *P. acutipennis* a des yeux bleuâtres et une teinte plus orangée que rouge.

Critères en main Vu de profil, lobe supérieur du cercoïde du mâle plus long que l'inférieur. Bordure postérieure du pronotum de la femelle pourvue de deux dents latérales bien marquées.

Variations Abdomen blanchâtre chez les immatures, ressemble alors davantage aux autres *Platycnemis*.

Répartition et statut Endémique de la péninsule Ibérique et de France, où il est généralement commun.

Habitats Eaux à courant vif ou modéré. Rarement dans les eaux stagnantes.

Période de vol Fin mai à mi-août dans la majeure partie de son aire ; fin mars à fin juin au sud de l'Espagne.

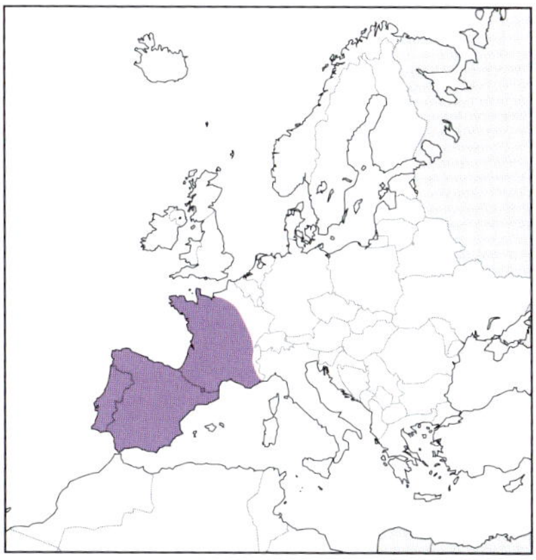

Platycnemis latipes (Rambur, 1842) Pennipatte blanchâtre

Agrion blanchâtre

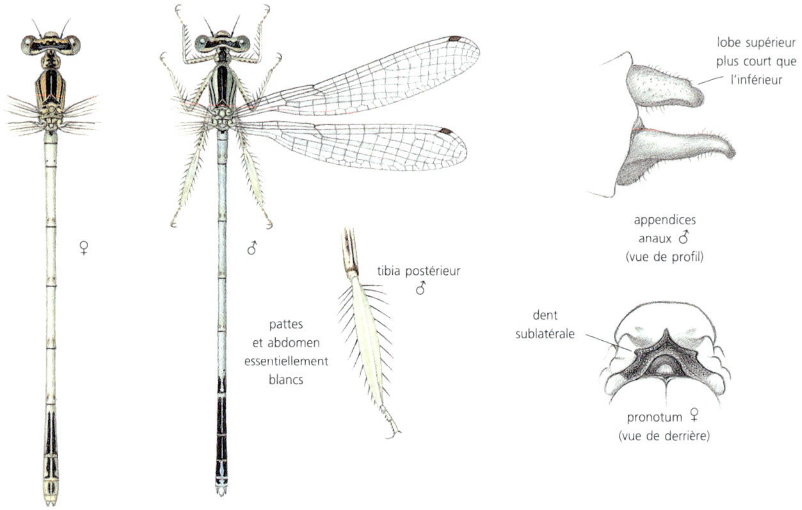

Identification

Les mâles matures se caractérisent par la couleur blanc ivoire de leur corps et par leurs tibias largement dilatés aux marques sombres limitées, voire absentes. Cette espèce fréquente les rivières chaudes du sud-ouest de l'Europe.

Critères à distance Tot 33-37 mm, Ab 25-30 mm, Ap 18-22 mm. Avec un abdomen blanc crème, les mâles sont plus clairs que les autres espèces avec lesquelles ils coexistent. Ils ont aussi les tibias nettement plus dilatés, ceux des pattes médianes et postérieures étant dépourvus ou ne comportant qu'une très courte ligne noire à la base.
P. subdilatata et *P. dealbata* lui ressemblent mais les aires des trois espèces ne se chevauchent pas. Les mâles immatures de *P. pennipes* sont blanchâtres et peu marqués de noir mais leurs tibias sont peu dilatés.

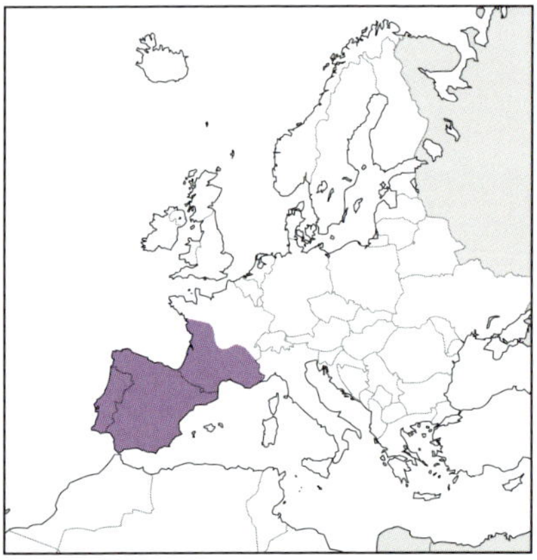

Critères en main Lobe supérieur du cercoïde du mâle plus court que l'inférieur. Pronotum de la femelle doté de deux petites dents latérales ; elles sont plus grandes et placées plus à l'extérieur chez *P. acutipennis* et sont quasi absentes chez *P. pennipes*.

Variations L'étendue des marques noires sur S6-S10 varie considérablement.

Répartition et statut Endémique de péninsule Ibérique et de la moitié sud-ouest de la France ; plus commun que *P. pennipes* quand les deux espèces coexistent.

Habitats Eaux à courant modéré à lent, telles que fleuves et grandes rivières ; rare dans les zones de montagne.

Période de vol Mi-juin à fin septembre. Au sud de l'Espagne, de début mai à fin août.

Platycnemis dealbata
(Selys in Selys & Hagen, 1850)

Pennipatte ivoire

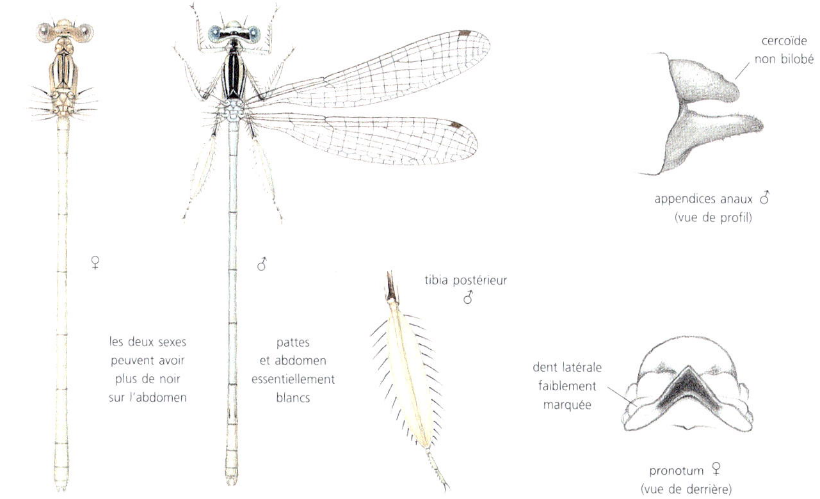

Identification
Au sein de leur aire de répartition, les mâles matures se distinguent par leur couleur ivoire et leurs tibias dilatés. *P. latipes* est très semblable, mais les deux espèces ne coexistent pas et les détails anatomiques diffèrent.

Critères à distance Tot 28-38 mm, Ab 21-30 mm, Ap 16-19 mm. Les deux sexes se distinguent de *P. pennipes* et *P. kervillei* par les tibias de leurs pattes médianes et postérieures (presque) dénués de ligne noire. En outre, l'abdomen du mâle est presque entièrement blanc (rarement avec S7-S9 maculés de noir) ; généralement pas bleu (*P. pennipes*) et jamais pruineux (*P. kervillei*).

Critères en main Contrairement aux autres *Platycnemis*, cercoïdes du mâle entiers, sans incision ni indentation. Marge postérieure du pronotum de la femelle avec deux dents latérales faiblement marquées.

Variations Comme chez *P. latipes*, l'étendue des marques noires sur S6-S10 varie. Chez les mâles âgés, le blanc du thorax, de l'abdomen et des tibias peut présenter une teinte bleutée, presque iridescente.

Répartition et statut Ne s'observe que dans l'extrême sud-est de la région couverte par ce guide, en Turquie. S'étend jusqu'à la mer Caspienne, l'Asie centrale et l'extrême nord de l'Inde et du Pakistan ; aire limitée au sud par le Sinaï, le désert de Syrie et le golfe Persique. Souvent abondant.

Habitats Tous types d'eau courante.

Période de vol En Turquie, de fin avril à fin septembre. De mars à octobre au Proche-Orient.

Platycnemis kervillei (Martin, 1909) Pennipatte pruineux

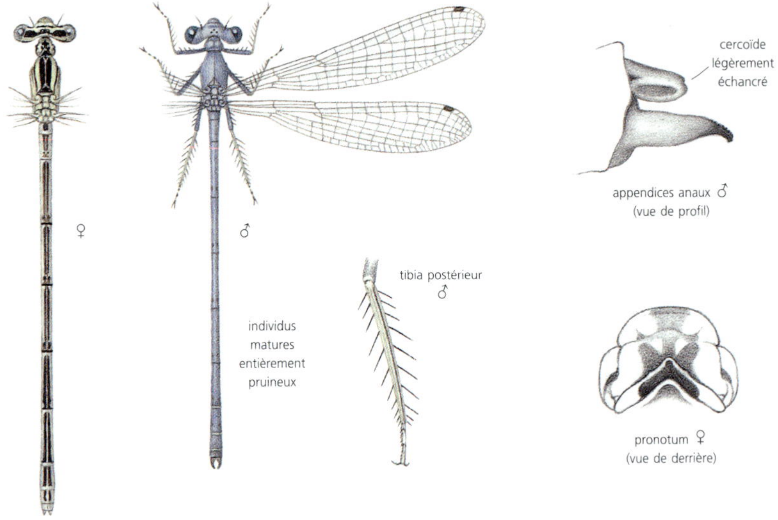

Identification
Les mâles matures ne rappellent pas immédiatement les *Platycnemis* car leurs tibias ne sont pas visiblement élargis et leur corps est couvert d'une pruinosité bleutée. La forme de la tête, les pattes pourvues de longues soies, la nervation et les appendices anaux sont néanmoins caractéristiques du genre.

Critères à distance Tot 30-38 mm, Ab 24-28 mm, Ap 18-22 mm. Les femelles et les mâles immatures ont des allures typiques de *Platycnemis*, mais les tibias ne sont pas dilatés. Les mâles matures se couvrent d'une pruinosité très homogène sur la tête, le thorax et l'abdomen. Les mâles de *Pseudagrion syriacum*, que l'on trouve plus à l'est en Turquie, sont pruineux mais de façon moins étendue. Leurs bandes antéhumérales demeurent visibles. Ils conservent aussi souvent leurs petites taches postoculaires verdâtres et ne partagent pas les caractères discriminants des *Platycnemis* (*cf.* p. 95).

Critères en main Cercoïdes du mâle indentés. Marge postérieure du pronotum de la femelle dépourvue de dents latérales. Cercoïdes plus courts que les cerques (et non l'inverse, comme chez *P. kervillei*).

Variations Les immatures ont un abdomen blanc marqué de deux points noirs à l'extrémité de chaque segment. La pruinosité se développe par la tête, le thorax, les pattes et finalement la pointe de l'abdomen. Femelles moins pruineuses.

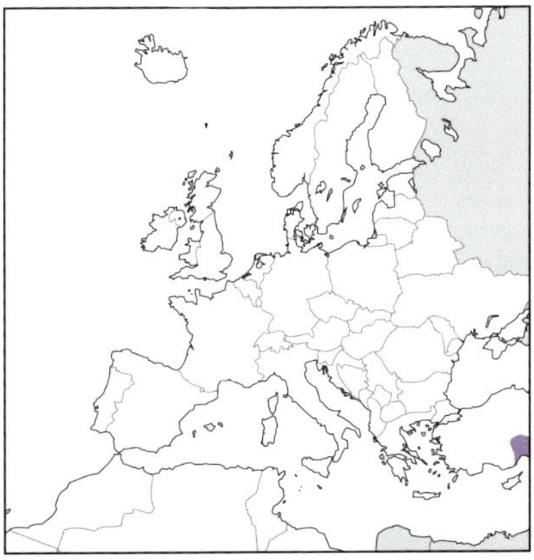

Répartition et statut Endémique du Proche-Orient, réparti entre le sud-est de la Turquie, Israël et le nord de l'Irak et le sud-ouest de l'Iran. Statut de conservation à étudier, du fait de la répartition limitée de l'espèce et de la vulnérabilité des zones humides de la région.

Habitats Principalement dans les eaux courantes avec des berges abondamment végétalisées : ruisseaux, rivières, canaux et fossés.

Période de vol Plus précoce et plus courte que les autres *Platycnemis* avec lesquels il coexiste : début avril à fin juillet en Turquie, la plupart des données en mai.

Coenagrionidae

Ischnura Charpentier, 1840 Ischnures

Identification
Zygoptères assez fragiles. Les mâles (et les femelles à coloration de mâles) se reconnaissent facilement à leur « tache caudale » bleu vif, qui contraste avec un abdomen très sombre dorsalement. La partie inférieure de S3-S6 est jaune. Les mâles ont un Pt bicolore aux Aa (sombre à la base, blanchâtre à l'apex). Les femelles ont habituellement une petite épine vulvaire sous S8, à la base de l'ovipositeur.
Caractérisation du genre L'abdomen sombre à tache caudale bleue rappelle certains *Coenagrion* et *Erythromma*. Ces genres ont des Pt uniformément sombres ; les *Coenagrion* ont un S2 presque tout bleu ; les *Erythromma* ont les yeux rouges. Les femelles d'*Enallagma* ont aussi une épine vulvaire, mais la coloration abdominale est différente.
Identification des espèces Le genre *Ischnura* est cosmopolite. On trouve neuf espèces dans la région couverte par le guide, trois d'entre elles n'étant toutefois présentes que sur des îles à sa périphérie. Dans la majeure partie de la région, seules deux espèces partagent la même aire de répartition : *Ischnura elegans* (ou une espèce la remplaçant) et *Ischnura pumilio*. Les espèces du groupe *elegans*, *I. fountaineae* et *I. senegalensis* se côtoient parfois. On peut ainsi observer jusqu'à trois espèces en bordure du Sahara. Très proches morphologiquement, on les distingue par la forme des appendices anaux et de la bordure postérieure du pronotum. Ce dernier critère s'applique aux femelles mais il est très variable. L'observation de ces caractères nécessite l'usage d'une loupe grossissant 10 × et leur appréciation requiert une certaine expérience. Il est préférable d'étudier plusieurs individus dans une localité. Vus de derrière, les cercoïdes des mâles forment une sorte de U inversé dont la forme et la position sont discriminantes. L'identification des femelles est plus difficile. Il existe trois types fondamentaux de coloration que nous nommons ici A, B et C. Leurs caractéristiques sont détaillées dans le tableau ci-dessous. La couleur dépend de l'appartenance à une forme mais aussi de l'âge. Les femelles qui développent des colorations de mâles sont dites « andromorphes », les autres « gynomorphes ».
Comportement Contrairement aux autres Zygoptères, les femelles pondent seules.

R. Jödicke

Coloration des femelles. * Ne s'applique qu'aux espèces du groupe *elegans* ; la tache caudale est typiquement absente chez les femelles des autres espèces.

Type	Andro-/ Gynomorphe	Ténéral : bande humérale sombre	Ténéral : thorax et base de l'abdomen	Mature : thorax et base de l'abdomen	Couleur : tache caudale de l'imago mature*
A	Andromorphe	Présente	Lilas à orange	Vert vif à bleu	Bleue
B	Gynomorphe	Présente	Lilas	Vert olive ou brun	Brune
C	Gynomorphe	Absente	Rose ou orange	Brun à vert	Brune

Clé simplifiée des mâles d'*Ischnura*. Si la description ne correspond pas, passer à ligne suivante. Aux Açores, penser à *I. hastata*, dont il n'existe que des femelles (ne figure pas dans le tableau).

1	Pt plus long aux Aa qu'aux Ap. Tache caudale bleue couvrant S9 et une partie de S8 (pas concentrée sur S8).	***pumilio*** ***intermedia***
2	Cerques à peu près aussi longs que les cercoïdes, pas nettement plus longs. N Sahara, éventuellement en Turquie.	***fountaineae***
3	Noir sur S2 bombé vers le bas à l'avant, formant une selle. Canaries et serres tropicales.	***senegalensis***
4	Tache noire sur S2 séparée de la zone colorée située en dessous par une marge droite. Répandu, y compris aux Canaries.	**groupe *elegans***

Comparaison des espèces du groupe *elegans* :

Répartition	Chevauchement	Lobe médian du pronotum	Branches internes des cercoïdes (vue arrière)	Pointes des cerques (vue de dessus)	Espèces
Corse, Sardaigne, Sicile, etc.	Elbe et Giglio	Faiblement bilobé, plaqué	Longues et croisées	Parallèles	*genei*
Répandu	Large en péninsule Ibérique	Long, dressé	Courtes et parallèles mais croisées dans le SE	Divergentes	*elegans*
Péninsule Ibérique et Afrique NO	Rarement dans la frange NO du Sahara	Faiblement arqué	Longues et divergentes	Convergentes	*graellsii*
Sahara		Faiblement arqué	Longues et croisées	Parallèles	*saharensis*

Appendices anaux des mâles d'*Ischnura* vus de derrière.

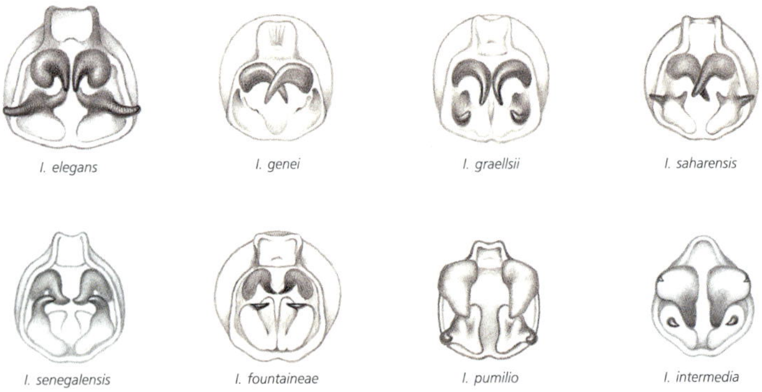

Pronotums des mâles d'*Ischnura*.

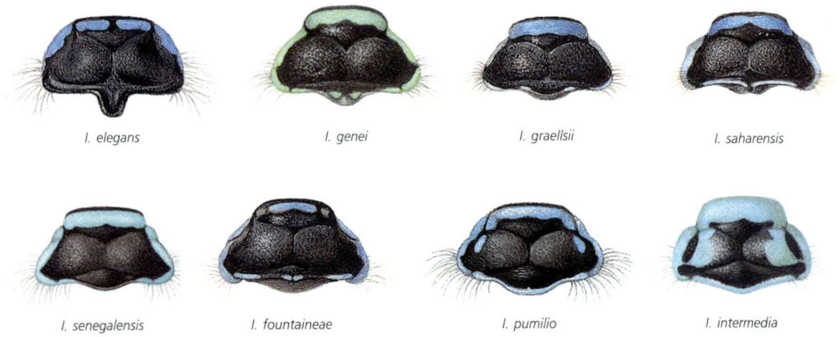

Ischnura elegans
(Vander Linden, 1820)

Ischnure élégante
Agrion élégant

Identification

Un des Odonates les plus abondants et répandus d'Europe. S'observe dans les habitats eutrophes. Remplacé par des espèces proches dans une partie de la Méditerranée occidentale et en Afrique.

Critères à distance Tot 30-34 mm, Ab 22-29 mm, Ap 14-21 mm. De la taille d'*Enallagma cyathigerum*. Les mâles sont noir bronze avec la tête, le thorax, la base et l'extrémité de l'abdomen marqués de bleu ciel à maturité. *I. genei* et *I. saharensis* demeurent relativement verts sur la tête, le thorax et la base de l'abdomen mais ne doivent être identifiés qu'en main, tout comme *I. graellsii*.

Critères en main Pointes des cerques des mâles divergentes (vue de dessus). Les branches externes des cercoïdes sont assez épaisses et longues (vue de derrière), les internes parallèles (mais *cf.* Variations). La bordure postérieure dressée du pronotum est diagnostique mais ce critère ne s'applique pas aux femelles ni à certaines populations.

Variations Les jeunes mâles sont verts. Les femelles présentent trois formes. Les femelles matures de type A ressemblent beaucoup aux mâles mais les immatures ont un thorax lilas. Les femelles immatures de type B sont identiques mais deviennent brunâtres ou verdâtre terne à maturité. Les femelles C ont tout d'abord un thorax rose mais, une fois mature, ressemblent aux femelles B matures. Les vieilles femelles B et C peuvent devenir très sombres. La taxonomie de cette espèce et des espèces proches est complexe. Les taxons du Sud-Ouest sont considérés comme des espèces distinctes mais le statut de ceux du Sud-Est, où plusieurs sous-espèces douteuses ont été décrites, est encore méconnu. Les mâles du sud de l'Italie, de Turquie, de Crète, de Chypre et du Moyen-Orient ont généralement les branches internes des cercoïdes croisées, mais cette caractéristique est présente chez certains individus d'Europe centrale et d'autres régions. Chez les mâles des plaines hongroises et du nord des Balkans jusqu'en Asie centrale, la marge postérieure du pronotum n'est habituellement pas redressée, ou alors légèrement.

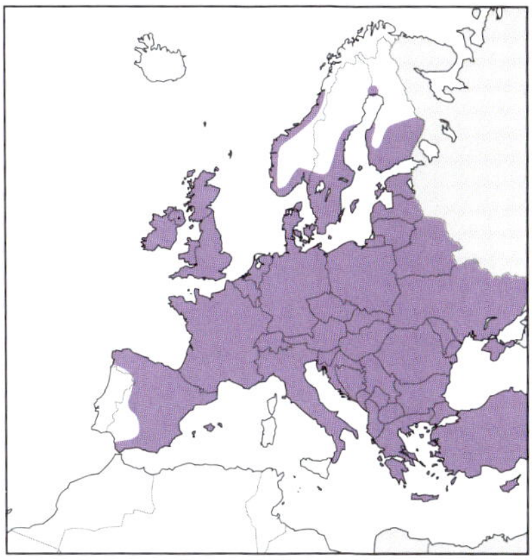

▲ Accouplement d'*Ischnura elegans* (femelle andromorphe).

Répartition et statut De l'Irlande au Japon. Commun et abondant dans les habitats eutrophes mais plus rare dans les eaux oligotrophes.

Habitats Eaux courantes et surtout stagnantes. Tolérant envers la salinité mais évite les eaux acides.

Période de vol Fin avril à fin septembre dans le nord et le centre de l'Europe, avec normalement une génération par an. Plusieurs générations et période de vol plus longue dans le Sud.

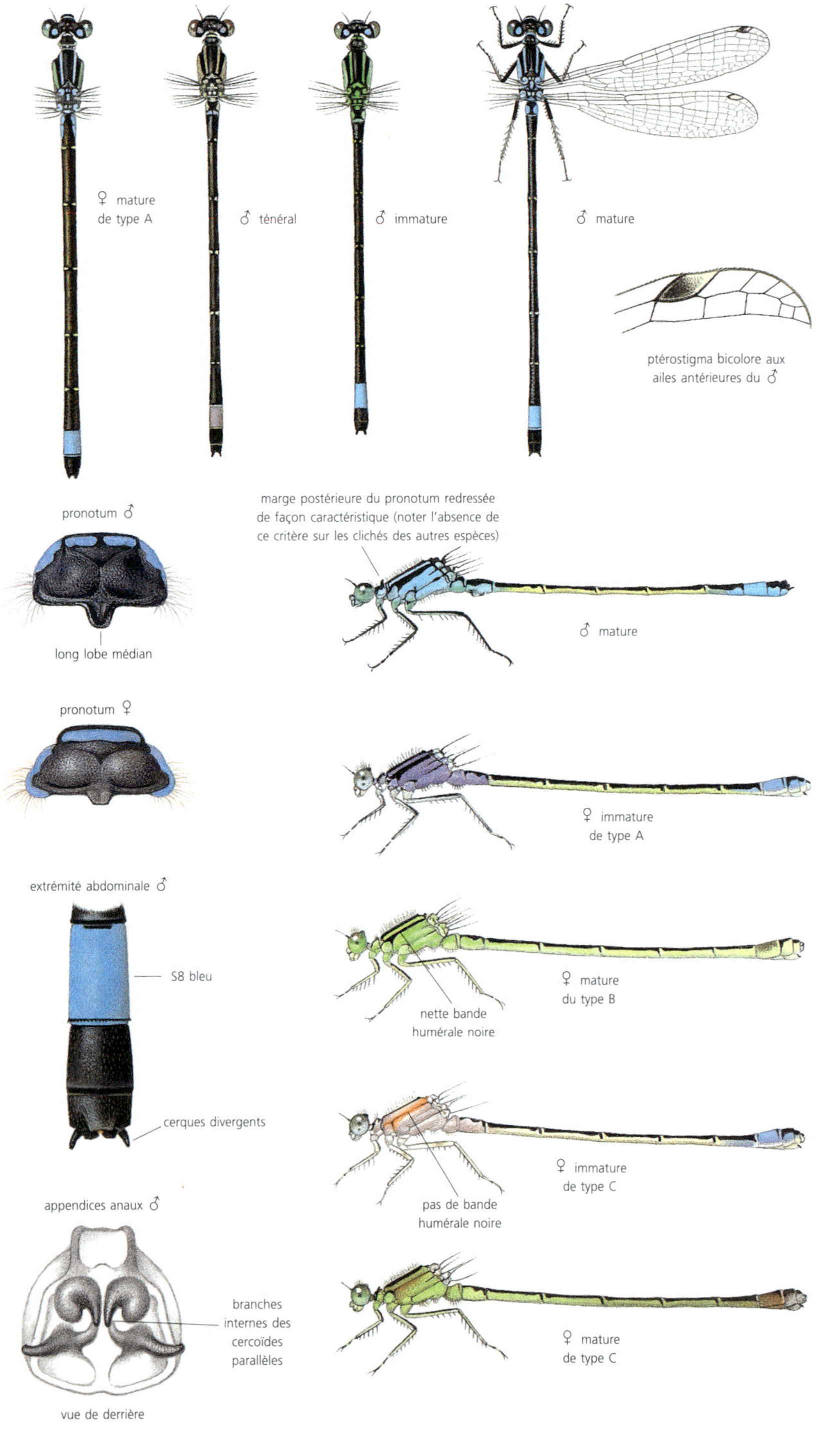

♀ mature
de type A
♂ ténéral
♂ immature
♂ mature
ptérostigma bicolore aux
ailes antérieures du ♂
pronotum ♂
long lobe médian
marge postérieure du pronotum redressée
de façon caractéristique (noter l'absence de
ce critère sur les clichés des autres espèces)
♂ mature
pronotum ♀
♀ immature
de type A
extrémité abdominale ♂
S8 bleu
cerques divergents
nette bande
humérale noire
♀ mature
du type B
♀ immature
de type C
pas de bande
humérale noire
appendices anaux ♂
branches
internes des
cercoïdes
parallèles
vue de derrière
♀ mature
de type C

Ischnura genei (Rambur, 1842) Ischnure tyrrhénienne

Agrion de Gené

petit lobe faiblement divisé

pronotum ♂

pronotum ♀

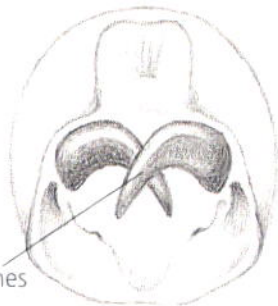
‑anches internes croisées

♂ appendices anaux (vue de derrière)

▲ *Ischnura genei* mâle. Noter la tête et le thorax verts et la bordure postérieure du pronotum non redressée.

▲ *Ischnura genei,* femelle immature de type C. Noter les marques sombres sur S8.

Identification

Très semblable à *I. saharensis* et très proche d'*I. elegans*, qu'il remplace dans les îles tyrrhéniennes. Côtoie *I. elegans* dans deux petites îles proches du littoral italien.

Critères à distance Tot 29-32 mm, Ab 18-26 mm, Ap 12-18 mm. Ressemble à *I. elegans,* mais face, thorax, pronotum et base de l'abdomen des mâles et des femelles andromorphes de type A généralement verts (une nuance turquoise se développe parfois chez les vieux individus). Les femelles des divers types peuvent avoir des marques sombres sur S8. Les femelles matures sans bandes humérales peuvent être confondues avec *I. pumilio* mais la conformation des Pt est discriminante (différence de longueur entre Pt des Aa et des Ap chez *I. pumilio*).

Critères en main Les branches internes et externes des cercoïdes du mâle sont assez semblables en longueur et en épaisseur. Les pointes des branches internes sont croisées (vue de derrière). Chez *I. elegans*, les cercoïdes sont différemment proportionnés. Bordure postérieure du pronotum à lobe central non redressée.

Variations Les formes colorées des femelles sont semblables à celles d'*I. elegans* mais la forme A ne devient pas aussi bleue et la forme C est plutôt rose saumoné à maturité.

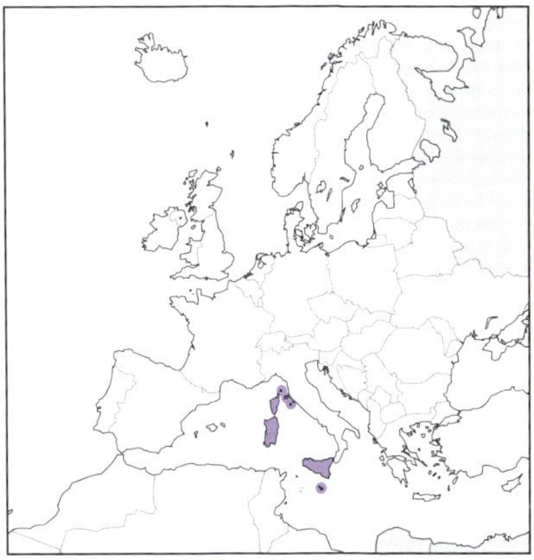

Répartition et statut Endémique de Corse, Sardaigne, Sicile, Malte, Capri et Linosa. En compagnie d'*I. elegans* sur Elbe et Giglio. Répandu et localement abondant au sein de son aire.

Habitats Eaux courantes et stagnantes, riches en végétation.

Période de vol Mai-septembre.

Ischnura graellsii (Rambur, 1842) Ischnure maghribérique

Agrion de Graëlls

▲ Mâle mature d'*Ischnura graellsii*. Bandes antéhumérales et taches postoculaires souvent (mais pas toujours) réduites ou absentes chez cette espèce (comme on le voit ici).

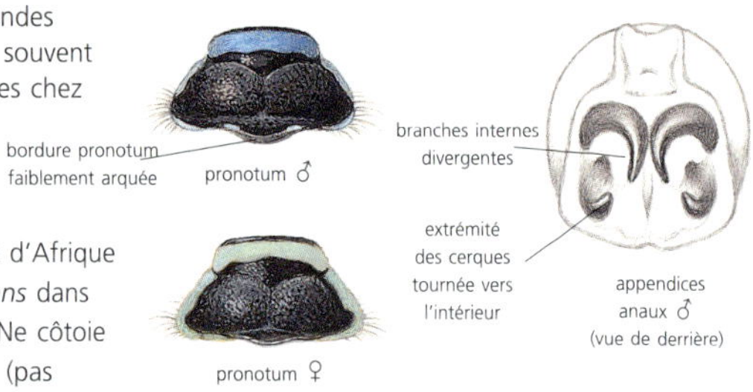

Identification

Endémique de la péninsule Ibérique et d'Afrique du Nord-Ouest. S'hybride avec *I. elegans* dans les zones de coexistence en Espagne. Ne côtoie *I. saharensis* qu'aux confins du Sahara (pas d'hybridation connue). L'identification de certaines femelles matures y est parfois impossible.

Critères à distance Tot 26-31 mm, Ab 20-25 mm, Ap 13-19 mm. Plus petit qu'*I. elegans*. Taches postoculaires et bandes antéhumérales réduites, voire absentes. En péninsule Ibérique, les grands mâles, aux taches postoculaires et bandes antéhumérales plus marquées, doivent être examinés car il peut s'agir d'*I. elegans* (*cf.* Variations). La majorité des femelles gynomorphes (B et C) a des marques noires variables sur S8. Les femelles sans taches postoculaires peuvent être confondues avec celles d'*Erythromma viridulum* mais ces dernières n'ont pas d'épine vulvaire.

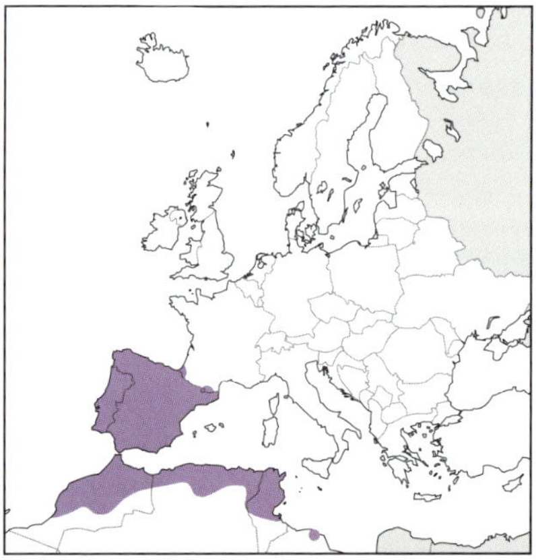

Critères en main Contrairement à *I. elegans*, pointes des cerques du mâle convergentes (vue de dessus) et branches internes des cercoïdes divergentes (vue de derrière). Bordure postérieure du pronotum faiblement arquée, dépourvue du redressement typique d'*I. elegans*.

Variations Les individus de la génération de printemps ont généralement un corps plus grand et plus sombre avec des bandes antéhumérales et des taches postoculaires réduites ou absentes. Comme chez *I. elegans*, il existe des femelles de forme A, B et C, mais les couleurs thoraciques des imagos fraîchement émergés sont caractéristiques : jaune (verdâtre) pour A ; lilas blanchâtre pour B ; orange pour C. Cette dernière forme peut rappeler *I. pumilio* ; le noir sur S2 est limité au quart postérieur. Les individus roses et violacés, fréquents chez *I. elegans*, sont rares chez *I. graellsii*.

Répartition et statut Répandu et abondant dans son aire ouest-méditerranéenne. S'hybride localement avec *I. elegans*.

Habitats Tous types d'eaux courantes et stagnantes.

Période de vol Mi-avril à mi-octobre en Catalogne, mars à novembre en Andalousie. Deux générations par an dans le Nord et jusqu'à quatre dans le Sud.

Ischnura saharensis (Aguesse, 1958) Ischnure saharienne

Agrion du Sahara

appendices anaux ♂

branches internes croisées

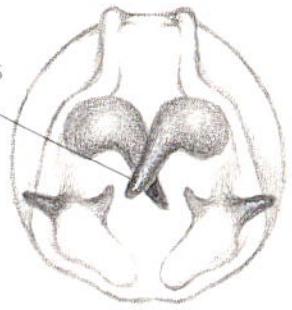

vue de derrière

▲ *Ischnura saharensis,* mâle mature. Noter le thorax vert et le jaune orangé relativement vif de l'abdomen.

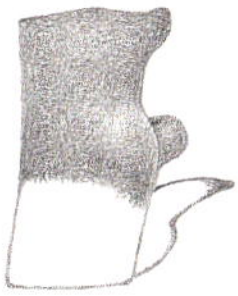

vue de profil

pronotum ♂

pronotum ♀

Identification

Ce proche parent d'*I. elegans* est endémique du Sahara occidental et des îles Canaries. On le repère parmi les *I. graellsii* par son thorax vert et parmi les *I. fountaineae* par sa petite taille. Néanmoins, l'identification ne peut être certaine qu'après examen des appendices anaux des mâles. Il est parfois impossible de différencier les femelles sur le terrain.

Critères à distance Tot 26-31 mm, Ab 19-25 mm, Ap 12-17 mm. Un des plus petits *Ischnura*. Semblable à *I. elegans* mais mâles matures verts sur la tête, le thorax et la base de l'abdomen. Les individus bleus sont soit des femelles andromorphes, soit des *I. graellsii* ou des *I. fountaineae* que l'on trouve localement avec *I. saharensis*. Contrairement à *I. graellsii* et *I. fountaineae*, la partie supérieure de S8 des femelles n'est jamais tachée de marques noires. Les taches postoculaires des deux sexes sont généralement petites et les bandes antéhumérales étroites, ce qui est aussi le cas chez *I. graellsii* et *I. fountaineae*.

Critères en main Comme chez *I. genei*, les branches internes des cercoïdes du mâle se croisent. Les pointes des cerques sont plus longues, plus fines et moins aiguës que chez *I. elegans*. Chez les deux sexes, le lobe médian de la bordure postérieure du pronotum est très semblable à celui d'*I. graellsii*.

Variations Génération printanière particulièrement sombre avec des taches postoculaires et des bandes antéhumérales réduites. La variabilité des femelles n'est pas totalement connue. La forme C est la plus fréquente : thorax et larges taches postoculaires roses, puis verdâtres et enfin brunâtres. La coloration immature de la forme B est inconnue. Les femelles andromorphes A peuvent avoir un thorax vivement coloré de vert ou de bleu.

Répartition et statut Répandu et localement abondant le long de la bordure septentrionale du Sahara. S'étend jusqu'à l'est de la Libye et au nord du Niger. Avec *I. senegalensis*, c'est la seule demoiselle à se reproduire sur les Canaries, où elle est rare.

Habitats Eaux stagnantes et courantes, riches en végétation. Évite les eaux trop salées.

Période de vol Plusieurs générations au cours de l'année ; rare de décembre à février.

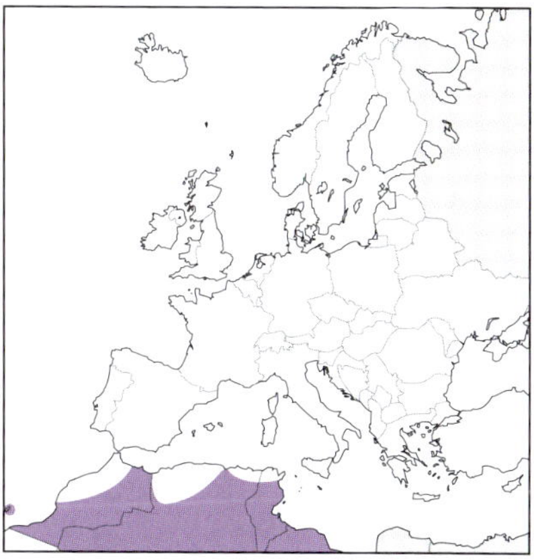

Ischnura fountaineae (Morton, 1905) Ischnure des déserts

Agrion de Fountaine

▶ *Ischnura fountaineae* en tandem. Noter le mâle très bleu et la femelle sans tache caudale.

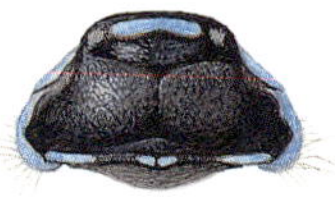

pronotum ♂

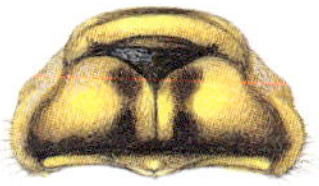

pronotum ♀

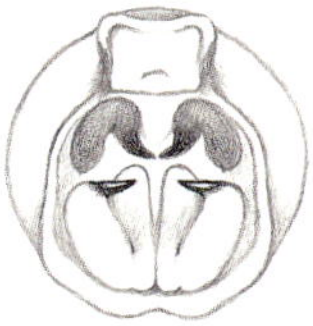

vue de derrière

cercoïdes et cerques de même longueur

vue de profil

appendices anaux ♂

Identification

Espèce du désert qui n'atteint notre zone d'étude qu'en limite du Sahara où elle côtoie *I. saharensis* (plus petit) et *I. graellsii* (rarement). Dans les populations mixtes, on la repère par sa taille légèrement plus grande et l'absence de tache caudale chez la plupart des femelles.

Critères à distance Tot 27-34 mm, Ab 21-25 mm, Ap 19-24 mm. Une des plus grandes espèces d'*Ischnura*. Mâles matures à thorax et base de l'abdomen bleu ciel, sans nuances vertes. Partie inférieure de S3-S6 orangée (comme *I. saharensis* et *I. senegalensis*). Chez les deux sexes, taches postoculaires petites. Bandes antéhumérales des mâles étroites (il en est de même pour *I. graellsii* et *I. saharensis*). Grande majorité des femelles gynomorphes (forme C) sans bandes antéhumérales ni tache caudale. Leur abdomen est sombre supérieurement entre S2 à S9. L'identification à distance est hasardeuse mais la grande taille, les petites taches postoculaires et le noir sur S2 et S8 constituent ensemble de bons critères pour repérer l'espèce.

Critères en main Les appendices anaux de même longueur des mâles permettent une identification fiable.

Variations Chez les immatures, les zones qui deviendront bleues sont blanches (et non vertes comme chez les autres espèces). Les taches postoculaires et les bandes antéhumérales sont souvent réduites ou absentes. Les femelles immatures sont orange avec des marques noires. Sur les pattes, tout d'abord incolores, se développent des lignes brunâtres. À maturité, les femelles deviennent olive, puis brunes. On ne connaît pas la coloration immature des rares femelles andromorphes (A), ni l'existence de femelles de type B.

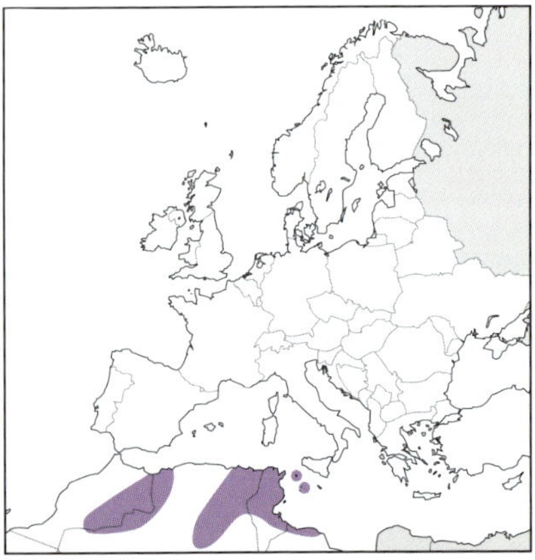

Répartition et statut De l'Asie centrale au Maroc en incluant le Moyen-Orient, la Tunisie, l'Algérie et Pantellaria (île entre la Sicile et la Tunisie). Abondant dans les habitats favorables. Se trouve aussi dans l'est de la Turquie.

Habitats Oasis, sources, ruisseaux, pièces d'eau peu profondes, marais saumâtres littoraux ou continentaux (tolère une forte salinité).

Période de vol Toute l'année dans les oasis de Tunisie mais peu abondant l'hiver. Mars-novembre ailleurs. Plusieurs générations par an.

Ischnura senegalensis (Rambur, 1842) Ischnure du Sénégal

Agrion du Sénégal

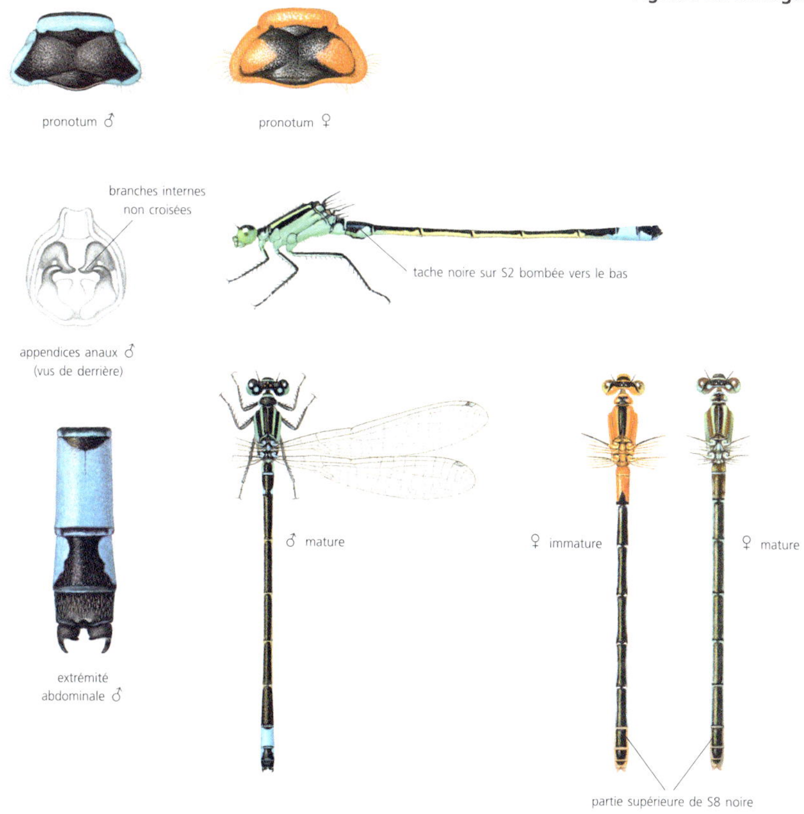

Identification

Une des demoiselles les plus répandues dans les régions tropicales de l'Ancien Monde, atteignant tout juste les Canaries. Longtemps confondue avec l'espèce coexsitante *I. saharensis*, sa présence n'y a été confirmée qu'en 2014. Comme elle est souvent importée avec les plantes aquatiques, peut se reproduire en serre et profite du réchauffement climatique et de l'impact de l'activité humaine, cela vaut la peine d'examiner de près les marques abdominales subtiles mais distinctives du mâle.

Critères à distance Tot 28-31 mm, Ab 19-25 mm, Ap 13-16 mm. Proche d'*I. saharensis* et des autres espèces du groupe *elegans* par la taille et l'aspect général et plus facile à identifier en main. Toutefois, chez le mâle : 1) tache noire brillante sur S2 bombée à l'avant vers le bas, évoquant une selle noire, et non séparée de la zone verte dessous par une marge rectiligne ; 2) tache bleue sur S8 anguleuse à l'avant, ne s'étendant pas ou à peine sur S7 (chez les autres espèces, se prolonge sous la partie supérieure noire sur environ la moitié de la longueur du segment) ; 3) ligne noire sur la suture interpleurale du thorax plutôt plus courte et plus fine, au moins chez les individus des Canaries. Sur ces îles, seules ont été trouvées des femelles gynomorphes (forme C), orange quand elles sont immatures et noires sur la partie supérieure de S8. Toutes les formes de *I. saharensis* sont bleues ou brunes sur S8, comme *I. elegans*. Les deux sexes sont similaires à *I. fountaineae*, présente aux Canaries. Le mâle est généralement plus grand, avec un thorax bleu ou blanchâtre (mâle immature) plutôt que vert. La selle sur S2, proche d'aspect, est moins marquée. L'identification définitive requiert l'examen des appendices, très différents. La plupart des mâles d'*I. genei* sont également

verts, mais l'espèce est confinée aux îles de la Méditerranée.
Critères en main Branches internes des cercoïdes des mâles proches mais pas croisées comme chez *I. saharensis*. Contrairement à cette dernière et aux autres espèces du groupe *elegans*, les pointes des cerques sont tournées vers l'intérieur. Le tubercule sur l'extrémité de S10 (au-dessus des appendices anaux) est aussi plus petit et discret.

▲ *Ischnura senegalensis* mâle.

Variations Les marques vertes des mâles matures se teintent rarement de bleu. Les femelles andromorphes observées dans d'autres zones de l'aire de répartition d'*I. senegalensis* peuvent avoir une selle noire sur S2 comme chez le mâle, pas de selle du tout ou seulement une partie.

Répartition et statut Largement répandu et souvent commun de l'Afrique au Japon, atteignant le Levant par la vallée du Nil. Localisé et rare sur Tenerife et La Palma, mais peut être trouvé dans les autres îles Canaries et le sud du Maroc. Fréquemment importé en Europe avec les plantes aquatiques ; peut même se reproduire et former des populations en serre.
Habitats Grande variété d'eaux stagnantes et faiblement courantes, souvent riches en végétation. Tolère pollution organique et salinité, d'où une présence plus fréquente dans les milieux saumâtres, eutrophiques, urbains et cultivés que les autres espèces partageant son aire de répartition. Aux Canaries, fréquente les citernes et réservoirs d'eau.
Période de vol D'après les relevés, de fin février à novembre aux Canaries, mais comme il y a plusieurs générations par an, l'espèce peut être observée en vol toute l'année.

Ischnura pumilio (Charpentier, 1825) — Ischnure naine

Agrion nain

Identification

Petite espèce conquérante, qui colonise rapidement les milieux nouvellement créés. Les femelles immatures orange vif sont facilement repérables. Les mâles arborent la tache caudale typique des *Ischnura*, mais elle est décalée sur S9.
Critères à distance Tot 26-31 mm, Ab 22-25 mm, Ap 14-18 mm. Une des plus petites demoiselles européennes. Se différencie des autres *Ischnura* par : 1) Pt de l'Aa nettement plus grand que celui de l'Ap, surtout chez les mâles ; 2) tache caudale des mâles sur S9 et la moitié postérieure de S8 et non sur S8 ; 3) femelles sans tache caudale. Immatures, elles sont orange vif avec très peu de noir sur la tête, le thorax et l'abdomen (S1, S2 et base de S3 dépourvus de noir). Matures, elles deviennent moins visibles (*cf.* Variations). Les femelles immatures d'*I. graellsii* et *I. fountaineae* peuvent aussi être orange mais elles ont davantage de noir sur la tête (qui dessine des taches postoculaires) et à la base de l'abdomen (S2 au moins partiellement noir). Les femelles matures se distinguent par le Pt de l'Aa plus grand, la partie dorsale de l'abdomen entièrement noire et la forme du pronotum (*cf.* ci-dessous). Du fait de leur taille, les femelles verdâtres peuvent être confondues avec *Nehalennia speciosa*, mais cette dernière est beaucoup plus fragile et a des reflets métalliques.
Critères en main Cercoïdes du mâle sans branches internes (vue de derrière). Bordure postérieure du pronotum arquée, sans redressement ni lobe saillant.
Variations Coloration des mâles d'abord blanchâtre puis jaunâtre, verdâtre et bleue. Tache caudale marquée de dessins noirs (parfois intensément). Partie distale du Pt se teintant souvent de bleu chez les mâles matures. Femelles dépourvues de bandes humérales noires (tout au plus ligne noire le long de la suture). Peu après l'émergence, les femelles sont orange mais la zone orangée de la tête se réduit avec l'âge

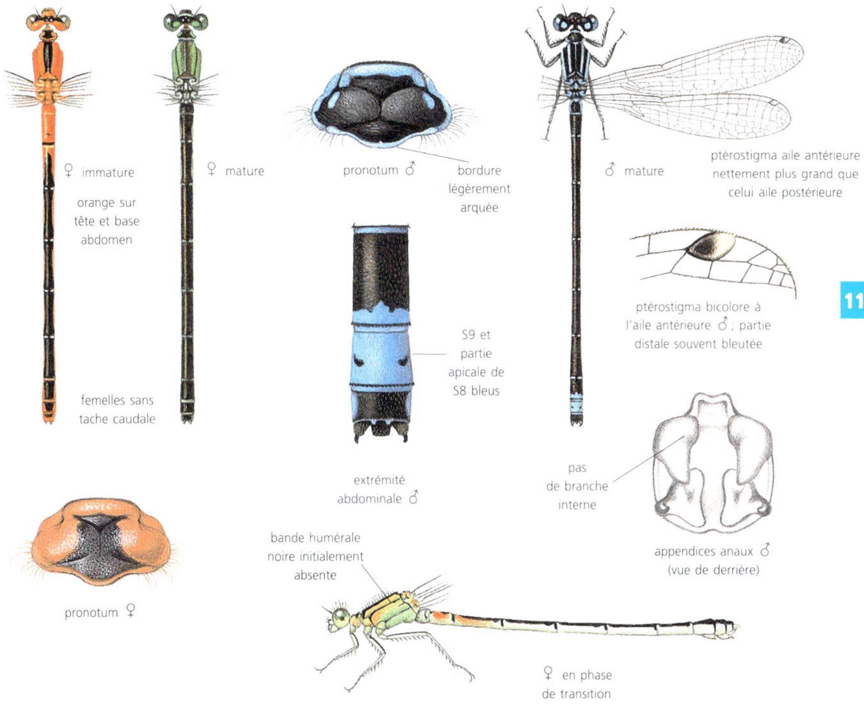

◀ *Ischnura pumilio,* mâle mature. Noter le ptérostigma bicolore plus grand sur l'aile antérieure.

◀ *Ischnura pumilio,* femelle immature. Cette forme orange vif est parfois dénommée « *aurentiaca* ».

pour former des taches postoculaires arrondies et le dessus de l'abdomen devient entièrement noir. Ces femelles gynomorphes correspondent à la forme C. Toutefois, certaines femelles ne deviennent pas vertes en vieillissant mais bleues et peuvent donc être considérées comme andromorphes. Des femelles noirâtres ou vertes sans marques sombres importantes ont déjà été décrites.

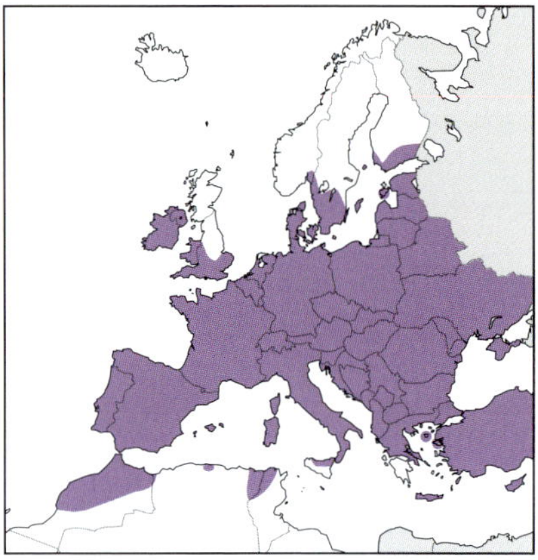

Comportement Des pontes en tandem ont été observées à de rares reprises.

Répartition et statut Des Açores et Madère au nord-est de la Chine. Les populations localement abondantes sont parfois fugaces, disparaissant à mesure que la végétation évolue.
Habitats Grande variété de milieux tels que des mares temporaires (dont des points d'eau oligotrophes ou acides), des sources, des fossés. Populations parfois abondantes dans les zones humides récemment créées.
Période de vol Mars-octobre dans le Sud avec au moins deux générations par an ; fin mai à mi-septembre dans le Nord, où l'apparition d'une seconde génération semble se faire plus régulière.

Ischnura intermedia (Dumont, 1974) Ischnure de Perse

Agrion de Perse

Identification

Ischnure discrète du sud-ouest de l'Asie, présente à Chypre et dans le sud-est de la Turquie. Contrairement à ses congénères, la tache caudale du mâle couvre la totalité des deux avant-derniers segments abdominaux. Cette espèce rare et localisée, qui ressemble à *I. pumilio*, a été découverte pour la première fois à Chypre en 2013.
Critères à distance Tot 26-29 mm, Ab 19-21 mm, Ap 11-13 mm. Très petite, en moyenne plus petite qu'*I. pumilio*. Les mâles sont caractérisés par leur tache caudale, qui couvre la totalité de S8 et S9 (mais *cf.* Variations). Le Pt de l'Ap particulièrement petit permet de distinguer les deux sexes des autres *Ischnura* (sauf *I. pumilio*). Chez les mâles, le Pt de l'Aa est plus de deux fois plus grand et présente une plus grande zone sombre que chez *I. pumilio*. Les femelles sont similaires à *I. pumilio* et il est préférable de les identifier en main.
Critères en main La forme et la longueur relative des appendices des mâles sont uniques parmi nos espèces d'*Ischnura*. Vus de profil, les cercoïdes se terminent en petit crochet et sont légèrement (mais distinctement) plus longs que les cerques. Vus de dessous, les cercoïdes ressemblent à des pinces divergentes et cachent (presque) totalement les cerques. Comme chez *I. pumilio*, les branches internes des cercoïdes sont absentes (présentes chez la plupart des autres espèces d'*Ischnura*). Vue de dessus, la bordure postérieure du pronotum de la femelle est légèrement échancrée, pas arquée comme chez *I. pumilio*. L'ovipositeur est plus court et plus pointu que chez *I. pumilio*, partant à l'oblique plutôt qu'appliqué et parallèle à l'abdomen.
Variations La tache caudale bleue du mâle peut être couverte de marques noires, comme chez *I. pumilio*. Leur étendue varie avec les saisons, plus importante au printemps. Les mâles précoces peuvent rappeler *I. pumilio*, mais les trois quarts au moins de S8 restent bleus, alors que chez *I. pumilio*, le bleu ne couvre jamais plus de la moitié du segment. Les mâles matures ont parfois un thorax teinté de vert ou de bleu. Les femelles signalées sont gynomorphes (forme C) et offrent probablement les mêmes variations que celles d'*I. pumilio*, les immatures orange vif dotées de grosses taches postoculaires et virant au vert

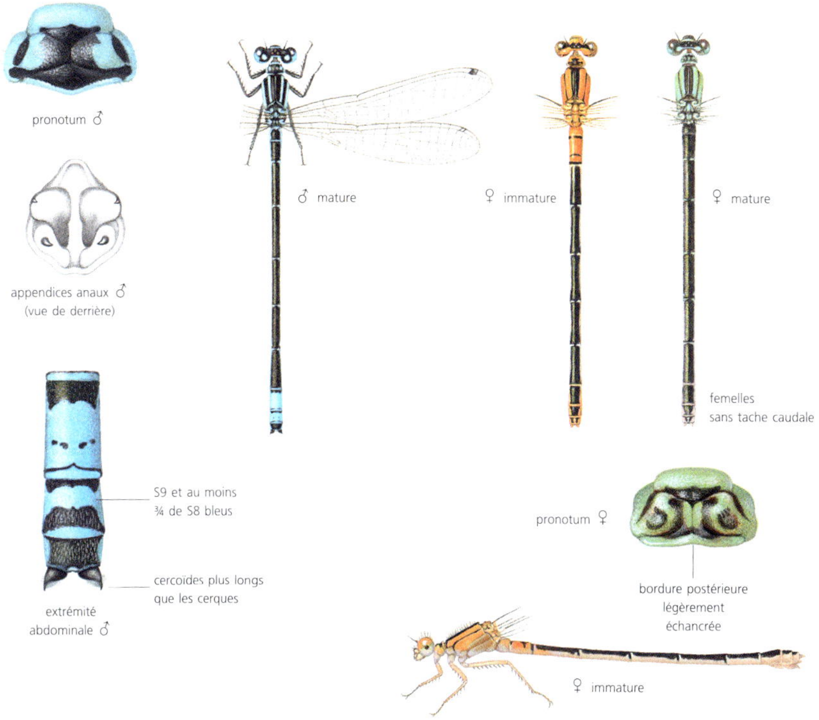

olive foncé à maturité. On n'a pas observé de femelles andromorphes bleues, mais elles existent probablement.

Répartition et statut Semble rare et localisé, mais passe souvent inaperçu en raison de sa petite taille et de son comportement discret. Depuis sa découverte le long de l'Euphrate en Turquie (juste en dehors de la zone couverte par le livre), on a découvert seulement une vingtaine de sites dispersés entre le nord de la Syrie, l'Irak, l'Iran et le sud du Turkménistan. Dans notre zone d'étude, l'espèce n'a été observée que de façon isolée près de Birecik et Adana, en Turquie, et dans cinq vallées au sud-ouest de Chypre, où elle est moyennement commune.

Habitats Petits chenaux peu profonds de sources, de ruisseaux et de petites rivières à faible courant et bordés d'une végétation dense. Coexiste avec *I. elegans* et *I. pumilio*, bien qu'aucune population de cette dernière n'ait été recensée à Chypre.

Période de vol À Chypre, fin mars à fin novembre, avec un premier pic de fin avril à mi-juin et un second en août, ce qui suggère au moins deux générations par an.

Ischnura hastata (Say, 1839) — Ischnure citrine

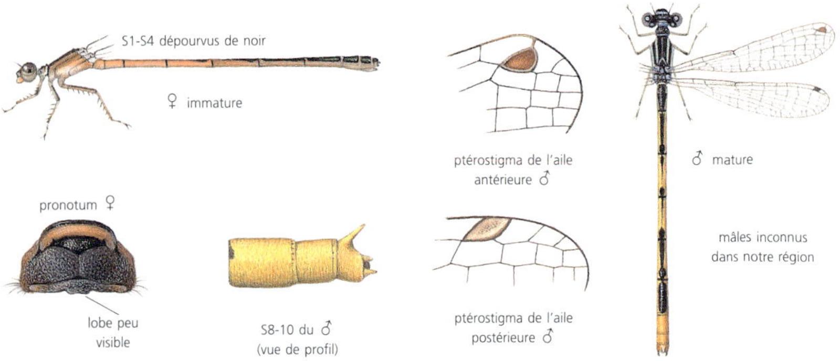

Identification

Espèce très originale. Les mâles sont les seules libellules à avoir des Pt situés à l'intérieur de l'aile (ailes antérieures). Aux Açores, cette demoiselle n'est représentée que par des femelles ; il s'agit de l'unique population parthénogénétique d'Odonates connue au monde. *Ischnura hastata* est aussi la seule espèce américaine à se reproduire dans le territoire couvert par ce guide.

Critères à distance Tot 20-27 mm, Ab 17-21 mm, Ap 11-15 mm. Nettement plus petit qu'*I. pumilio*. Les mâles, inconnus en Europe, se caractérisent par un abdomen essentiellement jaune. Le Pt de l'Aa orange du mâle est inséré dans l'aile antérieure. La femelle a un Pt normal situé sur la marge de l'aile. Les femelles récemment émergées ont la moitié basale de l'abdomen orange, S1-S4 étant quasiment dénués de marques noires (chez *I. pumilio*, seuls S1-S2 sont sans marques). Les femelles matures deviennent brun pâle à olive terne avec un abdomen entièrement noir dorsalement. Âgées, elles se couvrent largement d'une pruinosité grisâtre (*cf.* photo). Les femelles d'*I. pumilio* virent au vert ou occasionnellement au bleu mais ne deviennent jamais pruineuses. À distance, on peut confondre les femelles olive des deux espèces mais la forme du lobe du pronotum permet de les différencier.

Critères en main Le mâle présente une sorte d'épine dorsale sur S10 qui n'existe chez aucune autre espèce européenne. Le lobe de la bordure postérieure du pronotum de la femelle est plus réduit que celui d'*I. pumilio*.

Comportement Les femelles des Açores pondent sans avoir été fécondées par des mâles. Elles produisent systématiquement une nouvelle génération de femelles. Chez de nombreux invertébrés, la parthénogenèse est souvent provoquée par une infection bactérienne. Or, chez *I. hastata*, les traitements antibiotiques ne semblent rien modifier. Des mâles d'*Ischnura pumilio* (le seul autre Zygoptère des Açores) ont été observés en tandem avec *I. hastata*.

Répartition et statut Aux Açores ; on y a observé des centaines de femelles autour d'un seul étang, ce qui en fait l'espèce la plus commune (toujours plus abondante qu'*I. pumilio*). Répandue dans les deux Amériques et aux Galápagos où la parthénogenèse est inconnue. Espèce erratique qui pourrait apparaître sur la côte atlantique européenne.

Habitats Mares pourvues de végétation (*Eleocharis* et *Potamogeton*).

Période de vol Aux Açores de fin mai à début août. Toute l'année dans le sud des États-Unis d'Amérique, d'avril à novembre plus au nord.

◀ *Ischnura hastata* femelle aux Açores.

Enallagma Charpentier, 1840

Portecoupes

Identification
Mâles bleus annelés de noir. Femelles brunes ou bleues avec des marques noires sur S3-S7 en forme de torpilles ; épine vulvaire petite mais bien visible sous S8, à la base de l'ovipositeur.
Caractérisation du genre La coloration bleu et noir rappelle celle d'*Erythromma lindenii* et de la plupart des *Coenagrion* (*cf. E. cyathigerum*). Seules les femelles d'*Ischnura* ont aussi une épine vulvaire, mais elles sont plus petites. Les femelles brunes peuvent être confondues avec les *Sympecma* dont les marques sur S3-S6 sont comparables. Ils se distinguent par leurs longs Pt, la forme des marques (notamment thoraciques) et la nervation.

Identification des espèces Le genre est presque entièrement confiné à l'Eurasie et à l'Amérique du Nord, cette dernière région abritant la majeure partie des quelque 50 espèces. Dans le territoire couvert par ce guide ne se trouvent que deux espèces très proches. Une est largement répandue, l'autre ne s'observe qu'au nord-ouest de l'Afrique. Leur identification repose sur un examen attentif des appendices anaux du mâle (*cf. E. deserti*).
Comportement Rappelle celui des *Coenagrion*, mais les mâles apprécient les vastes plans d'eau où ils volent à quelques centimètres au-dessus de l'eau et se perchent sur les plantes flottantes.

R. Jödicke

◀ *Enallagma cyathigerum* mâle. Noter les larges bandes antéhumérales et le côté du thorax « uni », sans petit trait noir.

Enallagma cyathigerum (Charpentier, 1840)

Portecoupe holarctique

Agrion porte-coupe

Identification
Probablement l'espèce la plus largement répandue d'Europe. Elle fait partie des nombreux coenagrionidés bleus pour lesquels il est préférable de confirmer l'identification en main. Les mâles se distinguent facilement par le dessin noir en forme de champignon de S2 ; les femelles par les torpilles noires de S3-S7 ; les deux sexes par l'unique trait noir sur le côté du thorax.
Critères à distance Tot 29-36 mm, Ab 22-28 mm, Ap 15-21 mm. Taille et forme proches des autres coenagrionidés bleus mais constitution légèrement plus robuste et bleu plus pur. Critères à observer : 1) grandes taches postoculaires ; 2) bandes antéhumérales normalement au moins aussi larges que les bandes humérales noires ; 3) côtés du thorax dépourvus de petit trait noir sur la suture interpleurale ; 4) mâle doté d'un dessin en forme de champignon ou d'une coupe sur S2 ; 5) S8-S9 entièrement bleus, formant une tache caudale ; 6) femelle marquée dorsalement d'une série de dessins noirs en forme de torpilles. Les mâles d'*Erythromma lindenii* volent aussi au ras de l'eau et présentent de larges bandes antéhumérales mais les taches postoculaires sont réduites. Ils ont deux traits noirs sur le côté du thorax, S2 est entièrement noir dorsalement et la tache caudale bleue est située sur S9-S10 (S8 est noir).

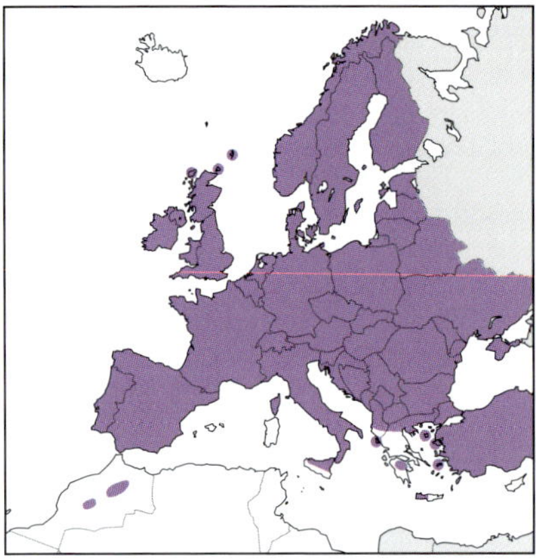

Les mâles de *Coenagrion* se tiennent en général près de la végétation rivulaire. Ils ont des bandes antéhumérales plus étroites que les humérales, deux traits noirs sur les côtés du thorax et des dessins différents sur S2 (*cf.* Variations). Les critères relatifs au thorax et à la tête s'appliquent aussi pour différencier les femelles de *Coenagrion* et d'*Erythromma*.

Critères en main Un petit coup de loupe sur l'épine vulvaire de la femelle élimine toute confusion possible avec les genres *Coenagrion*, *Erythromma* et *Sympecma*. Chez les deux sexes, la bordure postérieure du pronotum n'est que faiblement courbée, contrairement à la plupart des *Coenagrion* qui possèdent généralement des lobes marqués, particulièrement les femelles. Contrairement aux *Coenagrion*, il y a au moins une cellule doublée entre le Pt et l'apex de l'Ap.

Variations Le champignon de S2 peut être arrondi ou pointu, et présenter des extensions latérales en forme d'ailes ; son pied peut manquer. On observe parfois des mâles très sombres, particulièrement dans le Nord et l'Est. Ils ont des marques abdominales étendues, des bandes antéhumérales étroites, voire interrompues, et des bandes interpleurales et métapleurales noires bien développées, rappelant *Coenagrion hylas* et *C. johanssoni*. Les femelles andromorphes sont bleues et assez communes, mais souvent dominées par les gynomorphes verdâtres ou brunâtres.

Répartition et statut Commun dans la plupart des régions. S'étend du cercle arctique aux montagnes de l'Atlas marocain, de l'Atlantique au Kamtchatka. Les populations américaines se sont avérées être composées de plusieurs espèces très semblables.

Habitats Tous types de lacs, étangs et rivières lentes. Fortes densités dans les étangs acides sans poissons.

Période de vol Fin avril à octobre.

Le développement larvaire nécessite plus d'une année dans le Nord alors que jusqu'à deux générations se succèdent en un an dans le Sud.

Enallagma deserti (Selys, 1871)

Portecoupe du désert

Agrion porte-coupe du désert

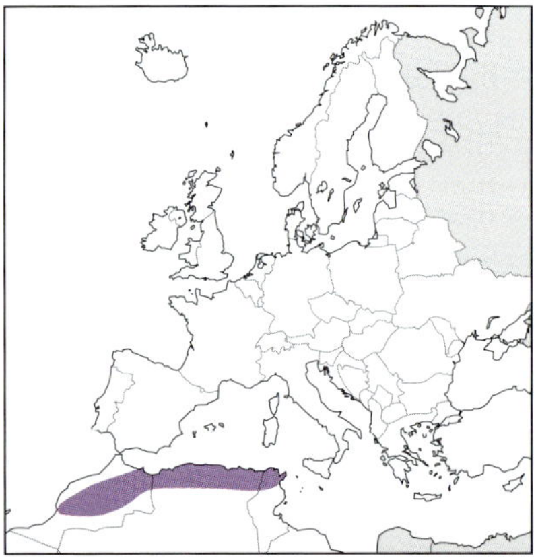

Identification

Coenagrionidé bleu volant et se perchant au ras de l'eau. Parfois considéré comme une simple sous-espèce d'*E. cyathigerum* dont il a l'allure générale et l'écologie. Les deux taxons se côtoient au nord du Maroc. L'identification n'est possible qu'à la loupe.

Critères à distance Tot 32-37 mm, Ab 24-29 mm, Ap 19-23 mm. À peine plus grand qu'*E. cyathigerum*, auquel il ressemble beaucoup (*cf.* cette espèce pour la différenciation d'avec les autres Coenagrionidae).

Critères en main Extrémités des cercoïdes du mâle caractéristiques. De profil, pointes des cercoïdes non visibles (contrairement à *E. cyathigerum*). Vu de l'arrière et de dessus, la dent du cercoïde prend la forme d'un doigt pointé vers l'intérieur chez *E. cyathigerum* ; elle est plus large et plus courte

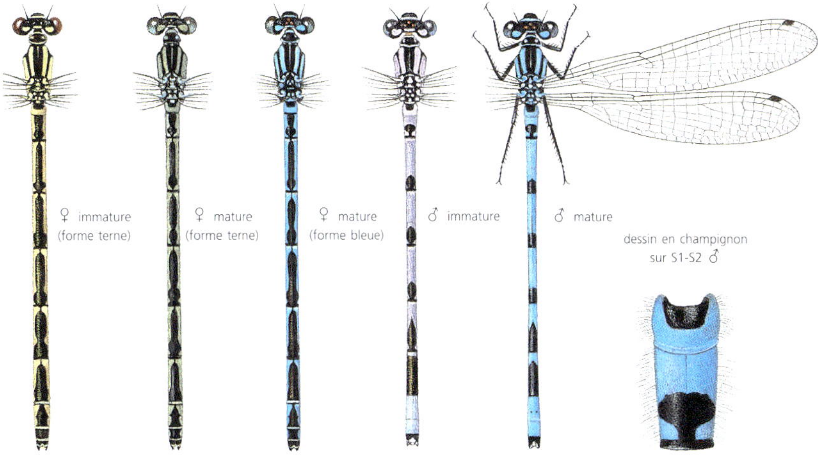

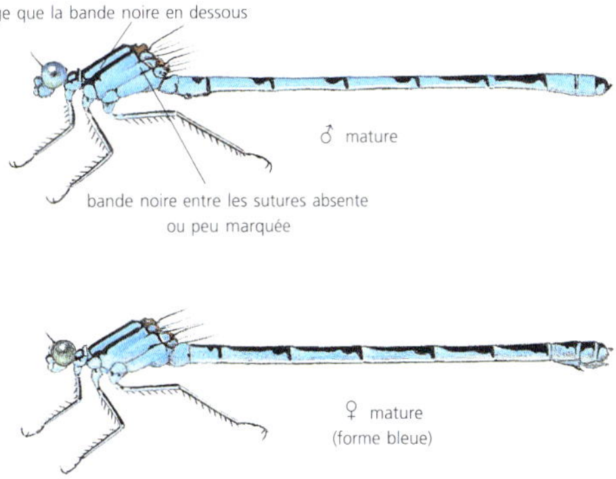

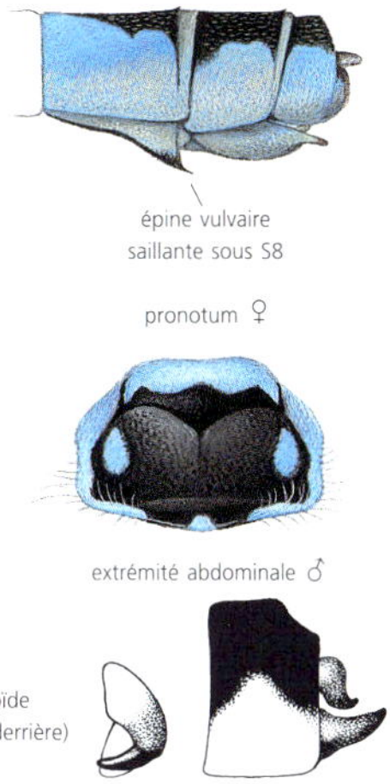

chez *E. deserti*. Des mâles aux caractéristiques intermédiaires ont déjà été observés.
Les différences des plaques mésostigmatiques des femelles (partie du thorax située directement en arrière du pronotum) sont trop ténues pour permettre une identification fiable.
Variations Les femelles gynomorphes dominent et sont toutes verdâtres.

Répartition et statut Endémique du Maghreb. Généralement assez rare, mais populations localement abondantes. A récemment bénéficié d'une augmentation du nombre de réservoirs.
Habitats Tronçons calmes des rivières ou lacs, retenues d'eau et étangs, avec des végétaux aquatiques à feuilles flottantes.
Période de vol Mi-avril à fin septembre. Probablement plusieurs générations par an.

Enallagma deserti

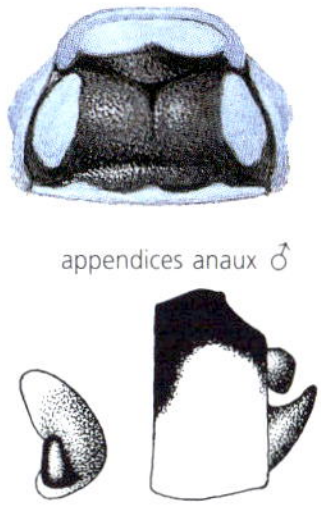

Coenagrion Kirby, 1890

Agrions

Identification
Mâles bleus annelés de noir. Les zones bleues peuvent être (partiellement) verdâtres ou blanchâtres. Femelles noirâtres ou, plus souvent, vertes ou brunâtres. Dans la plupart des cas, une demoiselle ayant des Pt monochromes, des taches postoculaires arrondies, des bandes antéhumérales colorées plus étroites que les bandes humérales noires situées en dessous et deux courts traits noirs sur les côtés du thorax (bandes interpleurales et métapleurales) appartient au genre *Coenagrion*.
Caractérisation du genre *Enallagma* a normalement des bandes antéhumérales plus larges que les bandes humérales noires et les côtés du thorax sont dépourvus de bandes interpleurales noires. Les mâles d'*Ischnura* ont des Pt bicolores. Les femelles d'*Enallagma* et d'*Ischnura* possèdent une épine vulvaire. Les *Erythromma* sont plus sombres, dépourvus de taches postoculaires et les mâles ont des yeux rouges ou entièrement bleus (bleus coiffés de noir chez les *Coenagrion*). *Erythromma lindenii* ressemble superficiellement aux *Coenagrion* mais ses bandes antéhumérales sont plus larges, le dessin sur S2 forme dorsalement une ligne longitudinale noire continue en forme de calice et la tache caudale est décalée vers l'extrémité de l'abdomen (S9-10).
Identification des espèces Avec 13 espèces, il s'agit du genre de Zygoptères le plus riche de la région. Les mâles se différencient souvent par leurs dessins et la forme de leurs appendices anaux. Les motifs sur le S2 des mâles sont des critères très utilisés mais comme toutes ces marques sont très variables, il est conseillé de procéder à un examen systématique des appendices et du pronotum. Les femelles sont souvent difficiles à identifier car variables et aux dessins moins différenciés. L'examen de la bordure postérieure du pronotum est nécessaire. Les diverses espèces sont généralement assez abondantes dans leurs localités et ne s'éloignent guère de leurs sites de reproduction. Il est souvent possible de trouver des mâles pour confirmer les identifications de femelles.
Comportement Vole rarement éloigné de la végétation rivulaire. Parfois, concentration de tandems lors de la ponte ; les mâles se tiennent au « garde-à-vous ».

K.-D. B. Dijkstra

Clé simplifiée des groupes d'espèces proches (mâles seulement). Si la description ne correspond pas, passer à la ligne suivante (*cf.* aussi photographies ci-contre).

1	Abdomen entièrement noir dorsalement, sauf base et extrémité bleues. Cerques massifs et cercoïdes relativement petits.	*armatum*
2	Abdomen à bande latérale noire. Zone noire sur le thorax à la base des pattes postérieures. Exclusivement boréal ou alpin.	*johanssoni* *hylas*
3	Annelures noires des segments du milieu de l'abdomen étirées en fines lignes sur les côtés de l'abdomen.	*puella* *pulchellum* *syriacum* *intermedium*
4	Partie inférieure des yeux, face et souvent thorax verts et non bleus. Marque noire de S1 ne couvrant pas la totalité du segment, limitée à sa base. Dessin noir de S2 généralement composé de 3 marques distinctes (et non 1). Cercoïdes ne formant jamais de crochets à l'apex. Nordique ou alpin.	*hastulatum* *lunulatum*
5	S6 entièrement noir ou presque, et donc moitié postérieure de l'abdomen apparaissant noire mis à part la tache caudale. Pt longs et clairs.	*scitulum* *caerulescens*
6	Au moins le tiers basal de S6 bleu ; abdomen paraît donc entièrement annelé de noir et de bleu. Pt sombres en losange.	*mercuriale* *ornatum*

◀ *Coenagrion armatum* mâle.

▼ **Ci-dessous à gauche** *C. caerulescens* mâle.
▼ **Ci-dessous à droite** *C. puella* mâle.

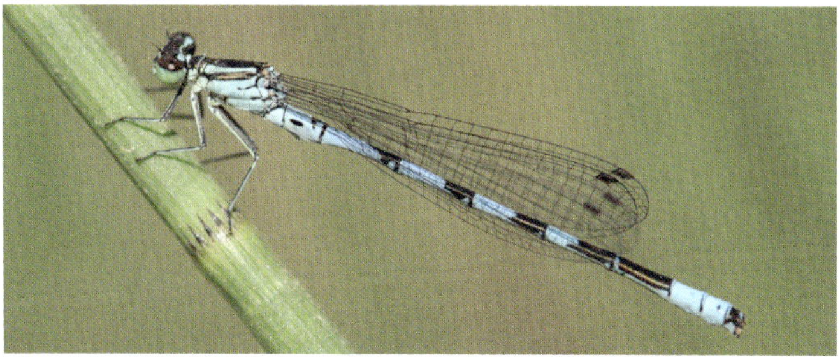

◀ *C. hastulatum mâle.*

◀ *C. lunulatum mâle.*

◀ *C. hylas mâle.*

Coenagrion pulchellum (Vander Linden, 1825)

Agrion exclamatif

Agrion joli

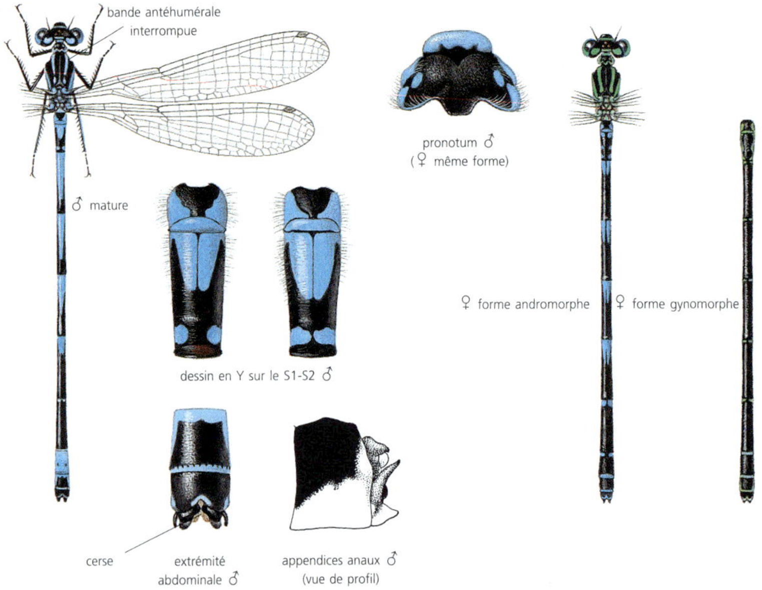

Identification
Fin Zygoptère bleu, souvent confondu avec *C. puella*. Les mâles arborent normalement un point d'exclamation sur les « épaules » et un Y à la base de l'abdomen.
C. puella, plus clair, a des bandes antéhumérales continues et un U noir sur S2. Les deux agrions occupent souvent des habitats différents.
La coloration de la femelle varie considérablement

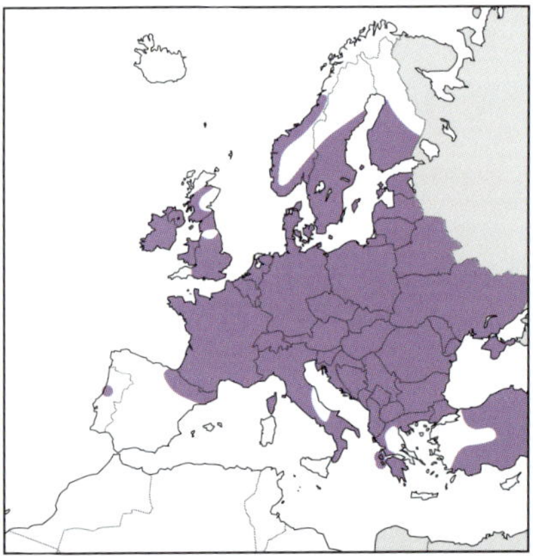

mais la marge en W du pronotum est caractéristique.
Critères à distance Tot 34-38 mm, Ab 23-32 mm, Ap 16-23 mm. De constitution comparable à *C. puella*, avec lequel il est souvent confondu. Critères de reconnaissance du mâle : 1) plus sombre que *C. puella*, bleu plus profond et marques noires plus étendues ; 2) bandes antéhumérales généralement interrompues, en point d'exclamation ; 3) dessin de S2 connecté à la marge postérieure du segment par un pédoncule et formant généralement un Y plutôt qu'un U ; 4) S3-S6 sensiblement plus noirs que chez *C. puella* (S4-S5 au moins à moitié noirs). Les femelles ont généralement des bandes antéhumérales entières et varient davantage que les autres femelles de *Coenagrion*.
Critères en main Appendices anaux du mâle assez semblables à ceux de *C. puella* mais cercoïdes aussi longs que les cerques (vue de profil) et se touchant (presque) à la base (vue de dessus). Bordure postérieure du pronotum de la femelle à trois lobes distincts formant un W.
Variations Mâles du Sud et de l'Est parfois extrêmement sombres (par exemple dans le bassin

méditerranéen et en Turquie). Parmi les mâles typiques, on trouve parfois des individus avec plus de bleu qui rappellent *C. puella*, présentant un U noir sur S2 mais S6 est typiquement noir sur plus de la moitié de sa surface et les bandes antéhumérales sont généralement interrompues. Les femelles andromorphes de la forme bleue ne sont pas rares et ressemblent aux mâles. Elles ont la base de l'abdomen bleue, des lignes latéro-abdominales noires mais ont davantage de noir sur S2 et S8-S9. Les femelles gynomorphes de forme verte sont fréquentes. Elles ont l'abdomen entièrement noir et ne sont pas très différentes des femelles typiques de *C. puella*. Les autres variétés sont rares et localisées comme celle à dos noir et S1-S2 et S8 clairs, qui rappelle *C. armatum*.

Répartition et statut Répandu et localement abondant, mais dans l'ensemble plus rare que *C. puella*, particulièrement dans le Sud. Atteint la plaine de Sibérie occidentale et l'Asie centrale.
Habitats Grande diversité d'eaux stagnantes à faiblement courantes. Généralement zones humides à végétation luxuriante, non acides et mésotrophes à eutrophes telles que bras morts et marais.
Période de vol Avril à mi-septembre, pic entre fin mai et début juin.

Coenagrion puella (Linnaeus, 1758) Agrion jouvencelle

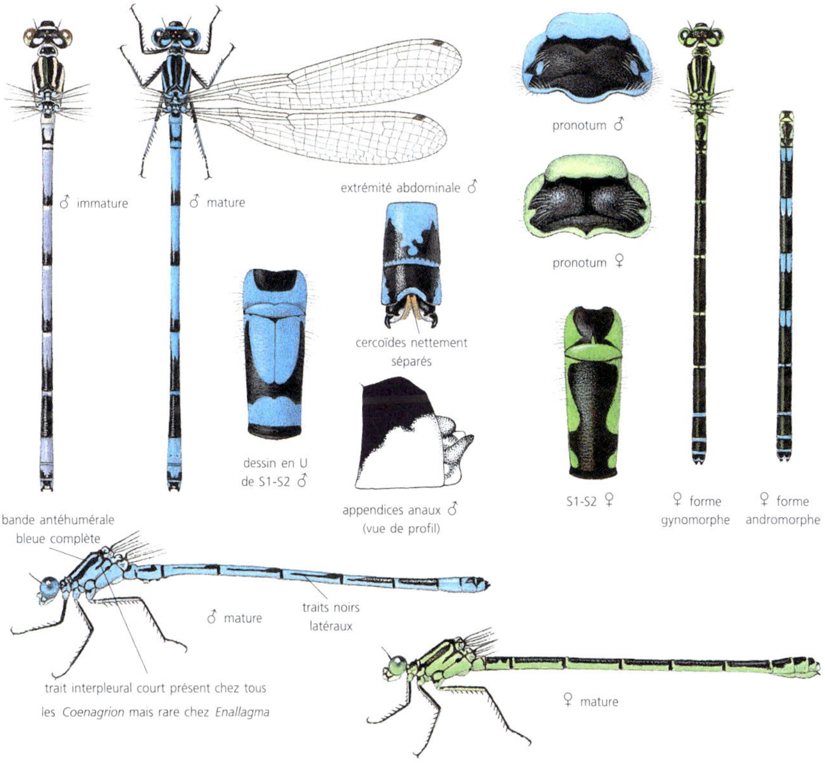

Identification
Cette espèce délicate, bleu pâle, est une des plus communes dans la majorité des régions d'Europe. On reconnaît les mâles au U noir de S2 et aux lignes latérales de l'abdomen. Ils peuvent toutefois être confondus avec ceux de *C. pulchellum*, tout aussi répandus, mais souvent plus sombres et plus localisés. Deux espèces très proches remplacent *C. puella* en Crète et au sud-est de la Turquie.

Critères à distance Tot 33-35 mm, Ab 22-31 mm, Ap 15-24 mm. Plus long et plus fin que la plupart des espèces telles qu'*Enallagma cyathigerum*. Le *C. intermedium* mâle est bleu clair, avec des bandes antéhumérales étroites mais complètes, un U noir sur S2 et S3-S5 annelés de noir sur le cinquième de leur surface. Une ligne longitudinale étroite s'étend sur le côté de l'abdomen à partir de chacun de ces annaux. Ces lignes latérales s'observent aussi chez *C. syriacum* du sud de la Turquie, *C. intermedium* de Crète et *C. pulchellum*, plus sombre mais largement répandu (*cf.* cette espèce). Habituellement, les femelles gynomorphes prédominent ; elles sont vert jaunâtre avec la face supérieure de l'abdomen entièrement noire, et se distinguent par la bordure postérieure du pronotum.

Critères en main Cercoïdes du mâle distinctement plus courts que les cerques, nettement séparés l'un de l'autre et dotés de crochets tournés vers l'intérieur (vue de dessus). L'espace entre les cercoïdes est unique au sein du groupe d'espèces proches de *C. puella*. La bordure postérieure du pronotum de la femelle forme une accolade.

Variations Étendue des marques noires des mâles très variable. Dans le nord-ouest de l'Afrique, les mâles ont deux points noirs sur S8, absents ou plus petits ailleurs. Ces spécimens sont parfois considérés comme appartenant à la sous-espèce *kocheri*, mais la présence de mâles identiques en Espagne suggère une variation graduelle. Un type de femelle andromorphe présente des anneaux bleus à la base de S3-S6, couvrant le cinquième de leur surface, les marques noires de ces segments étant tridentées. Elles rappellent les andromorphes typiques de *C. pulchellum* et *C. ornatum*, mais ces dernières ont généralement plus de bleu sur S7-S9.

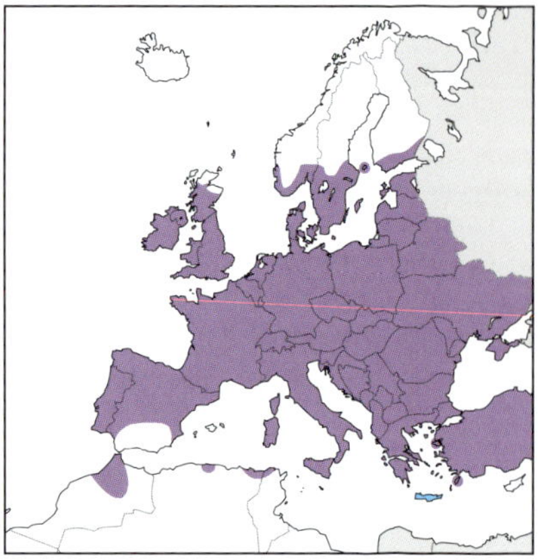

Répartition et statut Il s'agit de l'espèce la plus abondante du genre, commune dans une grande partie de la région couverte dans le livre, jusqu'à la plaine de Sibérie occidentale et l'est du Kazakhstan.

Habitats Grande diversité d'habitats, dans des eaux stagnantes ou courantes, généralement rare dans les zones tourbeuses ou argileuses. Recherche la présence de végétaux aquatiques.

Période de vol Avril à septembre (dès mars en Algérie) mais plus commun de mi-mai à fin juillet.

Coenagrion intermedium (Lohmann, 1990) Agrion crétois

Identification

Agrion endémique de Crète, où il remplace *C. puella*. Il diffère principalement de ce dernier par la forme des appendices anaux du mâle.

Critères à distance Tot 35-36 mm, Ab 26-32 mm, Ap 19-22 mm. En moyenne, les *C. intermedium* sont plus grands et légèrement plus sombres que les *C. puella* du centre et du nord de l'Europe ; sinon, d'apparence identique à cette espèce et à *C. syriacum* ; les *C. puella* de la partie continentale voisine sont également sombres.

Critères en main Les appendices anaux des mâles sont assez semblables à ceux de *C. puella* mais les cercoïdes se touchent plus ou moins à leur base (vue de dessus), comme chez *C. Syriacum* et *C. pulchellum*. La marge postérieure du pronotum de la femelle est intermédiaire entre celles de *C. puella* et *C. pulchellum*.

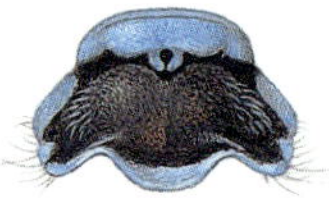

pronotum ♂

pronotum ♀

appendices anaux ♂
(vue de profil)

S1-S2 ♂

Variations Une forme andromorphe de la femelle (*cf.* *C. puella*) pourrait exister mais n'a pas été décrite à ce jour.

Répartition et statut Confiné à la Crète (en bleu sur la carte p. 124), où il est localisé du fait de la rareté des habitats favorables. Classé comme vulnérable dans la Liste rouge de l'UICN.
Habitats Contrairement aux espèces proches, *C. intermedium* semble inféodé aux eaux courantes, colonisant les cours d'eau permanents.
Période de vol Mi-mai à début août.

▲ *Coenagrion intermedium* mâle.

Coenagrion syriacum (Morton, 1924) Agrion de Syrie

Identification

Remplace *C. puella* au Proche-Orient. Les deux espèces se côtoient dans le sud de la Turquie et ne peuvent être identifiées que par l'examen des appendices anaux des mâles.
Critères à distance Tot 30-37 mm, Ab 24-29 mm, Ap 16-20 mm. Le mâle ressemble à celui de *C. puella*. Il est plus noir que le *C. puella* mâle typique du centre et du nord de l'Europe et peut rappeler *C. pulchellum*, mais les *C. puella* de Turquie ont une teinte sombre similaire. Les femelles claires sont plus bleues, rappelant la coloration des femelles de *C. pulchellum*.
Critères en main Cercoïdes du mâle se touchant plus ou moins à leur base (vue de dessus). Cerques plus longs et plus horizontaux que ceux des espèces proches (vue de profil) : environ deux fois plus longs que les cercoïdes et pointés vers l'arrière (et non en diagonale vers le haut). Marge postérieure du pronotum de la femelle plus fortement trilobée que chez *C. puella* (rappelant *C. pulchellum*) avec un lobe central relativement étroit.
Variations Forme claire de la femelle identique à celle de *C. puella*.

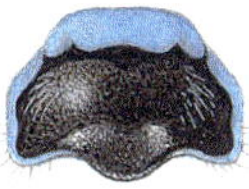

pronotum ♂

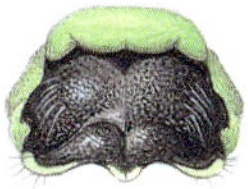

pronotum ♀

appendices anaux ♂ (vue de profil)

extrémité abdominale ♂

S1-S2 ♂

Répartition et statut Remplace *C. puella* le long d'une bande bordant la Méditerranée, entre Antalya (Turquie) et le nord d'Israël.
Habitats Eaux stagnantes et légèrement courantes, riches en plantes aquatiques telles que potamots (*Potamogeton*).
Période de vol En Turquie, de mi-avril à la fin mai.

Coenagrion mercuriale (Charpentier, 1840) Agrion de Mercure

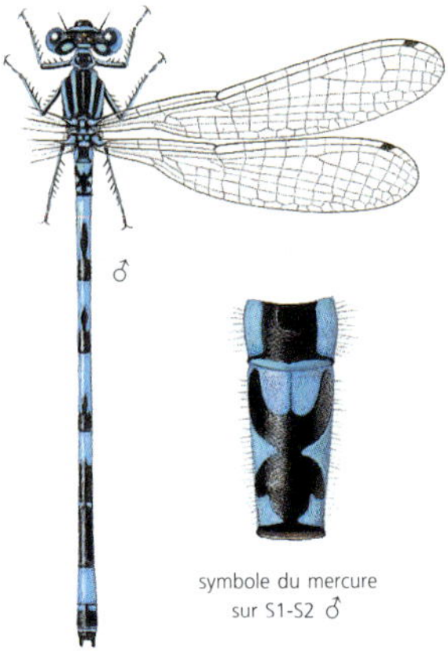
♂

symbole du mercure sur S1-S2 ♂

♀ forme gynomorphe

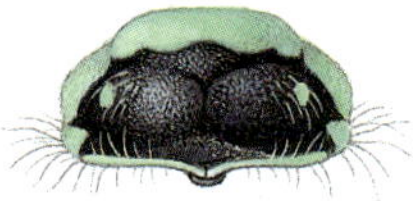
pronotum ♀

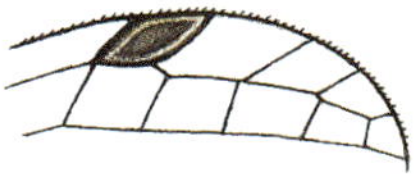
ptérostigma en losange à centre sombre

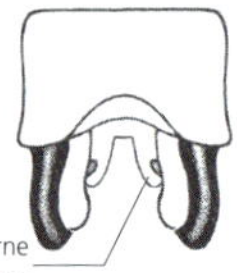
dent interne près de la base

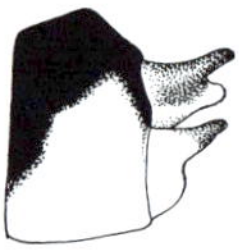
(vue de profil)

appendices anaux ♂

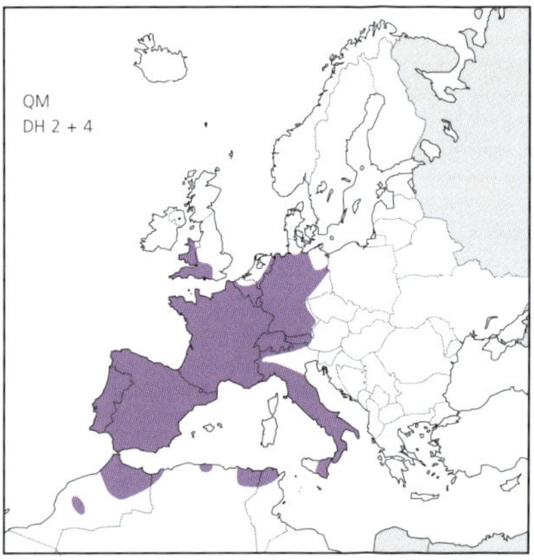

Identification

Petit agrion bleu profond, typique des ruisseaux et ruisselets du sud-ouest de l'Europe. Les mâles ont sur S2 un dessin noir rappelant le symbole alchimique du mercure, d'où l'espèce tire son nom. L'examen des marques colorées et des appendices anaux permet de confirmer l'identification.

Critères à distance Tot 27-31 mm, Ab 19-27 mm, Ap 12-21 mm. Petit *Coenagrion*, plus trapu que *C. puella*. Dessin sur S2 variable, représentant habituellement une tête portant un casque à cornes. S3-S6 rarement noirs sur plus de la moitié de leur surface ; S7 toujours avec du bleu à la base. On peut identifier les mâles par élimination des autres espèces : *C. puella* a de longues lignes latérales entre S3 et S6 ; *C. ornatum* des marques dorsales plus lancéolées sur S3-S4 et des taches postoculaires dentées ; *C. caerulescens* et *C. scitulum* des Pt longs et S6-S7 noirs. Les femelles typiques sont gynomorphes, teintées de vert jaunâtre, mais assez sombres et ternes ; elles sont plus faciles à identifier par élimination des autres espèces.

Critères en main Cercoïdes du mâle se terminant en crochets, comme ceux de *C. scitulum* et *C. caerulescens*, mais presque aussi longs que les cerques et pourvus de dents basales internes. Bordure postérieure du pronotum de la femelle pourvue d'un minuscule lobe médian, bien plus petit que celui de *C. scitulum*.

Variations Les femelles andromorphes avec des zones claires sur l'abdomen plus grandes et plus bleues sont assez rares. Les femelles avec un thorax et un abdomen distinctement rosâtres peuvent déjà être capables de se reproduire, mais elles foncent probablement avec l'âge.

Répartition et statut Localement commun en France et dans le nord de la péninsule Ibérique ; populations beaucoup plus dispersées dans le nord de l'aire. Encore jamais signalé dans l'est de l'Italie, en Autriche et en Allemagne ; de nombreuses mentions anciennes d'Europe orientale sont aujourd'hui considérées comme erronées.

Habitats Ruisseaux, ruisselets et fossés ensoleillés à végétation aquatique et rivulaire riche, composée notamment de callitriches (*Callitriche*), de Berle dressée (*Berula erecta*) ou d'Ache faux-cresson (*Apium nodiflorum*).

Période de vol Mi-mai à mi-août dans le Nord avec un pic de juin à juillet ; début mars à fin septembre au Maroc, ce qui suggère l'existence de deux générations annuelles.

Coenagrion ornatum (Selys, 1850) Agrion orné

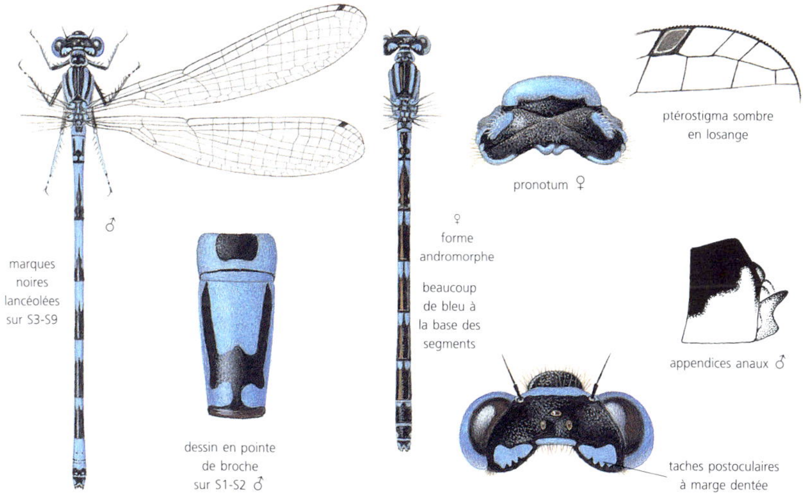

Identification

Remplace *C. mercuriale* à l'Est et affectionne les mêmes types de cours d'eau. Bien que toutes deux localisées, ces deux espèces coexistent souvent dans les cours d'eaux favorables d'Europe centrale. Le dessin noir du mâle sur S2 a été comparé à un oiseau, une chauve-souris, un papillon ou d'autres créatures ailées, mais la meilleure caractéristique de l'espèce est constituée par les taches postoculaires à bordure postérieure dentée. Les détails de la coloration et les appendices anaux confirment l'identification.

Critères à distance Tot 30-31 mm, Ab 20-30 mm, Ap 17-24 mm. Plus petit et plus trapu que *C. puella*. Marge postérieure des taches postoculaires dentées chez les deux sexes. Chez le mâle : marque noire sur S2 en pointe de broche et sur S3-S4, lancéolés en pointe de stylo à plume. Les femelles andromorphes prédominent, avec plus de bleu à la base des segments abdominaux que chez la plupart des autres espèces ; elles rappellent les femelles andromorphes de *C. pulchellum*, chez lesquelles les lignes latérales noires des segments dépassent la ligne médiodorsale ; c'est l'inverse chez *C. ornatum*, particulièrement sur S3-S4.

Critères en main Cercoïdes du mâle plus courts que les cerques (vue de profil), sans crochets à l'apex, ressemblant à ceux de *C. pulchellum*. Bordure postérieure du pronotum de la femelle à petit lobe médian, légèrement échancré au milieu.

Variations Il existe des femelles gynomorphes dépourvues de bleu à la base des segments. Il faut alors se baser sur les taches postoculaires et la forme du pronotum pour déterminer ces individus. Femelles occasionnellement rosâtres sur le thorax et l'abdomen, comme chez *C. mercuriale*.

Répartition et statut Très localisé dans le Nord et l'Ouest ; relativement commun au Sud-Est.

Habitats Semblables à ceux de *C. mercuriale* : fossés et ruisseaux ensoleillés, riches en végétaux et souvent alcalins.

Période de vol Début mai à mi-août.

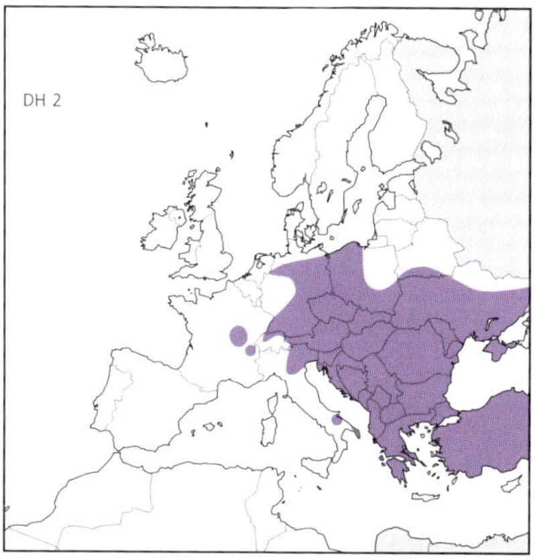

Coenagrion scitulum (Rambur, 1842) Agrion mignon

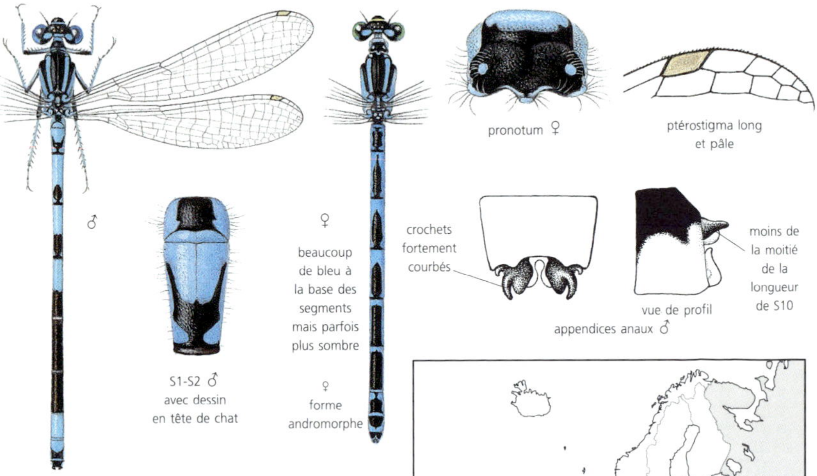

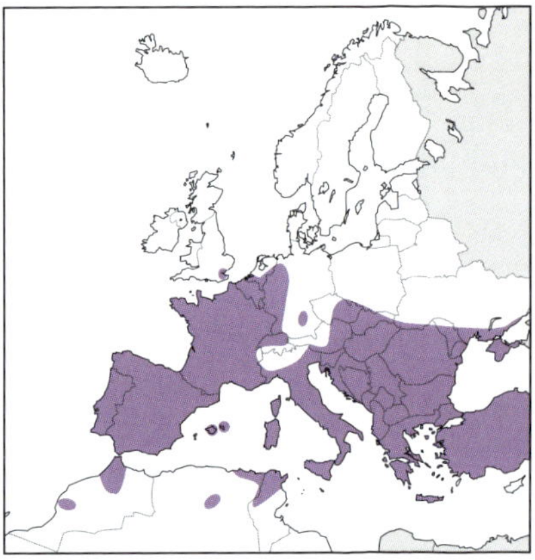

Identification

Petit agrion des eaux calmes, riches en végétation aquatique. Le motif bleu et noir de l'abdomen du mâle semble être composé d'une moitié basale de *Coenagrion* et d'une moitié apicale d'*Ischnura*. Un examen attentif est nécessaire pour différencier *C. scitulum* de *C. caerulescens* dans les rivières ouest-méditerranéennes.

Critères à distance Tot 30-33 mm, Ab 20-27 mm, Ap 14-20 mm. Corps plus petit que *C. puella*. Les mâles se distinguent de *C. mercuriale*, *C. ornatum* et *C. puella* par S3-S5 à moitié noirs et S6-S7 entièrement noirs. Le S2 du mâle porte une marque en forme de diapason ou de tête de chat, mais ce dessin est très variable. Les mâles de *C. caerulescens* sont presque identiques (*cf.* cette espèce et Critères en main). Les femelles gynomorphes sont verdâtres ou brunes, mais généralement dépassées en nombre par les andromorphes. Celles-ci présentent des zones claires qui s'étendent assez largement à la base des segments abdominaux, ce qui donne aux marques noires une forme de torpille. Cette espèce se reconnaît plus facilement à ses longs Pt clairs.

Critères en main Partage les critères diagnostiques suivants avec *C. caerulescens* : 1) ptérostigmas des deux sexes plus longs et souvent plus clairs que ceux des autres *Coenagrion*, à bord antérieur plus long que le postérieur (côtés à peu près égaux chez les autres espèces) ; 2) cercoïdes du mâle nettement plus longs que les cerques (vue de profil) et pourvus d'une dent à leur extrémité et non à leur base (vue de dessus). Contrairement à *C. caerulescens*, cercoïdes à crochets fortement incurvés (vue de dessus) qui ne dépassent pas le tiers de la longueur de S10 (dépassent la moitié de S10 chez *C. caerulescens*). Bordure postérieure du pronotum de la femelle à petit lobe médian ; celle du mâle triangulaire (la pointe orientée postérieurement).

Variations Femelles variables pouvant être plus sombres que la description donnée.

Répartition et statut Largement répandu dans le bassin méditerranéen et assez commun en France et dans certaines parties de la péninsule Ibérique ; plus localisé vers la mer Caspienne, rare en Asie centrale. A fortement progressé vers le nord en Europe depuis les années 1990.

Habitats Eaux stagnantes, parfois faiblement courantes, ensoleillées, riches en plantes aquatiques telles que myriophylles (*Myriophyllum*) et cératophylles (*Ceratophyllum*).

Période de vol Avril à septembre ; plus abondant de mi-mai à fin juillet.

Coenagrion caerulescens (Fonscolombe, 1838)

Agrion à stigmas pointus

A. bleuissant, A. bleuâtre

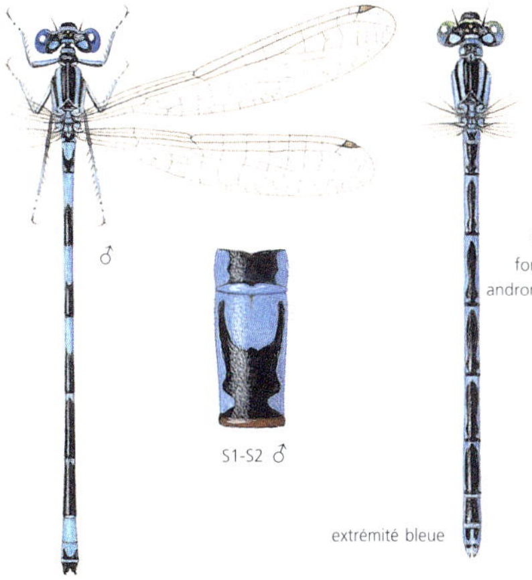

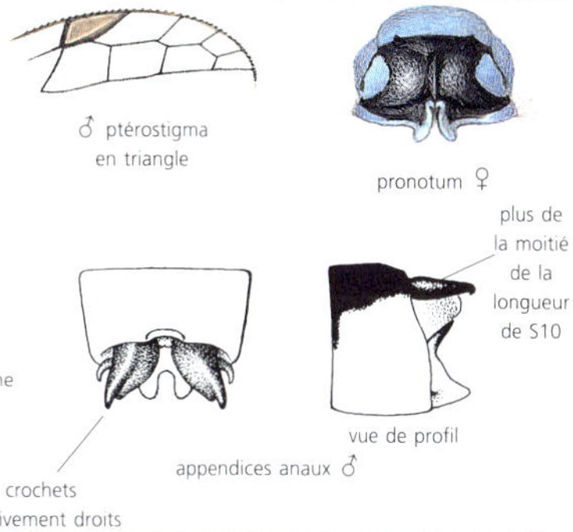

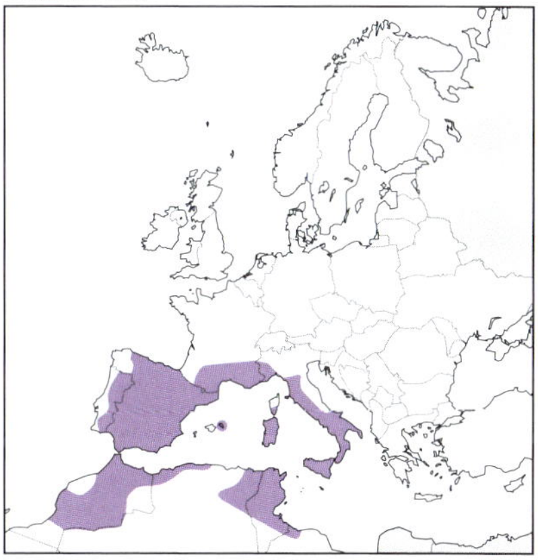

Identification

Sosie de *C. scitulum* qui préfère les eaux courantes. Relativement plus commun que son proche parent en péninsule Ibérique et en Afrique du Nord. L'observation des appendices anaux du mâle et du pronotum de la femelle est le meilleur moyen de différencier les deux espèces.

Critères à distance Tot 30-33 mm, Ab 18-27 mm, Ap 14-21 mm. Semblable en forme et en taille à *C. scitulum*. La coloration diffère en quelques points mais ces critères ne sont pas absolus : 1) généralement deux grandes ponctuations bleues sur le pronotum (ni petites, ni absentes) ; 2) S3-S4 du mâle habituellement noirs sur plus de la moitié de leur longueur (jamais moins) ; généralement plus de noir sur S3 que sur S4 (et non l'inverse) ; 3) S9 du mâle souvent marqué de noir (rarement entièrement bleu). Femelles assez semblables à *C. scitulum* mais généralement plus claires avec de larges bandes antéhumérales (généralement plus larges que les bandes humérales noires), des taches postoculaires plus grandes et des marques dorsales noires plus étroites. Dans la majeure partie de son aire (Italie et îles tyrrhéniennes exceptées), pointe de l'abdomen bleue (S9-S10 et appendices anaux) et non noire comme chez les autres femelles de *Coenagrion*.

Critères en main *Cf. C. scitulum* pour les différences avec les autres *Coenagrion*. Pt quasi triangulaire, à angle distal plus aigu que chez *C. scitulum*. Cercoïdes du mâle plus longs (plus de la moitié de la longueur de S10) et plus rectilignes que chez *C. scitulum*. Crochet à l'apex, sans incurvation nette. Femelle facilement reconnaissable au V clair inversé que forme l'échancrure du lobe médian de la bordure postérieure du pronotum. Marge postérieure du pronotum du mâle simplement marquée d'une petite saillie médiane.

Variations L'extension des marques noires varie beaucoup chez les deux sexes mais ne semble pas justifier le maintien de sous-espèces telles que la forme sombre italienne ssp. *caesarum*.

Répartition et statut Endémique de la Méditerranée occidentale. Localisé et rarement abondant en Europe, plus commun dans le Sud et notamment au Maghreb où il s'agit du *Coenagrion* le plus fréquent.

Habitats Suintements ensoleillés, ruisseaux et rivières riches en végétation.

Période de vol De mai à août. Mi-avril à mi-octobre en Afrique du Nord-Ouest (deux générations par an ?).

Coenagrion hastulatum (Charpentier, 1825) — Agrion hasté

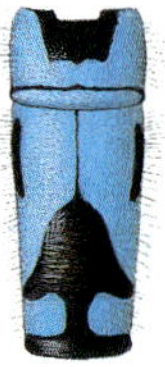

S1-S2 ♂ avec dessin hasté

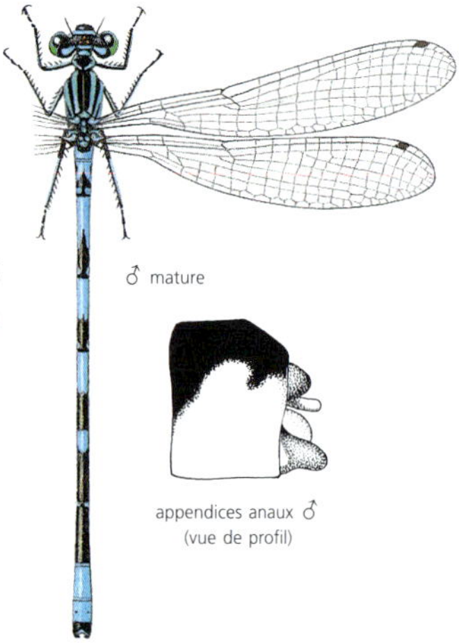

♂ mature

appendices anaux ♂ (vue de profil)

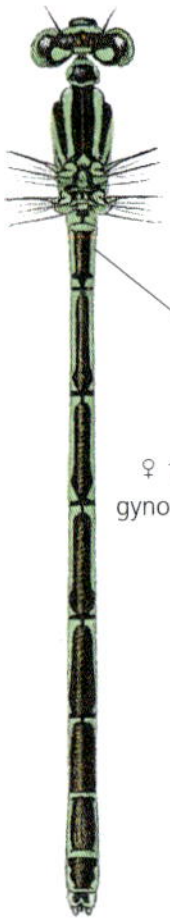

en général plus de vert à la base que chez *C. puella*

♀ forme gynomorphe

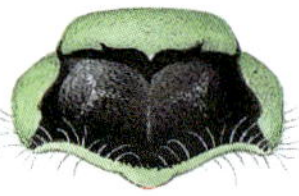

pronotum ♀

extrémité abdominale ♀

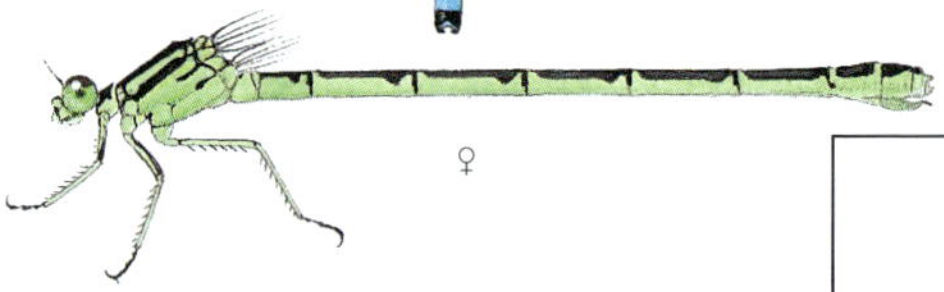

♀

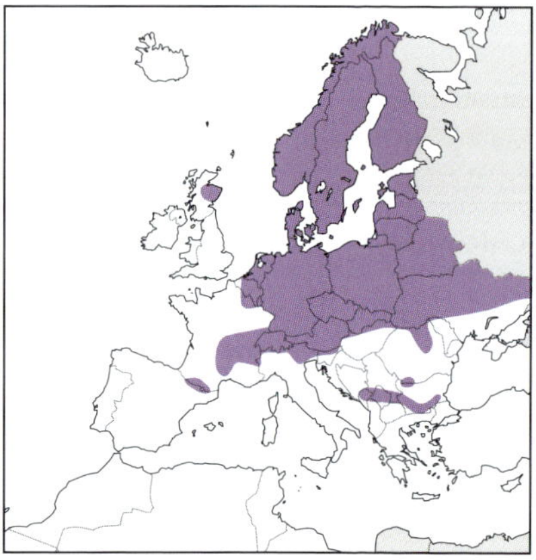

Identification

Le plus commun des *Coenagrion* dans la plupart des régions boréales mais populations relictuelles très localisées plus au Sud. Les mâles se caractérisent par leur nuance verte et le fer de lance hasté qui orne S2.

Critères à distance Tot 31-33 mm, Ab 22-26 mm, Ap 16-22 mm. Corps plus court que *C. puella*. Mâle bleu clair à nuance turquoise pouvant être très verte sur les parties inférieures du corps, notamment des yeux (comme *C. lunulatum*). Marque noire de S2 variable dessinant un fer de lance hasté ou un champignon et deux tirets. Moins de la moitié de S3-S4 noire et dessin de S3 lancéolé. La femelle typique est une gynomorphe verte à dos noir, ce qui la fait ressembler à *C. puella*. Toutefois, chez *C. hastulatum*, les marques noires s'amincissent progressivement vers la base de l'abdomen : vu de dessus, on voit plus le vert des côtés sur S3-S4 que sur S6-S9. *Cf. C. lunulatum* pour une comparaison entre les deux espèces.

Critères en main Cercoïdes du mâle plus courts que les cerques. Bordure postérieure du pronotum de la femelle formant un V aplati.

Variations Dessin sur S2 du mâle variable, parfois réduit, sans tige, rappelant alors celui de *C. lunulatum*.

Répartition et statut Abondant dans certaines régions nordiques d'Eurasie à l'est du Kamtchatka, mais localisé aux zones tourbeuses ou montagneuses vers l'ouest et le sud ; dans notre région, en fort déclin ces dernières décennies dans de nombreux pays au sud du cœur de son aire de répartition fennoscandienne.

Habitats Grande variété de pièces d'eau et de lacs dans le Nord mais inféodé aux eaux acides et méso-oligotrophes dans la plus grande partie de son aire. Apprécie les zones humides bordées d'une abondante végétation, cariçaies notamment.

Période de vol De mi-mai à juin dans les plaines d'Europe centrale où il est rarement observé après juillet ; jusqu'à début septembre dans le Nord et en altitude.

Coenagrion lunulatum (Charpentier, 1840) Agrion à lunules

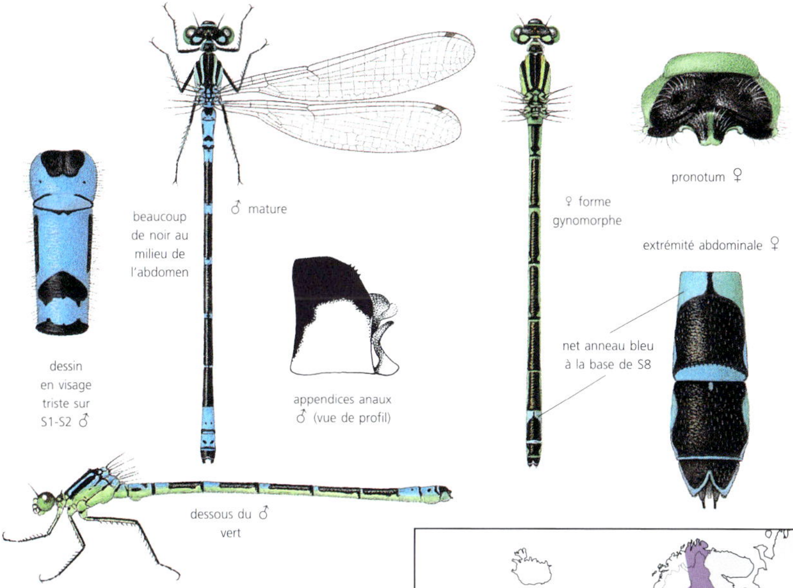

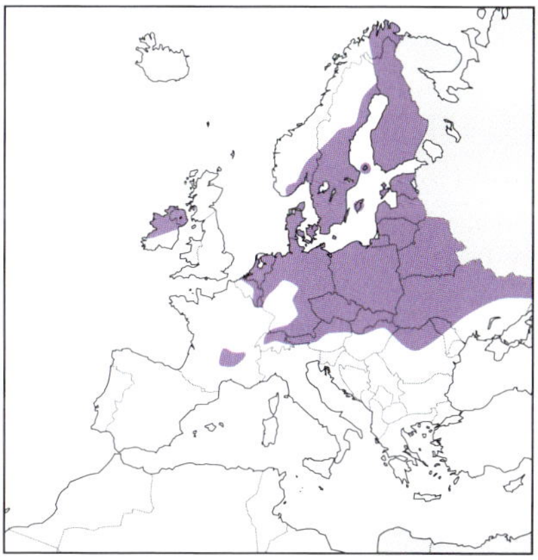

Identification

Agrion robuste teinté de vert, à abdomen relativement sombre. S2 du mâle à marques noires dessinant un croissant et deux tirets.

Critères à distance Tot 30-33 mm, Ab 22-26 mm, Ap 16-22 mm. Plus trapu que *C. puella*. Plus robuste et plus sombre que *C. hastulatum*. Mâle bleu-vert profond, vert en dessous. Marques noires étendues avec pour caractéristiques : 1) taches postoculaires non connectées par un trait bleu ; 2) dessin noir sur S2 en forme de visage triste, le croissant et les tirets formant respectivement la bouche et les yeux (une certaine variabilité du dessin rend ce critère incertain) ; 3) S3-S4 noirs sur plus de la moitié de leur longueur ; 4) S6 presque entièrement noir ; 5) extrémité de l'abdomen noire, à l'exception de la tache caudale bleue. Les femelles gynomorphes, vertes à brunâtres, et les andromorphes, plus bleues, sont communes et ressemblent aux femelles d'*E. cyathigerum* (*cf.* cette espèce), avec le dessus de l'abdomen entièrement noir sauf S8, largement interrompu par une bande basale bleue caractéristique.

Critères en main Contrairement à *C. hastulatum*, cercoïdes du mâle moins longs que les cerques. Bordure postérieure du pronotum de la femelle incisée de deux indentations, dessinant un lobe médian.

Variations Chez les femelles andromorphes, l'étendue et l'intensité du bleu varient beaucoup, par exemple des marques abdominales et des taches postoculaires parfois bleu vif, contrastant avec le thorax gris-brun.

Répartition et statut Répandu dans les régions tempérées d'Eurasie, vers l'Est jusqu'au Kamtchatka, avec une population isolée dans les steppes montagneuses où se rejoignent la Turquie, la Géorgie et l'Arménie. Généralement assez localisé, mais parfois en fortes densités.

Habitats Points d'eau et lacs oligotrophes, souvent acides et riches en végétaux. Moins exigeant à l'Est, où il fréquente ponctuellement des étangs eutrophes ou gravières.

Période de vol Fin avril à fin juillet, pic en mai-juin, occasionnellement plus tardif.

Coenagrion hylas (Trybom, 1889) Agrion sibérien

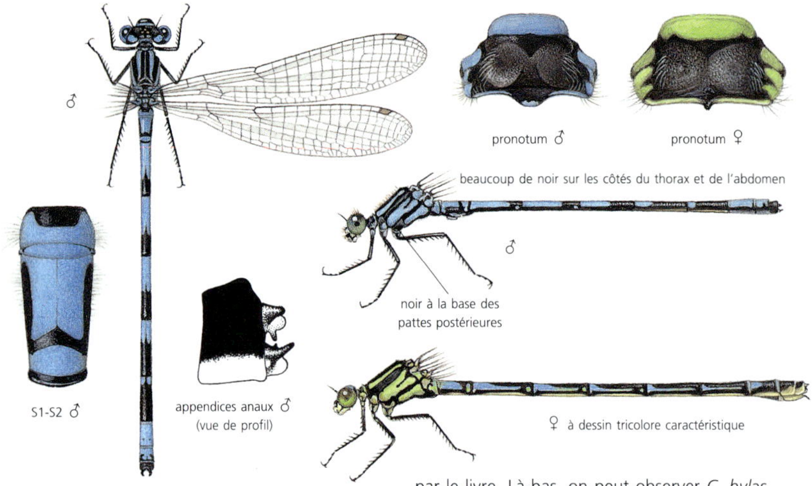

Identification
Grand agrion bleu foncé, répandu en Sibérie, mais rarissime en Europe. Relicte glaciaire, n'est plus connu que dans de rares localités des Alpes autrichiennes (une douzaine de populations environ). En Europe, les mâles s'identifient facilement à leur abdomen noir latéralement.
Critères à distance Tot 33-38 mm, Ab 25-32 mm, Ap 19-28 mm. Notre plus grand *Coenagrion*. Se différencie de tous les autres Zygoptères bleus (à l'exception de *C. johanssoni*, absent dans notre région) par son abdomen noir sur les côtés et le dessous. Les marques thoraciques noires à la base des pattes postérieures s'observent rarement en dehors de ces deux espèces. Diffère de *C. johanssoni* par la répartition et la taille. De plus, les mâles de *C. hylas* ont des bandes métapleurales noires bien développées, s'étendant de la base des Ap aux pattes postérieures (aussi chez certaines femelles de *C. johanssoni*). Les femelles sont caractéristiques. Plutôt massives, elles ont des taches postoculaires et des ponctuations abdominales bleues, un thorax vert et de larges marques noires.
Critères en main Peu importants.
Comportement Réputé peu actif sauf durant les quatre heures autour de la mi-journée.

Répartition et statut De l'Oural au Japon. Une population isolée dans le nord des Alpes et une autre dans l'extrême nord de la Russie européenne, en dehors de la zone couverte par le livre. Là-bas, on peut observer *C. hylas* dans les lacs de la taïga tourbeuse, où il cohabite avec *C. johanssoni*, *C. hastulatum* et *C. glaciale* (pas traité dans le guide). Éteint en Bavière suite à la destruction de son habitat. Dans notre région, uniquement connu dans 14 sites dans l'ouest de l'Autriche.
Habitats En Autriche, petits lacs et marais tourbeux des vallées de montagnes, entre 800 et 1 600 m d'altitude, densément bordés de laîches et alimentés par des eaux de sources neutres à calcaires, pauvres en nutriments, froides.
Période de vol Mai à août, plus abondant en juin et juillet.

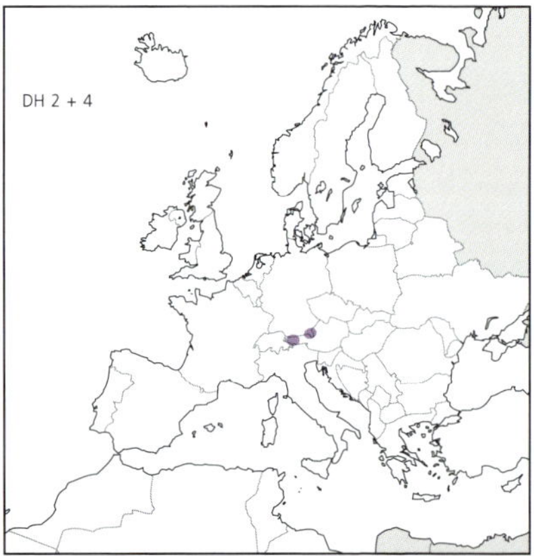

Coenagrion johanssoni (Wallengren, 1894) Agrion boréal

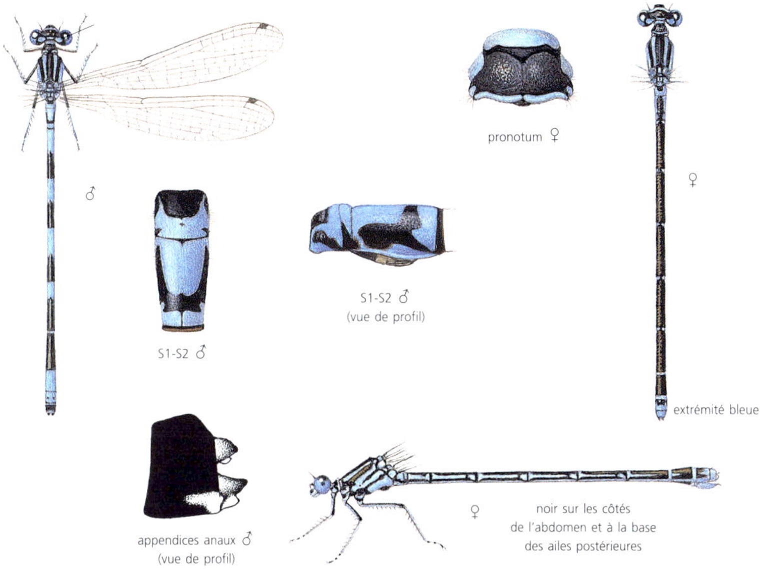

Identification

Petit agrion sombre, dont l'aire de répartition est la plus nordique parmi les Zygoptères d'Europe. Dans cette région, on le reconnaît facilement par sa taille et son abdomen, noir sur les côtés.
Critères à distance Tot 27-30 mm, Ab 20-24 mm, Ap 15-19 mm. L'une des plus petites espèces du genre et le plus petit agrion dans notre région. Par leur abdomen à côtés noirs, les deux sexes rappellent *C. hylas*, de bien plus grande taille, mais les deux espèces ont des aires de répartition disjointes dans la zone couverte par le guide. Contrairement à *C. hylas*, les mâles de *C. johanssoni* ont généralement une marque noire en U sur S2 reliée à la base du segment par un fin pédoncule. Côtoie *C. lunulatum* et *C. hastulatum*. Les mâles de ces espèces sont verdâtres sur le dessous, n'ont pas les côtés de l'abdomen noirs et ont généralement un dessin sur S2 divisé en trois parties. La femelle de *C. johanssoni* a la pointe de l'abdomen bleue (S10 et la partie apicale de S9), caractéristique uniquement partagée par le méditerranéen *C. caerulescens*.
Critères en main Les taches postoculaires en forme de poire ne sont pas un critère fiable.
Variations L'étendue du noir sur les côtés du thorax des femelles varie et les bandes métapleurales et interpleurales convergent parfois. Il existe une forme gynomorphe peu commune à thorax et abdomen beiges à jaunâtres.

Répartition et statut Répandu et moyennement commun en Fennoscandie ; assez localisé dans les pays baltes. S'étend jusqu'au Kamtchatka et au détroit de Béring.
Habitats Principalement tourbières d'*aapa* (le type de milieu humide prédominant dans la taïga boréale), lacs de tourbières, tourbières hautes et baies marécageuses ou berges tourbeuses des lacs.
Période de vol Juin à août.

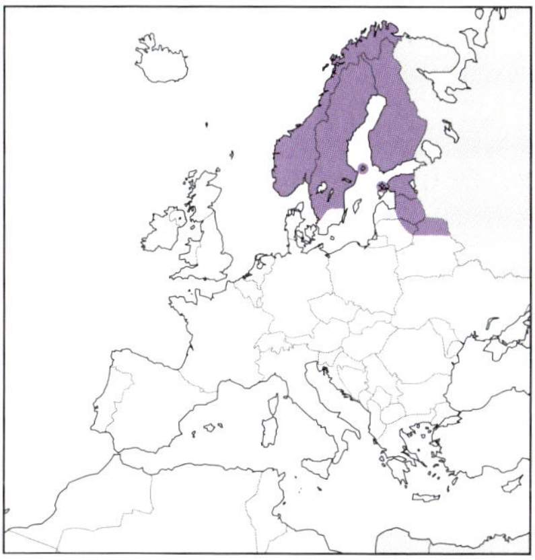

Coenagrion armatum (Charpentier, 1840) Agrion armé

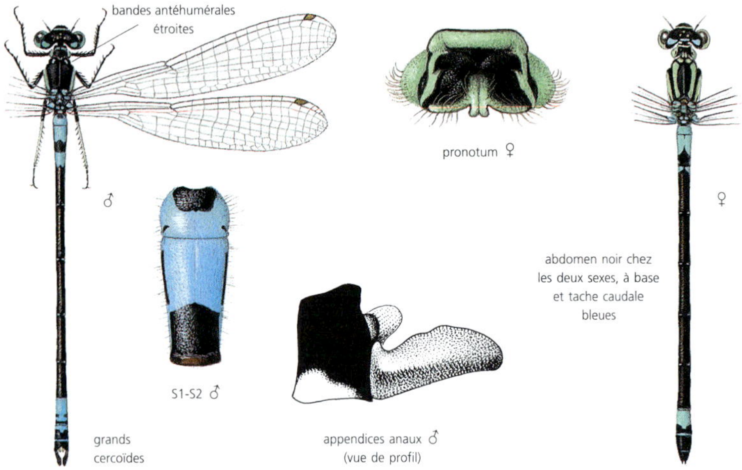

Identification
Zygoptère sombre et discret qui vit dissimulé dans la végétation palustre. Au premier regard, ressemble d'avantage à un *Ischnura* qu'à un *Coenagrion*. *C. armatum* s'identifie facilement à son abdomen noir marqué de bleu à la base et à l'extrémité. Dessins des mâles et des femelles caractéristiques. Le mâle est armé (d'où son nom) de cerques très originaux, si grands qu'ils sont visibles à distance.
Critères à distance Tot 31-34 mm, Ab 22-26 mm, Ap 16-21 mm. Corps plus petit que *C. puella*. Mâle en grande partie noir à marques bleu verdâtre sur S1-S3 et S8-S9. Bandes antéhumérales absentes ou réduites à un ou deux points. Femelle caractéristique à abdomen noir, uniquement annelé de clair à la base de S2 et S8. Contrairement au mâle, elle possède des bandes antéhumérales très visibles.

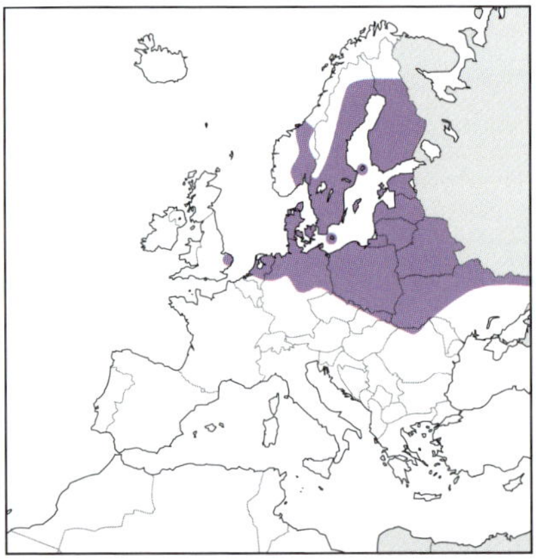

Critères en main Cerques du mâle très grands, deux fois plus longs que S10, couverts d'une fine pruinosité. Bordure postérieure du pronotum de la femelle dotée d'un lobe médian étroit et rectangulaire.
Variations La coloration des femelles varie du vert olive au gris-bleu.
Comportement Les mâles volent bas dans la végétation et peuvent être difficiles à suivre.

Répartition et statut Espèce nord-orientale, généralement très localisée dans notre région. Disparue dans de nombreuses régions, mais semble avoir été redécouverte récemment dans certains sites (par exemple au nord de l'Allemagne). Atteint l'extrême est de la Russie et le Kamtchatka, avec une population relictuelle dans les steppes montagneuses de Géorgie et d'Arménie.
Habitats Étendues de laîches (*Carex*), Prêles des rivières (*Equisetum fluviatile*) ou autres hélophytes croissant dans des eaux mésotrophes peu profondes. La végétation est en général relativement homogène avec une couverture végétale ni trop lâche ni trop dense, permettant à l'insecte de s'abriter et de se déplacer.
Période de vol Courte et précoce dans le Sud de son aire avec un pic en mai, mais vole jusqu'en août dans le Nord et en altitude.

Erythromma Naïades

Charpentier, 1840

Identification
Ce genre se compose de deux types d'espèces, qui partagent les critères diagnostiques suivants : 1) yeux des mâles rouges ou bleus brillants, non surmontés de noir ; contrastant donc fortement avec le noir de la tête ; 2) taches postoculaires réduites à deux petits traits, ou absentes ; 3) marque noire sur S2 s'étendant de la base à l'extrémité du segment ; 4) mâles dépourvus de bleu sur S8 alors que S9-S10 sont tout ou partiellement azurés ; tache caudale décalée vers la pointe de l'abdomen ; 5) cercoïdes des mâles plus longs que les cerques, presque aussi longs que S10 ; 6) extrémité des ailes, particulièrement des Ap, densément nervurée du fait de la division de nombreuses cellules ; Pt relativement longs.
Caractérisation du genre et identification des espèces Femelles sans épine vulvaire, contrairement aux *Enallagma* et aux *Ischnura*. Les *Erythromma* à yeux rouges combinent à la fois des yeux rouges et des marques bleues sur leur tête et leur corps noirs. Les femelles ont des yeux sombres, sont dépourvues de taches postoculaires et ont le dessus de l'abdomen entièrement sombre. Les mâles des autres espèces de Zygoptères à tache caudale bleue (*Coenagrion*, *Enallagma*, *Ischnura*) n'ont pas les yeux rouges et ont généralement des taches postoculaires. La plupart des espèces de Zygoptères ayant des yeux rouges (*Ceriagrion*, *Pyrrhosoma*) ont aussi des corps rouges. Les formes sombres de *Ceriagrion* et de *Pyrrhosoma* ont le plus souvent des traces rouges et des marques disposées différemment sur le thorax. Les pattes des *Ceriagrion* sont rougeâtres. *Pseudagrion sublacteum*, à face rouge, ne vit qu'en Afrique et au Proche-Orient. Observés dans de bonnes conditions, les mâles des deux espèces d'*Erythromma* aux yeux rouges peuvent être identifiés sur le terrain en détaillant la forme des taches bleues de l'extrémité de l'abdomen.
Comportement Contrairement aux autres Zygoptères, les mâles se tiennent souvent à distance des berges, préférant se percher sur des végétaux flottants. Leur vol est rapide et direct et les déplacements se font au ras de l'eau.

K.-D. B. Dijkstra

◀ Mâle d'*Erythromma viridulum* montrant l'abdomen noir bronze et la coloration bleue s'étendant sur les côtés de S2-S3 et S8.

◀ Mâle d'*Erythromma lindenii*. Noter les yeux bleus contrastés et les larges bandes antéhumérales.

Erythromma najas (Hansemann, 1823) Naïade aux yeux rouges

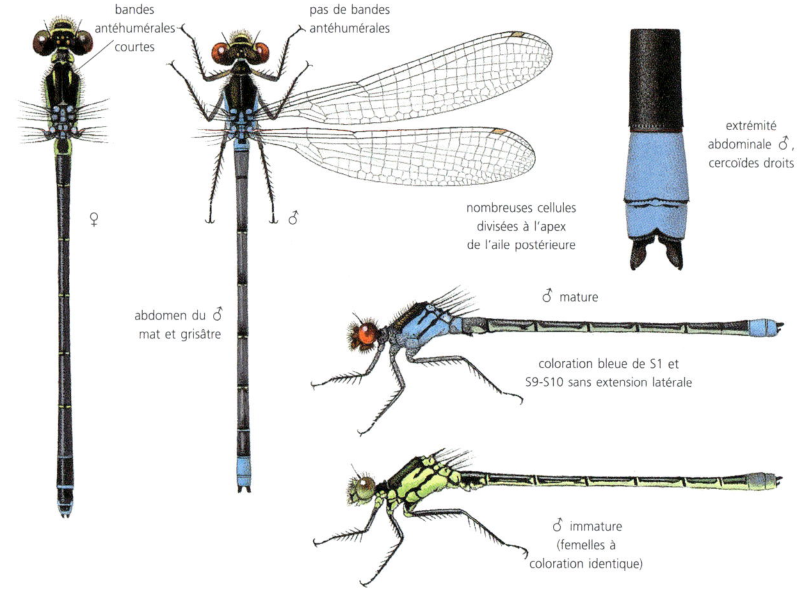

Identification

Avec *E. viridulum*, le seul Zygoptère bleu aux yeux rouges dans une grande partie de l'Europe. S'observe classiquement posé sur une feuille de nénuphar, où il apparaît gris sombre avec trois taches colorées : yeux rouges, thorax et extrémité de l'abdomen bleu vif.

Critères à distance Tot 30-36 mm, Ab 25-30 mm, Ap 19-24 mm. Un peu plus grand et plus trapu qu'*Ischnura elegans*. Plus sombre, plus terne et plus lourd qu'*E. viridulum*. Pattes entièrement noires. Bandes antéhumérales absentes chez le mâle, réduites chez la femelle. S2-S8 noirs dorsalement sans trace de bleu sur les côtés. S9-S10 entièrement bleus, formant une tache caudale nettement délimitée. Zone sombre de l'abdomen se couvrant avec l'âge d'une pruine mate et grisâtre. Femelle plus sombre que la majorité des Zygoptères, verte sur le thorax et les parties inférieures, aux yeux marron, souvent rougeâtres. Femelles fraîchement émergées à reflets bronzés pouvant être confondues avec des *Lestes* et des *Chalcolestes*.

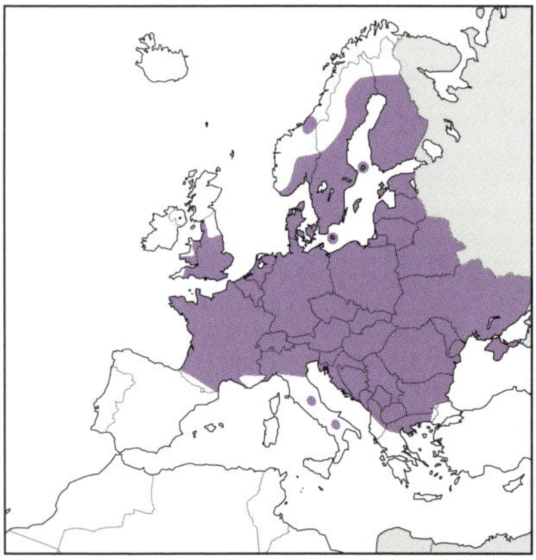

Critères en main Cercoïdes du mâle rectilignes vus de dessus. Marge de pronotum de la femelle à lobe médian étroit.

Comportement Mâles généralement posés sur les feuilles flottantes, effectuant de brefs vols au-dessus de l'eau.

Répartition et statut Localisé au Sud mais commun dans de nombreuses régions. Atteint le Japon à l'est. Apparemment faibles capacités de dispersion et de colonisation.

Habitats Eaux calmes ou stagnantes telles que mares, canaux, étangs, lacs, généralement pourvues d'herbiers de nymphéacées ou de potamots (*Potamogeton*).

Période de vol D'avril à août, avec un pic en juin. En moyenne, un mois plus tôt qu'*E. viridulum*.

Erythromma viridulum (Charpentier, 1840) Naïade au corps vert

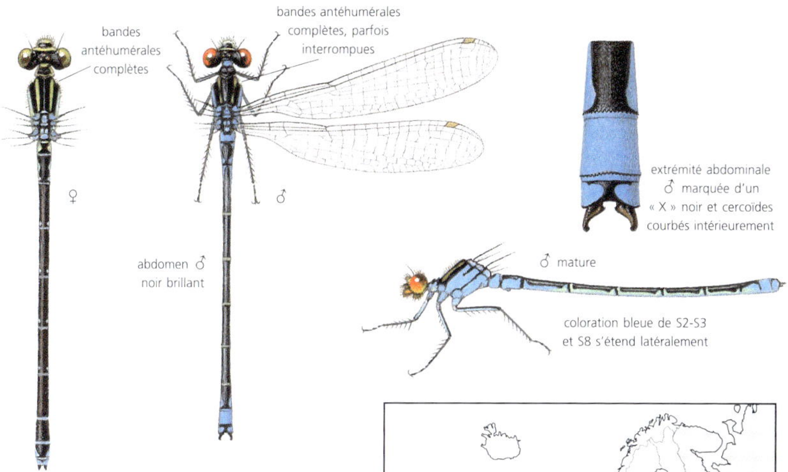

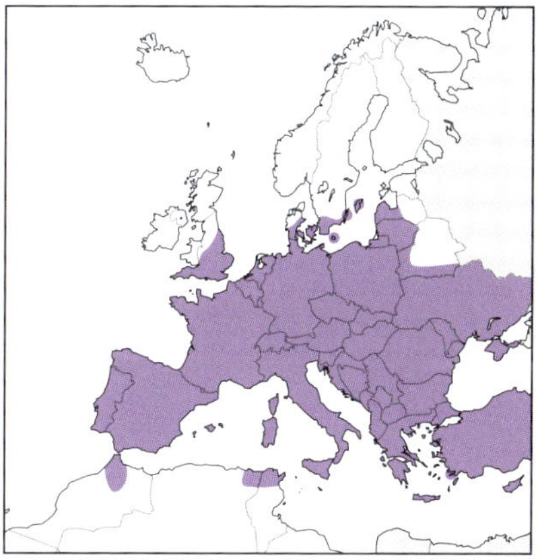

Identification

Plus brillant, plus fin et plus fragile qu'*E. najas*. Répartition plus méridionale et période de vol plus tardive, mais le chevauchement d'aire et de phénologie est important. *E. viridulum* étend rapidement sa distribution vers le nord dans des régions jusqu'à récemment uniquement occupées par *E. najas*. Comme cette espèce, il se perche souvent à distance des berges, sur la végétation flottante.

Critères à distance Tot 26-32 mm, Ab 22-25 mm, Ap 16-20 mm. De la taille d'*Ischnura elegans*. Plus clair, plus petit et plus fin qu'*E. najas*. Partie supérieure des pattes habituellement claire. Bandes antéhumérales entières. S2-S8 du mâle noirs supérieurement, étroitement sur S2-S3 et S8, laissant apparaître le côté bleu (vue de dessus). Le bleu du thorax et de la tache caudale s'étend donc sur le côté des segments voisins (et sur les pattes), donnant un caractère moins contrasté à l'ensemble. S9-S10 bleus mais partie supérieure de S10 marquée d'un « X » noir. Abdomen jamais pruineux, plutôt noir bronze brillant. Femelle à bandes antéhumérales complètes (contrairement à celles d'*E. najas*). À la différence d'*E. lindenii*, femelle souvent marquée de bleuâtre sur les côtés du thorax, la base et l'extrémité de l'abdomen. Au Maroc, les mâles de *Pseudagrion sublacteum* ont aussi une face rouge mais les aires ne se chevauchent pas.

Critères en main Cercoïdes du mâle incurvés à leur extrémité (vue de dessus). Marge postérieure du pronotum de la femelle non lobée (vue de dessus).

Variations Tend à pâlir dans le Sud de son aire ; la ssp. *orientale* du Proche-Orient n'est qu'une simple variété claire et son statut taxonomique ne se justifie pas.

Comportement Se pose de façon caractéristique sur la végétation flottante ou affleurante.

Répartition et statut Étend rapidement son aire vers le nord ; apparition en Grande-Bretagne en 1999, aujourd'hui largement répandu en Angleterre. A colonisé la Lituanie, la Lettonie, la Biélorussie, le Danemark et la Suède au XXIe siècle.

Habitats Apprécie les eaux stagnantes et eutrophes où se développent massivement les végétaux aquatiques : tapis d'algues, cératophylles, myriophylles, lentilles d'eau, voire radeaux de sphaignes dans les tourbières.

Période de vol De mai à septembre dans le Sud mais principalement de juillet à août dans le Nord.

Erythromma lindenii (Selys, 1840) Naïade aux yeux bleus

Agrion de Vander Linden

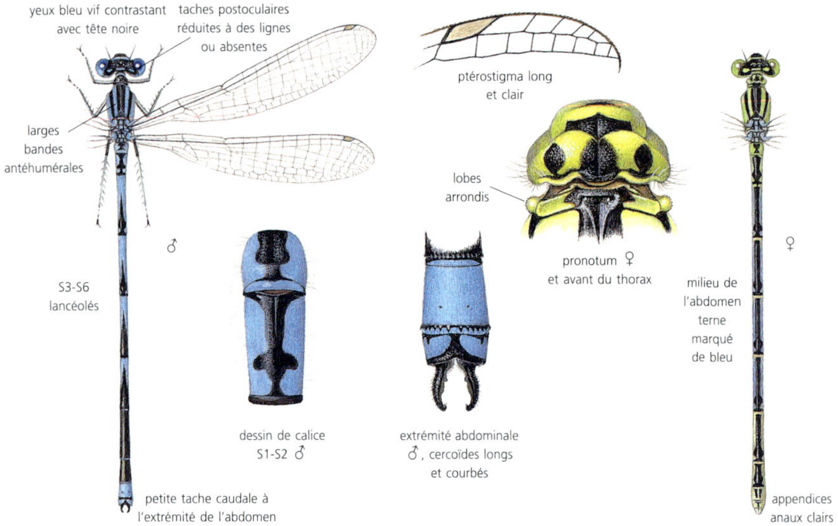

Identification

Le mâle rase l'eau d'un vol rapide et se pose sur des végétaux flottants, loin de la berge. Aux jumelles, les larges bandes antéhumérales et la tache caudale décalée vers la pointe de l'abdomen sont bien visibles. En main, les marques typiques de la tête, du thorax et de l'abdomen sont caractéristiques.

Critères à distance Tot 30-36 mm, Ab 24-28 mm, Ap 19-21 mm. Apparence générale et taille proches d'*Enallagma cyathigerum* et *Coenagrion puella*. Taches postoculaires souvent linéaires, formant une ligne traversant l'arrière de la tête, parfois absentes.

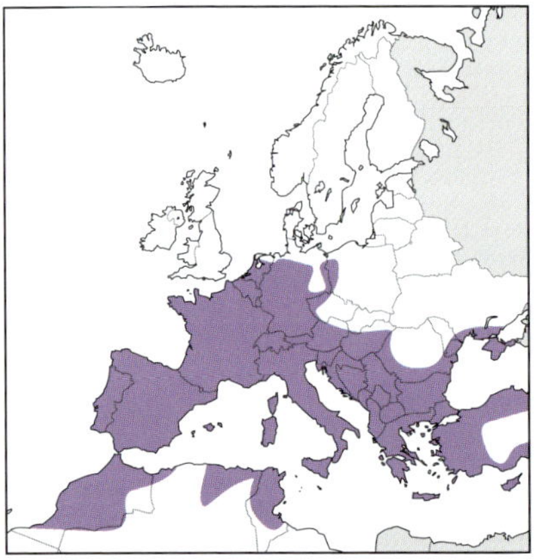

Bandes antéhumérales claires et plus larges que la bande noire qu'elles surplombent, comme chez *E. cyathigerum*, mais s'en distingue par la présence de deux traits noirs sur le côté du thorax. Abdomen du mâle bleu ; S2 entièrement traversé par une bande noire longitudinale en forme de calice ; S3-S6 à marques noires lancéolées ; S7-S8 dominés de noir ; S9-S10 essentiellement bleus. Les mâles d'*Enallagma* et de *Coenagrion* ont des taches postoculaires arrondies et généralement moins de bleu sur le thorax. La répartition du noir et du bleu sur l'abdomen est sensiblement différente : S3-S6 et S9-S10 souvent moins bleus, mais S2 et S8 souvent plus bleus. À distance, *Platycnemis pennipes* semble avoir un dessin comparable mais les tibias élargis évitent toute confusion. La femelle d'*E. lindenii* est tricolore : tête, thorax et base de l'abdomen sont brun jaunâtre clair à verdâtres ; le milieu de l'abdomen est bleu (particulièrement S4-S6) ; l'extrémité est brun clair. La partie dorsale de l'abdomen est presque entièrement parcourue d'une bande longitudinale noire.

Critères en main Cercoïdes du mâle plus longs que la plupart des coenagrionidés. Femelle dotée de deux petites gibbosités arrondies sur les côtés du thorax, en arrière du pronotum ; à appendices anaux clairs (noirs chez la plupart des autres espèces) et dépourvue d'épine vulvaire (contrairement à *E. cyathigerum*).

Variations Les sous-espèces *zernyi* et *lacustris* ont été distinguées au Proche-Orient et dans la région frontalière germano-polonaise, mais les différences sont insignifiantes et, en ce qui concerne la première, reflètent la variation saisonnière.
Comportement Les mâles volent bas et vite au-dessus de l'eau, souvent à distance des berges. Ils se perchent à l'horizontale, souvent sur des inflorescences ou des fructifications peu élevées.

Répartition et statut Espèce méridionale souvent abondante en zone méditerranéenne. S'étend lentement vers le nord.
Habitats Eaux stagnantes à faiblement courantes : lacs, étangs, gravières, canaux, rivières et fleuves lents, riches en végétation aquatique.
Période de vol De mars à octobre dans le Sud mais principalement de juillet à août dans le Nord.

Pyrrhosoma Nymphes
Charpentier, 1840

Identification
Zygoptère relativement grand, à l'abdomen essentiellement rouge, dépourvu de taches postoculaires, aux pattes et aux Pt noirs. Certaines femelles noires et jaunes sont dépourvues de rouge. Bandes antéhumérales caractéristiques, en forme de points d'exclamation (souvent rouges) qui traversent les sutures humérales.
Caractérisation du genre Les spécimens rouges ne peuvent être confondus qu'avec les *Ceriagrion*. Ils en diffèrent par la couleur de leurs pattes et de leurs Pt, ainsi que par la forme de la bande antéhumérale. Les femelles noires peuvent se confondre avec celles d'*Erythromma* et celles de la forme noire des *Ceriagrion*. Elles s'en distinguent par le dessin des marques thoraciques.
Identification des espèces Deux espèces dans la zone couverte par le guide, dont une endémique du sud des Balkans. Ne se différencient que par l'examen des appendices anaux du mâle et du pronotum de la femelle.
Comportement Mâles agressifs mais sans réels territoires. Ponte en tandem.

V. J. Kalkman

▲ *Pyrrhosoma nymphula* mâle. Noter les bandes antéhumérales rouges très visibles et les pattes noires.

Pyrrhosoma nymphula (Sulzer, 1776) Nymphe au corps de feu

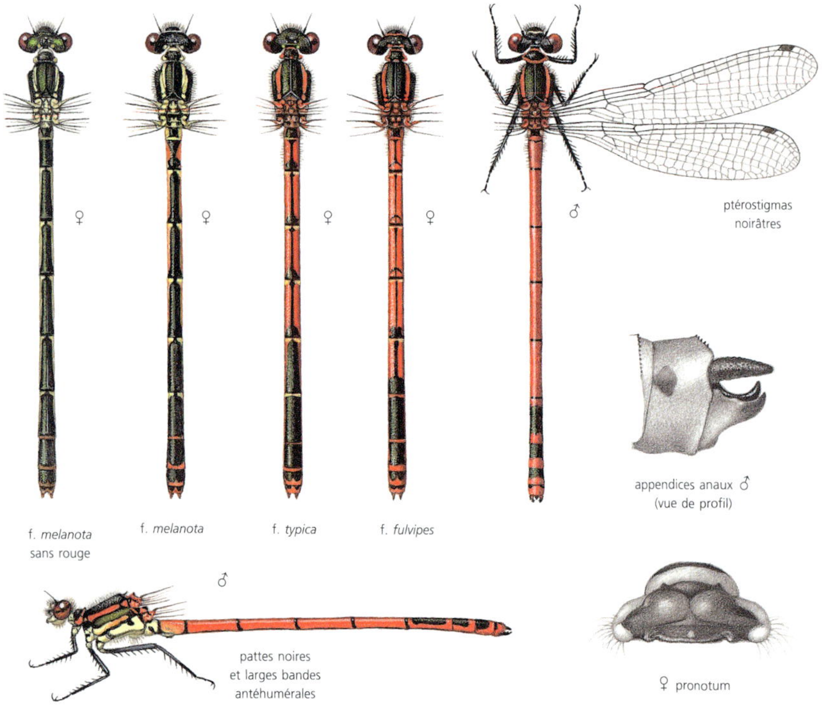

Identification

P. nymphula est la seule espèce du genre dans de nombreuses régions. Elle est très semblable à *P. elisabethae* du sud des Balkans ; leur distinction implique un examen attentif.

Critères à distance Tot 33-36 mm, Ab 25-30 mm, Ap 19-24 mm. À peine plus grand et plus robuste qu'*Enallagma cyathigerum*. Les deux sexes ont un abdomen rouge dont seuls les derniers segments sont dominés de noir, notamment S7-S9 (mais *cf.* Variations). Thorax noir à côtés et bandes antéhumérales jaunes chez les jeunes, ces dernières devenant généralement rouges avec l'âge. Pattes et ptérostigmas noirs et non rouges comme chez les *Ceriagrion*.

Critères en main *Cf. P. elisabethae*.

Variations La coloration des femelles est très variable. De nombreuses formes ont été nommées mais il existe une large gamme d'intermédiaires. Les trois principales sont : 1) f. *typica* (inclut *intermedia*) à S2-S6 rouges, à ligne longitudinale noire qui s'élargit en une tache à chaque fin de segment et à anneau jaune à la base de chacun d'eux ; 2) f. *fulvipes* semblable au mâle mais avec des anneaux jaunes à la base des segments. Comparées à celles de la forme précédente, la ligne noire et les taches sur S2-S6 sont réduites. S7-S9 sont presque entièrement

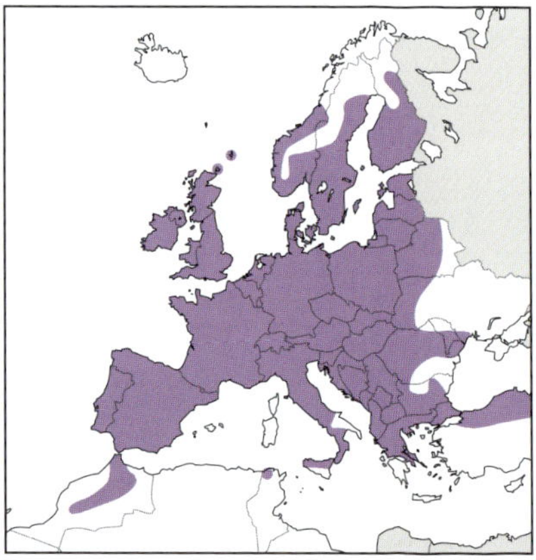

noirs et la bordure rouge du pronotum est interrompue par la bordure noire postérieure. 3) f. *melanota* à abdomen presque entièrement bronze noir. À la différence des deux autres formes, les bandes antéhumérales demeurent jaunes. Ces femelles ressemblent alors à celles d'*Erythromma*. Certains individus sont totalement dépourvus de rouge sur l'abdomen.

Répartition et statut Commun dans une vaste région à l'ouest de l'Oural, se raréfie au sud.

Habitats Milieux humides variés avec une abondance plus grande dans les eaux stagnantes riches en végétaux. Principalement dans les eaux courantes dans certaines régions d'Europe de l'Est.

Période de vol Une des espèces les plus précoces en Europe du Nord. D'avril à août, plus abondant en mai-juin. Probablement quelques semaines plus tôt dans le Sud. En règle générale, plus précoce que *Ceriagrion tenellum*.

Pyrrhosoma elisabethae (Schmidt, 1948) Nymphe de Grèce

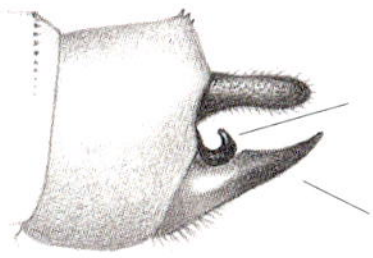

appendices anaux ♂

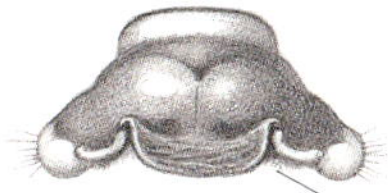

pronotum ♀

Identification

Remplace *P. nymphula* dans le sud des Balkans. Tous les individus de cette région doivent être examinés avec attention (à la loupe) car la limite d'aire entre les deux espèces est insuffisamment connue et il est possible que les deux espèces se côtoient.

Critères à distance Tot 36-38 mm, Ab 28-30 mm, Ap 20-24 mm. Coloration comme *Pyrrhosoma nymphula*.

Critères en main Diffère de *P. nymphula* par trois critères ténus, observables à la loupe à main : 1) le crochet ventral des cercoïdes du mâle mesure un tiers de la longueur totale du cercoïde. Ce crochet atteint les deux tiers de la longueur des cercoïdes chez *P. nymphula* ; 2) les cerques du mâle dépassent les cercoïdes. Chez *P. nymphula*, les cerques sont aussi longs, voire plus courts, que les cercoïdes ; 3) chez les femelles, la bordure postérieure du pronotum présente un pli profond et dressé de part et d'autre du lobe médian. Ces plis sont proéminents aussi bien vus de dessus que de profil. Les femelles de *P. nymphula* ne présentent que de petits plis, peu marqués et non saillants vus de profil.

Variations Il est probable que les formes de couleur décrites chez *P. nymphula* existent aussi chez *P. elisabethae*. La forme noire *melanota* semble être relativement commune mais *fulvipes* n'a pas été encore observée.

Répartition et statut Espèce rare et vulnérable, actuellement connue de quelques localités du Péloponnèse, à Corfou et au sud de l'Albanie. Probablement plus largement présente en Albanie et au nord-ouest de la Grèce.

Habitats Mal connus : trouvée dans des cours d'eau riches en végétaux.

Période de vol Les données s'étalent de la dernière décade d'avril à mi-juin.

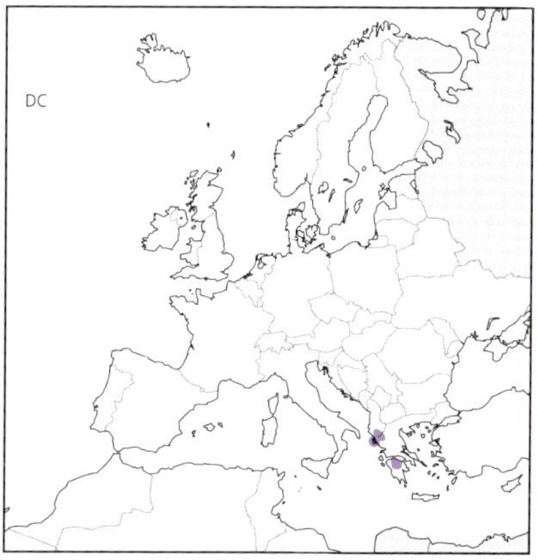

Ceriagrion — Cériagrions

Selys, 1876

Identification
Seuls Zygoptères combinant l'absence de taches postoculaires, des pattes et des Pt rouges et habituellement un abdomen (partiellement) rouge. Certaines femelles ont un abdomen totalement noir. La bande antéhumérale jaune est très fine, voire absente. Une arête transversale barre la face horizontalement, en avant des antennes.

Caractérisation du genre Les autres espèces de Zygoptères rouges et/ou dépourvus de taches postoculaires ont du noir aux pattes. *Pyrrhosoma nymphula*, plus robuste, a en outre des Pt noirs, un thorax et un abdomen de couleur différente. Les femelles de *Ceriagrion* se différencient des autres espèces par l'absence de noir sur les pattes.

Identification des espèces Seules deux espèces d'apparence très semblable s'observent dans la région : l'une est répandue, l'autre ne vit qu'au Sud-Est. Elles pourraient coexister en Grèce où toute identification implique un examen à la loupe.

Comportement Vole peu et reste souvent dans la végétation, généralement à proximité immédiate de l'eau. Mâles agressifs mais sans réel territoire. La ponte se fait en tandem.

V. J. Kalkmann

Ceriagrion tenellum (de Villers, 1789) — Cériagrion délicat

Agrion délicat

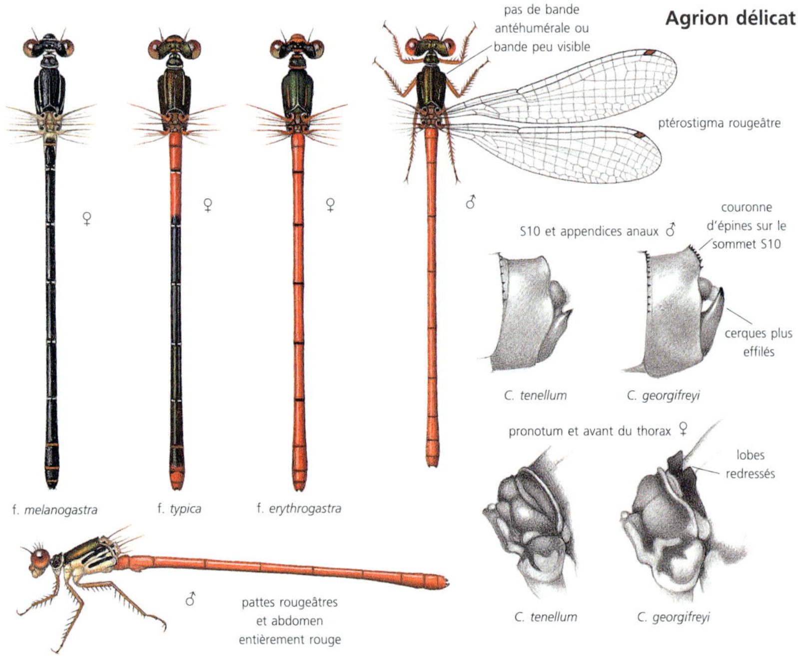

Identification
Demoiselle fragile au vol frêle. Unique *Ceriagrion* dans la majeure partie de l'Europe et en Afrique du Nord-Ouest.

Critères à distance Tot 25-35 mm, Ab 22-30 mm, Ap 15-21 mm. Abdomen du mâle entièrement rouge, pattes et Pt rougeâtres, absence de taches postoculaires. Femelle à coloration variable (*cf.* Variations).

Critères en main *Cf. C. georgifreyi*.

Variations Quatre formes de couleur ont été décrites chez les femelles. Leur abondance relative varie selon les régions et les populations. Leur répartition n'est pas claire mais la forme *melanogastra* est plus commune au sud et semble absente au nord. Les formes diffèrent par l'étendue du noir sur l'abdomen et la face : 1) f. *typica* : abdomen noir avec la majeure partie de S1-S3 et S9-S10 rouge. L'étendue du noir peut varier légèrement. Face crème, postclypéus et base du labre noirs ; 2) f. *erythrogastra* : abdomen et face entièrement rouges, comme chez le mâle ; 3) f. *melanogastra* : toute la partie supérieure de l'abdomen et la majeure partie de la face noirs ; 4) f. *intermedia* : inclut tous les stades intermédiaires entre les deux premières formes et est donc très variable ; face comme *typica*.

▲ *Ceriagrion tenellum* mâle.

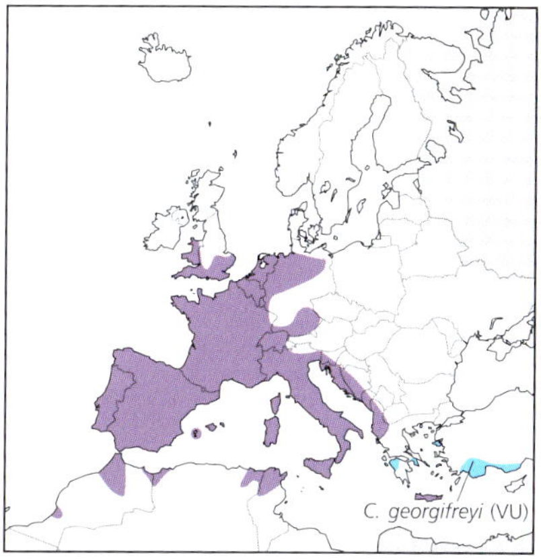

Répartition et statut Répandu dans la zone ouest-méditerranéenne, s'étend au nord-ouest de l'Europe, où il est localement commun. Rare dans une petite bande le long de la mer Adriatique (Slovénie, Croatie et Albanie). Présent en Crète et sur Ios.

Habitats Petits ruisseaux et suintements (souvent calcaires). Dans le Nord-Ouest, principalement dans des tourbières et des lacs acides où se développent des sphaignes et des Millepertuis des marais (*Hypericum elodes*).

Période de vol De la fin mai à début septembre dans le Nord avec un pic entre juillet et août. Début avril à octobre dans le Sud.

Ceriagrion georgifreyi (Schmidt, 1953) Cériagrion turc

Identification

Remplace *C. tenellum* au Proche-Orient, en Turquie et en Grèce (continent et certaines îles). *A priori*, les deux espèces ne coexistent pas, mais l'aire de répartition de *C. georgifreyi* est encore mal connue et la détermination requiert un examen en main.

Critères à distance Tot 35-40 mm, Ab 28-33 mm, Ap 17-20 mm. À peine plus grand que *C. tenellum*, auquel il ressemble beaucoup.

Critères en main Diffère de *C. tenellum* par trois caractères à observer à la loupe : 1) cerques du mâle plus minces ; 2) bordure postérieure de S10 du mâle légèrement redressée, portant une série d'épines noires. Mâles de *C. tenellum* dépourvus d'épines sauf ceux de Crète (et peut-être de Ios) dotés de quelques épines de petites tailles ; 3) femelles caractérisées par la présence de deux lobes dressés sur le prothorax, plus hauts que l'ourlet du pronotum situé juste en avant. Chez *C tenellum*, lobes très peu visibles et ne dépassant jamais la hauteur du bourrelet du pronotum.

Variations Présente probablement les mêmes variations que *C. tenellum*. Pour l'heure, seules les formes *typica* et *erythrogastra* ont été observées.

Répartition et statut Bande le long de la Méditerranée (en bleu sur la carte) reliant Israël au sud-ouest de la Turquie, ainsi que les îles de Thasos, Zante, Corfou et Lesbos. Des signalisations récentes près d'Athènes et dans le nord-ouest du Péloponnèse laissent suggérer que les anciens enregistrements de *C. tenellum* faits dans le nord-est du continent grec pourraient aussi se rapporter à cette espèce. Peu commun au sein de son aire et menacé par la destruction de ses habitats.

Habitats Suintements et petits cours d'eau.

Période de vol De début mai à fin septembre.

Nehalennia Selys, 1850 Néhalennie

Nehalennia speciosa (Charpentier, 1840) Néhalennie précieuse

Déesse précieuse

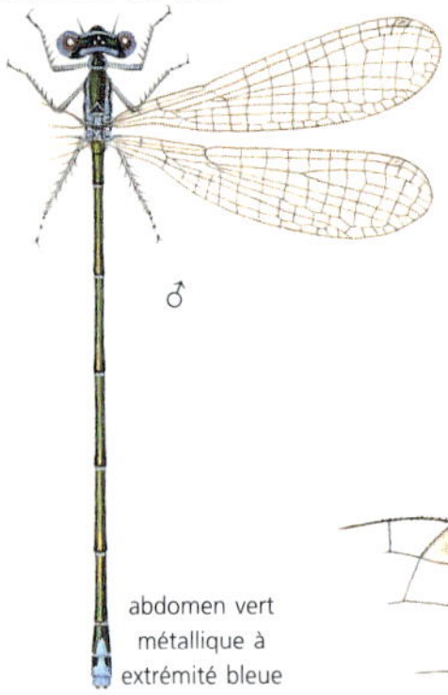

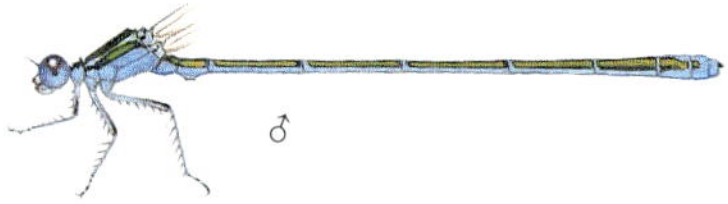

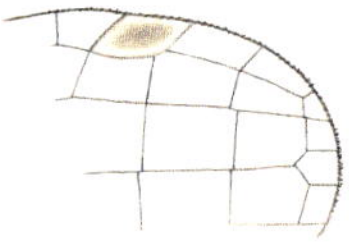

ptérostigma clair

S10 et appendices anaux ♂

Identification

Nehalennia était une déesse adorée dans la région du Rhin à l'époque romaine. Cette minuscule demoiselle est sans doute actuellement le plus fragile Odonate d'Europe du fait de son vol peu vigoureux, de sa constitution fragile et de sa vulnérabilité aux modifications de son habitat. Ce Zygoptère vert métallique fréquente essentiellement les étendues de laîches à feuilles lisses des tourbières, dans lesquelles il se dissimule. On ne décèle généralement sa présence qu'en faisant décoller les insectes en prospectant leur habitat.

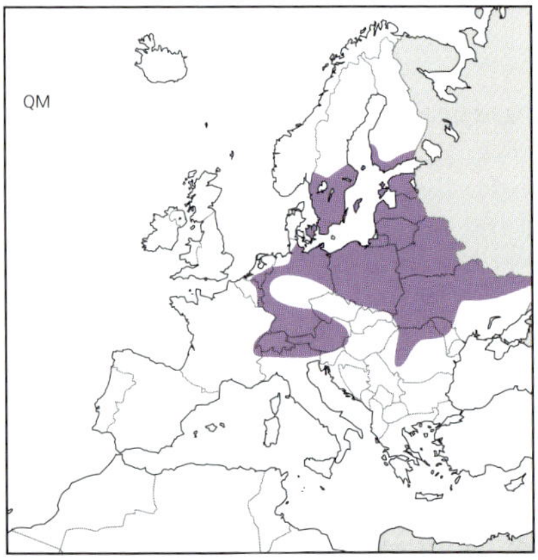

Critères à distance Tot 24-26 mm, Ab 19-25 mm, Ap 11-16 mm. Le plus petit Zygoptère de la zone couverte par ce guide. Outre sa petitesse, il se caractérise par sa minceur et ses ailes courtes à ptérostigmas clairs. Les imagos matures des deux sexes sont vert métallique brillant, rehaussés de marques bleu clair caractéristiques. La coloration bleu-gris court tout au long de la partie inférieure du thorax et de l'abdomen pour remonter sur la partie supérieure de S8-S10 et former une tache apicale. Les fémurs sont de même coloration. Une ligne azurée traverse l'arrière de la tête. À la différence de nombreux Zygoptères, les taches postoculaires, les bandes antéhumérales et les marques noires sur S10 manquent. Les couleurs métalliques du corps donnent à cette espèce des allures de *Lestes* et de *Chalcolestes* à pruinosité bleue. Mais les *Lestes* et les *Chalcolestes* sont considérablement plus grands (plus de 30 mm de longueur), ils ont de longs Pt et ils se perchent généralement les ailes à demi étalées. Du fait de leur taille et de leur couleur orangée, les femelles âgées peuvent être confondues avec *Ischnura pumilio*. Cette espèce se caractérise par la présence d'une épine vulvaire.

Critères en main Front barré d'une arête transverse en avant des antennes, qu'on ne retrouve que chez les *Ceriagrion*. Vus de profil,

les cercoïdes du mâle sont grands et arrondis ; les cerques sont quasi invisibles.
Variations La couleur bleu pâle est remplacée chez les vieilles femelles par un brun rougeâtre.
Comportement Vit caché dans la végétation, volant peu, bas et lentement entre les feuilles.

Répartition et statut L'habitat très particulier de l'espèce a subi de multiples dégradations ou a disparu de nombreuses régions, faisant de *N. speciosa* l'une des espèces d'Odonates les plus menacées d'Europe. Bien qu'elle ait disparu dans certains secteurs de la partie occidentale de son aire de répartition, elle semble avoir réinvesti certaines zones et a été redécouverte dans plusieurs pays, comme la France en 2009 et les Pays-Bas en 2015. Devient un peu moins rare à mesure que l'on se dirige vers l'est (par exemple répandue et localement pas rare dans les pays baltes). Cette demoiselle peut facilement passer inaperçue tant ses mœurs sont discrètes et son habitat difficilement accessible.
Habitats Inféodée aux cariçaies à *Carex lasiocarpa* et *Carex limosa*, exceptionnellement en association avec la Molinie bleue (*Molinia caerulea*) et la Prêle des eaux (*Equisetum fluviatile*), qui se développent dans les dépressions inondées des tourbières ou autour des lacs acides peu profonds, pauvres en nutriments.
Période de vol De mi-mai à mi-septembre, plus abondant en juin-juillet.

K.-D. B. Dijkstra

◀ *Nehalennia speciosa* mâle. Noter les ailes courtes, les pattes claires et la ligne claire arquée à l'arrière de la tête.

Pseudagrion Selys, 1876 **Pseudagrions**

Pseudagrion sublacteum (Karsch, 1893) Pseudagrion laiteux

Identification
Le seul membre dans notre région du genre *Pseudagrion*, riche de plus de 150 espèces réparties dans les régions chaudes de l'Ancien Monde. Mâle gris brunâtre à face rouge brique.
Critères à distance Tot 32-39 mm, Ab 25-33 mm, Ap 17-23 mm. Légèrement plus grand qu'*Enallagma cyathigerum*. Moitié antérieure de la tête et des yeux rouge brique ou orange chez les mâles matures. Marques noires de la tête et du thorax réduites, dessinant de larges taches postoculaires brun clair à orange et soulignant les bandes antéhumérales. Chez les mâles, côtés du thorax bleuâtres et abdomen

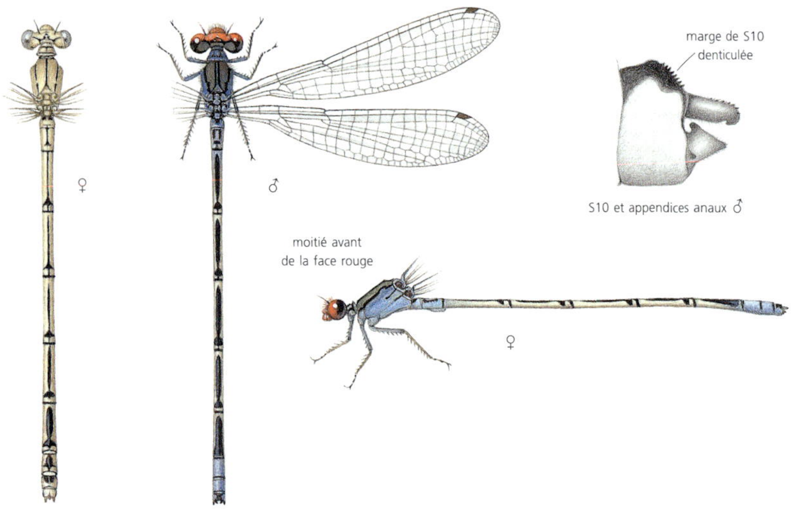

parcouru de marques noires quasi continues, distinctement en forme de torpilles sur S3-S6. S8-S9 bleus avant l'apparition d'une pruine blanchâtre qui recouvre tout le corps des vieux individus, à l'exception de la tête. Femelles brun pâle avec des marques noires moins étendues, sans équivalent chez les autres Zygoptères d'Europe.

Critères en main Bordure apicale de S10 du mâle hérissée de plusieurs petites dents noires ; caractéristique qui n'est partagée, dans notre région, qu'avec les demoiselles rouges. Cercoïdes du mâle longs et obtus, dépassant les cerques. Ces derniers présentent une dent sur leur partie supérieure (vue de profil) et des extrémités arrondies (vue de dessus). On peut trouver *P. hamoni* dans le nord-ouest de l'Afrique. Il a lui aussi une face rouge et un S10 denticulé. Mâles matures très sombres avec des cerques plus longs que les cercoïdes, pas du tout ou très faiblement dentés supérieurement. *P. syriacum* a été observé dans le sud-est de la Turquie, mais n'a pas de face rouge et risque plus d'être confondu avec une autre demoiselle pruineuse, *Platycnemis kervillei* (*cf.* cette espèce).

Variations L'étendue des marques noires et l'intensité de la pruinosité varient individuellement, régionalement et en fonction de l'âge. Combinée avec les couleurs sous-jacentes, la pruinosité peut apporter des nuances variées de gris, de brun ou de violet.

Comportement Les mâles se posent sur des pierres ou des tiges sèches.

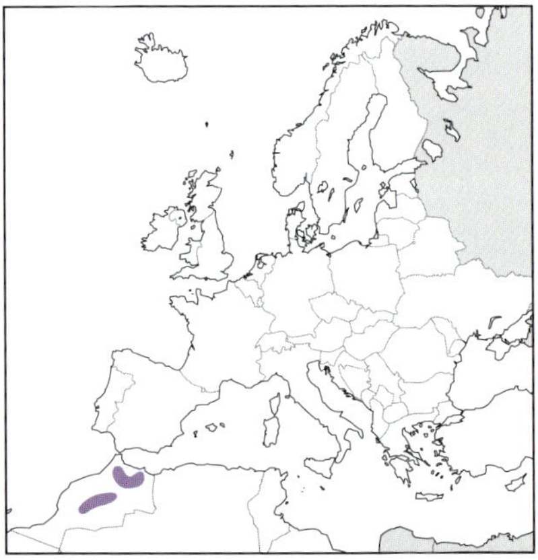

Répartition et statut Commun en Afrique tropicale. Sites relictuels au Maroc et au Proche-Orient.

Habitats Points d'eau, ruisseaux et rivières ensoleillés dans la majeure partie de son aire mais, au Maroc, inféodé aux cours d'eau rapides de plaine des zones semi-arides.

Période de vol De fin mai à début août au Maroc.

K.-D. B. Dijkstra

Anisoptera Aeshnidae

Aeshna Fabricius, 1775 — Æschnes

Identification Groupe considéré par les spécialistes comme hétérogène, dans lequel quelques espèces diffèrent sensiblement des autres, notamment *Aeshna isoceles*. Il est quasiment certain qu'à l'avenir, cette espèce au moins sera placée dans un genre distinct. Les æschnes typiques ont un corps sombre orné de bandes thoraciques colorées et d'une mosaïque de taches abdominales. L'espace médian est dépourvu de nervures transverses. La médiane supplémentaire (Nms) et la radiale supplémentaire (Nrs) sont surmontées de trois, ou plus, rangées irrégulières de cellules. Les mâles ont des oreillettes latérales sur S2 et un triangle anal composé de 2-4 cellules (sauf *A. isoceles*).

Caractérisation du genre Ressemble à *Brachytron*, qui se différencie par les critères suivants : période de vol précoce, petite taille, forte pilosité, Pt fins et abdomen non rétréci à la base (contrairement aux mâles d'*Aeshna*). En main, les différences de nervation et de la coloration sont bien visibles. Les *Anax* se distinguent par la forme des ailes et la nervation. Sur le terrain, on les reconnaît à leur thorax unicolore et leur abdomen clair à ligne dorsale noire (absente chez *A. immaculifrons*). Les *Boyeria* et *Caliaeschna* ont un espace médian divisé par des nervures transverses.

Identification des espèces Groupe diversifié dont la majorité des espèces se trouvent en Amérique du Nord. Mis à part quelques couples d'espèces très proches, chaque æschne présente une série de caractéristiques propres (*cf.* Clé ci-dessous). Les femelles peuvent développer une coloration de mâle, bien que l'intensité et l'étendue des marques bleues varient fortement.

Comportement Chasse, parfois en nombre, dans des endroits ouverts mais abrités : clairières, lisières. Les mâles, agressifs, patrouillent au-dessus de l'eau en effectuant un cheminement parfois long mais souvent routinier, s'arrêtant fréquemment pour faire du sur-place. *Aeshna affinis* mise à part, les femelles pondent généralement seules.

K.-D. B. Dijkstra

Clé simplifiée des espèces ou couples d'espèces.
Si la description ne correspond pas, passer à ligne suivante.

1	Bandes antéhumérales vertes, plus larges que la bande sombre qu'elles surplombent. Côtés du thorax verts barrés de bandes noires larges ou fines.	*cyanea* *viridis*
2	Corps brun-roux, abdomen dépourvu dorsalement d'une mosaïque de taches colorées. Marque sur le haut du front vague ou formée d'une simple barre transversale, non en forme de T noir.	*grandis* *isoceles*
3	Distance de contact des yeux inférieure à deux fois la longueur de la médiane du triangle occipital.	*caerulea*
4	Longueur totale < 65 mm. Suture frontale sans ligne sombre ou celle-ci très fine. Champ anal à 2 rangées de cellules, et non 3 ou plus. Triangle anal composé de 3 cellules, et non 2.	*mixta* *affinis*
5	Cercoïdes du ♂ à denticules sur la partie dorso-apicale (vue de profil). ♀ à bordure postérieure de la plaque basale de l'ovipositeur rectiligne (vue de dessous).	*crenata* *serrata*
6	Cercoïdes du ♂ lisses sur la partie dorso-apicale (vue de profil). ♀ à bordure postérieure de la plaque basale de l'ovipositeur profondément échancrée (vue de dessous).	*juncea* *subarctica*

Aeshna mixta (Latreille, 1805) Æschne mixte

◀ *Aeshna mixta* mâle.

Identification La plus commune des petites æschnes, à ne pas confondre avec *Brachytron pratense*, notamment en début de saison. Si la période de vol est longue et précoce en zone méditerranéenne, l'espèce n'est abondante qu'en fin d'été et en automne plus au nord, période où s'observent des mouvements massifs. On reconnaît cette espèce à sa taille, à ses couleurs relativement ternes et à la marque jaune caractéristique en forme de clou à la base de l'abdomen.
Critères à distance Tot 56-64 mm, Ab 43-54 mm, Ap 37-42 mm. Nettement plus petite que la plupart des autres æschnes, ressemble à une petite *Aeshna juncea*. Partie supérieure de S2 ornée d'un T jaune, en forme de clou. Femelles et mâles immatures à taches jaunâtres. Chez les deux sexes, bandes antéhumérales très réduites comparées aux autres espèces (*Aeshna juncea* par exemple). *Cf. Aeshna affinis* pour une comparaison avec *A. mixta*.

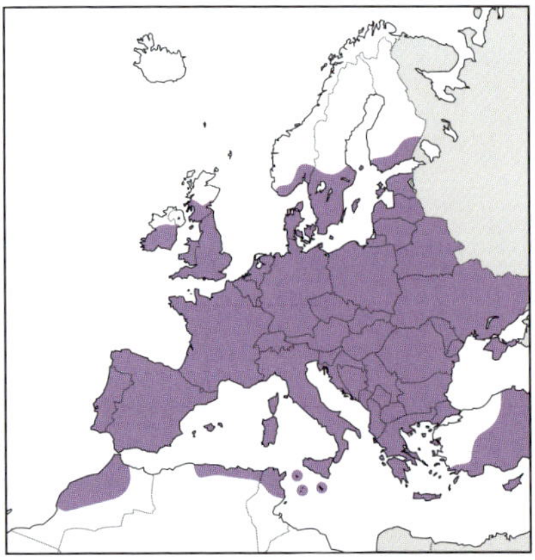

Critères en main Contrairement à *A. juncea* et à d'autres grandes espèces à coloration en mosaïque, la suture frontale (entre le front et le clypéus) n'est pas accentuée par une ligne noire. Comme *A. affinis*, *A. mixta* se différencie de la plupart des autres *Aeshna* par le fait qu'elle n'a que 2 rangées de cellules (et non 3) dans le champ anal, 3 cellules (et non 2) dans le triangle anal et 7-9 (pas plus) postnodales. Contrairement à *A. affinis*, les cercoïdes du mâle ne sont pas dentés inférieurement près de la base (vue de profil) et les appendices anaux de la femelle sont plus longs que S9-S10 réunis.
Variations Par temps froid, les marques bleues du mâle deviennent lilas. Les mâles de l'Oural et de la Sibérie occidentale ont des marques abdominales entièrement bleues, sans le T jaune en forme de clou, et peuvent facilement être confondus avec *A. affinis*. Vu le comportement migratoire de l'espèce, de tels individus peuvent apparaître partout en Europe.
Comportement Chasse d'un vol rapide, souvent élevé, en lisière, particulièrement en soirée. Les mâles qui patrouillent sur les sites de reproduction volent généralement plus bas, le long de la végétation des berges, en effectuant de fréquents vols sur place.

Répartition et statut Répandue et commune dans une grande partie de l'Europe, atteint

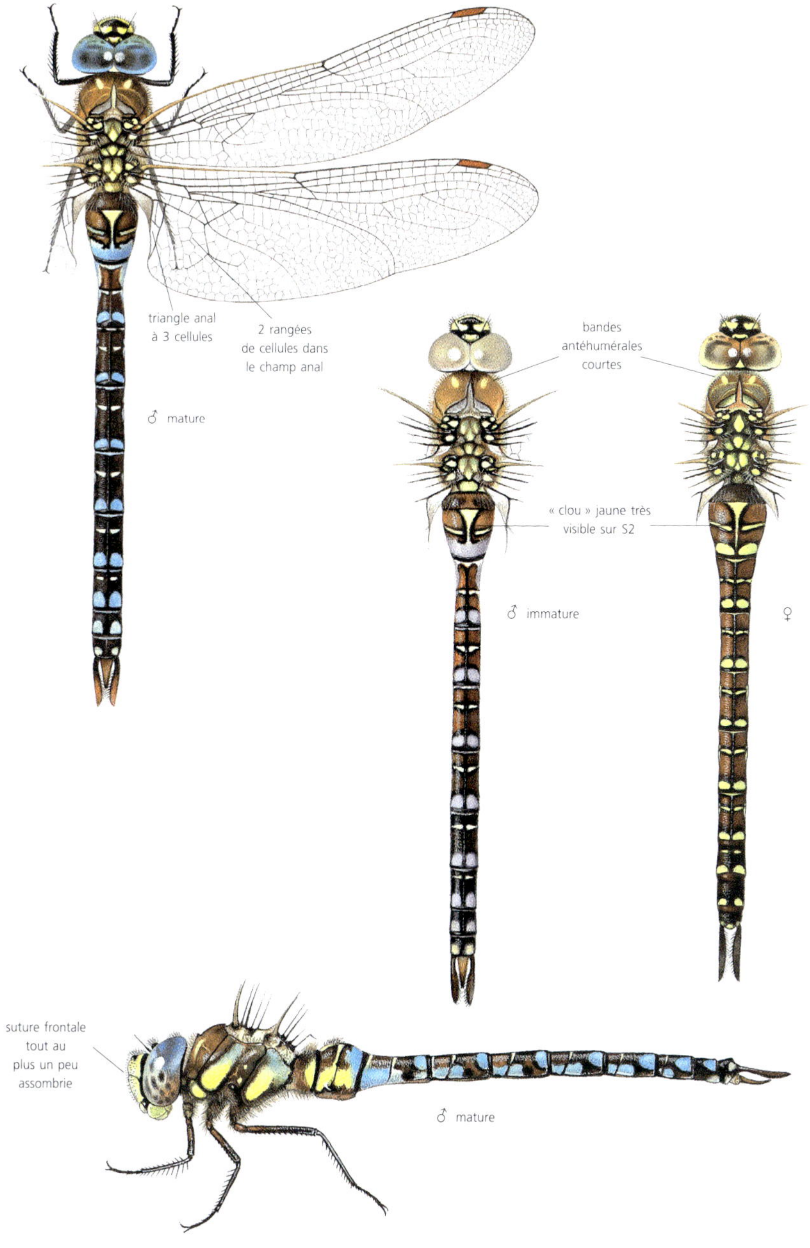

le Japon. Afflux parfois importants en fin d'été. A récemment colonisé plusieurs régions dans le nord de l'Angleterre, ainsi qu'en Irlande (2000) et en Finlande (2003).

Habitats Nombreux types de zones humides aux eaux stagnantes à faiblement courantes, bordées d'hélophytes. Évite les eaux acides mais tolère les eaux saumâtres. S'observe souvent loin de l'eau.

Période de vol Mai à décembre dans le Sud mais pic en août-septembre dans la majeure partie de l'Europe.

Aeshna affinis (Vander Linden, 1820) Æschne affine

▲ *Aeshna affinis* mâle. Fraîchement émergé, il arbore encore les mêmes couleurs que la femelle. Noter le flanc vert à fines lignes noires et les petites antéhumérales.

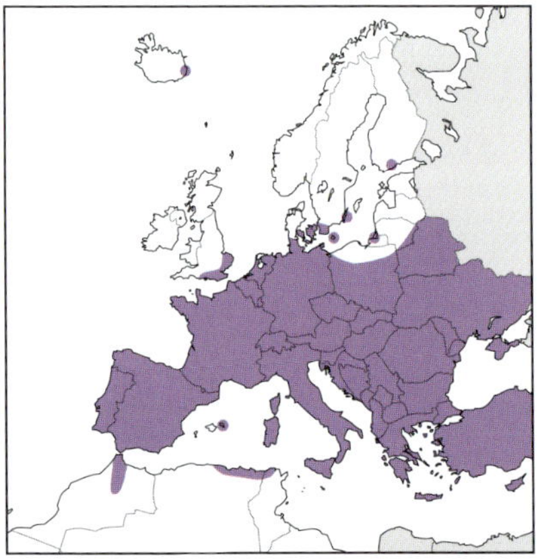

Identification Souvent confondue avec *A. mixta*, de même taille. Les mâles s'observent souvent patrouillant d'un vol bas au-dessus de zones humides en voie d'assèchement. On repère alors facilement leurs couleurs vives. Les yeux et l'abdomen bleus, le thorax essentiellement vert font penser à un *Anax imperator* miniature.

Critères à distance Tot 57-66 mm, Ab 39-49 mm, Ap 37-42 mm. Allure et taille semblables à *A. mixta* mais mâles dépourvus de T jaune sur S2. Côtés du thorax verts avec de fines lignes noires le long des sutures. Bandes antéhumérales vertes (contrairement à celles des autres æschnes à thorax vert : *A cyanea* et *A. viridis* par exemple). Marques bleues de l'abdomen du mâle plus brillantes et plus étendues que celles du mâle d'*A. mixta*, notamment sur S3-S7. S2 totalement bleu avec des marques noires dessinant un masque caractéristique. Penser à l'espèce russe *A. mixta* à l'abdomen entièrement bleu, susceptible de migrer, notamment dans l'est de l'Europe. Les femelles (et jeunes mâles) à marques jaunes ou vertes paraissent aussi généralement plus brillants et plus clairs qu'*A. mixta*. Ressemble en taille et en coloration à *Brachytron pratense*.

Critères en main *Cf. A. mixta* pour les critères de nervation des deux espèces. Pt d'*A. affinis* plus long que celui d'*A. mixta*. Cercoïdes du mâle pourvus inférieurement d'une dent émoussée près de la base (vue de profil), absente chez *A. mixta*. Appendices anaux de la femelle plus courts que S9-S10 réunis.

Variations Les mâles matures développent une nuance bleue sur le thorax. Comme les autres *Aeshna*, les femelles peuvent prendre des couleurs de mâles.

Comportement Les mâles patrouillent bas, effectuant des allées et venues au-dessus de petites surfaces. Peu farouches, ils se perchent souvent. Il s'agit de la seule espèce d'*Aeshna* qui pond régulièrement en tandem.

Répartition et statut Rarement abondante, mais peut migrer en masse. Plus fréquente dans les régions au climat continental, mais aussi présente en permanence autour de la Méditerranée, bien que rare dans la plupart des régions de la péninsule Ibérique et d'Afrique du Nord. Des étés chauds peuvent engendrer des déplacements massifs vers le nord. Atteint la Mongolie à l'est.

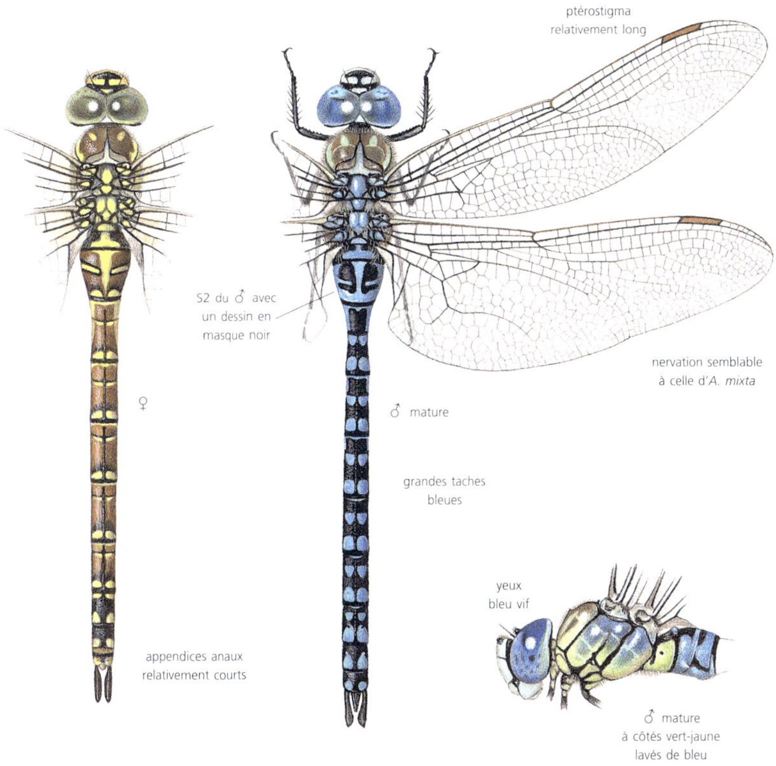

▼ *Aeshna affinis* mâle. Noter les couleurs brillantes et les yeux bleu vif.

Habitats Préfère les eaux stagnantes à assèchement estival et riches en hélophytes, parfois saumâtres.

Période de vol Émerge généralement plus tôt qu'*A. mixta* : de mai à septembre, pic en juillet-août.

Aeshna isoceles (Müller, 1767) Æschne isocèle

▲ *Aeshna isoceles* mâle. Noter les yeux verts contrastés.

Identification Belle æschne brun-roux aux yeux verts et aux ailes hyalines. Le triangle jaune sur S2 est caractéristique, ainsi que la couleur et la forme de la base de l'Ap. Les mâles patrouillent au-dessus de zones humides aux eaux calmes riches en hélophytes.

Critères à distance Tot 62-66 mm, Ab 47-54 mm, Ap 39-45 mm. Taille intermédiaire entre *A. mixta* et *A. juncea*. Corps entièrement roussâtre, faiblement marqué, si ce n'est d'une crête noire au niveau du front, de deux bandes jaunes sur les côtés du thorax, de lignes noires sur l'abdomen et d'un triangle jaune très visible sur S2. Yeux verts contrastant vivement avec le corps roussâtre. Ailes hyalines avec des nervations noires et une tache ambrée caractéristique à la base des Ap. *A. grandis* a les côtés de l'abdomen ponctués de points jaunes ou bleus. *Anax ephippiger* et *A. parthenope*, brunâtres, peuvent aussi avoir des yeux verts, mais leur thorax est dépourvu de bandes latérales et ils arborent une selle bleue à la base de l'abdomen.

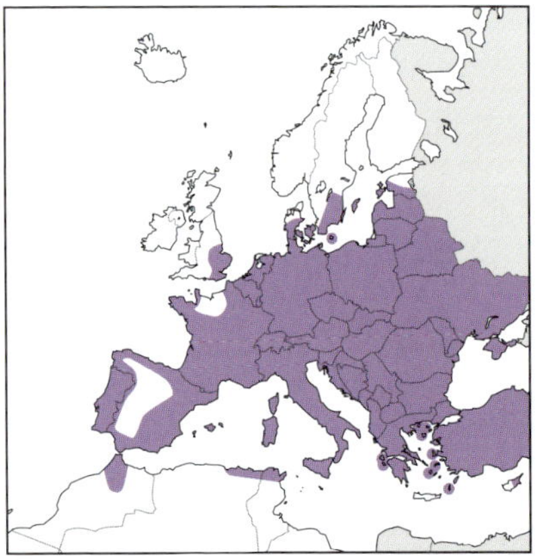

Critères en main Membranule et triangle anal du mâle allongés, ce dernier composé de 3-7 cellules (souvent 2 et rarement plus de 4 chez les autres *Aeshna*). Cercoïdes du mâle plus fins que ceux des autres æschnes avec une dent basale sur la partie inférieure.

Variations Les individus du sud des Balkans et plus à l'est ont tendance à avoir des marques thoraciques jaunes plus étendues, avec des bandes antéhumérales saillantes en forme de clou. Ils ont été classés dans

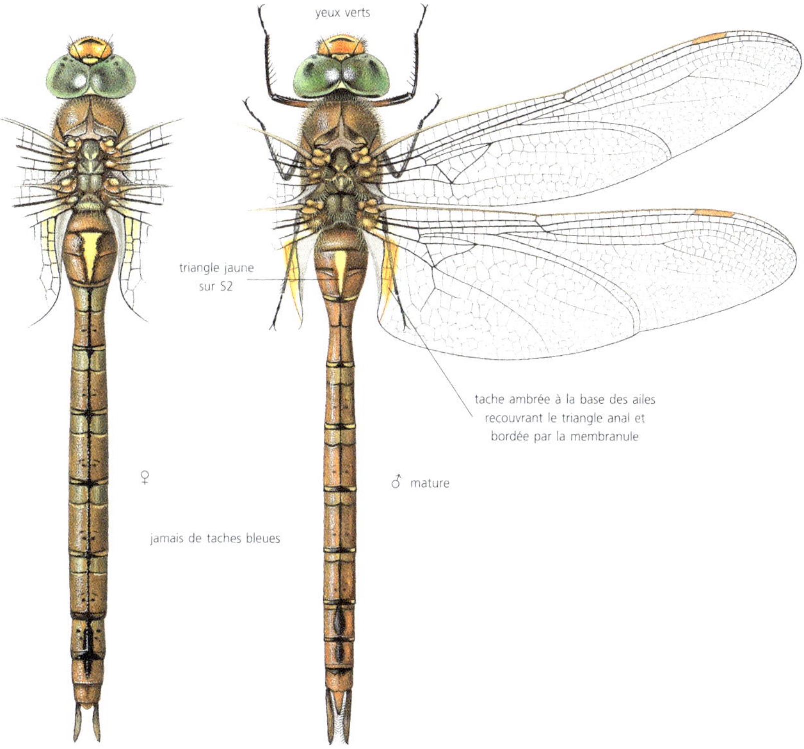

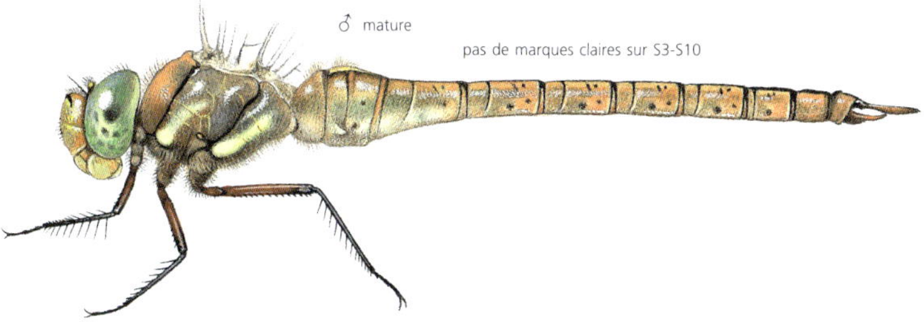

la sous-espèce *antehumeralis*, mais leur teinte plus claire est probablement due au climat plus chaud et leur statut taxonomique n'est donc pas justifié.

Comportement Contrairement aux autres æschnes, les mâles se perchent souvent durant leur patrouille.

Répartition et statut Répandue mais localisée. Vers l'est, jusqu'à l'Asie centrale.

Habitats Fossés, canaux, mares, étangs riches en végétation. Dans le nord de son aire, apprécie les marais où pousse l'Aloès d'eau (*Stratiotes aloides*). Parfois dans des eaux courantes dans le Sud.

Période de vol Mai à août avec un pic en juin. Plus précoce que la plupart des *Aeshna*.

Aeshna grandis (Linnaeus, 1758) Æschne grande

▲ *Aeshna grandis* femelle. Noter les taches bleues sur les côtés de l'abdomen.

Identification Æschne lourde, couleur de tabac, aux ailes ambrées, souvent identifiable au premier coup d'œil.
Critères à distance Tot 70-77 mm, Ab 49-60 mm, Ap 41-49 mm. De même taille qu'*A. juncea* mais ses ailes fumées la font paraître plus grande. Totalité du corps brun-roux ; thorax barré de deux bandes jaunes latérales. Mâles matures ponctués de bleu : sur les yeux, 6 taches sur le dos (une à la base de chaque aile et 2 sur S2) et une série d'ocelles sur le côté de S3-S8. Chez les femelles et les mâles immatures, ces marques sont jaunes ; seules les taches à la base des ailes deviennent bleues chez les femelles. Ailes fumées de jaune à brun doré, nervures comprises. Marque en T du front indistincte, en forme de parapluie dont le manche est fin, voire absent (forme alors un croissant). *Cf. A. isoceles* pour comparaison.

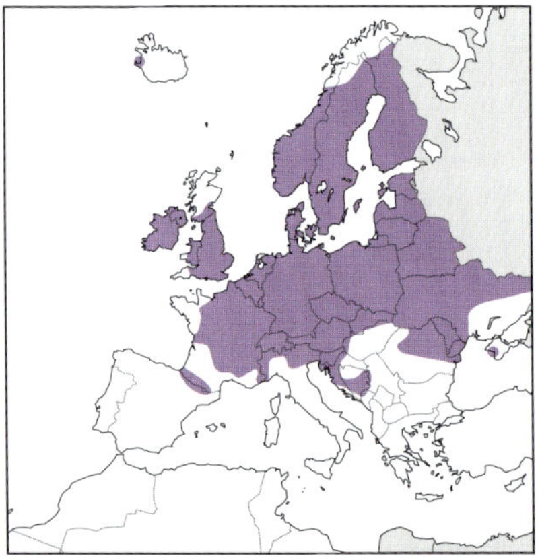

Critères en main Guère nécessaires. Extrémité des cercoïdes du mâle plus arrondie que chez la plupart des autres *Aeshna* (vue de dessus).
Variations Les individus du nord de la Fennoscandie (ssp. *linnaei*) sont en moyenne plus petits avec des bandes thoraciques latérales plus étroites.
Comportement Vol de chasse caractéristique : planés lents entrecoupés de battements d'ailes rapides et amples, de virages gracieux et de vigoureuses ascensions. Chasse jusque tard au crépuscule. Semble s'accoupler principalement au lever du soleil, lorsque les mâles pénètrent dans la végétation dense pour rechercher les femelles perchées. Les cœurs copulatoires sont parfois bizarrement tordus, avec le mâle ayant la tête en bas et l'abdomen le long de la face de la femelle.

Répartition et statut Une des æschnes les plus communes d'Europe centrale et orientale, tout particulièrement dans les zones forestières ; très commune dans une grande partie de la ceinture forestière boréale du nord de l'Europe (c'est l'une des espèces d'Odonates les plus abondantes en

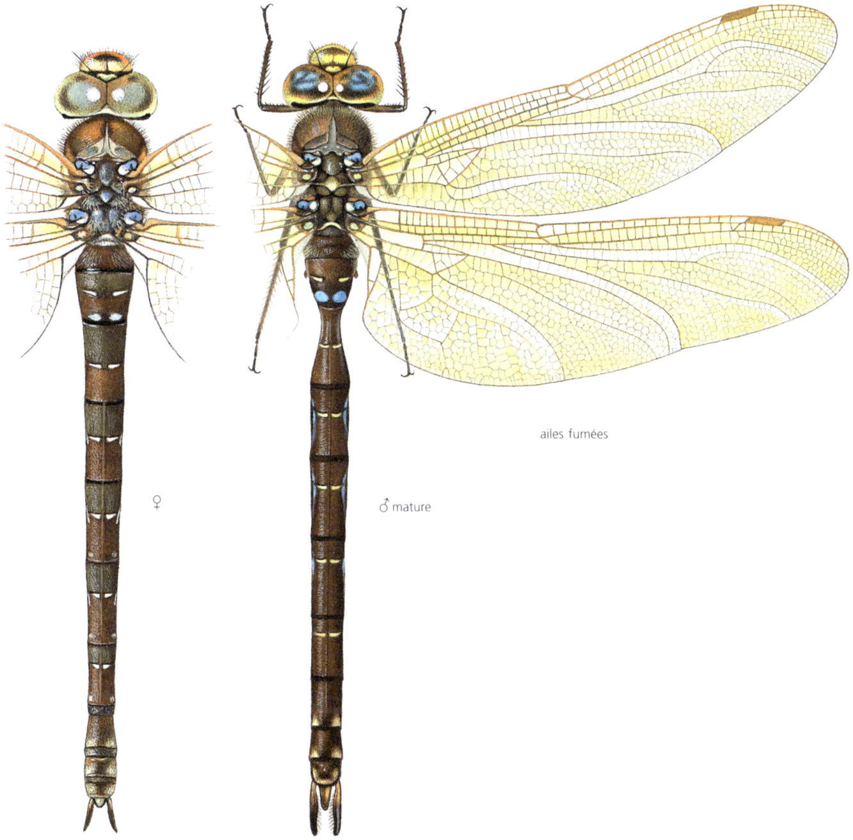

Finlande, par exemple). Plus rare et localisée dans les reliefs du sud de son aire. Atteint le lac Baïkal à l'est.

Habitats Se reproduit dans les eaux calmes, habituellement riches en végétation aquatique et rivulaire, telles que canaux abandonnés, bras morts, marais. Adultes souvent observés dans les zones boisées.

Période de vol Fin mai à début octobre, avec un pic en fin juillet et août.

Aeshna caerulea (Ström, 1783) Æschne azurée

▲ *Aeshna caerulea* mâle, se chauffant de façon caractéristique sur un support clair.

Identification Petite æschne bleue des montagnes et contrées nordiques, souvent observée se chauffant au soleil sur des supports clairs. Il est alors possible de détailler les critères diagnostiques tels que la courte distance de contact entre les yeux.

Critères à distance Tot 54-64 mm, Ab 42-48 mm, Ap 37-41 mm. De taille comparable à *A. mixta*, bien plus petite que les æschnes avec lesquelles on peut classiquement l'observer. Bandes latérales du thorax étroites et en S ; marques abdominales relativement étendues laissant peu de noir entre elles. Toutes les zones claires sont bleues chez les mâles matures, jaunes chez les femelles et les mâles immatures.

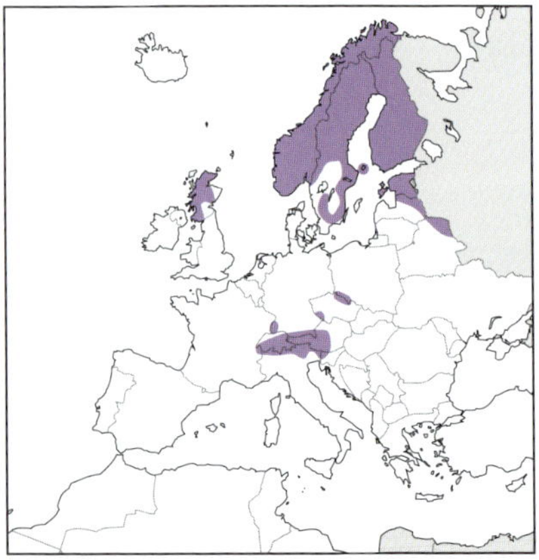

Critères en main Distance de contact entre les yeux inférieure à deux fois la longueur du triangle occipital. Fourche d'IR_3 absente, contrairement aux autres *Aeshna*.

Variations Le changement de coloration en fonction de la température est particulièrement remarquable chez cette espèce : les mâles froids sont gris sombre, chauds, ils deviennent bleu clair. Les femelles ont des marques jaunes, parfois bleues comme les mâles.

Comportement Activité dépendante de l'ensoleillement. Se perche fréquemment horizontalement pour se chauffer sur des surfaces claires : rochers, troncs de bouleaux, etc. Les mâles patrouillent bas le long des berges des pièces d'eau.

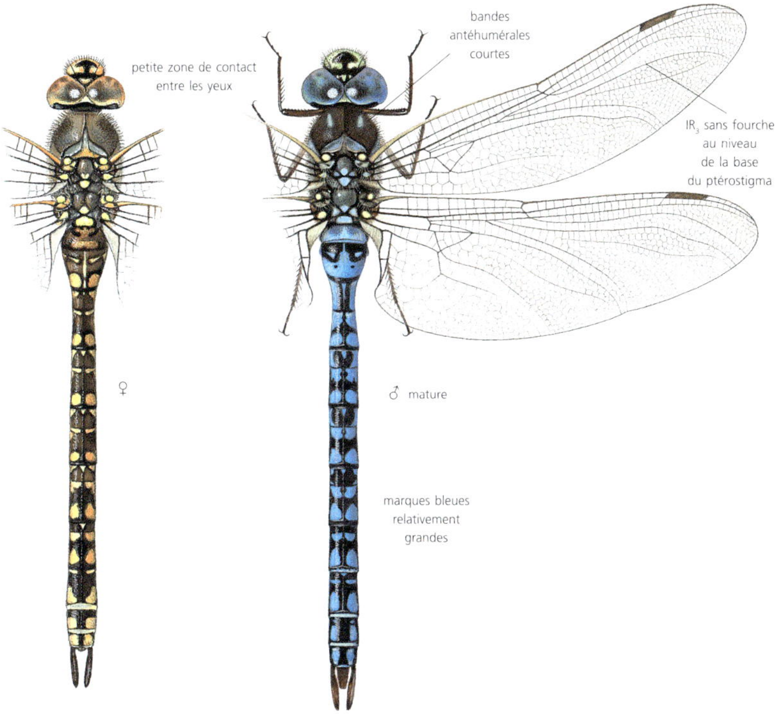

Répartition et statut Espèce boréale, plus commune au-delà ou au nord de la limite des arbres. Une des rares espèces abondantes dans les régions polaires d'Eurasie (vers l'est jusqu'au Kamtchatka) ; c'est l'espèce de libellule dominante de la toundra arbustive de l'Europe subarctique. Relicte glaciaire dans les montagnes d'Écosse, d'Europe centrale et du Caucase où elle est rare et localisée.

Habitats Landes alpines et boréales, toundra. Rare au-dessous de 1 000 m dans les Alpes (principalement entre 1 400 et 2 200 m en Suisse). Se reproduit dans les mares de tourbières et les cariçaies inondées et, dans le nord de la Fennoscandie, dans presque tous les types d'eaux stagnantes ou faiblement courantes.

Période de vol Mi-juillet à mi-septembre dans la majeure partie de l'Europe mais relativement tôt en Écosse, où elle vole parfois dès fin mai, normalement à partir de mi-juin.

Aeshna cyanea (Müller, 1764) Æschne bleue

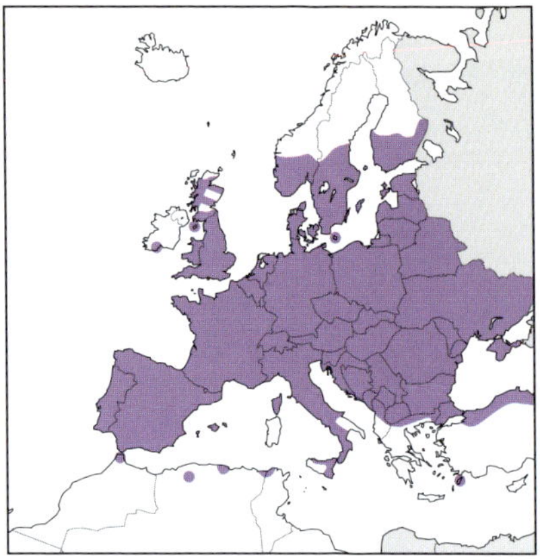

Identification Grande æschne voyante au corps sombre, orné de marques vert pomme et bleu ciel. Chasse bas, le long des lisières, souvent au crépuscule. Coloration, morphologie et comportement la rendent impossible à confondre. Sur le plan systématique, semble assez éloignée des autres æschnes européennes.

Critères à distance Tot 67-76 mm, Ab 51-61 mm, Ap 43-53 mm. Une des plus grandes espèces d'æschnes, proche en taille d'*A. juncea*. Les mâles matures ont sur la partie dorsale de S1-S7 des ponctuations vertes réparties par paires qui contrastent avec les marques bleues des côtés et de S8-S10. Marques colorées de S9-S10 fusionnées formant deux bandes azurées caractéristiques. Marques colorées des femelles et des mâles immatures vertes (ou jaune-vert). Bandes antéhumérales grandes, ovales et vertes. Côté du thorax vert barré de deux épaisses bandes noires : une entière, l'autre interrompue à mi-longueur.

Critères en main Bordure postérieure des yeux très incurvée révélant deux points clairs à l'arrière de la tête. Chez le mâle, le triangle anal est composé de 3 cellules (parfois jusqu'à 6 mais rarement 2 comme chez les autres *Aeshna*). Pt court (environ 3 mm), environ deux fois plus long que large. Chez le mâle, partie supérieure de S10 plate et lisse (dépourvue de crête en forme de dent qu'on observe de profil chez les autres *Aeshna*). Vus de profil, les cercoïdes du mâle s'élargissent dans la moitié apicale et se rétrécissent soudainement pour former un bec orienté vers le bas.

Comportement Vol de chasse caractéristique, erratique, bas, souvent à l'ombre et parfois très tard au crépuscule. L'abdomen est légèrement arqué vers le bas. L'insecte inspecte tous les recoins et n'hésite pas à plonger vers l'observateur pour capturer des moucherons. Les mâles territoriaux sont agressifs. On ne voit donc généralement qu'un individu au-dessus d'une petite mare alors que des centaines d'individus ont pu en émerger.

Répartition et statut Se reproduit dans des habitats peu recherchés par les autres espèces où les larves peuvent vivre en grand nombre. Libellule souvent abondante dans les zones urbaines ou très boisées. Commune en Europe centrale, moins abondante au nord-est (jusqu'à l'Oural) et au sud.

Habitats Prédilection pour les mares forestières ou d'agrément, parfois dépourvues de végétation. Chasse le long des lisières et dans les clairières.

Période de vol Typiquement en fin d'été (juillet et août), rarement observée avant juin. Vole jusqu'en automne, parfois jusqu'en novembre.

▲ *Aeshna cyanea* mâle, montrant le profil en bec des cercoïdes.

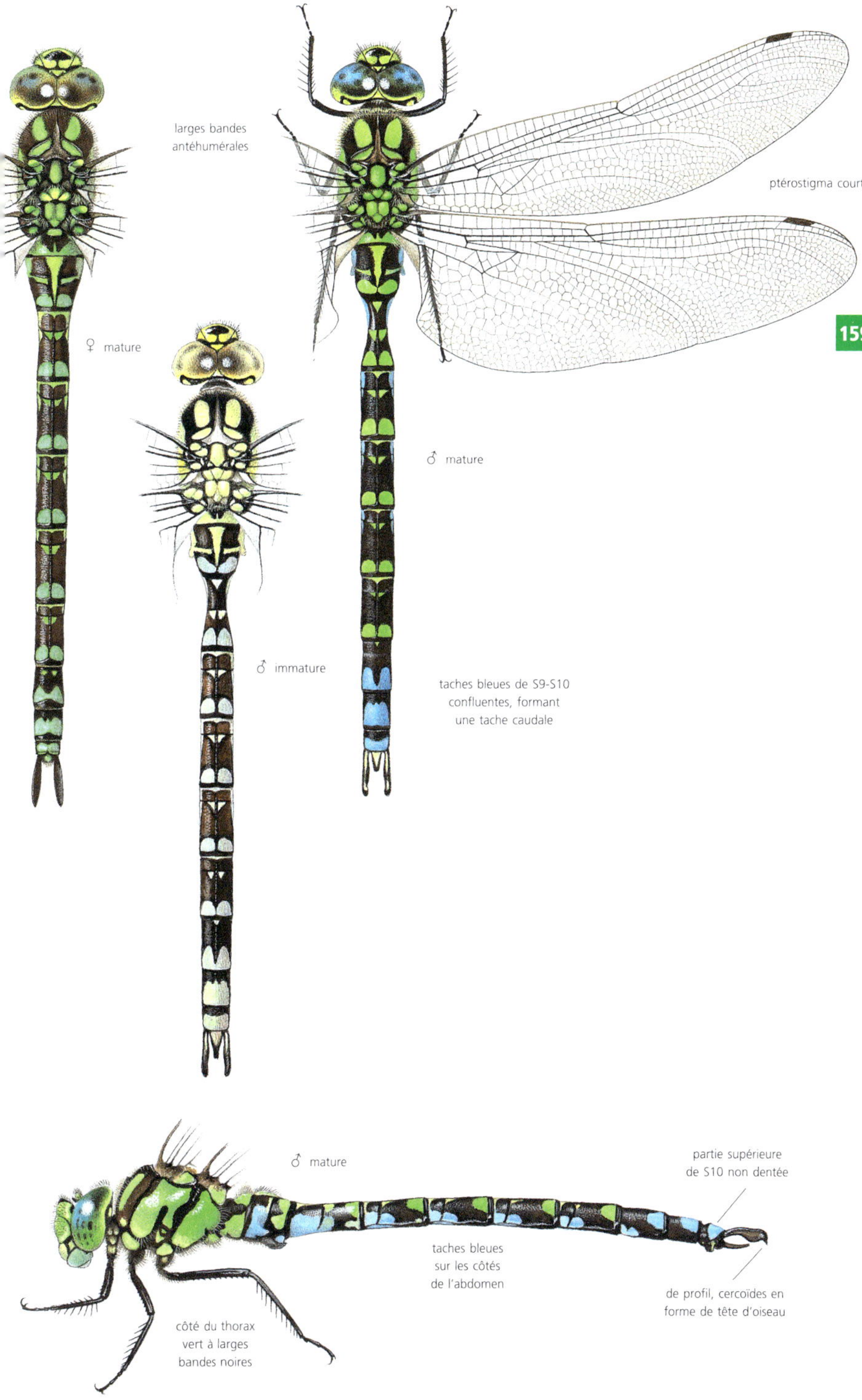
larges bandes
antéhumérales
ptérostigma court
♀ mature
♂ mature
♂ immature
taches bleues de S9-S10
confluentes, formant
une tache caudale
♂ mature
partie supérieure
de S10 non dentée
taches bleues
sur les côtés
de l'abdomen
de profil, cercoïdes en
forme de tête d'oiseau
côté du thorax
vert à larges
bandes noires

Aeshna viridis (Eversmann, 1836) Æschne verte

▲ *Aeshna viridis*, cœur copulatoire. La forme tordue est due au fait que le mâle a agrippé la femelle au petit matin alors qu'elle était perchée dans la végétation dense.

Identification Une æschne bleu clair patrouillant au-dessus d'un massif d'Aloès d'eau (*Stratiotes aloides*) ou le bruissement d'ailes trahissant la présence d'une femelle en ponte dans les feuilles raides de ces plantes épineuses constituent souvent les observations classiques de cette grande espèce. Attention cependant à la confusion avec *Anax imperator* !

Critères à distance Tot 65-75 mm, Ab 43-54 mm, Ap 38-45 mm. Légèrement plus petite qu'*A. juncea*. Marque sur le front quasiment réduite à un croissant, le pied du T

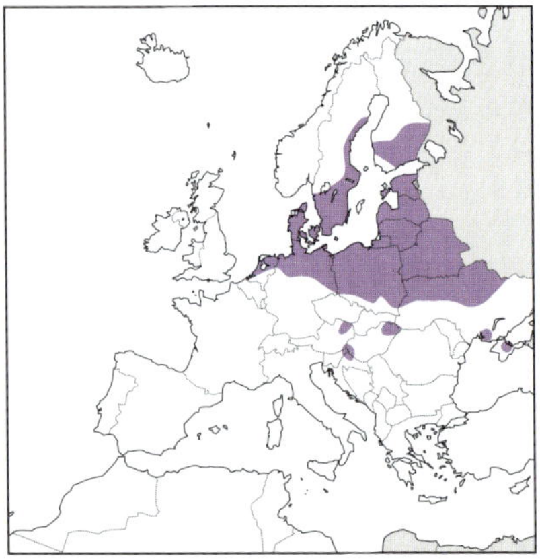

étant extrêmement fin. Bandes antéhumérales larges et vertes comme chez *A. cyanea* mais, contrairement à cette espèce, les côtés du thorax sont presque entièrement verts, les sutures étant à peine soulignées de noir. Yeux et marques abdominales bleus chez le mâle mature, verts chez les immatures et les femelles. Ailes teintées de jaune et nervure costale jaune (brun sombre chez *A. cyanea*). Ressemble grossièrement à *Anax imperator* mais ce dernier présente notamment un thorax totalement vert (dessus du thorax brun chez *A. viridis*). Comparer cette espèce avec les autres *Aeshna* à côtés du thorax verts, comme *A. affinis* ou *A. cyanea*. Ces espèces fréquentent des habitats différents.

Critères en main Pas de ligne noire le long de la suture frontale. Présence de deux petites ponctuations jaunes derrière les yeux (beaucoup plus petites et moins visibles de profil que chez *A. cyanea* ; *A. affinis* en est dépourvue).

Comportement Vit normalement à proximité des marais à Aloès d'eau, mais peut s'en écarter pour chasser, volant parfois en nuée dans

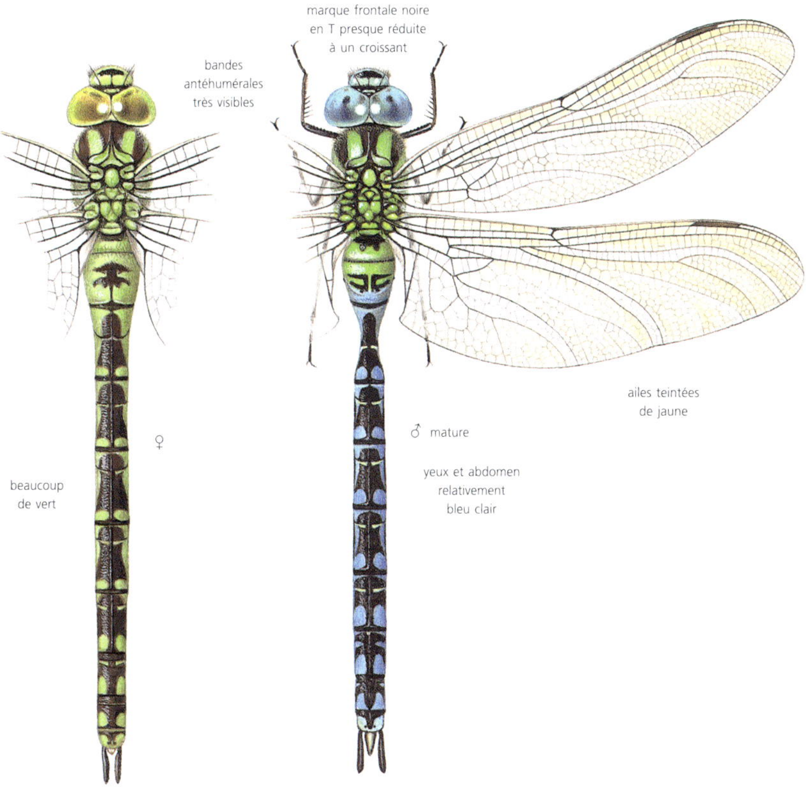

les prairies, les clairières, le long des routes ou au ras des étendues d'Aloès d'eau avant l'aube ou après le crépuscule. Se perche assez bas dans des roselières, des friches ou des zones buissonnantes. Comme *A. grandis*, les mâles recherchent les femelles pour s'accoupler à l'aube, ce qui donne des cœurs copulatoires aux formes irrégulières.

Répartition et statut Des Pays-Bas à l'ouest de la Sibérie. L'inféodation de cette espèce à un type particulier d'habitat fait qu'elle est rare et menacée dans de nombreuses régions.
Habitats Marais, canaux et étangs où se développent des herbiers d'Aloès d'eau.
Période de vol À partir de fin juin, parfois jusque début octobre, avec un pic en août.

Aeshna juncea (Linnaeus, 1758) Æschne des joncs

Identification Peut être considérée comme l'archétype de l'æschne. Grande et sombre avec des taches et des bandes jaunes et bleues. On l'identifie plus facilement par élimination des autres espèces. C'est la plus répandue et la plus abondante des espèces du groupe composé aussi d'*A. subarctica*, *A. serrata* et *A. crenata*. Ces espèces doivent toujours être identifiées en les comparant attentivement à *A. juncea*.
Critères à distance Tot 65-80 mm, Ab 50-59 mm, Ap 40-48 mm. Une des plus grandes espèces d'æschnes. La plupart des grandes æschnes répondant aux critères suivants appartiennent à cette espèce : 1) front marqué d'un T noir épais ; 2) thorax brun sombre barré de deux larges bandes jaunes de chaque côté (parties supérieures parfois bleutées) ; 3) nervures costales jaunes ; 4) abdomen brun-noir orné de taches bleues et jaunes chez le mâle mature. Les femelles (comme les mâles immatures) ont des taches jaunes devenant verdâtres (rarement bleuâtres) avec l'âge. Les mâles d'*A. crenata* et d'*A. subarctica* (*cf.* ces espèces pour comparaison) sont plus sombres et uniformes, ont des costales brunes et généralement des marques bleues. Sur le terrain, *A. serrata* se distingue essentiellement par l'étroitesse du pied du T frontal.
Critères en main Petites ponctuations à l'arrière des yeux (les autres espèces du groupe n'ont pas de marque). Appendices anaux de la femelle à extrémité en pointe émoussée : ils sont inclinés l'un vers l'autre, formant un V (vue de derrière).
Variations Les marques du thorax sont très variables ; les bandes jaunes peuvent être considérablement élargies et les côtés sont même parfois presque entièrement jaunes. Ponctuations jaunes derrière les yeux parfois absentes dans les populations des montagnes méridionales, mais systématiquement présentes dans les régions du nord où *A. juncea* et *A. subarctica* coexistent.
Comportement Vol puissant et rapide. Les mâles, infatigables, patrouillent au-dessus de l'eau ou le long des berges. Agressifs, ils chassent tout autre Odonate et recherchent activement les femelles en ponte au sein de la végétation.

Comparaison avec les espèces proches d'*A. juncea*.
Note : sombre = nervures costales sombres, mâle mature à dessins abdominaux de couleur homogène ; clair = nervures costales jaunes, mâle mature à dessins abdominaux jaunes et bleus très contrastés.

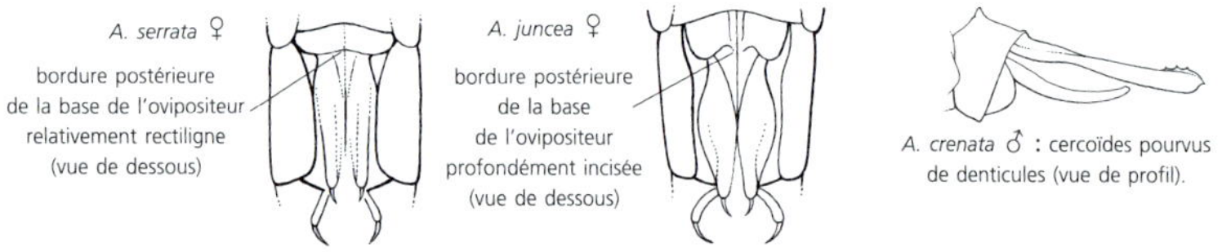

Critères diagnostiques	Coloration générale	Base de l'ovipositeur incisée	Cercoïdes denticulés	
Ap généralement > 53 mm. Appendices anaux ♀ pointus.	Sombre	Non	Oui	*crenata*
Point clair derrière chaque œil.	Claire	Oui	Non	*juncea*
T frontal à pied étroit. Membranule uniformément claire, non bicolore. Cercoïdes du ♂ fortement incurvés vers le haut, au moins deux fois plus longs que la lame supra-anale.	Claire	Non	Oui	*serrata*
Non comme ci-dessus.	Sombre	Oui	Non	*subarctica*

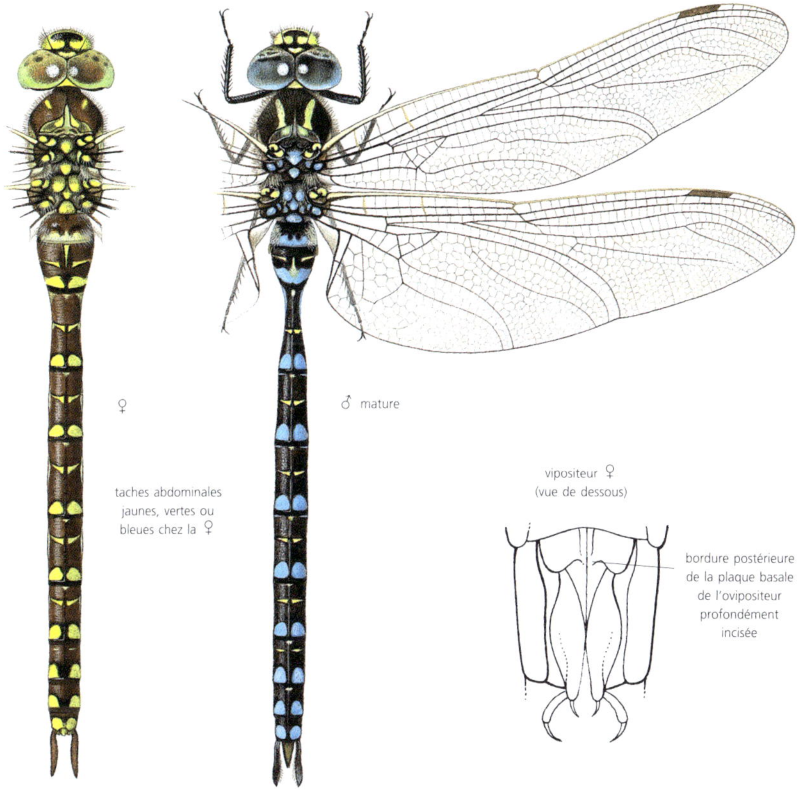

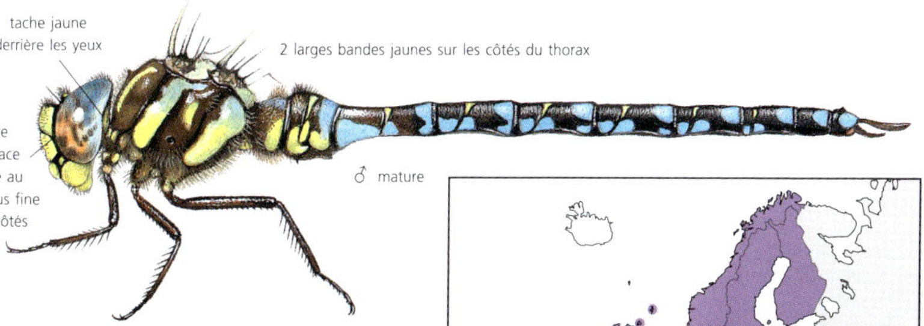

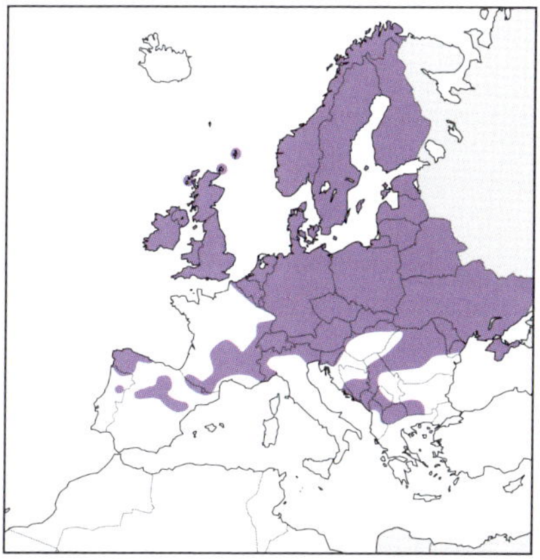

Répartition et statut Une des æschnes les plus communes dans la plupart des régions montagneuses et nordiques ; plus localisée et cantonnée aux hautes altitudes dans le Sud. De toutes les espèces d'æschnes, c'est celle dont l'aire de répartition est la plus vaste, couvrant une grande partie de l'Eurasie et de l'Amérique du Nord. **Habitats** Largement cantonnée aux lacs, étangs et tourbières acides en plaine, mais on la trouve régulièrement en petit nombre dans de nombreux autres types d'eaux stagnantes, tels que gravières, étangs riches en végétation ou fossés avec Aloès d'eau (*Stratiotes aloides*) ; la diversité des habitats s'accroît aux altitudes ou latitudes plus élevées.

Période de vol Émerge occasionnellement fin mai et juin et peut voler jusqu'en novembre mais présence maximale entre juillet et septembre.

Aeshna subarctica (Walker, 1908) Æschne subarctique

Identification L'Æschne subarctique est le sosie d'*A. juncea*, avec laquelle elle partage la même répartition et souvent les mêmes habitats. Elle recherche les tourbières ou se développe dans des radeaux de sphaignes (*Sphagnum*). Elle semble plus sombre et plus uniforme, mais un examen attentif des marques colorées est indispensable à toute identification.

Critères à distance Tot 70-76 mm, Ab 47-57 mm, Ap 39-46 mm. Taille et apparence semblables à *A. juncea*. Généralement plus sombre, corps plus noir et nervure costale plus brune que jaune. Coloration du thorax et de l'abdomen du mâle plus uniforme, dépourvue des vifs contrastes jaunes et bleus d'*A. juncea*. Identification en vol impossible.

▲ *Aeshna subarctica*, cœur copulatoire.

Critères en main 1) Ligne noire le long de la suture frontale de largeur uniforme ou s'élargissant (souvent) aux extrémités. Chez *A. juncea*, elle est plus étroite aux extrémités et élargie au milieu ; 2) arrière des yeux entièrement noir ; 3) partie inférieure du thorax marquée de deux points jaunes en forme de goutte (généralement uniformément noire chez *A. juncea*) ; 4) cercoïdes du mâle plus larges que ceux d'*A. juncea* ; 5) appendices anaux de la femelle plus larges, plus symétriques et plus arrondis à leur extrémité. Ils sont disposés horizontalement (vue de derrière).

Variations L'Æschne subarctique tend à être sensiblement plus claire dans les tourbières de plaine d'Europe centrale que dans les régions boréales et alpines. Ces individus (non illustrés) peuvent aussi être différenciés d'*A. juncea* par les critères complémentaires suivants : 6) côtés du thorax pourvus d'une fine ligne claire, antérieure à la première bande latérale, et d'une marque claire, relativement large, située entre les deux bandes latérales ; 7) paire de taches du milieu de l'abdomen presque aussi grande que la paire terminale.

Comportement Les mâles patrouillent au-dessus des radeaux de sphaignes. Les femelles en ponte dans ce milieu sont souvent suffisamment calmes

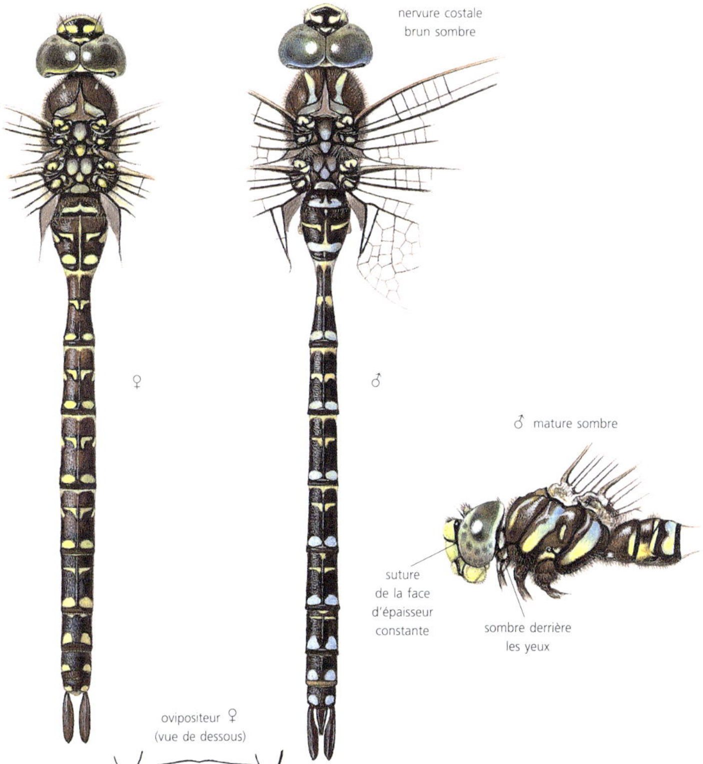

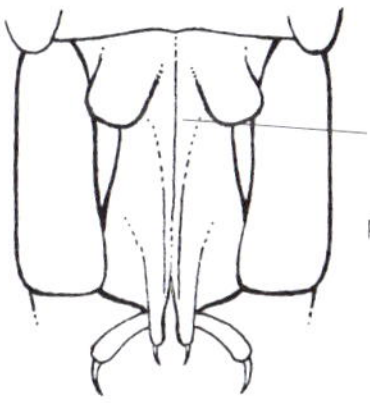

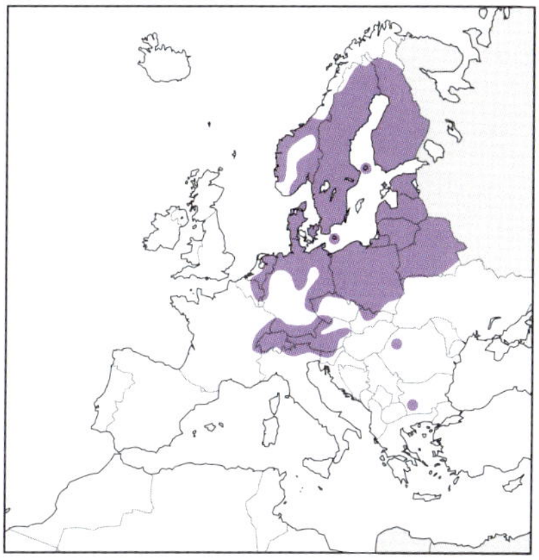

et situées assez à découvert pour être identifiées aux jumelles.

Répartition et statut Relativement localisée du fait de son habitat. Populations relictuelles dans de nombreuses régions. Atteint le Japon à l'est. Présente en Amérique du Nord d'où l'espèce a été initialement décrite. Les populations européennes appartiennent à la ssp. *elisabethae*.
Habitats Tourbières à radeaux de sphaignes.
Période de vol Émerge à partir de fin mai mais rarement avant mi-juillet dans la plupart des régions. Pic d'abondance en août-septembre.

Aeshna serrata (Hagen, 1856) Æschne denticulée

▲ *Aeshna serrata* mâle.

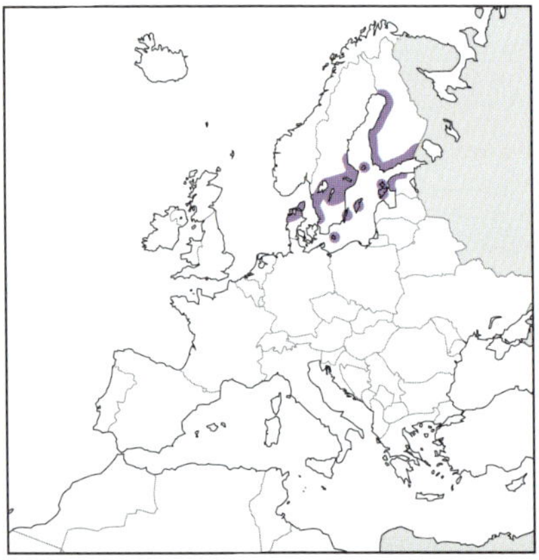

Identification Æschne de grande taille que l'on trouve uniquement autour de la mer Baltique dans notre région. Souvent dénommée *A. osiliensis*, car originellement décrite de l'île estonienne de Saaremaa (Ösel, en allemand). Les différences morphologiques sont insignifiantes, tandis que des populations dispersées à travers le nord de la Russie semblent indiquer que la population balte est liée à l'aire de répartition principale de l'espèce, le centre de l'Asie, ce qui justifie encore moins le statut d'espèces distinctes.
Critères à distance Tot 75-81 mm, Ab 50-62 mm, Ap 48-53 mm. Plus grande qu'*A. juncea* mais très proche en apparence : partage avec elle les nervures costales jaunes et le net contraste des taches jaunes et bleues. Les marques colorées abdominales sont plus grandes et d'une couleur plus profonde, faisant apparaître les mâles plus bleus. Contrairement à *A. juncea*, les femelles ont de grandes bandes antéhumérales claires. La différence la plus notable avec les espèces proches est le pied étroit du T frontal (pied large chez les autres espèces). *Cf.* tableau d'identification, p. 162.
Critères en main Membranule uniformément blanchâtre à gris clair (sombre à base claire chez les autres espèces). Lame supra-anale faisant moins de la moitié de la longueur des cercoïdes. Ces derniers courbés vers le haut et pourvus de 4-7 denticules dans la partie apicale supérieure (vue de profil). La lame supra-anale des autres espèces du groupe dépasse la moitié des cercoïdes, qui sont rectilignes et seulement denticulés chez *A. crenata*.
Variations Les femelles andromorphes sont fréquentes et peuvent localement surpasser en nombre les gynomorphes jaunâtres.
Comportement Vol en apparence plus lourd et plus lent que celui d'*A. juncea*. Les individus de tous sexes et âges sont souvent observés volant au-dessus de zones ouvertes comme des champs ou des prairies. Contrairement aux autres grands æschnidés, *A. serrata* reste relativement bas ; elle se perche fréquemment dans la végétation sur les berges et se pose même sur des sols nus tels que routes non revêtues, passerelles en bois, jetées ou bateaux, notamment tôt le matin et pendant les journées froides venteuses.

Répartition et statut Localement abondante le long de la mer Baltique ; découverte au Danemark en 2006. Présente dans l'est de la Turquie

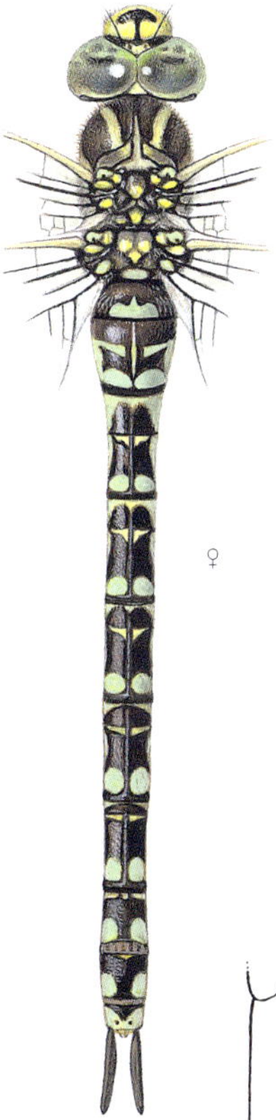

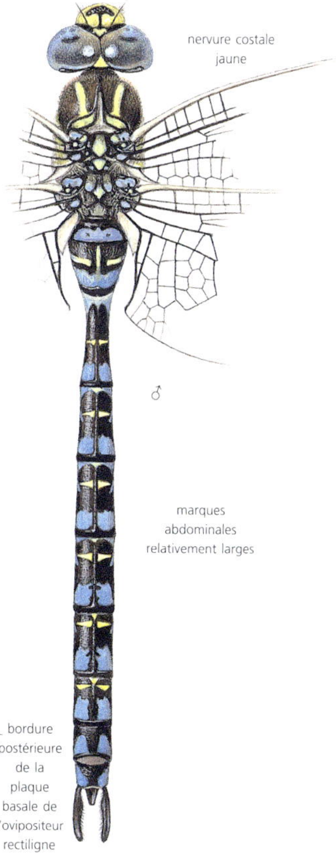

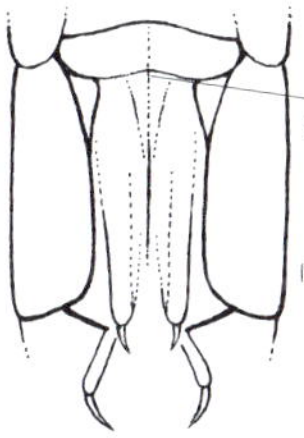

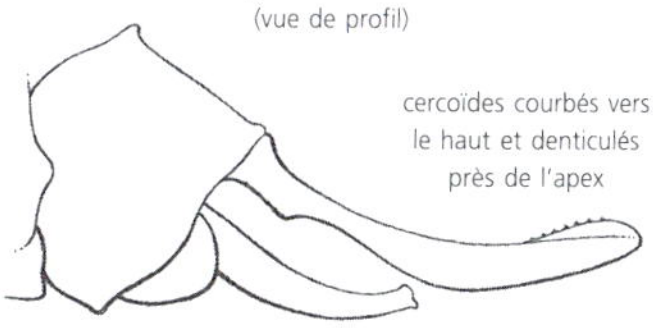

et les steppes montagneuses de Transcaucasie. À rechercher sur les lacs riches en roseaux et dans les marais saumâtres du centre et du nord de la Turquie. L'aire de répartition principale se situe dans les steppes (arborées) à l'est de l'Oural méridional ; a aussi été signalée dans la taïga du nord de la Russie, à l'est jusqu'au Kamtchatka.

Habitats Roselières des baies saumâtres peu profondes de la mer Baltique et des lagunes adjacentes. En Suède intérieure, occupe aussi des lacs eutrophes peu profonds, des mares et des rivières lentes où dominent roseaux et massettes.

Période de vol Juin à septembre.

Aeshna crenata (Hagen, 1856) Æschne crénelée

▲ *Aeshna crenata* mâle.

Identification Æschne impressionnante, que l'on repère à sa grande taille et ses couleurs vives. Matures, les mâles sont bleu clair et les femelles ont de grandes zones sombres sur leurs ailes. Il s'agit d'une espèce de la taïga sibérienne qui n'atteint notre région que dans le sud de la Finlande et le nord-est de la Lituanie.
Critères à distance Tot 71-86 mm, Ab 53-67 mm, Ap 44-60 mm. Notre plus grande espèce d'æschne, plus grande qu'*Anax imperator*. T frontal noir, à pied épais. Nervures costales brunes (jaunes chez *A. juncea* et *A. serrata*). Les mâles matures de ces espèces ont les bandes thoraciques et les petites ponctuations abdominales principalement jaunes (contrastant avec les marques abdominales bleues) ; chez *A. crenata*, toutes les marques colorées sont bleues. La plupart des femelles ont des marques jaunes à vertes. Les plus vieilles présentent souvent des marques alaires sombres entre le nodus et le Pt, très visibles en vol. *Cf.* tableau d'identification, p. 162.

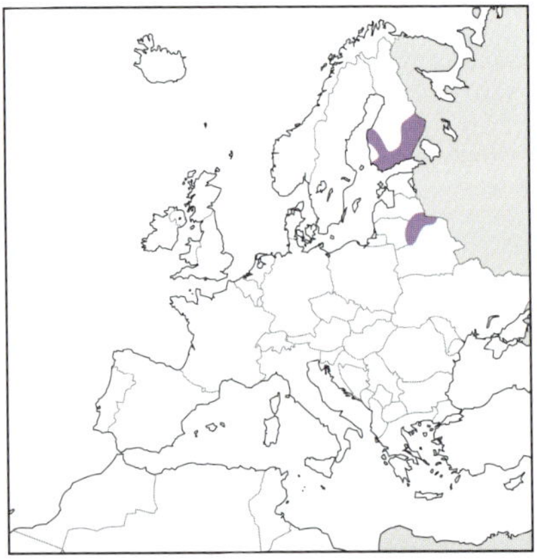

Critères en main Cercoïdes du mâle avec 2-3 denticules robustes sur la partie apicale supérieure (4-7 plus petits chez *A. serrata*). Appendices anaux des femelles pointus (arrondis chez les espèces proches).
Variations Les bandes antéhumérales sont bien développées et souvent bleutées chez les femelles andromorphes matures, mais absentes ou réduites à une petite tache vert jaunâtre chez les gynomorphes. Rarement, on trouve chez les deux sexes des antéhumérales remarquablement hypertrophiées et délavées qui peuvent presque entièrement couvrir l'avant du thorax.
Comportement Les mâles patrouillent au-dessus des points d'eau ouverts, le long de la limite de la végétation rivulaire. Vol battu rarement interrompu pour faire du sur-place. Ils sont souvent très agressifs envers les autres mâles d'*Aeshnea*, ce qui oblige ceux-ci à adapter leur comportement, par exemple en volant de façon plus discrète ou quand les mâles d'*A. crenata* sont absents.

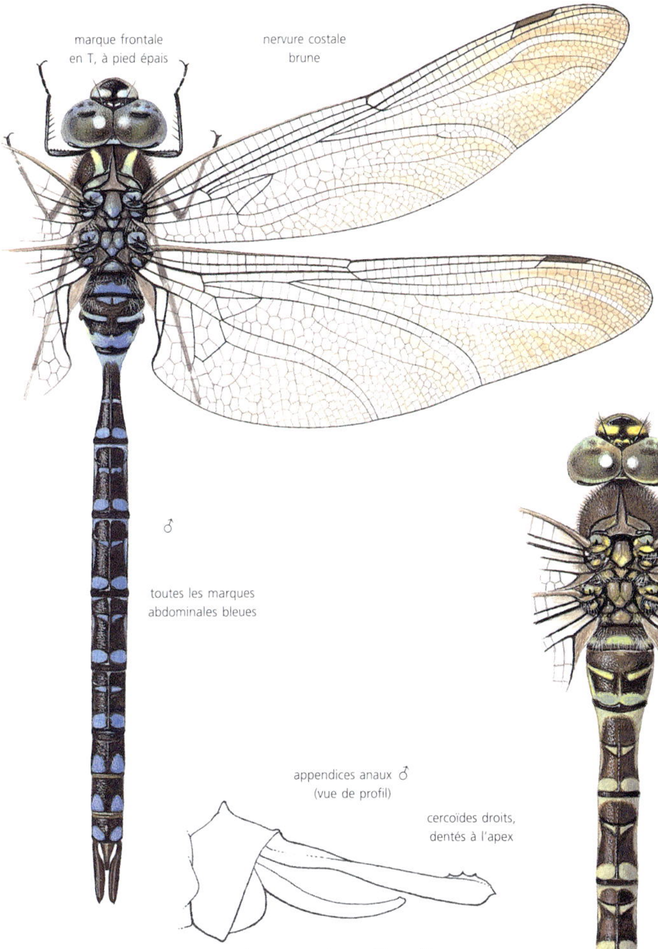

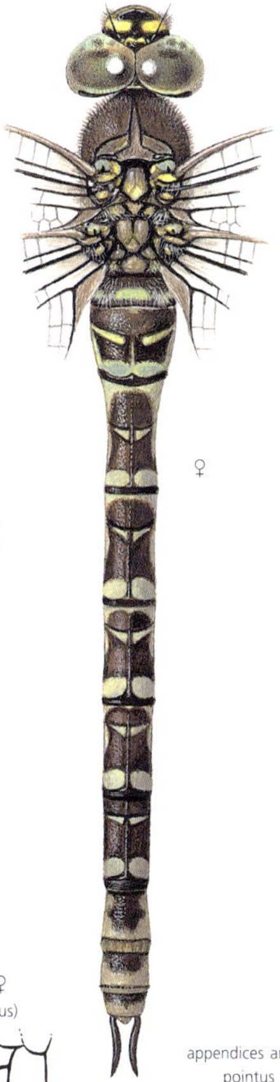

Répartition et statut De la mer Baltique au Japon à travers toute la Sibérie. Semble très localisée dans notre région, mais sa distribution pourrait n'être encore qu'imparfaitement connue en Europe.

Habitats Les populations les plus occidentales fréquentent les étangs et petits lacs forestiers acides oligotrophes bordés de sphaignes (*Sphagnum*) et de laîches (*Carex*). Plus généraliste à l'est, par exemple grands lacs, bras morts et même abreuvoirs à bétail envahis de végétation.

Période de vol Fin juin à mi-septembre, pic de mi-juillet à août. Ne vole guère en automne, contrairement aux autres *Aeshna*.

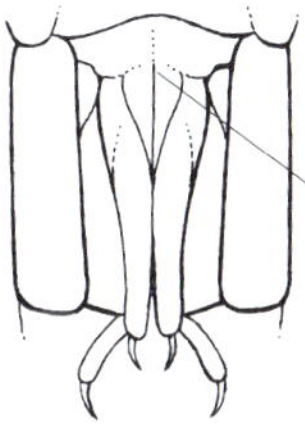

Anax Leach, 1815 — Anax

Identification Très grandes libellules. Hormis *Anax immaculifrons*, aux larges bandes thoraciques noires et à l'abdomen annelé de noir et jaune, nos *Anax* ont un thorax uniformément vert ou brun, un abdomen vert, bleu ou brun pourvu d'une large bande médiodorsale noire. Les mâles sont dépourvus d'oreillettes latérales sur S2 et de triangle anal. IR_3 n'est pas fourchue et R_3 est abruptement arquée, près de la partie distale du Pt. Nrs est nettement courbée, la partie distale de l'arc pointant vers un point situé entre le Pt et l'apex de l'aile.

Caractérisation du genre Les autres æschnidés ont un thorax barré de bandes et un abdomen sombre orné de série de points disposés par paires. Les mâles de ces espèces ont des oreillettes latérales sur S2 et des triangles anaux, leurs IR_3 sont généralement fourchues, R_3 s'oriente graduellement vers l'arrière et Nrs pointe vers l'apex de l'aile. *A. immaculifrons* rappelle un *Cordulegaster* en vol mais se reconnaît à son abdomen plus épais. En main ou posé, on le distingue facilement à ses yeux largement contigus.

Identification des espèces Mis à part *Anax immaculifrons*, l'identification en vol est difficile car la plupart des critères (couleur de l'abdomen, du thorax, des yeux par exemple) varient et peuvent se chevaucher. Chez les jeunes individus, la couleur du corps est souvent verte au lieu de bleue ou brune. En main, les critères à détailler sont les marques frontales, les appendices anaux des mâles et la présence de tubercules occipitaux chez les femelles. Le tableau ci-contre compare les trois espèces les plus répandues. Sur la côte atlantique, des observations attentives pourraient permettre la collecte de nouvelles données d'*A. junius*, espèce erratique d'origine américaine.

Comportement Les mâles patrouillent inlassablement, d'un vol rapide et puissant. Au repos, ils se posent à la verticale, généralement bas dans la végétation rivulaire. Le mode de ponte varie selon les espèces et peut aider à l'identification.

V. J. Kalkman

▼ *Anax imperator* mâle en vol. Noter l'abdomen légèrement arqué vers le bas.

Critères d'identification à distance des mâles d'*Anax imperator*, *A. parthenope* et *A. ephippiger*			
	imperator	*parthenope*	*ephippiger*
Taille et allure générale	Grand, abdomen large et plus long que Ap.	Grand, abdomen large et plus long que Ap.	Plus petit, abd. plus étroit, aussi long que Ap.
Front	Pentagone noir devant les yeux.	Triangle noir devant les yeux.	Barre noire sur crête et base, jamais de bleu.
Yeux	 Verts à bleus sur le dessus, jaunes à verts en dessous.	 Uniformément verts (plus sombres que chez *imperator*), parfois teintés de jaune, de bleu et/ou de brun.	 Bruns dessus, jaunes (verdâtres) en dessous, jamais bleus.
Thorax devant les Aa	Normalement vert ou bleu (♂).	Normalement brun.	Normalement brun.
Thorax	Vert, parfois brunâtre chez les vieux spécimens.	Brun, parfois teinté de gris ou de vert.	Brun, souvent vert-jaune dans la partie inférieure.
S1	Vert, parfois bleu.	Normalement brun.	Normalement brun.
Anneau basal de S2	Vert (jaune chez les immatures).	Normalement jaune.	Normalement brun, parfois jaune.
Selle bleue sur S2	Indistincte car S3–S10 bleus aussi (ou S2–S10 entièrement verts chez la plupart des ♀ et ténéraux).	Normalement distincte, s'étend sur les côtés et la base de S3.	Normalement distincte mais parfois difficile à voir, habituellement limitée à la partie dorsale du segment (côtés jaune terne).
Couleur de fond de S3–S7	Vert, virant au bleu (♂ et certaines ♀).	Brunâtre, parfois bleuâtre.	Brun ou jaune paille.
S8–10	Couleur et marques semblables aux segments précédents, parfois brunâtres.	Couleur et marques semblables aux segments précédents, parfois plus noirs.	Plus noirs que les segments précédents, laissant seulement apparaître des marques claires à l'angle postérieur de chaque segment (généralement plus claires que sur S3-S7).
Ailes	Parfois teintées entre le triangle et l'apex.	Souvent teintées de brun entre le nodus et le Pt.	Souvent légèrement teintées dans la partie centrale de l'aile.

Anax imperator (Leach, 1815) — Anax empereur

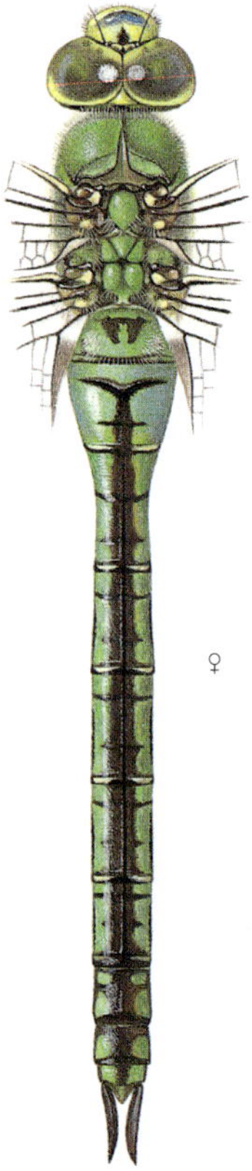

♀

occiput ♀

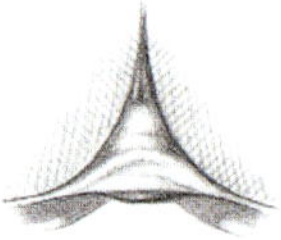

lisse, sans tubercule

Identification Odonate commun et très démonstratif, d'origine africaine, qui a récemment colonisé une grande partie de l'Europe du Nord. Le mâle en vol se reconnaît facilement à sa taille, son thorax vert dépourvu de bandes latérales, son abdomen bleu marqué d'une bande médiodorsale noire.

Critères à distance Tot 66-84 mm, Ab 50-61 mm, Ap 45-52 mm. Dans de nombreuses régions, le plus grand æschnidé. La majorité des *Anax* à abdomen entièrement bleu (mâles mâtures et certaines vieilles femelles) ou vert (immatures et femelles) sont des *A. imperator* mais quelques *A. parthenope* et *A. ephippiger* peuvent présenter ces colorations. Critères d'identification : 1) yeux verts à bleus, tout au plus teintés de brun ; 2) thorax et S1 verts et non pas (en grande partie) bruns, grisâtres ou brun-vert ; 3) fin anneau jaune sur S2 uniquement présent chez les immatures (anneau jaune marqué chez les adultes d'*A. parthenope*) ; 4) chez le mâle mature, thorax bleu juste devant la base des Aa. Les marques frontales des anax diffèrent selon les espèces (*cf.* tableau, p. 171, et descriptions des espèces). *A. imperator* peut être confondu avec *Aeshna affinis* et *A. viridis*, qui ont aussi des yeux et un abdomen bleus ainsi qu'un thorax vert. Elles sont plus petites, ont des lignes thoraciques noires et un abdomen orné d'une mosaïque de taches colorées.

Critères en main Lame supra-anale du mâle carrée, faisant un quart de la longueur des cercoïdes, à bordure distale supérieure denticulée. Cercoïdes du mâle plus courts que S9-S10 à pointes arrondies. Arrière de l'occiput des femelles lisse, sans tubercules.

Variations Des sédiments peuvent se coller à l'abdomen de la femelle lors de la ponte. Elle paraît ensuite plus sombre et peut être confondue avec *A. parthenope* et *A. ephippiger*.

Comportement En vol, les mâles ont l'abdomen légèrement arqué vers le bas. C'est le seul *Anax* dont la femelle pond seule. Elle insère ses œufs dans des végétaux flottants, souvent à découvert. Elle est donc généralement beaucoup plus visible que les autres æschnidés.

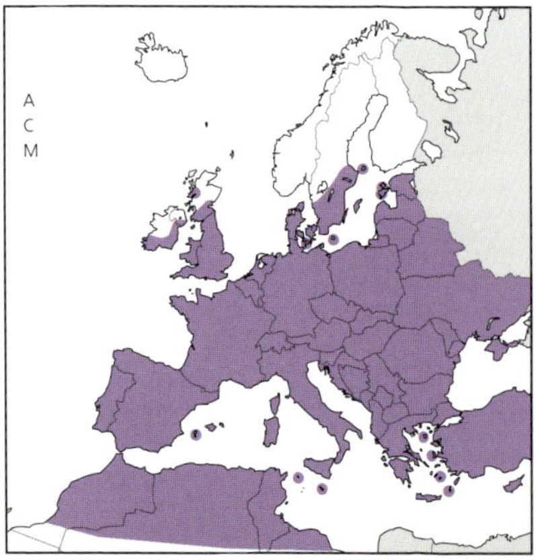

Répartition et statut Commun dans une grande partie de l'Afrique et de l'Eurasie occidentale.

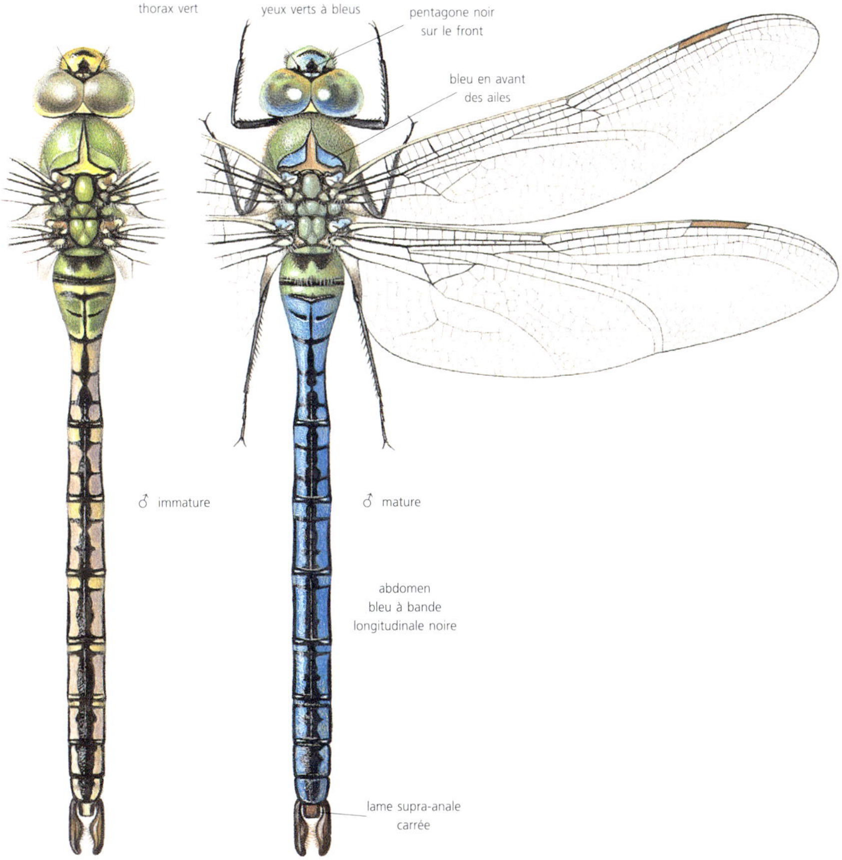

Expansion considérable vers le nord durant les dernières décennies.

Habitats Eaux stagnantes à légèrement courantes, souvent vastes et riches en végétation.

Période de vol De mars à décembre dans le nord de l'Afrique, d'avril à octobre en Europe occidentale et centrale. Pic de juin à août.

Anax junius (Drury, 1773) — Anax cyclope

Anax de juin

▲ *Anax junius* mâle. Noter la marque frontale en forme d'œil ainsi que les nuances pourprées de l'abdomen.

Identification Espèce erratique d'origine américaine qui ressemble globalement à *A. imperator* par la taille, le thorax vert et l'abdomen bleu, mais davantage à *A. parthenope* dans le détail. Le long de la côte atlantique, tout anax suspect doit être observé avec grande attention.

Critères à distance Tot 68-80 mm, Ab 51-57 mm, Ap 45-56 mm. Taille et apparence générale semblables à *A. imperator*. Se distingue par : 1) ligne médiodorsale noire du mâle plus effilée, absente de S2 mais allant en s'élargissant vers la pointe de l'abdomen ; 2) marque frontale caractéristique en forme d'œil ; 3) absence de bande noire entre les yeux, le vertex et le front ; 4) thorax en avant de la base des Aa vert (et non bleu comme chez les mâles d'*A. imperator*). Le S2 bleu et l'abdomen plus sombre rappellent *A. parthenope*. De plus, chez *A. junius*, l'abdomen est partiellement brun (partie postérieure notamment) et devient pourpré sombre par temps frais, ce qui fait ressortir le bleu de S2. *A. parthenope* a cependant un thorax et un S1 bruns (et non verts).

Critères en main Lame supra-anale du mâle très courte, de moins d'un cinquième de la longueur des cercoïdes. Ceux-ci sont longs (aussi longs que S9-S10 réunis) et tronqués, avec une épine saillante dans l'angle externe. Arrière de l'occiput des femelles à deux tubercules, comme *A. parthenope*. Les femelles d'*A. imperator* en sont dépourvues.

Comportement Pond en tandem, comme *A. parthenope*. La femelle d'*A. imperator* pond seule.

Répartition et statut Commun et répandu en Amérique du Nord et centrale. Erratique en Europe. Au moins six individus observés dans les îles Scilly et en Cornouailles en septembre 1998 et un mâle capturé sur les côtes françaises près de Nantes en septembre 2003. Les données britanniques ont coïncidé avec le passage d'une dépression atlantique et de forts vents d'ouest.

Habitats Eaux stagnantes dans les marais, y compris temporaires ou légèrement saumâtres.

Période de vol Toute l'année dans le sud de son aire américaine. D'avril à octobre dans le Nord, colonisé chaque année par des migrateurs qui sont souvent les premiers Anisoptères observés dans ces régions. La migration vers le sud débute en fin d'été.

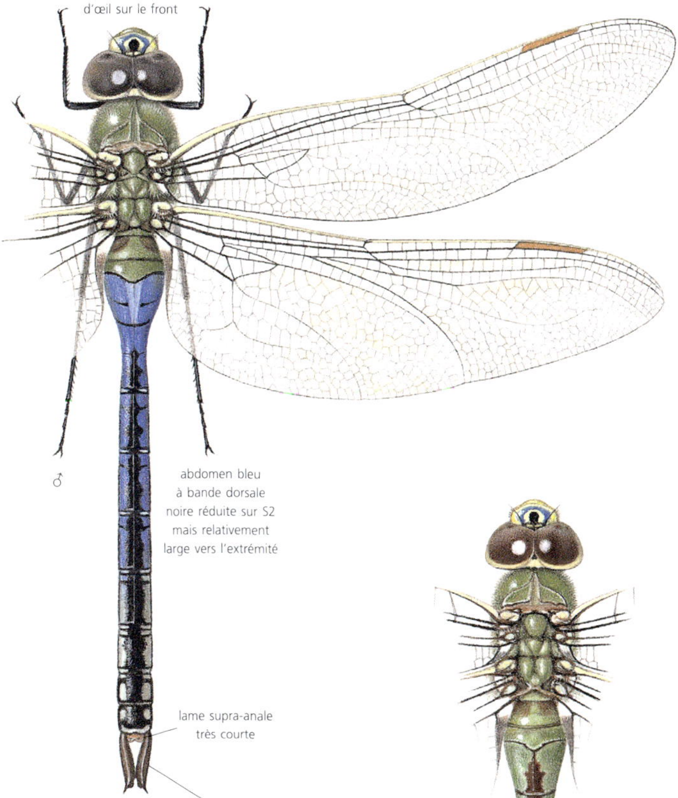
marque en forme d'œil sur le front
♂
abdomen bleu à bande dorsale noire réduite sur S2 mais relativement large vers l'extrémité
lame supra-anale très courte
cercoïdes longs et pourvus d'une épine

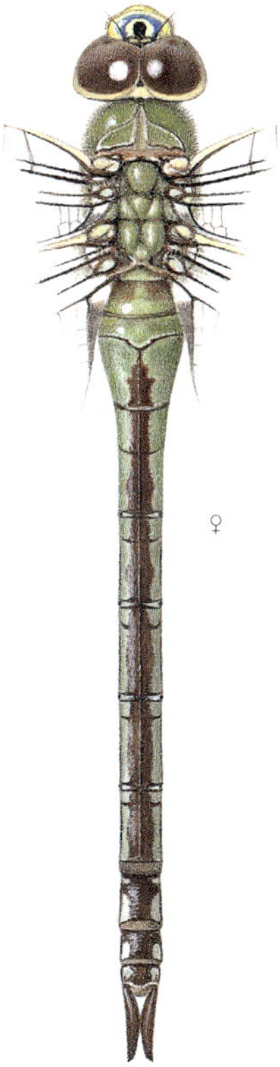
♀

Anax parthenope (Selys, 1839) Anax napolitain

Identification Grand æschnidé dont la coloration terne fait ressortir le vert des yeux et le bleu azuré de la selle. Les individus typiques peuvent être confondus avec *A. ephippiger* ; de rares individus à abdomen bleu peuvent ressembler à *A. imperator*.

Critères à distance Tot 62-75 mm, Ab 46-53 mm, Ap 44-51 mm. Légèrement plus petit qu'*A. imperator*. Individus typiques ressemblant à *A. ephippiger* mais ce dernier est plus petit et plus fin. Individus à abdomen bleuâtre rappelant *A. imperator*, dont le thorax est vert et non brun (*cf.* tableau p. 171 et texte descriptif de ces espèces). Chez les femelles d'*A. imperator*, les ailes sont hyalines ou teintées de brun entre le triangle et l'apex alors que chez les vieilles femelles d'*A. parthenope*, elles sont seulement teintées entre le Pt et le nodus. La tache frontale forme un triangle et diffère des autres *Anax*.

Critères en main Lame supra-anale de moins d'un cinquième de la longueur des cercoïdes, plus large que longue (vue de dessus) et pourvue de petits denticules sur la partie supérieure. Cercoïdes aux extrémités tronquées, dotés d'une épine à l'angle externe. Contrairement à *A. ephippiger* et *A. imperator*, arrière de l'occiput des femelles à deux tubercules.

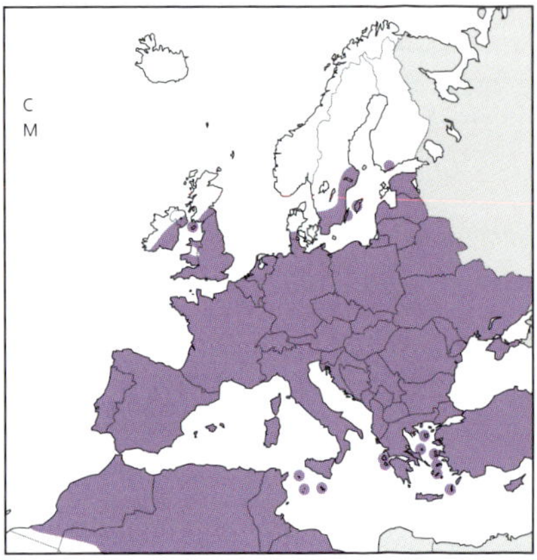

Variations Chez les immatures, les parties bleues de l'abdomen sont vert tendre.

Comportement En vol, l'abdomen du mâle est tenu plus horizontalement que chez *A. imperator*. La ponte se fait en tandem (la femelle pond seule chez *A. imperator*).

Répartition et statut Commun dans les régions méditerranéennes, rare plus au nord, bien que parfois localement abondant. A étendu son aire de répartition depuis les années 1990 mais dans de moindres proportions qu'*A. imperator*. Erratisme vers le nord plus fréquemment observé que chez *A. ephippiger*. S'étend jusqu'au Japon, en Chine et pénètre dans le Sahara.

Habitats Eaux calmes, souvent de vastes superficies.

Période de vol En zone méditerranéenne de mars à novembre, essentiellement de juin à août plus au nord.

◀ *Anax parthenope*, mâle mature.

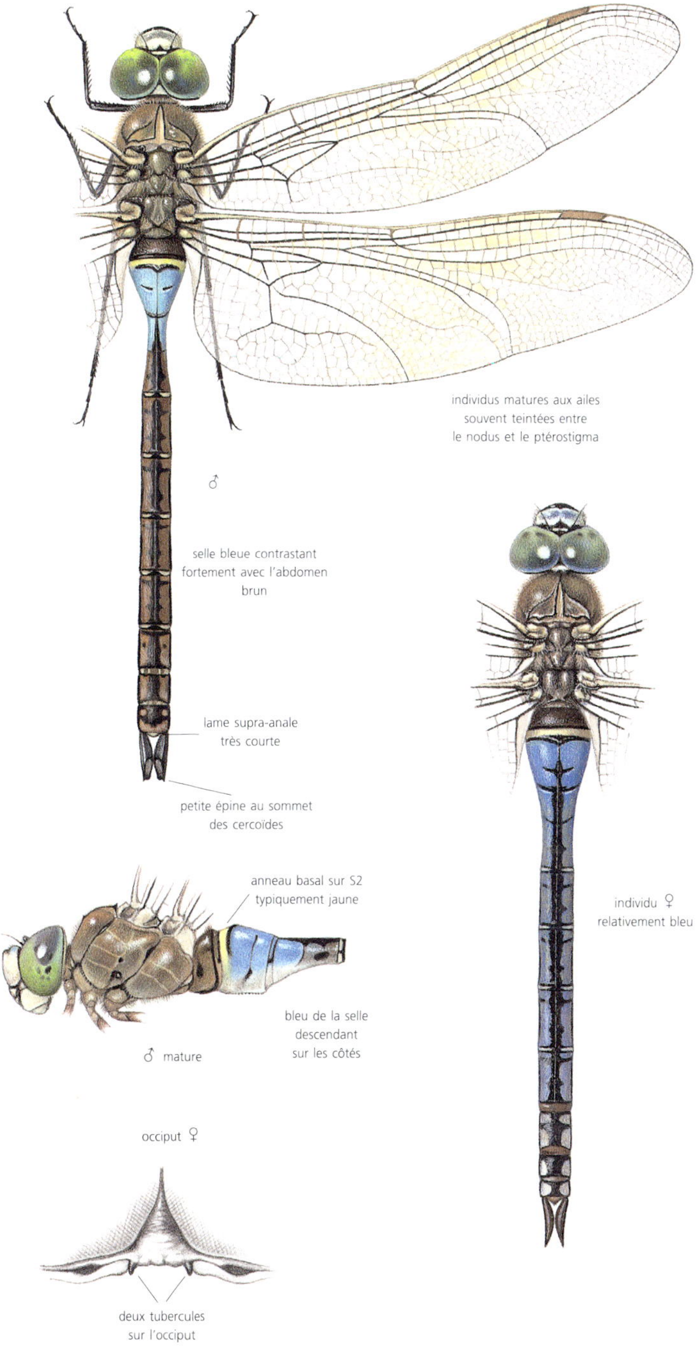
individus matures aux ailes
souvent teintées entre
le nodus et le ptérostigma
♂
selle bleue contrastant
fortement avec l'abdomen
brun
lame supra-anale
très courte
petite épine au sommet
des cercoïdes
anneau basal sur S2
typiquement jaune
individu ♀
relativement bleu
bleu de la selle
descendant
sur les côtés
♂ mature
occiput ♀
deux tubercules
sur l'occiput

Anax ephippiger (Burmeister, 1839) Anax porte-selle

◀ *Anax ephippiger*, accouplement.

Identification Cet anax de couleur sable est un grand migrateur originaire des régions arides d'Afrique et d'Asie. Il ne dépasse les régions méditerranéennes qu'occasionnellement. Son nom se réfère à la selle bleue située à la base de l'abdomen du mâle. Souvent placé dans le genre *Hemianax*.
Critères à distance Tot 61-70 mm, Ab 43-56 mm, Ap 43-48 mm. Légèrement plus petit que les autres anax. Grosse tête globuleuse et abdomen moins long et plus fin, généralement assez sombre. Selle bleue limitée à la partie supérieure de S2 (et parfois une partie de S3), ce qui rend difficile son observation en vol (celle d'*A. parthenope* entoure davantage l'abdomen). Chez les femelles et les jeunes mâles d'*A. ephippiger*, elle est moins intensément colorée et traversée par la bande médiodorsale noire. S3-S10 bruns avec une bande dorsale noire qui s'élargit sur S8-S10 et enserre des ponctuations brun-jaune distribuées par paires sur chaque segment. Yeux et thorax bruns, souvent avec la partie inférieure vert-jaune caractéristique. Pas de teinte bleue sur le front ou les yeux, contrairement à *A. imperator* et *A. parthenope*. Les deux barres frontales noires parallèles sont caractéristiques d'*A. ephippiger*.

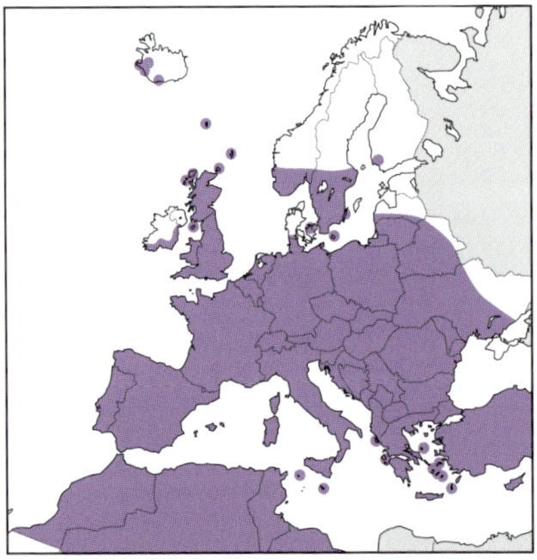

Critères en main Le seul *Anax* doté d'une unique carène (et non deux) sur chacun des côtés de l'abdomen. Le seul *Anax* doté d'un champ cubital large aux Ap avec 3 rangées de cellules (plusieurs cellules comprises entre les 2 rangées de cellules du champ). Cercoïdes du mâle à apex pointus. Lame supra-anale du mâle faisant au moins le quart de la longueur des cercoïdes, triangulaire (vue de dessus) à partie supérieure couverte de denticules. Arrière de l'occiput dépourvu de tubercules. Appendices anaux de la femelle larges, semblables aux cercoïdes du mâle.
Variations Selle bleue pouvant être absente chez certaines femelles.
Comportement Pond généralement en tandem. Principalement diurne mais souvent plus actif au crépuscule que les autres espèces d'*Anax*. Parfois attiré par la lumière.

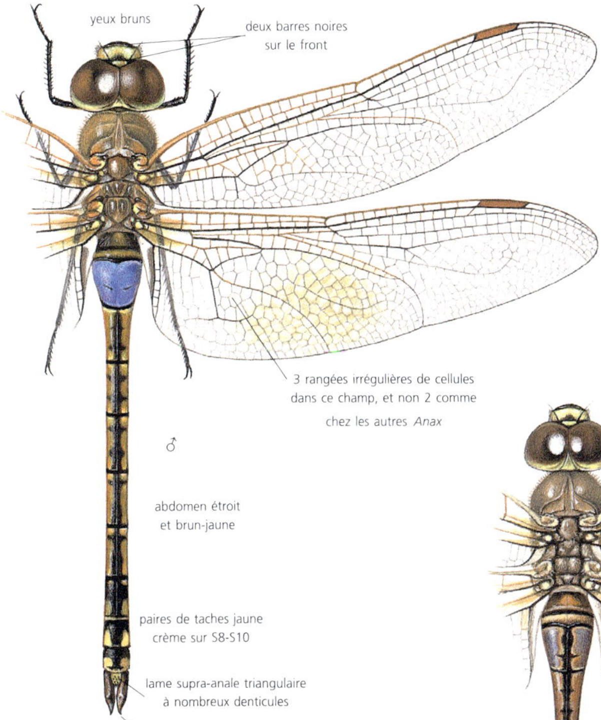

Répartition et statut Vagabonde en Afrique et dans le Sud-Ouest asiatique à la recherche de zones arrosées par les pluies pour se reproduire. Les migrateurs atteignent parfois l'Europe (*A. ephippiger* est le seul Odonate jamais observé en Islande). Reproductions ponctuelles en Europe ; probablement annuelles dans le bassin méditerranéen. Des migrateurs ont aussi atteint le Brésil, le Japon et la Thaïlande ; s'est même récemment reproduit sur certaines îles des Caraïbes.

Habitats Étangs et points d'eau peu profonds, chauds (souvent temporaires).

Période de vol Vole toute l'année en zone méditerranéenne. Principalement de juillet à septembre plus au nord, mais peut être observé n'importe quel mois de l'année.

Anax immaculifrons (Rambur, 1842) Anax annelé

Identification Le plus grand des Odonates européens et l'un des plus exotiques avec ses annelures abdominales noires et jaunes. Le mâle a la tête, le thorax et la base de l'abdomen lavés de bleu. Espèce asiatique dont l'avant-poste occidental se situe en Turquie et en Grèce.

Critères à distance Tot 80-86 mm, Ab 55-60 mm, Ap 54-60 mm. Notre plus grand Odonate ne peut guère être confondu du fait de sa taille et de son abdomen annelé (la moitié antérieure de S2-S8 claire, formant sept anneaux). Thorax clair avec deux larges bandes noires latérales. Front dépourvu de marques sombres. Yeux, front et zones claires jaunes (verdâtres) chez les mâles immatures et les femelles. Mâles bleu pâle du front à la base de l'abdomen avec des yeux bleu vif. Ailes des mâles souvent fumées de brun ; celles des femelles sont généralement plus discrètement colorées. Apparence générale de *Cordulegaster*, dont certaines espèces ont aussi les yeux bleus.

Critères en main Lame supra-anale du mâle triangulaire (vue de dessus) et longue (environ la moitié de la longueur des cercoïdes).

Variations En Asie orientale, mâles dépourvus de bleu à abdomen rouge brique : il pourrait s'agir d'une autre sous-espèce.

Comportement Les mâles patrouillent à grande vitesse le long des ruisseaux. Lors de la ponte, il gardienne la femelle en volant sur place au-dessus d'elle.

Répartition et statut Répandu du sud de l'Asie à la Chine, atteignant sa limite d'aire occidentale sur les côtes de la mer Égée : sud de la Turquie, Chypre et îles grecques de Rhodes, Kárpathos et Ikaría.

Habitats Contrairement aux autres anax, préfère les ruisseaux rocheux larges, souvent partiellement ombragés.

Période de vol En Grèce et Turquie, de mai à septembre.

▶ *Anax immaculifrons*, cœur copulatoire.

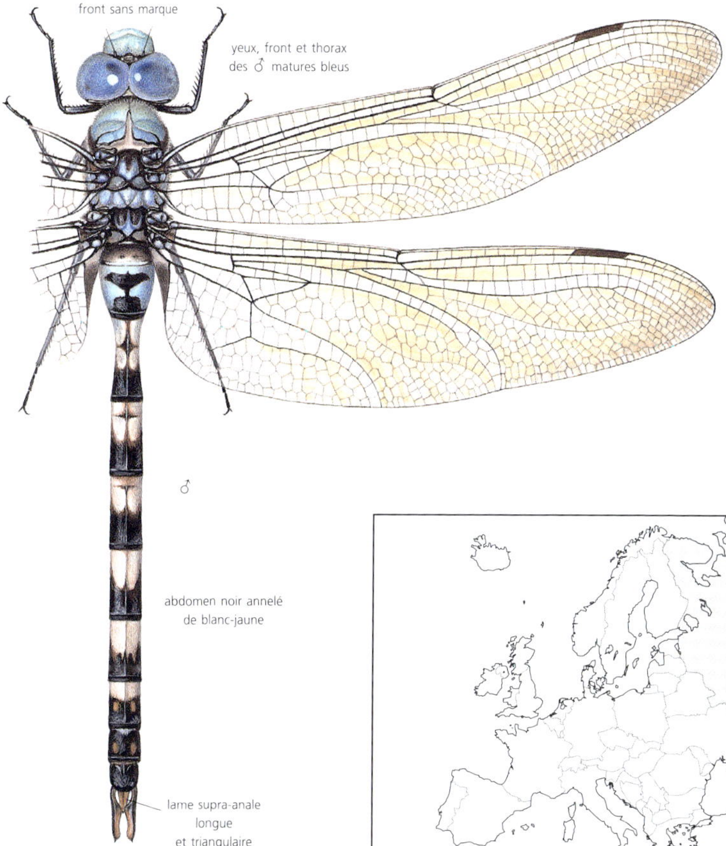
front sans marque
yeux, front et thorax
des ♂ matures bleus
♂
abdomen noir annelé
de blanc-jaune
lame supra-anale
longue
et triangulaire

horax rayé de 2 bandes noires
♀
♀ rappelant un grand
Cordulegaster

Brachytron pratense (Müller, 1764) Æschne-velue printanière

Identification Petit æschnidé d'un genre monospécifique, souvent confondu avec les petites *Aeshna*, mais dont la période de vol est plus précoce. Le corps velu et l'abdomen robuste donnent l'impression d'un insecte plus compact. Les mâles sont souvent observés patrouillant bas, longeant de très près la lisière végétale. En main, de nombreux détails de nervation, de forme et de coloration facilitent la détermination.
Critères à distance Tot 54-63 mm, Ab 37-46 mm, Ap 34-37 mm. Plus court et plus trapu qu'*Aeshna mixta*. Thorax particulièrement velu à dessins caractéristiques : côtés verts barrés de deux lignes noires complètes (et non une). Contrairement aux *Aeshna*, abdomen des mâles non étranglé à la base mais cylindrique. Abdomen noir orné de ponctuations bleu clair chez le mâle avec un point central caractéristique sur S1. Paire de points postérieurs de chaque segment plus allongée que chez les *Aeshna*. Marques jaune verdâtre chez les immatures et les femelles. À comparer avec *A. cyanea* (plus grande), *A. affinis* et *A. mixta* (de même taille).
Critères en main L'étude de l'aile permet une distinction facile avec les *Aeshna* : 1) Pt plus longs et plus fins ; 2) une rangée de cellules sur une grande longueur avant Nrs ; 3) habituellement seulement deux nervures transverses entre la base et le triangle ; 4) triangle anal court et angle anal arrondi. Lame supra-anale d'un tiers de la longueur des cercoïdes et distinctement échancrée (environ à moitié aussi longue que les cercoïdes et plus pointue chez les *Aeshna*).
Comportement Vol de patrouille des mâles bas, le long de la végétation rivulaire, voire dedans.

Répartition et statut Répandu à l'ouest de l'Oural, mais généralement localisé bien que commun par place.
Habitats Eaux stagnantes à faiblement courantes, riches en végétation aquatique et rivulaire : canaux bordés de roseaux, marais, bras morts et prairies inondées.

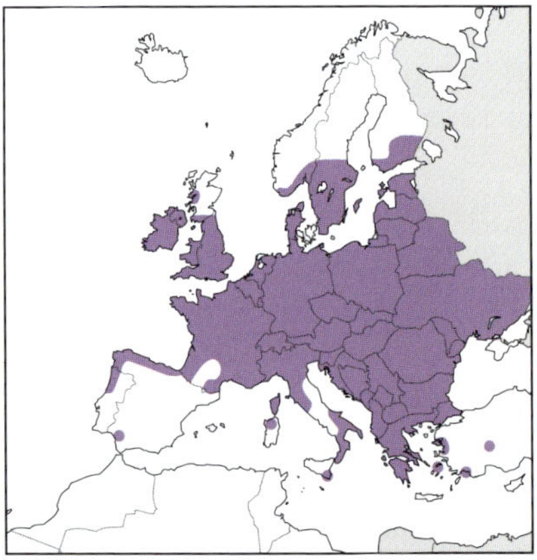

▲ *Brachytron pratense*, cœur copulatoire.

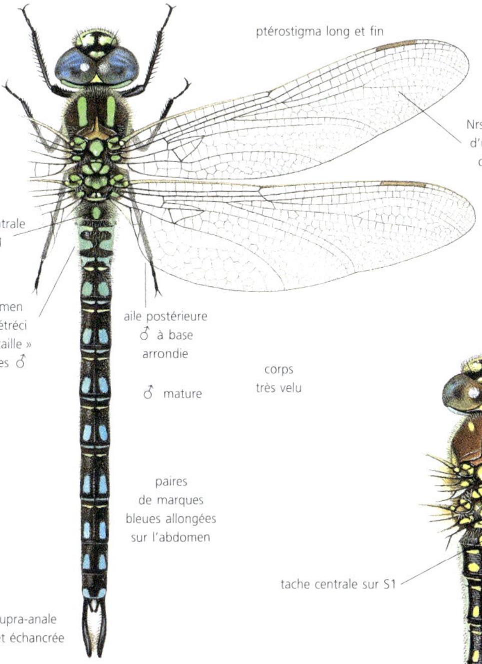

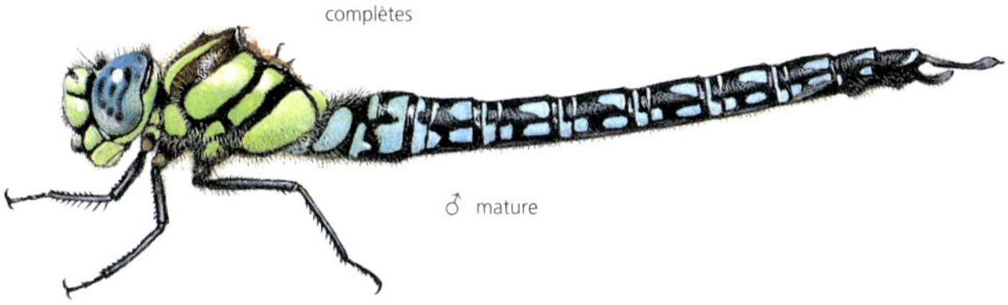

Période de vol Fin mars à début août, pic en mai et juin dans la majeure partie de son aire. Bien plus précoce que les autres æschnes dont l'abondance culmine en fin d'été.

K.-D. B. Dijkstra

Boyeria McLachlan, 1896 — Spectres

Identification Coloration terne et marbrée tel un camouflage militaire. Mâles et certaines femelles à apex de l'aile coloré, notamment l'Ap. Nms et Nrs surmontées de deux rangées de cellules ; espace médian (entre l'arculus et la base) des quatre ailes avec 2-4 nervures transverses ; IR_3 non fourchue. Pt modérément longs surplombant 4-7 cellules.

Caractérisation du genre Habitat, comportement et coloration caractéristiques. En main, l'étude de la nervation enlève toute équivoque. *Caliaeschna* a des mœurs proches mais ne coexiste pas avec les *Boyeria*. Plus petite, marquée de dessins plus contrastés, elle a des Pt plus courts. La plupart des *Aeshna* sont plus contrastées, toutes sont dépourvues de nervures transverses dans l'espace médian ; Nms et Nrs sont surmontées de trois rangées irrégulières (ou plus) de cellules. Ces deux genres ont des IR_3 fourchues et des ailes à l'extrémité hyaline.

Identification des espèces Le genre *Boyeria* est composé d'espèces relictes : 2 dans l'est de l'Amérique du Nord ; 3 dans l'est de l'Asie ; 2 endémiques de notre région.

Comportement Les mâles font de longues et furtives patrouilles, volant bas au-dessus de l'eau en suivant la berge. Ils se tiennent souvent dans les zones ombragées et inspectent attentivement les anfractuosités de la rive en volant sur place. Rassemblements fréquents au crépuscule dans les zones de chasse. Vol rapide et zigzagant qui se poursuit souvent après la tombée de la nuit. Contrairement à *B. irene*, les mâles de *B. cretensis* ne semblent pas établir et défendre des territoires.

K.-D. B. Dijkstra

Boyeria irene (Fonscolombe, 1838) — Spectre paisible

Æschne paisible

Identification *Boyeria irene* se reconnaît facilement à son vol lent, discret, souvent effectué du côté ombragé de la berge. Néanmoins, au crépuscule, l'espèce fréquente des secteurs plus ouverts, volant à toute allure à la poursuite de ses proies. Mis à part le comportement, se reconnaît par les caractéristiques génériques et ne peut guère être confondue.

Critères à distance Tot 63-71 mm, Ab 44-48 mm, Ap 39-45 mm. Taille intermédiaire entre *Aeshna mixta* et *A. cyanea*, proche d'*A. isoceles*. Corps brun grisâtre couvert de marbrures vert grisâtre ou vert bleuâtre contrastant peu. Dessins caractéristiques : S2-S9 à base plutôt verte formant 5-7 anneaux et S9-S10 entièrement verts supérieurement formant une tache caudale plus claire. Front marqué d'une zone sombre indistincte. Yeux verts.

Critères en main *Cf.* description du genre.

Variations L'étendue des marques alaires varie. Les femelles existent sous deux formes : la forme typique (f. *typica*) à appendices anaux longs (environ 6 mm, 3 fois la longueur de S10) ; la f. *brachycerca* à appendices courts (2 mm, aussi longs que S10). Contrairement à son appellation, la forme typique est la plus rare, ne composant tout au plus que la moitié de la population d'une localité.

Répartition et statut Endémique de la zone ouest-méditerranéenne, où elle est commune dans la plupart des cours d'eau. Une population extrêmement isolée mais importante vit au bord de l'Örtze, au nord de l'Allemagne.

Habitats Ruisseaux, rivières, fleuves aux berges ombragées. En Suisse notamment, rives des grands lacs.

Période de vol Fin juin à fin septembre, pic en juillet-août.

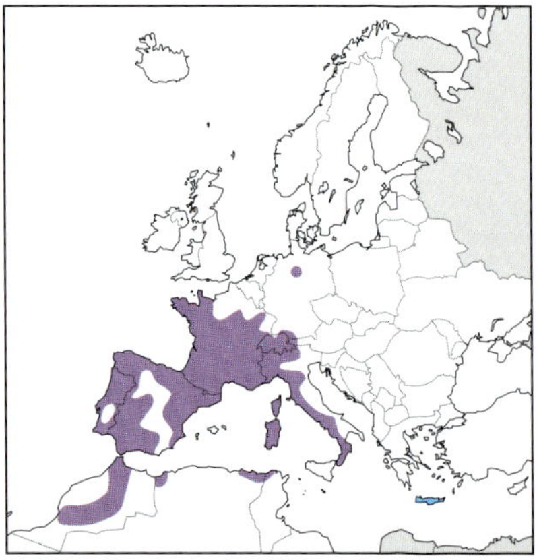

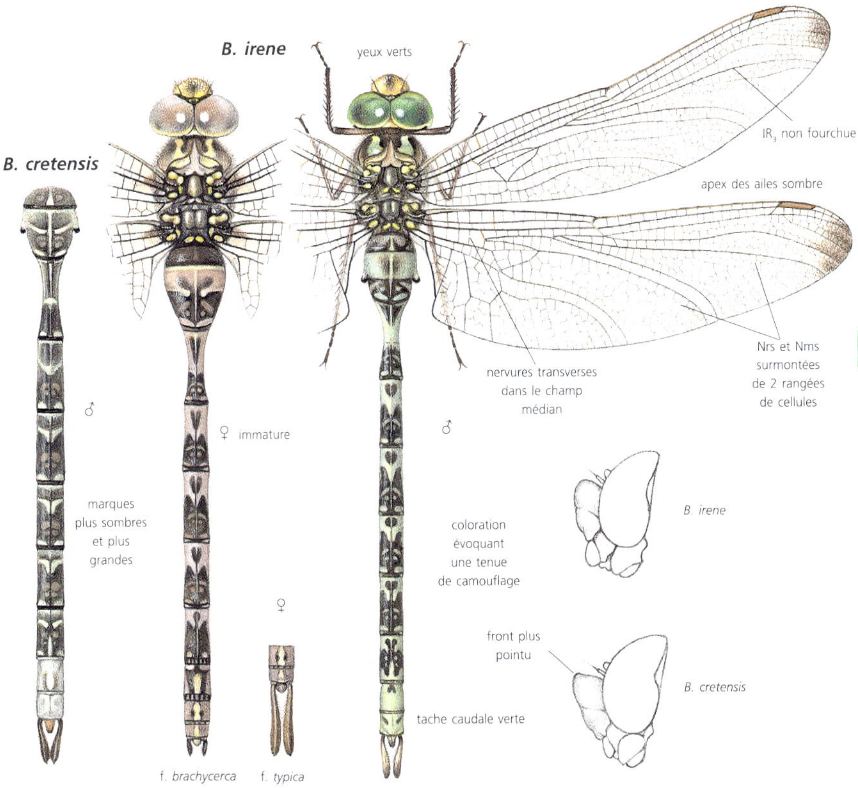

Boyeria cretensis (Peters, 1991) Spectre de Crète

Identification Cet endémique de Crète est très semblable à sa proche parente occidentale. Il s'agit vraisemblablement d'une espèce relicte, remplacée dans les régions environnantes par *Caliaeschna microstigma*. Décrite dès 1850, *B. cretensis* n'a finalement obtenu le statut d'espèce que cent quarante et un ans plus tard.
Critères à distance Tot 69-71 mm, Ab 45-49 mm, Ap 44-47 mm. En moyenne, légèrement plus grande que *B. irene*. Mâles matures aux yeux verts, qui contrastent vivement avec le corps sombre et terne. Marques sombres plus étendues que chez *B. irene*, ne laissant apparaître que de petites ponctuations jaune grisâtre plutôt que vertes. S2-S8 plus sombres à la base et n'offrant pas le caractère annelé de *B. irene*. Immatures frais plus clairs avec de larges zones pâles à la base de S2-S8. Des confusions sont peu probables du fait de l'aire limitée de l'espèce mais des individus erratiques de *Caliaeschna microstigma* pourraient éventuellement apparaître en Crète.
Critères en main Diffère de *B. irene* par les critères suivants : 1) Pt des Ap de 4-5 mm (et non < 4 mm) ; 2) ailes plus densément nervées en moyenne ; 3) front plus pointu vu de profil ; 4) carène dorsale des cercoïdes des mâles non redressée avant l'extrémité (vue de profil, non illustrée).
Variations La forme femelle à longs appendices anaux, comme on la rencontre chez *B. irene*, n'a jamais été observée.

Répartition et statut Crète (en bleu sur la carte, page ci-contre), où l'espèce est rare et difficile à observer. Seuls les cours d'eau permanents, qui ne représentent qu'une partie des rivières de l'île, abritent *B. cretensis*. L'espèce, dont la totalité de la population est confinée à une quinzaine de bassins-versants, est sérieusement menacée par la création de retenues, le pompage et la pollution de l'eau.
Habitats Ruisseaux rocheux et partiellement ombragés.
Période de vol Repéré en juillet et août, mais vole probablement de fin mai à septembre.

Caliaeschna Selys, 1883 — Caliæschne

Caliaeschna microstigma (Schneider, 1845) — Caliæschne à petits stigmas

◀ *Caliaeschna microstigma* mâle.

Identification Petit æschnidé aux lignes épurées et aux Pt courts. Partage avec *Boyeria irene* des mœurs crépusculaires et discrètes et une préférence pour les eaux courantes, mais les deux espèces ne semblent pas coexister. *C. microstigma* est sensiblement plus petite et de coloration plus contrastée.

Critères à distance Tot 50-60 mm, Ab 39-47 mm, Ap 35-41 mm. Le plus petit æschnidé de notre région. Pt très sombre et court (< 2 mm, ne surplombe que deux cellules). Mâle mature brun-noir avec généralement des bandes antéhumérales en forme de « 7 ». Ponctuations dorsales bleues de S1-S7 étroites mais celles de S8-S10 plus larges, voire (partiellement) fusionnées, formant ainsi une tache caudale très visible. Femelles plus brunes avec des marques plus jaunâtres. Front blanchâtre souligné d'une barre noire sur la crête. Ne peut guère être confondu ; les petites espèces d'Aeshnidae (*Aeshna mixta*, *Brachytron pratense* par exemple) ont des habitats et des comportements très différents.

Critères en main Nms et Nrs surmontées d'une rangée de cellules, comme *Brachytron pratense* mais contrairement à *Boyeria irene* (habituellement 2 rangées) et aux *Aeshna* (3 rangées irrégulières ou plus). Espace médian pourvu de nervures transverses, caractère uniquement partagé avec les *Boyeria*. IR_3 fourchue comme chez les *Aeshna* et *Brachytron* (non fourchue chez les *Anax* et les *Boyeria*). Appendices anaux de la femelle très courts et trapus ; la valve entourant l'ovipositeur est plus longue et plus rectiligne que chez les autres genres, formant une pointe dépassant S10.

Variations Les populations orientales peuvent être considérablement plus sombres, avec des bandes antéhumérales réduites à un petit point.

Comportement Les mâles patrouillent, à la façon des *Boyeria*, en volant bas le long des berges ombragées. Chassent souvent en groupe à la tombée de la nuit d'un vol rapide et capricieux, au-dessus des rivières ou le long des lisières boisées.

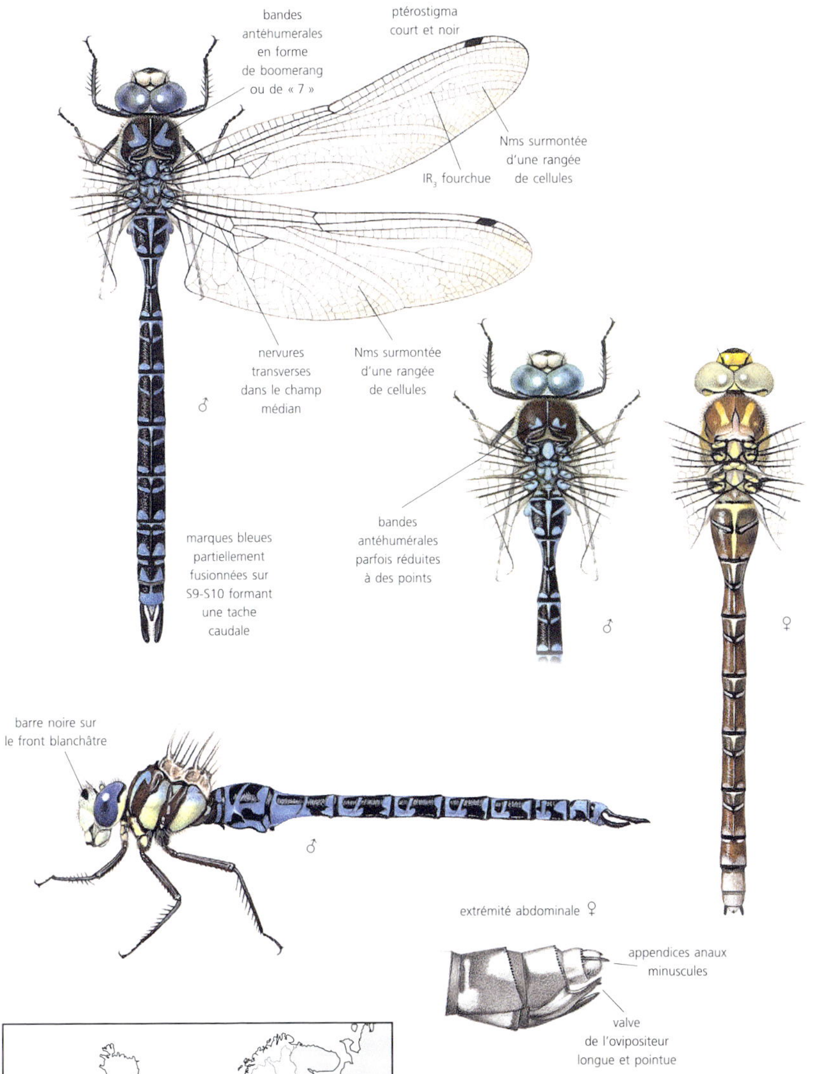

Répartition et statut Atteint la région du Caucase, l'Afghanistan et le nord de l'Israël. Absent de Crète, où il est remplacé par *Boyeria cretensis*. Commun dans la majeure partie de son aire de répartition.

Habitats Cours d'eau, souvent ombragés et à courant rapide. La larve vit parmi les mousses submergées, la litière de feuilles, les racines ou sous les pierres quand il n'y a pas d'autres supports.

Période de vol Mi-mai à août, occasionnellement jusqu'en octobre.

K.-D. B. Dijkstra

Gomphidae
Gomphus Leach, 1815 et *Stylurus* Needham, 1897 Gomphes

Identification Libellules de taille moyenne au corps jaune à verdâtre marqué de noir. La ligne médiodorsale quasi continue liant S1 à S7, voire S10, est caractéristique. L'Ap est dépourvue de champ anal, une nervure perpendiculaire ininterrompue relie le subtriangle à la bordure postérieure de l'aile. Chez de nombreuses espèces, l'abdomen est élargi en massue mais ne présente pas d'expansions foliacées latérales. Les cercoïdes du mâle sont relativement courts (environ aussi longs que S10) et divergent nettement. La lame supra-anale bifide est à peine plus courte et ses branches sont peu visibles du dessus, souvent cachées par les cercoïdes.
Caractérisation du genre Tous nos gomphidés, caractérisés par des yeux séparés, sont assez semblables en taille et en apparence, mis à part la grande *Lindenia* et les petits *Paragomphus*. Les mâles de ces deux genres ont des expansions foliacées abdominales et des appendices anaux parallèles et très longs. Les mâles d'*Ophiogomphus* et d'*Onychogomphus* ont un champ anal. Leurs cercoïdes sont incurvés et ne dissimulent pas les branches parallèles de la lame supra-anale. Les mâles d'*Onychogomphus* ont des cercoïdes longs, en forme de pince, et leur abdomen paraît annelé ou ponctué plutôt que barré d'une ligne longitudinale. Sur le terrain, la confusion avec *Ophiogomphus* est plus probable mais les adultes matures se distinguent par leurs cercoïdes jaunes, leur tête et leur thorax vert vif. Observés furtivement, particulièrement en vol, certains immatures ou certaines femelles de libellulidés (*Orthetrum cancellatum* notamment) ressemblent aux *Gomphus* et aux *Stylurus* mais leurs yeux se touchent.

Identification des espèces Peu de genres sont aussi homogènes que ceux des *Gomphus* et des *Stylurus* réunis ; seules neuf espèces peuvent être source de confusion. *Stylurus* est un genre principalement nord-américain, avec seulement quelques espèces en Eurasie. Jusqu'à récemment, celles-ci étaient placées dans le genre *Gomphus*, mais leur parenté, depuis longtemps soupçonnée, a été confirmée par des analyses génétiques. Elles présentent aussi des différences subtiles dans les marques, les hameçons postérieurs, plus fins et plus pointus, et les larves nettement allongées avec des crochets réduits sur les pattes, une adaptation pour creuser dans des sédiments meubles. L'élévation au rang d'espèce de trois taxons (*G. schneiderii*, *G. lucasii* et *S. ubadschii*, respectivement dissociés de *G. vulgatissimus*, *G. simillimus* et *S. flavipes*) est discutable mais les aires de répartition de chaque espèce ne se chevauchent (quasiment) pas. Un tableau d'identification simplifié est proposé ci-contre. Pour obtenir une identification fiable, il est préférable d'examiner les insectes en main. Les appendices anaux des mâles et les lames vulvaires des femelles peuvent être utiles ainsi que la forme de l'hameçon du mâle, critère diagnostique trop souvent négligé.
Comportement Alors que l'on peut trouver de nombreuses exuvies le long des rivières, on n'y observe généralement que peu d'adultes. Après l'émergence, les imagos fréquentent des prairies, des friches ou des lisières proches. C'est là, plutôt qu'au bord de l'eau, qu'on observe le plus facilement les gomphes. Les mâles matures se perchent sur des branchettes ou des pierres de la berge pour attendre les femelles. Dans les rivières et fleuves larges, ils peuvent aussi voler au milieu du cours d'eau (*S. flavipes*, *G. vulgatissimus*) ou longer les rives (*G. pulchellus*). Les femelles sont timides. Lors de la ponte, elles se ruent au-dessus du cours d'eau et déposent de nombreux œufs en seulement quelques contacts avec l'eau (parfois un seulement).

F. Suhling et O. Müller

◀ *Gomphus pulchellus*, cœur copulatoire. Noter le corps noir et jaune caractéristique de toutes les espèces de *Gomphus* et de *Stylurus*.

Comparaison entre espèces des genres *Gomphus* et *Stylurus*

Bandes thoraciques : antéhumérale = bande jaune entre la 2e et la 3e bande noire en partant de la tête ; interpleurale = 4e ligne noire, juste avant le métastigma ; métapleurale = 5e ligne noire, juste après le métastigma.

S8-S9	Ligne jaune sur les pattes	Antéhumérale / 2e bande noire	Caractéristiques thoraciques (figures ci-dessous)	Répartition approximative	Espèces
Habituellement noir dorsalement	Généralement aucune	Plus étroite à égale	Aucune	Europe	*G. vulgatissimus*
				Turquie, S Balkans	*G. schneiderii*
	Fémurs	Plus étroite		France, péninsule Ibérique	*G. graslinii*
		Égale		Turquie	*G. davidi*
				SO Europe, Maroc	*G. simillimus*
				Algérie, Tunisie	*G. lucasii*
Ligne médiodorsale jaune	Fémurs et tibias		Interpleurales non interrompues au-dessus des métastigmas mais complètes de la base de l'Ap à la 2e paire de pattes	O Europe	*G. pulchellus*
		Plus large	Métapleurales non fourchues au niveau des métastigmas ; antéhumérales non limitées ventralement par du noir et s'étendant donc à la 2e paire de pattes	Europe	*S. flavipes*
				Turquie	*S. ubadschii*

G. vulgatissimus

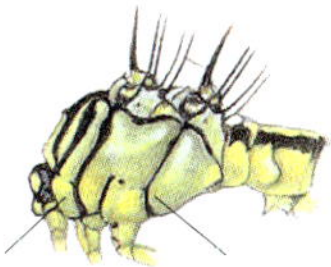
S. flavipes

S. ubadschii

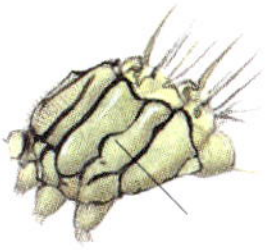
G. pulchellus

G. graslinii

G. davidi

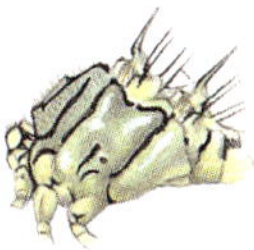
G. lucasii

G. simillimus

Gomphus vulgatissimus (Linnaeus, 1758)

Gomphe à pattes noires

Gomphe vulgaire

Identification Le plus commun et le mieux réparti des gomphes de notre région. Il est plus sombre que les autres espèces avec une couleur de fond plus verte et des marques noires plus étendues.

Critères à distance Tot 45-50 mm, Ab 33-37 mm, Ap 28-33 mm. Plus robuste et plus sombre que ses congénères avec un abdomen épaissi en massue. Se distingue par : 1) pattes généralement entièrement noires ; 2) S8-S10 généralement noirs, dépourvus de ligne médiodorsale jaune ; 3) couleur jaune de fond devenant verte chez les vieux mâles alors que les autres espèces demeurent jaunes (parfois jaune verdâtre) ; 4) yeux verts (parfois vert-bleu) chez les individus matures. Autre critère souvent utilisé mais pas toujours fiable : bandes antéhumérales claires plus étroites que les bandes noires qui les bordent ; ces bandes noires sont souvent (presque) en contact. Les mâles de *G. graslinii*, *G. pulchellus*, *G. simillimus* et *S. flavipes*, qui peuvent coexister avec cette espèce, ont des yeux bleus (mâles matures), des fémurs rayés de jaune et une bande jaune médiodorsale sur S8-S10. *G. vulgatissimus* ressemble davantage à *G. schneiderii*, avec lequel il coexiste dans le sud des Balkans. Pour plus de détail, voir cette espèce.

▲ *Gomphus vulgatissimus* mâle. Noter le thorax jaune teinté de vert, typique chez les mâles âgés.

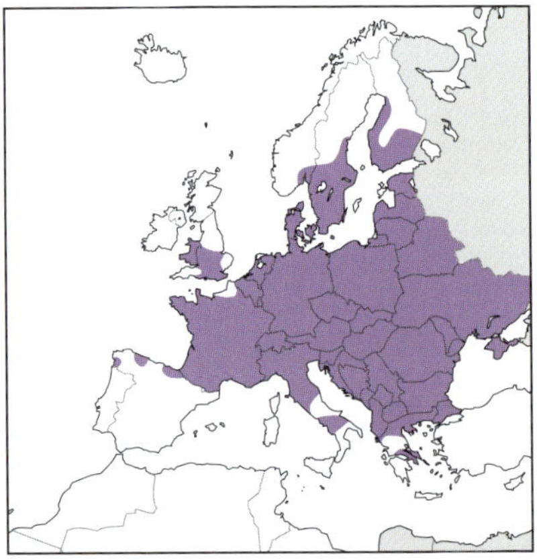

Critères en main Habituellement, triangle anal du mâle à 4 cellules ou plus (généralement 3 chez les autres espèces de *Gomphus* et de *Stylurus*).

Variations S'hybride avec *G. schneiderii* dans une vaste zone commune aux deux espèces dans le sud des Balkans, ce qui rend souvent l'identification impossible.

Comportement Les mâles se perchent sur la végétation rivulaire et les rochers. Les deux sexes vivent généralement à proximité de l'eau mais peuvent se tenir dans la canopée, ce qui les rend très difficiles à repérer.

Répartition et statut Le plus fréquent des gomphes en Europe du Nord et centrale. Atteint la plaine de Sibérie occidentale à l'est.

Habitats Rivières et ruisseaux à courant modéré et à fond sableux ; évite les cours d'eau trop rapides à fond pierreux. Localement : réservoirs, gravières et grands lacs. La larve s'enfouit dans le sable fin, préférentiellement recouvert d'une pellicule de débris végétaux.

Période de vol Avril à juin dans le Sud ; juin à août dans le Nord. Émergence classiquement synchrone et massive au printemps, suivie d'une brève période de vol. Pic d'émergence début mai en Europe centrale.

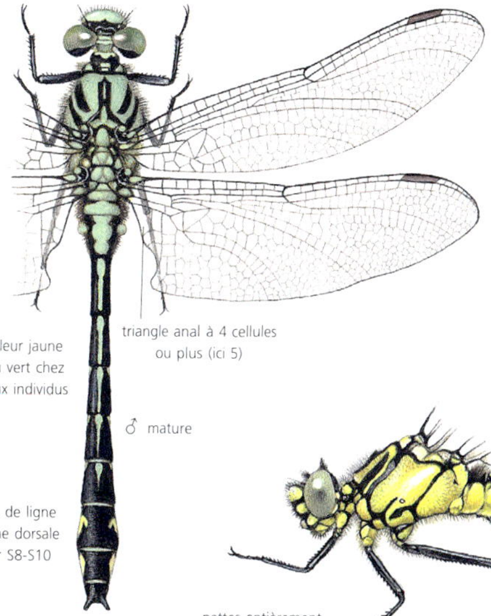
yeux verdâtres
la couleur jaune vire au vert chez les vieux individus
triangle anal à 4 cellules ou plus (ici 5)
♂ mature
pas de ligne jaune dorsale sur S8-S10

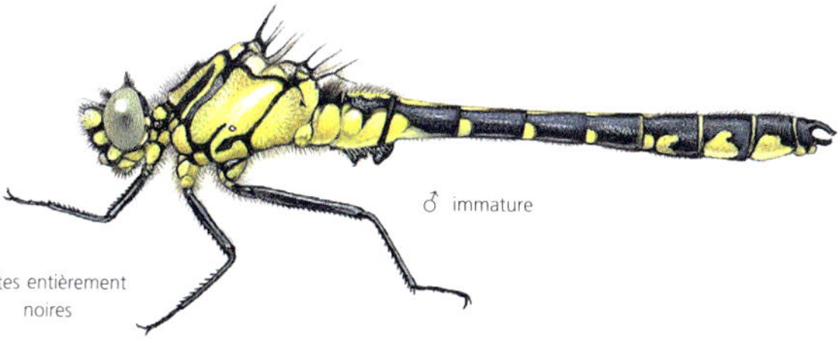
♂ immature
pattes entièrement noires

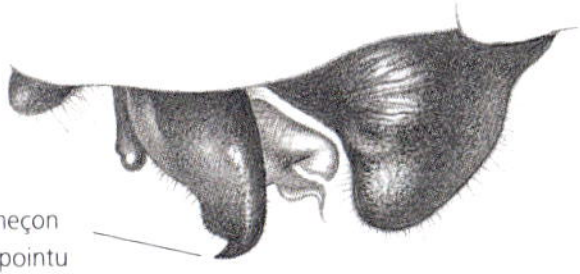
hameçon très pointu
pièces copulatrices ♂

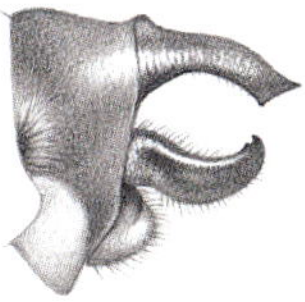
appendices anaux ♂ (vue de profil)

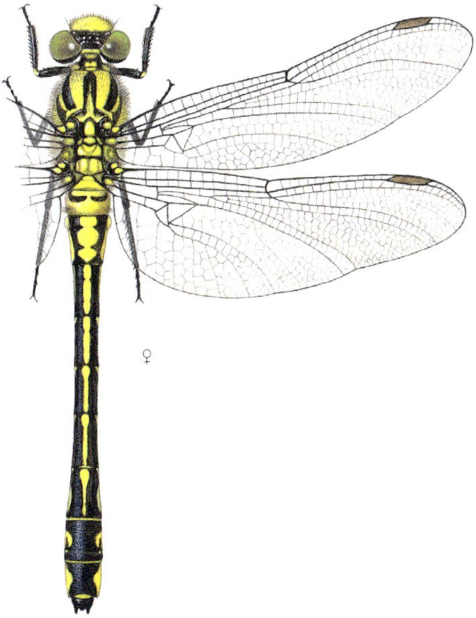
♀

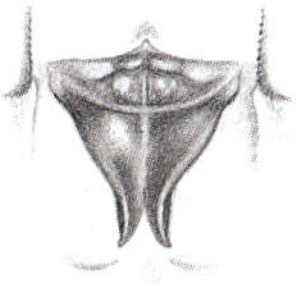
lame vulvaire ♀

Gomphus schneiderii (Selys, 1850) Gomphe turc

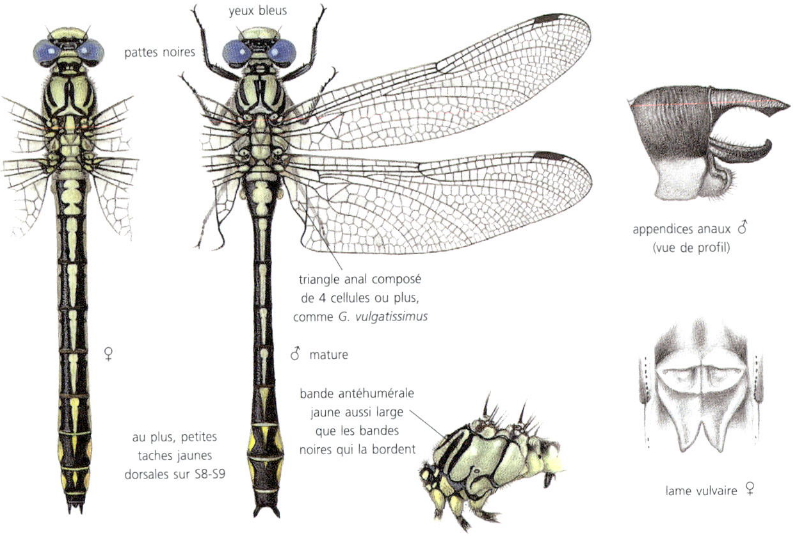

Identification Remplace *G. vulgatissimus* en Turquie et au sud des Balkans. *G. schneiderii* est plus jaune et a des yeux plus bleus, mais les deux espèces sont variables et seuls les appendices anaux du mâle et la lame vulvaire de la femelle permettent de faire la distinction, bien que ceux-ci diffèrent à peine. Cela, ajouté à une hybridation extensive dans une zone allant du Monténégro à la Thrace, suggère que si aucune preuve de leur isolement génétique n'est apportée, les deux espèces doivent être considérées comme synonymes.

Critères à distance Tot 40-48 mm, Ab 30-34 mm, Ap 29-31 mm. Tend à être plus petit et plus fin que *G. vulgatissimus*, avec des mâles matures aux yeux bleus (et non verts). Sinon, très similaire à cette espèce. Bien que les lignes noires du thorax puissent être plus fines, avec les bandes antéhumérales jaunes à peu près aussi larges que les bandes humérales noires, ce n'est pas un critère fiable. Marques jaunes pouvant être plus étendues, notamment chez les femelles (par exemple des pattes rayées de jaune), comme chez d'autres *Gomphus* tels que *G. davidi* et *S. ubadschii*, avec qui *G. schneiderii* coexiste en Turquie (*cf.* ces espèces).

Critères en main Très semblables à *G. vulgatissimus*. Appendices anaux du mâle très semblables à ceux de *G. simillimus*.

Répartition et statut Du sud des Balkans au Liban, de l'Iran à la région du Caucase. Relativement bien réparti en Turquie et dans le sud de la Grèce.

Habitats Probablement comme ceux de *G. vulgatissimus* et *G. simillimus* : ruisseaux, rivières, fleuves mais aussi ruisselets et grands lacs.

Période de vol Avril à juillet, probablement plus abondant en mai-juin.

Gomphus graslinii (Rambur, 1842) Gomphe de Graslin

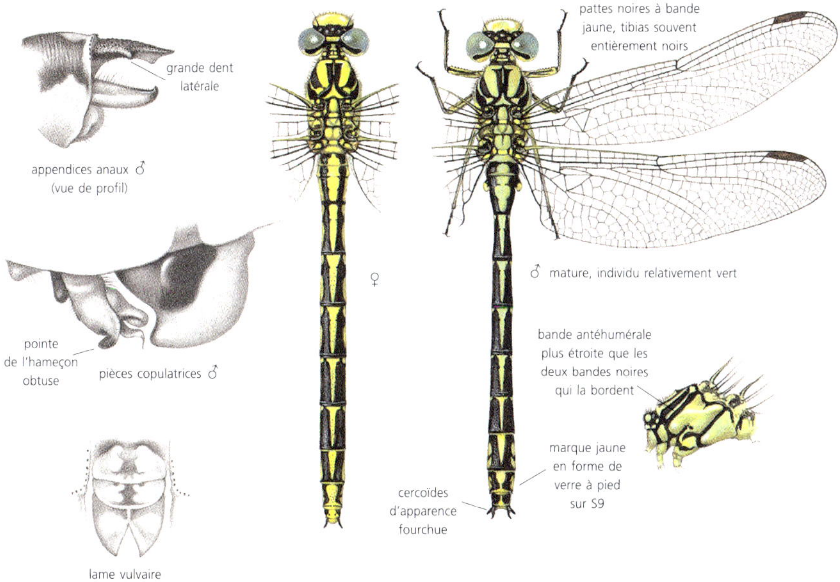

Identification Gomphe jaune brillant. Mâle à cercoïdes dentés de façon si évidente que l'identification peut se faire à distance sur la base de ce seul critère. N'existe qu'en France, en Espagne et au Portugal.

Critères à distance Tot 47-50 mm, Ab 33-38 mm, Ap 27-30 mm. Abdomen faiblement en massue ; S8-S9 peu épaissis. Corps jaune brillant à nettes marques noires et aux yeux bleu vif. Plus noir que *G. simillimus* et *G. pulchellus* mais plus jaune que *G. vulgatissimus* (*cf.* ces espèces). Se distingue par : 1) bandes antéhumérales jaunes plus fines que les bandes noires qu'elles surplombent ; bandes noires antérieures particulièrement larges et souvent connectées à leur extrémité aux marques noires situées antérieurement et/ou postérieurement. Chez *G. simillimus*, les antéhumérales et les bandes qui les bordent sont presque aussi épaisses et les antérieures ne sont pas connectées dorsalement ; 2) S9 à bordure postérieure jaune et un dessin médiodorsal en forme de verre à pied. *G. vulgatissimus* est généralement noir dorsalement sur S8-S10 ; *G. simillimus* a la bordure postérieure de S9 noire ou simplement en contact avec la pointe inférieure de la marque jaune médiodorsale ; 3) pattes noires avec, normalement, une ligne jaune uniquement sur les fémurs. Chez *G. simillimus*, la ligne jaune descend sur les tibias ; *G. vulgatissimus* a normalement des pattes toutes noires.

Critères en main Cercoïde du mâle à dent latérale. Cet aspect fourchu est souvent visible aux jumelles. Hameçon du mâle caractéristique à pointe saillante mais obtuse (très aiguë chez *G. vulgatissimus* et *G. simillimus* et inexistante chez *G. pulchellus*).

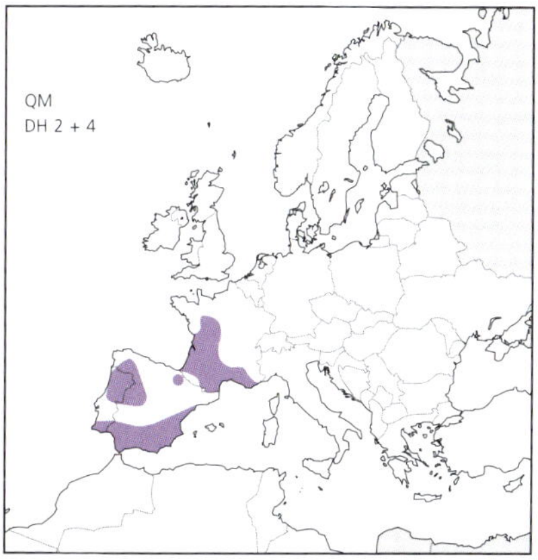

Répartition et statut Endémique du sud-ouest de la France (localement commun) et de la péninsule Ibérique (répandu mais rare). Considéré comme quasi menacé du fait de sa faible répartition et de la sensibilité de son habitat.

Habitats Larges rivières et fleuves où il recherche les zones calmes, mais aussi grandes retenues artificielles. Les larves s'enfouissent dans le sable fin, habituellement dans des zones d'accumulation de débris végétaux. En péninsule Ibérique, des larves ont été trouvées en nombre dans des tronçons de rivières en voie d'assèchement.

Période de vol En France, de mi-juin à fin août ; probablement un peu plus tôt en péninsule Ibérique. Les espèces coexistant avec *G. graslinii* ont une période de vol plus précoce (bien que *S. flavipes* soit aussi plus tardif) et sont donc peu observées avec *G. graslinii* en été.

Gomphus simillimus (Selys, 1840) Gomphe semblable

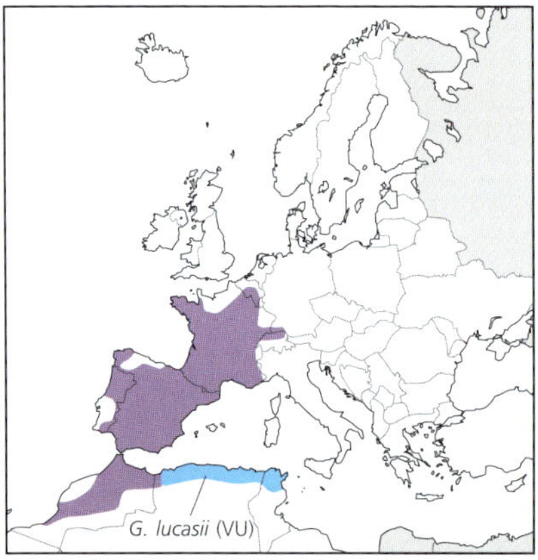

Identification Endémique du nord-ouest de l'Afrique et du sud-ouest de l'Europe où il côtoie jusqu'à trois autres congénères et *S. flavipes*. Sans caractéristiques tranchées (hormis la lame vulvaire de la femelle), on l'identifie plutôt par élimination des autres espèces.

Critères à distance Tot 45-50 mm, Ab 33-36 mm, Ap 29-33 mm. Gomphe de taille, allure et coloration moyennes. Les espèces de *Gomphus* et de *Stylurus* qui partagent la même aire se distinguent comme suit : 1) *G. vulgatissimus*

▼ *Gomphus simillimus,* mâle mature. Noter la ligne médiodorsale sur S8-S9, l'abdomen élargi en massue et la bande antéhumérale de même largeur que les bandes noires qui la délimitent.

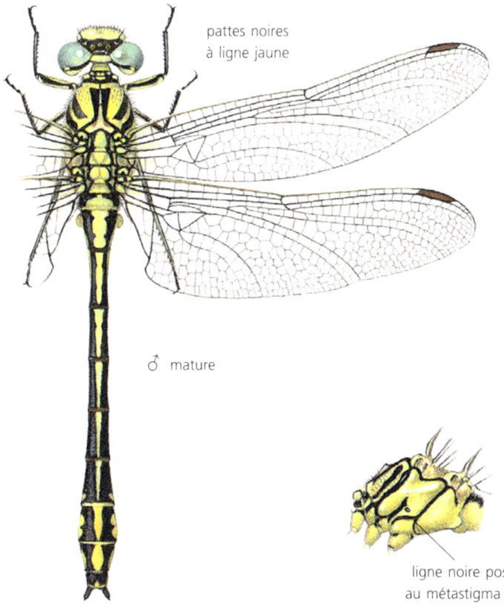

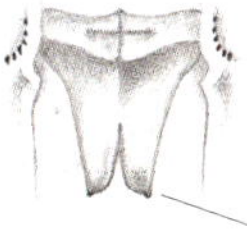

lame vulvaire ♀

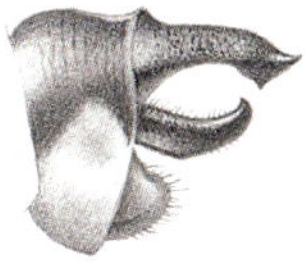

appendices anaux ♂
(vue de profil)

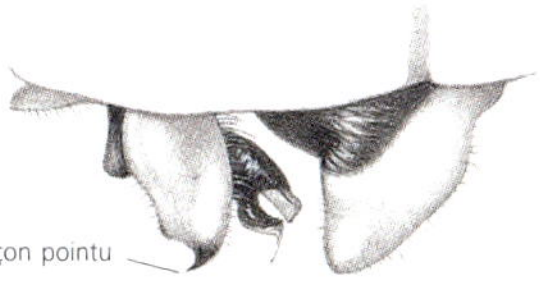

pièces copulatrices ♂

a les pattes noires, des S8-S9 noirs médiodorsalement et les mâles matures sont verdâtres aux yeux verts (et non bleus) ; 2) *G. pulchellus* est plus clair, plus mat, l'abdomen à peine épaissi en massue, la ligne thoracique noire antérieure au métastigma entière, s'étendant jusqu'à la base de l'Aa ; 3) *S. flavipes* a des bandes métapleurales noires non fourchues et les bandes antéhumérales s'étendent jusqu'aux pattes sans limitation noire ; 4) *G. graslinii* a des bandes thoraciques noires épaisses et les mâles ont des cercoïdes fourchus ; 5) *G. lucasii* peut côtoyer *G. simillimus* au Maroc ou en Algérie. Il ne s'en distingue qu'en main (*cf.* cette espèce).

Critères en main Cercoïdes et hameçon du mâle presque identiques à ceux de *G. vulgatissimus*. Lame vulvaire de la femelle caractéristique au sein du genre car plus longue (environ la moitié de S9) et aux extrémités des lobes obtus.

Comportement Le mâle se perche généralement sur des branchettes et des plantes, plus rarement sur des rochers.

Variations Comme chez tous les gomphidés, l'extension des marques noires est réduite dans les régions chaudes et arides. Les populations marocaines, plus claires, ont été attribuées sur ce critère à la ssp. *maroccanus* ; cette différenciation n'est donc peut-être pas justifiée.

Répartition et statut Assez commun en France, en Espagne, au Portugal et au Maroc. Erratique dans les pays voisins mais une population isolée se maintient dans la partie amont du Rhin. Espèce en déclin général et classée comme globalement quasi menacée.

Habitats Quasiment tous les types d'eaux courantes, du fleuve lent et ses canaux parallèles au torrent de montagne où les larves occupent des secteurs abrités (proximité des berges, fosses).

Période de vol Début mai à fin juin en France mais plus tôt dans le Sud : les émergences débutent début avril au Maroc. La population du Rhin peut encore émerger en juillet.

Gomphus lucasii (Selys, 1849) Gomphe d'Algérie

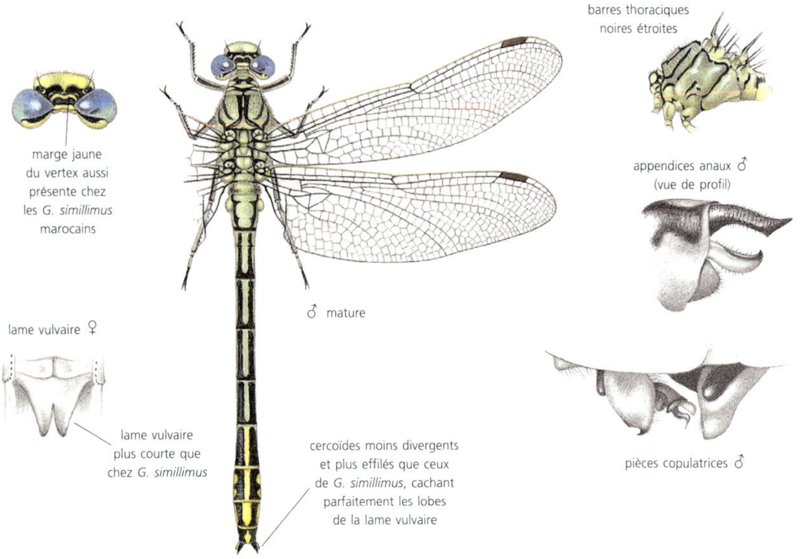

▲ *Gomphus lucasii* mâle.

Identification Remplace *G. simillimus* en Tunisie et dans une grande partie de l'Algérie.
Critères à distance Tot 44-48 mm, Ab 31-40 mm, Ap 28-37 mm. Ressemble à *G. simillimus* mais paraît plus clair que les individus marocains de cette espèce. S8-S9 d'un jaune souvent nettement plus vif que la moitié basale de l'abdomen et du thorax, donnant l'impression d'une tache caudale jaune. Bandes noires du thorax particulièrement fines. Bandes antéhumérales jaunes plus larges que les deux bandes noires qui les bordent ; l'antérieure non connectée à la bande noire qui jouxte la crête médiodorsale. Marques jaunes médiodorsales de S8-S9 pouvant n'atteindre qu'à peine la marge postérieure du segment. Pattes noires rayées d'une ligne jaune. Du fait de la variabilité des deux espèces, l'identification doit reposer sur l'examen des critères en main.
Critères en main Cercoïdes du mâle moins divergents, plus effilés que ceux de *G. simillimus*, cachant moins bien les lobes de la lame supra-anale (vue de dessus). Lame vulvaire de la femelle plus courte. Contrairement à *G. simillimus*, les femelles ont la partie postérieure du vertex dressée qui se poursuit sur les ocelles.

Répartition et statut Ne se trouve qu'en Tunisie et en Algérie, dans les cours d'eau prenant leur source dans l'Atlas et se jetant en Méditerranée. Présence non démontrée au Maroc où seul *G. simillimus* a été observé. Les deux espèces se rencontrent peut-être à la frontière avec l'Algérie (*cf.* carte, p. 194).
Habitats Ruisseaux et rivières de plaine.
Période de vol Émerge dès fin mars jusqu'en mai ; vole jusqu'à fin juin.

Gomphus davidi (Selys, 1887) Gomphe proche-oriental

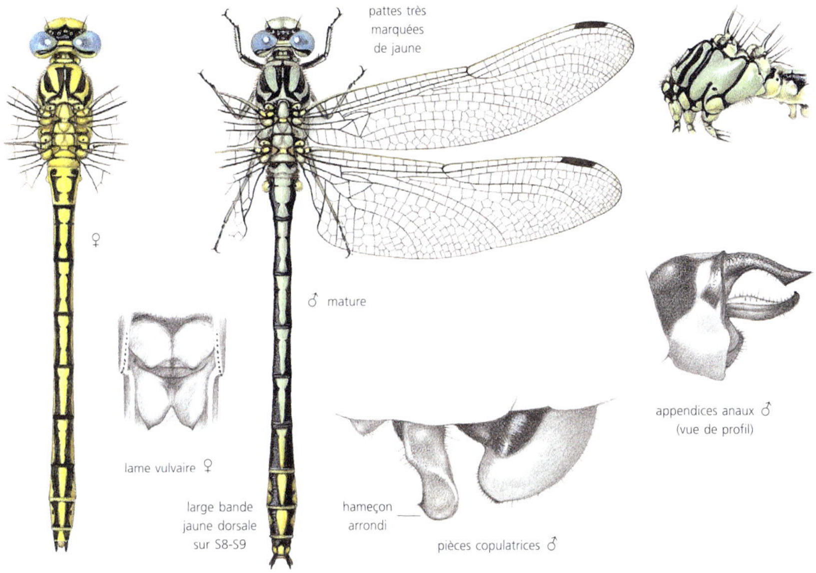

Identification Gomphe sans particularité saillante, aux allures de *G. simillimus*, mais qui vit loin à l'est de cette espèce. En main, les mâles s'identifient instantanément grâce à l'extrémité renflée de leur hameçon.
Critères à distance Tot 46-55 mm, Ab 35-40 mm, Ap 31-35 mm. Légèrement plus grand que *G. schneiderii* avec qui il cohabite. Plus jaune que cette espèce, avec au moins les fémurs ayant tous beaucoup plus de jaune, une bande médiodorsale large et quasi ininterrompue sur S8-S9 et la majeure partie de la bordure postérieure de S9 largement jaune. *S. ubadschii*, que l'on trouve dans la même région, a aussi des S8-S9 plutôt jaunes mais les segments (dont S7) sont plus larges et le dessin du thorax est très différent (*cf. S. flavipes* pour plus de détails).
Critères en main La forme des appendices anaux du mâle et celle de la lame vulvaire de la femelle constituent des critères utiles, bien que ne présentant aucune différence démonstrative. L'hameçon du mâle est par contre très caractéristique avec son extrémité arrondie et renflée.

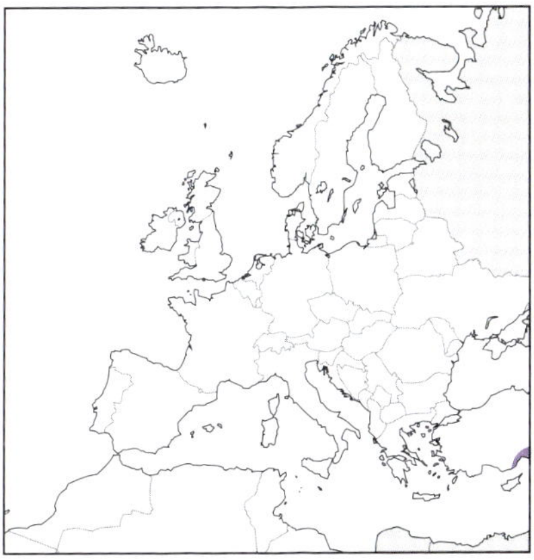

Répartition et statut Endémique du Proche-Orient à partir d'Adana, au sud de la Turquie (où il est commun), à la vallée du Jourdain.
Habitats Cours d'eau à courant lent mais aussi fossés quasi stagnants.
Période de vol Mai à juin en Turquie ; dès mars ailleurs.

Gomphus pulchellus (Selys, 1840) Gomphe gentil

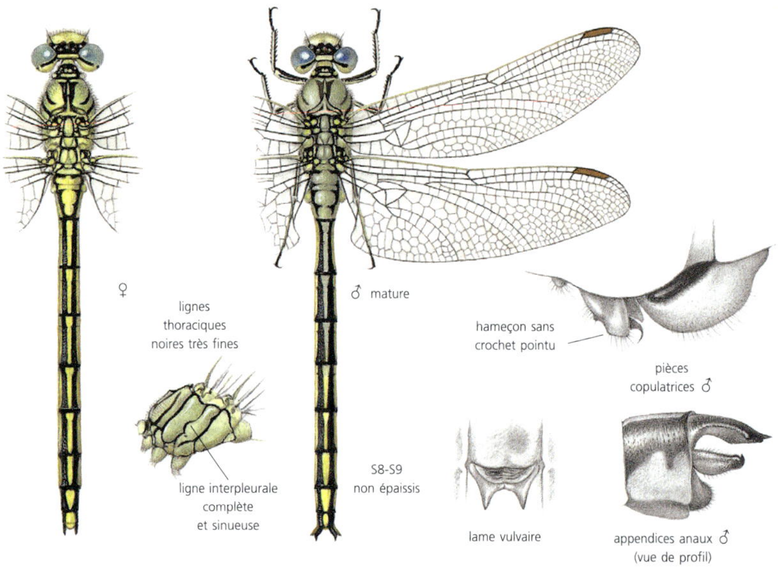

Identification Gomphe élancé, relativement terne, qui fréquente des milieux aux eaux plus calmes que ses congénères, souvent même stagnantes.

Critères à distance Tot 47-50 mm, Ab 34-38 mm, Ap 27-31 mm. Contrairement aux autres gomphes, abdomen non épaissi en massue. Couleur de fond jaune clair, pouvant être teintée de vert, plus cireux que chez les autres espèces. Yeux bleu clair. Lignes noires du thorax plus fines que chez les *Gomphus* qui partagent la même aire. Se distingue par les bandes interpleurales qui forment des lignes noires sinueuses entre la base des Aa et les pattes médianes. *G. graslinii*, *G. simillimus*, *G. vulgatissimus* et *S. flavipes* peuvent coexister avec *G. pulchellus* mais tous ont des couleurs plus vives, des marques thoraciques plus larges et un abdomen élargi en massue. Les bandes interpleurales sont toujours interrompues au-dessus du métastigma. La finesse des bandes thoraciques rappelle *Ophiogomphus cecilia* mais ce dernier a le thorax vert.

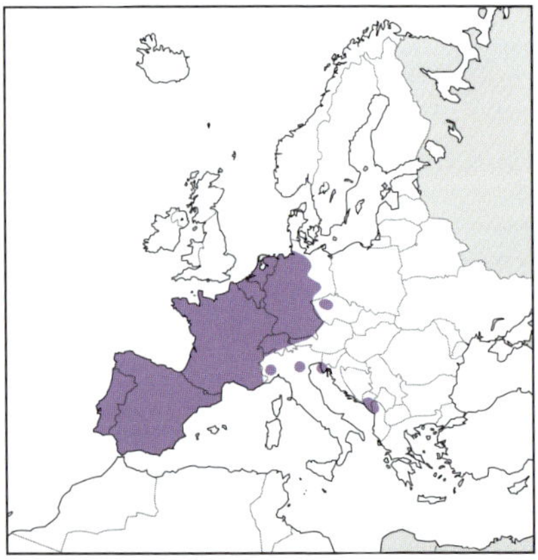

Critères en main Cercoïdes du mâle légèrement anguleux latéralement (vue de dessus). Contrairement aux espèces de gomphidés partageant la même aire, la pointe de l'hameçon du mâle est petite, repliée vers l'intérieur et donc peu visible de profil.

Comportement Les mâles recherchent les femelles en longeant les berges d'un vol bas et onduleux.

Répartition et statut Quasi endémique du sud-ouest de l'Europe et généralement assez commun. Durant le xxe siècle, a étendu son aire au nord et à l'est du Rhin à peu près jusqu'à l'Elbe, sans doute encouragé par la création de nombreux étangs artificiels.

Une localité disjointe a récemment été découverte au Sud-Ouest, autour du lac de Skadar au Monténégro et en Albanie.
Habitats Eaux à courant faible ou nul. Commun le long des rivières et fleuves de plaine et dans les zones humides stagnantes qui les jouxtent souvent dans des sablières ou des gravières, des étangs de loisir, d'anciens bras morts, des étangs piscicoles, des canaux mais aussi des cours d'eau lents. Les larves occupent des zones sableuses qui peuvent être recouvertes de débris végétaux grossiers.
Période de vol Relativement courte et précoce : émerge début avril, voire fin mars, dans de sud de la péninsule Ibérique, mais à partir de mai dans le nord de son aire. Là, les imagos peuvent être observés jusqu'à la fin août mais le pic d'activité est centré sur mai-juin.

Stylurus flavipes (Charpentier, 1826) Gomphe à pattes jaunes

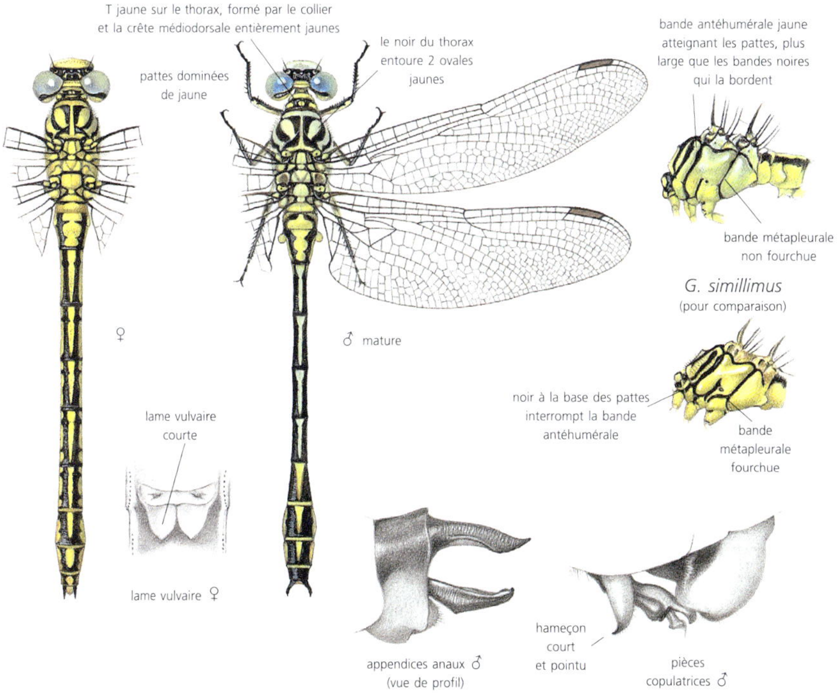

Identification Préfère les très grandes rivières. Il est plus facile de repérer les populations en recherchant des exuvies le long des berges. Il est remplacé en Turquie par *S. ubadschii*, très semblable et souvent traité comme une simple sous-espèce de *S. flavipes*.
Critères à distance Tot 50-55 mm, Ab 37-42 mm, Ap 30-35 mm. Légèrement plus grand que les *Gomphus*. Abdomen plus fin mais très élargi au niveau de S8-S9. Pattes relativement jaunes, apparaissant souvent jaunes rayées de noir plutôt que l'inverse. Se reconnaît facilement au dessin du thorax avec de l'avant vers l'arrière : 1) crête médiodorsale non marquée de noir, formant une ligne jaune connectée antérieurement au « collier » transversal pour former une sorte de « T » jaune ; 2) première bande noire reliée ventralement et dorsalement à la seconde, toute proche, entourant une zone jaune de forme ovale allongée (vue de dessus) ; 3) bandes antéhumérales jaunes très larges, continues jusqu'aux pattes médianes ; les bandes

▲ *Stylurus flavipes* mâle. Noter les deux zones ovales jaunes allongées entourées de noir sur le thorax.

noires qui les jouxtent postérieurement sont plus étroites ; 4) bandes métapleurales non fourchues. *G. simillimus* est assez semblable en coloration et en taille mais ne coexiste que localement avec *S. flavipes* en France et dans le sud-ouest de l'Allemagne. Les mâles de cette espèce ont les yeux verdâtres, les femelles bleus ; c'est l'inverse chez *S. flavipes*. Très proche de *S. ubadschii* (*cf.* cette espèce).

Critères en main Cercoïdes du mâle légèrement anguleux latéralement, à extrémités pointues (vue de dessus). Lame vulvaire des femelles plus courte que celle des congénères, ne mesurant qu'un quart de S9. Hameçon du mâle petit, mince et effilé relativement aux autres espèces.

Comportement Les adultes s'observent plus facilement dans des friches et prairies alluviales que le long des berges, qu'ils quittent peu après l'émergence. Les mâles matures volent généralement au milieu du lit des rivières, patrouillant au ras de l'eau.

Répartition et statut Espèce nord-asiatique ayant des avant-postes dans les grands fleuves occidentaux comme le Rhin, la Loire et le Pô. Commun dans les grands cours d'eau d'Europe de l'Est. Proche de l'extinction en Europe occidentale et centrale, ce gomphe a connu un essor remarquable au cours des années 1990. L'espèce est devenue abondante dans des fleuves comme le Rhin, le Rhône, l'Elbe ou le Danube. On la découvre aujourd'hui dans de nombreux petits affluents ou de nouveaux bassins. Sa répartition pourrait donc être plus diffuse

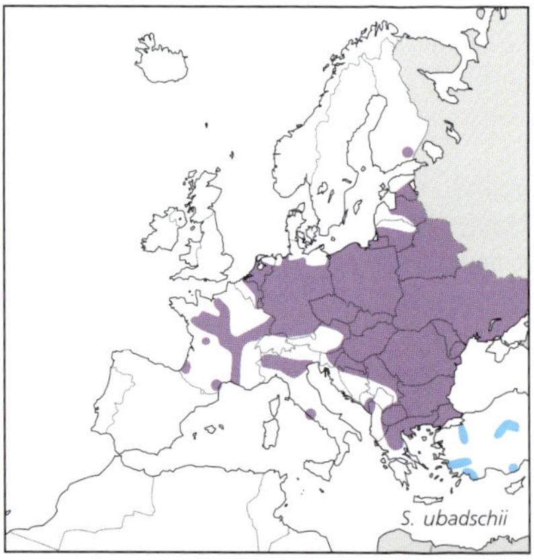

que ce qu'indique la carte. L'espèce a récemment été découverte sur le bassin de l'Adour dans le sud-ouest de la France, à proximité de l'Espagne, par exemple.
Habitats Tronçons à cours lent des grandes rivières et des fleuves. La larve s'enfouit peu profondément dans des substrats fins, riches en matière organique.
Période de vol Longue et tardive comparée aux autres gomphidés : de début juin à début octobre avec un pic d'émergence en juin et juillet.

Stylurus ubadschii (Schmidt, 1953) Gomphe kurde

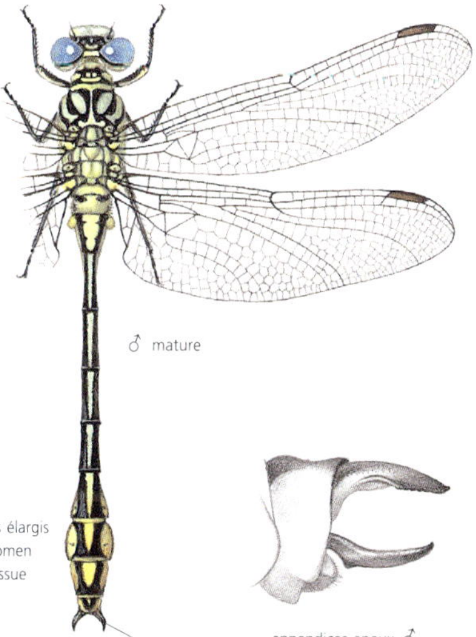

Identification Remplace *S. flavipes* en Turquie, dans la région du Caucase et en Asie centrale. Souvent traité en tant que sous-espèce de *S. flavipes* mais l'épaississement en massue de l'abdomen est plus large et plus jaune. Les appendices anaux du mâle et la morphologie des larves présentent quelques différences substantielles. Jusqu'à récemment dénommé *Gomphus lineatus* (nom ambigu puisque attribué originellement à *Paragomphus lineatus*).
Critères à distance Tot 44-51 mm, Ab 31-40 mm, Ap 25-31 mm. Semblable à *S. flavipes* mais plus petit et à abdomen encore plus largement élargi en massue. S7 largement épaissi, presque aussi large que S9, alors qu'il est clairement plus étroit chez *S. flavipes*. S9-S10 en grande partie jaunes, mais dominés de noir chez *S. flavipes*. Côtoie *G. davidi* et *G. schneiderii* mais diffère de ces espèces par le dessin thoracique (*cf. S. flavipes*).
Critères en main Cercoïdes du mâle à bordure externe non anguleuse, contrairement à *S. flavipes*.
Variations L'étendue du jaune sur le thorax varie. Les populations d'Asie centrale sont plus sombres que celles du Proche-Orient.

Répartition et statut De la Géorgie, la Turquie et la Syrie à l'Asie centrale. Les données les plus occidentales en Thrace et sur l'île de Lemnos doivent être confirmées. *S. flavipes* et *S. ubadschii* pourraient coexister localement en Turquie (*cf.* bleu sur la carte, p. 200).
Habitats Grandes rivières au lit sablonneux, comme *S. flavipes*.
Période de vol Mai à début août.

Ophiogomphus Ophiogomphes

Selys, 1854

Ophiogomphus cecilia Ophiogomphe serpentin

(Fourcroy, 1785)

Identification Le seul *Ophiogomphus* dans notre région. Ressemble aux *Gomphus* et aux *Stylurus* mais plus lourd ; tricolore avec une tête et un thorax vert pomme et un abdomen noir et jaune. **Critères à distance** Tot 50-60 mm, Ab 37-42 mm, Ap 30-36 mm. Le plus grand gomphidé de la région après *Lindenia tetraphylla* ; plus grand et plus robuste que les *Gomphus* et *Stylurus*. Mâle à abdomen distinctement épaissi au niveau de S8-S9. Tête, yeux, thorax et S1-S2 distinctement vert clair avec de fines marques noires. Excepté *G. vulgatissimus*, les *Gomphus* et *Stylurus* ont une tête et un thorax jaunes et des yeux bleus une fois matures. Dessin thoracique semblable à celui de *G. pulchellus* et plus encore à celui de *G. simillimus*. S3-S10 à marques dorsales jaunes, moins linéaires et plus triangulaires que celles des *Gomphus* et des *Stylurus* mais pas aussi courtes et larges que celles des *Onychogomphus* qu'*Ophiogomphus* peut côtoyer. Contrairement aux *Gomphus* et aux *Stylurus*, appendices anaux jaunes et non noirs. Pattes jaunes à fines lignes noires. Chez les immatures, le vert caractéristique de l'avant du corps n'est pas encore visible. Il vaut mieux se reporter aux critères en main pour les identifier. **Critères en main** Ap à champ anal généralement composé de trois cellules. Absence de nervure transverse reliant le subtriangle à la bordure postérieure de l'aile (contrairement aux *Gomphus* et aux *Stylurus*). Appendices anaux du mâle modestes, bien plus petits que ceux des *Gomphus*, des *Onychogomphus* et des *Stylurus* (aussi longs que S10). Cercoïdes du mâle droits et parallèles. Femelle à deux éléments diagnostiques : occiput couronné de deux crêtes irrégulièrement dentées ; lame vulvaire divisée en deux petits lobes effilés, pointus et divergents. *Ophiogomphus* est un genre essentiellement représenté en Amérique du Nord, mais on trouve plusieurs espèces en Asie centrale dont seule *O. cecilia* atteint l'Europe occidentale. **Variations** Les lignes thoraciques toujours fines peuvent être très réduites. Les individus méridionaux pourraient être plus petits. **Comportement** Dans les petits cours d'eau, les mâles se perchent pour attendre les femelles. Dans les rivières plus larges, ils volent souvent au milieu du lit.

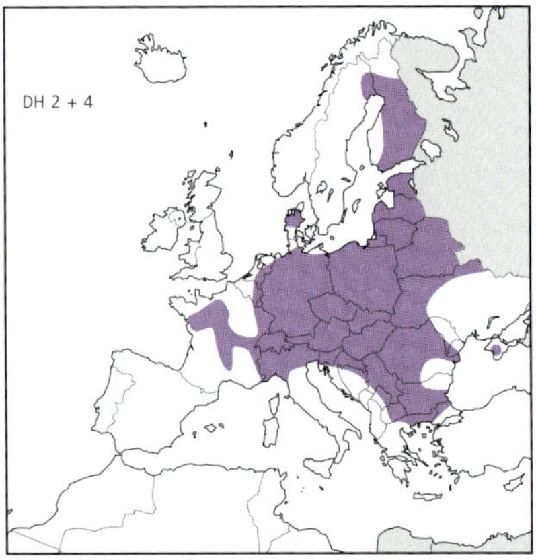

Répartition et statut Répandu en Europe de l'Est jusqu'en Allemagne mais n'existe en France et en Italie que sous forme de populations isolées. Les données de la péninsule Ibérique n'ont pas été confirmées. Après un fort déclin, *O. cecilia* est en plein essor depuis les années 1990 en Europe centrale, où il est maintenant commun localement. **Habitats** Des petits cours d'eau collinéens aux grands fleuves de plaine. Fréquence maximale dans la partie aval des grandes rivières au lit sableux. Les larves dédaignent les zones vaseuses. **Période de vol** La période d'émergence varie localement mais débute généralement fin mai, début mai dans les grandes rivières chaudes ; dans les ruisseaux froids et ombragés, pas avant juillet. Pic d'abondance en juillet-août, vole jusqu'en octobre.

F. Suhling et O. Müller

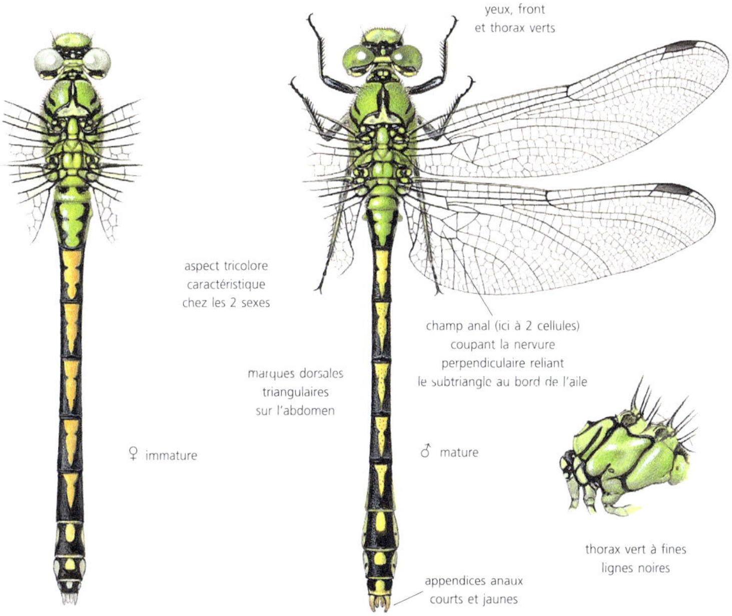

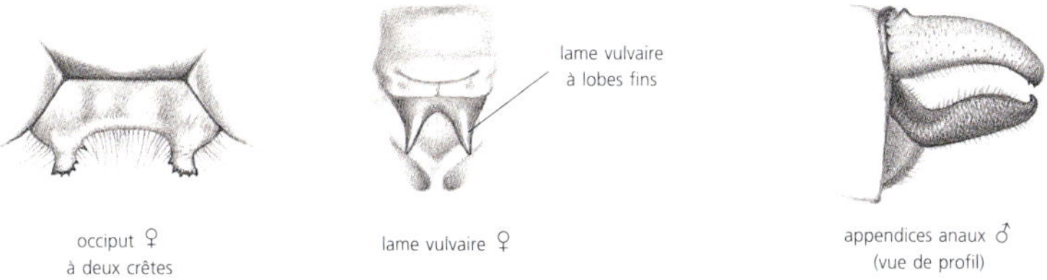

203

▼ *Ophiogomphus cecilia* mâle, montrant la couleur verte caractéristique de la tête et du thorax.

Onychogomphus Selys, 1854 — Onychogomphes

▲ *Onychogomphus assimilis* mâle en position typique, abdomen relevé, sur une berge de rivière.

Identification Les mâles se reconnaissent facilement à leurs appendices anaux crochus en pince à sucre. À l'exception d'*O. costae*, brun et peu marqué, toutes les autres espèces ont un abdomen annelé de noir et de jaune et un thorax jaune rayé de bandes noires. L'Ap présente un champ anal composé de 1-3 cellules et ne possède pas de nervure transverse partant directement du subnodus pour rejoindre la marge postérieure de l'aile.
Caractérisation du genre La forme des appendices anaux des mâles permet une reconnaissance facile : cercoïdes et lame supra-anale nettement plus longs que S10 et recourbés en un point. Les femelles ressemblent aux *Gomphus*, *Ophiogomphus*, *Paragomphus* et *Stylurus*. Seul *Ophiogomphus* possède un champ anal mais le thorax est vert et la femelle a deux crêtes occipitales. Les *Paragomphus* sont plus petits ; le mâle a des expansions foliacées sur S8-S9 et la femelle une rangée de denticules noirs en arrière de l'occiput. Les *Gomphus* et *Stylurus* ont l'abdomen plus sombre et rayé longitudinalement de jaune plutôt qu'annelé.
Identification des espèces Dans une vaste partie de l'Europe, on ne trouve qu'*O. forcipatus*. Il y a sept autres espèces, dont quatre ne se trouvent qu'en Turquie et une endémique du Maroc. On les reconnaît aux dessins de l'abdomen et du thorax. La distinction entre *O. forcipatus* et *O. uncatus*

▲ *Onychogomphus flexuosus,* cœur copulatoire.

est néanmoins difficile et celle d'*O. lefebvrii* et des diverses sous-espèces d'*O. forcipatus* est impossible à distance. La forme des appendices anaux des mâles et la présence de tubercules postoculaires sont des critères importants lors de l'identification en main.

Comportement Les mâles se posent souvent sur des bancs de galets ou de graviers, dressant leur abdomen de façon caractéristique pour mettre leurs appendices anaux en évidence.

V. J. Kalkman

Comparaison entre espèces du genre *Onychogomphus* (à l'exclusion d'*O. cazuma*, récemment ajoutée)

Aire	S3–S6	Cercoïdes/ lame Cercoïdes/ lame	Lobes de la lame supra-anale du mâle	Tubercules postoculaires femelles	Espèces
SO Europe NO Afrique	Bruns	Plus longs	Lisses, branches divergentes (non parallèles)	Absents	*costae*
			Avec une dent subbasale seulement		*uncatus*
Répandu			Avec une dent subbasale et subterminale	Grands	*forcipatus*
	1 anneau noir	Égaux			
Maroc			Pas de dents mais une petite bosse à peu près à mi-chemin	Petits	*boudoti*
			Presque lisses, en forme de faucille vus de profil		*lefebvrii*
Turquie			Droits, épaissis à mi-distance		*assimilis*
	2 anneaux noirs	Plus longs	Fins et ondulés	Absents	*flexuosus*
			Grande dent triangulaire à mi-distance		*macrodon*

Appendices des mâles d'*Onychogomphus* (vue de profil)

O. costae *O. uncatus* *O. forcipatus* *O. lefebvrii*

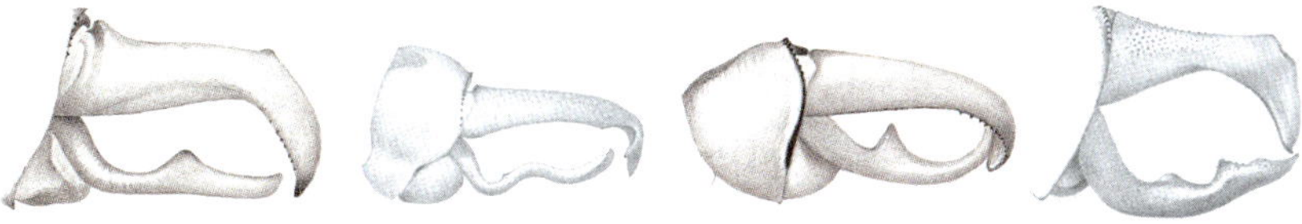

O. assimilis *O. flexuosus* *O. macrodon* *O. boudoti*

Tubercules postoculaires des femelles d'*Onychogomphus* (vue de dessus)

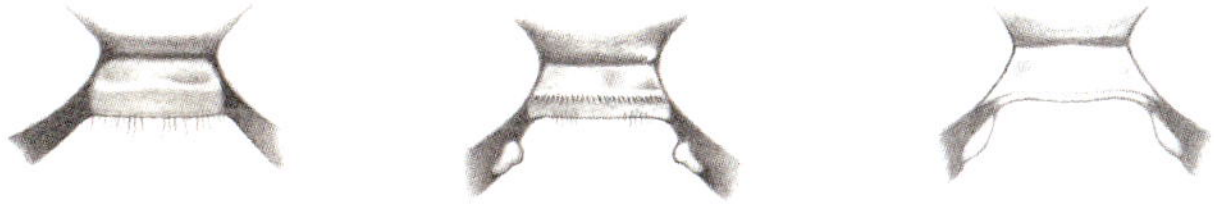

O. uncatus *O. forcipatus* *O. lefebvrii*

Onychogomphus uncatus (Charpentier, 1840) Onychogomphe à crochets

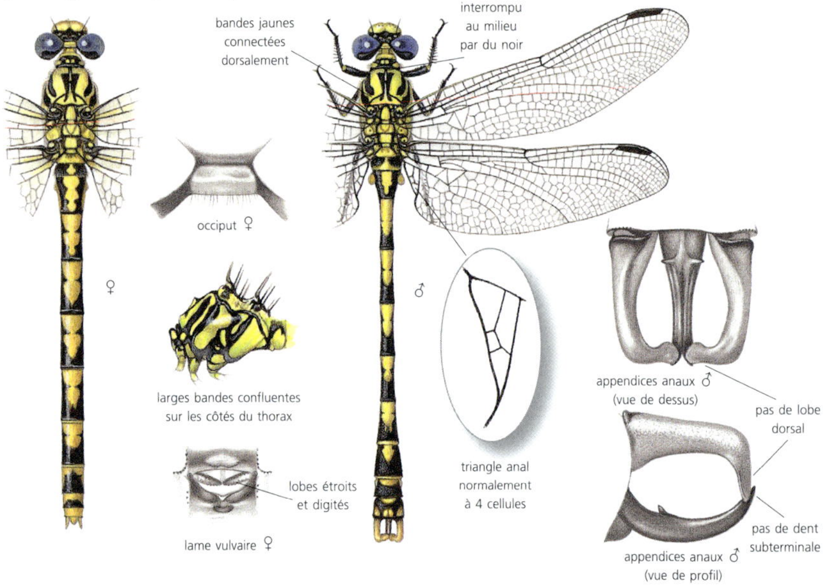

Identification Gomphidé jaune et noir, qui cohabite avec *O. forcipatus* dans le sud-ouest de l'Europe. Doit être observé de près pour être différencié de son congénère.

Critères à distance Tot 50-53 mm, Ab 34-42 mm, Ap 29-33 mm. Apparence générale proche de celle d'*O. forcipatus* mais légèrement plus grand avec des marques jaunes abdominales généralement plus étendues, bien qu'elles varient beaucoup chez *O. forcipatus*. Les critères les plus fiables sont : 1) vertex entièrement noir ; il n'y a pas de barre jaune entre le front et l'occiput (ce n'est parfois pas le cas chez *O. forcipatus*) ; 2) collier (anneau transversal jaune à la base du thorax) interrompu par la bande noire qui souligne la carène médiodorsale ; 3) bande antéhumérale connectée supérieurement avec la bande jaune, plus large, qui la précède. La bande noire qui les sépare n'est donc pas connectée à la marque noire de la carène médiodorsale ; 4) marques latérales noires du thorax plus étendues ; lignes noires non interrompues et souvent confluentes. Ces bandes sont réduites chez les individus méridionaux d'*O. forcipatus*. Partage une toute petite zone avec l'espèce similaire *O. boudoti* dans le Moyen-Atlas au Maroc (*cf.* cette espèce).

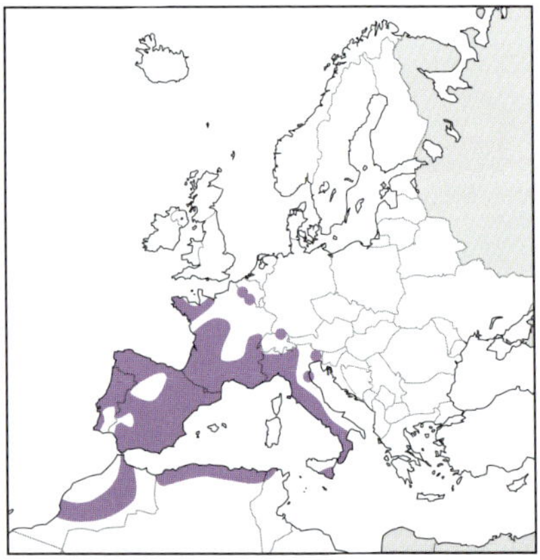

Critères en main Triangle anal du mâle généralement composé de 4 cellules et non 3 comme chez la plupart des *O. forcipatus*. Appendices anaux des mâles ressemblant à ceux d'*O. forcipatus*. Lame vulvaire à dent subbasale mais dépourvue, contrairement à *O. forcipatus*, de dent subterminale. Cercoïdes recourbés l'un vers l'autre (vue de dessus), dont les extrémités dépourvues de lobe dorsal se touchent sans se chevaucher. Femelles dépourvues de tubercules postoculaires. Lame vulvaire à deux lobes convergents en forme de doigts étroits dont les extrémités se touchent presque.

Répartition et statut Relativement commun en Espagne, dans la moitié sud-ouest de la France et dans certaines régions d'Italie ; plus rare dans le reste de son aire. Présent au Maroc, mais rare ailleurs en Afrique du Nord.

Habitats Ruisseaux, plus rarement rivières. Par rapport à *O. forcipatus*, préfère les zones à courant plus rapide, les cours d'eau plus petits et plus ombragés.

Période de vol Mai à septembre.

Onychogomphus forcipatus (Linnaeus, 1758) Onychogomphe à pinces

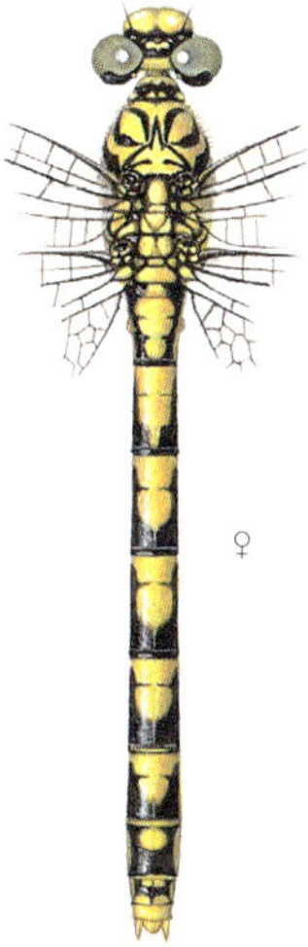

marques thoraciques et abdominales variables ne constituant pas un critère fiable pour distinguer les sous-espèces

ssp. *forcipatus* (individu sombre)

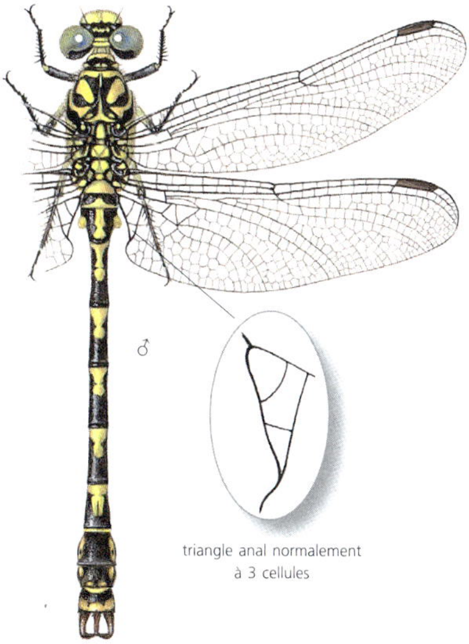

ssp. *unguiculatus*

triangle anal normalement à 3 cellules

ssp. *forcipatus*

ssp. *unguiculatus*

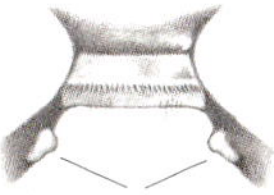

♀ à deux tubercules postoculaires

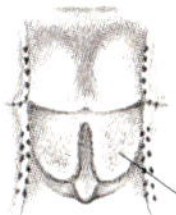

lame vulvaire ♀

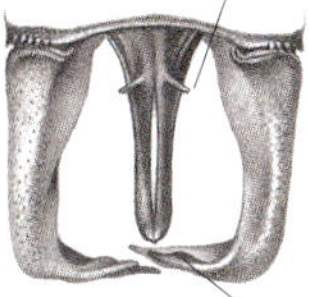

appendices anaux ♂ (vue de dessus) ssp. *forcipatus*

Identification Le plus commun et le plus répandu des onychogomphes et le seul que l'on trouve dans une vaste région européenne. Les mâles se perchent souvent sur les rochers de la berge, l'abdomen légèrement dressé.

Critères à distance Tot 46-50 mm, Ab 31-37 mm, Ap 25-30 mm. Anisoptère de taille moyenne, comparable à celle d'*Orthetrum brunneum*. C'est le seul *Onychogomphus* qui peut avoir des cercoïdes sombres (et non jaunes) et des yeux verts (sans nuances de bleu). Malheureusement, cette espèce est variable et ces critères ne s'appliquent pas en zone méditerranéenne où *O. forcipatus* côtoie plusieurs de ses congénères. Pour l'identifier, il faut alors procéder par exclusion des autres espèces. En Turquie, *O. flexuosus* et *O. macrodon* sont beaucoup plus clairs avec des segments abdominaux à deux anneaux noirs et des Pt plus pâles. *O. assimilis* a un dessin thoracique nettement différencié. *O. lefebvrii* doit être identifié en main mais ne coexiste que de façon très localisée avec *O. forcipatus*. En Europe du Sud-Ouest et en Afrique du Nord-Ouest, *O. costae* est presque dépourvu de noir et *O. uncatus* diffère par son dessin thoracique (*cf.* cette espèce) ; *O. boudoti* est nettement plus clair que la sous-espèce locale *O. forcipatus* ssp. *unguiculatus* et s'en distingue aussi par les marques et les appendices anaux des mâles (*cf.* ces espèces).

Critères en main Cercoïdes et lame supra-anale de même longueur. Lame supra-anale pourvue d'une petite dent subbasale (uniquement partagée avec *O. uncatus*) et d'une subterminale (propre à *O. forcipatus*). Les pointes des cercoïdes se chevauchent de façon caractéristique ; un lobe supérieur en forme de pouce leur donne une forme de pince (vue de derrière et de dessus). Femelles à deux tubercules postoculaires petits mais bien visibles, jaunes ou à pointe jaune. Seul *O. lefebvrii* présente des tubercules, mais ils sont moins prononcés.

Variations La distinction des trois sous-espèces par la couleur n'est pas fiable. Comparées à la ssp. *forcipatus*, les ssp. *unguiculatus* et *albotibialis* ont moins de noir (habituellement plus de jaune sur le thorax et les appendices anaux) et leurs yeux sont bleu-vert plutôt que verts. Il est indispensable d'observer plusieurs mâles d'une même population pour déterminer leur appartenance sous-spécifique (*cf.* tableau ci-dessous).

Répartition et statut Commun dans le Sud, mais plutôt localisé au Nord, présent jusqu'au nord-est du Kazakhstan.

Habitats Cours d'eau ensoleillés (habituellement rocheux). Parfois dans de grands lacs.

Période de vol Mai à septembre, typiquement estival.

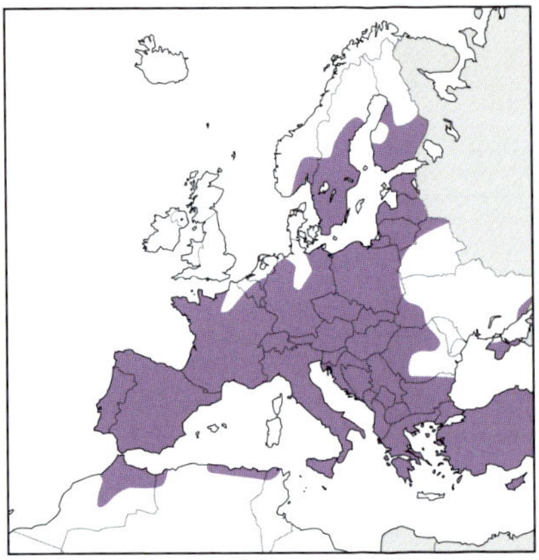

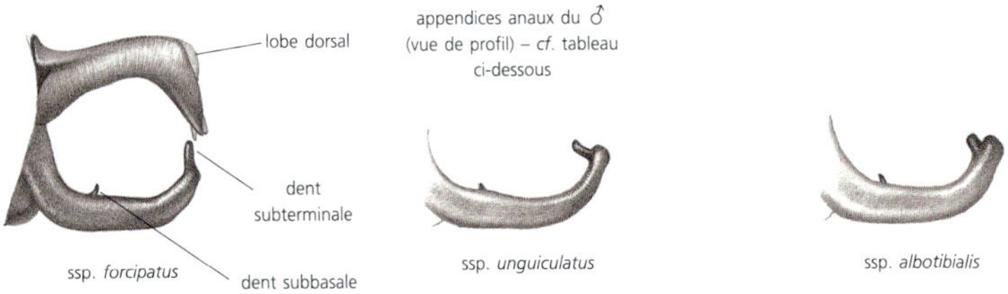

Sous-espèces d'*O. forcipatus*

	Dent subterminale de la lame supra-anale (vue de profil)		
Répartition	**Longueur/ largeur**	**Angle (moyen et extrême)**	**Sous-espèces**
S France, ⅔ N Italie, péninsule Ibérique, NO Afrique	1-2,5	90° (25-120°)	*unguiculatus*
Reste de l'Europe	1-2,5	> 140° (120-160°)	*forcipatus*
Chypre, Turquie et îles grecques proches	0,5-1	90° (25-120°)	*albotibialis*

Onychogomphus lefebvrii (Rambur, 1842) Onychogomphe à faucilles

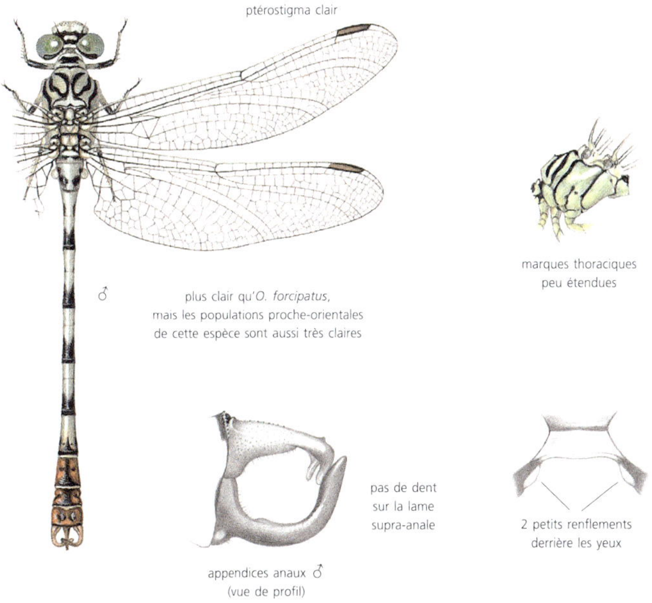

Identification Autrefois considéré comme une simple sous-espèce d'*O. forcipatus*, à laquelle il ressemble beaucoup et qu'il remplace dans les régions arides du sud-ouest et du centre de l'Asie. L'identification doit être faite en main.
Critères à distance Tot 45-52 mm, Ab 31-40 mm, Ap 26-30 mm. D'allure générale très semblable à *O. forcipatus* bien que plus clair et généralement plus fin. Sur le terrain, les Pt brun-jaune (et non brun noirâtre) et les yeux plus verts peuvent apporter une présomption mais ne permettent pas une identification certaine. Peut coexister avec *O. flexuosus* et *O. macrodon*, avec lesquelles il partage un aspect tricolore : thorax jaune pâle contrastant avec la base ivoire de l'abdomen et l'épaississement en massue jaune orange vif ; ces espèces ont une double annelure noire sur chacun des S3-S6.
Critères en main Appendices anaux du mâle semblables à ceux d'*O. forcipatus* mais la lame supra-anale est dépourvue de dents. L'identification des femelles requiert un examen attentif ; les tubercules postoculaires sont présents, mais moins proéminents que chez *O. forcipatus*.

Répartition et statut De la Turquie (Adana) à Israël (et probablement l'Égypte) jusqu'en Afghanistan. Commun dans le sud-est de la Turquie où *O. forcipatus* est quasi absent ; les deux espèces ont des aires ne se chevauchant que très peu.
Habitats Cours d'eau ensoleillés et rocheux.
Période de vol Mi-mai à début août.

Onychogomphus boudoti (Ferreira, 2014) — Onychogomphe de Boudot

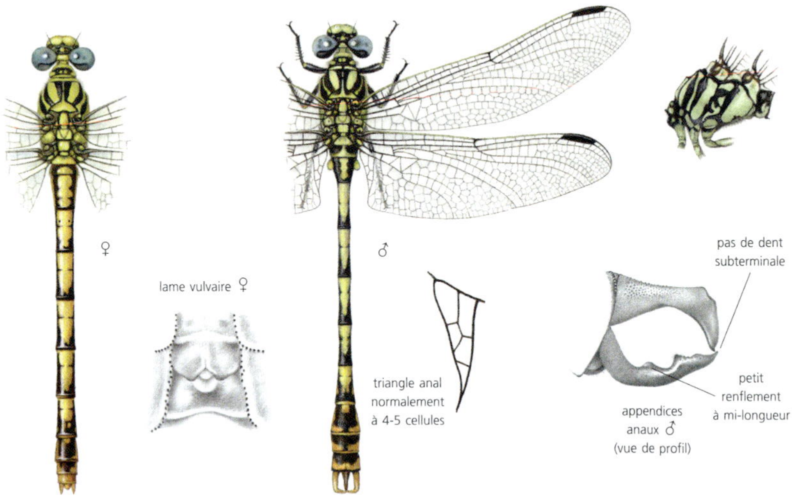

Identification Espèce découverte en 2011, dont on ne connaît que deux petites populations dans le Moyen-Atlas au Maroc. Proche d'aspect des deux autres espèces d'*Onychogomphus* de taille moyenne noires et jaunes présentées ici, mais s'en distingue facilement par les appendices anaux du mâle et la lame vulvaire de la femelle.

Critères à distance Tot 49-50 mm, Ab 39-40 mm, Ap 31-33 mm. Avec son thorax largement noir, apparaît nettement plus sombre qu'*O. forcipatus*, avec lequel il coexiste, et légèrement plus sombre qu'*O. uncatus*. Les marques combinent celles de ces deux espèces : comme *O. uncatus*, 1) lignes noires confluentes sur les côtés du thorax et 2) collier jaune à la base du thorax interrompu par une zone noire ; comme *O. forcipatus*, 3) bandes antéhumérales jaunes non connectées dorsalement avec les bandes jaunes plus larges qui les précèdent et 4) tache jaune sur le vertex. Appendices anaux du mâle plus volumineux chez *O. boudoti*, notamment vus de profil ou du dessus ; la lame supra-anale robuste est dépourvue de dents, mais dotée d'un petit renflement à peu près à mi-longueur. Avec un peu d'expérience, cette caractéristique unique, souvent visible aux jumelles ou à l'œil nu, permet l'identification. *O. assimilis* a la même teinte sombre, avec des appendices anaux mâles assez arrondis, mais ne partage pas la même aire.

Critères en main La forme des appendices anaux est le critère le plus fiable chez le mâle. Le triangle anal de l'Ap du mâle est généralement composé de 4 ou 5 cellules, comme chez *O. uncatus* (3 chez *O. forcipatus*). La femelle a deux petits tubercules postoculaires comme chez *O. forcipatus* (absents chez *O. uncatus*). Les lobes de la lame vulvaire sont arrondis (comme chez *O. forcipatus*) et non pas étroits et digités comme chez *O. uncatus*, mais l'échancrure fait moins de la moitié de la longueur de la lame vulvaire.

Comportement Mâles, femelles et cœurs copulatoires se perchent généralement sur des tiges, des rameaux ou des plantes, mais se posent aussi sur le sol nu par temps couvert. Mâles et femelles ne semblent pas s'éloigner beaucoup des petits cours d'eau où ils s'accouplent et se reproduisent.

Répartition et statut Endémique du Maroc, extrêmement localisé, confiné à quelques cours d'eau dans la province de Khénifra. Considéré comme en danger critique en raison de la petite taille des populations, d'une diversité génétique limitée et d'une utilisation des terres non réglementée.

Habitats Filets d'eau peu profonds formant des toutes petites mares avec plantes aquatiques et émergées sur graviers et galets calcaires. Ils font partie de marais herbeux qui peuvent s'assécher en été. L'eau s'écoule à travers les pâtures et les terres agricoles jusqu'à une rivière où vivent *O. forcipatus* et *O. uncatus*.

Période de vol Émergence fin juin et début juillet, mais vol possible jusqu'en août.

Onychogomphus cazuma (Barona, Cardo & Díaz, 2014) Onychogomphe de Cazuma

▲ *Onychogomphus cazuma* mâle.

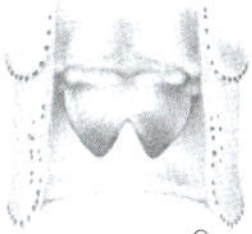

lame vulvaire ♀

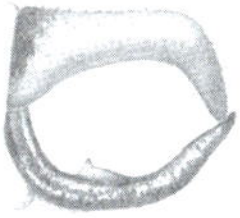

appendices anaux ♂ (vue de profil)

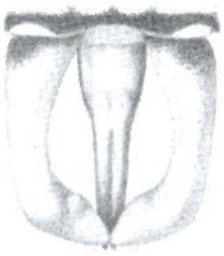

appendices anaux ♂ (vue de dessus)

Identification Ce guide était presque sous presse quand on a appris qu'en 2017 des citoyens scientifiques avaient découvert en Espagne une espèce nouvelle pour la science. La première en Europe depuis deux décennies et la première dans le sud-ouest de l'Europe depuis le XIXe siècle ! Si son aspect combine ceux d'*O. forcipatus* et d'*O. uncatus*, les appendices anaux du mâle et la lame vulvaire de la femelle sont uniques. D'un point de vue génétique, l'espèce est plus proche d'*O. boudoti*, du Maroc, découverte seulement six ans plus tôt. Ces deux espèces étant très localisées du fait de leurs exigences écologiques, il n'est pas impossible qu'on en découvre encore d'autres.
Critères à distance Tot 43-47 mm, Ab 29-35 mm, Ap 25-30 mm. Plus pâle et plus petit qu'*O. uncatus* ; lame supra-anale du mâle jamais plus foncée que les cercoïdes. Pourrait être confondu avec *O. forcipatus*. Certains traits rappellent les deux espèces : 1) bandes antéhumérales jaunes connectées dorsalement avec les bandes jaunes plus larges qui les précèdent, comme chez *O. uncatus* ; 2) collier jaune à la base du thorax pas (ou très étroitement) interrompu par une zone noire, comme chez *O. forcipatus* ; et 3) tache jaune sur le vertex petite et circulaire (barre plus large chez *O. forcipatus*, absente chez *O. uncatus*).
Critères en main L'identification requiert un examen attentif des organes sexuels mâles et femelles. La forme des appendices anaux du mâle se situe entre *O. uncatus* et *O. boudoti*. La lame supra-anale est dépourvue de dents. On trouve à la place une arête subbasale avec un pic orienté vers le haut (non saillant vers l'extérieur vu de dessus). Cercoïdes non lobés dorsalement (*O. forcipatus*), mais avec une extrémité spatulée (comme *O. uncatus*). Triangle anal de l'Ap du mâle généralement composé de 3 cellules, comme *O. forcipatus* (4 ou 5 chez *O. uncatus*). En revanche, lobes de la lame vulvaire non pas étroits et digités (*O. uncatus*), mais larges (plutôt comme *O. forcipatus*), quoique plus pointus et séparés par une échancrure atteignant environ la moitié de la longueur de la lame vulvaire (séparés presque totalement chez *O. boudoti*).
Comportement Similaire aux autres *Onychogomphus*.

Répartition et statut Jusqu'à présent, affluents bien préservés de deux bassins hydrologiques dans la province de Valence, à l'est de l'Espagne. En raison du courant très faible et de la sensibilité de ces habitats au développement, la pollution et la sécheresse, l'espèce peut être classée « En danger » d'après les critères de la Liste rouge de l'UICN.
Habitats Sources, ruisseaux et cours supérieurs de petites rivières dans des montagnes de basse altitude, pourvues d'un sol calcaire et d'eaux claires, pauvres en nutriments. Les mâles se perchent au niveau des tronçons plus riches en végétation et à courant plus lent (alternant souvent entre parties peu profondes et petits bassins) que ceux d'*O. uncatus*.
Période de vol Début juin à début septembre d'après les données actuelles.

Onychogomphus assimilis Onychogomphe à bec (Schneider, 1845)

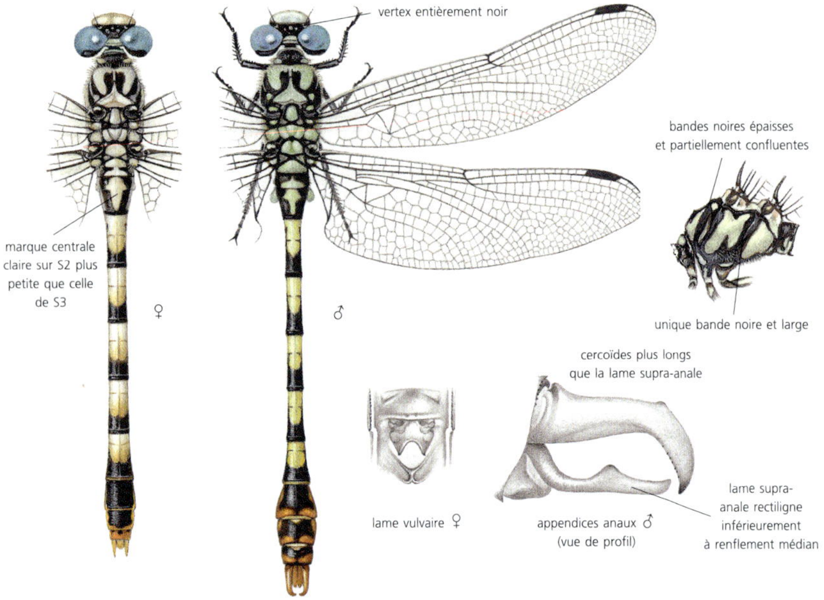

Identification Le plus sombre, grand et contrasté des *Onychogomphus* de notre région, où il est confiné aux ruisseaux de montagne le long de la côte méditerranéenne turque et du littoral de la mer Noire.
Critères à distance Tot 50-55 mm, Ab 35-42 mm, Ap 31-34 mm. Un peu plus grand qu'*O. forcipatus*, que l'on trouve aussi en Turquie. Le dessin abdominal noir est comparable à celui d'*O. forcipatus* mais plus étendu. S'identifie instantanément en observant la tête et le thorax : 1) vertex entièrement noir, dépourvu de bande jaune entre le front et l'occiput ; 2) bande humérale noire et bande antérieure large et partiellement confluente ; 3) côtés du thorax clairs, barrés d'une unique large bande noire. Chez les femelles, marque claire sur S2 plus petite que celle sur S3 (même taille chez *O. forcipatus*). La coloration rappelle celle de *Gomphus schneiderii* mais l'abdomen de cette espèce est rayé longitudinalement de jaune plutôt qu'annelé.
Critères en main De profil, appendices anaux du mâle en forme de bec de rapace. Cercoïdes du mâle plus fins et plus longs que la lame supra-anale dont la partie inférieure est rectiligne et la supérieure épaissie à mi-distance. Dépourvu de la dent subbasale que l'on trouve chez *O. forcipatus*.
Variations La couleur de l'abdomen peut varier du jaune vif au presque blanc, probablement avec l'âge.
Comportement Les mâles se perchent régulièrement sur des gros rochers dans ou au bord de l'eau. Contrairement à leurs congénères, ils se posent aussi sur des branches quelques mètres au-dessus de l'eau.

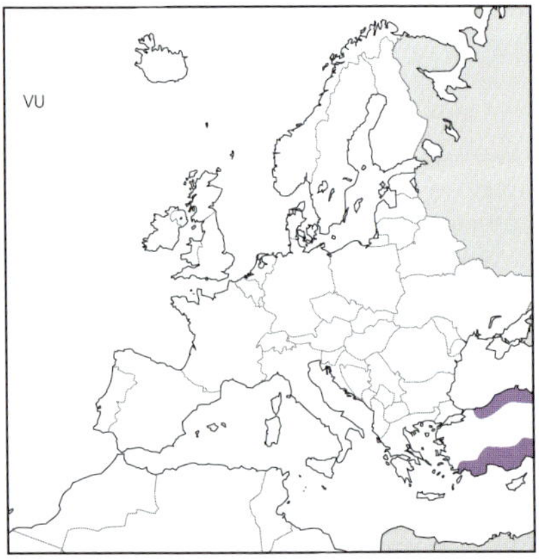

Répartition et statut Du Turkménistan à la Turquie, où il n'est pas rare le long de la côte méridionale. De récents enregistrements près de la mer Noire laissent à penser que l'espèce aurait échappé à l'observation dans le nord-ouest de la Turquie.
Habitats Rivières froides et partiellement ombragées, au pied des zones montagneuses.
Période de vol Fin mai à fin août.

Onychogomphus costae (Selys, 1885) — Onychogomphe à sabres

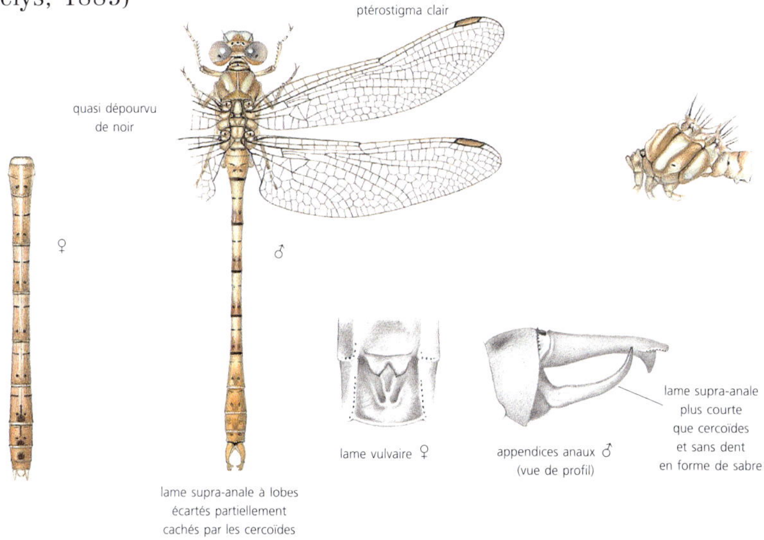

Identification Petit onychogomphe à coloration originale, dont le corps, quasiment dénué de noir, présente des dégradés variés d'ivoire, d'ocre et de rouille. Passe facilement inaperçu du fait de sa petite taille et de sa coloration camouflée.

Critères à distance Tot 43-46 mm, Ab 30-34 mm, Ap 22-27 mm. Le plus petit et le plus pâle des *Onychogomphus*. Se différencie facilement de ses congénères par sa taille, sa coloration ocre chaude et l'absence de larges marques noires. C'est le seul *Onychogomphus* de la région à avoir des Pt beiges et non brun sombre ou noirs. Ressemble à *Paragomphus genei*, mais ce dernier a la face et le thorax verts, davantage de noir sur l'abdomen et, chez le mâle, des expansions foliacées sur S8-S9.

Critères en main Appendices anaux plus fins et très différents des autres *Onychogomphus*. La lame supra-anale en forme de sabre est plus courte que les cercoïdes. Elle est profondément incisée (vue de dessous) et les deux branches divergent. Chez les autres *Onychogomphus*, les branches sont proches et parallèles ; chez *O. forcipatus* et *O. uncatus*, elles portent des dents subbasales. Les mâles ont de longs poils blanchâtres sur la partie inférieure de S7, 3-4 fois plus longs que ceux sous S6.

Comportement Les mâles attendent les femelles près de l'eau ; les partenaires accouplés sont généralement perchés sur les buissons et les arbres, mais se tiennent parfois aussi sur le sol nu.

Répartition et statut Endémique des régions arides de la péninsule Ibérique et du nord-ouest de l'Afrique. Rare dans la majeure partie de son aire, mais pas exceptionnel localement au Maroc et dans les vallées du Guadalquivir et de l'Èbre en Espagne.

Habitats En Espagne, largement inféodé aux grandes rivières de plaine présentant des étendues caillouteuses. Localement, fréquente aussi les bassins d'eau stagnante des cours d'eau temporaires (oueds, *wadis*). Au Maroc, aussi à plus haute altitude sur les plateaux arides.

Période de vol Mai à août.

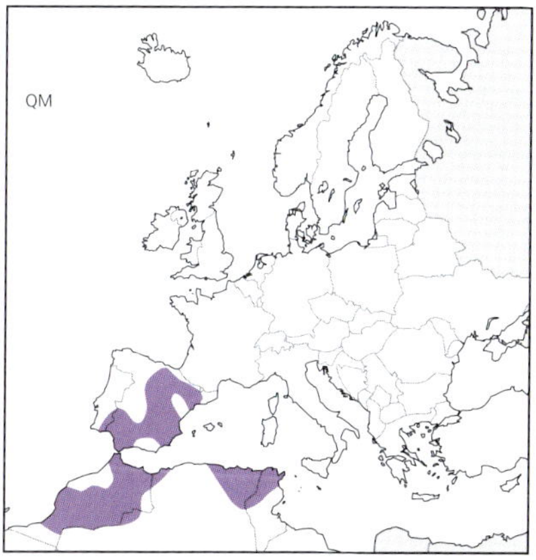

Onychogomphus flexuosus (Schneider, 1845) — Onychogomphe flexueux

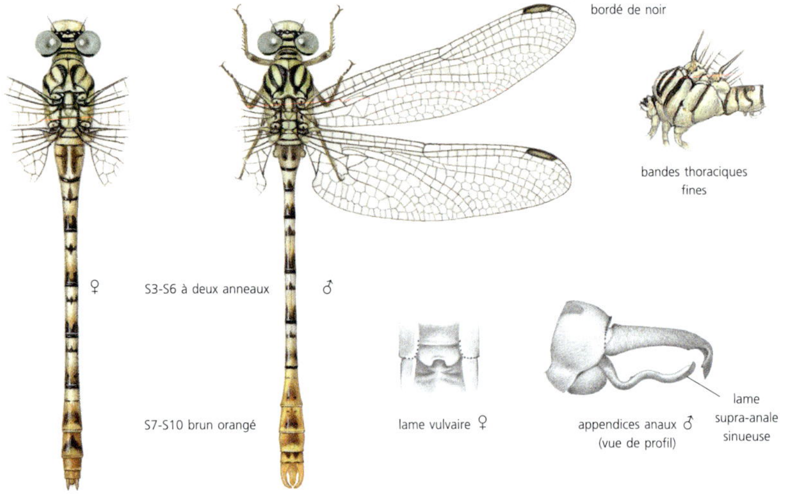

Identification Bel onychogomphe élancé à l'aspect jaune paille vif. Peu commun dans le centre et le sud de la Turquie.

Critères à distance Tot 41-46 mm, Ab 30-35 mm, Ap 25-30 mm. Légèrement plus petit et plus élancé qu'*O. forcipatus*. 1) Deux anneaux noirs par segment entre S3-S6 (un subbasal fin, parfois réduit à des points, et un apical). 2) S7-S10 jaune orangé avec des taches foncées de tailles variables ; ton nettement plus vif que la moitié basale blanche de l'abdomen et le thorax jaune pâle, évoquant une « tache caudale » jaune. 3) Pt brun-jaune, bordés par de larges nervures noires. 4) Thorax rayé de fines lignes noires rectilignes, l'antérieure souvent continue des ailes aux pattes. *O. macrodon*, *O. lefebvrii* et la sous-espèce locale *O. forcipatus albotibialis* ont cette même apparence tricolore avec thorax jaune, base de l'abdomen pâle et épaississement en massue de teinte vive, mais seul *O. macrodon* présente une double annelure à chaque segment abdominal. La distinction des deux espèces ne peut se faire qu'en main (*cf.* cette espèce). *Paragomphus lineatus* ressemble superficiellement à *O. flexuosus* mais ne présente pas la double annelure.

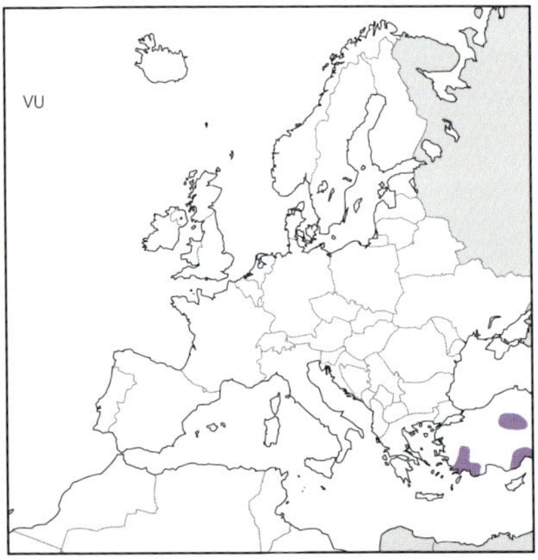

Critères en main Les mâles ont des cerques fins, plus longs que la lame supra-anale ; les extrémités se rejoignent mais ne se chevauchent pas. Cette dernière n'est ni épaissie ni dentée mais ondulée, formant de profil un W aplati.

Variations L'étendue des marques noires thoraciques et abdominales varie.

Comportement Parcourt de grandes distances. Se perche fréquemment dans les fourrés secs loin de l'eau ; s'accouple principalement l'après-midi dans des espaces ouverts à certaine distance de la rivière. Aime se poser sur le sable ou les galets, où il est parfaitement camouflé ; difficile à suivre quand il est en vol rapide au-dessus du sol.

Répartition et statut De l'Afghanistan à la Turquie, où il est rare.

Habitats Grandes rivières ensoleillées à bancs de graviers.

Période de vol Mi-mai à fin juillet.

Onychogomphus macrodon (Selys, 1887)

Onychogomphe à grande dent

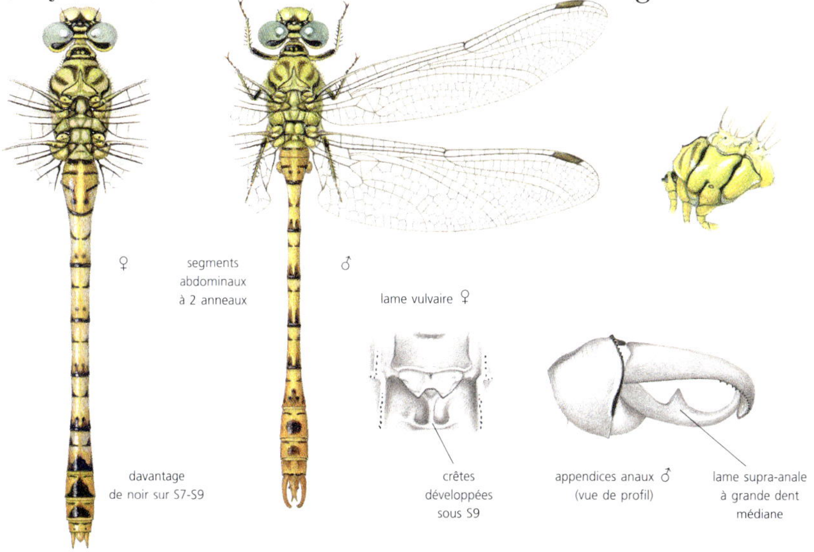

Identification Grand onychogomphe orange à jaune-brun aux marques noires peu étendues, confiné au Proche-Orient. Assez proche d'aspect d'*O. flexuosus*.

Critères à distance Tot 50-52 mm, Ab 35-37 mm, Ap 26-28 mm. Plus grand et plus robuste qu'*O. flexuosus*, plus proche d'*O. forcipatus*. Mis à part *O. flexuosus*, se distingue de ses congénères par la faible étendue des marques noires, qui forment une double annelure sur S3-S6. Se distingue d'*O. flexuosus* par un dessin thoracique noir moins contrasté, avec les deux marques sombres de part et d'autre de la carène médiodorsale du thorax généralement peu marquées et ne se rejoignant pas (généralement bien développées et connectées avec la carène chez *O. flexuosus*). Attention à la confusion possible avec *Paragomphus lineatus* (cf. *O. flexuosus*).

Critères en main Les mâles ont des cerques fins, plus longs que la lame supra-anale. Cette dernière présente une large dent triangulaire située supérieurement à mi-longueur. Chez la femelle, la partie inférieure de S9, postérieurement à la lame vulvaire, présente des crêtes longitudinales et transversales marquées, mais peu développées chez *O. flexuosus*.

Comportement Les mâles se perchent souvent sur les bancs de graviers dans le lit de la rivière à certaine distance de la rive, mais apparemment pas sur les rochers qui sont dans l'eau, les buissons ou les rameaux ; les deux sexes chassent dans la végétation arbustive des berges, parfaitement camouflés.

Répartition et statut Du nord d'Israël à la région d'Adana et d'Antakya en Turquie. Peu commun dans son aire de répartition et vulnérable du fait de la destruction de ses habitats.

Habitats Grandes rivières à bancs de graviers, principalement en plaine.

Période de vol Fin mai à mi-juillet.

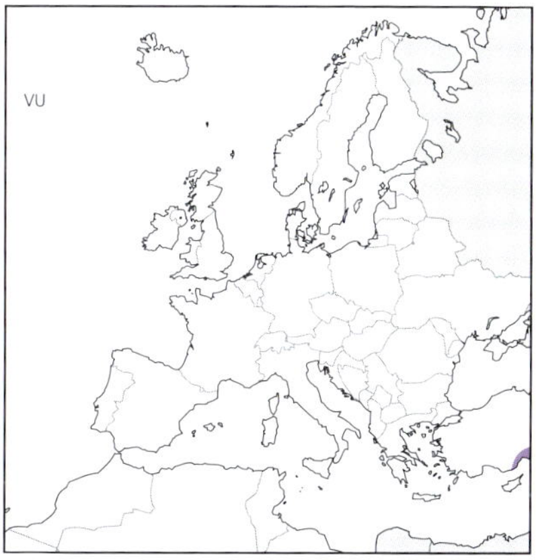

Paragomphus Cowley, 1934 **Paragomphes**

Identification Petits gomphidés dont les mâles présentent des expansions foliacées sur S8-S9 et des appendices anaux caractéristiques : cercoïdes longs, parallèles et courbés vers le bas en crochets. La lame supra-anale ne fait que la moitié de la longueur des cercoïdes.
Caractérisation du genre *Lindenia tetraphylla*, beaucoup plus grand, présente des expansions foliacées sur S7-S8. Les mâles d'*Onychogomphus* diffèrent par leur coloration, l'absence d'expansions foliacées et la forme des appendices anaux. Les *Paragomphus* sont dépourvus de champ anal aux Ap.
Identification des espèces Nombreuses espèces de *Paragomphus* en Afrique tropicale et en Asie mais seulement deux en zone méditerranéenne qui se distinguent par leur coloration.
Comportement Se perche souvent l'abdomen relevé, en position de l'obélisque.

V. J. Kalkman

Paragomphus genei (Selys, 1841) Paragomphe vert

Gomphe de Gené

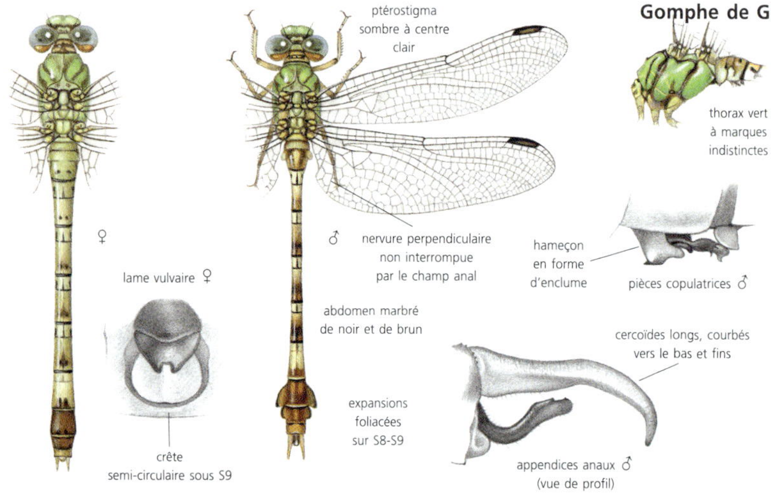

Identification Unique espèce de paragomphe dans le pourtour occidental de la Méditerranée. Il se différencie facilement par son abdomen marbré et la couleur verte du thorax et de la tête.

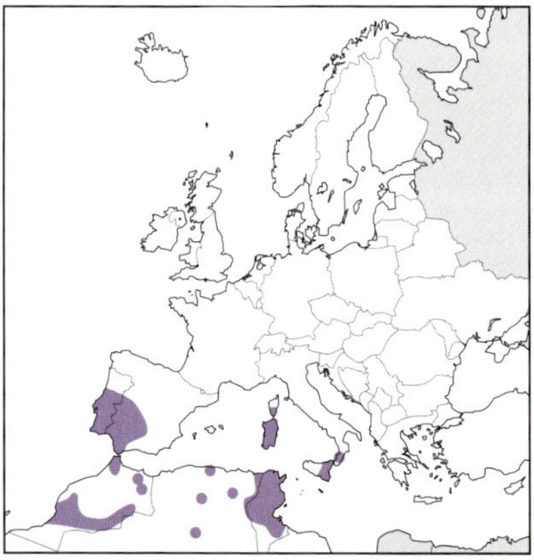

Critères à distance Tot 37-50 mm, Ab 30-36 mm, Ap 21-26 mm. Plus petit qu'*Onychogomphus forcipatus*. Pas de chevauchement d'aire connu avec *P. lineatus*. Taille, forme et coloration proches d'*O. costae*. Contrairement à ces deux espèces, *P. genei* a : 1) une face et un thorax verts aux dessins sombres peu marqués ; 2) une coloration abdominale sable paille, bigarrée de brun et de noir. *O. costae* et *P. lineatus* n'ont pas de vert. Le premier est brun sable quasiment dépourvu de noir et n'a pas d'expansions foliacées sur S8-S9. *P. lineatus* est plus uniformément jaune paille avec des marques noires moins étendues mais beaucoup plus nettes (*cf.* cette espèce).
Critères en main Cercoïdes du mâle longs et fins, fortement recourbés vers le bas et se terminant généralement par deux petites dents. Lame supra-

anale moitié moins longue que les cercoïdes, à lobes recourbés vers le haut. *O. costae* a une lame supra-anale qui dépasse nettement la moitié des cercoïdes. *P. genei* est le seul gomphidé à avoir un hameçon en forme d'enclume. Sous S9, les femelles ont une zone quasi circulaire bordée d'une crête basse d'épaisseur constante, qui entoure la lame vulvaire.
Variations L'étendue des marques sombres varie considérablement, notamment sur l'abdomen.

Répartition et statut Rare à relativement commun en Afrique du Nord-Ouest. Rare en Corse et en Sicile ; plus commun et en expansion dans le sud-ouest de la péninsule Ibérique et en Sardaigne, où il profite de la construction de réservoirs et de bassins. Commun dans le Levant et reste à découvrir dans le sud de la Turquie. Abondant en Afrique tropicale.
Habitats Eaux stagnantes ou faiblement courantes ; mares non asséchées des rivières temporaires.
Période de vol Avril à octobre, mais toute l'année dans les oasis sahariennes.

Paragomphus lineatus (Selys, 1850) Paragomphe sable

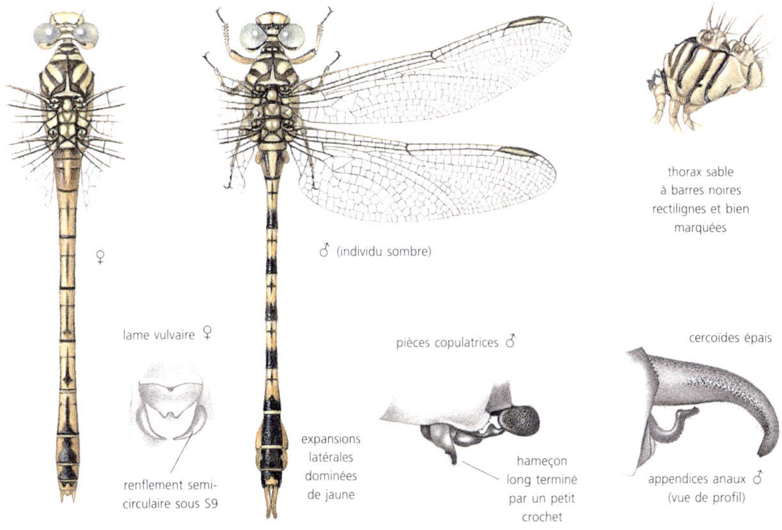

Identification Espèce orientale qui atteint sa limite ouest dans le sud-est de la Turquie. Elle pourrait y côtoyer *P. genei* bien que ce dernier n'ait pas encore été observé dans cette région.
Critères à distance Tot 45-50 mm, Ab 32-35 mm, Ap 23-28 mm. De taille semblable à *P. genei*, avec lequel on peut le confondre. Tête, thorax et abdomen de couleur sable avec des marques noires définies : lignes fines sur le thorax et annelures larges sur l'abdomen. *P. genei* a la face et le thorax verts ; les marques sombres du thorax et de l'abdomen sont peu marquées. Les expansions foliacées de S8-S10 sont jaunes et non bordées de brun ou de noir comme chez *P. genei*. La coloration et l'allure pourraient rappeler certains *Onychogomphus*, notamment *O. flexuosus* ; il vaut mieux recourir à l'examen des caractères sexuels pour les identifier.
Critères en main Cercoïdes du mâle plus épais et moins effilés que ceux de *P. genei*. Lame supra-anale plus courte, atteignant à peine le tiers de la longueur des cercoïdes. L'hameçon du mâle est long, terminé par un petit crochet, et ne présente pas la forme d'une enclume. Chez les femelles, la zone semi-circulaire entourant la lame vulvaire est bordée latéralement par une zone nettement renflée.

Répartition et statut Commun dans la région d'Adana et d'Antakya en Turquie. S'étend à l'est jusqu'au nord de l'Inde et du Népal.
Habitats Cours d'eau ouverts et lents, souvent temporaires.
Période de vol Mai à septembre, mais probablement actif d'avril à octobre.

Lindenia de Haan, 1826 **Lindénie**

Lindenia tetraphylla (Vander Linden, 1825) Lindénie caudifoliée

Identification Genre monospécifique qui se distingue par sa grande taille (70-80 mm), ses larges expansions foliacées sur S7-S8 et son triangle pluricellulaire. La couleur de cette espèce est remarquablement variable, allant de sable à noire selon les individus.
Critères à distance Tot 69-80 mm, Ab 49-57 mm, Ap 36-40 mm. Notre plus grand gomphidé. Se distingue immédiatement des autres espèces par son abdomen long et fin, pourvu d'une expansion foliacée sur S7-S8. Corps typiquement jaune clair, marqué de brun sombre ou de noir dans des proportions qui varient considérablement (*cf.* Variations). Mâle pourvu de nombreuses épines noires microscopiques sur l'abdomen, tout particulièrement à partir du milieu de S3 jusqu'à S7, ce qui assombrit les zones claires. Pt grands et longs, jaunes à brun clair. Les *Paragomphus* et les *Onychogomphus* sont plus petits et ont des abdomens épaissis sur S8-S9 (et non S7-S8). Seuls les *Paragomphus* ont des expansions foliacées aussi larges. Au premier regard, *L. tetraphylla* peut être confondu avec *Orthetrum sabina* ou *O. trinacriae*, mais ces espèces n'ont ni expansions foliacées ni yeux séparés.
Critères en main Triangle divisé en 3-4 cellules par des nervures transverses (unicellulaire chez les autres gomphidés). Cercoïdes du mâle allongés et fins, presque rectilignes, environ deux fois plus longs que S10. Les *Paragomphus* et les *Onychogomphus* ont des cercoïdes courbés en crochets.
Variations Le thorax et l'abdomen peuvent être très sombres. L'assombrissement peut se développer avec l'âge, mais des immatures presque entièrement noirs ont déjà été observés, ce qui suggère que la couleur puisse être déterminée par les conditions climatiques. Les vieux imagos développent une pruinosité bleuâtre sur le thorax. Les individus pruineux et sombres ont une toute autre apparence que les immatures clairs. L'assombrissement et la pruinosité sont des phénomènes rares chez les gomphidés.
Comportement Se pose souvent au sol avec l'abdomen légèrement relevé. Tendance à la migration, inhabituelle pour un gomphidé.

Répartition et statut Réparti par taches de l'Asie centrale au Moyen-Orient, jusqu'en Méditerranée.

▼ *Lindenia tetraphylla*, mâle mature.

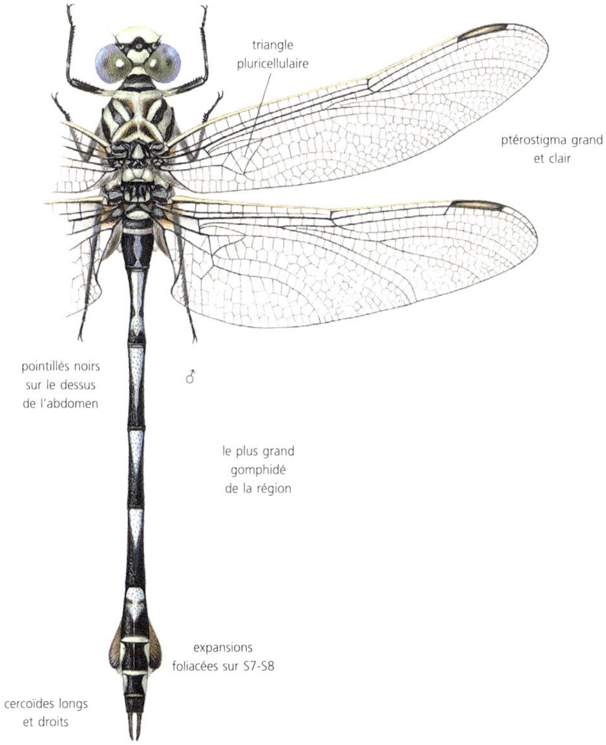

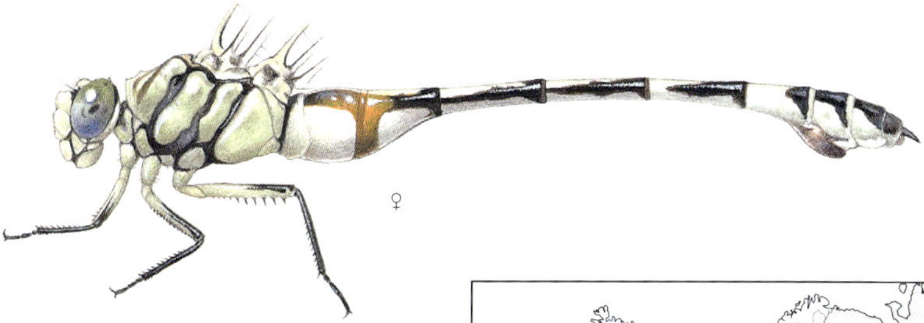

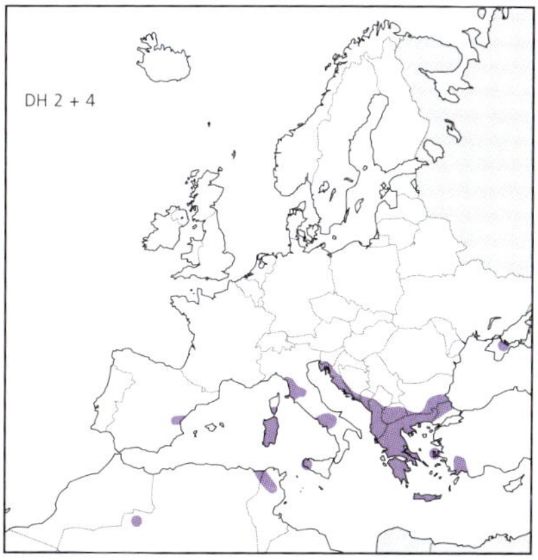

Dans notre région, on n'a localisé qu'une poignée de populations pérennes, certaines toutefois très importantes, principalement en Grèce, au Monténégro et en Turquie. D'apparition occasionnelle en Méditerranée occidentale.
Habitats Rivières à courant lent et lacs, souvent de grandes tailles. Généralement associé aux roselières, mais parfois observé dans des lacs moins riches en hélophytes ; peut coloniser de nouveaux lacs de barrage en quelques années.
Période de vol Mai à août. Émergence à partir de la fin mai en Turquie.

V. J. Kalkman

Cordulegastridae
Cordulegaster Cordulégastres
Leach, 1815

◄ *Cordulegaster insignis* femelle, en train de pondre en insérant son ovipositeur de façon répétée dans les sédiments d'un cours d'eau peu profond.

Identification Les cordulégastres se reconnaissent facilement à leur grande taille (70-100 mm), leurs yeux qui ne se touchent qu'en un point et leur couleur noir et jaune. Les mâles ont un triangle anal aux ailes postérieures et des oreillettes latérales sur S2. Les femelles n'ont qu'une valve vulvaire servant d'ovipositeur, qui dépasse nettement l'extrémité de l'abdomen. Elle sert à déposer les œufs dans les sédiments des ruisseaux, où les *Cordulegaster* sont souvent les seuls Anisoptères présents.

Caractérisation du genre Les æschnidés, de taille et de forme comparables, ont des yeux contigus sur une certaine distance. De nombreux gomphidés sont jaune et noir mais leurs yeux sont nettement séparés. *Macromia splendens* (péninsule Ibérique et sud de la France) et *Anax immaculifrons* (sud de la Turquie) diffèrent dans la disposition des marques colorées.

Identification des espèces Le genre se divise en deux groupes. Chacun rassemble des espèces assez semblables, dont la répartition ne se chevauche que rarement. Quand deux espèces de *Cordulegaster* se côtoient, elles appartiennent généralement à des groupes différents. Dans les zones où *C. boltonii* et *C. bidentata* coexistent (Europe occidentale et centrale), le premier fréquente généralement des ruisseaux plus larges que le second. De ce fait, *C. boltonii* est plutôt une espèce de plaine et *C. bidentata* se cantonne dans les zones de relief. Cette partition de l'espace est moins évidente dans les Balkans et en Turquie. Après avoir classé une espèce dans un groupe (premier tableau), la clé d'entrée géographique permet d'arriver facilement à une identification spécifique (deuxième et troisième tableaux). On évalue mal la fiabilité des critères de détermination basés sur la répartition des marques colorées. Il existe des variations importantes au sein des populations. Elles concernent par exemple la taille de la marque noire frontale ; l'étendue du noir sur le reste de la tête ; la taille et la forme de la marque jaune de S1 ou de celle située entre les deux larges bandes thoraciques ; la présence de taches apicales sur S2-S8. Sauf mention contraire, ces caractères ne sont donc pas utilisables lors du processus d'identification. Les femelles sont plus grandes que les mâles et ont des marques abdominales plus étendues. Les mensurations sont donc fournies pour chaque sexe.

Attribution des *Cordulegaster* à un groupe d'espèces
(*cf.* p. 223 et 229 pour les illustrations)

Marque jaune sur le côté de S1	**Cercoïdes (vue de dessus)**	**Groupe**
En forme de « C » inversé le long de la marge postérieure du segment, mais parfois réduite à un rectangle dans la moitié inférieure	Divergents, à bordure externe courbée, se touchant presque à la base	*boltonii*
Marque oblique ou triangle large au milieu du segment ; si descend jusqu'à sa marge postérieure, alors linéaire et ne continuant pas le long du bord inférieur du segment (ne forme pas un « C » inversé)	Parallèles, à bordure externe rectiligne, séparés à la base	*bidentata*

Localisation géographique des espèces du groupe *boltonii*	
Maroc : Moyen et Haut-Atlas	*princeps*
SO Italie et Sicile	*trinacriae* *
N et O Turquie, îles N et E de la mer Égée, SE Balkans	*picta*
O et S Balkans	*heros* **
Reste de l'Europe et d'Afrique du NO	***boltonii***

* *C. trinacriae* et *C. boltonii* coexistent et s'hybrident dans les régions du Latium et des Marches au centre de l'Italie.
** *C. heros* et *C. boltonii* coexistent dans l'est de l'Autriche et peut-être aussi dans l'ouest de l'Ukraine.

Localisation géographique des espèces du groupe *bidentata*	
S Grèce (dont Péloponnèse, Eubée et Cyclades)	*helladica*
Turquie, îles N et E de la mer Égée (dont Ikaría), SE Balkans	*insignis* ***
Reste de l'Europe	***bidentata***

*** *C. insignis* et *C. bidentata* coexistent de l'est de la Serbie à la Bulgarie et la Macédoine grecque.

Certaines espèces sont divisées en sous-espèces plus ou moins largement réparties. À la marge de ces populations existent des individus intermédiaires. Certaines sous-espèces ont été décrites à partir de tels individus, provoquant de nombreuses confusions taxonomiques. D'autres ont été décrites à partir d'individus dont l'origine géographique est incertaine, voire inconnue, ce qui complique considérablement les études biogéographiques.

Comportement Tous les cordulégastres se reproduisent dans des sources ou des ruisseaux permanents et temporaires, où les larves se développent en trois à sept ans. Les mâles patrouillent bas au-dessus de l'eau, souvent lentement, à la recherche de femelles. Peu farouches, ils se laissent parfois observer de très près. Les femelles ne s'approchent des ruisseaux que pour l'accouplement et la ponte. Elles déposent leurs œufs de façon très caractéristique. Elles volent sur place au-dessus d'une fine pellicule d'eau, le corps vertical, piquant son ovipositeur dans le substrat de façon répétée. Une femelle peut accomplir ce mouvement de pilon jusqu'à 500 fois et rester près de quinze minutes au même endroit. Elle évite alors les mâles et se dissimule souvent sous le couvert végétal.

G. J. van Pelt

Cordulegaster boltonii (Donovan, 1807)

Cordulégastre annelé

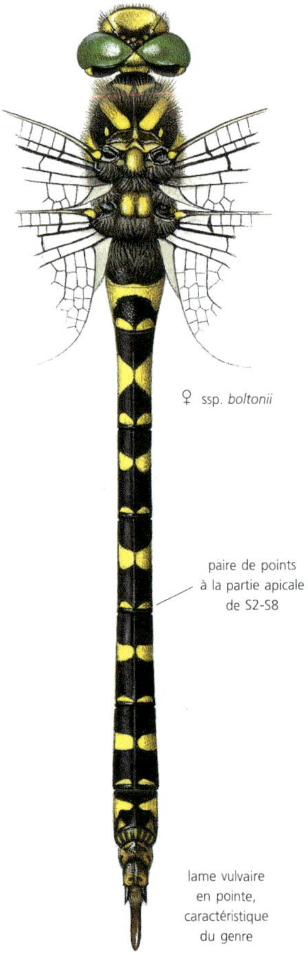

Identification La seule espèce dans une très grande partie de l'Europe du Nord et de l'Ouest. Dans les zones de relief d'Europe centrale et occidentale, cohabite avec *C. bidentata*.
Critères à distance Mâle : Tot 74-80 mm, Ab 52-64 mm, Ap 40-47 mm ; femelle : Tot 80-85 mm, Ab 57-6 mm, Ap 45-51 mm. À peu près aussi grand qu'*Anax imperator*. Dans une grande partie de l'Europe, on trouve la sous-espèce type qui se caractérise par : 1) marques abdominales petites, jaunes, se rejoignant inférieurement sous S4-S8 mais interrompues sur la face supérieure de tous les segments sauf S2 (-3) ; 2) paires de petites ponctuations jaunes sur la bordure apicale de chaque segment entre S2-S7 (8), particulièrement chez les femelles ; 3) S9-S10 (quasiment) noirs ; 4) triangle occipital et nervures costales jaunes ; 5) front barré d'une petite ligne noire. Dans le sud-ouest de l'Europe et le nord-ouest de l'Afrique, *C. boltonii* présente des marques jaunes plus étendues (*cf.* Variations). L'aire de cette espèce chevauche largement celle de *C. bidentata* et, dans une moindre mesure, celle de *C. heros* dans l'est de l'Autriche ; elle s'hybride avec *C. trinacriae* dans le centre de l'Italie et son aire est proche de celle de *C. princeps* dans l'Atlas marocain (*cf.* ces espèces).
Critères en main Cercoïdes relativement courts, de la même longueur que S10.
Variations A exceptionnellement des yeux bleus, principalement en Espagne. Dans une petite région du nord-ouest de l'Italie, on trouve des individus à triangle occipital (partiellement) noir. Les sous-espèces suivantes n'ont pas de tache noire sur le front et ont des marques jaunes plus étendues et confluentes sur l'abdomen, ainsi que des ponctuations jaunes sur S9-S10. Dans le nord-ouest de l'Italie, le sud de la France et l'Espagne, on trouve la ssp. *immaculifrons*. Il existe des individus intermédiaires avec la ssp. type, notamment au centre de l'Espagne. Les marques sur S3 sont parfois plus longues que larges (vue de dessus) et la bordure postérieure des taches jaunes de S3-S4 peut présenter une forme de « W ». Dans le sud-est de l'Espagne, la ssp. *iberica* présente une indentation noire à la marge postérieure de S2, l'anneau sur S3-S4 est plus long que large et la bordure postérieure

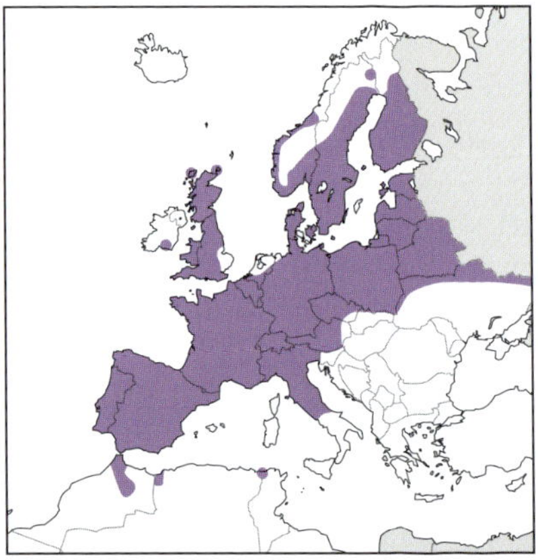

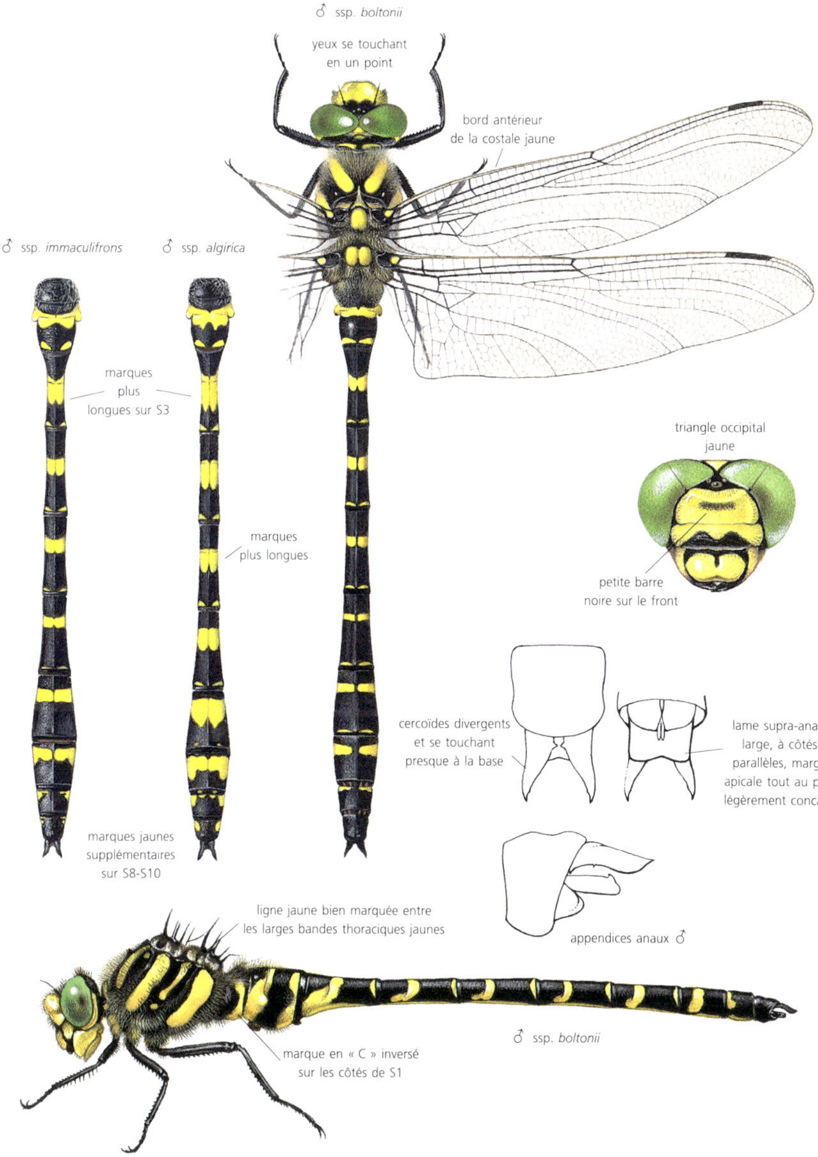

des anneaux de S3-S4 et S7 présente une forme de « W ». La ssp. *algirica* du sud de l'Espagne et du nord-ouest de l'Afrique est semblable avec l'anneau sur S5 généralement plus long que large et la marge postérieure de S3-S6 en forme de « W ». Les sous-espèces sont mal définies et à l'exception des populations africaines de *C. b. algirica*, aucune n'a été clairement distinguée génétiquement.

Répartition et statut Localement commun. Atteint le cercle polaire en Finlande et dans la Russie avoisinante ; s'étend jusqu'au sud de l'Oural.

Habitats Ruisseaux et parfois petites rivières, souvent en forêt mais aussi dans des landes ouvertes.

Période de vol Début mai à fin septembre ; un pic en juillet.

Cordulegaster princeps (Morton, 1916)

Cordulégastre de l'Atlas

C. princier

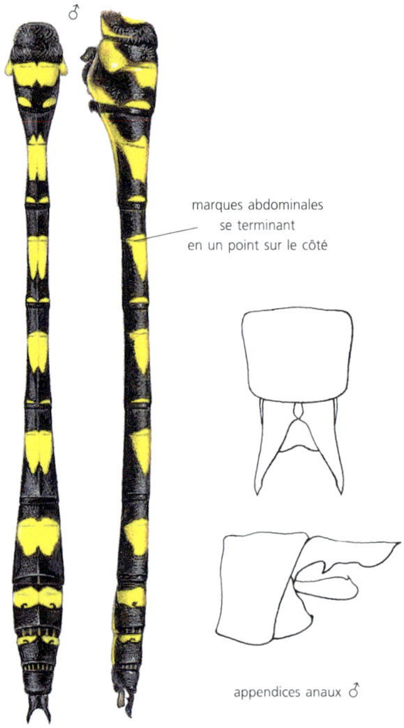

Identification Remplace *C. boltonii* dans la majeure partie de l'Atlas marocain. Se distingue par sa grande taille, la forme de ses marques abdominales, S9-S10 quasiment noirs et la présence d'une zone claire derrière les yeux.
Critères à distance Mâle : Tot 75-86 mm, Ab 56-65 mm, Ap 45-49 mm ; femelle : Tot 79-87 mm, Ab 60-66 mm, Ap 47-53 mm. Les marques abdominales sur S3-S6 ne se rejoignent pas sur la partie inférieure des segments comme chez *C. boltonii* mais s'arrêtent en un point sur les flancs. Elles sont largement connectées dorsalement sur S2-S8. Sur S3-S8, leurs bordures postérieures et souvent antérieures sont indentées (vue de dessus). S9 présente une marque jaune basale mais S10 est généralement entièrement noir, contrairement à *C. b. algirica*. Le front et le triangle occipital sont jaunes comme chez *C. b. algirica* mais l'arrière de la tête (derrière les yeux) est essentiellement jaune.
Critères en main Cercoïdes comme chez *C. boltonii*, aussi longs que S10, à bordure extérieure relativement rectiligne.

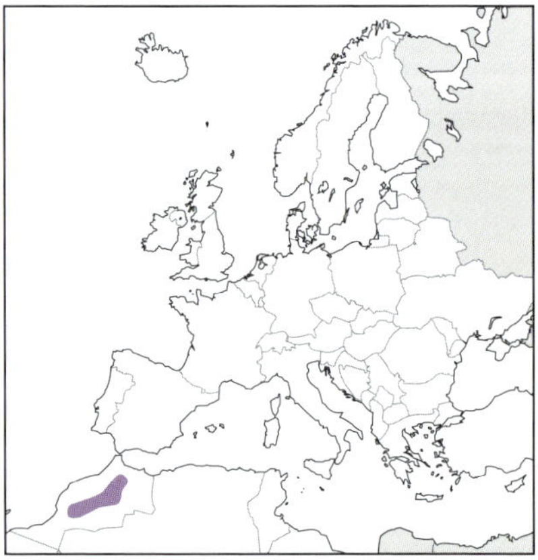

Répartition et statut Endémique du Haut- et Moyen-Atlas. Pas de coexistence connue avec *C. b. algirica*, mais les deux espèces peuvent se côtoyer sur le Jbel Tazekka dans le nord du Moyen-Atlas.
Habitats Ruisseaux (mais inconnu des petits ruisselets que fréquente *C. b. algerica*) entre 1 000 et 2 500 m d'altitude.
Période de vol Fin mai à mi-septembre.

Cordulegaster trinacriae (Waterston, 1976)

Cordulégastre italien

C. de Sicile

Identification Remplace *C. boltonii* en Italie, globalement au sud de Rome où les deux espèces se côtoient dans la région du Latium ; l'identification se fait en main par l'examen des appendices anaux.

Critères à distance Mâle : Tot 73-79 mm, Ab 55-63 mm, Ap 45-49 mm ; femelle : Tot 83-93 mm, Ab 64-72 mm, Ap 51-53 mm. Ressemble à *C. b. boltonii* mais avec des marques abdominales plus petites, habituellement connectées dorsalement sur S2-S4 (5). Les marques de S4-S7 n'atteignent pas la partie inférieure. S2-S6 pourvus de ponctuations distales et S9 de petites marques basales. Le triangle occipital est jaune. L'avant du front est jaune avec, parfois, des traces de noir chez les mâles. Les femelles ont toujours une petite barre noire frontale qui n'atteint pas la crête frontale. Chez *C. boltonii*, les deux sexes ont une barre petite mais distincte sur le front.

Critères en main Cercoïdes relativement fins et sinueux, un peu plus longs que S10 (vue de dessus). À la différence de toutes les autres espèces, la marge postérieure de la lame supra-anale est nettement échancrée.

Variations Une vaste zone d'hybridation avec *C. boltonii* s'étend du centre des Marches au sud du Latium. Les appendices anaux des mâles hybrides sont plus petits et plus proches de ceux de *C. boltonii*, avec la marge postérieure de la lame supra-anale moins profondément échancrée. Des études génétiques laissent à penser que ces différences limitent les chances d'accouplement des mâles de type *boltonii* avec les femelles de *C. trinacriae*, qui permettrait à *C. trinacriae* de s'introduire dans l'aire de répartition de *C. boltonii* et d'étendre la zone d'hybridation plus loin vers le nord.

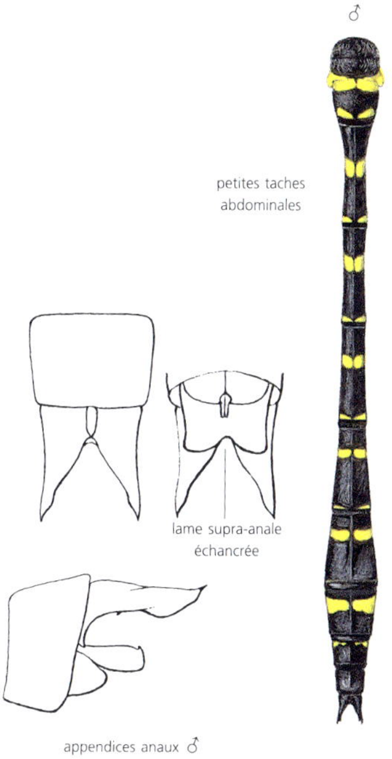

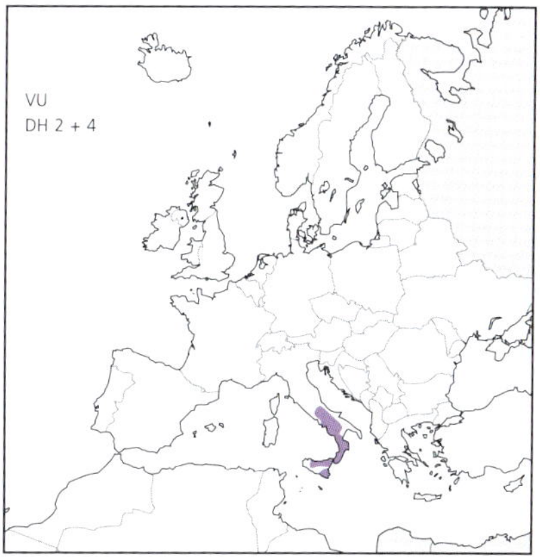

Répartition et statut Endémique du sud de l'Italie et de la Sicile.

Habitats Comme chez *C. boltonii*.

Période de vol Juin à août.

Cordulegaster heros (Theischinger, 1979)

Cordulégastre des Balkans

♂

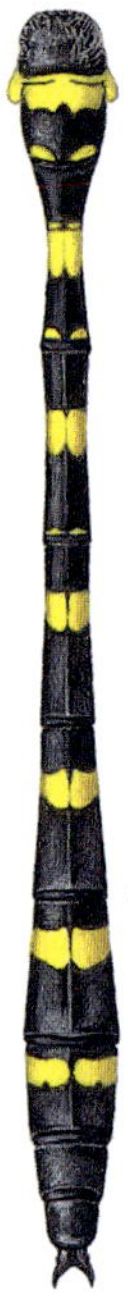

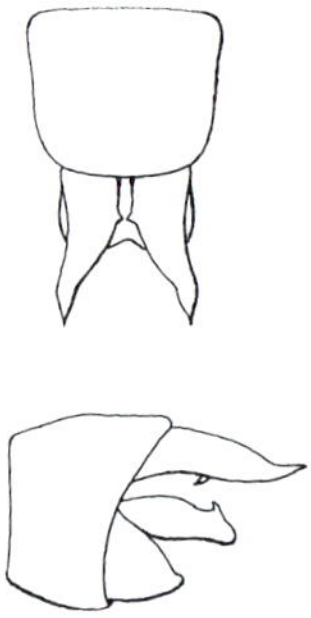

appendices anaux ♂

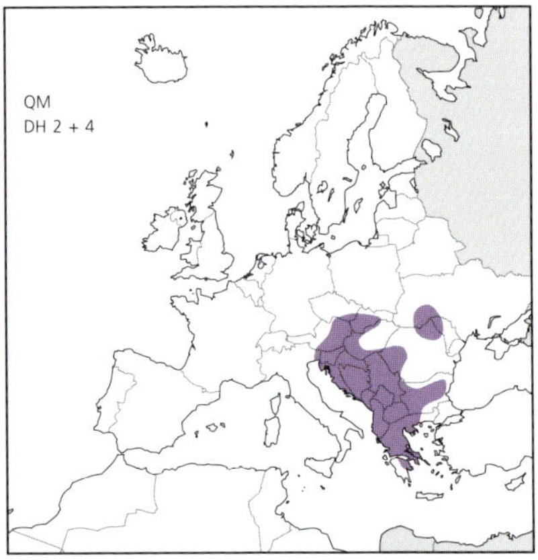

Identification *C. heros* remplace *C. boltonii* dans les Balkans, dont il se distingue par sa taille plus grande et des marques abdominales plus étendues.

Critères à distance Mâle : Tot 77-84 mm, Ab 56-64 mm, Ap 45-50 mm ; femelle : Tot 88-96 mm, Ab 68-76 mm, Ap 53-58 mm. Le plus grand cordulégastre. Diffère de *C. boltonii* par : 1) triangle occipital noir (et non jaune) éventuellement marqué, comme *C. picta*, de deux petits points jaunes ; 2) ligne jaune située entre les deux larges bandes thoraciques à marge postérieure généralement coudée à mi-distance, la moitié inférieure est donc placée antérieurement à la supérieure ; 3) anneaux abdominaux médians jaunes plus épais (habituellement connectés dorsalement sur S2-S7 et atteignant le dessous de l'abdomen entre S3-S8). Ponctuations distales des segments réduites, absentes de S7-S8 et souvent de S5-S6, particulièrement chez les mâles. Un autre critère souvent utilisé, à savoir les bandes antéhumérales anguleuses dans le coin supérieur externe, n'est pas considéré comme fiable. *Cf. C. picta* pour la différence avec *C. heros*. Le triangle occipital noir, le dessin abdominal et la présence d'une barre frontale chez les femelles peuvent engendrer des confusions avec *C. bidentata*. Cette espèce est plus petite et se différencie par les critères exposés dans le premier tableau, p. 221.

Critères en main Cercoïdes relativement longs mais semblables à ceux de *C. boltonii*.

Variations Deux sous-espèces ont été décrites sur la base de la présence d'une barre frontale : faiblement marquée ou absente chez les mâles de la ssp. type (Autriche, Slovénie, Hongrie et Serbie) ; en rectangle très net chez la ssp. *pelionensis* (Grèce, Albanie et Bulgarie). Comme chez les autres espèces, ces taxons ne font pas l'unanimité.

Répartition et statut Endémique du centre et sud-est de l'Europe. Coexiste localement avec *C. boltonii* dans l'est de l'Autriche ; les deux espèces sont susceptibles de partager une même zone sur les contreforts nord-ouest des Carpates ukrainiennes.

Habitats Comme *C. boltonii*.

Période de vol Juin à août.

Cordulegaster picta (Selys, 1854)

Cordulégastre pontique

C. tacheté

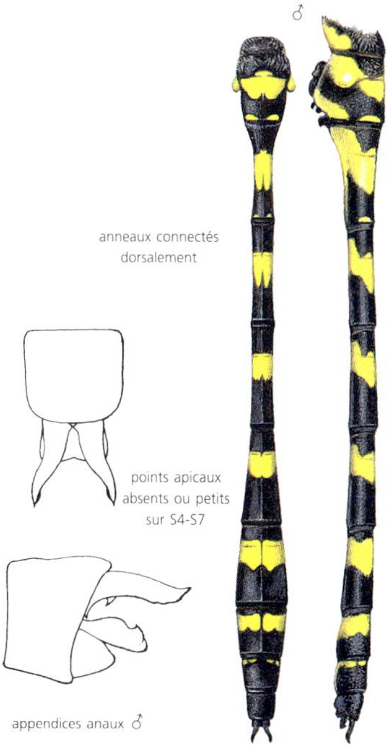

Identification Remplace *C. heros* dans le sud-est des Balkans et en Turquie. Pas de chevauchement d'aire connu entre ces espèces. Très variable. L'identification s'appuie sur l'examen des appendices anaux des mâles.
Critères à distance Mâle : Tot 72-80 mm, Ab 53-60 mm, Ap 43-46 mm ; femelle : Tot 80-89 mm, Ab 61-68 mm, Ap 48-53 mm. Cordulégastre de grande taille mais en moyenne plus petit que *C. heros*. En diffère par : 1) triangle occipital jamais entièrement noir mais ponctué de deux taches jaunes ; 2) bande étroite jaune entre les deux larges bandes thoraciques à marge postérieure relativement rectiligne ; 3) barre frontale variable, peut être absente ou très marquée et atteindre la crête frontale chez le mâle ; chez la femelle, elle ne couvre jamais complètement le sommet du front (contrairement à *C. heros*) ; 4) contrairement à *C. heros*, les femelles présentent souvent une bande jaune sur S2 qui s'étend médiodorsalement vers la base (vue de dessus). Les marques abdominales sont semblables à celles de *C. heros* : les anneaux médians sont connectés dorsalement sur S2-S6 (7) (parfois même sur S8, mais parfois aussi seulement entre S2-S3) et atteignent la partie inférieure de l'abdomen entre S3-S9. Habituellement, marques distales sur S2-S7, pouvant être limitées à S2-S3. Côtoie *C. insignis*, mais, outre les critères de groupes (premier tableau, p. 221), cette espèce a des yeux bleus et un triangle occipital jaune dans une grande partie de son aire de répartition (pas dans le nord de l'Anatolie).
Critères en main Cercoïdes longs, fins et divergents, plus longs que S10.
Variations Les marques de l'abdomen sont variables ; l'identification requiert l'examen des appendices anaux. Des individus très jaunes vivent dans l'est des Rhodopes, l'ouest et le sud de la Turquie et quelques îles de l'est de la mer Égée (par exemple Samos et Lesbos) et ressemblent parfois beaucoup à *C. heros*, *C. insignis* et *C. helladica*. Les populations de l'ouest des Rhodopes et du nord de la Turquie sont plus foncées et plus proches de *C. bidentata*.

Répartition et statut Jusqu'à la Transcaucasie et au nord-ouest de l'Iran. La limite de répartition entre *C. picta* et *C. heros* s'étire de la presqu'île Chalcidique (Grèce) au delta du Danube (Roumanie-Ukraine).
Habitats Comme *C. boltonii* et *C. heros*.
Période de vol Fin mai à mi-août.

Cordulegaster bidentata (Selys, 1843) — Cordulégastre bidenté

▲ *Cordulegaster bidentata* mâle. Noter le triangle occipital noir et l'extrémité pointue des marques sur le côté de l'abdomen.

Identification Le plus petit et le plus sombre *Cordulegaster* hors de Turquie.

Critères à distance Mâle : Tot 69-78 mm, Ab 52-60 mm, Ap 41-46 mm ; femelle : Tot 74-83 mm, Ab 55-63 mm, Ap 45-50 mm. En moyenne plus petit que *C. boltonii*. Aire se chevauchant largement avec *C. boltonii*, plus commun et plus répandu. *Cf.* premier tableau, p. 221, pour les critères de distinction entre les deux groupes d'espèces. La forme de la marque latérale de S1 est la plus facile à utiliser ainsi que : 1) marques jaunes petites ; anneaux médians n'atteignant pas la partie inférieure de l'abdomen, de forme triangulaire sur les côtés, marques apicales présentes seulement sur S2-S3 (4), absentes sur S5-S8 ; 2) nervures costales à dominante noire, pas jaune (vue de face) ; 3) triangle occipital noir ; 4) barre frontale étendue, atteignant généralement la crête frontale. Les critères 1 à 4 ne différencient pas le groupe *bidentata* du groupe *boltonii* ; ils ne distinguent pas *C. bidentata* de *C. heros* par exemple et ne peuvent pas être utilisés pour séparer *C. insignis* de *C. picta*. *Cf. C. picta* et *C. insignis*.

Critères en main Cercoïdes caractérisés par : 1) présence de deux dents positionnées au quart et à la moitié de la longueur du cercoïde. La dent basale existe aussi chez les autres espèces de *Cordulegaster* mais elle est plus proche de S10 et est souvent (partiellement) dissimulée ; 2) lame supra-anale en trapèze qui se rétrécit vers son extrémité et non rectangulaire comme chez *C. boltonii* par exemple.

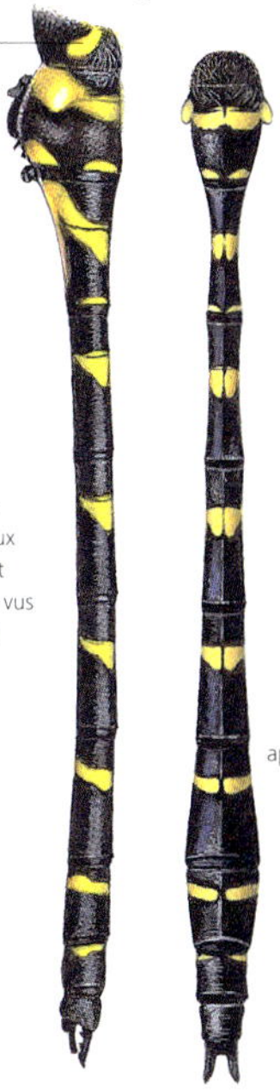

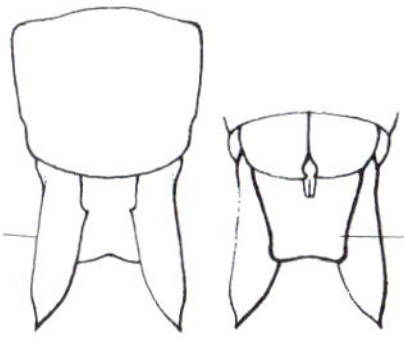

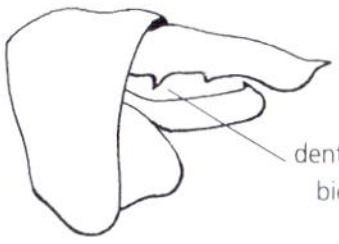

appendices anaux ♂

Variations En Sicile : ssp. *sicilica*, plus jaune, pourvue de marques jaunes sur S9-S10, aux anneaux abdominaux presque confluents sur S5-S8, qui descendent davantage vers les parties inférieures. Des individus intermédiaires avec ssp. *bidentata* ont été observés en Calabre, mais comme aucune différenciation génétique n'a été trouvée, la validité de ces sous-espèces est incertaine. Localement en Albanie et dans le sud de la Grèce, mais aussi plus au nord en Slovénie : spécimens avec marques abdominales plus longues et parfois la partie avant du triangle occipital colorée de jaune.

Répartition et statut Endémique d'Europe. Généralement plus localisé que les espèces du groupe *boltonii* mais peut être commun dans certaines régions.
Habitats Généralement ruisseaux plus petits que *C. boltonii*, ainsi que des écoulements verticaux et des sources calcaires. S'observe souvent dans des ruisselets forestiers.
Période de vol Mi-mai à fin août.

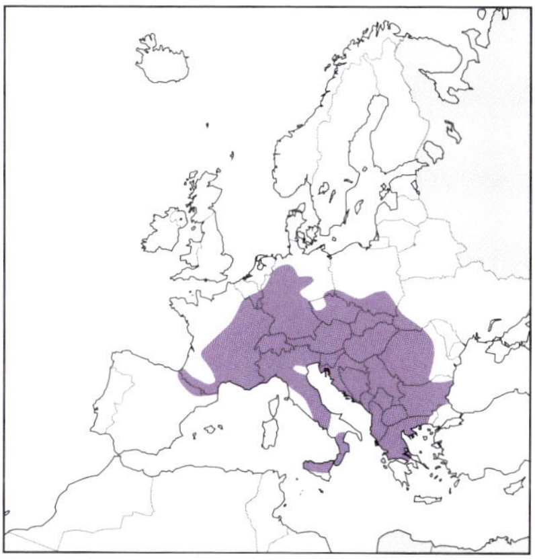

Cordulegaster insignis (Schneider, 1845)

Cordulégastre aux yeux bleus

C. remarquable

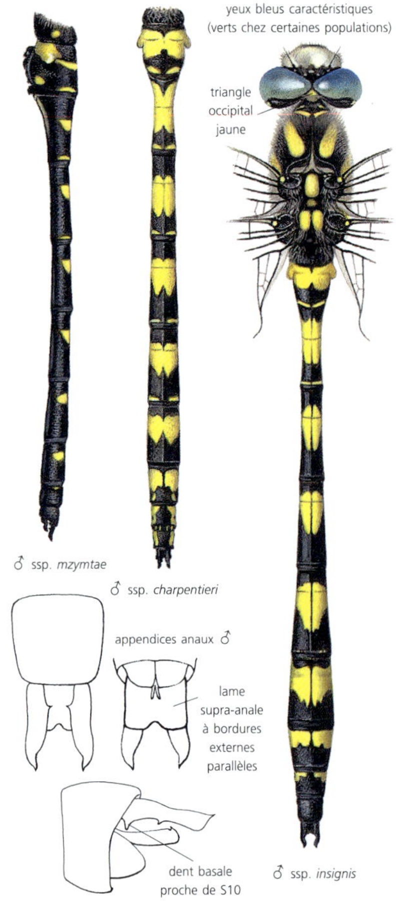

Identification Le seul cordulégastre aux yeux bleus, bien que des formes aux yeux verts existent dans certaines régions de Turquie et dans l'île grecque d'Ikaría.

Critères à distance (seulement ssp. *insignis*) Mâle : Tot 71-78 mm, Ab 52-58 mm, Ap 40-46 mm ; femelle : Tot 71-83 mm, Ab 51-63 mm, Ap 41-49 mm. De même taille que *C. bidentata* mais généralement plus clair. Diffère par : 1) yeux bleus ; 2) avant du front entièrement jaune pouvant parfois présenter une petite marque sombre ; 3) triangle occipital jaune, pas noir ; sa partie postérieure est enflée et non plate ; 4) marques abdominales plus étendues : S2-S8 généralement connectés dans la partie antérieure, points apicaux présents sur S2-S6 (occasionnellement aussi sur S7 ou seulement sur S2), S9 pourvu de petites marques jaunes. Il existe des formes localisées avec les yeux verts et souvent un triangle occipital noir. On ne peut les différencier de *C. helladica* et *C. bidentata* que par leur répartition géographique et la forme des appendices anaux. Seul *C. picta* côtoie largement *C. insignis* mais il a les yeux verts, des cercoïdes longs et divergents et répond aux critères du groupe *boltonii* (premier tableau, p. 221).

Critères en main Cercoïdes du mâle semblables à ceux de *C. bidentata* (parallèles et largement séparés à la base) mais dent basale plus proche de S10 (vue de profil). Lame supra-anale plus large et plus rectangulaire, ne se rétrécissant pas vers l'apex comme chez *C. bidentata* ou *C. helladica*.

Variations Sud-est des Balkans, ouest et sud de la Turquie : ssp. *insignis* aux yeux bleus. Sud-est de la Roumanie : ssp. *montandoni* mais son critère distinctif (petite marque noire sur le front) ne permet pas une différenciation fiable d'avec *insignis*, qui peut présenter ce même caractère. Centre de la Turquie (S des montagnes qui bordent la mer Noire) : ssp. *charpentieri*, plus petite (mâle : Tot 64-67 mm) avec de grandes marques abdominales. Celles de S9-S10 sont souvent jointives et dessinent des formes de « 7 ». Nord-est de Turquie, probablement à partir de Samsun : ssp. *mzymtae*, aux yeux verts, relativement petite (mâle : Tot 64-67 mm) à marques abdominales de très petite taille et triangle occipital noir à partie postérieure plate. NO Turquie, entre Bursa et Samsun : une forme similaire avec des marques abdominales légèrement plus grandes. Montagnes au nord d'Adana : individus avec caractéristiques mixtes, par

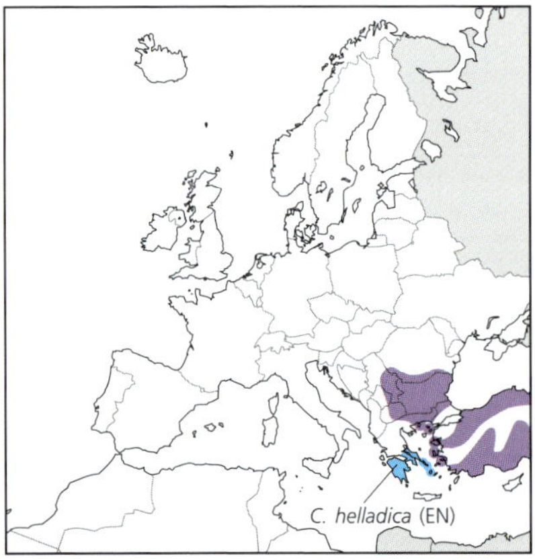

exemple des yeux verts et des marques plus grandes que chez l'*insignis* type. Des études génétiques devraient permettre de confirmer ou d'infirmer les statuts d'espèces ou de sous-espèces. Un grand *Cordulegaster* aux yeux verts de l'île grecque d'Ikaría, autrefois considéré comme plus proche de *C. insignis*, pourrait être un hybride entre cette espèce et *C. helladica*, des Cyclades (*cf.* cette espèce).

Répartition et statut La limite qui sépare *C. bidentata* de *C. insignis* s'étire probablement de la presqu'île de Chalcidique au delta du Danube. C'est la seule espèce de *Cordulegaster* dans la majeure partie du centre et du sud de la Turquie.
Habitats Ruisseaux plus petits que *C. picta* mais occasionnellement dans des cours d'eau plus larges et plus profonds.
Période de vol Fin mai à mi-août.

Cordulegaster helladica (Lohmann, 1993) — Cordulégastre grec

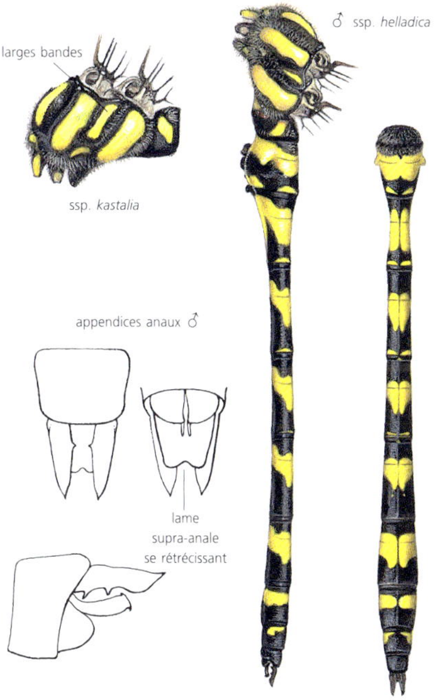

Identification Endémique du sud de la Grèce ; ressemble à *C. insignis* mais a toujours les yeux verts et est séparé de lui par la mer Égée et une vaste zone au nord de la Grèce où se trouve *C. bidentata*. Sans informations géographiques, les individus isolés semblent impossibles à différencier de *C. insignis*.
Critères à distance Mâle : Tot 68-78 mm, Ab 50-60 mm, Ap 41-46 mm ; femelle : Tot 78-83 mm ; Ab 59-63 mm ; Ap 46-49 mm. Diffère de *C. bidentata* par les mêmes critères que *C. insignis* (*cf.* cette espèce) : grandes marques abdominales (anneaux médians confluents dorsalement sur S2-S6 [7] et marques apicales sur S2-S5) ; nervures costales jaunes pour l'essentiel ; barre frontale noire, petite ou absente. Comme *C. bidentata*, il a des yeux verts et normalement un triangle occipital noir.
Critères en main Cercoïdes comme ceux de *C. insignis* ; lame supra-anale en forme de trapèze et non de rectangle.
Variations Du Péloponnèse à l'Eubée : ssp. *helladica* dont l'avant du triangle occipital est normalement noir. Mont Parnasse (et peut-être petit secteur du NE du Péloponnèse) : ssp. *kastalia* dont la bande située entre les deux larges bandes thoraciques est très étendue et presque rectangulaire (normalement réduite à une petite marque triangulaire supérieure chez les autres ssp.). La partie antérieure du triangle occipital est jaune et les marques abdominales jaunes sont plus grandes. Les deux formes peuvent coexister, mais des études moléculaires en cours laissent à penser qu'on ne peut pas les distinguer en tant que sous-espèces. Cyclades (Andros, Tínos, Naxos) : ssp. *buchholzi* à marques abdominales plus petites et triangle occipital noir ou jaune. Autrefois considérée comme une sous-espèce possible de *C. insignis* (*cf.* cette espèce), la population aux yeux verts de l'île voisine d'Ikaría est peut-être constituée d'hybrides entre cette espèce et ssp. *buchholzi*. Ces individus sont grands (mâle : Tot 75-83 mm), avec une bande noire sur le front, le côté avant du triangle occipital noir, le côté arrière plat et des marques abdominales moyennement étendues.

Répartition et statut Cet endémique grec côtoie *C. bidentata* dans la région du mont Parnasse (en bleu sur la carte, p. 230).
Habitats Comme *C. insignis*.
Période de vol Mi-mai à mi-août.

Famille d'affiliation incertaine

Oxygastra Oxycordulie

Selys, 1870

Cordulie à corps fin/Oxygastre à corps fin

Oxygastra curtisii (Dale, 1834) Oxycordulie à corps fin

Identification Cordulidé facilement reconnaissable à ses yeux vert brillant et à l'alignement médiodorsal de marques jaunes contrastant avec un abdomen sombre, fin et soudainement épaissi à son extrémité. Les mâles arpentent de petits tronçons de rivières calmes bordées d'arbres. Unique espèce du genre *Oxygastra*, dont la nervation et les appendices anaux sont sans équivalent parmi l'odonatofaune européenne.

Critères à distance Tot 47-54 mm, Ab 33-39 mm, Ap 33-36 mm. Plus fin et plus sombre que *Cordulia aenea* et *Somatochlora metallica* (les yeux ressortent davantage). L'épaississement de l'abdomen se fait plus près de l'extrémité (S8 est le plus large). Face entièrement sombre métallique (marquée de jaune chez les *Somatochlora*). Thorax vert métallique, à pilosité courte et lâche (densément velu chez *C. aenea*). Base des ailes safranée ; chez les femelles, la coloration s'étend le long de la bordure antérieure de l'aile. Abdomen vert sombre métallique, ponctué de marques jaunes, alignées médiodorsalement sur S1-S7 et S10. Les mâles de *C. aenea* n'ont pas de marques sur l'abdomen, qui est plus élargi et dont l'épaississement est moins distal (S7-S8 sont les plus larges). La plupart des *Somatochlora* n'ont pas l'abdomen épaissi brusquement et ont tout au plus des marques latérales jaunes sur l'abdomen.

Critères en main S10 du mâle pourvu supérieurement d'une crête membraneuse. Cercoïdes du mâle obtus et légèrement divergents (vue de dessus), inférieurement pourvus d'une

▼ *Oxygastra curtisii* mâle. Noter la finesse de l'abdomen terminé en massue et la crête blanchâtre sur S10.

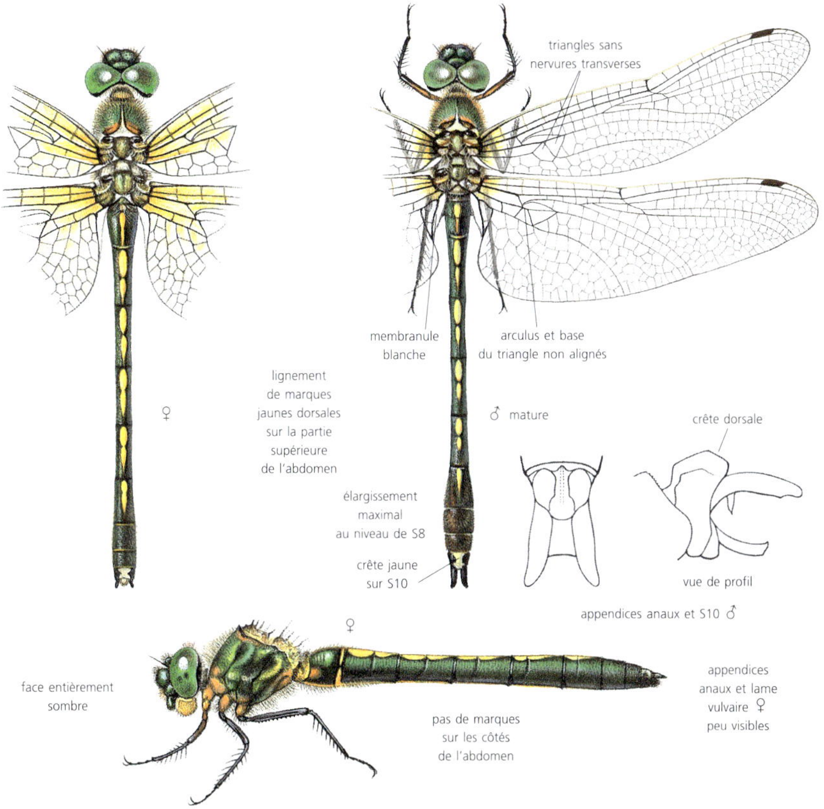

longue dent basale (vue de profil). Lame supra-anale à marge postérieure large et échancrée (vue de dessous). Appendices anaux de la femelle courts. Lame vulvaire minuscule, à peine visible. La nervation diffère des cordulidés : 1) champ anal composé de deux rangées de cellules longuement arquées, non en forme de botte ; 2) triangles sans nervures transverses ; 3) triangle de l'Ap distinctement séparé de l'arculus et décalé vers l'apex de l'aile ; 4) membranule entièrement blanchâtre, sans coloration noire à la pointe postérieure ; 5) angle anal de l'Ap du mâle arrondi, non anguleux.

Variations L'intensité et l'étendue de la coloration safranée de la base des ailes varient ; elles sont plus nettes chez les immatures.

Répartition et statut Endémique du sud-ouest de l'Europe et du Maroc. Localement commun, apparition sporadique au nord de la France. Disparu en Grande-Bretagne.

Habitats Rivières lentes bordées d'arbres, rarement lacs ou anciennes sablières.

Période de vol Fin mai à fin août ; pic en juillet, sans doute un mois plus tôt dans le Sud.

H. Wildermuth

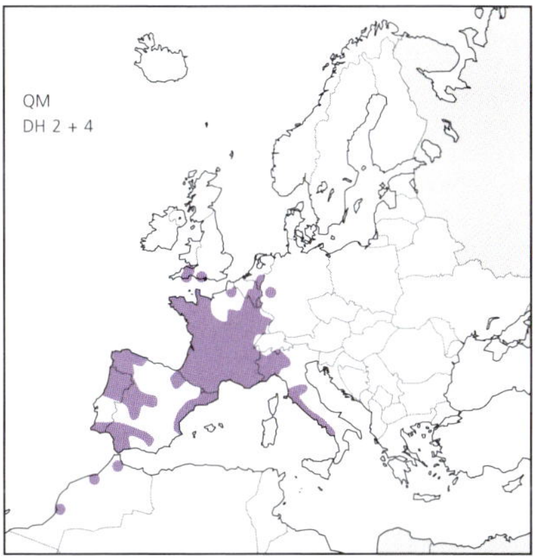

Macromiidae

Macromia Rambur, 1842 Macromies

Macromia splendens (Pictet, 1843) Macromie splendide

Cordulie splendide

Identification Endémique du sud-ouest de l'Europe, *M. splendens* est l'unique représentant européen du genre *Macromia*. Les autres espèces vivent en Amérique du Nord et en Asie. Malgré sa taille, la Macromie splendide ne s'observe pas facilement. Au premier coup d'œil, on pourrait la confondre avec un *Cordulegaster*, mais physionomie, comportement et habitats diffèrent.
Critères à distance Tot 70-75 mm, Ab 48-55 mm, Ap 42-49 mm. De même taille que les *Cordulegaster* mais abdomen plus fin. Grands yeux vert brillant. Face sombre à larges marques jaunes. Sommet du front à renflement divisé en son milieu par un large sillon flanqué de deux grandes marques jaunes. Thorax vert métallique sombre, barré latéralement d'une bande jaune reliant la base des ailes aux pattes postérieures et coupant le métastigma. Bandes antéhumérales jaunes et incomplètes. Croissant dorsal jaune en avant de la base des Ap. Pattes longues d'araignées, étendues vers l'arrière, les postérieures atteignent S5. Abdomen noir avec dorsalement : un anneau jaune sur S2 ; des marques jaunes (6) sur S3-S4 décroissant en taille vers l'arrière ; une marque plus grande sur S7 et, chez le mâle seulement, une petite tache jaune sur S8. En vol, peut être confondue avec un *Cordulegaster*. Ces derniers sont dépourvus de reflets verts, ont des yeux qui se touchent à peine, des pattes plus courtes, des marques jaunes disposées autrement et une nervation différente. Les deux genres se côtoient régulièrement, mais les *Cordulegaster* patrouillent plus lentement et plus discrètement et se perchent plus souvent près de l'eau.

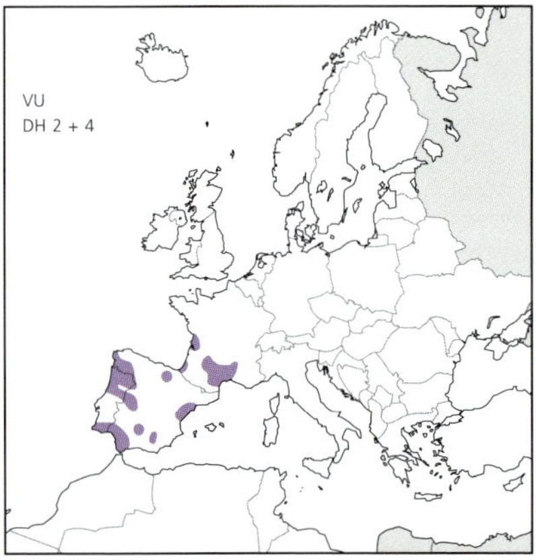

Critères en main Nervation et appendices anaux caractéristiques : 12-15 nervures transverses anténodales sur les Aa. Habituellement, 3 nervures transverses entre le triangle et la base de l'aile. Triangle sans nervures transverses, celui de l'Ap décalé vers l'apex de l'aile par rapport à l'arculus. Champ anal presque carré. Appendices anaux à peine aussi longs que S10. Cercoïdes du mâle pourvus d'une dent externe, plus courts que la lame supra-anale triangulaire. Lame vulvaire de la femelle plate et large à bordure arrondie.
Variations Les marques abdominales jaunes varient énormément en taille et sont parfois (presque) absentes de S5-S6.
Comportement Odonate infatigable, au vol puissant, que l'on observe rarement posé, suspendu à la verticale. Il chasse le long des lisières forestières et au-dessus des prairies. Les mâles territoriaux parcourent des linéaires de rivière de plusieurs centaines de mètres et peuvent facilement passer inaperçus. La femelle en ponte vole au ras de l'eau et frappe la surface de la pointe de son abdomen 3-10 fois en divers endroits proches.

Répartition et statut Sud de la France (de la Charente-Maritime à l'Ardèche) et péninsule Ibérique. Localisée, rare et peu abondante.
Habitats Rivières aux eaux calmes et chaudes aux berges boisées, mais peut aussi coloniser des réservoirs à niveau d'eau variable et dépourvus de végétation.
Période de vol Fin mai à mi-août, pic de mi-juin à mi-juillet, peut-être plus précoce au sud de la péninsule Ibérique.

H. Wildermuth

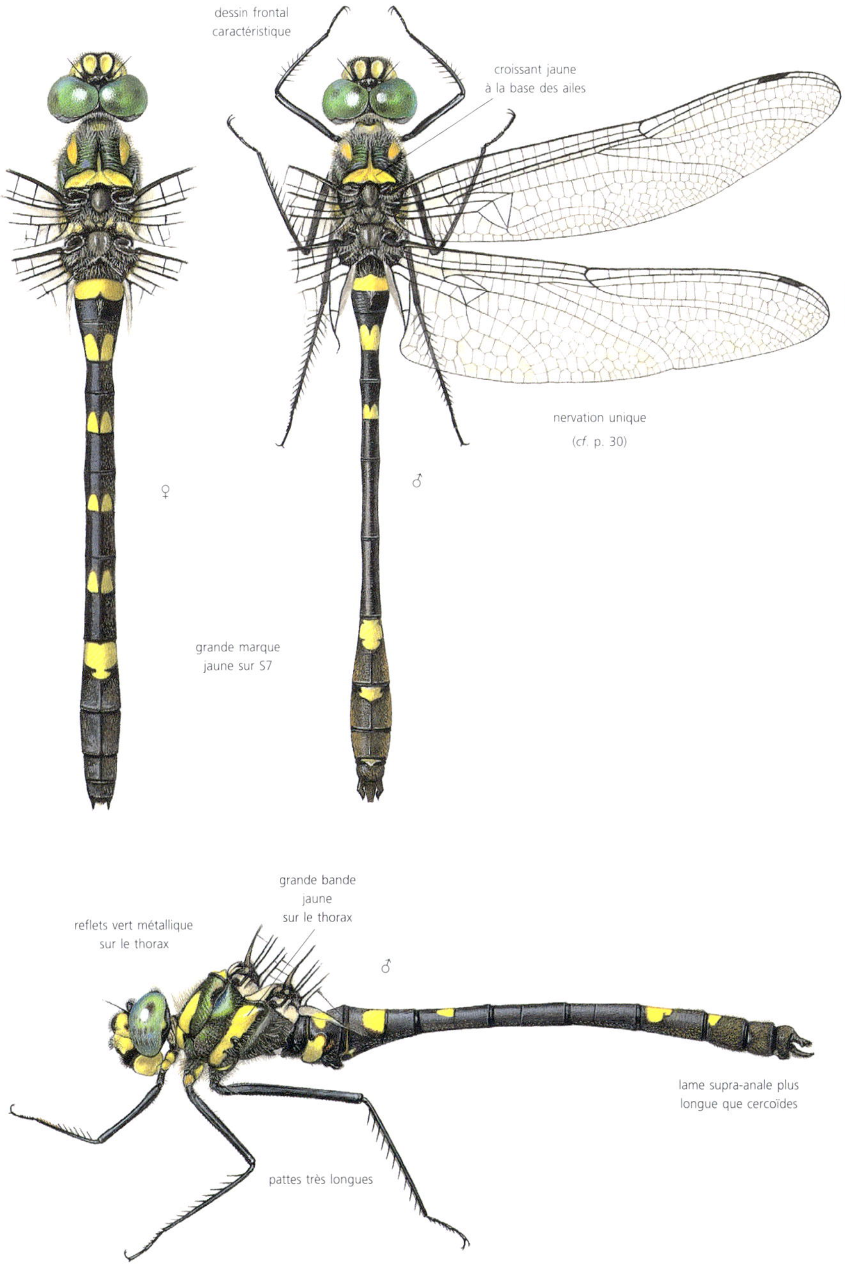
dessin frontal
caractéristique
croissant jaune
à la base des ailes
nervation unique
(*cf.* p. 30)
♀
♂
grande marque
jaune sur S7
grande bande
jaune
sur le thorax
reflets vert métallique
sur le thorax
♂
lame supra-anale plus
longue que cercoïdes
pattes très longues

Corduliidae

Cordulia Leach, 1815 — Cordulies

Cordulia aenea (Linnaeus, 1758) — Cordulie bronzée

Identification Les mâles de cette espèce de taille moyenne, sombre et compacte patrouillent inlassablement le long des berges des mares et des étangs. Le vol est rapide, bas, interrompu de pauses stationnaires laissant apparaître les reflets vert métallique des yeux. L'abdomen élargi en massue est légèrement tenu au-dessus de l'horizontale. Genre peu diversifié avec deux espèces proches en Amérique du Nord et une en Asie.

Critères à distance Tot 47-55 mm, Ab 30-39 mm, Ap 29-35 mm. Légèrement plus petit que *Somatochlora metallica* mais de même allure avec un corps entièrement noir métallique aux nuances variées, généralement moins vert brillant et plus bronze. Thorax densément recouvert de longs poils clairs, paraissant moins brillant que celui des *Somatochlora*. Ailes plus safranées à la base, notamment les Ap. Se reconnaît de façon plus sûre par : 1) front entièrement sombre, dépourvu de marques claires ; 2) abdomen du mâle épaissi en massue au niveau de S7-S8 (mis à part *S. borisi* du sud-est des Balkans, les mâles de *Somatochlora* ont un abdomen moins nettement épaissi sur S5-S7). Abdomen marqué inférieurement de taches jaunes (blanchâtres chez la femelle), plus grandes près de la base. Aucune marque sur le dessus de l'abdomen. Chez les *Somatochlora*, les marques abdominales sont plus fragmentées et plus dispersées ; des marques sont généralement présentes sur le dessus de S2-S3. *Oxygastra* a un front sombre et un abdomen épaissi mais orné d'une série de marques jaunes dorsales et le champ anal n'est pas en forme de botte.

Critères en main Ap dotée d'une unique nervure transverse entre le triangle et la base (habituellement deux chez les *Somatochlora*). Appendices anaux du mâle caractéristiques : cercoïdes cylindriques et obtus, lame supra-anale divisée en lobes terminés par deux crochets. Lame vulvaire de la femelle courte, plate et profondément échancrée.

Comportement Les mâles territoriaux patrouillent le long des berges. Ils se posent rarement près de l'eau et chassent souvent dans les boisements

◄ *Cordulia aenea* mâle en vol. Noter l'abdomen en massue, les reflets bronze et l'absence de marques claires.

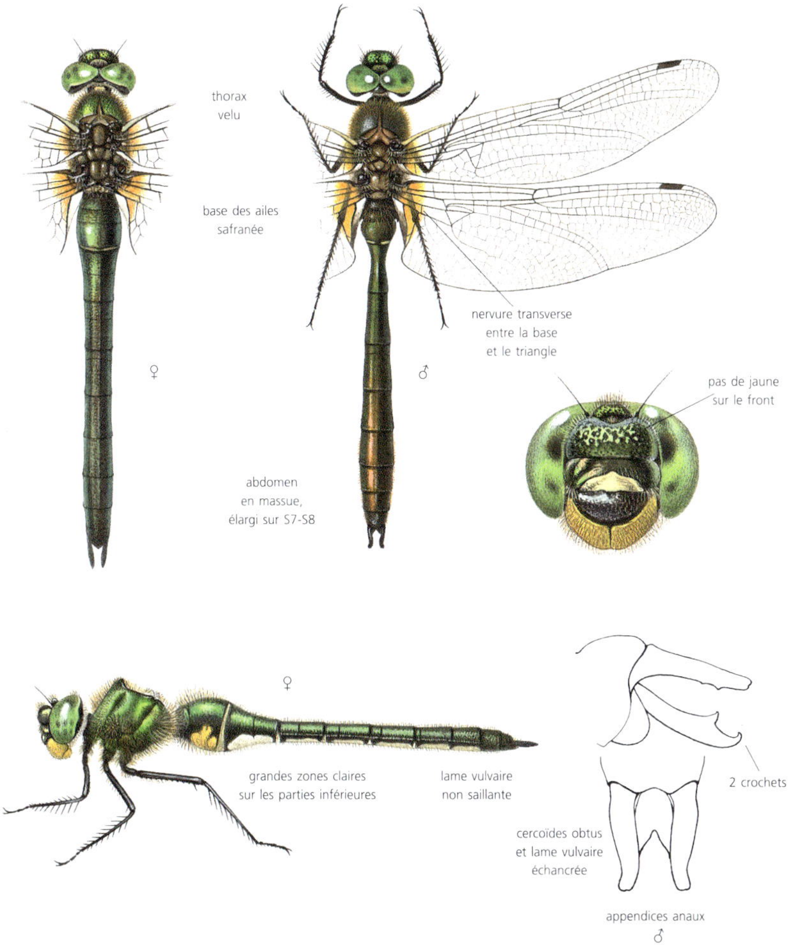

proches. Cette espèce est souvent active par temps couvert. Elle est généralement la première et la dernière libellule observée de la journée. Les femelles sont discrètes et pondent seules.

Répartition et statut Commune et localement abondante dans le nord de l'Eurasie. Dans le Sud, populations isolées inféodées aux lacs de montagne.
Habitats Eaux stagnantes : mares, étangs, tourbières dans des milieux boisés mais aussi bras morts, gravières, étangs piscicoles, rivières lentes et canaux.
Période de vol Plus précoce que les *Somatochlora* et *Oxygastra* : fin avril à fin août, pic en mai-juin mais pas avant mi-juin au Nord.

H. Wildermuth

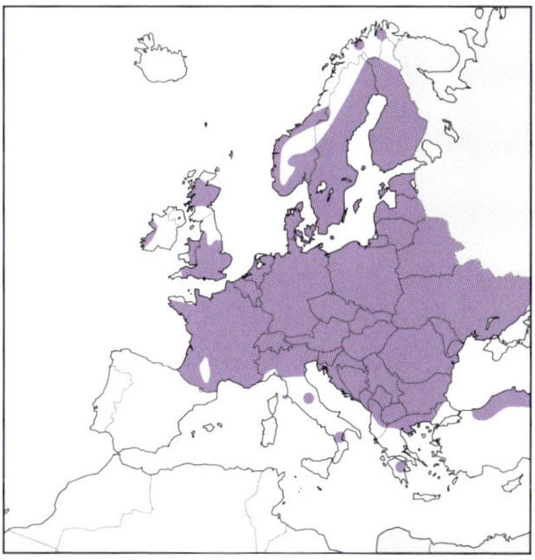

Somatochlora Chlorocordulies

Selys, 1871

Identification Libellules de taille moyenne, au corps sombre à lustre vert métallique. Yeux brun-rouge à l'émergence devenant vert brillant. Front vert sombre métallique avec des marques latérales jaunes. Hormis *S. borisi*, dont l'allure rappelle *Cordulia aenea*, les mâles ont un abdomen caractéristique : S1-S2 globuleux, S3 étranglé, S4-S10 s'élargissant progressivement jusqu'à S6-S7 puis se rétrécissant graduellement ; l'abdomen ne prend donc pas la forme d'une massue. Abdomen vert sombre à noir avec des marques latérales jaunâtres peu étendues. Cercoïdes du mâle relativement longs, souvent retroussés à leur extrémité et pourvus inférieurement de dents irrégulières. Lame supra-anale triangulaire, à pointe elle aussi retroussée. Appendices anaux de la femelle très longs ; lame vulvaire grande, visible de profil, souvent en forme de bec verseur, très saillante chez la plupart des espèces.

Caractérisation du genre *Cordulia* et *Oxygastra* ont un front uniformément sombre et les mâles un très net épaississement de l'abdomen en massue (S7 et/ou S8 sont les plus larges). Leur lame supra-anale est nettement échancrée et les femelles ont des lames vulvaires non saillantes. En outre, *Cordulia* n'a qu'une nervure transverse entre la cellule discoïdale et la base de l'Ap (et non deux) et *Oxygastra* présente une série de marques jaunes médiodorsales sur l'abdomen.

Identification des espèces Genre composé de nombreuses espèces, notamment en Amérique du Nord et seul genre de Corduliidae européen plurispécifique. Nos espèces s'identifient facilement en main par l'examen des appendices anaux du mâle et de la lame vulvaire de la femelle. La répartition des taches jaunes sur l'abdomen, le thorax et le front est aussi caractéristique.

Comportement Vol des mâles rapide, furtif et erratique. Les femelles sont particulièrement discrètes. Les deux sexes ne se posent que rarement au bord de l'eau mais plutôt haut dans les arbres.

H. Wildermuth

Cordulia aenea

S. metallica

S. arctica

S. borisi

Clé simplifiée d'identification des espèces (ou couples d'espèces). Si la description ne correspond pas, passer à la suivante.

1	Marques jaunes se touchant presque au centre du front. Abdomen nettement vert métallique, pas noir brillant. Lame vulvaire de la ♀ longue, perpendiculaire et saillante.	*metallica* *meridionalis*
2	La plupart des segments abdominaux ainsi que le thorax ponctués de marques jaunes latérales.	*flavomaculata*
3	Marques jaunes du front descendant sur le postclypéus. Abdomen du ♂ en massue, épaissi au niveau de S7-S8. Seulement dans le sud-est des Balkans.	*borisi*
4	Appendices anaux du ♂ vus de dessus en forme de tenailles. S3 de la ♀ marqué de grandes taches jaunes arrondies.	*arctica*
5	Appendices anaux du ♂ coudés vers l'intérieur dans le tiers apical puis retroussés en crochet. S3 de la ♀ noir dorsalement.	*alpestris* *sahlbergi*

Somatochlora metallica (Vander Linden, 1825)

Chlorocordulie métallique

Cordulie métallique

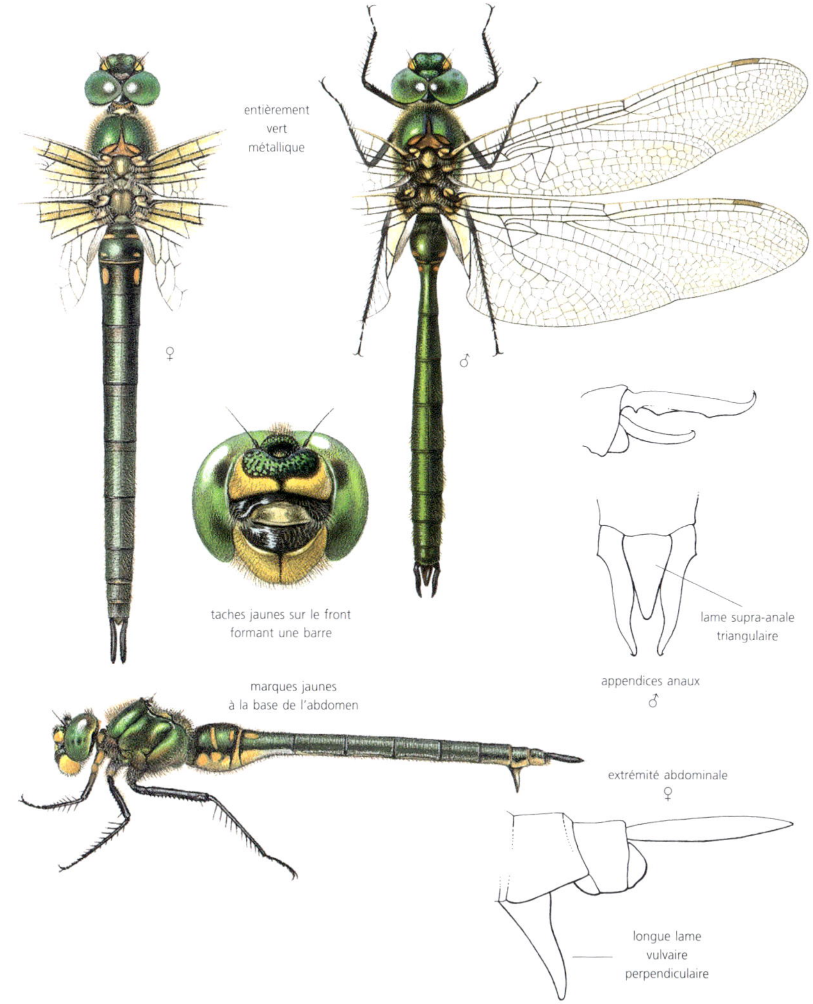

Identification La plus commune des chlorocordulies dans la majorité des régions d'Europe.

Critères à distance Tot 50-55 mm, Ab 37-44 mm, Ap 34-38 mm. Plus grande que *Cordulia aenea*. Ressemble à *S. meridionalis*. Toutes deux sont d'un vert plus brillant que les autres espèces mais ce critère n'est pas toujours fiable. Ces deux espèces diffèrent aussi des autres par la forme impressionnante de la lame vulvaire des femelles et par la barre frontale dont les taches jaunes latérales sont connectées. Cette barre est parfois étroitement interrompue au milieu. Chez les deux sexes, l'abdomen présente des taches jaunes à la base, plus petites chez les mâles que chez les femelles. *S. metallica* et *S. meridionalis* diffèrent peu. La présence de marques jaunes latérales sur le thorax distingue *S. meridionalis* (*cf.* cette espèce). Côtoie souvent *Cordulia aenea* qui est aussi entièrement vert métallique. Les mâles de *Cordulia* ont l'abdomen nettement épaissi en massue et leur coloration verte est moins pure, souvent teintée de bronze. Cela dit, ces deux caractères peuvent être difficiles à repérer sur des insectes en vol.

Critères en main Cercoïdes du mâle, à deux dents inférieures, fins et anguleux, divergents à la base puis convergents, laissant apparaître la lame supra-anale. Appendices anaux de *S. alpestris* très semblables mais plus droits et parallèles à la base et plus coudés à l'extrémité. Lame vulvaire de la femelle grande, saillante perpendiculairement, en forme de pioche.

Variations Étendue et intensité de la ponctuation abdominale et de la coloration ambrée de la base de l'Ap variables, ainsi que la couleur des Pt et la position des dents sur les cercoïdes du mâle.

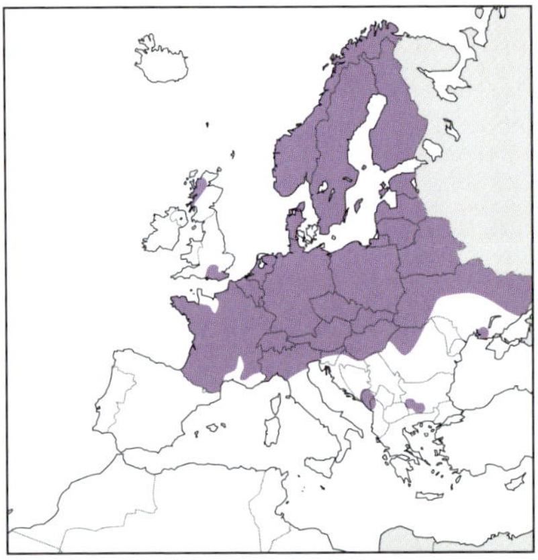

Labre avec une bande jaune verticale chez certains individus. Étant donné cette variabilité, les sous-espèces s'appuyant sur la coloration de la base des Ap et des Pt (telles que la ssp. *abocanica* de Sibérie à Pt noirs et base des Ap hyalines) sont douteuses, de même que leur existence en Europe.

Comportement Les mâles patrouillent discrètement au-dessus de l'eau, près de la berge. Contrairement à *Cordulia aenea*, ils volent souvent sous la voûte des arbres rivulaires. Les femelles pondent seules, de préférence dans des zones ombragées et abritées, en enfonçant leur lame vulvaire dans l'eau, les sédiments, la mousse ou tout autre type de support mou et détrempé, souvent situé au-dessus du niveau d'eau.

Répartition et statut Commune dans une grande partie de l'Europe, notamment en Fennoscandie ; à l'est jusqu'en Sibérie centrale. Dans le Sud, uniquement dans les lacs de montagne.

Habitats Eaux stagnantes à faiblement courantes : mares, canaux, rivières lentes, mais aussi toundra ouverte. Apprécie les zones ombragées et les berges abruptes favorables à la ponte, conditions souvent réunies dans les zones forestières.

Période de vol Fin mai à fin septembre, plus abondante entre juin et août. À partir de fin juin dans le Grand Nord.

◄ *Somatochlora metallica* mâle, patrouillant sur son territoire. Comparer la couleur et la forme avec *Cordulia aenea*, p. 236.

Somatochlora meridionalis Nielsen, 1935

Chlorocordulie méridionale

Cordulie méridionale

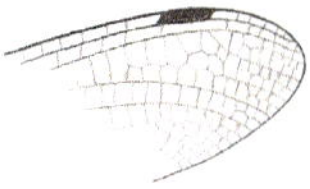

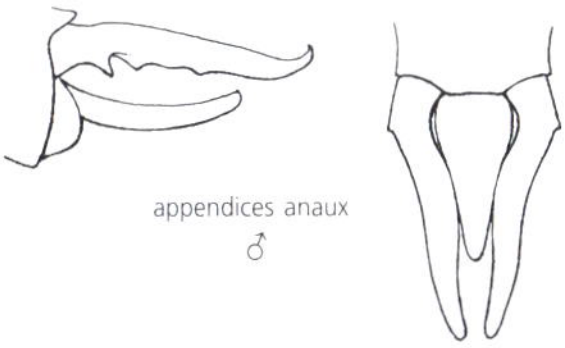

▲ *Somatochlora meridionalis* mâle. Noter la tache pâle sur le côté du thorax.

Identification Remplace *S. metallica* dans le sud-est de l'Europe où elle fréquente principalement des ruisseaux ombragés. Ne peut être identifiée que par une observation attentive. Le statut spécifique de *S. meridionalis* est controversé car les différences avec *S. metallica* sont ténues et des individus intermédiaires existent.

Critères à distance Tot 50-55 mm, Ab 35-44 mm, Ap 34-38 mm. Similaire à *S. metallica* en taille et en apparence. La présence d'une ou deux taches jaunes sur le côté du thorax est le seul véritable critère à distance utilisable. Les Pt sont noirs et non brun orangé (certaines populations de *S. metallica* présentent aussi des Pt noirs). La marque claire sur S2-S3 est généralement plus grande.

Critères en main Cercoïdes du mâle un peu plus longs et plus larges que ceux de *S. metallica* avec des dents inférieures légèrement plus fortes. Ces différences sont souvent imperceptibles, même lors de comparaisons directes. Lame vulvaire de la femelle identique à celle de *S. metallica*.

Comportement Les mâles patrouillent le long de tronçons ombragés de cours d'eau, généralement bas, en évitant les trouées de lumière et les zones plus ouvertes. Le vol rapide est ponctué de phases de vol sur place. Peut aussi être active par temps couvert.

Répartition et statut Endémique du sud-est de l'Europe, localement commune. S'étend au nord jusqu'à l'Autriche, la République tchèque, la Slovaquie et le sud-ouest de l'Ukraine. En cas de coexistence, *S. metallica* fréquente des sites plus élevés.

Habitats Inféodée aux eaux courantes : ruisseaux et rivières de plaine, généralement très ombragées mais parfois ensoleillées dans les secteurs d'altitude.

Période de vol De juin à août.

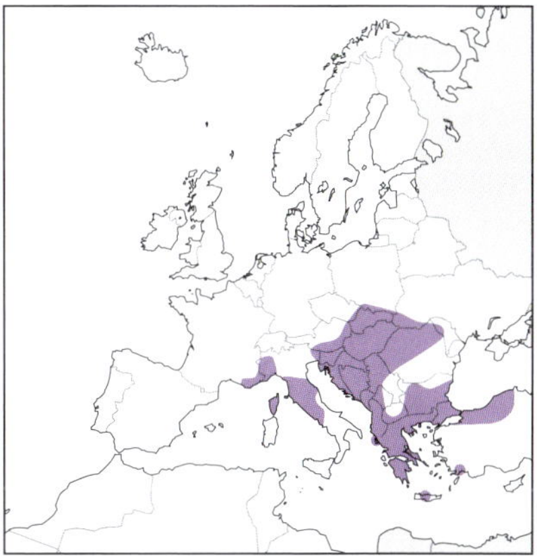

Somatochlora flavomaculata Chlorocordulie à taches jaunes

(Vander Linden, 1825)

Cordulie à taches jaunes

◄ *Somatochlora flavomaculata*, cœur copulatoire.

Identification Se reconnaît au chapelet de taches jaunes latérales sur l'abdomen. S'observe souvent en chasse le long des lisières forestières, loin de l'eau.
Critères à distance Tot 45-54 mm, Ab 34-43 mm, Ap 32-39 mm. *Somatochlora* de taille moyenne, plus petite que *S. metallica* et de taille comparable à *Cordulia aenea*. Se distingue des autres espèces à corps vert métallique par la présence de marques jaunes latérales sur l'abdomen et le thorax. Ce dernier présente deux marques allongées de chaque côté. S2-S3 sont marqués de jaune latéralement. Côtés de S4-S8 avec des marques triangulaires jaunes à la base de chaque segment, plus grandes chez les femelles et plus brillantes chez les jeunes. *Oxygastra curtisii* présente des marques jaunes formant une ligne médiodorsale sur l'abdomen mais n'a pas de jaune sur les côtés du front.
Critères en main Cercoïdes du mâle droits, peu anguleux et presque parallèles (vue de dessus), légèrement convergents vers l'extrémité retroussée, à dent basale inférieure petite mais bien visible (vue de profil). Lame vulvaire de la femelle plus courte que S9, saillante perpendiculairement, à extrémité en bec pourvue d'une échancrure arrondie.
Variations Les taches abdominales s'assombrissent pour devenir presque invisibles chez les individus matures.
Comportement Les mâles défendent souvent leur territoire au-dessus de zones sèches : chemins, lisières, clairières dans une roselière mais patrouillent parfois au-dessus de pièces d'eau, notamment à la fin de la période de reproduction. Lors de l'accouplement, les adultes, formant un cœur copulatoire, peuvent voler en cercle plusieurs minutes durant au-dessus du site de ponte.

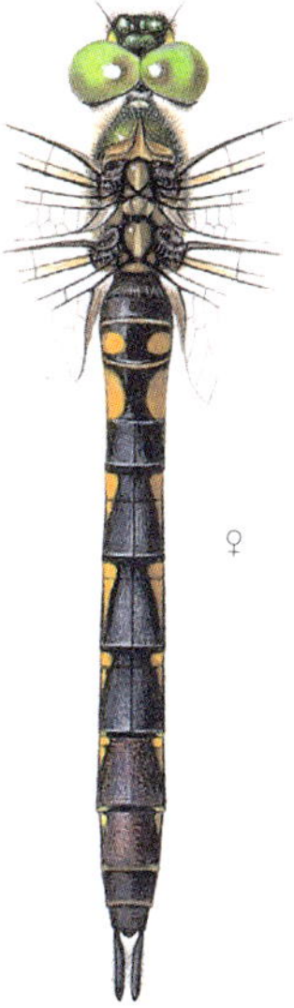

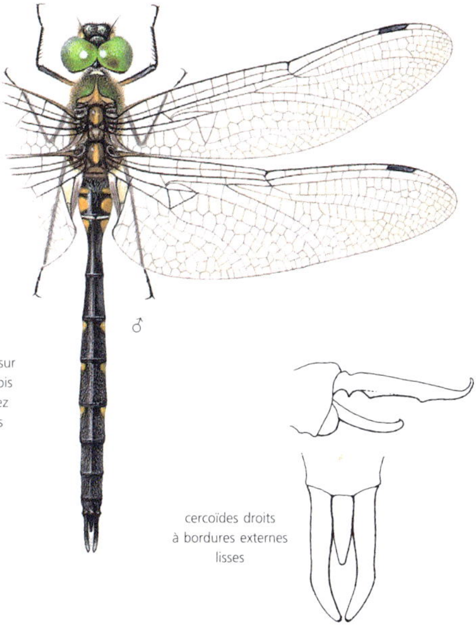

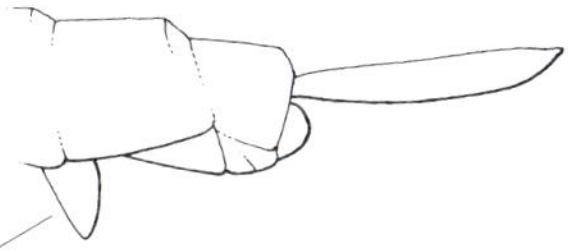

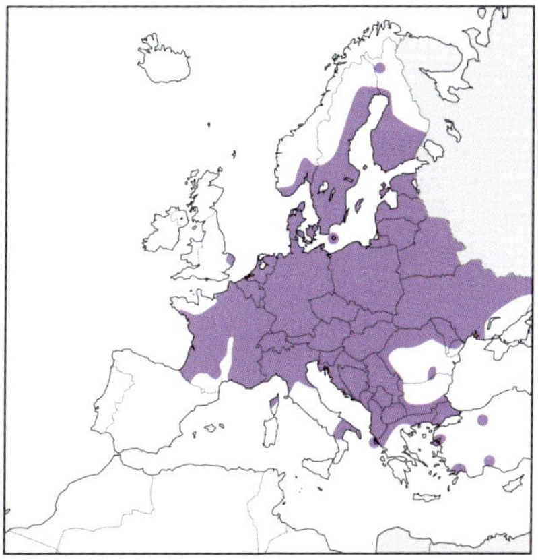

Répartition et statut Assez rare mais localement commune dans les vastes zones palustres et les tourbières du sud de la Fennoscandie et du nord-est de l'Europe. En déclin dans de nombreuses régions, avec quelques populations relictuelles isolées dans le Sud. À l'Est, atteint le nord-est du Kazakhstan.
Habitats Contrairement aux autres espèces de *Somatochlora*, a une aire assez méridionale et est plutôt caractéristique des plaines et des vallées tempérées. Fréquente marais, prairies inondées, lacs de tourbières, bords de marécages et roselières (parfois rivières lentes et bordures de lacs) où elle se cantonne près de trous d'eau riches en végétation (mares, fossés).
Période de vol De fin mai à mi-août ; plus abondante en juin et juillet (pas avant juillet dans le Nord).

Somatochlora arctica
(Zetterstedt, 1840)

Chlorocordulie arctique
Cordulie arctique

◀ *Somatochlora arctica* mâle. Noter le fort contraste entre les yeux verts et le corps noir brillant, la taille de guêpe et les cercoïdes en forme de tenailles.

Identification Chlorocordulie plutôt petite, sombre et discrète des tourbières. Côtoie souvent *S. alpestris* dans les régions boréales et alpines mais peut aussi coloniser les tourbières de plaine. Semble plus tolérante envers le climat mais moins envers l'habitat que *S. alpestris*. Son aire est donc plus vaste mais plus fragmentée. Elle est rarement commune et est souvent menacée là où elle se trouve.

Critères à distance Tot 45-51 mm, Ab 30-37 mm, Ap 28-35 mm. Un des plus petits cordulidés. Abdomen légèrement plus étroit que *S. alpestris*, à taille plus fine chez le mâle (étranglement de S3). Anneau blanc à la base de l'abdomen absent (*cf. S. alpestris*). *S. arctica* se distingue des autres *Somatochlora* par les appendices anaux du mâle, la lame vulvaire et la disposition des marques jaunes de la femelle. L'abdomen de la femelle est sombre dorsalement avec une paire de marques jaune orange à la base de S3, précédé d'un anneau jaune.

Critères en main Contrairement à *S. alpestris*, n'a qu'une nervure transverse entre le triangle et la base des Ap. Cercoïdes du mâle en forme de tenailles (vue de dessus) : parallèles à la base puis arqués et enfin convergents à l'extrémité ; dents irrégulières sur la partie inférieure, invisibles de dessus. Lame vulvaire de la femelle modérément saillante, à extrémité subobtuse. Elle s'étend souvent au-delà de S9.

Comportement Chasse en vol entre les arbres, souvent à hauteur de la canopée. Les mâles volent bas au-dessus des tourbières et des marais ponctués de petites gouilles dissimulées. Leur vol est zigzagant ou composé d'allers-retours fulgurants. Ils patrouillent aussi au-dessus des gouilles et petites fosses de tourbières.
Contrairement à *S. alpestris*, ils évitent les étendues d'eau ouvertes telles que les grandes mares et les rives des lacs.

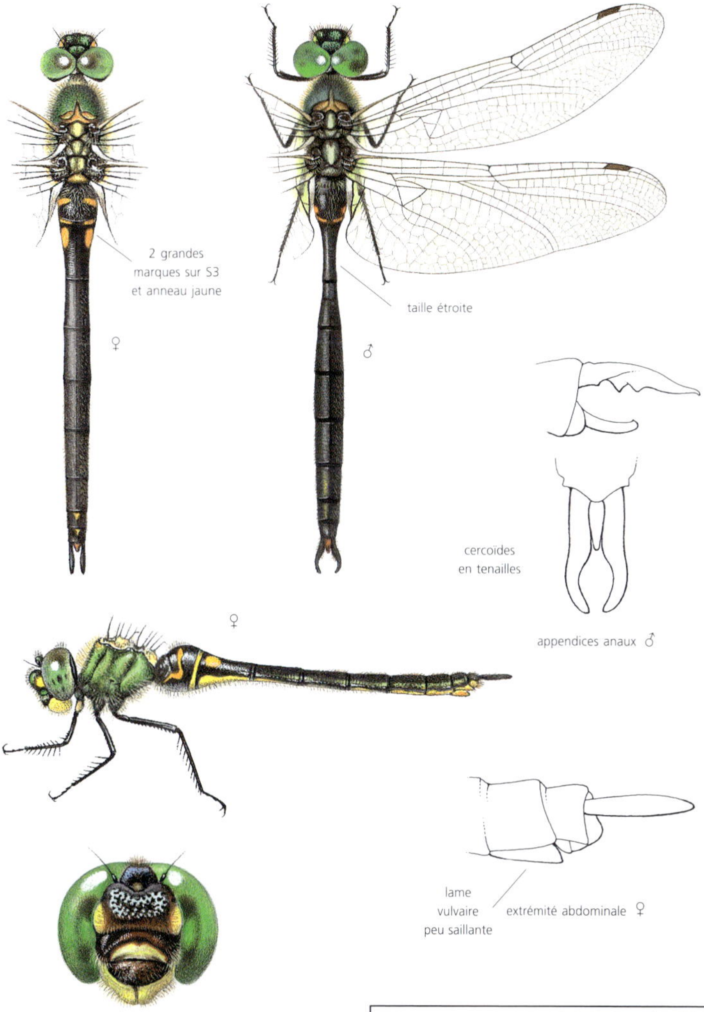

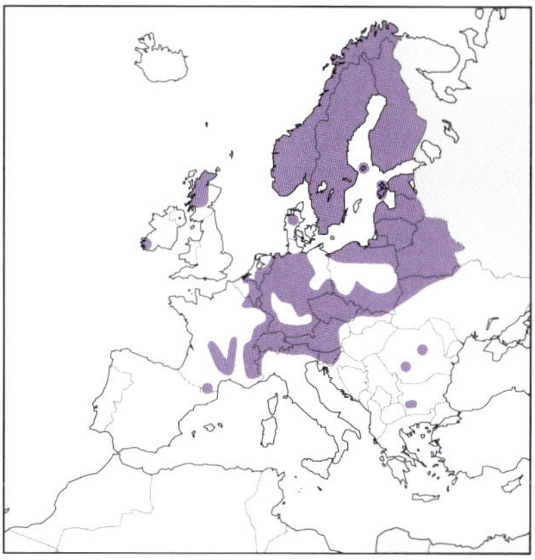

Répartition et statut Généralement assez localisée, le plus souvent en petits effectifs et en déclin dans de nombreuses régions. Plus fréquente et localement commune dans les régions riches en vastes tourbières en Fennoscandie et dans le nord-est de l'Europe. S'étend jusqu'au Japon.
Habitats Se reproduit dans de minuscules dépressions humides que l'on peut difficilement qualifier de point d'eau, dans les tourbières bombées ou les tourbières mésotrophes de plaine. Les habitats sont souvent entourés de forêts de conifères, mais peuvent aussi se situer dans la toundra ouverte.
Période de vol Mi-juin à mi-septembre ; de juillet à mi-août dans l'extrême nord.

Somatochlora alpestris (Selys, 1840) Chlorocordulie alpestre

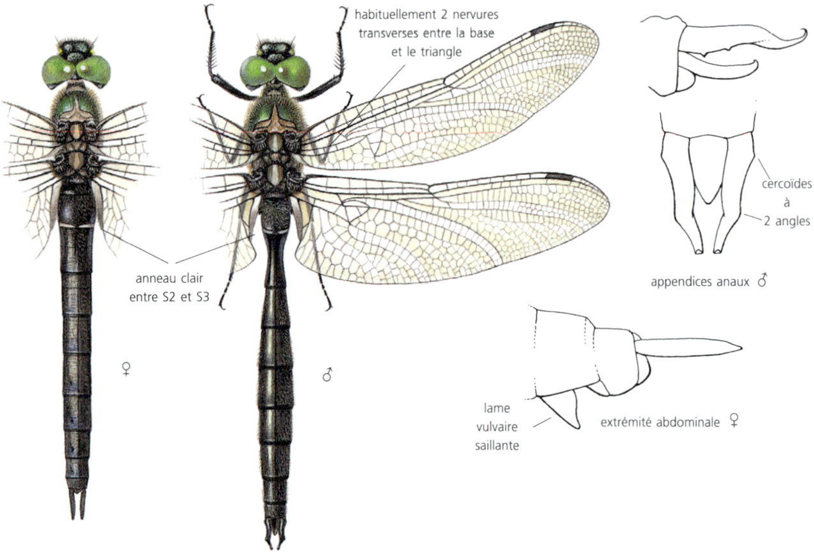

Identification Chlorocordulie plutôt petite, robuste, paraissant noire avec des yeux vert brillant que l'on observe au-dessus des points d'eau du Grand Nord ou des montagnes d'Europe centrale. Perchée, se reconnaît à l'anneau blanc près de la base de l'abdomen et, pour les mâles, à la forme des cercoïdes.
Critères à distance Tot 45-50 mm, Ab 31-36 mm, Ap 30-34 mm. De la taille de *S. arctica*. Comparée à cette espèce, yeux bleu-vert plutôt que vert olive ; thorax plus velu et S3 du mâle moins comprimé que *S. arctica*. Abdomen du mâle et de la femelle noir dessus mais l'anneau blanc entre S2 et S3 est plus apparent que chez les autres espèces de *Somatochlora* (hormis *S. sahlbergi*, similaire). Se distingue de cette espèce par l'examen des appendices anaux du mâle et de la lame vulvaire de la femelle.
Critères en main Contrairement à tous les autres cordulidés, généralement deux nervures transverses entre le triangle et la base des Aa. Cercoïdes du mâle à bordure extérieure à deux angles, extrémités convergentes et deux dents inférieures dans la moitié basale. Lame vulvaire de la femelle grande et triangulaire, atteignant environ la moitié de S9 et perpendiculaire à l'abdomen.
Comportement Les mâles volent de quelques secondes à quelques minutes au-dessus de l'eau pour chasser leurs rivaux.

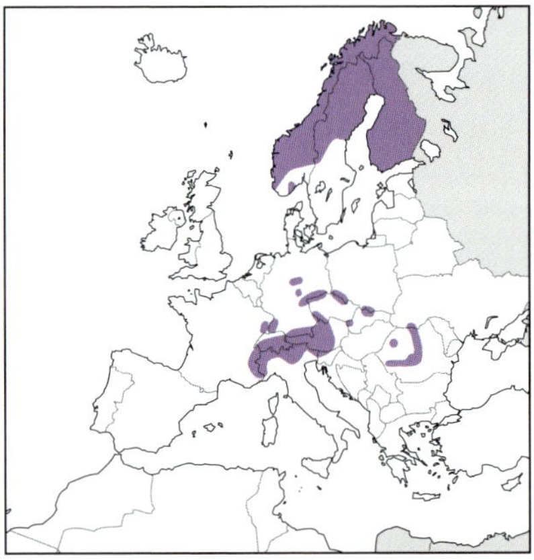

Répartition et statut Pas rare dans les habitats favorables mais généralement observée en faible nombre. Répartition typiquement boréo-alpine : uniquement au-dessus de 1 200 m en Europe centrale et au-delà de 60° nord. Atteint le Japon à l'est. Pourrait régresser vers le nord du fait du changement climatique.
Habitats Eaux stagnantes dans les tourbières, les zones de landes, les pâtures subalpines, la taïga ou la toundra : gouilles, petites mares, étangs et petits lacs riches en végétaux.
Période de vol Mi-juin à août ou septembre selon l'altitude et la latitude ; fin juin à mi-août dans le Grand Nord.

Somatochlora sahlbergi Trybom, 1889 — Chlorocordulie polaire

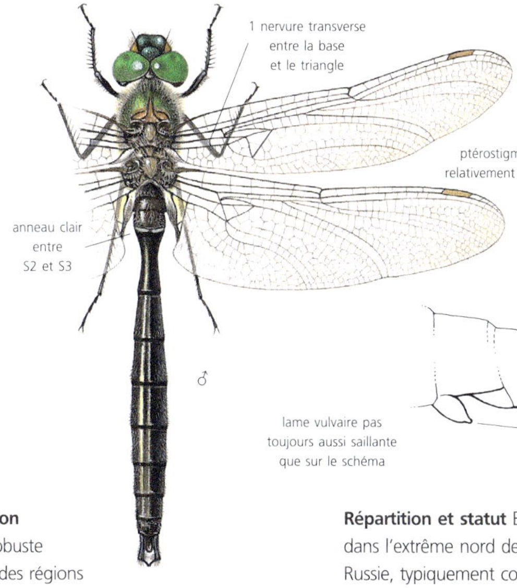

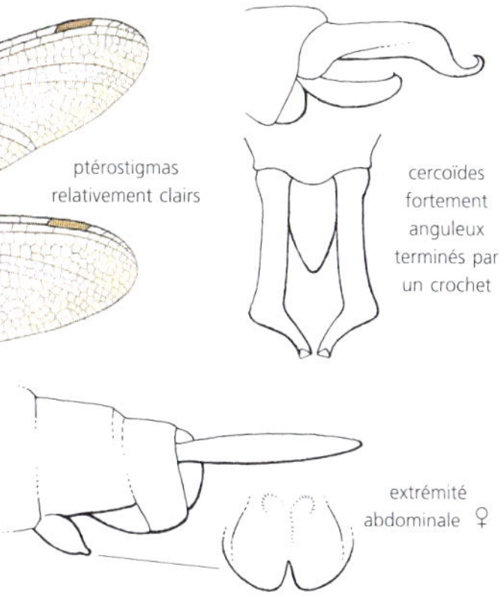

Identification Odonate robuste et sombre des régions reculées au nord du cercle arctique. Se distingue de *S. alpestris* par les appendices anaux du mâle et la lame vulvaire de la femelle.

Critères à distance Tot 48-50 mm, Ab 32-35 mm, Ap 30-33 mm. De la taille de *S. alpestris*. Abdomen robuste et velu, entièrement noir dorsalement, à l'exception d'un anneau jaunâtre à blanchâtre entre S2 et S3. Pt généralement bruns plus clairs. *Cf. S. alpestris* pour la différenciation d'avec les autres chlorocordulies nordiques.

Critères en main Une nervure transverse entre le triangle et la base des Aa (normalement 2 chez *S. alpestris*). Cercoïdes du mâle relativement massifs et velus, quasiment parallèles à la base, brusquement coudés intérieurement et inférieurement, aux extrémités retroussées en crochet. Vus de dessus, les bords extérieurs sont lisses. Lame vulvaire de la femelle plus courte et moins saillante que chez les autres espèces de *Somatochlora* nordiques, à extrémité profondément échancrée.

Comportement Puissants voiliers, les mâles patrouillent le long des berges sur des tronçons de 30-50 m de long ou zigzaguent au-dessus de l'eau à 0,5-1 m de la rive. Ils ne sont actifs que par temps ensoleillé et à au moins 20 °C, disparaissant soudain quand le ciel se couvre. Par vent froid, ils se tiennent parfois à plat sur le sol, comme un gomphidé, ce qui est inhabituel pour un cordulidé.

Répartition et statut En Europe, très localisée dans l'extrême nord de la Fennoscandie et de la Russie, typiquement confinée dans les zones les plus sèches et froides, mais ensoleillées, de la région subarctique. Au niveau mondial, l'aire de répartition coïncide largement avec les « tourbières à palses » caractérisées par des buttes de tourbe à lentille de glace, qui ne se développent que sous ces conditions climatiques en Alaska, au Canada et en Eurasie.

Habitats Mares assez profondes (50 cm ou plus) et lacs avec berges tourbeuses peuplées de laîches (*Carex*), de linaigrettes (*Eriophorum*) et de sphaignes (*Sphagnum*) dans la zone de transition entre la taïga et la toundra et, plus au nord, dans la toundra ouverte à végétation ligneuse basse.

Période de vol Juillet et août, avec un pic les dix derniers jours de juillet.

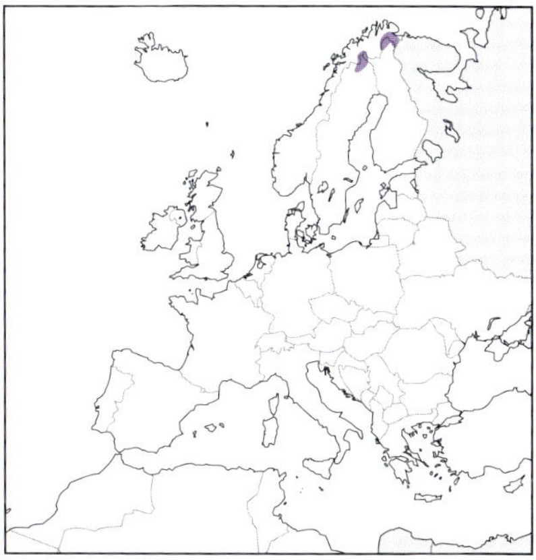

Somatochlora borisi Chlorocordulie de Thrace

Marinov, 2001

◀ *Somatochlora borisi* mâle. Noter les marques jaunes sur la partie inférieure de l'abdomen, les côtés du thorax non marqués et la bordure jaune du postclypéus.

Identification Cette chlorocordulie originale n'a été découverte qu'en 1999 et n'a été observée depuis que dans une toute petite région du sud-est des Balkans. Elle rappelle *Cordulia aenea*, mais s'en distingue par les grandes marques jaunes de la face et de la base de l'abdomen. Le genre *Corduliochlora* créé pour cette espèce ne fait pas l'unanimité car des analyses plus approfondies sur les genres apparentés manquent encore.

Critères à distance Tot 45-50 mm, Ab 34-37 mm, Ap 31-34 mm. Légèrement plus petite que *S. meridionalis*, avec qui elle coexiste. Semblable par la taille et la forme à *Cordulia aenea*. Contrairement aux autres *Somatochlora*, mâle à abdomen épaissi en massue au niveau de S7-S8. Front vert métallique pourvu de grandes marques jaunes latérales non en contact bien que convergentes et qui descendent sur les côtés du postclypéus noir brillant (entièrement noir chez *Cordulia* et les autres *Somatochlora*). Abdomen uniquement marqué de jaune à la base : le mâle a 3 marques latérales sur S2 et 2 grandes sur S3 ; la femelle a 4 marques sur la partie dorsale de S2-S3 et une succession de marques sur la partie inférieure de S2-S4 et parfois S5. Caractère original, les marques de S3-S5 sont bordées inférieurement noires. Thorax entièrement vert métallique, dépourvu de marques (contrairement à *S. meridionalis*).

Critères en main Contrairement à *C. aenea*, mais comme les autres *Somatochlora*, possède deux nervures transverses entre le triangle et la base des Ap. Cercoïdes du mâle caractéristiques : épais et obtus, rapidement coudés vers l'intérieur et incurvés ensuite vers l'extérieur (vue de dessus), à extrémité inclinée vers le bas (vue de profil) et pourvus inférieurement de deux dents proches de la base. Lame supra-anale assez semblable à celle des autres *Somatochlora* mais avec une extrémité plus large et légèrement échancrée

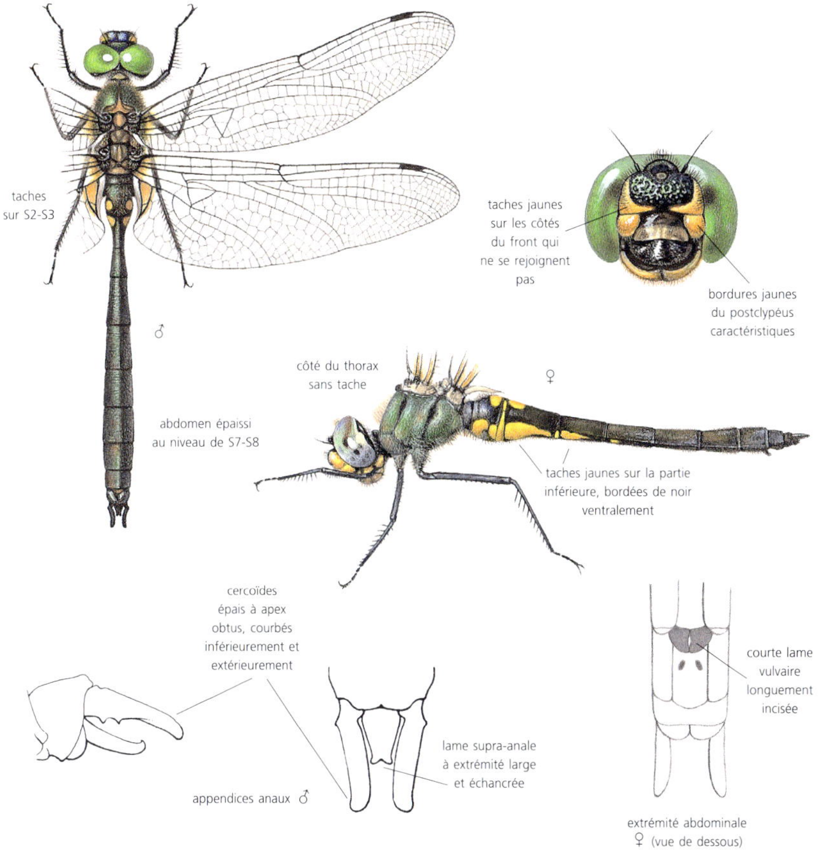

(non bilobée comme chez *C. aenea*). Lobe génital à pointe saillante, contrairement à toutes les autres *Somatochlora* (non illustré). Lame vulvaire de la femelle n'atteignant pas la moitié de S9, semi-circulaire, incisée de l'apex quasiment jusqu'à la base (vue de dessous).

Variations Les marques abdominales peuvent varier en forme et en taille.

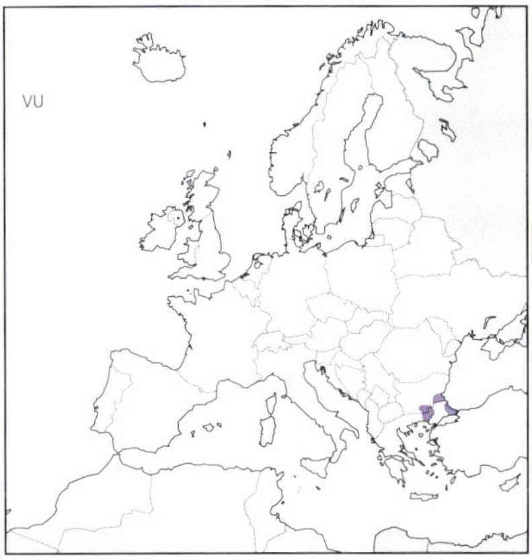

Répartition et statut Endémique de Thrace, de la partie sud-orientale des Balkans, entre la mer Égée et la mer Noire, aux confins de la Turquie, de la Grèce et de la Bulgarie. Généralement peu abondante.

Habitats Tronçons ombragés des rivières au cours lent et souvent temporaire, dans les zones forestières au climat chaud et humide en dessous de 300 m d'altitude.

Période de vol Précoce (comme *Cordulia* mais à la différence des autres *Somatochlora*) : émerge à partir de début mai et vole jusque début juillet.

Epitheca Burmeister, 1839 Épithèques

Epitheca bimaculata (Charpentier, 1825)

Épithèque à deux taches

Cordulie à deux taches

Identification Unique représentant des *Epitheca* en Europe. Les autres espèces s'observent au Japon et surtout en Amérique du Nord. Ce grand Odonate farouche, au vol puissant, est généralement observé en vol au-dessus des étangs. Une paire de jumelles peut aider à le repérer, à évaluer sa taille et à observer les taches basales des ailes postérieures. De couleur brunâtre, c'est avec les libellulidés que l'on peut le plus facilement le confondre.
Critères à distance Tot 55-65 mm, Ab 37-43 mm, Ap 36-44 mm. Plus grande que les libellulidés ou les autres cordulidés. Corps brun, noir et jaune, dépourvu de reflets métalliques. Individus matures aux yeux gris-brun et non entièrement vert vif. Face jaune, contrastant avec le labre et la partie supérieure du front noirs. Ailes légèrement fumées et présentant une large zone brun sombre à la base des postérieures. Abdomen se rétrécissant régulièrement de la base à l'apex, noir à base jaune orangé, S3-S8 (parfois aussi S9, voire S10, chez les femelles) noirs avec des marques latérales jaunes à brun orange. Rappelle *Libellula quadrimaculata* et les individus non pruineux de *L. fulva*, mais ces deux espèces sont nettement plus petites, volent plutôt près des berges et se perchent souvent (dans une position plus horizontale). *L. quadrimaculata* a des taches noires au nodus et *L. fulva* présente souvent des taches alaires apicales sombres.
Critères en main Triangle généralement composé de 3 cellules aux Aa et de 2 aux Ap (2 – [3] et 1 – [2] respectivement chez *Cordulia* et les *Somatochlora*). Pattes plus longues que celles des *Libellula*, étirées vers l'arrière ; la paire postérieure atteint S6. Cercoïdes du mâle longs et divergents formant un « V » inversé ou une queue de poisson vus de dessous. Attention,

▼ *Epitheca bimaculata* femelle. Noter les longues pattes et les ailes fumées de cet imago fraîchement émergé.

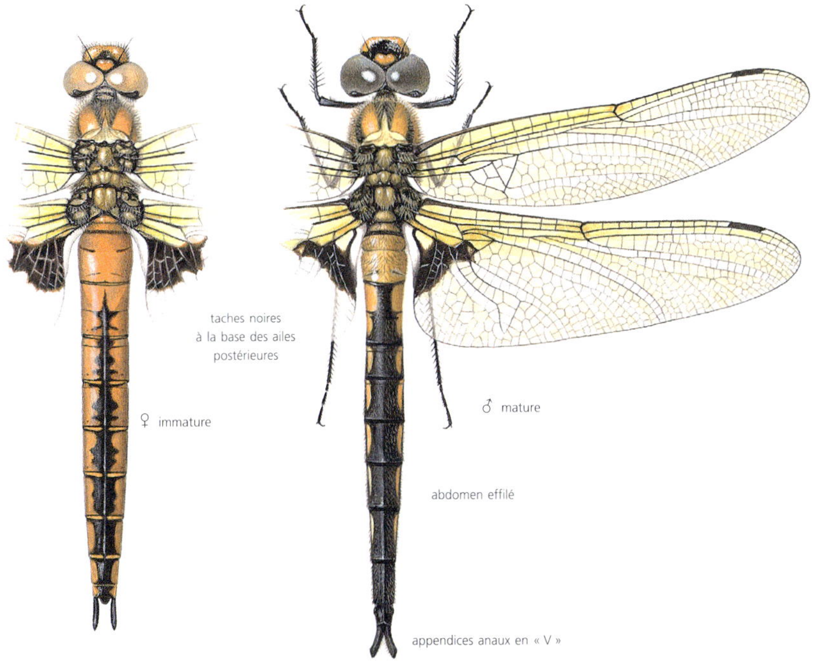

L. quadrimaculata a aussi des cercoïdes écartés. Extrémité de la lame supra-anale large et profondément échancrée. Hameçon massif enveloppé par de grands lobes génitaux formant une sorte de gaine (vue de profil). Lame vulvaire de la femelle tout aussi originale, en forme de « V » (vue de dessous), ses deux lobes atteignant l'extrémité de S10 (non illustré).

Variations L'intensité de la coloration jaunâtre des ailes varie en fonction du sexe et de l'âge.

Comportement Inlassablement, les mâles sillonnent leur territoire d'un vol puissant, rapide et rectiligne, à 30-50 cm au-dessus de l'eau, rarement à moins de 3 m des berges. Les autres cordulidés peuvent aussi voler durant de longues périodes mais ils se tiennent plus près des berges et de la surface. Les femelles à la recherche de sites de ponte transportent une masse d'œufs sous l'extrémité relevée de leur abdomen. L'amas se défait en un chapelet gélatineux lorsqu'il est déposé en vol sur la végétation aquatique.

Répartition et statut Généralement localisée mais peut être abondante dans les régions où les habitats sont favorables. Passe souvent inaperçue du fait de sa courte période de vol et de son comportement farouche. Il est plus facile de repérer l'espèce en cherchant ses grandes exuvies arachniformes et épineuses. Atteint le Japon à l'est.

Habitats Eaux stagnantes mésotrophes à eutrophes, relativement profondes, riches en végétation submergée et flottante, partiellement ou complètement entourée d'arbres ou de buissons : bras morts, lacs forestiers, gravières, étangs piscicoles.

Période de vol De mi-mai à fin juin ; mi-juin à août dans le Nord.

H. Wildermuth

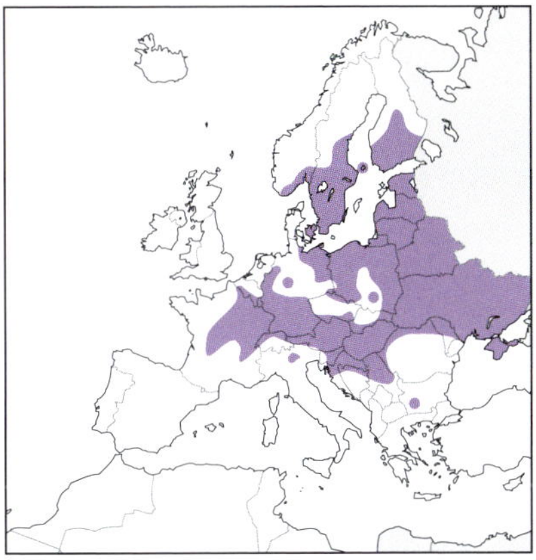

Libellulidae

Libellula Linnaeus, 1758 — Libellules

◀ *Libellula pontica* mâle. Noter le diptère piqueur *Forcipomyia paludis* près de la base de l'aile antérieure droite.

Identification Libellules de taille moyenne, robustes, pourvues de taches triangulaires sombres caractéristiques à la base des Ap, traversées de nervures claires. Ailes à 12-20 anténodales et seul genre européen avec toujours plus d'une nervure transverse dans le champ triangulaire situé sous le subnodus.
Caractérisation du genre Les *Leucorrhinia* ont aussi des marques sombres à la base des Ap, mais plus réduites, à nervation sombre. Les *Leucorrhinia* sont plus petites, ont 7-8 anténodales et des faces blanches. Les mâles matures de *Diplacodes lefebvrii* et de *Trithemis festiva* ont aussi des taches basales aux Ap mais sont de petite taille, plus fins et plus sombres. Les *Orthetrum* sont robustes et pruineux mais ne présentent jamais plus qu'une simple coloration jaune pâle à la base des ailes.
Identification des espèces L'identification est directe en observant la forme de l'abdomen, la coloration des ailes et du corps. Les trois espèces les plus répandues fréquentent des habitats différents.
Comportement Les mâles, agressifs, chassent leurs concurrents d'un vol rapide, à partir d'un poste d'observation (souvent une tige sèche). Les femelles en ponte sont généralement gardiennées par les mâles, bien que ceux de *L. fulva* et de *L. pontica* laissent plus fréquemment les femelles pondre seules après un certain temps.

K.-D. B. Dijkstra

Clé simplifiée des *Libellula*. Si la description ne correspond pas, passer à la suivante.

1	Marques noirâtres sur chaque nodus. Base de l'Ap ambrée, sans bande ni marque noire. Abdomen jamais pruineux.	*quadrimaculata*
2	Ap et Aa avec de grandes marques sombres qui couvrent l'espace médian et le triangle. Abdomen très large, généralement jaune latéralement.	*depressa*
3	Aa ayant tout au plus une bande sombre ; espace médian et triangle hyalins. Abdomen moins large, jamais jaune latéralement.	*fulva* *pontica*

Libellula quadrimaculata Linnaeus, 1758 — Libellule à quatre taches

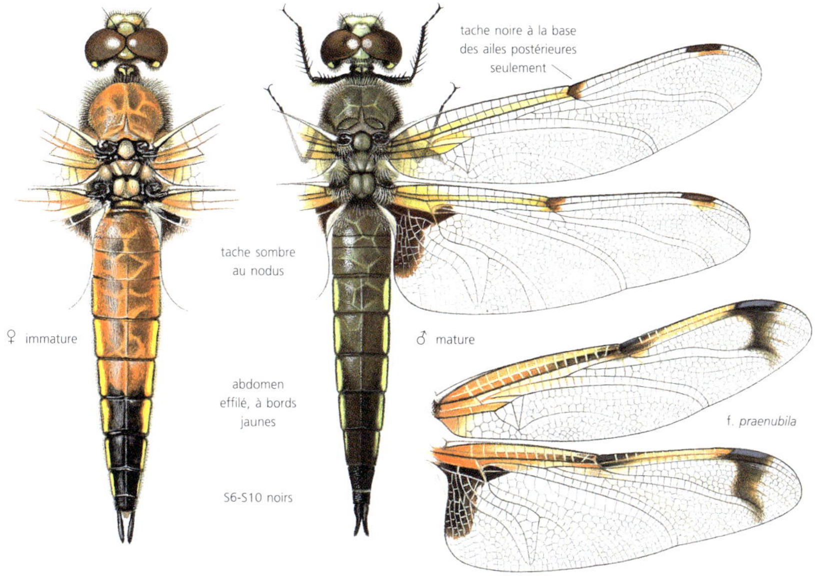

Identification Se reconnaît facilement par sa taille, sa coloration brune et les taches alaires dont elle tire son nom (une tache sur chaque nodus).

Critères à distance Tot 40-48 mm, Ab 27-32 mm, Ap 32-40 mm. De la taille de *L. depressa* mais plus fine et paraissant plus petite. Corps uniformément brun translucide. Abdomen effilé à tiers apical noir (S6-S10) ; côtés de S4-S8 étroitement jaunes. Abdomen du mâle non pruineux comme chez *L. fulva* ou *L. depressa*. Ailes à base ambrée pourvues de taches nodales caractéristiques. Base des Ap marquée d'un grand triangle noirâtre, mais la base des Aa est ambrée plutôt que noire.

Critères en main Cercoïdes relativement longs chez les deux sexes et écartés chez le mâle.

Variations Étendue des marques alaires variable, particulièrement au nodus. Spécimens sombres à grandes marques nodales et bandes sombres partant du Pt dénommés f. *praenubila*.

Comportement Les mâles se perchent sur des tiges sèches surplombant leur territoire, contrairement à *Epitheca bimaculata*, de couleur comparable, mais qui vole en permanence.

Répartition et statut Répandue et abondante dans la majeure partie de son aire, qui s'étend de l'Eurasie tempérée à l'Amérique du Nord. Migrations massives observées autrefois en Eurasie.

Habitats Eaux stagnantes, préférentiellement avec une végétation aquatique bien développée. Peut être très abondante dans les lacs acides.

Période de vol De fin avril à mi-septembre mais plus abondante au début de l'été.

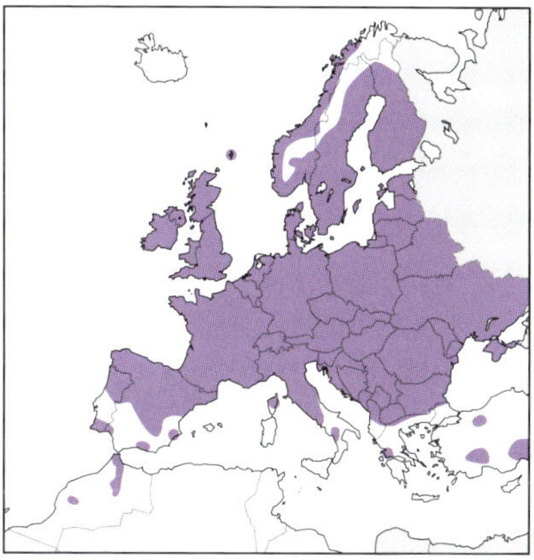

Libellula depressa Linnaeus, 1758 Libellule déprimée

◄ *Libellula depressa* mâle. Noter les bandes antéhumérales pâles, les taches alaires et l'abdomen très large.

Identification Dans la majeure partie de l'Europe, l'observation d'un mâle territorial bleu azuré défendant agressivement une mare de jardin ou un trou d'eau naturel est une vision familière. La forme de l'abdomen et les quatre taches à la base des ailes permettent de reconnaître immédiatement cette espèce.

Critères à distance Tot 39-48 mm, Ab 22-31 mm, Ap 32-28 mm. D'apparence très robuste du fait de son abdomen remarquablement large et aplati. Aa à barre noire à la base ; Ap à marque triangulaire noire, atteignant l'extrémité de l'angle apical du triangle. Mâles immatures et femelles uniformément brun jaunâtre. Partie antérieure du thorax à deux larges bandes antéhumérales blanchâtres et S3-S8 bordés de jaune. Ces deux types de marques colorées peuvent disparaître avec l'âge, particulièrement chez le mâle où S3-S9 se couvrent d'une pruinosité bleu-gris. Base des ailes davantage marquée et abdomen plus large que chez les *Orthetrum* et les autres *Libellula*.

Critères en main Chez le mâle, S1 porte inférieurement deux épines robustes, caractère qui ne se retrouve chez aucun autre Odonate européen.

Variations Les mâles sont très agressifs et chassent d'un vol fulgurant tout éventuel compétiteur apparaissant sur leur pièce d'eau.

Répartition et statut Une des espèces les plus communes d'Europe, qui s'étend jusqu'en Asie centrale. Capable de fortes dispersions, cette espèce est souvent la première à coloniser les mares nouvellement créées.

Habitats Eaux stagnantes avec une préférence pour les points d'eau de petite taille, peu profonds, ensoleillés et nus tels que les abreuvoirs à bétail ou les lacs de gravières.

Période de vol Fin avril à mi-septembre, plus abondante en mai-juin.

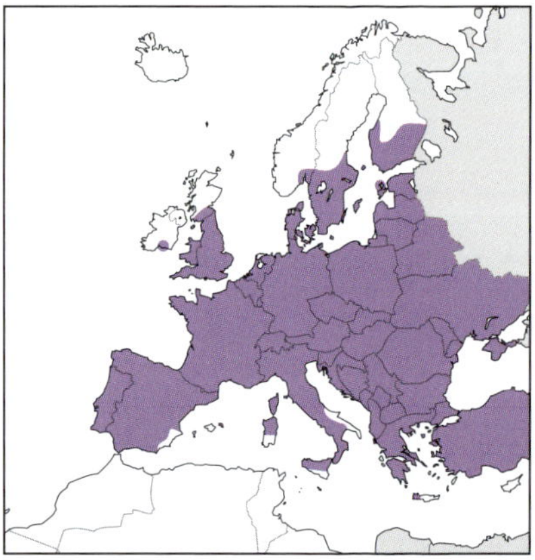

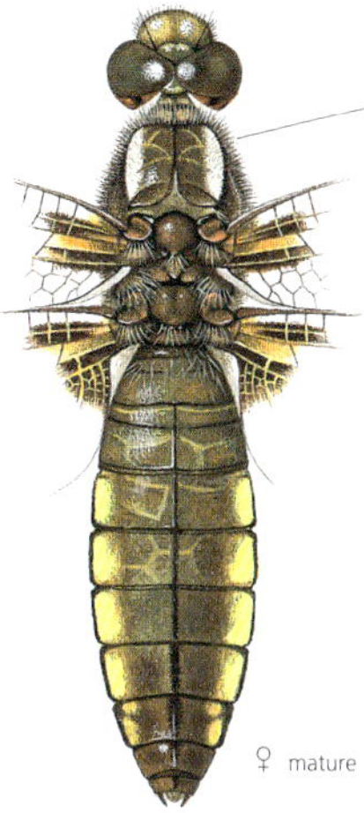

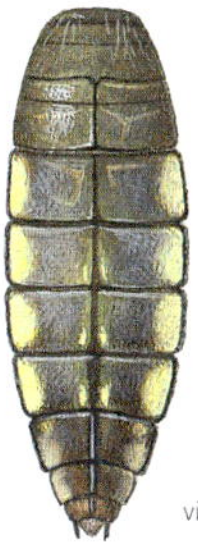

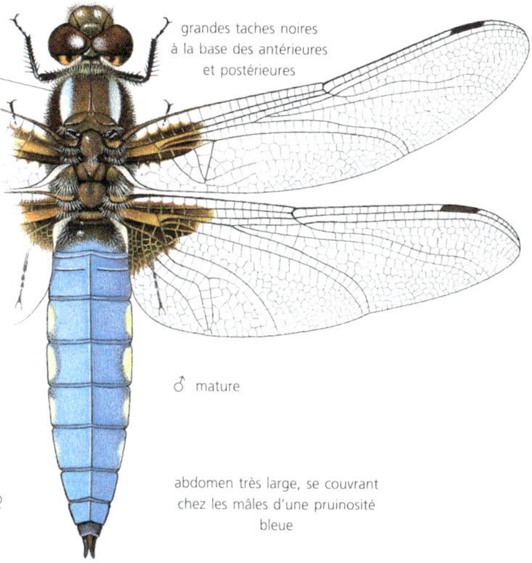

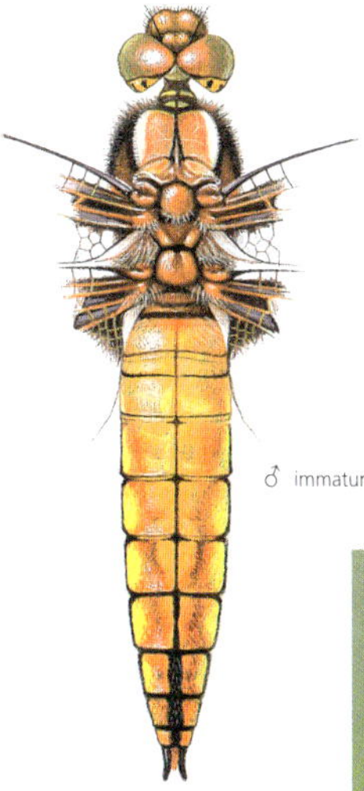

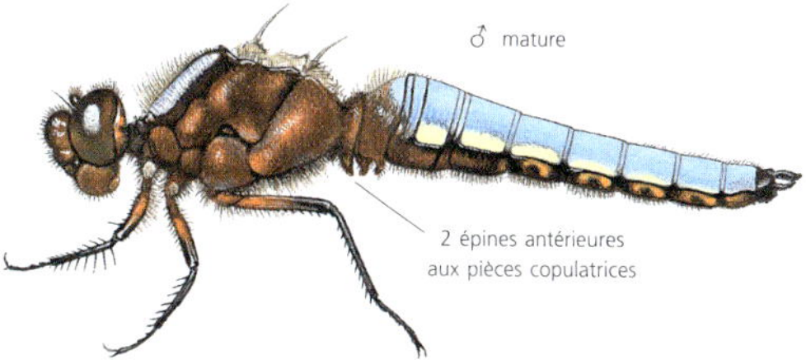

▶ *Libellula depressa* femelle. En vol, elle ressemble à un frelon géant !

Libellula fulva Müller, 1764 — Libellule fauve

◄ *Libellula fulva* femelle. Noter la couleur orangée et l'apex sombre des ailes.

▼ *Libellula fulva* mâle. La teinte orangée sur l'abdomen et la pruinosité intacte (sans marques d'abrasion dues à l'accouplement) indiquent un individu immature.

Identification Espèce localisée dans toute son aire qui préfère les eaux faiblement courantes bordées d'une importante végétation rivulaire. L'apparence du mâle change radicalement avec la maturation : orange vif à l'émergence, il devient bleu-gris et noir une fois mature. Dans les deux cas, cette espèce s'identifie facilement grâce à la coloration du corps et des ailes.

Critères à distance Tot 42-45 mm, Ab 25-29 mm, Ap 32-38 mm. Moins longue mais plus massive qu'*Orthetrum cancellatum*. Immatures impossibles à confondre : entièrement roux orangé vif avec une bande médiodorsale noire sur l'abdomen ; base des ailes sombre (barre noire à la base des Aa), macule sombre à l'apex de l'aile (plus marquée chez les femelles) et nervures jaunes en bordure antérieure de l'aile. Femelles s'assombrissant avec l'âge, devenant brun mat. Mâles noircissant entièrement et se couvrant d'une pruinosité gris-bleu sur S3-S7 ; leurs yeux deviennent gris. L'étendue noire de l'extrémité de l'abdomen des mâles matures et la coloration grise des yeux distinguent cette espèce des autres *Libellula*, ainsi que les marques noires de la base des ailes des *Orthetrum* et la face noire des deux.

Critères en main Pas nécessaires.

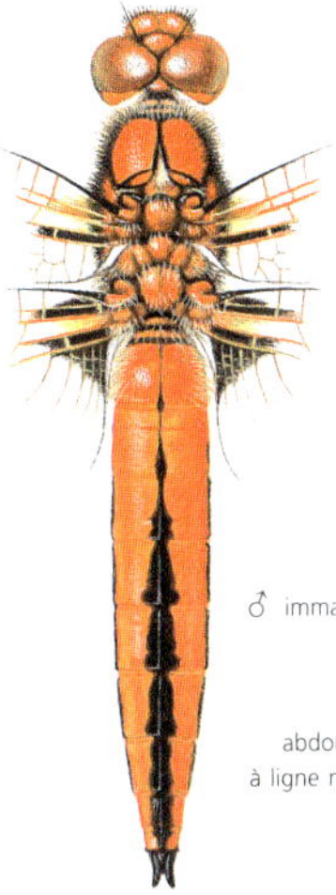

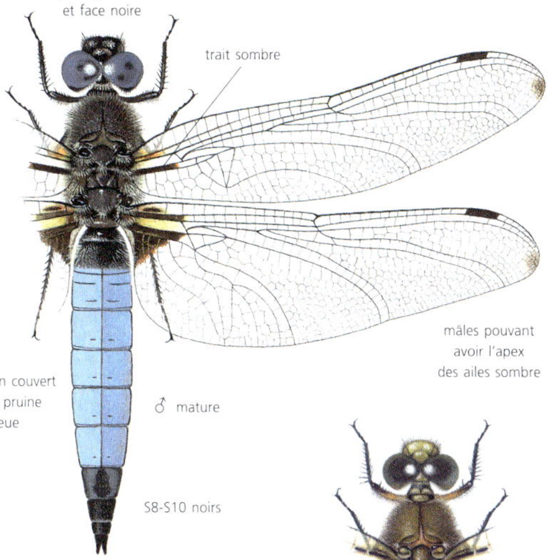

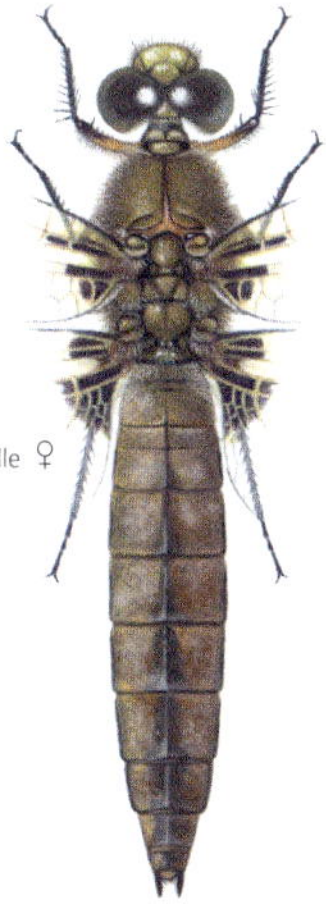

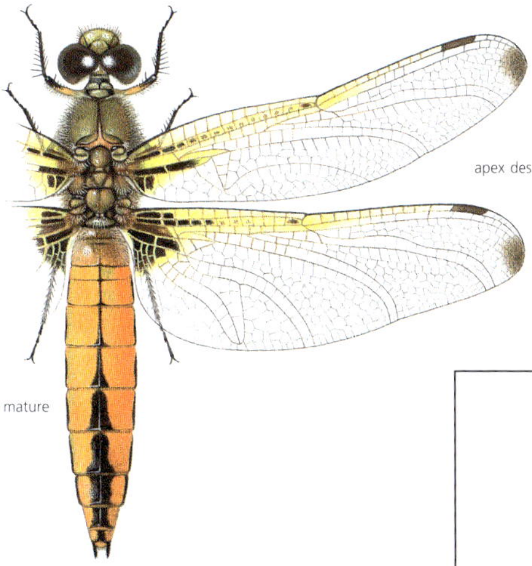

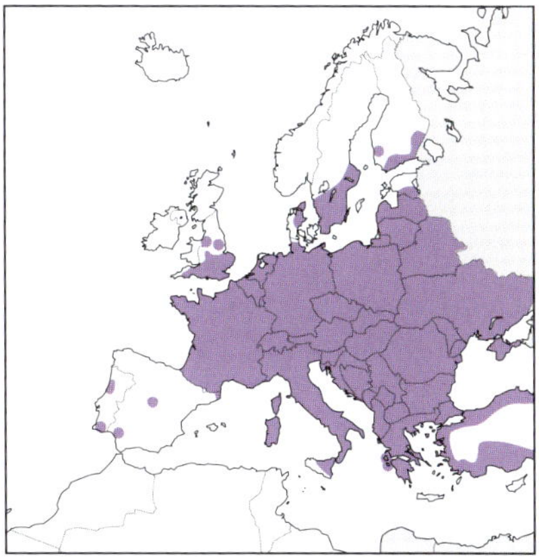

Variations Bien que cela s'observe chez tous les libellulidés pruineux, les marques d'abrasion faites par les pattes des femelles lors de l'accouplement sur S5-S6 sont particulièrement évidentes chez *L. fulva*. La pruinosité s'étend jusque sur S9 chez les mâles de Turquie.

Répartition et statut Répandue mais seulement localement abondante. S'étend jusqu'à la mer Caspienne.

Habitats Semble avoir besoin d'une qualité d'eau et d'une structure d'habitat particulières. La présence d'une importante végétation rivulaire paraît indispensable. Rivières et ruisseaux à courant lent, canaux, étangs bordés de roseaux, fossés, bras morts et étangs piscicoles.

Période de vol Fin mai à début août, mais activité concentrée en mai et juin dans la majeure partie de l'Europe.

Libellula pontica Selys, 1887 — Libellule rouge brique

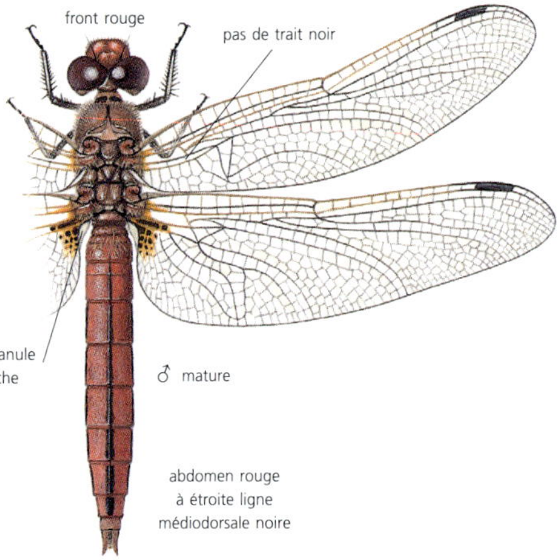

pièces copulatrices ♂

Identification Remplace *L. fulva* dans le Sud-Est, bien que les aires de ces deux espèces jumelles se chevauchent largement en Turquie. Elles sont très semblables à l'émergence, mais les mâles matures de *L. pontica* deviennent rouge brique sur la face et l'abdomen et ne développent aucune pruinosité. Au premier regard, cette espèce rappelle davantage un *Sympetrum* ou un *Crocothemis* qu'une *Libellula*.

Critères à distance Tot 39-42 mm, Ab 22-26 mm, Ap 29-32 mm. Nettement plus petite et un peu plus fine que *L. fulva*. Mâles immatures et femelles en diffèrent par : leur taille ; l'étroitesse de la bande médiodorsale noire de l'abdomen ; l'absence de marques alaires apicales et de barre basale aux Aa ; la présence d'une membranule blanchâtre qui contraste nettement avec la base sombre de l'Ap et le rouge brun de l'abdomen (grise et peu visible chez *L. fulva*). Mâles matures à thorax brun, face et abdomen rouges, ce dernier barré sur presque toute sa longueur d'une ligne médiodorsale noire. Ressemble aux autres libellulidés rouges, particulièrement à *Crocothemis erythraea*, mais s'en distingue par des Pt noirs, la présence d'une tache triangulaire sombre à la base des Ap, un thorax dépourvu de marques et une ligne médiodorsale sur toute la longueur de l'abdomen.

Critères en main Quasi identiques à *L. fulva*.

Répartition et statut Localisée dans notre région ; l'aire atteint la Transcaucasie, l'Irak, l'Iran et le nord d'Israël.

Habitats Principalement eaux lentes avec des berges à végétation dense, telles que cours d'eau, canaux et fossés bordés de roseaux ; aussi exutoires de gravières et d'étangs riches en végétation.

Période de vol Début mai à mi-juillet.

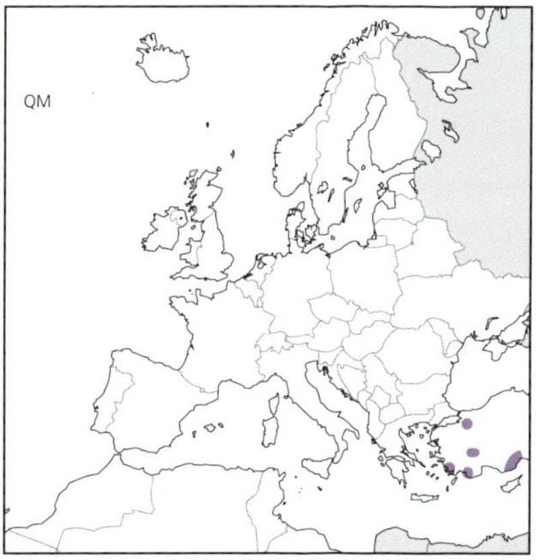

Orthetrum Newman, 1833 Orthétrums

▲ *Orthetrum brunneum*, cœur copulatoire. La femelle et l'arrière de la tête du mâle montrent les marques contrastées de la sous-espèce sarde *cycnos*.

Identification Quasiment tout Odonate pruineux bleu-gris dont la base des ailes est hyaline est un mâle d'*Orthetrum*. Ce genre est le seul parmi les libellulidés à avoir à la fois des Ap claires à la base (tout au plus teintées de jaune) et 10-14 nervures anténodales aux Aa (la dernière complète).

Caractérisation du genre Les *Libellula* ont une nervation, une allure et une pruinosité semblables mais de larges marques sombres à la base des Ap que n'ont pas les *Orthetrum*. Les *Leucorrhinia* pruineuses sont sombres avec des faces blanches et des taches noires à la base des Ap. Les mâles immatures et les femelles d'orthétrums, relativement brun homogène, sont souvent confondus avec des *Sympetrum* et des *Crocothemis*. Ces deux genres ont généralement la dernière anténodale incomplète. Les *Sympetrum* ont seulement 6-7 anténodales complètes aux Aa et les *Crocothemis* ont de grandes taches jaunes à la base des Ap. *Orthetrum sabina* et les jeunes *Orthetrum cancellatum* peuvent être pris pour des gomphidés, mais leurs yeux se touchent.

Identification des espèces Il existe environ 60 espèces d'*Orthetrum* en Australie, en Eurasie et surtout en Afrique. Les espèces sont souvent difficiles à identifier. C'est particulièrement vrai des mâles matures, dont les marques caractéristiques se couvrent de pruine, et qui apparaissent très différents des femelles et des jeunes mâles. Pour faciliter l'identification, on peut rassembler les espèces en trois groupes (tableau 1). Le tableau 2 propose des critères d'identification pour les nombreuses espèces du groupe 3. L'examen des pièces copulatrices du mâle à l'aide d'une loupe à main est souvent nécessaire.

Tableau 1 – Clé simplifiée des groupes d'espèces d'*Orthetrum*. Si la description correspond, comparer les espèces, sinon passer à la suivante.

1	Pt noirâtre, ni jaune ni brun. Quand non pruineux, deux longues lignes noires longitudinales. Quand abdomen pruineux, tiers apical noir.	*albistylum* *cancellatum*
2	Abdomen fin et au moins aussi long que l'Ap, à S1-S3 élargi et trois fois plus large que les autres segments. Quand non pruineux, abdomen noir avec des lignes ou des anneaux clairs. Quand pruineux, abdomen bleu-gris très sombre. Longueur totale > 43 mm.	*trinacria* *sabina*
3	Abdomen épais et au plus aussi long que l'Ap, non épaissi à la base. Quand non pruineux, abdomen brun avec des lignes noires. Quand pruineux, abdomen gris clair à bleu. Longueur totale < 52 mm.	*brunneum* *chrysostigma* *coerulescens* *nitidinerve* *ransonnetii* *taeniolatum*

Comportement Espèces très actives, qui se posent souvent au sol ou sur des pierres. Le mâle gardienne la femelle durant la ponte, en volant sur place au-dessus d'elle et en chassant tout rival éventuel.

V. J. Kalkman

Tableau 2 – Identification des *Orthetrum* du groupe 3. *Cf.* textes des espèces pour le détail.
Présentation des critères :

1) Seules deux espèces sont répandues (Ré), les trois autres sont méridionales (S), avec deux dans le Sud-Ouest (SO) et une dans le Sud-Est (SE).
2) Taille moyenne : Ap d'environ 30 mm et T environ 40 mm. Petit et grand sont respectivement au moins 2 mm en dessous ou au-dessus de ces valeurs.
3) Pt de taille moyenne = environ 3 mm, soit un peu plus d'un dixième de la longueur de l'Ap. Les Pt peuvent mesurer de 2 à 5 mm et faire de 7 à 13 % de la longueur de l'Ap.
4) Nrs (vérifier toutes les ailes) surmontée de 1-2 rangées de cellules (rarement plus de 3 ou moins de 4 cellules doublées respectivement).
5) Membranule claire (blanchâtre) à brun sombre.

Répartition (1)	**Critère diagnostique**	**Taille (2)**	**Pt (3)**	**Nrs (4)**	**Memb. (5)**	**Espèces**
Ré	Face jamais bleu clair	moyenne	grand	1	interm.	***coerulescens***
Ré	Aucun	grande	petit	2	claire	***brunneum***
S	Thorax avec une bande latérale claire bordée de noir. Abdomen rétréci à la taille, à bords non parallèles	moyenne/ grande	moyen	1 (2)	sombre	***chrysostigma***
SO	Nervure radiale entre la base et le nodus jaune, pas noire. Bordure inférieure du S8 de la femelle rectiligne (et non courbée)	grande	grand	2	claire	***nitidinerve***
SO	Nervures subcostales noires entre la base et le nodus de l'aile	grande	petit	1	claire	***ransonnetii***
SE	Thorax avec 2 bandes latérales claires bordées de noir. Partie supérieure des yeux brune, pas grise	petite	petit	1 (2)	interm.	***taeniolatum***

Orthetrum cancellatum (Linnaeus, 1758) — Orthétrum réticulé

Identification On observe souvent les mâles passer comme des flèches bleues au ras de l'eau ou se poser au sol, dans un espace dégagé.
Critères à distance Tot 44-50 mm, Ab 29-35 mm, Ap 35-41 mm. Légèrement plus long que *Libellula depressa* et *L. quadrimaculata*.
O. cancellatum ne partage les critères suivants qu'avec *O. albistylum* : base des ailes hyaline, Pt noirs, abdomen à deux barres noires longitudinales qui, chez le mâle, se couvre d'une pruinosité gris-bleu et présente une pointe noire (sur S [6] 8-10). En Sardaigne et en Corse, les femelles et les mâles immatures d'*O. brunneum* sont parfois très proches d'aspect (*cf.* ces espèces). *O. cancellatum* est plus uniforme qu'*O. albistylum*, sans zone blanche sur les appendices anaux. Immatures, jaunes à lignes noires, souvent confondus avec des gomphidés. Ces derniers sont moins robustes et ont des barres abdominales noires plus larges que la bande jaune médiane et non l'inverse.

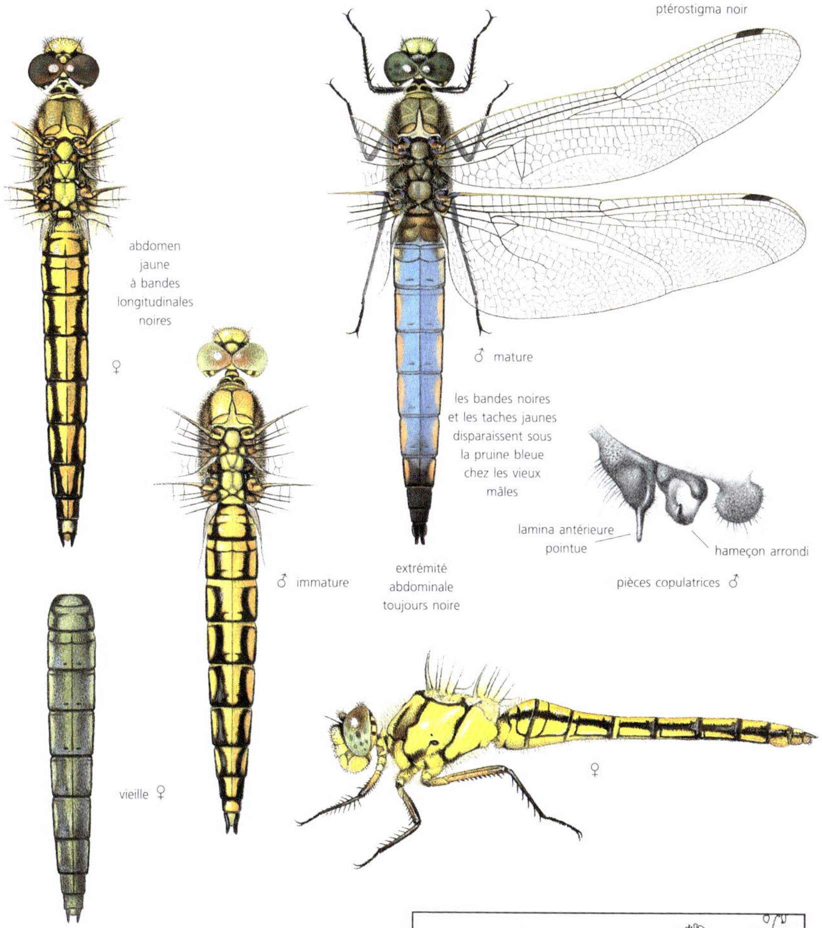

Critères en main Hameçon du mâle à extrémité grande et arrondie ; lamina antérieure constituée de deux pointes acérées (vue de dessous).
Variations Abdomen des vieilles femelles devenant brun, souvent recouvert d'une fine pruinosité.
Comportement Les mâles patrouillent d'un vol rapide et se posent souvent sur des zones dégagées de la berge.

Répartition et statut Largement répandu dans notre région, à l'exception du nord de la Fennoscandie ; atteint le nord de la Chine et la Mongolie. Une des espèces les plus communes.
Habitats Eaux stagnantes à faiblement courantes, généralement aux berges dépourvues de végétation comme les lacs, sablières, rivières et canaux ; en Finlande et dans les régions voisines, principalement dans les baies de la mer Baltique.

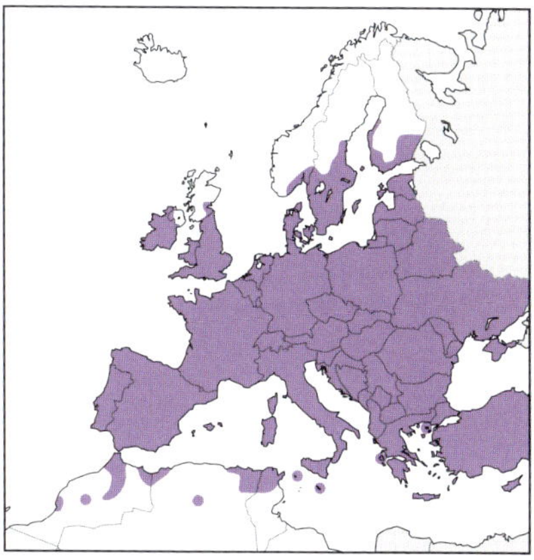

Période de vol Fin avril à début septembre, plus abondant entre juin et août.

Orthetrum albistylum (Selys, 1848)

Orthétrum à stylets blancs

Identification Très semblable à *O. cancellatum*, avec qui il coexiste du sud-est de la région à l'ouest de la France. Il est cependant plus fin, plus pâle et plus contrasté. Quelques mâles peuvent avoir des appendices anaux noirs !

Critères à distance Tot 45-50 mm, Ab 30-37 mm, Ap 33-38 mm. Aussi grand qu'*O. cancellatum*, mais moins robuste avec un abdomen plus étroit. Comme *O. cancellatum*, Pt noirs ; deux bandes longitudinales noires sur l'abdomen qui se couvrent, chez le mâle, d'une pellicule pruineuse et dont S (6) 8-10 devient noir. Parfois difficile à identifier en vol mais : 1) appendices anaux blanchâtres chez les deux sexes (parfois indiscernables chez le mâle, femelle avec S10 blanc) ; 2) sur le thorax, deux bandes laiteuses latérales et une médiodorsale (qui passe entre la base des ailes) ; 3) couleur de l'abdomen plus claire et bandes noires plus courbées sur chaque segment, en forme de parenthèses ; 4) pruinosité du mâle mature plus

◀ *Orthetrum albistylum* femelle. Noter les appendices blancs, les bandes courbées sur l'abdomen et les ptérostigmas noirs.

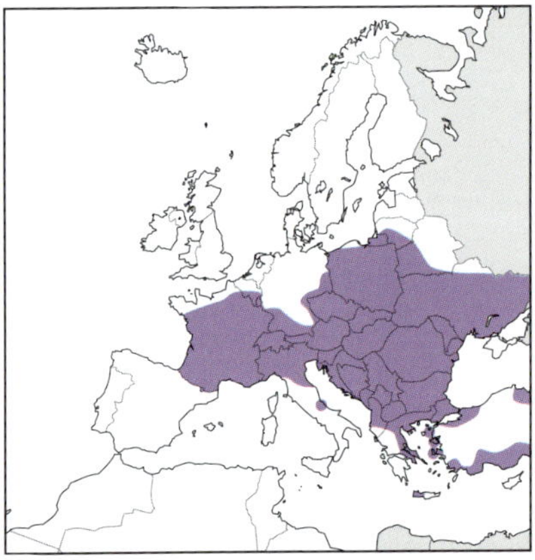

claire, presque blanche ; 5) Pt plus grands. Chez le mâle, démarcation entre le noir de la pointe abdominale et la zone pruineuse souvent plus nette.

Critères en main Pièces copulatrices du mâle semblables à celles d'*O. cancellatum* mais hameçon plus pointu et lamina antérieure moins nettement bifide.

Comportement Comme *O. cancellatum*, les mâles se posent souvent au sol dans des zones dégagées près de l'eau. Volent bas et vite au-dessus de l'eau.

Répartition et statut Répartition fragmentée mais l'espèce est assez commune et atteint la Chine et le Japon.

Habitats Lacs, étangs et mares ouvertes.

Période de vol Fin mai à mi-septembre.

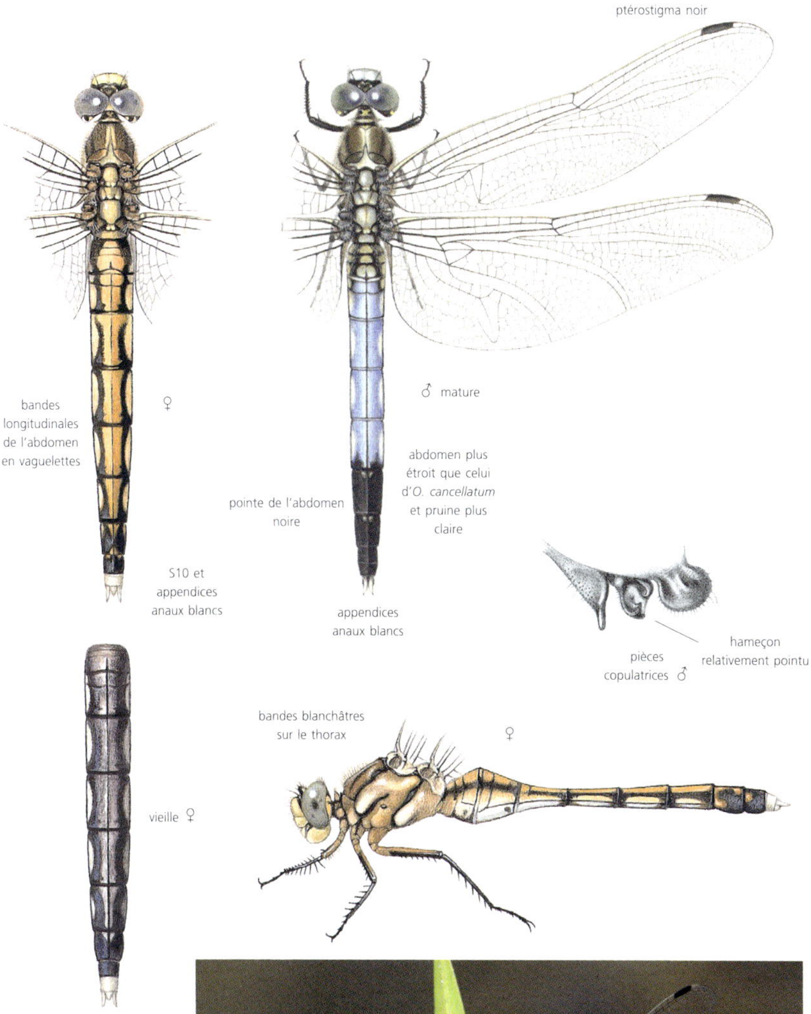

▶ *Orthetrum albistylum* mâle montrant les appendices blancs contrastés et les bandes claires sur le thorax.

Orthetrum coerulescens (Fabricius, 1798) Orthétrum bleuissant Skimmer

◀ *Orthetrum coerulescens* femelle. Noter la fine ligne dorsale avec les lignes transversales et les longs ptérostigmas jaunes.

Identification Petit orthétrum répandu, qui côtoie souvent *O. brunneum* et d'autres espèces proches dans le Sud. Les différences sont décrites dans le tableau 2 (p. 260).

Critères à distance Tot 36-45 mm, Ab 23-38 mm, Ap 28-33 mm. Environ de la taille de *Sympetrum striolatum*. Dans la majeure partie de son aire, se distingue des autres libellulidés (à l'exception d'*O. brunneum*) par l'abdomen entièrement pruineux et les Pt jaunes. Les jeunes sont souvent confondus avec des sympétrums (*cf. O. brunneum* pour une comparaison complète et *O. chrysostigma*, *O. nitidinerve*, *O. ransonnetii* et *O. taeniolatum* pour leurs critères distinctifs). *O. coerulescens* se caractérise par sa relative petite taille, son abdomen effilé et étroit et ses longs Pt (environ 4 mm). Contrairement aux espèces proches, les mâles matures ne développent qu'une faible pruinosité sur le thorax et conservent une face brune. Ils apparaissent donc bicolores plutôt que tout bleus (*cf.* Variations). Deux bandes antéhumérales sont généralement visibles, mais il n'y a pas de marques latérales sur le thorax.

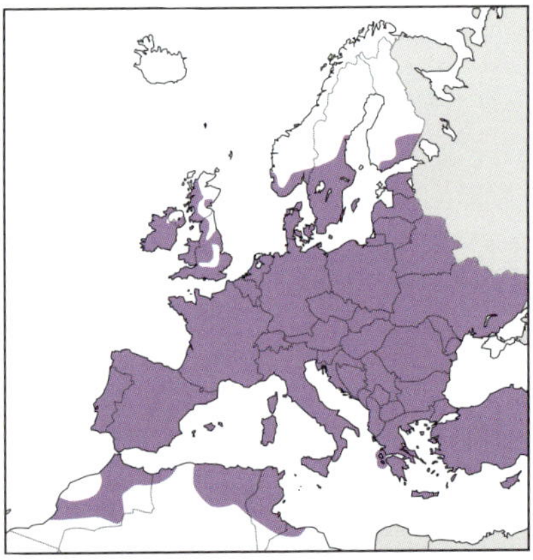

Critères en main Comparé aux autres espèces du groupe 3, Nrs quasiment toujours surmontée d'une unique rangée de cellules, cinq cellules au plus sont dédoublées ; lamina antérieure beaucoup plus longue que l'hameçon (mais *cf.* Variations).

Variations Base des ailes souvent ambrée. Deux sous-espèces sont reconnues. Les mâles de la ssp. *coerulescens*, vus de profil, ont la lamina antérieure quasi perpendiculaire à l'axe de l'abdomen ; son extrémité est enflée et arrondie. La ssp. *anceps* (encore récemment considérée comme une espèce : *O. ramburii*) est méridionale et a une lamina antérieure plus oblique, plus pointue et plus triangulaire. Les mâles du Sud (ssp. *anceps* incluse) sont généralement plus pruineux, pouvant devenir entièrement bleus.

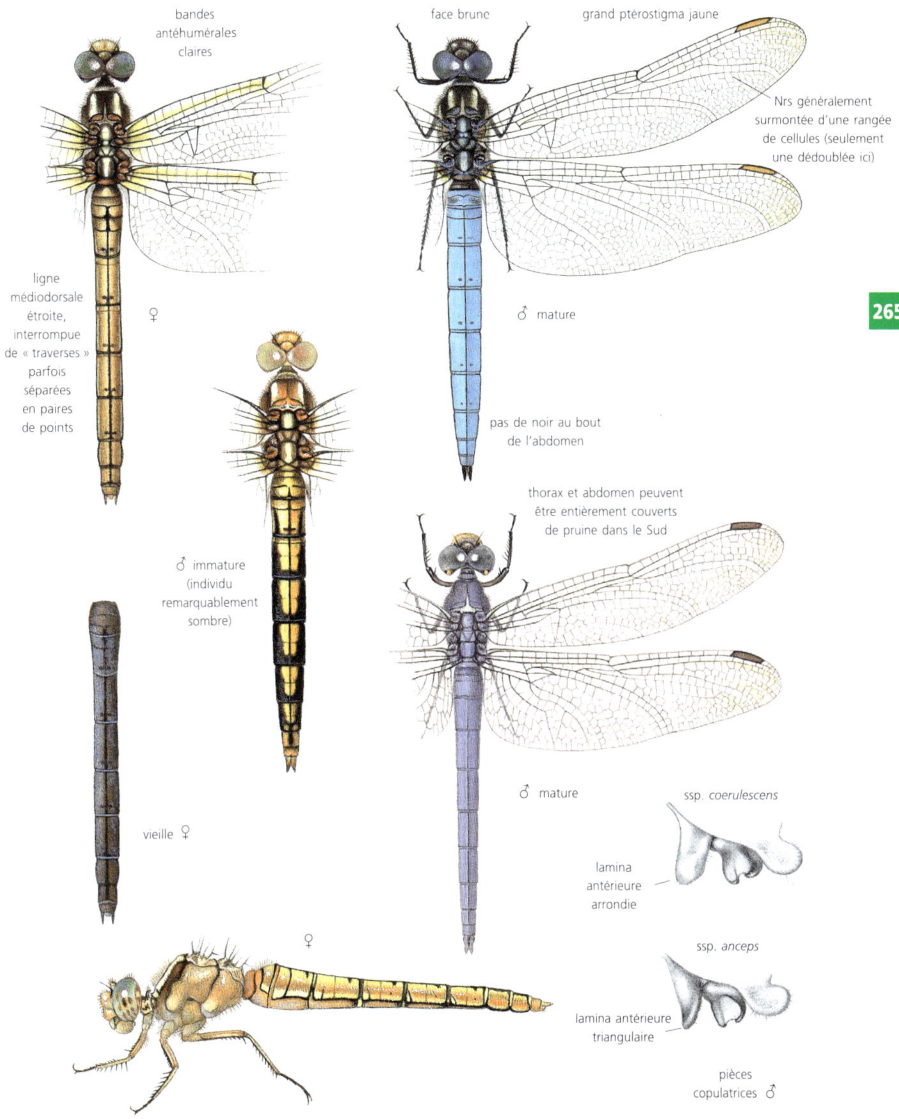

Comportement Se pose habituellement sur la végétation, rarement directement au sol.

Répartition et statut Commun autour de la Méditerranée mais généralement localisé en Europe centrale et septentrionale ; atteint les frontières de la Russie. La ssp. *anceps* s'observe en Afrique du Nord, en Asie (jusqu'en Inde), en Sardaigne et dans le sud des Balkans. Des formes intermédiaires prédominent en péninsule Ibérique, en Sicile et dans une large partie du sud-est de l'Europe. Ailleurs, on trouve la sous-espèce type ssp. *coerulescens*.
Habitats Eaux courantes telles que rivières et fossés, mais aussi drains des tourbières, suintements, anciennes sablières et argilières.
Période de vol Avril à novembre, pic d'abondance en juin-août.

Orthetrum brunneum — Orthétrum brun

(Fonscolombe, 1837)

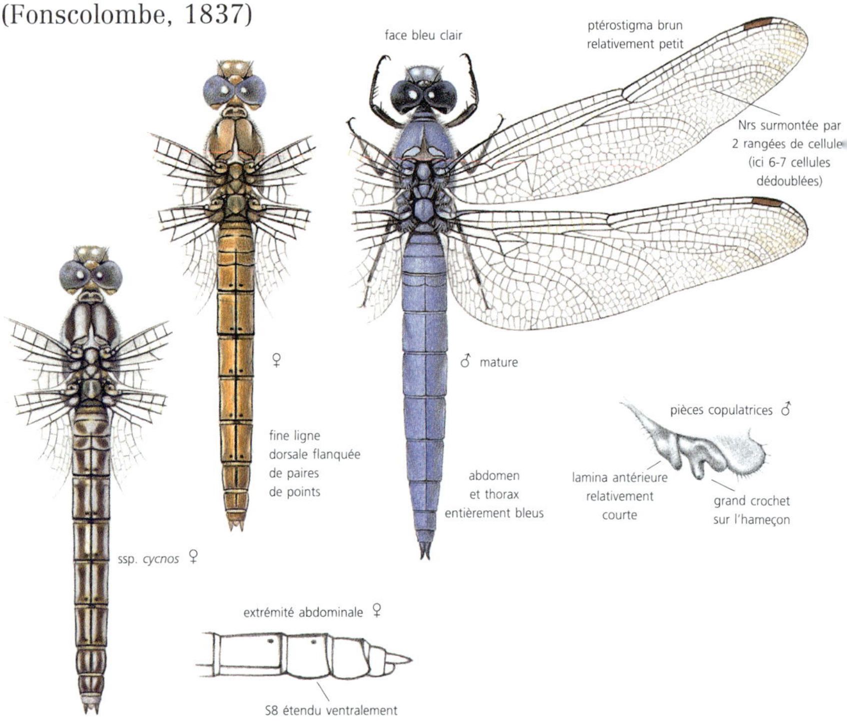

Identification Espèce commune dont les mâles deviennent entièrement bleus. En zone méditerranéenne, s'identifie plus facilement par élimination des autres espèces.

Critères à distance Tot 41-49 mm, Ab 25-32 mm, Ap 33-37 mm. Taille et forme intermédiaires entre *O. cancellatum* et *O. coerulescens*. Se distingue du premier et d'*O. albistylum* par ses Pt brun rougeâtre et la coloration homogène des mâles matures (pas de noir à l'extrémité de l'abdomen). Plus facile à confondre avec *O. coerulescens* mais : 1) légèrement plus grand et plus lourd avec un abdomen plus large ; 2) mâle adulte à face bleu pâle et non brunâtre ; 3) thorax monochrome devenant pruineux chez les mâles matures (chez *O. coerulescens* : rarement pruineux et présence de bandes antéhumérales claires) ; 4) abdomen des immatures et des femelles entièrement brun avec une fine ligne médiodorsale noire sur toute la longueur (excepté pour la Sardaigne et la Corse, *cf.* Variations) ; paires de points généralement distincts à l'extrémité de chaque segment (généralement fusionnés chez *O. coerulescens* où ils forment de petites barres transversales) ; 5) chez les matures, Pt brun rougeâtre et non jaunes. Ces critères ne sont qu'indicatifs (les points 4 et 5 ne sont pas toujours fiables) et une identification en main est recommandée. *Cf. O. nitidinerve*, *O. chrysostigma* et *O. taeniolatum*.

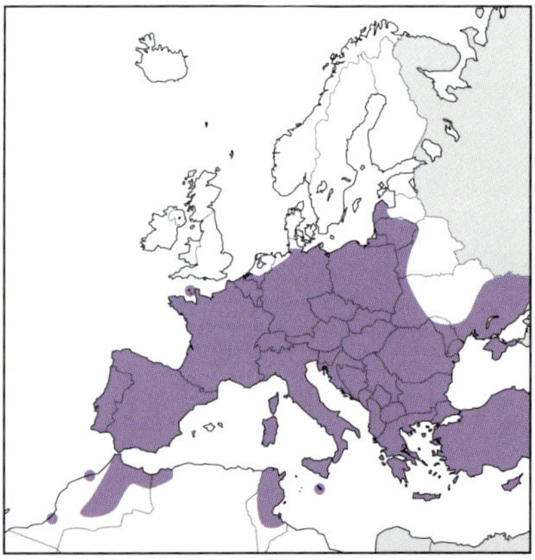

Critères en main Autres critères diagnostiques : 6) 4-9 cellules (rarement moins) dédoublées entre IR_3 et Nrs (0, parfois 1-5 chez *O. coerulescens*) ; 7) Pt relativement courts (2,5-3 mm) ; 8) hameçon du mâle pourvu d'un grand crochet ; contrairement aux autres espèces, il dépasse nettement la lamina antérieure.
Variations En Sardaigne et en Corse, ssp. *cycnos* avec des bandes longitudinales brunes distinctes sur l'abdomen, évoquant un *O. cancellatum* ou un *O. coerulescens* foncé ; chez les mâles, la pruinosité fait disparaître ces marques avec l'âge. Mâles et femelles de tous âges avec des barres noires et blanches marquées derrière les yeux à la place du dessin jaunâtre et brun de ssp. *brunneus*.
Comportement Se pose souvent au sol ou sur des branchettes près de l'eau.

Répartition et statut Commun autour de la Méditerranée ; jusqu'à l'est de la Chine. Étend son aire vers le nord depuis les années 1990.
Habitats Petits ruisseaux, fossés, suintements et drains, préférant les milieux à végétation éparse.
Période de vol Avril à septembre.

Orthetrum nitidinerve (Selys, 1841) — Orthétrum à nervures

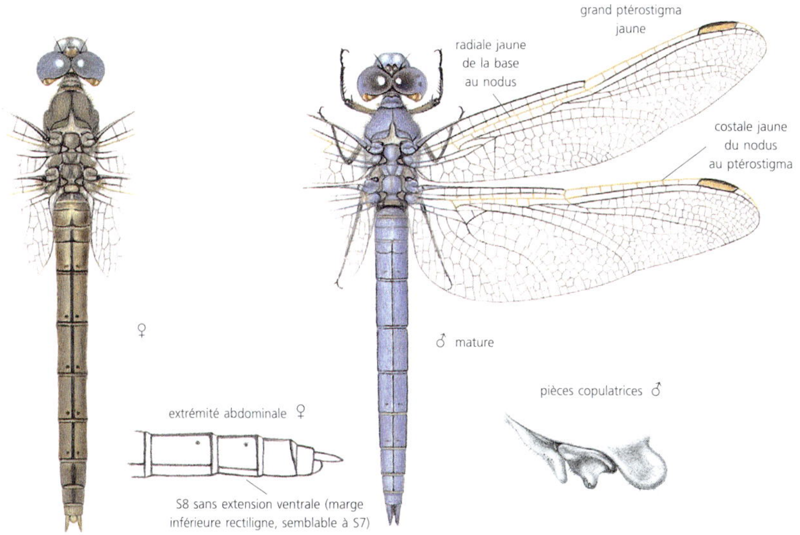

Identification Orthétrum relativement grand à longs Pt jaunes, endémique ouest-méditerranéen. Se reconnaît facilement à ses épaisses nervures jaune vif.
Critères à distance Tot 46-50 mm, Ab 28-33 mm, Ap 31-38 mm. Semblable en taille et en apparence à *O. brunneum*. S'en distingue ainsi que d'*O. coerulescens* et *O. chrysostigma* par : 1) radiale (troisième nervure longitudinale à partir du bord antérieur de l'aile) jaune de la base au nodus. Chez les autres espèces, elle est brune ou noire comme les autres nervures ; costale jaune entre le nodus et le Pt, contrastant davantage que chez les autres espèces ; 2) Pt remarquablement longs (4-5 mm), ceux d'*O. brunneum* sont nettement plus courts et sombres ; 3) corps se couvrant complètement d'une pruinosité bleue, plus claire. Les femelles et les jeunes ont une coloration très uniforme sans autre marque qu'une fine ligne médiodorsale longitudinale sur l'abdomen.

Critères en main Contrairement aux autres espèces du groupe 3, bordure inférieure de S8 de la femelle rectiligne.

Comportement La femelle pond perchée sur une pierre, l'abdomen enfoncé dans l'eau ; elle dépose des cordons gélatineux d'œufs blancs sur la pierre, sous la garde du mâle perché à proximité. Ce comportement est exceptionnel au sein des libellulidés.

Répartition et statut Endémique de notre région ; principalement nord-ouest de l'Afrique ; plus localisé dans la péninsule Ibérique, en Sardaigne, en Sicile et près de Naples.

Habitats Principalement petits cours d'eau (sources, ruisselets, suintements) à végétation marécageuse dans des zones plutôt arides ; parfois aussi plans d'eau plus vastes, tels que les bassins des ruisseaux et rivières temporaires.

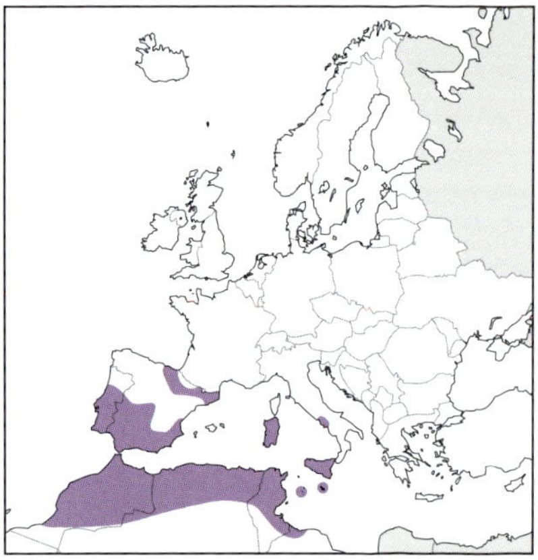

Période de vol Avril à octobre.

Orthetrum chrysostigma (Burmeister, 1839) — Orthétrum à taille fine

Identification Une des espèces les plus communes d'Afrique tropicale, qui s'étend au nord de Rhodes et à la péninsule Ibérique. Se reconnaît généralement facilement à ses « épaulettes ».

Critères à distance Tot 39-48 mm, Ab 26-33 mm, Ap 27-32 mm. Taille proche de celle d'*O. brunneum* et d'*O. coerulescens*. Fait partie du groupe des espèces à Pt jaunâtres et à corps couvert d'une pruinosité bleue chez les mâles matures. Ses caractéristiques sont : 1) abdomen vu de dessus relativement fin et comprimé près de la base (S3-S4) ; 2) côtés du thorax à bande claire très visible limitée de part et d'autre de noir (obscurcie chez les vieux mâles) ; 3) membranule sombre bordée d'une petite zone jaune.

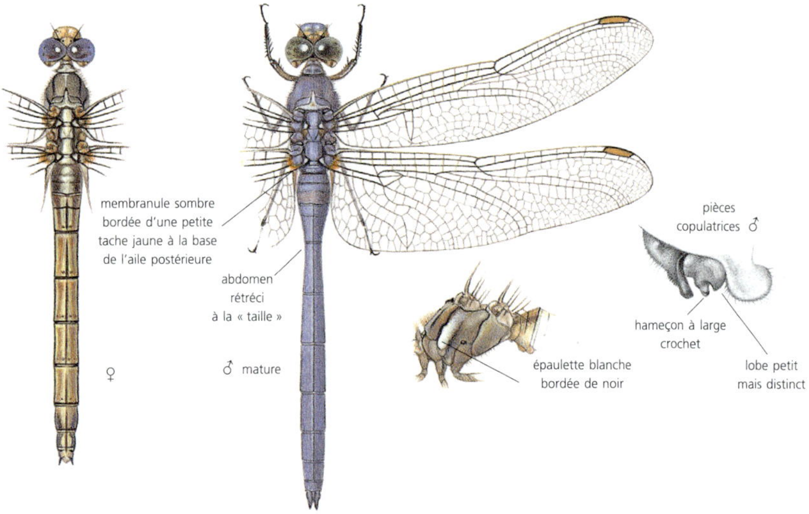

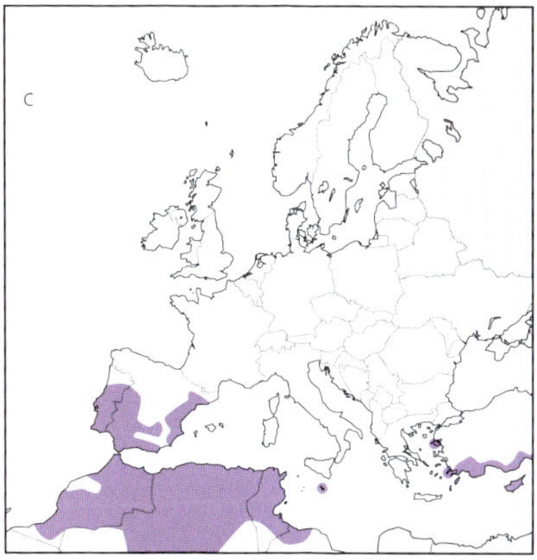

Chez les autres espèces, la base de l'Ap est généralement hyaline. *O. brunneum*, *O. nitidinerve* et *O. ransonnetii* plus grands et plus robustes, sans rétrécissement abdominal, sans marques claires sur le côté du thorax et à membranule claire. *O. coerulescens* plus petit, à bandes thoraciques moins blanches et situées plus en avant. *O. taeniolatum*, encore plus petit, a trois bandes claires sur le côté du thorax, soulignées de noir uniquement sur un côté. Les deux espèces les plus petites n'ont pas de rétrécissement abdominal et leurs membranules sont gris-brun.
Critères en main Hameçon du mâle à branche antérieure formant un large crochet qui dépasse la petite branche postérieure.
Comportement Rarement observé en Turquie perché dans la position de l'obélisque (contrairement à *O. taeniolatum*).

Répartition et statut Pas rare dans le sud-ouest de la péninsule Ibérique, aux Canaries, le long de la côte turque et sur les îles grecques proches.
Habitats Grandes rivières et zones humides peu profondes des paysages ouverts.
Période de vol En Turquie d'avril à fin août. Dans le nord-ouest de l'Afrique jusqu'en novembre, mais pourrait voler toute l'année.

Orthetrum taeniolatum (Schneider, 1845)

Orthétrum aux yeux bruns

Identification Petit orthétrum au dessin contrasté mais dont le corps se couvre entièrement d'une pruinosité bleu clair chez les mâles. Originaire des zones sèches d'Asie, il atteint la mer Égée.

Critères à distance Tot 33-38 mm, Ab 21-26 mm, Ap 25-28 mm. Le plus petit orthétrum. Appartient au groupe d'espèces à Pt jaunâtres et corps des mâles entièrement pruineux. Se distingue

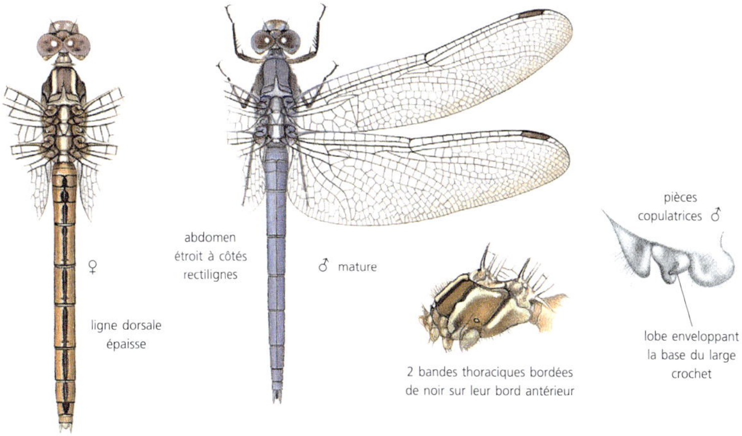

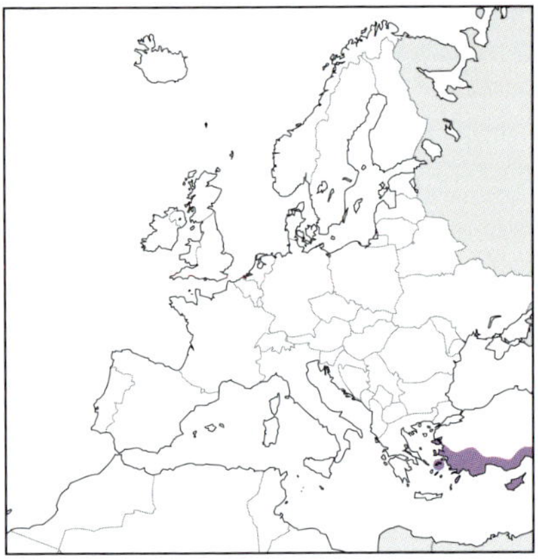

par : 1) longueur totale normalement < 40 mm (*O. coerulescens* est en moyenne 5 mm plus long) ; 2) thorax marqué de bandes antéhumérales et de deux bandes latérales claires, ces dernières soulignées de noir antérieurement ; 3) abdomen plus fin, régulièrement rétréci, à côtés rectilignes ; 4) abdomen jaune sable à bande médiodorsale sombre relativement épaisse et frangée de zones plus claires ; 5) Pt courts (2-2,5 mm) ; 6) partie supérieure des yeux brune chez les mâles matures contrastant avec la pruinosité bleue du reste du corps.

Les mâles matures des autres espèces sont plus grands, ont des abdomens plus larges ou rétrécis près de la base et des yeux bleuâtres à verdâtres.

Critères en main Hameçon à crochet épais dont la base enveloppe le petit lobe postérieur.

Comportement Préfère se percher au sol ou sur des pierres, souvent en position de l'obélisque (contrairement aux autres *Orthetrum*).

Répartition et statut Espèce asiatique répandue du Moyen-Orient à l'Inde, qui atteint la Méditerranée dans quelques îles grecques et au sud de la Turquie, où elle n'est pas rare.

Habitats Eaux courantes ou stagnantes, souvent à végétation clairsemée comme dans les lits rocheux.

Période de vol Début avril à début octobre.

Orthetrum ransonnetii (Brauer, 1865) — Orthétrum de Ransonnet

Identification Une des quelques rares libellules vivant dans les déserts ; espèce rare récemment découverte à la limite nord du Sahara au Maroc et sur Fuerteventura, aux Canaries. Femelle : abdomen brun clair assez large, annelé de noir. Mâle : d'abord identique, puis se couvre de pruine ; se distingue d'*O. chrysostigma*, généralement plus petit et plus commun, par un abdomen non rétréci à la taille, la base des Ap jaune, des Pt plus courts et des yeux teintés de brun.

Critères à distance Tot 45-59 mm, Ab 28-34 mm, Ap 27-32 mm. Plus grand en moyenne qu'*O. chrysostigma*. Mâles matures entièrement pruineux. Femelles et mâles immatures : 1) anneaux à l'apex des segments abdominaux d'un marron plus foncé ; 2) ligne dorsale noire sur l'abdomen discontinue ou même absente ; 3) pas de bandes blanchâtres bordées de noir sur le thorax. Le mâle mature pruineux diffère d'*O. chrysostigma* par : 4) abdomen presque parallèle, sans rétrécissement entre S3 et S4 vu de dessus ; 5) base des Ap entièrement claire et membranule blanchâtre ; 6) Pt petit (environ 2,5 mm) et brun rougeâtre. Critère unique parmi les *Orthetrum* du Sahara : 7) toutes les nervures transverses et la plupart des nervures longitudinales (sauf dans certaines zones de la nervure costale) sont noires, devenant à terme pruineuses chez le mâle ; chez les autres espèces, au moins les nervures transverses subcostales (deuxième rang entre le nodus et la base de l'aile) sont jaunes.

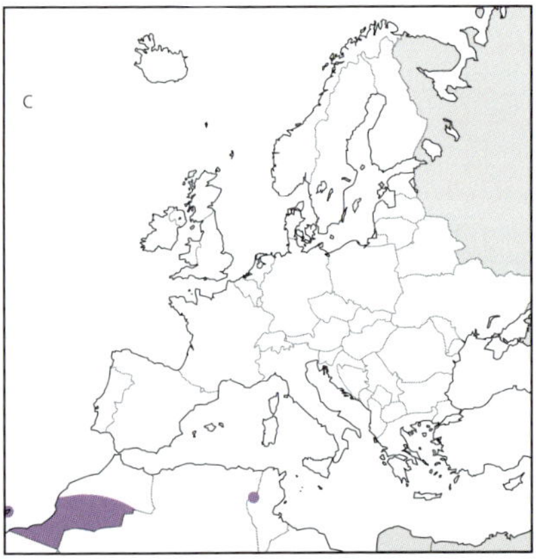

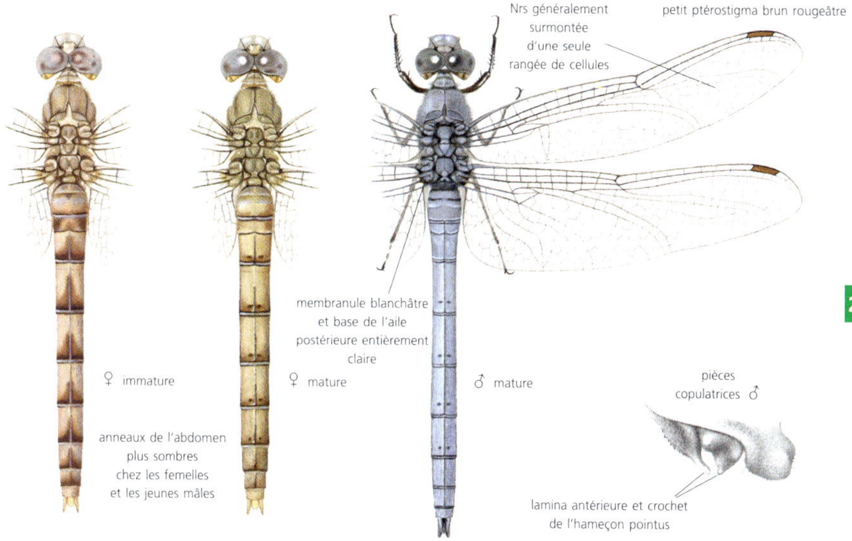

Critères en main En général, aucune cellule (ou rarement 1-2) n'est doublée entre IR_3 et Nrs. Le crochet de l'hameçon du mâle a une large base triangulaire et une extrémité pointue et dégagée, avec un lobe réduit à un renflement basal ; la lamina antérieure est aussi pointue.
Variations Les anneaux abdominaux, nets et triangulaires chez la femelle, peuvent se rétrécir, pâlir et même disparaître avec l'âge. Les vieilles femelles développent parfois une pruinosité pâle sur la face inférieure du corps.
Comportement Se perche sur les rochers et le sol nu, en s'abritant du soleil sur des surfaces verticales ou sous des rochers en surplomb.

Répartition et statut Très localisé, du Maroc et de la Mauritanie à l'Iran et l'Afghanistan, mais assez commun dans ces sites, notamment dans les montagnes du Sahara central, par exemple au sud de l'Algérie et en Libye, juste en dehors de la région couverte par le guide. Un signalement ancien dans l'est de la Turquie n'a pas été confirmé. Un jeune mâle photographié sur Fuerteventura en 2018 dans le vallon d'un cours d'eau temporaire représente le premier enregistrement pour les Canaries et l'Europe. On peut s'attendre à d'autres découvertes dans ces *barrancos* typiques des îles.
Habitats Contrairement à la plupart des espèces du désert qui utilisent des sites de reproduction temporaires et se déplacent beaucoup, *O. ransonnetti* est un résident des poches d'eau permanentes alimentées par des cours d'eau temporaires ou pérennes. Ces mares généralement rocheuses, parfois saumâtres et artificielles, persistent dans les lits des oueds des montagnes désertiques tels que les « gueltas ».
Période de vol Principalement entre mars et octobre, mais plus abondant au printemps à basse altitude ; peut voler toute l'année dans le centre du Sahara.

Orthetrum trinacria (Selys, 1841) Orthétrum effilé

Identification Grande espèce puissante qui peut rappeler un æschnidé en vol. L'abdomen fin et cylindrique à base bulbeuse, la coloration contrastée des jeunes et des femelles et la teinte ardoisée des mâles matures rendent cette espèce impossible à confondre.

Critères à distance Tot 51-67 mm, Ab 38-44 mm, Ap 34-38 mm. Orthétrum le plus long et le plus fin. Ressemble un peu à *O. sabina* par la base bulbeuse de l'abdomen, la coloration jaune olive, l'abdomen relativement noir et le grand Pt clair. Se distingue par : 1) longueur

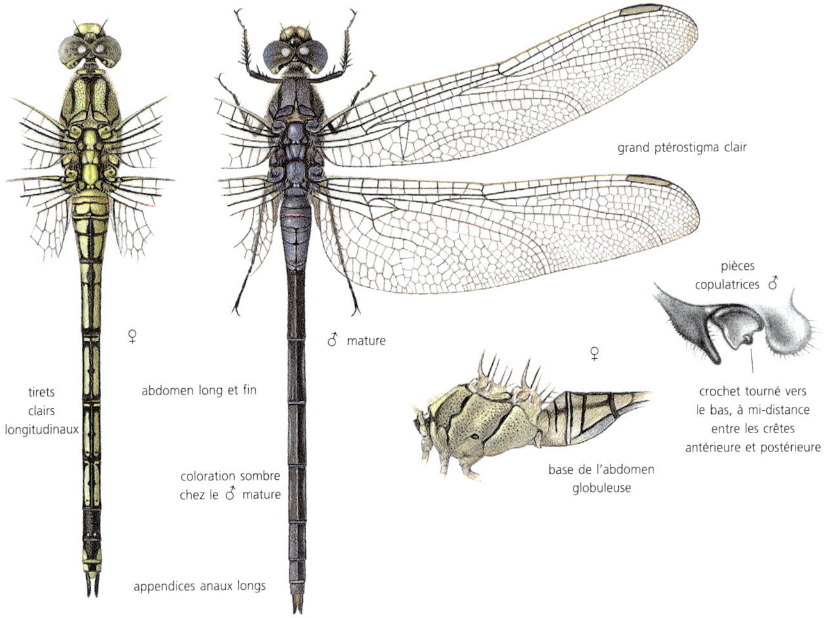

totale > 50 mm (*O. cancellatum* plus court de 10 mm en moyenne) ; 2) S3-S10 uniformément minces ; 3) abdomen noir à bandes jaunes longitudinales jusqu'à S7 au moins, dont la longueur maximale est dorsale (et non latérale comme chez *O. sabina*) ; 4) mâles et vieilles femelles couverts d'une mince pruinosité bleuâtre, plus sombre que chez les autres mâles d'*Orthetrum*, pouvant apparaître noire. La forme de l'abdomen rappelle, en plus grand, celle d'*O. chrysostigma*, dont les marques sont différentes. *O. sabina* est plus petit, jamais pruineux, marqué différemment et n'a jamais les yeux bleu-gris.

Critères en main Appendices anaux plus longs que chez les autres espèces, trois fois plus longs que S10 chez les femelles. Cercoïdes du mâle deux fois plus longs que la lame supra-anale. Hameçon tourné vers le bas entre deux arêtes ; très différent des autres espèces, à l'exception d'*O. sabina*.

Comportement Agressif ; capture souvent d'autres libellules.

Répartition et statut Commun en Afrique tropicale et dans une partie du sud-ouest de l'Asie. Répandu mais peu commun dans le Nord-Ouest africain. Première mention en Espagne en 1980 et au Portugal en 1991, maintenant localement commun dans le sud et le sud-ouest de la péninsule Ibérique. Assez commun en Sicile et en Sardaigne ; a récemment colonisé les Canaries (Fuerteventura) et Malte, mais encore très rare et localisé en Grèce et en Turquie.

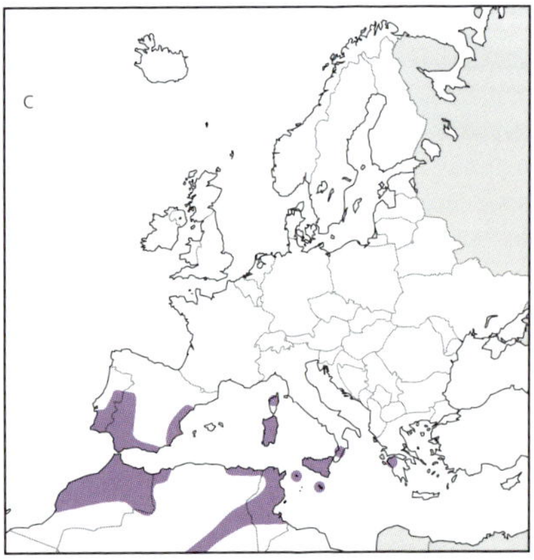

Habitats Eaux stagnantes, souvent de vaste superficie, telles que des lacs bordés de roselières.

Période de vol Avril à octobre.

Orthetrum sabina (Drury, 1773) — Orthétrum en alêne

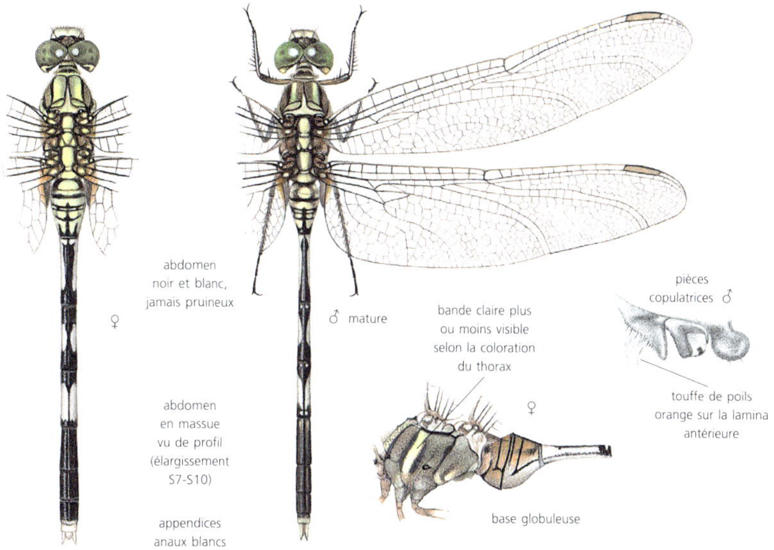

Identification Odonate nerveux, rapide, dépourvu de pruinosité, à marques contrastées, à taille de guêpe et abdomen bulbeux à la base. Souvent pris pour un gomphidé à première vue. Une des espèces les plus communes en Asie tropicale, qui atteint les côtes méditerranéennes.

Critères à distance Tot 43-50 mm, Ab 31-36 mm, Ap 28-33 mm. Taille semblable à *O. cancellatum* mais forme totalement différente. Ne peut être confondu : 1) vu de profil, abdomen en forme de quille : épaissi à la base (S1-S2 plus de trois fois plus épais que S4-S6), S3-S6 rétrécis puis S7-S10 épaissis dans une moindre mesure ; 2) abdomen noir jamais pruineux avec trois anneaux blanchâtres au niveau de la « taille » ; 3) thorax jaune verdâtre clair à nombreuses bandes noires, devenant sombre avec l'âge, ne conservant qu'une bande claire sur le côté ; 4) yeux jamais bleuâtre gris mais verdâtres ou brunâtres. Les confusions sont possibles avec les jeunes mâles ou les femelles d'*O. trinacria*, mais cette espèce est plus grande et ne présente pas d'épaississement au bout de l'abdomen (vue de profil).

Critères en main Contrairement aux autres *Orthetrum*, lamina antérieure pourvue d'une touffe de longs poils orange sombre.

Variations Couleur du thorax et étendue du noir sur l'abdomen varient considérablement.

Comportement Actif, mais circonspect, se perche au sol ou sur des tiges durant de courts instants avant de s'envoler en un éclair.

Répartition et statut Espèce orientale ubiquiste qui atteint l'Australie. Commune le long de la côte méditerranéenne turque et quelques îles grecques. Plus rare en Tunisie et en Algérie. Récemment découverte au Maroc ; peut-être à découvrir en Grèce continentale.

Habitats Eaux stagnantes ou courantes.

Période de vol Avril à octobre.

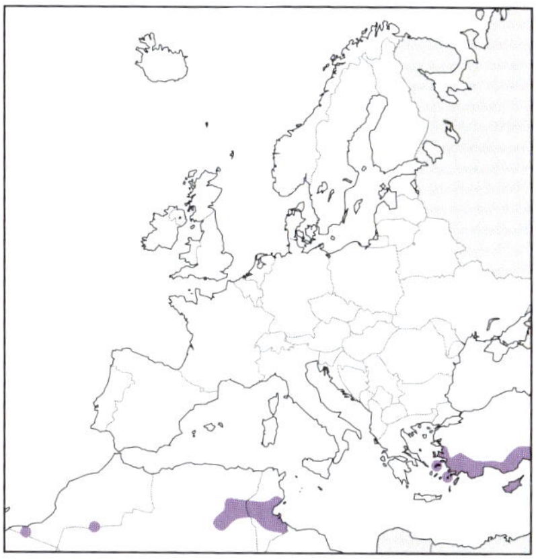

Leucorrhinia
Brittinger, 1850

Leucorrhines

▲ *Leucorrhinia caudalis,* mâle mature.

Identification Se reconnaît facilement, même à distance, par la face blanche contrastant avec le corps sombre. Les ailes présentent aussi plusieurs particularités : les Ap sont pourvues de taches sombres à la base ; les Aa n'ont que 7-8 (9) anténodales ; les Pt sont rectangulaires et courts. L'abdomen est dominé de noir avec une série de taches médiodorsales qui virent au rouge vif chez les mâles matures de trois espèces. Chez les deux autres, elles disparaissent et la base de l'abdomen se couvre d'une pruinosité grise.

Caractérisation du genre Les autres libellulidés ont des faces colorées (parfois peu teintées chez les immatures) et des abdomens où les couleurs claires dominent généralement. Les mâles qui se couvrent de pruinosité (*Libellula*, *Orthetrum* par exemple) en sont normalement recouverts sur plus de la moitié de leur abdomen. Le seul libellulidé à dominante noire que l'on peut trouver avec les *Leucorrhinia* est *Sympetrum danae*. À distance, *Leucorrhinia dubia* peut facilement être confondue avec cette espèce. *S. danae* a la face jaune à noire et tout au plus un peu de jaune à la base des Ap. Enfin, *Pachydiplax longipennis* peut rappeler les *Leucorrhinia* par sa face blanche. Cette espèce erratique originaire d'Amérique du Nord est rarissime en Europe.

Identification des espèces On trouve cinq espèces en Europe. Leur abondance s'accroît à mesure que l'on va vers le nord-est. Leur répartition s'étend profondément en Sibérie. Sept autres espèces s'observent en Amérique du Nord. Les espèces européennes se divisent en deux groupes : deux espèces ont des appendices anaux blancs, les mâles deviennent sombres et se couvrent à la base de l'abdomen d'une pruinosité grise. Les trois autres ont des appendices noirs, les mâles matures sont dépourvus de pruinosité mais arborent des taches rouge vif. Les espèces de ces deux groupes se côtoient souvent.

Les appendices anaux blancs peuvent être observés à distance, ce qui rend la distinction des deux groupes possible sans capture. Pour identifier les espèces, notamment celles à taches rouges, il est par contre préférable d'avoir l'insecte en main ; l'observation de l'hameçon des mâles ou de la lame vulvaire des femelles écarte tout risque de confusion. Les jeunes individus de toutes les espèces sont noirs à marques jaunes. Seul un examen attentif, notamment de la répartition des taches, permet la détermination.

Comportement Vol erratique. Les femelles pondent seules ou gardiennées par le mâle. Par temps chaud, toutes les espèces peuvent se percher en adoptant la posture de l'obélisque.

G. Sahlén

Clé simplifiée des espèces ou couples d'espèces. Si la description ne correspond pas, passer à la suivante.

1	Appendices anaux blancs. Abdomen gris-bleu à la base, sinon S7 tout au plus avec une petite marque. Pas de taches rouges sur l'abdomen ou le thorax.	*albifrons* *caudalis*
2	Tache sur S7 plus jaune que celle de S4-S6 qui sont brun-rouge chez les ♂ et brun-jaune chez les ♀.	*pectoralis*
3	Tache sur S7 de même couleur que celle de S4-S6 (ou à peine plus roux ou orangé).	*dubia* *rubicunda*

Leucorrhinia dubia (Vander Linden, 1825)

Leucorrhine douteuse

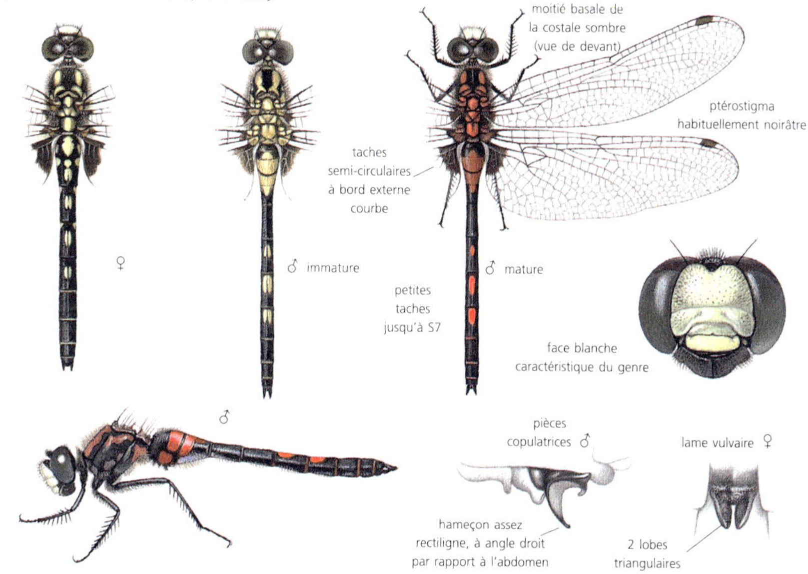

Identification Ressemble beaucoup à *L. rubicunda* mais diffère par la taille, la forme, la disposition des marques abdominales et thoraciques. Une identification en main est préférable.

Critères à distance Tot 31-36 mm, Ab 21-27 mm, Ap 23-28 mm. La plus petite *Leucorrhinia*, presque aussi petite que *Sympetrum danae*. Sauf observation en main ou à très courte distance, se confond facilement avec *L. rubicunda* (*cf.* cette espèce). Toutes deux sont noires avec des marques brun jaunâtre sur le thorax et S2-S7. Ces marques sont plus petites et plus sombres chez les mâles, devenant orange à rouge vif entre les ailes et sur l'abdomen. Chez *L. dubia*, ces marques sont généralement plus petites que chez les autres espèces ; celles de S4-S6, généralement plus sombres que celles de S7, peuvent éventuellement disparaître avec l'âge. Les taches à la base des Ap sont presque semi-circulaires avec un bord externe courbe formant un angle arrondi avec le bord de l'aile ; chez *L. rubicunda*, elles sont plus triangulaires avec un bord assez droit formant un angle aigu. *Sympetrum danae* vit dans le même milieu, présente la même répartition et la même allure. Il est fin et noir mais la face et les marques sont jaunes, ni blanches ni rouges. Les femelles et les jeunes mâles ressemblent à *L. albifrons* et *L. caudalis* mais ces espèces n'ont pas de marque sur S7 et ont des appendices anaux blancs.

Critères en main Les espèces à marques rouges présentent des taches alaires à la base des Ap et des Aa ; ces dernières très étendues chez *L. dubia* couvrent l'angle basal postérieur de l'Aa. Hameçon du mâle perpendiculaire à l'abdomen, moins courbé et plus saillant que celui des autres espèces. Lame vulvaire de la femelle à deux lobes triangulaires.

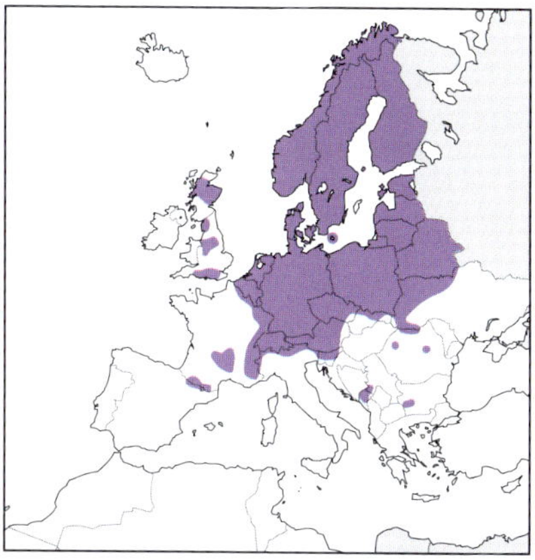

Variations On trouve fréquemment des femelles andromorphes.
Comportement Comme *L. rubicunda*, traverse les mares ou parcourt les zones proches des sites de reproduction d'un vol assez erratique. Se perche souvent au sol, dans la végétation dense.

Répartition et statut Souvent abondante mais, comme les autres *Leucorrhinia*, présence relictuelle dans le sud-ouest de son aire. Unique leucorrhine présente en Grande-Bretagne ou à haute altitude.
Habitats Tourbières, mares, étangs et lacs, généralement acides et souvent en milieu boisé. Larves sensibles à la prédation des poissons ; se porte mieux dans les sites où ils sont absents : fosses, gouilles des tourbières bombées par exemple.
Période de vol Mi-avril à début septembre. En plaine tempérée, pic entre fin mai et mi-juillet.

Leucorrhinia rubicunda (Linnaeus, 1758) — Leucorrhine rubiconde

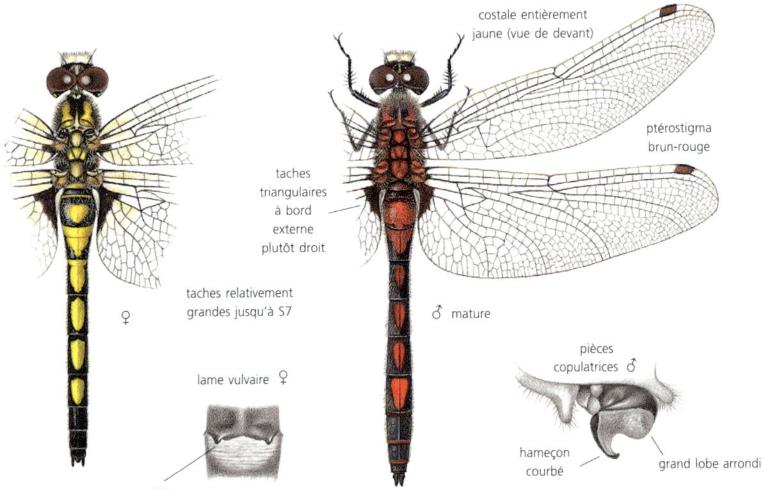

Identification Souvent en compagnie de *L. dubia*, plus petite, plus fine et aux marques plus réduites. L'identification des deux espèces nécessite un examen attentif. La forme de la tache à la base des Ap et la costale entièrement jaune sont parfois visibles aux jumelles.
Critères à distance Tot 31-38 mm, Ab 23-28 mm, Ap 27-31 mm. Leucorrhine de taille moyenne. Diffère de *L. dubia* (*cf.* cette espèce) par : 1) corps plus grand et plus robuste ; 2) taches abdominales (rouges chez le mâle, jaunes chez les immatures et les femelles), plus grandes, rappelant celles de *L. pectoralis*, notamment chez les femelles. Grandes taches dorsales de S3-S4 s'étendant latéralement (strictement médiodorsales chez *L. dubia*, non rattachées aux marques latérales) ; 3) taches à la base des Ap triangulaires avec un bord externe plutôt droit formant un angle aigu avec le bord de l'aile (plus arrondies chez *L. dubia*) ; 4) nervure costale de l'Aa jaune de la base au Pt (brun sombre à noir de la base [presque] jusqu'au nodus chez *L. dubia*) ; 5) Pt brun-rouge et non noirs (certaines *L. dubia* ont parfois des Pt roussâtres). Les critères 1-4 décrivent aussi *L. pectoralis*, mais cette dernière a une marque sur S7 plus jaune que celle de S2-S6.
Critères en main Tache basale de l'Aa plus petite que chez *L. dubia*, n'atteignant pas l'angle postérieur de l'aile. Hameçon du mâle relativement petit, en crochet recourbé avec un grand lobe postérieur arrondi. Lame vulvaire de la femelle dépourvue des lobes triangulaires de *L. dubia* et *L. pectoralis*.
Variations Vieux individus pouvant devenir mats et sombres (marque sur S7 seule visible). On trouve fréquemment des femelles andromorphes.

Comportement Semblable à *L. dubia*.

Répartition et statut Localement abondante dans ses habitats mais c'est la moins répandue des *Leucorrhinia* dans les régions tempérées d'Europe. La population du versant nord des Alpes est isolée et menacée.
Habitats Comme *L. dubia*, préfère les eaux acides et oligotrophes ; lacs, étangs, tourbières souvent en forêt. Peut parfois se reproduire dans des zones plus riches en nutriments, dans des milieux où la végétation est abondante (habitat de *L. pectoralis*). Mieux adaptée que *L. dubia* à coexister avec des densités de poissons élevées.
Période de vol Précoce : mi-avril à début août. En plaine tempérée, pic de mi-mai à mi-juin.

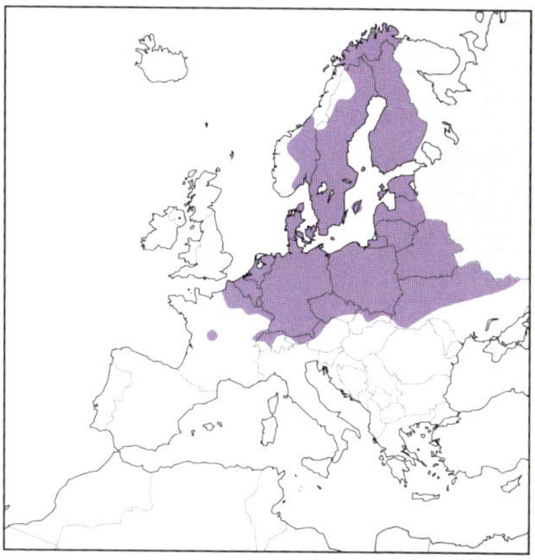

Leucorrhinia pectoralis (Charpentier, 1825) Leucorrhine à gros thorax

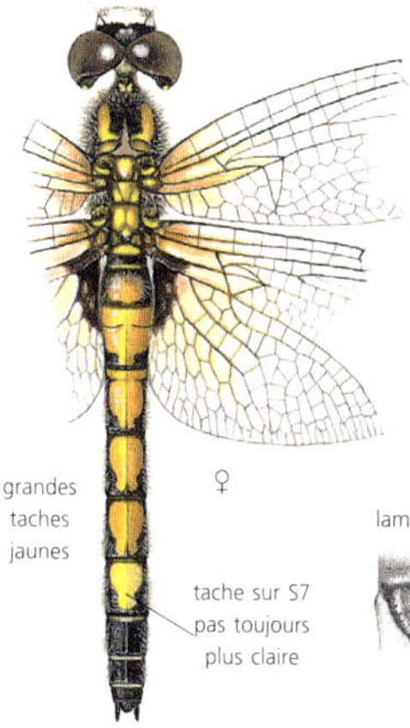

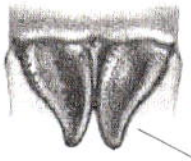

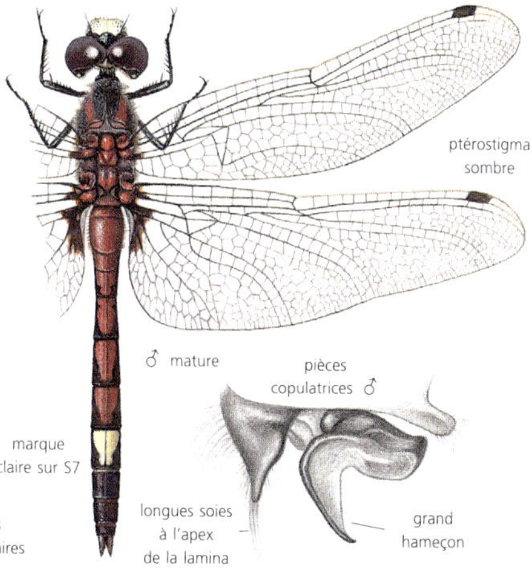

Identification La plus grande et la plus abondante leucorrhine des zones de plaine et des secteurs eutrophes. La tache jaune vif sur S7 permet d'identifier les mâles et la plupart des femelles aux jumelles.
Critères à distance Tot 32-39 mm, Ab 23-27 mm, Ap 30-33 mm. La plus grande leucorrhine, un peu plus ventrue qu'un *Sympetrum*. Ressemble à *L. rubicunda* mais plus grande, à abdomen plus large et marques abdominales plus étendues. Marques de S1-S6 relativement brun terne, plus jaunes chez les jeunes, avec une forte nuance orange ou rouge chez les mâles. Par contraste, tache de S7 jaune citron vif, s'assombrissant et s'affadissant avec l'âge. Pt plus sombres que chez *L. rubicunda*, critère qui peut faciliter l'identification à distance. Néanmoins, la confusion avec *L. dubia* et *L. rubicunda* est facile, particulièrement chez les individus vieux ou jeunes, dépourvus de couleurs vives. Ces deux espèces sont dépourvues de tache citron sur S7 et si une différence de couleur est perceptible en comparaison avec S1-S6, la tonalité est rousse plutôt que jaune. Identification en main nécessaire si toutes les marques sont jaunâtres.
Critères en main Hameçon du mâle comme chez *L. rubicunda*, mais le crochet est plus grand. Si tous les mâles présentent une certaine pilosité autour des pièces copulatrices,

L. pectoralis présente, elle, un toupet de longs poils à l'extrémité de la lamina antérieure. Comme chez *L. dubia* mais à la différence de *L. rubicunda*, la lame vulvaire de la femelle présente deux lobes triangulaires. Ce critère est le seul qui soit parfaitement fiable pour dissocier *L. rubicunda* de *L. pectoralis*.
Variations Vieux mâles plus ternes, le contraste de la tache sur S7 pouvant être atténué.
Comportement Les mâles patrouillent souvent parmi les hélophytes, se perchant rarement sur des tiges basses ou des supports horizontaux.

Répartition et statut Assez commune et largement répandue dans la région baltique et le sud de la Suède, mais généralement plus rare ailleurs ; les populations sont habituellement petites et localisées mais peuvent se disperser en grand nombre ; première mention en Grande-Bretagne en 2012. Certaines sont situées très au sud : Turquie, sud des Balkans, où l'espèce est très localisée.
Habitats Eaux souvent moins acides et plus riches en nutriments que *L. dubia* et *L. rubicunda*, préférant les bordures de marais aux tourbières ainsi que : lacs forestiers, bas marais, bras morts et même rivières à cours lent et canaux. La végétation est souvent abondante. Eaux souvent mésotrophes, colorées de brun par la tourbe.
Période de vol Début mai à début août avec un pic entre mai et juin.

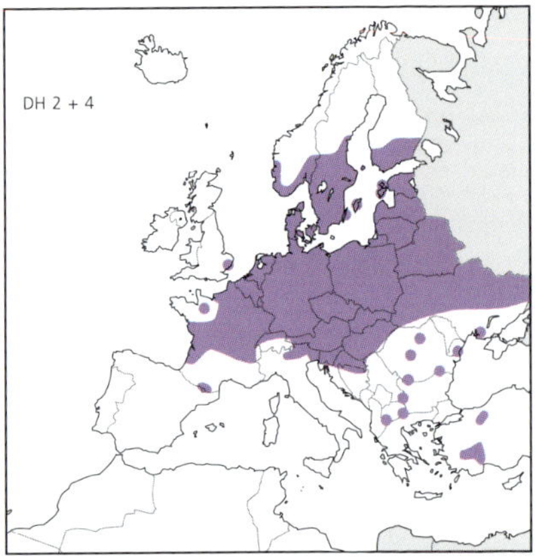

▲ *Leucorrhinia rubicunda,* femelle andromorphe.
▼ *Leucorrhinia caudalis* femelle, devenue un peu pruineuse avec l'âge.

▲ *Leucorrhinia pectoralis,* jeune femelle.
▼ *Leucorrhinia dubia,* femelle andromorphe.

Leucorrhinia albifrons (Burmeister, 1839)

Leucorrhine à front blanc

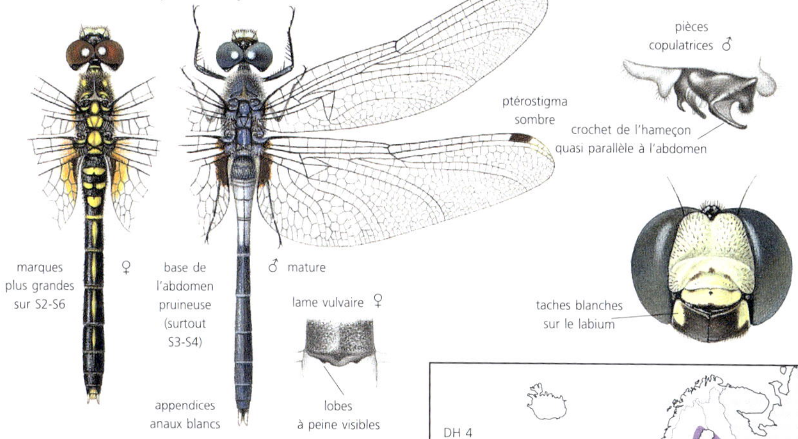

Identification Leucorrhine sombre et terne qui se caractérise en main par la présence de points blancs sur le labium.

Critères à distance Tot 33-39 mm, Ab 22-27 mm, Ap 23-28 mm. Leucorrhine de taille moyenne. Diffère des autres espèces du genre – hormis *L. caudalis* – par : 1) couleur noire sans taches rouges, taches jaunâtres petites et uniquement présentes chez les jeunes et les femelles ; 2) marques jaunes abdominales petites et uniquement sur S2-S6, tout au plus une trace sur S7 ; 3) appendices anaux blancs chez les deux sexes ; 4) mâles matures entièrement sombres, couverts d'une pruinosité gris-bleu à la base de l'abdomen (max. sur S3-S4, voire S5), parfois sur le thorax (base des ailes notamment). Diffère de *L. caudalis* par : 1) taille plus petite et allure moins robuste ; 2) anneau clair de pruine de la base de l'abdomen généralement plus court ; 3) abdomen non élargi en massue ; 4) Pt brun noirâtre chez les deux sexes (blancs chez les mâles de *L. caudalis*).

Critères en main Labium blanc latéralement mais noir chez les autres *Leucorrhinia*. Hameçon du mâle petit et droit, presque parallèle à l'abdomen. Lame vulvaire de la femelle dotée de deux lobes courts, presque invisibles. Femelles se reconnaissant plus facilement grâce au labium.

Variations Vieux individus pouvant devenir très gris. Femelles sombres avec seulement marques de S2-S3 visibles. Tache basale des Ap noire bordée d'une zone ambrée qui peut couvrir une bonne partie de l'aile. Pour distinguer les femelles fraîchement émergées, à l'abdomen parfois renflé en massue, de *L. caudalis*, il faut examiner les marques jaunes sur S3 : chez *L. albifrons*, anneau basal qui s'étend aux côtés du segment et tache médiane qui semble séparée en deux points situés l'un à côté de l'autre ; chez *L. caudalis*, tache médiane plus grande composée de deux parties situées l'une derrière l'autre.

Comportement Contrairement à *L. caudalis*, se pose rarement sur les feuilles de nénuphars, préfère la végétation rivulaire.

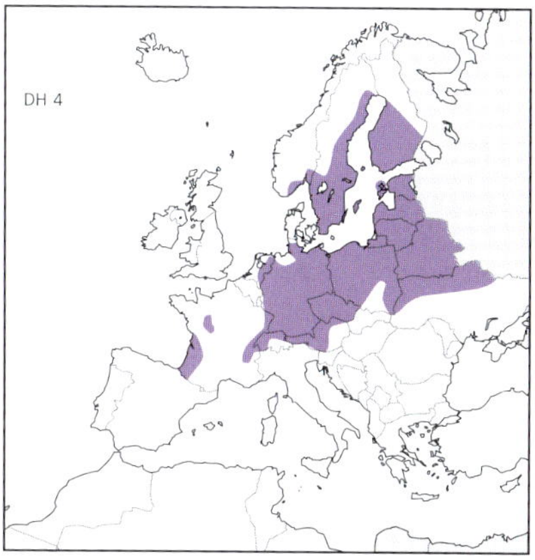

Répartition et statut Localement abondante en Fennoscandie et dans la région baltique, mais généralement rare en Europe centrale, devenant très localisée dans le Sud et l'Ouest.

Habitats Divers types de lacs et de marais riches en plantes flottantes et émergées. Inféodée aux lacs mésotrophes en marge de son aire. Ailleurs, se trouve dans les eaux acides, oligotrophes et eutrophes.

Période de vol Fin mai (fin avril dans le Sud) à mi-août ; pic en juin.

Leucorrhinia caudalis (Charpentier, 1840) Leucorrhine à large queue

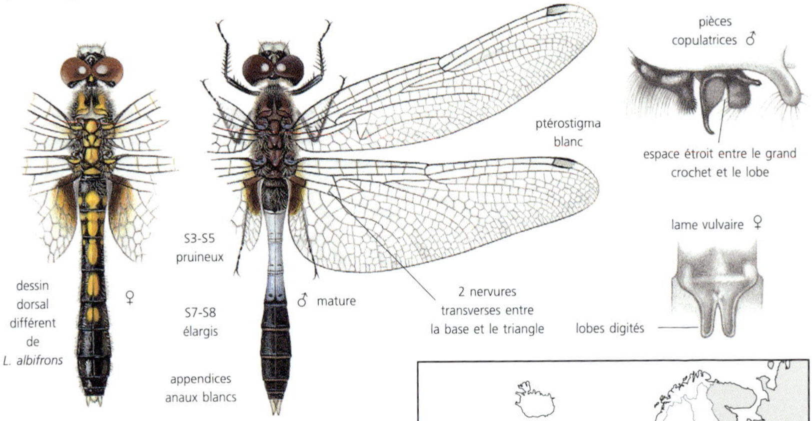

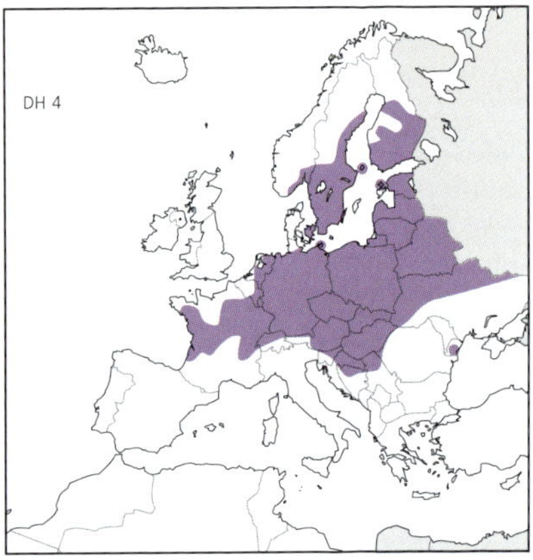

Identification Grande leucorrhine à abdomen épaissi en massue. Les mâles se posent souvent sur les feuilles de nénuphars. Ils sont sombres, marqués de blanc sur la face, la « taille », la pointe des ailes et les appendices anaux. L'identification aux jumelles est donc possible.
Critères à distance Tot 33-37 mm, Ab 23-25 mm, Ap 29-32 mm. Presque aussi grande que *L. pectoralis*, d'apparence trapue, aux ailes larges. Diffère des autres leucorrhines par les critères mentionnés pour *L. albifrons* (*cf.* cette espèce) et se distingue de celle-ci par : 1) abdomen épaissi en massue (mais *cf.* Variations chez *L. albifrons*) ; 2) taches abdominales (femelles et jeunes mâles) plus étendues et disposées différemment : taches dorsales sur S3-S4 souvent fusionnées mais séparées des petites marques latérales ; chez *L. albifrons*, ces segments comportent un anneau clair à leur base, ainsi qu'une marque médiodorsale ; 3) mâles à Pt blanchâtres supérieurement (brunâtres chez les femelles, les jeunes mâles et les autres espèces) ; 4) pruinosité des mâles plus épaisse, plus blanche et limitée de façon plus nette, couvrant S3-S5.
Critères en main Contrairement aux autres leucorrhines, l'Ap a généralement deux nervures entre le triangle et la base de l'aile (et non une). Contrairement à *L. albifrons*, le labium est entièrement sombre. Hameçon du mâle à crochet et lobes grands, pressés l'un contre l'autre. Lame vulvaire de la femelle dotée de deux lobes digités, presque parallèles, qui s'étendent sur un tiers de la longueur de S9.

Variations Base des ailes de la femelle souvent ambrée. Certaines femelles présentent des zones brunes sous le Pt de chaque aile.
Comportement Les deux sexes volent activement au-dessus des étendues d'eau ouvertes, se posant fréquemment sur des feuilles de végétation flottante. Les mâles dressent souvent leur abdomen élargi.

Répartition et statut Répartition morcelée, mais parfois localement abondante. Assez commune dans le sud de la Fennoscandie et les pays baltes. Était localisée et menacée dans le sud et l'ouest de son aire, mais montre depuis peu des signes de recolonisation vers l'ouest aux Pays-Bas, en Belgique, en France et en Allemagne. Atteint la Sibérie centrale.
Habitats Mares, étangs et lacs souvent forestiers aux eaux mésotrophes, riches en végétation (notamment flottante). Larves épineuses qui tolèrent la présence de poissons.
Période de vol Mi-mai à début août, pic en juin.

Sympetrum Newman, 1833 Sympétrums

▲ *Sympetrum sinaiticum* mâle.

Identification Libellulidés de petite taille à coloration rougeâtre (à l'exception d'une espèce noire). Marques noires variables mais généralement au moins quelques lignes aux sutures thoraciques, aux pattes et sur l'abdomen. Base de l'Ap hyaline, ambre ou jaune. Aa à nervation caractéristique : 6½-8½ nervures anténodales ; champ discoïdal composé de 3 rangées de cellules à la base, se rétrécissant en direction de la bordure de l'aile ; triangle et subtriangle à nervures transverses, généralement composés de 2 et 3 cellules respectivement ; Nrs surmontée d'une rangée de cellules.

Caractérisation du genre Dans la plus grande partie de l'Europe, les seules petites libellulidés sans tache basale aux Ap et à abdomen rougeâtre. Les *Crocothemis* ont 8½-10½ anténodales, un champ discoïdal qui s'élargit, des pattes dépourvues de noir et un abdomen plus large (seules quelques espèces de *Sympetrum* vivant localement en Turquie, dans le sud de la France et en Espagne n'ont pas de noir aux pattes). Les *Trithemis* rouges ont 9½-12½ anténodales ; Nrs surmontée de 2 rangées de cellules et les mâles matures ont une coloration plus vive. Les *Brachythemis* ont une nervation comparable mais sont trapus, ont un abdomen cylindrique, des triangles et subtriangles aux Aa unicellulaires.

Identification des espèces Genre riche en espèces souvent communes. Certaines s'identifient sans difficulté, notamment celles de la première moitié de la clé. Les autres posent plus de difficultés (*cf.* seconde clé). La plus grande difficulté consiste à repérer *S. meridionale*, de plus en plus répandu mais très variable, parmi les espèces communes que sont *S. striolatum* et *S. vulgatum*.

Comportement Tous les sympétrums se comportent de façon comparable. Ils se perchent sur une tige en évidence d'où ils effectuent de courtes phases de vol pour chasser un rival ou une proie. Les densités de mâles peuvent être importantes. Ils défendent un petit « espace privé » plutôt qu'un réel territoire. La ponte commence toujours en tandem mais le mode de vol et le choix du site diffèrent selon les espèces.

K.-D. B. Dijkstra

Clé simplifiée des espèces ou groupes d'espèces. Si la description correspond, comparer les espèces, sinon passer à la suivante.		
1	Ailes barrées de brun entre le Pt et le nodus.	*pedemontanum*
2	Tibias et normalement fémurs entièrement noirs, sans bandes jaunes.	*danae* *depressiusculum* *sanguineum*
3	Ap avec une grande zone jaune à la base. Lame vulvaire profondément incisée dans son milieu (vue de dessous).	*flaveolum* *fonscolombii*
4	Arrière de la tête entièrement jaune sans barres sombres. Seulement en Turquie.	*haritonovi* *vulgatum* (Turquie)
5	Noir le long des sutures thoraciques quasi absent, ne formant pas de lignes distinctes. Pattes avec seulement un peu de noir sur leur face interne et non noires avec des lignes jaunes.	*meridionale* (typique) *sinaiticum* *vulgatum* (Espagne)
6	Noir à la base du front descendant le long des yeux. Lames vulvaires saillantes, à angle droit par rapport à l'abdomen.	*vulgatum* (typique)
7	Noir à la base du front ne descendant pas le long des yeux. Lame vulvaire moins saillante.	*striolatum* (*nigrescens* et *nigrifemur* inclus)

Comparaison des (sous-)espèces proches de *S. meridionale*, *S. striolatum* (*s.*) et *vulgatum* (*v.*).
Clair : sutures thoraciques quasi dépourvues de noir ; pattes avec seulement un peu de noir sur la face interne. Sombre : lignes thoraciques noires marquées ; pattes noires à lignes jaunes.
Très clair : clair mais avec l'arrière de la tête entièrement jaune, sans barres ; pattes presque entièrement dépourvues de noir. Très sombre : sombre mais avec des marques thoraciques partiellement confluentes, fémurs largement noirs.
Ch : crochet de l'hameçon long (+) ou court (–) ; Lv : lame vulvaire (très) saillante ([+]+) ou peu saillante (–).

Caractéristiques	**Répartition**	**Couleur**	**Ch**	**Lv**	
	Turquie	très clair	–	++	*v. decoloratum*
Petite taille (Tot < 23 mm)			–	+	*haritonovi*
	Espagne	clair	–	++	*v. ibericum*
Partie inférieure des yeux bleuâtre, pas verte ni brune. S2-S3 à lignes noires latérales. Lame supra-anale du mâle dépasse l'angle inférieur des cercoïdes. Crochet de l'hameçon dissimulé derrière le lobe (vue de profil)	Espagne, N Afrique		–	+	*sinaiticum*
Crochet de l'hameçon remarquablement grand. Paire de lobes sous S9 de la femelle absente	Répandu dans le Sud		+	–	*meridionale* (typique)
	Répandu	sombre	+	+	*s. striolatum*
Marques noires retombant sur le front			–	++	*v. vulgatum*
	Atlantique nord	très sombre	+	+	(*s.*) *nigrescens*
Grand (Tot souvent > 44 mm)	Canaries, Madère		+	+	(*s.*) *nigrifemur*

Genitalia des *Sympetrum* mâles et femelles

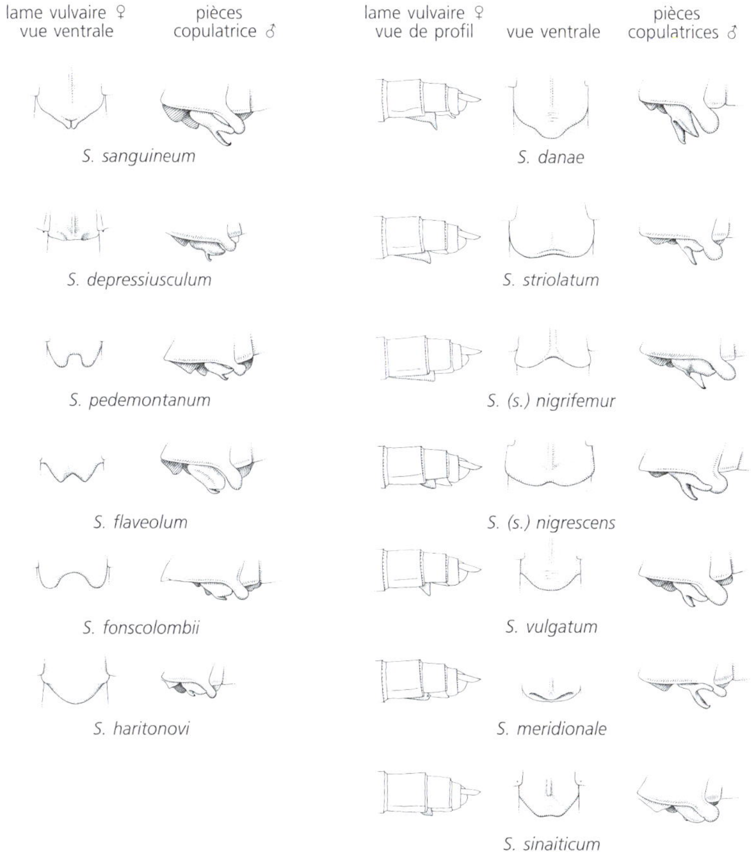

Étendue du noir sur la tête des *Sympetrum*

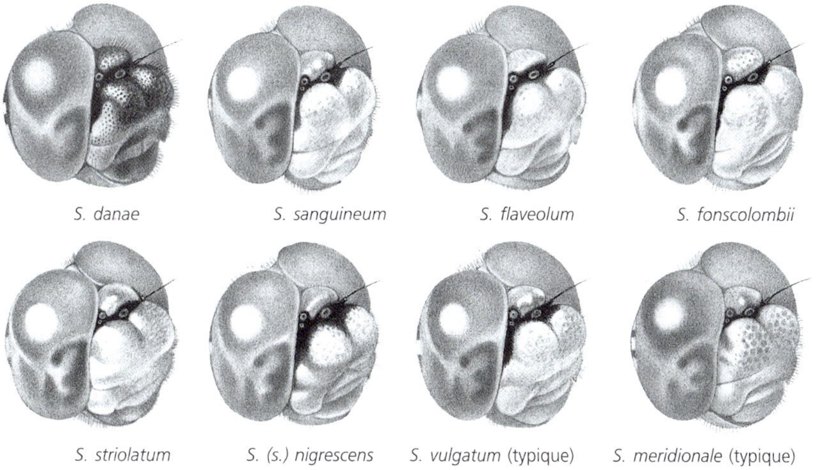

Sympetrum danae (Sulzer, 1776) Sympétrum noir

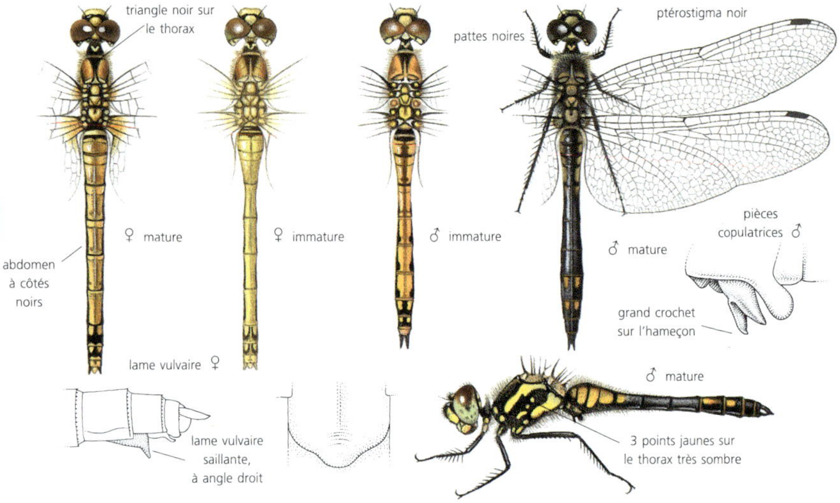

Identification Les petits mâles noirs sont d'observation fréquente au bord des tourbières des régions septentrionales. Les jeunes mâles et les femelles se distinguent facilement par la large bande thoracique noire ponctuée de points jaunes.
Critères à distance Tot 29-34 mm, Ab 18-26 mm, Ap 20-30 mm. Petit sympétrum sombre dont les mâles ne deviennent pas rougeâtres à maturité mais virent au noir, Pt compris. Mâles immatures et femelles présentent les caractères diagnostiques suivants : pattes entièrement noires, large bande latérale sur toute la longueur de l'abdomen, triangle thoracique sombre entre la tête et les ailes, large bande noire sur les côtés du thorax entourant trois petites marques jaunes. Ces dernières caractéristiques peuvent être similaires chez *Leucorrhinia dubia* et *S. (striolatum) nigrescens* ; la première a une tache noire à la base des Ap et le deuxième est nettement plus grand et dépourvu de coloration noire sur les côtés de l'abdomen. Les mâles de *Diplacodes lefebvrii*, *Selysiothemis nigra* et *Trithemis festiva* deviennent entièrement noirs mais ne s'observent qu'en zone méditerranéenne.
Critères en main Crochet de l'hameçon massif. Lame vulvaire saillante, à angle droit, comme *S. vulgatum*.
Variations Changement radical de coloration chez le mâle qui passe du jaune au noir.
Comportement Pond souvent sur des mousses humides, des débris végétaux ou la boue.

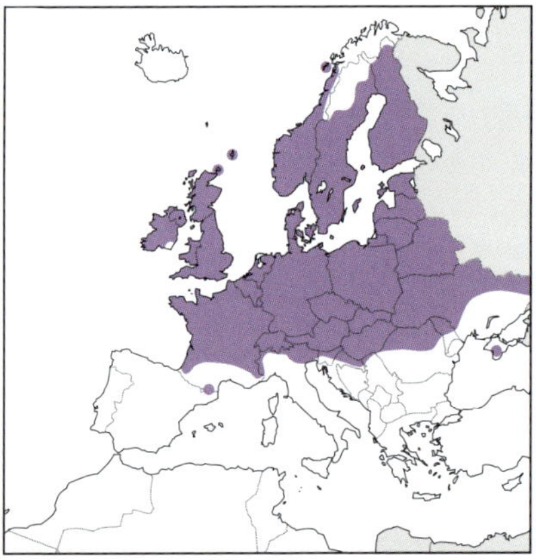

Répartition et statut Circumboréal, du Japon à l'Amérique du Nord. Généralement commun et même abondant dans les eaux acides. Localisé et inféodé au relief dans le Sud (Pyrénées, Alpes). Espèce capable d'un fort erratisme, pouvant accompagner les invasions d'autres *Sympetrum*.
Habitats Eaux acides (tourbières, gouilles) mais aussi petits étangs, mares temporaires, fossés.
Période de vol Relativement tardif, de mi-juin à début novembre ; pic d'abondance en août.

Sympetrum pedemontanum (Müller in Allioni, 1766) — Sympétrum du Piémont

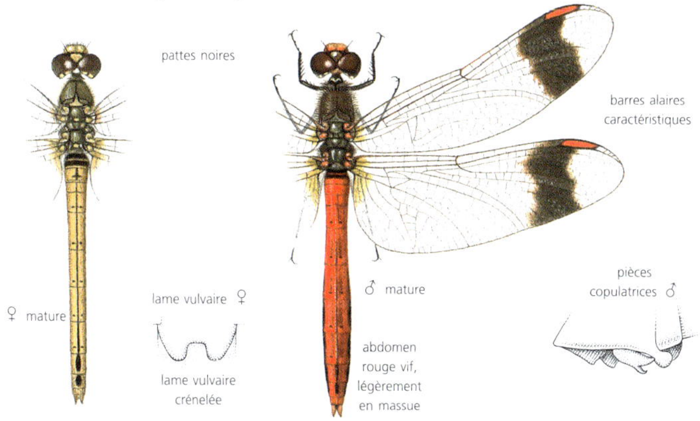

Identification Cette petite espèce attrayante, mais souvent localisée, est la seule à avoir les ailes barrées dans la plus grande partie de la région. Pionnière, elle fréquente une grande diversité d'habitats mais cède le pas aux autres espèces à mesure que le milieu évolue.

Critères à distance Tot 28-35 mm, Ab 18-24 mm, Ap 21-28 mm. Un des plus petits *Sympetrum*. Se reconnaît instantanément aux barres brunes des ailes qui contrastent avec les grands Pt crème (femelles) et rouge rosé (mâles). Mis à part les ailes, ressemble par sa couleur et sa forme à *S. sanguineum* : pattes noires, thorax brun uniforme et abdomen du mâle légèrement épaissi en massue, plus large que celui des autres *Sympetrum* et uniformément rouge profond. La seule autre espèce à avoir des bandes alaires est *Brachythemis impartita*, dont la répartition est plus méridionale.

Critères en main Lame vulvaire crénelée.

Variations Largeur et couleur des bandes alaires varient selon l'âge et selon les individus. Elles sont apparentes peu de temps après l'émergence.

Comportement Vol lent et papillonnant très différent de celui des autres *Sympetrum* mis à part *S. depressiusculum*.

Répartition et statut Très localisé mais souvent abondant sur les sites de reproduction. Peut parcourir de grandes distances mais en petit nombre, les individus erratiques pouvant passer facilement inaperçus. Devient plus commun en allant vers l'est ; atteint le Japon. Étend son aire de répartition vers l'ouest.

Habitats Apparemment sélectif. Préfère les sites avec des eaux peu profondes se réchauffant rapidement et une végétation pas trop dense. L'habitat naturel, par exemple, peut se situer dans des zones vallonnées inondées par les eaux souterraines ou la fonte des neiges au printemps. Les habitats actuels sont pour la plupart fortement impactés par l'activité humaine (par exemple construction de barrages, irrigation et fauchages fréquents). Dans l'Ouest, peut-être plus commun près des cours d'eau à courant lent, souvent pourvus d'une abondante végétation : fossés de drainage, canaux d'irrigation. Se reproduit aussi en eaux stagnantes comme les mares dans les carrières et les zones d'inondation des retenues.

Période de vol Espèce tardive qui émerge dès fin juin mais essentiellement mi-juillet. Pic en août-début septembre. Vole jusqu'à mi-octobre.

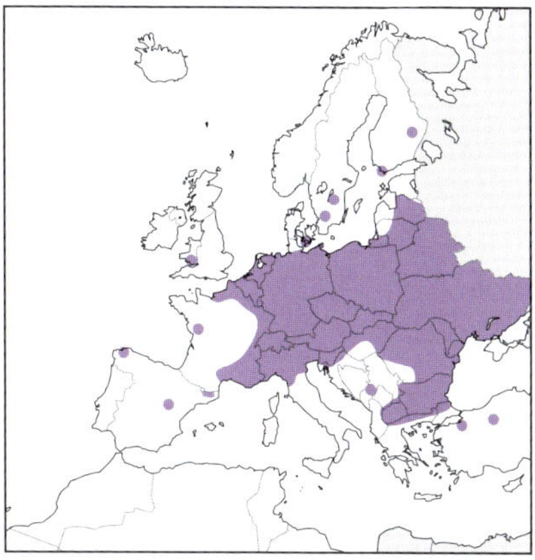

Sympetrum sanguineum (Müller, 1764) — Sympétrum sanguin

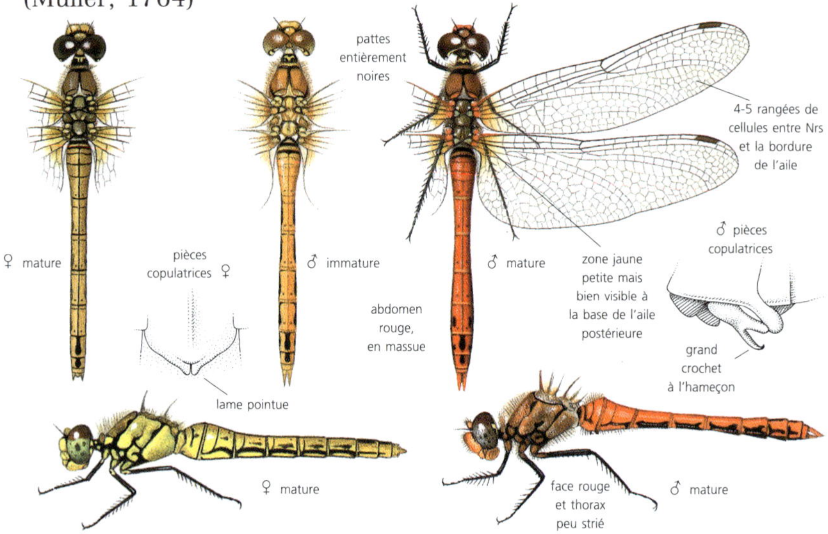

Identification Odonate commun dans la majeure partie de la région. Les mâles matures se reconnaissent facilement par leurs pattes entièrement noires et leur abdomen rouge sang, légèrement épaissi en massue.

Critères à distance Tot 34-39 mm, Ab 20-25 mm, Ap 23-31 mm. En moyenne, plus petit que *S. striolatum*. Le sympétrum à pattes noires le plus commun dans la majeure partie de l'Europe. Abdomen du mâle rouge plus vif et plus élargi que celui des autres *Sympetrum*. *S. danae* a aussi un abdomen en massue, mais il se distingue facilement à l'état adulte par son thorax et son abdomen noirs. Confusions possibles avec *S. depressiusculum* (*cf.* cette espèce). La petite tache de couleur jaune à la base de l'Ap, la face rouge vif du mâle mature, le thorax relativement uniforme facilitent l'identification.

Critères en main Hameçon du mâle à grand crochet. Lame vulvaire pointue. Paire de tubercules sous S9 de la femelle (juste au-delà de la lame vulvaire) absente, contrairement à la majorité des autres *Sympetrum*, *S. depressiusculum* inclus.

Variations Très variable en Turquie. Dans le sud-ouest du pays, grandes zones jaunes sur les ailes, particulièrement près du nodus, plus marquées chez les femelles. Ces individus rappellent *S. flaveolum*, mais ils ont toujours les pattes entièrement noires. Plus à l'est, beaucoup peuvent avoir des lignes jaunes sur tous les fémurs (mais pas les tibias), tandis que des individus isolés ont les pattes entièrement noires.

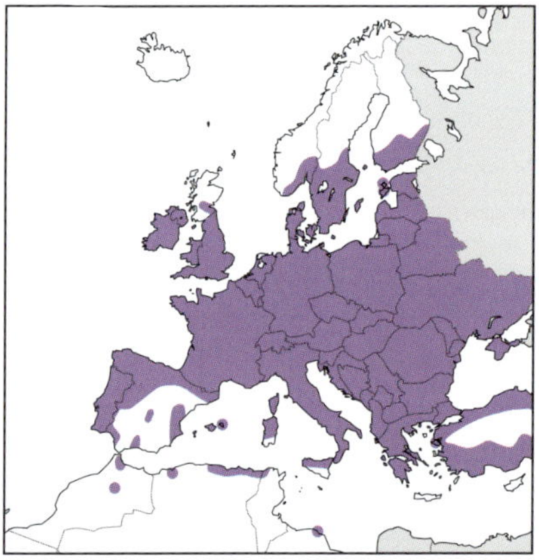

Répartition et statut Généralement commun partout, jusqu'en Sibérie centrale. Les invasions de *S. flaveolum* sont souvent accompagnées de *S. sanguineum*. S'étend vers le nord en Grande-Bretagne et en Fennoscandie.

Habitats Tous types de milieux aquatiques riches en végétation mais évite généralement les rivières courantes et les eaux acides. Points d'eau eutrophes et permanents mais aussi temporaires.

Période de vol Dès avril et mai en Turquie et Maghreb, mais à partir de début juin plus au nord ; pic en août, derniers individus en novembre.

Sympetrum depressiusculum (Selys, 1841) — Sympétrum déprimé

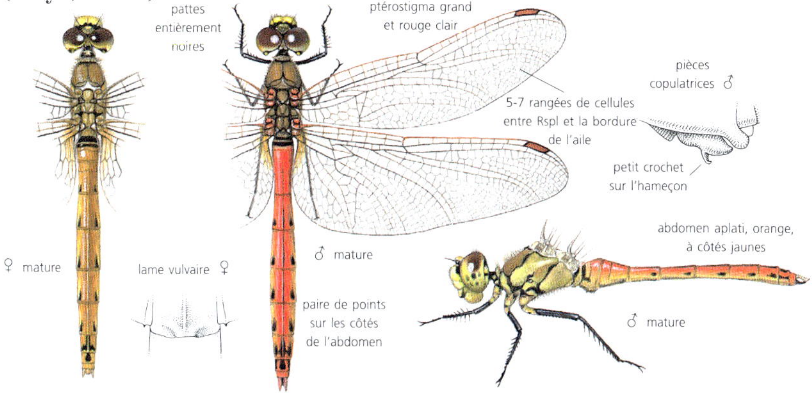

Identification Sympétrum très localisé mais pouvant être commun sur ses sites. L'abdomen du mâle, légèrement aplati (d'où le nom), est orangé et ponctué de deux rangées de gouttelettes noires dorsolatérales.

Critères à distance Tot 29-34 mm, Ab 20-24 mm, Ap 24-28 mm. Assez semblable à *S. sanguineum* et souvent confondu avec cette espèce qui a aussi des pattes noires. En diffère par : 1) abdomen du mâle plus aplati et moins en forme de massue ; orange devenant jaunâtre sur les côtés et non uniformément rouge sang ; 2) abdomen (surtout S4-S7) ponctué d'une série de marques noires en forme de gouttes ou de triangles allongés (si de telles marques sont présentes chez *S. sanguineum*, elles sont placées plus latéralement) ; 3) barres noires médiodorsales de S8-S9 moins nettes, partiellement du fait de la présence des marques décrites au point 2 ; 4) Pt plus grands et plus clairs, contrastant plus nettement avec les nervures noires les bordant.

Critères en main Critères complémentaires de différenciation avec *S. sanguineum* : 1) nervation plus dense ; 5-6 (et non 4-5) rangées de cellules entre Nrs et la bordure postérieure de l'aile ; 2) crochet de l'hameçon du mâle plus petit ; 3) présence d'une paire de petits tubercules au-dessous du S9 de la femelle ; 4) arrière de la tête, près des angles latéraux du triangle occipital, présentant deux petits tubercules fins, uniques parmi les *Sympetrum*, mais qui peuvent se casser.

Comportement Vol faible et papillonnant, qui rappelle celui de *S. pedemontanum*. Peut former d'importants dortoirs.

Répartition et statut Espèce localisée à faible pouvoir de dispersion. S'étend jusqu'à l'est de l'Asie où, contrairement à ce qui se passe en Europe, il peut occasionnellement effectuer des déplacements massifs vers le Japon. Vulnérable envers les modifications de gestion.

Habitats Ne présente des densités fortes que dans certains habitats particuliers tels que rizières, étangs piscicoles, bassins artificiels et bras morts. Beaucoup de ces sites sont asséchés (ou ont un niveau bas) l'hiver et ont des marges marécageuses. L'habitat naturel, par exemple, peut se situer dans des plaines inondables alimentées par la fonte des neiges au printemps et en début d'été. À proximité des habitats primaires, utilise aussi des habitats secondaires tels que des lacs acides asséchés en été.

Période de vol Espèce de fin d'été. Émerge occasionnellement dès fin mai, mais habituellement pas avant juillet. Plus abondant en août mais peut être observé jusqu'en octobre.

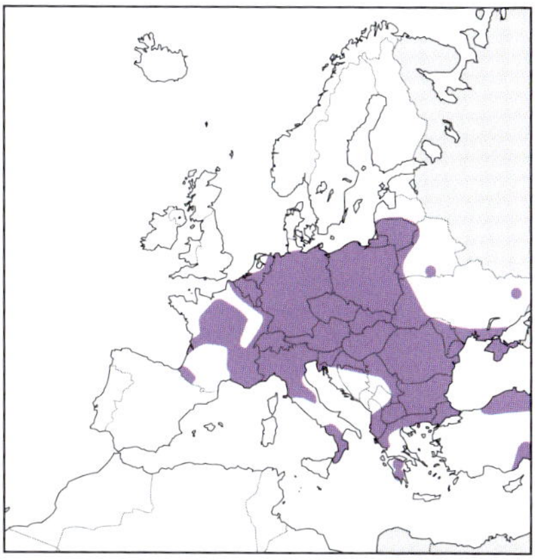

Sympetrum flaveolum (Linnaeus, 1758)

Sympétrum jaune

Identification Cette espèce, généralement facile à identifier grâce à ses taches alaires basales safranées, peut effectuer des déplacements massifs sur de grandes distances. Elle peut se reproduire quelques années dans les zones colonisées avant de disparaître.
Critères à distance Tot 32-37 mm, Ab 19-27 mm, Ap 23-32 mm. Aussi grand que *S. sanguineum*. Les deux sexes s'identifient généralement facilement par la tache de la base de l'Ap safranée qui dépasse le triangle et parfois même le nodus. Aa colorée à la base, généralement dans de moindres proportions. Femelles à nodus (Aa) souvent marqué de jaune. Contrairement aux autres *Sympetrum* mâles, abdomen à côtés parallèles, non en massue, orange vif plutôt que rouge, à coloration latérale noire. Femelles à ligne noire latérale caractéristique, courant sur toute la longueur de l'abdomen (partiellement interrompue chez les autres espèces). Tache jaune des ailes pouvant provoquer des confusions avec *S. fonscolombii*,

▲ *Sympetrum flaveolum,* mâle mature. Noter la face ventrale noire de l'abdomen.

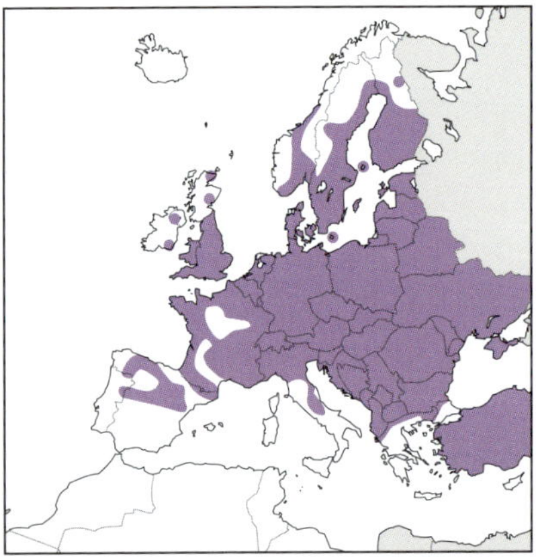

mais *S. flaveolum* a une nervation et des Pt plus sombres. Aire disjointe avec *Trithemis kirbyi* qui a lui aussi la base des ailes jaunes.
Critères en main Crochet de l'hameçon petit. Lame vulvaire peu saillante à double pointe en forme de « W ». Les tubercules situés sous S9, juste au-delà de la lame vulvaire de la plupart des femelles de *Sympetrum*, dont *S. fonscolombii*, sont remplacés chez *S. flaveolum* par deux petites fossettes.
Variations Femelles présentant souvent des taches réduites aux ailes.
Comportement Vol légèrement plus lent et plus papillonnant que la majorité des

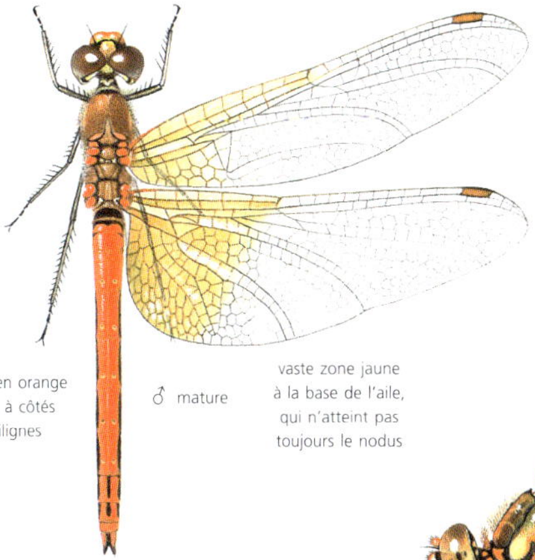

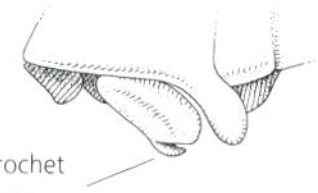

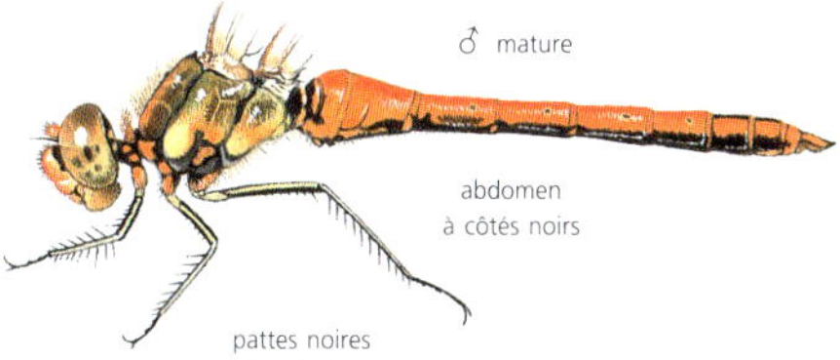

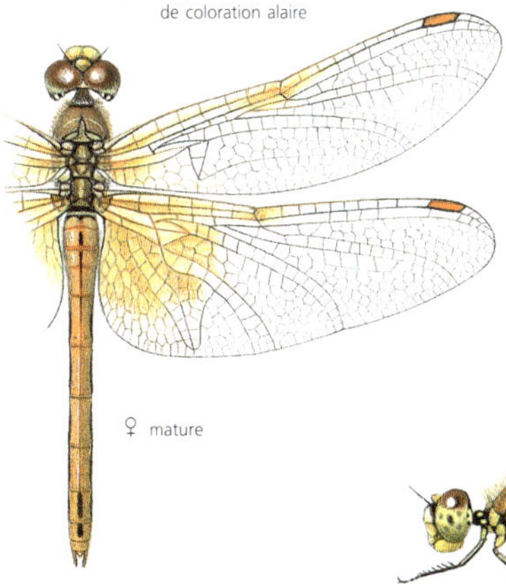

autres *Sympetrum* mais pas autant que chez *S. pedemontanum*.
Pond dans des endroits plus secs que les autres *Sympetrum*, typiquement dans les zones de battement de nappe.

Répartition et statut De plus en plus commun vers l'Est ; atteint le Japon. Plus localisé et inféodé au relief dans le Sud. Aire fragmentée, notamment dans l'Ouest. Suite à des invasions massives, peut coloniser des régions entières, s'y reproduire quelque temps, puis disparaître.
Habitats Se reproduit dans des eaux peu profondes, riches en végétation, qui se réchauffent rapidement, voire s'assèchent, durant l'été : dépressions, prairies inondables des marais, bord des lacs, cariçaies et lacs de tourbières aux bords peu profonds.
Période de vol Fin mai à octobre, parfois plus tard ; pic en août.

Sympetrum fonscolombii Sympétrum à nervures rouges

(Selys, 1840) **S. de Fonscolombe**

Identification La coloration voyante du mâle et son comportement actif différencient cette espèce de ses congénères, plus calmes. Les études génétiques suggèrent que cette espèce n'appartient pas au genre *Sympetrum*. Migrateur au long cours, se répand parfois en masse vers l'Europe du Nord au début de l'été, alors que les autres *Sympetrum* sont en cours d'émergence. Un sympétrum rouge brillant, au vol rapide, aperçu dans ces régions en mai, est probablement un *S. fonscolombii*.

Critères à distance Tot 33-40 mm, Ab 22-29 mm, Ap 26-31 mm. Un des plus grands *Sympetrum*. Les caractéristiques suivantes peuvent s'observer aux jumelles : 1) nervures principales jaunes à la base des ailes, devenant rouge vif chez les mâles matures mais restant jaunes chez les femelles (l'étendue et l'intensité de cette coloration sont caractéristiques mais d'autres *Sympetrum* peuvent aussi avoir des nervures claires ou rougeâtres) ; 2) base de l'Ap à coloration jaune, plus étendue que chez *S. sanguineum* mais moins que chez *S. flaveolum* ; 3) partie inférieure des yeux gris-bleu, pas jaune ou verte ; 4) Pt relativement clairs bordés d'une épaisse nervure noire, ce qui les rend très visibles ; 5) côté du thorax du mâle mature teinté de bleu sous la base des ailes ; 6) face du mâle mature rouge vif contrastant avec des côtés blanchâtres. Souvent confondu avec *Crocothemis erythraea* à cause de la coloration des yeux, de la base jaune de l'Ap, de la teinte rouge et du comportement actif, mais

◄ *Sympetrum fonscolombii* femelle. Noter le bleu de la partie inférieure des yeux.

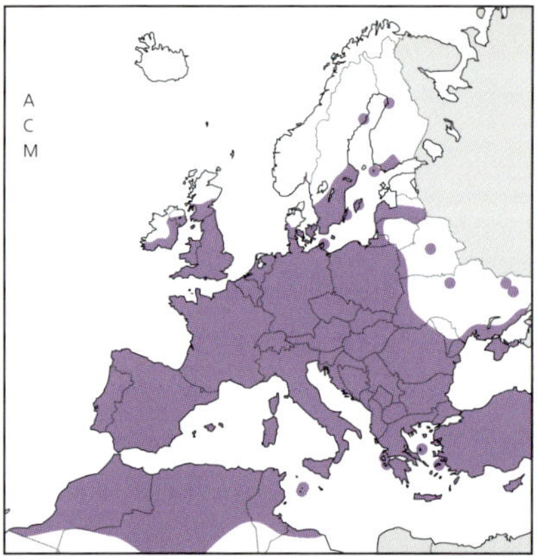

le crocothémis a un abdomen nettement plus large et n'a de noir ni sur la face, ni sur les pattes. Les femelles peuvent ressembler fortement à celles de *S. flaveolum* (noter la convergence des colorations abdominales sur les photographies), mais la coloration des yeux et la forme de la lame vulvaire les distinguent. *S. sinaicum* a une coloration bleuâtre sur la partie inférieure des yeux mais il est plus terne et se caractérise par une ligne noire sur chaque côté de S2-S3.

Critères en main Crochet de l'hameçon très petit. Lame vulvaire non saillante avec une large incision en « U ».

Variations Étendue de la tache de l'Ap variable. Pattes rarement entièrement noires, notamment chez la prétendue ssp. *azorense* des Açores, dont la

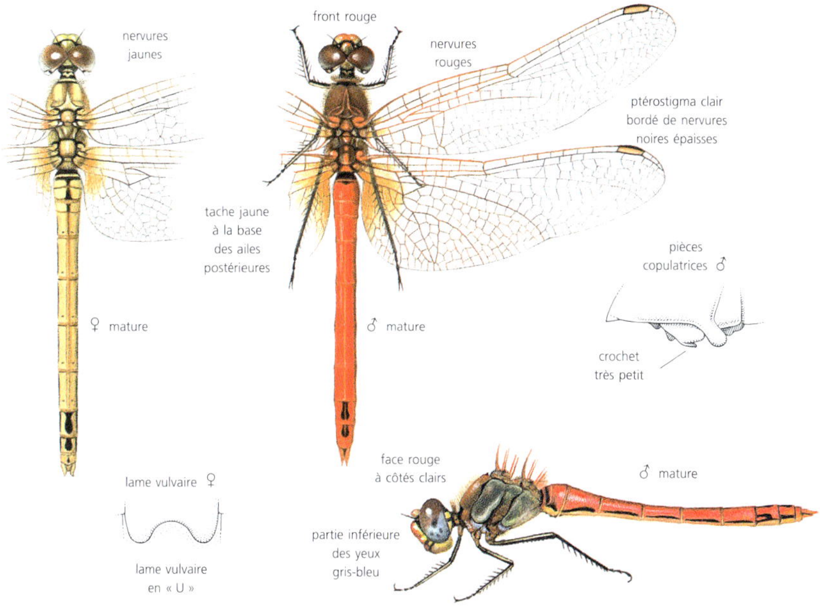

▶ *Sympetrum fonscolombii*, mâle mature. Noter le côté blanc de la face et la bande blanchâtre sur le côté du thorax.

noirceur est probablement causée par la froideur et l'humidité du climat.

Comportement Mâles plus territoriaux que les autres sympétrums. Ils occupent un perchoir d'observation d'où ils entreprennent de longs vols au-dessus de l'eau. Ponte au-dessus de l'eau libre.

Répartition et statut S'étend aux régions chaudes d'Afrique et d'Asie. Sédentaire et souvent commun en zone méditerranéenne mais rare et irrégulier au nord où il peut devenir commun les années d'invasion. La régularité de ces apparitions massives s'est récemment accrue. Puissant migrateur déjà rencontré en mer et seule espèce de libellulidés résidente dans les Açores.

Habitats Eaux stagnantes et chaudes, souvent peu profondes, pauvres en végétation telles que mares et étangs des carrières, sablières, mares récemment creusées et lagunes côtières.

Période de vol Cycle de vie différent des autres *Sympetrum*. Les œufs se développent rapidement après la ponte sans diapause hivernale. Observé toute l'année en zone méditerranéenne, bien que rare de décembre à février. Les migrations vers le nord ont lieu à partir de fin mai. La génération suivante émerge mi-août et vole jusqu'en novembre.

Sympetrum striolatum (Charpentier, 1840)

Sympétrum strié

Identification Probablement le plus répandu et le plus abondant des sympétrums de la région. C'est l'archétype du *Sympetrum* avec lequel les autres espèces peuvent être comparées et que l'on identifie plus facilement par élimination de ses congénères. Dans le Nord, on peut le confondre avec *S. vulgatum* et dans le Sud avec *S. meridionale*.
Critères à distance Tot 35-44 mm, Ab 20-30 mm, Ap 24-30 mm. Une des plus grandes espèces de *Sympetrum*. Sur le terrain, les mâles se repèrent à leur couleur terne (et non rouge vif) et leur abdomen à côtés parallèles (non épaissi en massue). En comparaison avec *S. vulgatum* par exemple, les mâles matures ont un abdomen plus cylindrique, plutôt rouge orange, et des bandes jaunâtres plus prononcées sur le thorax. Les critères suivants permettent une identification dans la plupart des régions : 1) pattes noires à ligne jaune sur toute la longueur du tibia et du fémur ; 2) ailes avec tout au plus une petite tache basale, généralement plus petite que chez *S. sanguineum* et bien évidemment que chez *S. flaveolum* ; 3) noir épais à la base du front qui ne descend pas le long des yeux contrairement à *S. vulgatum*. *Cf.* tableau p. 282 pour une comparaison avec les autres espèces.
Critères en main Crochet de l'hameçon nettement plus long et plus droit que celui de *S. vulgatum*. Lame vulvaire saillante vue de profil mais moins que chez *S. vulgatum*.
Variations *Cf.* le texte descriptif des sympétrums sombres atlantiques : *S. nigrifemur* et *S. nigrescens*, formes possibles de *S. striolatum*.

▲ *Sympetrum striolatum,* mâle mature.

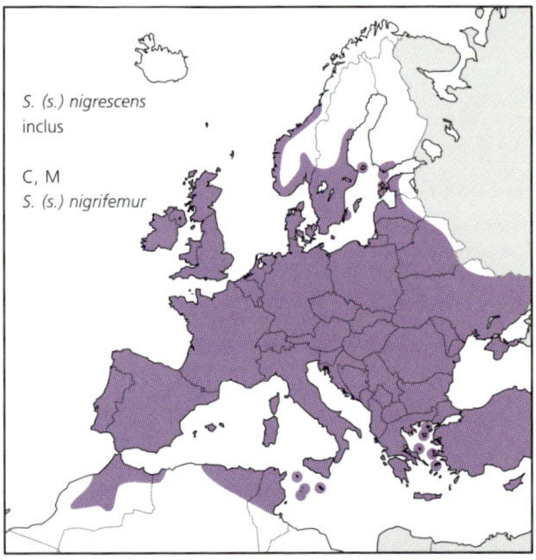

Comportement Pond en eau libre, bien que souvent au milieu de plantes.

Répartition et statut Commun dans la plupart des régions, cédant progressivement la dominance à *S. vulgatum* le long d'un gradient partant vers le nord-est. S'étend jusqu'au Japon. Migrations fréquentes et parfois massives, régulières en octobre sur les côtes atlantiques françaises du Centre-Ouest.
Habitats Grande diversité d'habitats avec une préférence pour les eaux peu profondes, chaudes et stagnantes. Espèce pionnière qui fréquente occasionnellement les eaux courantes et saumâtres.

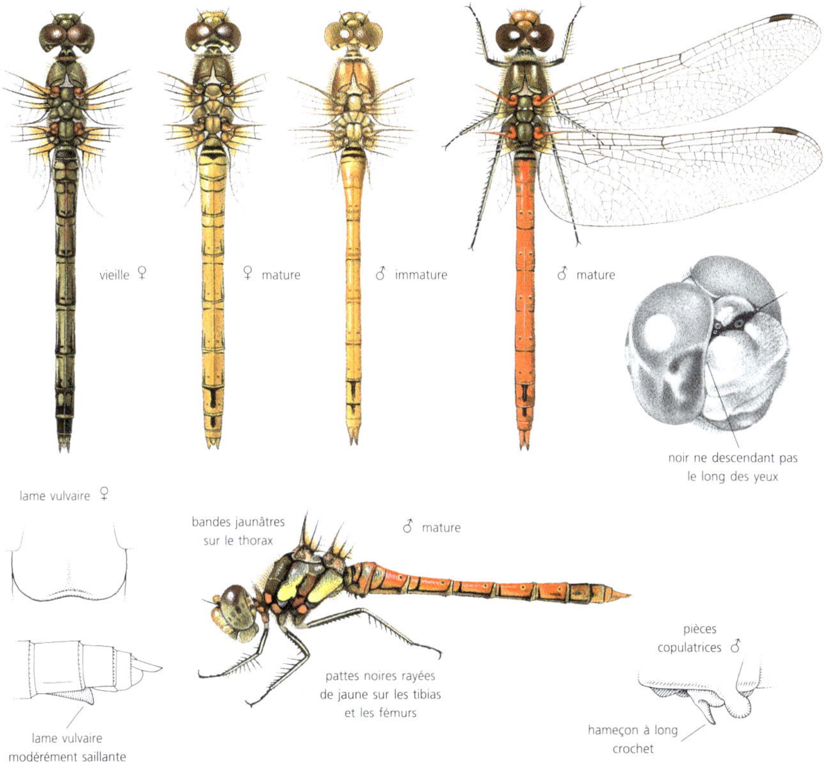

◄ *Sympetrum striolatum* femelle. Noter les lignes jaunes sur les tibias et la lame vulvaire modérément saillante.

Période de vol Toute l'année en zone méditerranéenne. Dans le nord de l'Algérie, émerge dès fin avril mais ne se reproduit qu'en octobre-février. En Europe du Nord, apparaît début juin, devient abondant en juillet et atteint le mois de novembre, régulièrement même décembre. Une des dernières espèces à pouvoir être observées en automne ; en Europe centrale, émerge aussi régulièrement en fin d'été et en automne, ce qui laisse penser à une deuxième génération.

Sympétrums atlantiques

Le long de la côte atlantique, on distingue deux formes sombres proches de *S. striolatum*, souvent considérées comme espèces ou sous-espèces. Il s'agit de *S. nigrescens* (Irlande, Grande-Bretagne et Fennoscandie) et de *S. nigrifemur* (Madère et Canaries). Des études génétiques laissent à penser que *S. nigrescens* serait une forme mélanistique de *S. striolatum* associée à un climat maritime frais. Pour *S. nigrifemur*, il n'existe pas d'études équivalentes ; cela dit, son isolement géographique, sa taille nettement plus grande et les différences légères mais systématiques dans les pièces copulatrices du mâle pourraient justifier une reconnaissance taxonomique. Leur statut n'étant pas encore résolu, on a attribué aux « sympétrums atlantiques » une position intermédiaire ci-dessous, leur affiliation étroite avec *S. striolatum* étant signalée par le nom entre parenthèses.

Sympetrum (striolatum) nigrifemur (Selys, 1884) — Sympétrum strié (de Macaronésie)

Identification Tot 43-48 mm, Ab 26-30 mm, Ap 29-33 mm. Le plus grand des sympétrums de notre région. Outre la taille, diffère des *S. striolatum* typiques par les mêmes critères que *S. (striolatum) nigrescens* (*cf.* ci-contre) et sa teinte rouge plus vive. Malgré le nom scientifique, les fémurs présentent une fine ligne jaune ou rousse. Ne coexiste qu'avec *S. fonscolombii*, qui se différencie par la tache basale jaune des Ap, des Pt plus clairs et la partie inférieure des yeux bleue.

Critères en main Se différencie des *striolatum* types par : crochet de l'hameçon du mâle plus rectiligne et à base plus étroite, plus largement écarté du lobe de l'hameçon, ce lobe comparativement massif et presque de même taille (pas nettement plus petit) que le lobe génital assez mince. Lame vulvaire plus robuste, plus obtuse et moins saillante (vue de profil).

Répartition et statut Uniquement connu dans l'archipel de Madère, les îles Selvagens et les Canaries ; on sait qu'il se reproduit sur Madère, Gran Canaria, La Gomera, La Palma et Tenerife, où il est généralement commun.

Habitats Souvent observé près des eaux courantes. Se reproduit probablement dans différents types d'eaux stagnantes et faiblement courantes, qui se trouvent principalement dans les lits des cours d'eau sur ces îles.

Période de vol Toute l'année.

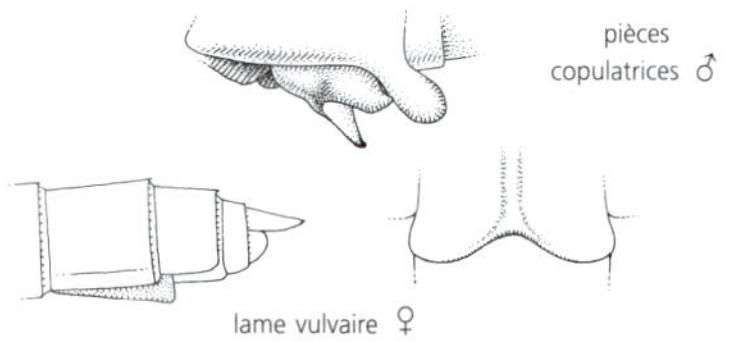

◀ *Sympetrum (s.) nigrifemur* mâle. Noter les pattes presque noires.

Sympetrum (striolatum) nigrescens (Lucas, 1912)

Sympétrum strié noirâtre

♀ mature

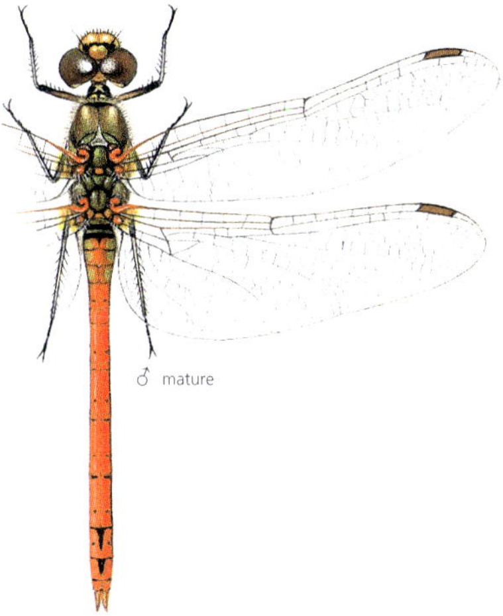
♂ mature

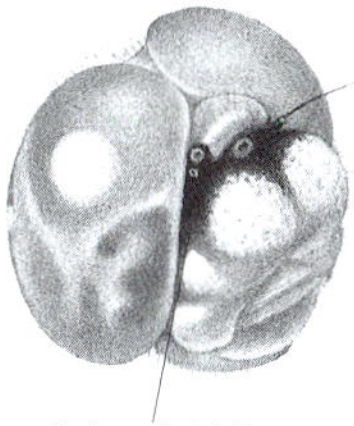
noir descendant le long des yeux plus bas que la ssp. type

pièces copulatrices ♂

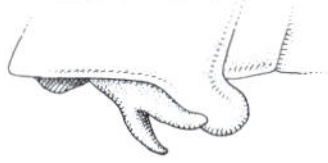

lame vulvaire ♀

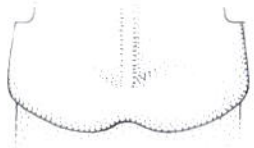

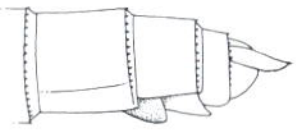

♂ mature

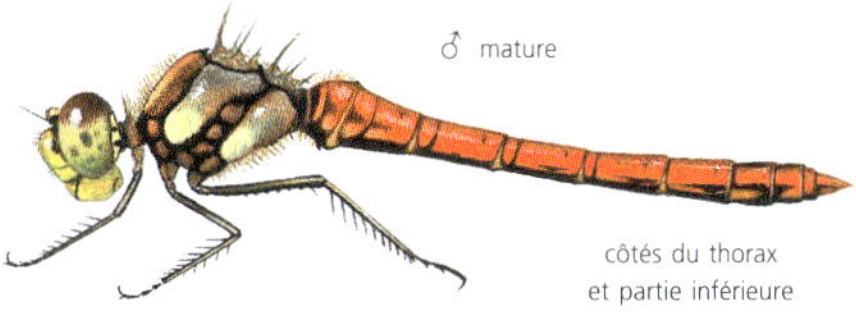
côtés du thorax et partie inférieure de l'abdomen noir

Identification Tot 33-38 mm, Ab 24-28 mm, Ap 25-30 mm. Semblable à *S. striolatum* mais noir plus étendu sur le corps : 1) noir sur le front descendant plus bas le long des yeux mais pas autant que chez *S. vulgatum* ; 2) pattes plus noires, les fémurs pouvant apparaître dépourvus de lignes jaunes ; 3) bande noire du côté du thorax large, enserrant trois points plus clairs ; 4) bande noire sur les côtés de l'abdomen plus marquée. Le critère 3) est le plus caractéristique et rappelle le dessin thoracique des mâles immatures et des femelles de *S. danae*. *S. (s.) nigrescens* n'existe que dans des zones où on trouve *S. danae* et les premiers odonatologues ont cru qu'il s'agissait d'un hybride *danae* x *striolatum*. *S. danae* se différencie par sa petite taille, ses pattes entièrement noires et son abdomen entièrement noir latéralement.

Critères en main Se différencierait des *S. striolatum* typiques par : 1) crochet de l'hameçon plus courbé, à espace de séparation d'avec le lobe postérieur plus large ; 2) lame vulvaire plus anguleuse et plus saillante (vue de profil).

Variations Peut présenter un dessin typique de *S. striolatum*, rendant la différenciation des deux taxons problématique.

Répartition et statut Côtes atlantiques de l'Irlande, de l'Écosse et de la Norvège. Mentionné sur l'île de Man. Les individus des populations de *S. striolatum* de l'archipel d'Åland et de la péninsule de Hanko au sud de la Finlande correspondent aussi à *nigrescens* d'un point de vue morphologique. Aire relativement disjointe d'avec *S. striolatum* en Grande-Bretagne et Norvège mais pas en Irlande. Ne semble pas entreprendre de grands déplacements.

Habitats Mares et étangs forestiers, dans les landes et dépressions dunaires.

Période de vol Juin à septembre.

Sympetrum vulgatum (Linnaeus, 1758) Sympétrum vulgaire

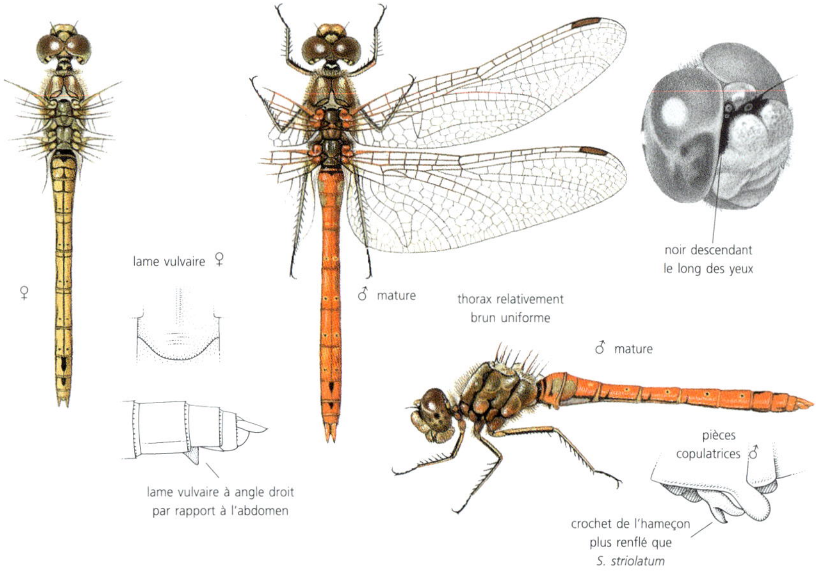

Identification Souvent confondu avec *S. striolatum*, bien que généralement plus commun dans le nord de son aire. Les deux sexes se reconnaissent habituellement facilement grâce aux longues « moustaches » et, pour la femelle, à la lame vulvaire saillante. Le critère des moustaches ne s'applique pas aux sous-espèces d'Espagne et de Turquie. La ssp. *decoloratum* de Turquie est une de nos espèces les plus claires. Elle est si différente d'apparence qu'elle est traitée dans une monographie indépendante.

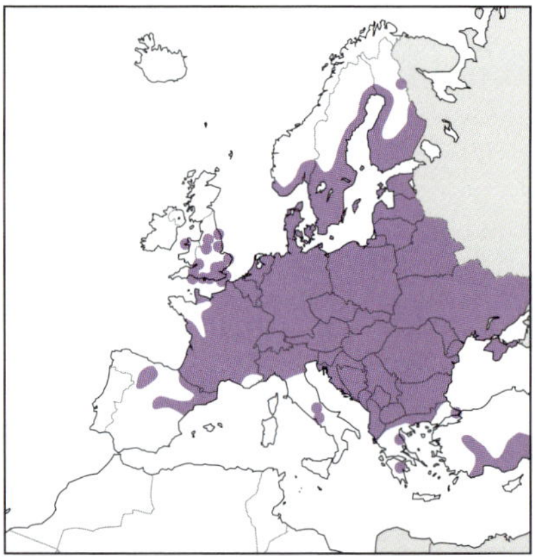

Critères à distance Tot 35-40 mm, Ab 23-28 mm, Ap 24-29 mm. En moyenne, légèrement plus petit que *S. striolatum*. Mâles matures à apparence très proche de cette espèce mais plus uniformément bruns sur le thorax (bandes jaunâtres moins distinctes) et à abdomen d'un rouge brique plus prononcé, davantage en forme de massue (S6-S8 sont distinctement plus larges que S3-S5). Hors d'Espagne et de Turquie (*cf.* Variations), le noir à la base du front descend nettement le long des yeux souvent en s'épaississant légèrement (moustaches). Une attention particulière doit être portée aux formes claires dont l'aire chevauche celles de *S. haritonovi*, *S. meridionale* et *S. arenicolor* (*cf. S. sinaiticum*) en Turquie, et de *S. meridionale* et *S. sinaiticum* en Espagne (*cf.* Variations et tableau p. 274).

Critères en main Femelles faciles à repérer grâce à leur lame vulvaire saillante quasi perpendiculaire, généralement visible à distance. Hameçon du mâle à crochet plus trapu que celui de *S. striolatum*.

Variations Dans le nord de la péninsule Ibérique et en Turquie : populations à coloration plus claire, à moustaches ne descendant pas le long des yeux et à aires de répartition disjointes. Elles ressemblent davantage aux formes claires d'autres

espèces qu'avec la ssp. type (notamment la ssp. *decoloratum* de Turquie). La ssp. *ibericum* est généralement bien plus petite (Tot 30-36 mm ; Ab 20-24 mm ; Ap 22-27 mm ; parfois plus grande dans le nord-est de la Catalogne) et l'étendue des marques sombres est proche de celle qu'on observe chez le *S. meridionale* typique : très fines bandes thoraciques et pattes claires. On la trouve sur le versant français des Pyrénées (où elle peut côtoyer la ssp. *vulgatum*) et dans le nord de l'Espagne.
Comportement Pond dans les eaux peu profondes, habituellement au-dessus de plantes submergées.

Répartition et statut Une des espèces les plus communes en Europe du Nord et de l'Est. Pénètre profondément en Asie, se faisant plus rare vers le sud. Semble moins sujette aux invasions que les autres sympétrums. Peut néanmoins s'observer au-delà de son aire normale, en Grande-Bretagne par exemple, mais jamais en grand nombre (quelques individus au sein des arrivées massives de *S. flaveolum*).
Habitats Tous types d'eaux stagnantes, généralement plus riches en végétation que les sites de *S. striolatum*.
Période de vol Juin à novembre, pic de juillet à septembre.

Sympetrum vulgatum decoloratum (Selys, 1884) Sympétrum décoloré

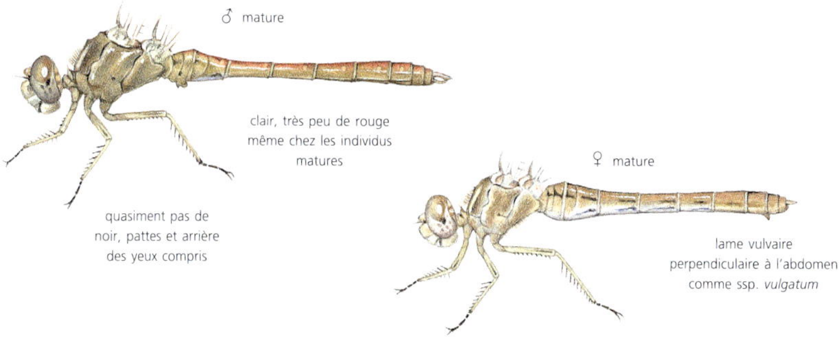

Identification Un sympétrum non encore décrit en tant qu'espèce qui se différencie des autres *Sympetrum* avec lesquels il coexiste par une apparence cireuse et une coloration dépourvue de noir et de rouge.
Critères à distance Tot 34-38 mm, Ab 22-26 mm, Ap 24-27 mm. Peut-être légèrement plus petit que *S. v. vulgatum*. Plus clair encore que le *S. meridionale* typique. Se reconnaît à : 1) noir à la base du front à peine visible ; 2) pas de barres noires à l'arrière de la tête ; 3) jamais plus d'une simple nuance noire au niveau des sutures thoraciques à la base des ailes ou du métastigma ; 4) pattes dont seuls les tarses sont légèrement plus sombres. Peut côtoyer *S. arenicolor* (*cf. S. sinaiticum*) dont on ne peut le séparer qu'en main (*cf.* ci-dessous). La rareté du noir rappelle *S. haritonovi* (*cf.* cette espèce).

Critères en main Lame supra-anale n'atteignant ou ne dépassant que légèrement l'angle inférieur des cercoïdes (atteint la moitié de la distance séparant cet angle de l'extrémité chez *S. arenicolor*). Pt petits par rapport à ceux de *S. meridionale*.
Variation Le mâle illustré est peu teinté de rouge, ce qui est typique des individus d'Asie centrale ; les mâles de l'ouest de la Turquie ont généralement un abdomen d'un rouge plus foncé.

Répartition et statut Dans notre région, uniquement en Turquie, où il est répandu mais jamais abondant et où la ssp. *vulgatum* n'existe pas. Côtoie cette dernière dans le Caucase et en Asie centrale, où l'on trouve des individus intermédiaires.
Habitats Inconnus ; probablement eaux stagnantes dans les régions arides.
Période de vol Fin juin à fin août.

Sympetrum meridionale (Selys, 1841) — Sympétrum méridional

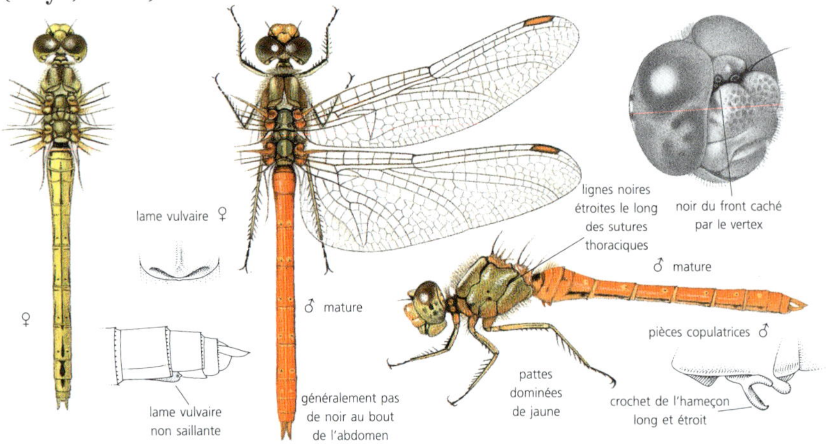

Identification Se reconnaît à la faible étendue de ses marques noires. Un examen plus attentif est nécessaire sur le rivage méditerranéen de l'Espagne, du nord de l'Afrique et de la Turquie où vivent des espèces proches. L'identification de cette espèce très variable requiert si possible l'examen de l'hameçon du mâle ou de la lame vulvaire de la femelle. Observée de façon sporadique en Europe du Nord, on la repère souvent à l'abondance des acariens rouges fixés à ses ailes.

Critères à distance Tot 35-40 mm, Ab 22-28 mm, Ap 25-30 mm. De la taille de *S. striolatum* et proche d'aspect, mais bien plus clair. Les individus typiques se distinguent par : 1) noir à la base du front si étroit qu'il est dissimulé par le vertex ; 2) bandes noires soulignant les sutures thoraciques très fines, plus visibles près de la base des ailes où elles forment deux petits traits obliques ; 3) habituellement pas (ou peu) de noir sur S8-S9 ; 4) pattes essentiellement jaunes plutôt que noires. Les deuxième et quatrième nervures longitudinales sont généralement beaucoup plus claires que la première et la troisième dans la base des ailes, mais vu la forte variabilité de l'espèce, ce critère doit être pris avec une extrême précaution. En Turquie, *S. vulgatum decoloratum*, *S. arenicolor* (*cf. S. sinaiticum*) et *S. haritonovi* sont encore plus clairs (dépourvus de noir derrière la tête) et présentent de nettes différences anatomiques. En Espagne et en Afrique du Nord, *S. sinaiticum* se distingue par sa morphologie, sa coloration plus sombre que le *S. meridionale* typique, la partie inférieure des yeux bleu-gris plutôt que verdâtre et la présence d'une ligne noire caractéristique sur chaque côté de S2-S3 (*cf.* tableau, p. 282).

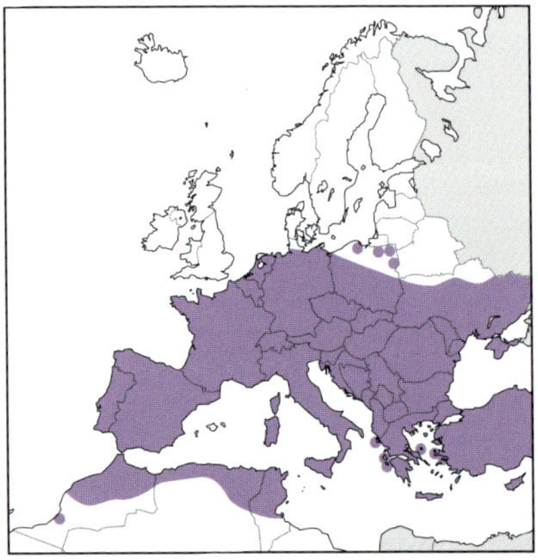

Critères en main Un examen à la loupe écarte tout doute : 1) crochet de l'hameçon et lobe du mâle plus longs et plus étroits que la majorité des autres espèces ; 2) lame vulvaire de la femelle moins saillante que chez les autres espèces (vue de profil) ; 3) tubercules situés juste au-delà de la lame vulvaire de la femelle, sous S9, remplacés par deux petites fossettes, contrairement aux *Sympetrum*, proches ; Pt relativement grands, particulièrement comparés à ceux de *S. (s.) decoloratum*.

Variations Intensité et étendue des marques noires très variables. Les individus sont parfois aussi sombres que d'autres *Sympetrum*, avec de grandes taches noires sur le côté de chaque segment abdominal, beaucoup de noir sur les pattes, des lignes prononcées sur les sutures du thorax et une « moustache » s'étendant vers le bas sur le front.

Répartition et statut Répandu et parfois très abondant mais habituellement moins que les autres espèces avec qui il coexiste, comme *S. striolatum*. De plus en plus fréquemment mentionné en Belgique, aux Pays-Bas et dans le nord de l'Allemagne.
Habitats Eaux stagnantes et peu profondes riches en végétation, s'asséchant en été : mares ensoleillées, bras morts boueux ou dépressions inondées temporaires.
Période de vol En Afrique du Nord, émerge en mai mais repousse la reproduction en septembre-novembre. Longue période de vol aussi en Turquie, mais plus courte au nord, début juin à mi-octobre en France.

Sympetrum sinaiticum (Dumont, 1977) Sympétrum éraflé

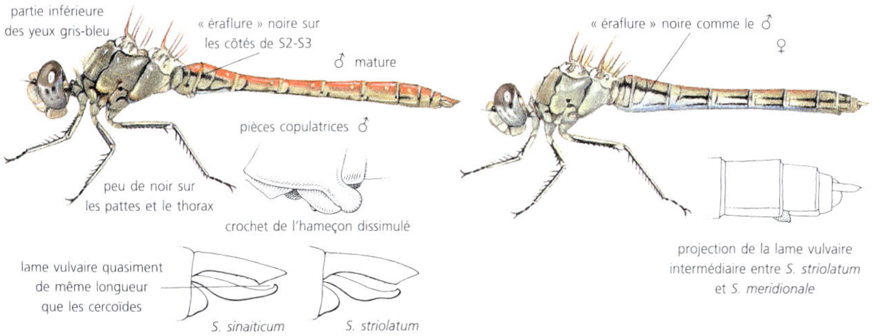

Identification Cette espèce cryptique (autrefois appelée abusivement *S. decoloratum*) ne fréquente que les régions arides. La période de vol est très longue et permet à l'espèce de passer la saison sèche à l'état adulte. Les mâles ont sur la base de l'abdomen une ligne noire latérale caractéristique, sorte d'éraflure.
Critères à distance Tot 34-37 mm, Ab 21-26 mm, Ap 24-29 mm. À peine plus petit que *S. striolatum*. Généralement moins marqué de noir que *S. striolatum* mais plus que le *S. meridionale* typique. Deux critères peuvent permettre de reconnaître cette espèce sur le terrain : 1) partie inférieure des yeux gris bleuâtre, ni verte ni brune ; 2) mâles pourvus d'une bande noire sur les côtés de S2-S3 qui contraste avec le reste de l'abdomen relativement uniforme. Mâles matures non colorés de rouge vif mais plutôt saumonés. Coloration des yeux et nervation des ailes souvent rougeâtres à la base rappelant *S. fonscolombii* ; la marque de S2-S3 et la coloration terne évitent les erreurs d'identification. Dans le nord de l'Espagne, *S. vulgatum ibericum* a la même morphologie que la ssp. type mais sa coloration est proche de celle de *S. sinaiticum* (*cf.* tableau, p. 282). Il est dépourvu de barre latérale sur S2-S3. *S. arenicolor* remplace *S. sinaiticum* en Asie. Il est présent dans l'est de la Turquie et pourrait être découvert dans notre région. Il est plus clair, presque aussi pâle que *S. v. decoloratum*, avec lequel il coexiste, mais a des pattes nettement rayées de noir. Il est proche aussi par ses caractéristiques morphologiques et les traits noirs sur S2-S3 sont présents, bien que plus atténués.
Critères en main Crochet de l'hameçon petit, normalement caché par le lobe. Lame supra-anale longue, atteignant la moitié de la longueur séparant l'angle inférieur et l'extrémité des cercoïdes. Lame vulvaire moins saillante que chez *S. striolatum* (vue de profil) mais plus que chez *S. meridionale*.
Variations Étendue des marques noires relativement variable.

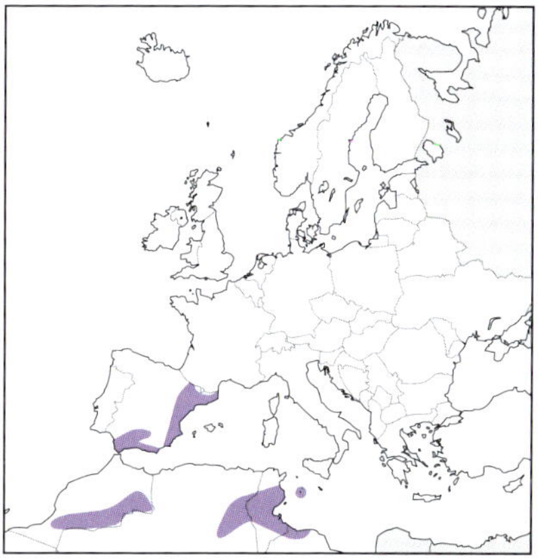

Comportement Les imagos en estivation se rassemblent dans les buissons et les arbres.

Répartition et statut Moyen-Orient, Afrique du Nord et côtes méditerranéennes de l'Espagne. Le nombre de données dans notre région est limité. Cette rareté n'est peut-être que le fruit d'une sous-prospection ; l'espèce n'a été découverte au Maroc qu'en 2007, par exemple. Des individus ont atteint l'île italienne de Lampedusa.

Habitats Cours d'eau, fossés, mares, retenues et dépressions humides des zones arides. Peut s'éloigner fortement des points d'eau durant l'estivation.
Période de vol Émerge au début de l'été, mais les adultes ne se reproduisent qu'en automne. Émergence début juin en Espagne mais un mois plus tôt en Tunisie. Reproduction de septembre à début novembre en Espagne, d'octobre à mars au moins (donc principalement en hiver) en Tunisie.

Sympetrum haritonovi (Borisov, 1983) Sympétrum nain

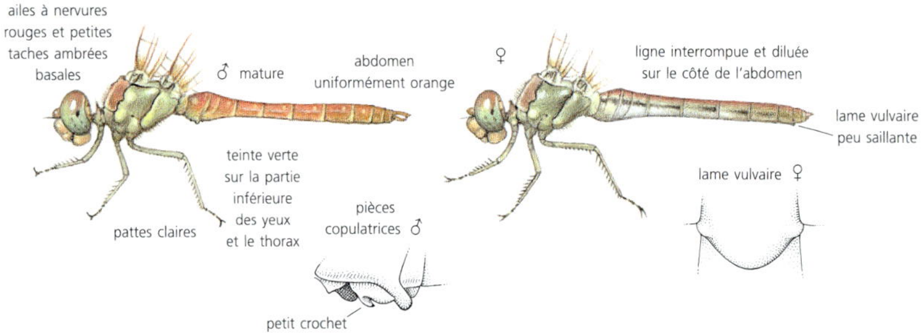

Identification Le plus petit et le plus pâle des sympétrums de notre région. N'est connu que des sources des montagnes proches d'Alanya en Turquie. Les minuscules mâles, uniformément orange et vert-jaune, sont caractéristiques.
Critères à distance Tot 27-31 mm, Ab 17-20 mm, Ap 20-22 mm. Le plus petit *Sympetrum*. Mâle quasi dépourvu de marques noires, même les tarses sont clairs. Femelle semblable mais porte des bandes noires latérales sur S2-S6. Diffère de *S. vulgatum decoloratum*, très pâle et vivant en Turquie par : 1) très petite taille avec une grosse tête, un corps trapu et un abdomen < 20 mm ; 2) nervures jaunes devenant rougeâtres chez le mâle mature, pas brunes ; 3) ailes étroitement ambrées à la base et non hyalines ; 4) coloration jaune, notamment des yeux et du thorax, teintée de vert.
Critères en main Hameçon semblable à celui de *S. vulgatum decoloratum* mais avec un crochet et un lobe plus courts. Lame supra-anale plus longue que celle de *S. vulgatum decoloratum*, et dépassant légèrement l'angle inférieur des cercoïdes. Lame vulvaire plus proche de celle de *S. striolatum*.

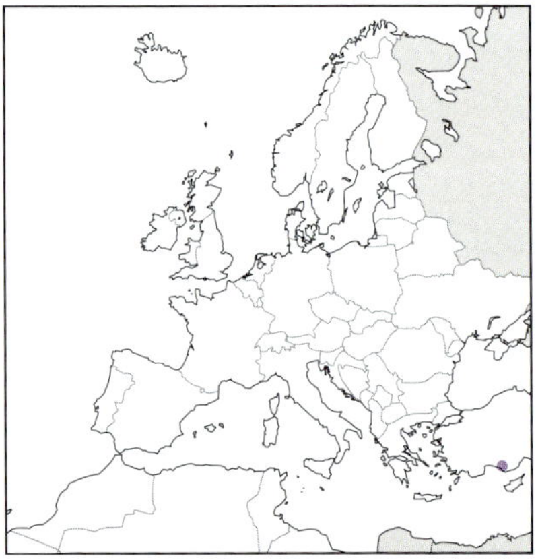

Répartition et statut Espèce d'Asie centrale, uniquement connue dans notre région sur le plateau de Gökbel près d'Alanya (Turquie). À cet endroit, l'habitat a été largement transformé en terres agricoles et *S. haritonovi* y a probablement disparu. Cette espèce spécialiste d'un habitat particulier est très localisée, mais elle a pu aussi échapper aux observateurs et cela vaudrait la peine de la chercher ailleurs dans les monts Taurus.
Habitats Mares, ruisselets et zones de suintement près des sources de montagne, entre 1 800-2 200 m d'altitude en Turquie (reproduction jamais observée à moins de 1 750 m en Asie centrale).
Période de vol Mentionné en août en Turquie.

Crocothemis Brauer, 1868 Crocothémis

▲ *Crocothemis erythraea* mâle mature dans la posture de l'obélisque. Noter la base des ailes couleur safran et l'absence de marques noires.

Identification Mâles matures écarlates à l'exception de la partie inférieure des yeux qui est bleue. Les deux sexes sont presque dépourvus de noir mis à part une fine ligne médiodorsale sur l'abdomen. Pattes rouges caractéristiques. Pt grand et clair. Base de l'Ap teintée d'une tache safranée. Aa à 8½-11½ anténodales. Champ discoïdal s'élargissant vers la bordure de l'aile et composé de trois rangées de cellules à la base. Nrs surmontée d'une seule rangée de cellules.

Caractérisation du genre À l'exception de quelques sympétrums turcs, tous les autres libellulidés ont du noir aux pattes. Sur le terrain, les mâles de crocothémis paraissent plus vivement colorés et plus robustes que les autres espèces rouges. Celles-ci sont d'un rouge moins pur, plus petites, plus fines, ont un vol moins puissant, des yeux et un thorax souvent bruns et des marques noires aux pattes. Les confusions sont possibles avec les *Trithemis* rouges, *Sympetrum fonscolombii* et, pour les spécimens bruns, avec les *Orthetrum*. Ce dernier genre a l'anténodale distale de l'Aa complète, du noir aux pattes et tout au plus un peu de jaune à la base de l'Ap.

Identification des espèces La répartition de nos deux espèces ne se chevauche qu'en une petite région où elles peuvent localement se côtoyer dans une même localité. Facile à distinguer à l'émergence, il est impossible de reconnaître les individus matures à distance. Un examen à la loupe est indispensable.

Comportement Les mâles sont très démonstratifs, défendant leur territoire par de petits vols rapides à partir de leur perchoir d'observation. Le mâle gardienne la femelle lors de la ponte, qui ne se fait pas en tandem.

K.-D. B. Dijkstra

Crocothemis erythraea (Brullé, 1832)

Crocothémis écarlate

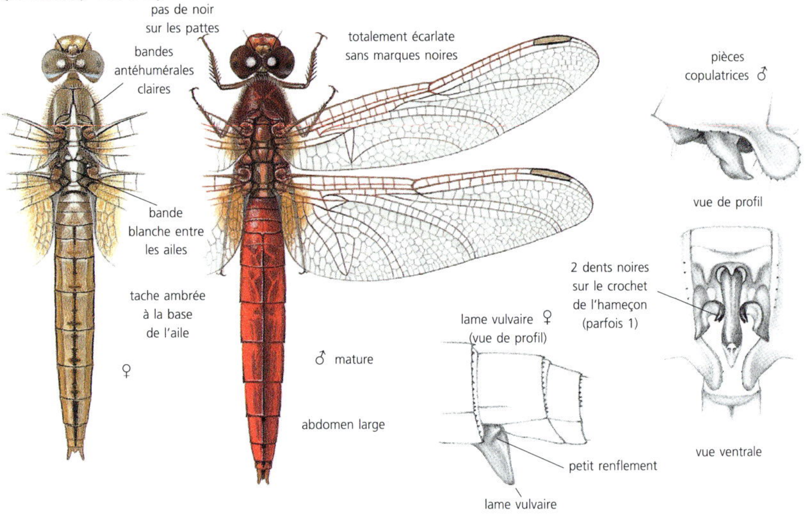

Identification Espèce africaine dont la répartition s'étend jusqu'en Eurasie. Autrefois commune uniquement en zone méditerranéenne, elle a récemment colonisé une bonne partie de l'Europe.
Critères à distance Tot 36-45 mm, Ab 18-33 mm, Ap 23-33 mm. Un peu plus grand et considérablement plus robuste que *Sympetrum striolatum*. Par rapport aux mâles matures écarlates, les immatures et les femelles sont ternes. Ils sont brun-jaune avec des bandes antéhumérales et dorsales (entre la base des ailes) claires et souvent une fine ligne noire médiodorsale sur l'abdomen. À tous les âges, les ailes sont hyalines, à l'exception d'une grande tache ambrée à la base des Ap. Cette tache et l'absence de noir sur la tête, le thorax et les pattes différencient les crocothémis de tous les autres libellulidés. Pour la distinction avec *C. servilia*, *cf.* cette espèce.
Critères en main Crochet de l'hameçon (vue de dessous) se terminant normalement par deux dents noires. Lame vulvaire très saillante, à angle droit, présentant un petit renflement latéral près de la base (vue de profil).
Variations On trouve assez régulièrement des femelles andromorphes teintées de rouge comme les mâles. La ligne noire peut s'étendre sur presque toute la longueur de l'abdomen chez certaines femelles, qui requièrent un examen en main pour les distinguer de *C. servilia*.

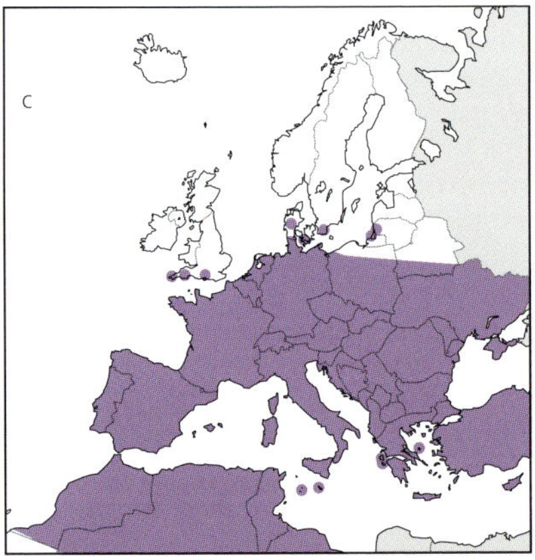

Répartition et statut Commun et répandu dans toute l'Afrique, l'ouest de l'Asie et la plupart des régions du sud et du centre de l'Europe. En expansion vers le nord.
Habitats Eaux stagnantes, dont rizières et lagunes saumâtres. Dans les régions septentrionales, recherche des microclimats chauds comme des sablières abritées, peu profondes et riches en végétation.
Période de vol Probablement toute l'année dans le Sahara, de mi-juin à début septembre en Europe du Nord. Absent de novembre à février en zone méditerranéenne.

Crocothemis servilia (Drury, 1773) Crocothémis d'Asie

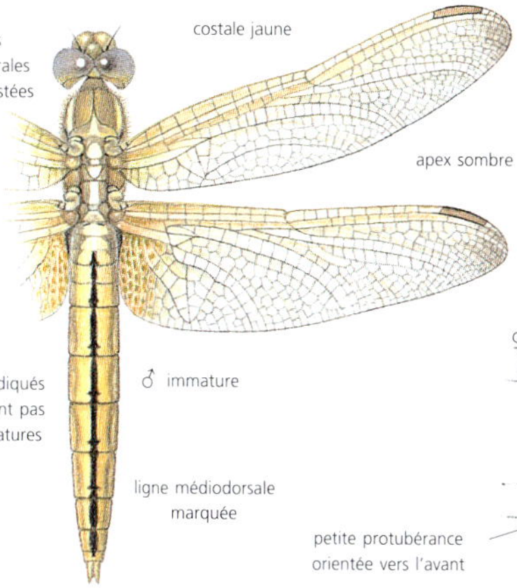

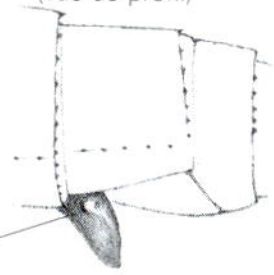

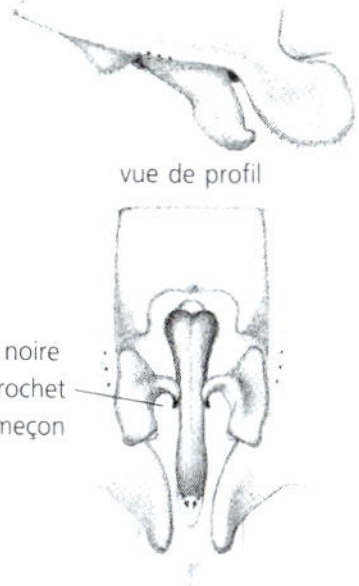

Identification Pendant asiatique de *C. erythraea*, avec qui il coexiste au Moyen-Orient, atteignant tout juste notre région en Turquie. Les téneraux diffèrent sensiblement du *C. erythraea* type, ressemblant quelque peu à *Orthetrum coerulescens*, mais les matures sont quasi identiques à *C. erythraea*. Les deux espèces étant très variables, l'identification de *C. servilia* doit être systématiquement confirmée par un examen détaillé en main. Dans la zone de chevauchement des aires, certains *Crocothemis* mâles matures sont parfois impossibles à déterminer.

Critères à distance Tot 34-37 mm, Ab 20-25 mm, Ap 26-29 mm. Diffère du *C. erythraea* type par : 1) une taille légèrement plus modeste en moyenne ; une allure plus élancée avec des ailes et un abdomen plus fins ; 2) immature à bandes antéhumérales blanc crème, plus claires et plus contrastées ; 3) ligne médiodorsale noire de l'abdomen généralement plus marquée, particulièrement chez les immatures (ininterrompue de S2 à S10, généralement plus courte et souvent limitée à S8-S10 chez *C. erythraea*) ; 4) immature à ailes dont l'apex est marqué de brun et à bordure antérieure jaune sur une certaine largeur (généralement, seules les bases sont ambrées chez *C. erythraea*). Avec l'âge, le thorax devient uniforme, les ailes hyalines et la bande abdominale moins nette. La tache ambrée de la base de l'Ap est alors identique à celle de *C. erythraea*.

Critères en main Crochet de l'hameçon terminé par une unique dent noire, jamais doublée comme chez *C. erythraea* (bien que cette espèce puisse n'avoir qu'une seule dent ou aucune). Lame vulvaire proche de celle de *C. erythraea* mais présence sur le côté, près de la base, d'une protubérance orientée vers l'avant.

Variations L'apparence change de façon importante avec l'âge.

Répartition et statut Abondant en Asie du Sud jusqu'au Japon ; atteint la Turquie et Israël à l'ouest, où il côtoie *C. erythraea*, mais est plus rare.

Habitats Probablement identiques à *C. erythraea*.

Période de vol Avril à septembre en Turquie.

Trithemis Brauer, 1868 — Trithémis

◀ *Trithemis kirbyi* mâle dans la position de l'obélisque.

Identification Libellulidé de taille moyenne. Mâles vivement colorés. Nervation de l'Aa caractéristique, pourvue de 9½-12½ anténodales, d'un champ discoïdal se rétrécissant vers la bordure de l'aile et composé de 3 rangées de cellules à la base et de 1 Nrs surmontée de 2 rangées de cellules. En main, la face aux reflets métalliques et l'hameçon terminé en crochet recourbé permettent de reconnaître les mâles.

Caractérisation du genre Les espèces rouges rappellent les *Sympetrum* et les *Crocothemis* mais ces espèces n'ont généralement qu'une rangée de cellules au-dessus de Nrs et les *Sympetrum* ont 6½-8½ anténodales à l'Aa. Sur le terrain, les nervures noires de ces derniers et la coloration brun et gris de leurs yeux excluent toute confusion, mais attention à *S. fonscolombii* qui a des nervures rouges et des yeux bleus ! Les *Crocothemis* ont un champ discoïdal qui s'élargit aux Aa et des pattes dépourvues de noir. *Cf. T. festiva*.

Identification des espèces Groupe diversifié avec plus de 40 espèces dans les zones tropicales de l'Ancien Monde, notamment en Afrique. Quatre espèces pénètrent dans notre région. Les mâles sont d'identification facile. Les femelles se différencient par la disposition des marques noires sur l'abdomen.

Comportement Les mâles se perchent en évidence au bord de l'eau, chassant tout intrus avec agressivité. Les trithémis apprécient le soleil et sont souvent actifs aux heures chaudes. Ils se perchent les ailes abaissées et l'abdomen pointé vers le soleil (position de l'obélisque).

K.-D. B. Dijkstra

Clé simplifiée des espèces ou couples d'espèces. Si la description correspond, comparer les espèces, sinon passer à la suivante.

1	Nervation noire, ni jaune ni rouge. Abdomen dominé de noir ou de bleu, pas jaune, ni brun ni rouge.	*festiva*
2	Tiers basal des ailes jaune à orange, coloration couvrant le triangle. Tibias jaunes à rouges. Pt longs de 2 mm. Hameçon en faux. Abdomen de la femelle à ligne noire entre les carènes médiodorsales et latérales.	*kirbyi*
3	Seulement la base de l'aile jaune, triangle hyalin. Pattes entièrement noires. Pt de 2,5 mm ou plus. Hameçon en crochet. Abdomen de la femelle dominé de noir le long des carènes dorsales et latérales.	*annulata* *arteriosa*

Trithemis annulata
(Palisot de Beauvois, 1807)

Trithémis pourpré
Trithémis annelé

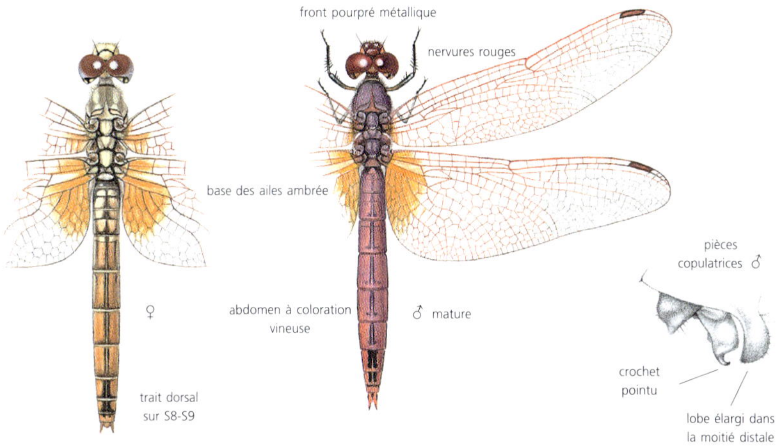

Identification Un corps large et une coloration vineuse rendent cette espèce impossible à confondre.
Critères à distance Tot 32-38 mm, Ab 17-29 mm, Ap 20-35 mm. Nettement plus petit que *Crocothemis erythraea*. Mâles matures faciles à identifier grâce au front et au vertex purpurins, aux nervures rouges, à la base des Ap ambrée, à l'abdomen élargi et à la coloration rose vineux du corps. La couleur caractéristique résulte d'une pruinosité violacée qui couvre le rouge du thorax et de l'abdomen. Femelles brun-jaune avec une grande zone jaune à la base des Ap. Se différencient des autres femelles de *Trithemis* par un abdomen plus large marqué d'une bande médiodorsale sur S8-S9. *T. aurora* vit au sud-est de l'Iran et pourrait apparaître en Turquie. Les mâles de cette espèce sont plus petits et plus roses ; la tache des Ap est plus intense et plus grande (couvre souvent le triangle) ; tache de même étendue sur les Aa ; lobe génital pointu ; S8 et souvent S9 dépourvus de bande médiodorsale noire mais ont du noir sur le côté de S9.
Critères en main Mâles de trithémis, à l'exception de *T. kirbyi*, à hameçons semblables avec un crochet marqué. Le lobe génital de *T. annulata* est plus élargi à son extrémité.
Variations Mâles jaunâtres à l'émergence, devenant orange puis rouges avant d'acquérir leur coloration vineuse définitive.
Comportement Les mâles se perchent en évidence au bord de l'eau.

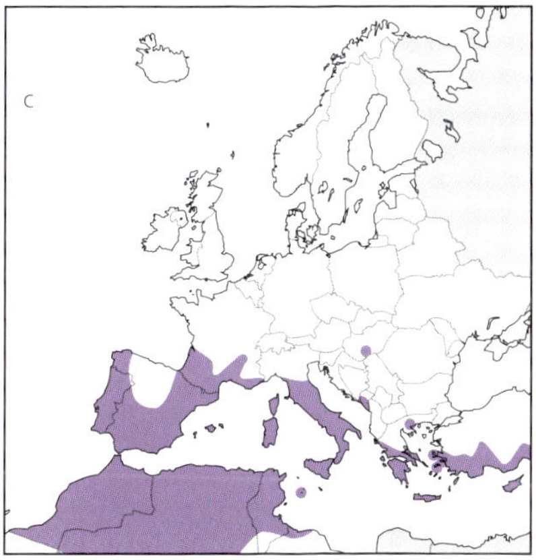

Répartition et statut Abondant en Afrique tropicale. Étend son aire vers le nord : première donnée en Espagne à la fin des années 1970, en Corse à la fin des années 1980 et sur le continent français et italien à la fin des années 1990 ; premières découvertes au Monténégro en 2008 et en Hongrie en 2016, suggérant désormais aussi une expansion de l'aire vers l'est.
Habitats En Afrique, tous types de milieux ensoleillés ; en Europe : gravières peu profondes, des étangs ou lagunes.
Période de vol Probablement toute l'année dans le Sahara, mais principalement de mai à octobre au Maroc et de début avril à mi-octobre en Turquie. Probablement active tous les mois d'été en Europe.

Trithemis arteriosa Trithémis écarlate

(Burmeister, 1839)

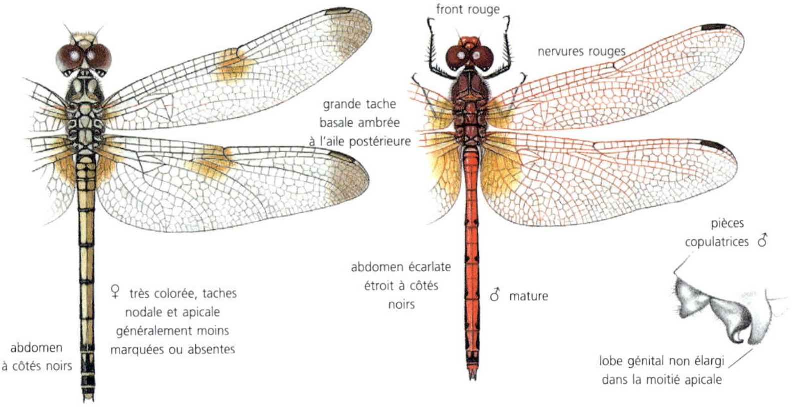

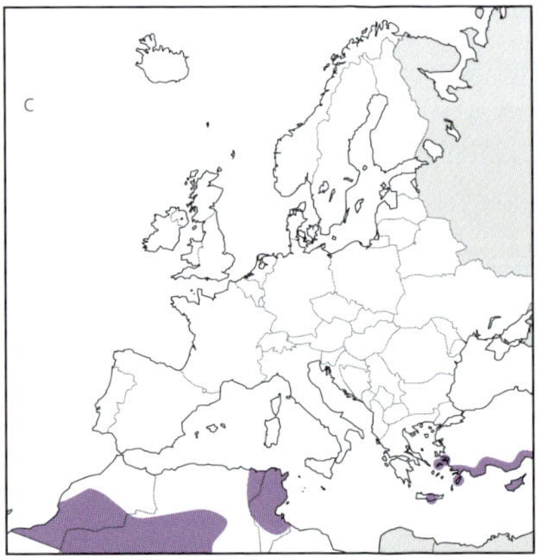

Identification Les mâles se distinguent par leurs nervures rouges, leur abdomen étroit, écarlate, latéralement marqué de noir.

Critères à distance Tot 32-38 mm, Ab 20-26 mm, Ap 23-30 mm. Aussi long que *T. annulata*, mais plus fin. Abdomen des deux sexes plus étroit et cylindrique que chez les autres *Trithemis*. Mâles matures non pruineux, contrairement à *T. annulata*, mais vivement teintés d'écarlate sur l'abdomen et les nervures. Côté de l'abdomen massivement marqué de noir, particulièrement S6-S9. Front rouge à reflets métalliques, avec du noir à la base. Ap et souvent Aa marquées d'une tache ambrée à la base. Les femelles se différencient de leurs congénères par leur abdomen étroit et bordé de noir. La forme et la coloration rappellent *S. fonscolombii*, mais ce dernier ne devient pas si rouge brillant, il a des pattes rayées de jaune et peu de noir sur l'abdomen.

Critères en main Pièces copulatrices du mâle identiques à celles de *T. annulata*, mais lobe génital à extrémité plus étroite.

Variations Les mâles immatures sont jaunes, puis orange avant de devenir rouges à maturité. L'étendue des marques alaires et abdominales est très variable chez les deux sexes et peut être considérablement réduite dans les régions arides. La femelle illustrée est atypique dans la mesure où les marques nodales et apicales sont généralement absentes.

Comportement Les mâles se perchent en évidence au sommet des tiges sèches et sur les rochers au bord de l'eau.

Répartition et statut Comme *T. annulata*, très commun en Afrique. Écologie similaire mais extension moins marquée dans notre région. Bien qu'encore très localisé, a lentement progressé vers l'ouest ces dernières décennies le long de la côte sud de la Turquie, atteignant les îles grecques de la Crète, Rhodes et Samos.

Habitats Comme *T. annulata*.

Période de vol Mai à octobre en Afrique du Nord ; mai à juillet en Turquie.

Trithemis kirbyi (Selys, 1891) Trithémis à ailes ambrées

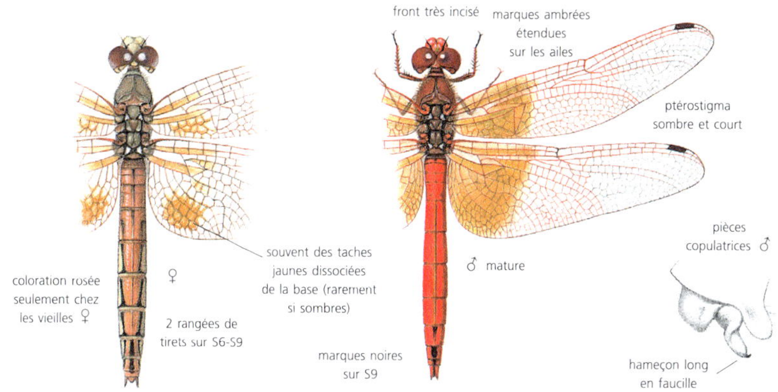

Identification Espèce des zones ouvertes et souvent arides d'Afrique et d'Asie. Le mâle rouge vif aux ailes teintées d'orange ne peut guère être confondu. Se perche généralement sur des rochers.

Critères à distance Tot 20-34 mm, Ab 19-23 mm, Ap 23-29 mm. Généralement plus petit que les autres trithémis rouges. Abdomen large, comme *T. annulata*. Mâles matures paraissant entièrement rouges. Ailes orange jusqu'à mi-distance du nodus. Moins marqué de noir que ses congénères ; tout au plus S9 à tache dorsale noire. Pattes (particulièrement tibias) dominées de rouge. Pt noirâtres, longs de 2 mm, nettement plus courts que ceux des autres *Trithemis*. Femelle de couleur paille à tibias clairs et à Pt courts. Abdomen pâle à deux rangées dorsales caractéristiques de tirets noirs sur S6-S9. Marques alaires des femelles rarement aussi étendues que chez les mâles ; Ap souvent avec une tache arrondie et isolée. Les *Crocothemis* ont une coloration et une forme proches mais ils sont plus grands, ont des Pt plus longs et des taches alaires moins étendues. Ne coexiste pas avec *S. flaveolum*.

Critères en main Hameçon plus allongé que celui des autres *Trithemis*, en forme de faucille. Front marqué d'un sillon plus profond.

Variations Les femelles ont des marques variables sur les ailes et l'abdomen. En Afrique tropicale, des femelles à coloration de mâles ont déjà été observées.

Comportement Se perche souvent sur des rochers.

Répartition et statut Afrique, Arabie et Inde. Largement répandu et commun dans le Maghreb ; enregistré pour la première fois en Sardaigne en 2003 et en Espagne en 2008, et maintenant commun en Andalousie. Des observations à cinq endroits en France montrent que l'expansion vers le nord se poursuit.

Habitats Se reproduit dans des zones humides de petite taille, souvent nues et à substrat rocheux : lit rocheux des rivières, réservoirs, fossés bétonnés et même fontaines ornementales.

Période de vol Probablement toute l'année au Sahara mais majorité des données de mai à novembre en Afrique du Nord.

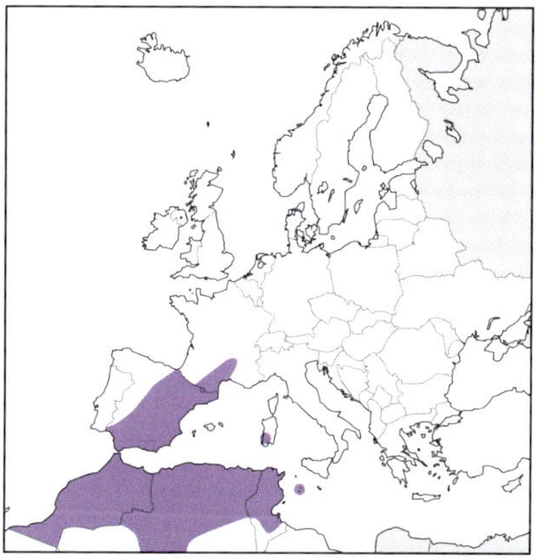

Trithemis festiva (Rambur, 1842) — Trithémis indigo

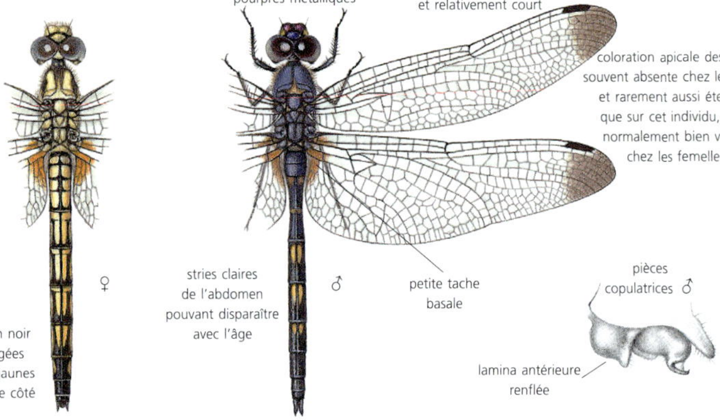

Identification Diffère des autres trithémis de la région par sa couleur, son habitat et ses origines asiatiques. Les mâles matures s'observent perchés le long des cours d'eau.

Critères à distance Tot 31-37 mm, Ab 20-28 mm, Ap 23-32 mm. De même taille que *T. annulata*. Mâles immatures et femelles à abdomen noir rayé de 4 rangées de traits jaunes sur S1-S7, 2 dorsales et 2 latérales. S8 à marques latérales uniquement et S9-S10 noirs. Les femelles ont une grande plage foncée à l'apex des ailes et une teinte légèrement ambrée à la base des Ap. Les mâles ont parfois l'apex des ailes foncé et un petit triangle sombre à la base des Ap. Colorations alaire et abdominale suffisent généralement à identifier l'espèce. Mâles s'assombrissant avec l'âge et perdant les marques abdominales jaunes. Matures, ils se couvrent d'une pruinosité bleu foncé (pouvant paraître noire) sur le thorax et S1-S3 alors que S4-S10 sont noirs. Vertex et front deviennent noirs avec des reflets pourpre métallique. Rappelle *Diplacodes lefebvrii*, mais celui-ci est plus petit, a des ailes arrondies à nervation plus lâche, un Pt plus grand et une coloration d'un noir plus pur qui contraste avec des appendices anaux blancs. Ressemble superficiellement au mâle de *Libellula fulva* (nettement plus grand et de couleur plus claire).

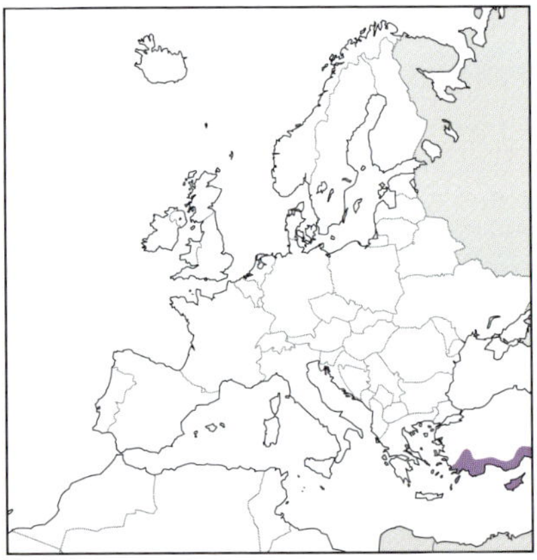

Critères en main Pièces copulatrices du mâle comme *T. annulata* mais lobe postérieur plus étroit et lamina antérieure plus renflée.

Variations Étendue de la tache du bout de l'aile variable (parfois absente, notamment chez les mâles). Contrairement aux autres *Trithemis*, Nrs est fréquemment surmontée d'une unique rangée de cellules et non de deux (*cf.* illustration du mâle).

Comportement Les mâles se posent souvent sur des rochers dans les ruisseaux ou sur des perchoirs qui surplombent l'eau.

Répartition et statut Des zones tropicales asiatiques à la Méditerranée jusqu'à Rhodes. Commun en Turquie le long de la côte méridionale.

Habitats Ruisseaux ensoleillés et petites rivières.

Période de vol Fin avril à fin septembre.

Brachythemis Brauer, 1868 Brachythémis

▲ *Brachythemis fuscopalliata*, mâle immature.

Identification Petit libellulidé trapu à abdomen dépourvu de rétrécissement ou d'épaississement. Jeunes mâles et femelles beiges, à marques noires denses d'apparence diluée. Généralement, barre noire verticale sur le dessus des yeux. Ailes hyalines ou marquées de taches alaires sombres ; Pt clairs. Mâles devenant noirs avec de grandes marques alaires sombres mais les Pt demeurent clairs. Nervation caractéristique, sans équivalent chez les autres libellulidés : base du champ discoïdal à trois cellules aux ailes antérieures, triangle unicellulaire (ainsi, généralement, que le subtriangle). *Acisoma* et *Pantala* présentent comme *Brachythemis* une crête transverse près de la base de S4 (semblable à celle de S3) mais sont très différents. Les appendices anaux des femelles de brachythémis sont relativement longs et en forme de griffe.

Caractérisation du genre Mâles matures ne pouvant guère être confondus qu'avec d'autres libellulidés aux ailes colorées comme *Sympetrum pedemontanum* et *Rhyothemis semihyalina*, mais ces espèces diffèrent en forme, coloration, comportement et répartition. Les jeunes mâles et les femelles (aux ailes non colorées) ressemblent à des *Sympetrum*, des *Orthetrum* ou des *Trithemis* mais s'en distinguent par leurs Pt blanchâtres (ou à dominante blanchâtre).

Identification des espèces Six espèces habitent les régions chaudes de l'Ancien Monde. Une atteint notre région à partir de l'Afrique, une autre à partir de l'Asie. Les deux pourraient coexister en Turquie. On les distingue par la couleur du Pt (mâles et femelles) et la disposition des taches alaires (mâles).

V. J. Kalkman

Brachythemis fuscopalliata Brachythémis à ailes sombres
(Selys, 1887)

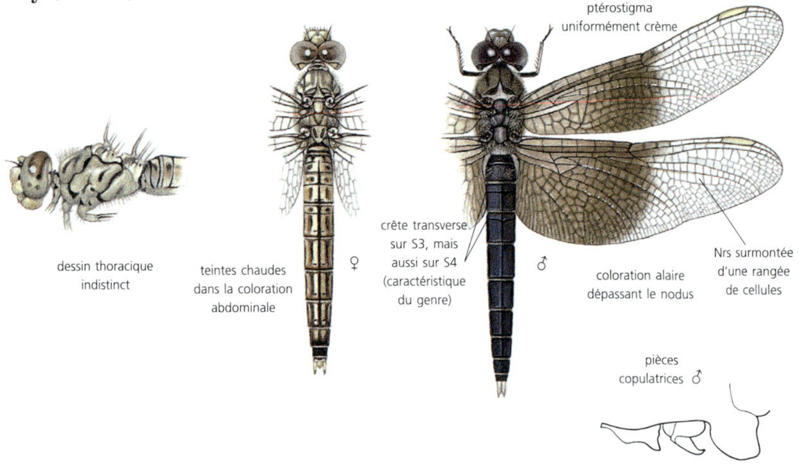

Identification Les mâles, couleur d'ébène, font partie des plus beaux et des plus étonnants Odonates de notre région. Espèce mésopotamienne qui s'observe en Turquie, où la séparation des femelles d'avec le rare *B. impartita* est difficile.

Critères à distance Tot 31-39 mm, Ab 19-25 mm, Ap 25-30 mm. Plus grand et plus robuste que *B. impartita* avec un abdomen relativement plus court. Mâles matures se caractérisant par une tache alaire brun-noir qui couvre les trois cinquièmes de l'aile, de la base jusqu'au-delà du nodus. Cette tache est (probablement toujours) absente chez les femelles. Inexistante chez les jeunes mâles, elle apparaît à maturité.

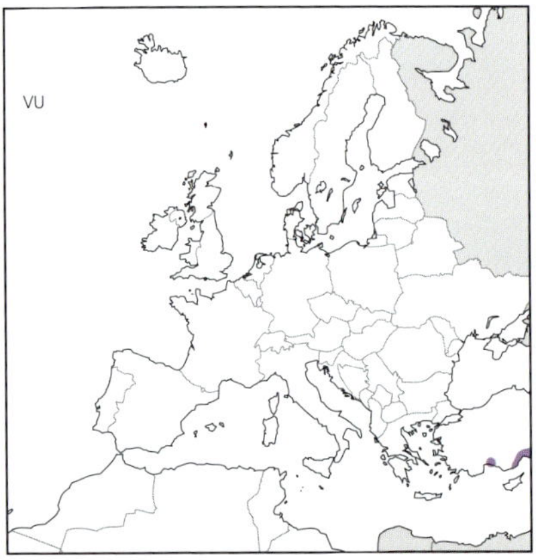

La conformation robuste, l'abdomen maculé de traits d'apparence diluée, la nervation noire et les Pt clairs différencient les individus aux ailes hyalines des autres libellulidés, à l'exception de *B. impartita*. S'en distingue par : 1) Pt entièrement crème, parfois légèrement plus brun (angle distal sombre chez *B. impartita*) ; 2) dessin abdominal sombre, pour partie brun chaud et non entièrement noir ; 3) dessins thoraciques plus lâches et moins nets. Les mâles matures peuvent rappeler *Rhyothemis semihyalina* (pas de chevauchement d'aire) mais cette espèce a les Aa hyalines aux Pt petits et sombres ; la forme de l'Ap et le mode de vol diffèrent.

Critères en main Nrs habituellement surmontée d'une rangée de cellules et non de deux.

Variations Semblables à celles de *B. impartita*.

Comportement Espèce farouche au vol rapide. Les mâles se perchent souvent sur la végétation rivulaire, leur abdomen dressé.

Répartition et statut Aire principale dans les zones humides extensives du Tigre et de l'Euphrate en Irak, mais s'étendant jusqu'en Israël et dans le sud de la Turquie. Pas rare près d'Adana, populations dispersées ailleurs en Turquie méridionale.

Habitats Eaux stagnantes à faiblement courantes : sablières, canaux et cours d'eau.

Période de vol Début mai à fin septembre.

Brachythemis impartita (Karsch, 1890) Brachythémis à bandes brunes

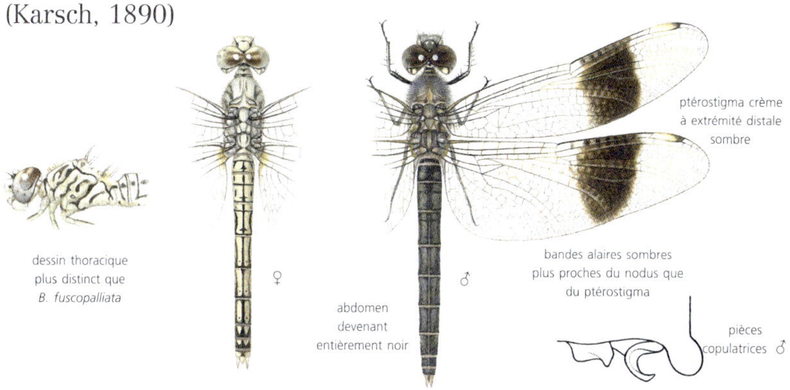

Identification L'observation d'un petit groupe de ces libellules, papillonnant autour de grands mammifères autour d'un point d'eau africain, est fréquente. Ce spectacle s'observe aussi désormais près des abreuvoirs à bétail des zones méridionales de notre région. Au sud du Sahara, son aire chevauche largement celle de *Brachythemis leucosticta*, nom sous lequel les populations européennes étaient également connues jusqu'en 2009. Les mâles se repèrent facilement à leur corps et leurs bandes alaires noirs. Leurs Pt sont blanchâtres à angle distal sombre.

Critères à distance Tot 25-34 mm, Ab 16-mm, Ap 20-26 mm. De la taille de *Sympetrum sanguineum*, mais plus robuste. Se reconnaît habituellement facilement aux bandes noires situées dans la moitié apicale des ailes, généralement absentes chez les femelles, que l'on reconnaît au corps trapu, aux dessins noirs et nets du corps et aux Pt bicolores. Seul *Sympetrum pedemontanum* présente des barres alaires semblables mais les aires ne se chevauchent pas. *B. impartita* s'en distingue par : 1) bandes alaires plus proches du nodus que du Pt ; 2) Pt blanchâtre avec le quart ou le tiers apical noirâtre et non uniformément jaune ou rouge ; 3) corps marqué d'un réseau de lignes sombres, devenant noir et non rouge à maturité. En Turquie, les femelles peuvent être confondues avec *B. fuscopalliata*, plus commun, dont les Pt sont uniformément clairs (*cf.* cette espèce).

Critères en main L'hameçon du mâle et les longs appendices anaux courbés de la femelle diffèrent de ceux de tous les autres libellulidés, à l'exception de *B. fuscopalliata*.

Variations À l'émergence, les deux sexes sont jaunâtres. Les mâles deviennent noirs et les femelles brunes ; celles-ci développent rarement de vagues bandes alaires brunes, sauf dans le sud du Sahara où elles le font fréquemment.

Comportement Préfère voler bas et se percher sur le sol nu ; suit fréquemment les humains ou les mammifères de grande taille, probablement pour capturer les insectes qui s'envolent à leur passage. Souvent agglutiné en masse à l'ombre aux heures chaudes de la mi-journée.

Répartition et statut Largement répandu dans le nord, l'ouest et le centre de l'Afrique. Expansion vers le nord depuis quelques décennies : Sardaigne et péninsule Ibérique, où les densités peuvent maintenant être très élevées. Aussi très commun localement au Proche-Orient mais seulement quelques sites connus au sud de la Turquie.

Habitats Eaux stagnantes, du lac à la mare, souvent aux berges nues.

Période de vol Avril à octobre.

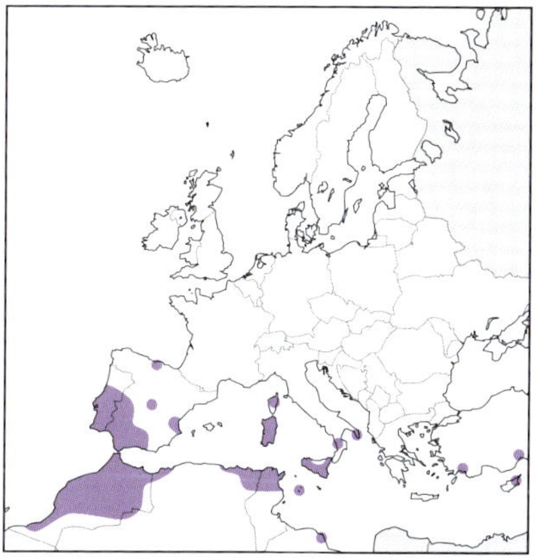

Diplacodes Kirby, 1889 — Diplacodes

Diplacodes lefebvrii (Rambur, 1842) — Diplacode noir

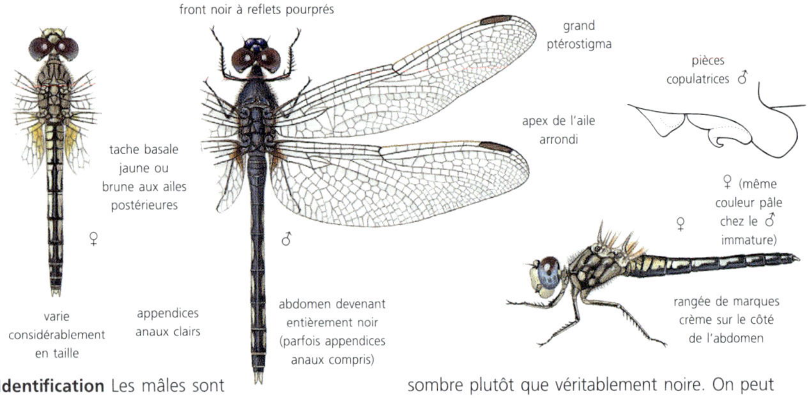

Identification Les mâles sont de petites libellules noires très actives.

Critères à distance Tot 25-34 mm, Ab 15-25 mm, Ap 19-29 mm. Plus petit que *Trithemis festiva*, avec lequel on peut le confondre dans l'est de son aire. Apex des ailes très arrondi. Grand Pt clair à brun. Mâles immatures et femelles de couleur paille, petite tache jaune à la base des Ap. Abdomen noir ponctué de deux séries de marques triangulaires jaunes caractéristiques atteignant S8, parfois S9. Mâles matures entièrement noir mat à reflets pourpres sur la face. Ap marquées à la base d'un triangle brun sombre. Les appendices anaux clairs sont les derniers éléments à noircir, contrastant fortement avec le reste du corps. Les mâles matures de *Trithemis festiva* se différencient par : taille plus grande ; ailes plus pointues ; appendices anaux jamais blancs ; petits Pt sombres et coloration bleue très sombre plutôt que véritablement noire. On peut confondre *D. lefebvrii* avec *Selysiothemis nigra*, mais cette espèce a de larges ailes à nervures claires, un Pt court et n'a pas de tache alaire basale. Rappelle aussi *Sympetrum danae*, mais la coexistence des deux espèces est peu probable.

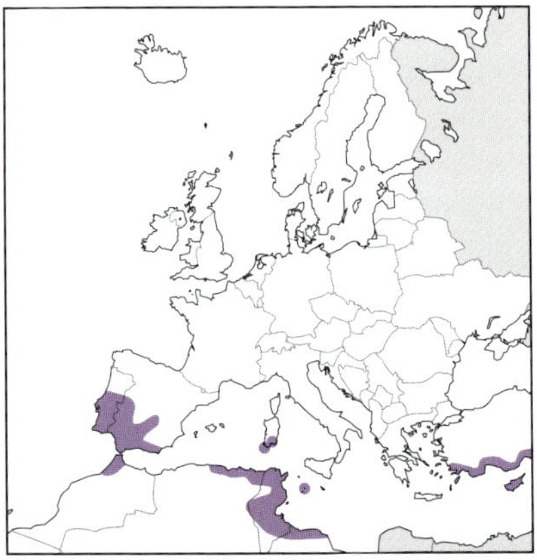

Critères en main Pièces copulatrices et nervations caractéristiques : 6½-8½ anténodales, 2 rangées de cellules à la base du champ discoïdal des Aa, Nrs surmontée de 1 rangée de cellules, pas de nervures transverses dans le triangle et rarement une dans le subtriangle. *T. festiva* a une nervation plus dense (généralement 2 rangées de cellules au-dessus de Nrs, une nervure transverse dans le triangle des Aa, 3 cellules dans le subtriangle et 8½ ou plus anténodales).

Variations Taille et étendue des marques noires variables. Dans les régions arides, immatures, parfois presque uniformément jaunes.

Comportement Les mâles se perchent parmi la végétation palustre où ils peuvent passer inaperçus.

Répartition et statut Afrique, océan Indien et Eurasie. Localement abondant mais rarement observé loin des rivages méditerranéens.
La première population italienne a été découverte en 2014 sur l'île San Pietro au large de la côte sud-ouest de la Sardaigne.

Habitats Marais ouverts et berges marécageuses et herbeuses des étangs et des mares.

Période de vol Probablement toute l'année dans le Sahara ; avril à novembre dans le bassin méditerranéen.

K.-D. B. Dijkstra

Selysiothemis Ris, 1897 Selysiothémis

Selysiothemis nigra (Vander Linden, 1825) Selysiothémis noir

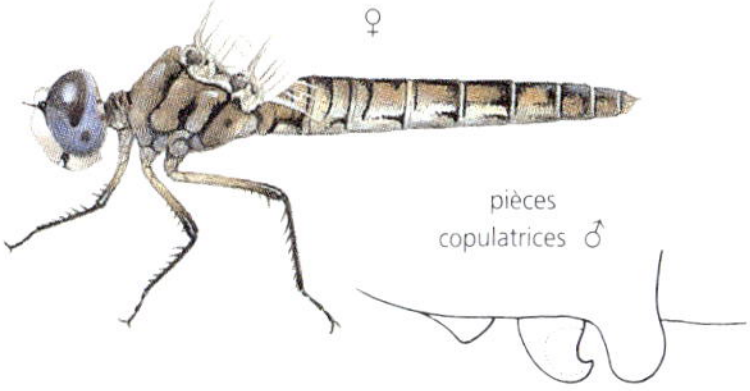

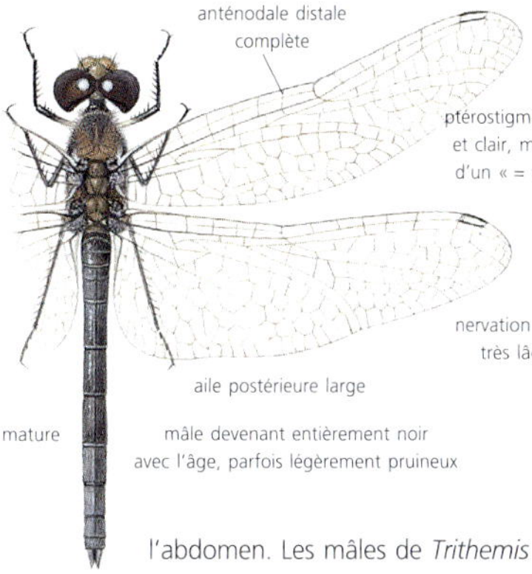

Identification Petite libellule à tête disproportionnée. Les mâles adultes sont noirs avec une nervation alaire presque translucide. Genre monospécifique répandu dans les zones arides d'Asie, d'Afrique du Nord et dans quelques localités isolées du bassin méditerranéen.

Critères à distance Tot 30-38 mm, Ab 21-26 mm, Ap 24-27 mm. Taille d'un petit *Sympetrum*. Légèrement plus grand que *Diplacodes lefebvrii* avec lequel on peut le confondre, notamment les mâles devenus noirs. Ailes de *S. nigra* larges (particulièrement les Ap) avec une nervation très lâche, fine et claire, presque invisibles. Pt clairs et remarquablement courts à nervures antérieures et postérieures noires et épaisses, formant une sorte de « = ». Mâles immatures et femelles de couleur sable avec des dessins brun sombre sur le thorax et une épaisse ligne médiodorsale sombre parcourant toute la longueur de l'abdomen. Mâles matures noirs, appendices anaux compris (demeurent souvent clairs chez *D. lefebvrii*) mais face relativement pâle. Parfois légère pruinosité bleutée sur le thorax et l'abdomen. Les mâles de *Trithemis festiva* et *D. lefebvrii* ont un abdomen noir à marques claires et non sable avec des bandes noires ; leur nervation est noire ; les adultes ont des Pt sombres et une tache à la base des Ap.

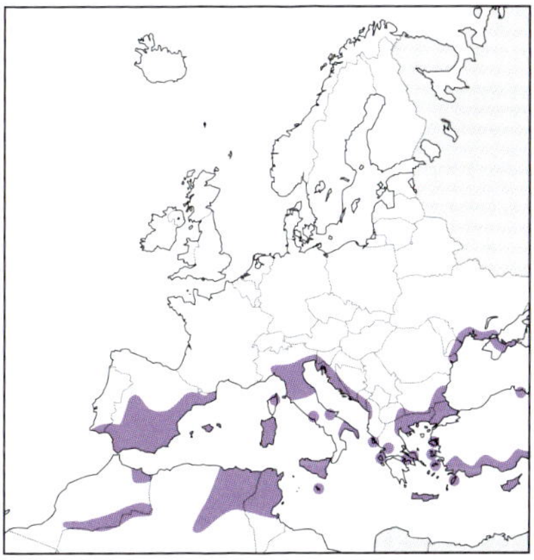

Critères en main Nervation proche de celle de *Diplacodes* et d'*Acisoma* (dont le triangle des Aa n'est bordé sur le côté distal que de deux rangées de cellules), mais anténodale distale entière. Très proche d'*Urothemis edwardsii*, bien plus grand.

Comportement Capable de grands déplacements, s'éloigne parfois considérablement des points d'eau. Se perche sur des tiges, souvent avec l'abdomen et les ailes légèrement relevés s'agitant au vent comme un fanion. Les adultes volent souvent sur place à 1 m au-dessus du sol.

Répartition et statut Asie centrale et Moyen-Orient. Dispersé et généralement localisé, mais parfois abondant le long des côtes adriatiques et méditerranéennes dans les Balkans. Essentiellement côtier dans notre région mais inféodé aux oasis dans le Sahara. A récemment bénéficié d'un accroissement des habitats artificiels tels que retenues d'eau, avec des premiers enregistrements en Ukraine (2007), Bosnie-Herzégovine (2009), Slovénie (2012), Roumanie (2013) et France (2015).

Habitats Eaux stagnantes et peu profondes, le plus souvent saumâtres et temporaires, mais parfois aussi étendues d'eau pérennes et plus profondes, comme les lacs artificiels sans végétation.

Période de vol Mi-mai à début août en Turquie, jusqu'à septembre en Espagne.

V. J. Kalkman

Acisoma Rambur, 1842 — Panorpoïdes

Acisoma inflatum (Selys, 1882) — Panorpoïde renflé

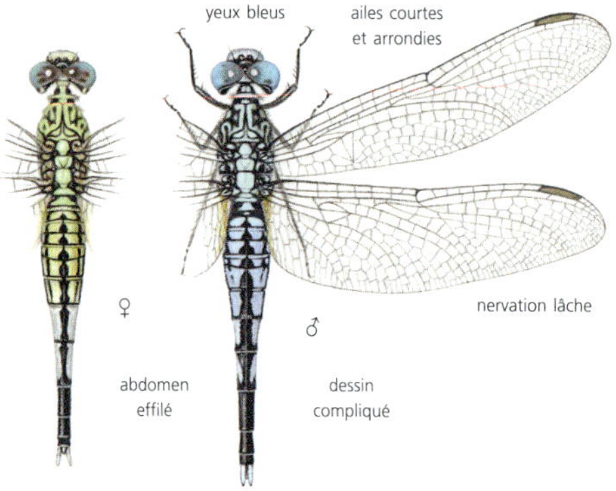

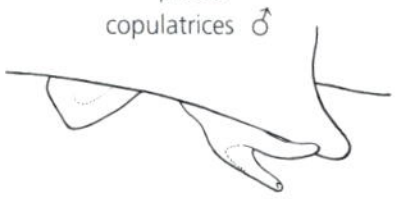

▲ *Acisoma inflatum* mâle.

Identification Petite libellule à forme et coloration très originales. Le mâle bleuâtre s'observe autour des mares en Afrique tropicale. Dans notre région, uniquement en Algérie. L'espèce a été confondue avec *Acisoma panorpoides* pendant plus d'un siècle.

Critères à distance Tot 24-31 mm, Ab 16-21 mm, Ap 19-25 mm. Petite taille. Confusions impossibles. Abdomen bulbeux à la base et effilé à l'extrémité. Corps noir maculé d'un réseau complexe de taches claires. Ailes courtes et arrondies à grands Pt clairs. Mâle mature coloré de façon caractéristique, aux yeux bleus et à marques blanches teintées de bleu. Femelle plus terne et moins contrastée, apparaissant brune.

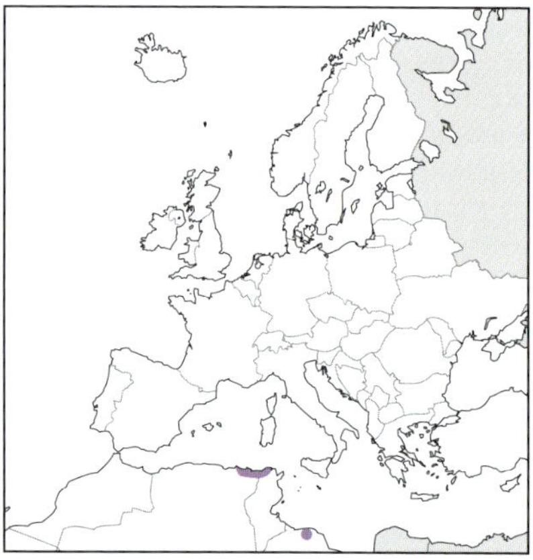

Critères en main Nervation très lâche proche de celle de *Diplacodes lefebvrii* : Aa pauvre en anténodales (généralement 7½), pas de nervure transverse dans le triangle et le subtriangle, seulement deux rangées de cellules à la base du champ discoïdal.

Variations Grandes variations de taille sous les tropiques.

Comportement Se perche souvent bas dans l'herbe émergeant de l'eau, ce qui, en plus de sa petite taille, le fait souvent passer inaperçu.

Répartition et statut Commun dans les zones tropicales d'Afrique. Population relictuelle dans le nord-est de l'Algérie.

Habitats Berges herbeuses des mares, étangs et marais.

Période de vol Fin mai à fin septembre en Algérie.

K.-D. B. Dijkstra

Pachydiplax Brauer, 1868 Sympétrules

Pachydiplax longipennis (Burmeister, 1839) Sympétrule à front blanc

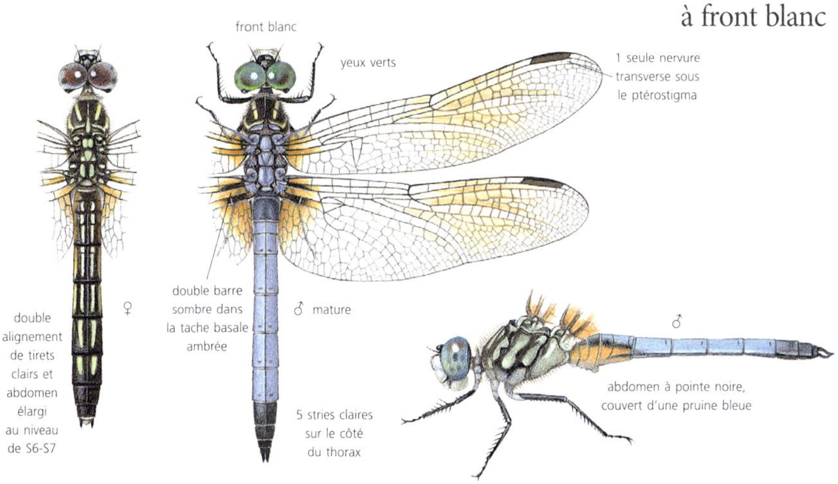

Identification Une des libellules les plus communes d'Amérique du Nord mais seulement une donnée européenne. Le mâle est facile à reconnaître grâce à sa face blanche, son thorax barré de jaune et son abdomen pruineux.
Critères à distance Tot 26-45 mm, Ab 23-35 mm, Ap 30-43 mm. Légèrement plus grand qu'un *Sympetrum*. Le mâle mature diffère des autres libellulidés européens par sa face blanche qui contraste avec le front bleu-noir métallique et les yeux vert brillant. Thorax noir à quatre bandes latérales jaunes. Abdomen large, apparaissant court ; S1-S7 pruineux bleu pâle et S8-S10 noirs. La pruinosité s'étend entre les ailes. Ailes à base ambrée ; deux barres sombres à la base des Ap ; moitié apicale souvent fumée. Femelle semblable mais dépourvue de pruinosité, aux yeux plus bruns et à coloration alaire basale nettement plus réduite (pas de barres à la base des Ap). Deux rangées de traits jaunes sur S2-S7, distinctement plus larges sur S6-S7. La face blanche, la tache alaire basale et la pruinosité peuvent rappeler *Leucorrhinia albifrons* ou *L. caudalis*. Ces espèces ont des abdomens rétrécis à la « taille » et n'ont pas les côtés du thorax et la tache alaire basale des Ap barrés. *P. longipennis* peut aussi rappeler un *Sympetrum* ou un *Orthetrum* mais le dessin du thorax et celui de l'abdomen sont différents.
Critères en main Une seule nervure transverse sous le Pt, dans la partie distale.
Variations Certaines femelles présentent une pruinosité et une coloration bleue des yeux. Les mâles du sud-ouest des États-Unis sont entièrement pruineux (observation en Europe peu probable).
Comportement Les mâles sont très actifs, agressifs et ombrageux. Ils sillonnent leur territoire par des accélérations foudroyantes interrompues de phases de vol sur place. Se perchent souvent au sommet de tiges, les ailes rabattues.

Répartition et statut Une des espèces d'Odonates les plus communes d'Amérique du Nord. Il n'existe qu'une donnée européenne qui concerne la découverte d'une femelle morte sur une plateforme pétrolière à l'est des Shetland le 6 septembre 1999.
Habitats Eaux stagnantes à l'exception des tourbières.
Période de vol Toute l'année au sud des États-Unis ; mi-juin à septembre au Canada.

K.-D. B. Dijkstra

Pantala Hagen, 1861 **Pantales**

Pantala flavescens (Fabricius, 1798) Pantale globe-trotter

◀ *Pantala flavescens* mâle.

Identification L'Odonate le plus répandu au monde, présent sur tous les continents, mis à part l'Antarctique, mais étonnamment rare dans notre région. La forme et le comportement de cette espèce rendent toute confusion presque impossible (l'espèce proche d'aspect *Tramea basilaris* a récemment été signalée dans la région).
Critères à distance Tot 45-55 mm, Ab 26-37 mm, Ap 38-42 mm. Grand libellulidé, proche en taille d'*Orthetrum cancellatum*. Ailes longues et pointues, les Ap à base très large, distinctement triangulaire. Apex des Ap du mâle tachés de brun sur leur partie postérieure. Abdomen cylindrique, effilé, presque conique, à marques dorsales noires. Jaune chez les immatures, il se teinte de roux chez les adultes, faisant paraître les mâles et certaines femelles orange à côtés jaunes. Yeux bruns dorsalement, bleu-gris inférieurement. Reste du corps jaune-brun. *Tramea basilaris* ressemble à *P. flavescens* par la forme et le comportement mais a deux taches brunes à la base de chaque Ap.
Critères en main Pt courts, nettement plus courts aux Ap qu'aux Aa. R_3 et IR_3 généralement sinueuses. Ap à deux nervures transverses entre le triangle et la base, et non une comme chez la majorité des libellulidés. Mâle et femelle à longs appendices anaux. Tous deux possèdent une strie caractéristique sur S5, identique à celles de S3-S4.
Variations Étendue du noir sur l'abdomen, lavis jaune sur les Ap et marques brunes à l'apex des ailes éminemment variables. Certains individus n'ont des marques abdominales que sur S8-S9 et ont les ailes hyalines. La teinte de l'abdomen varie

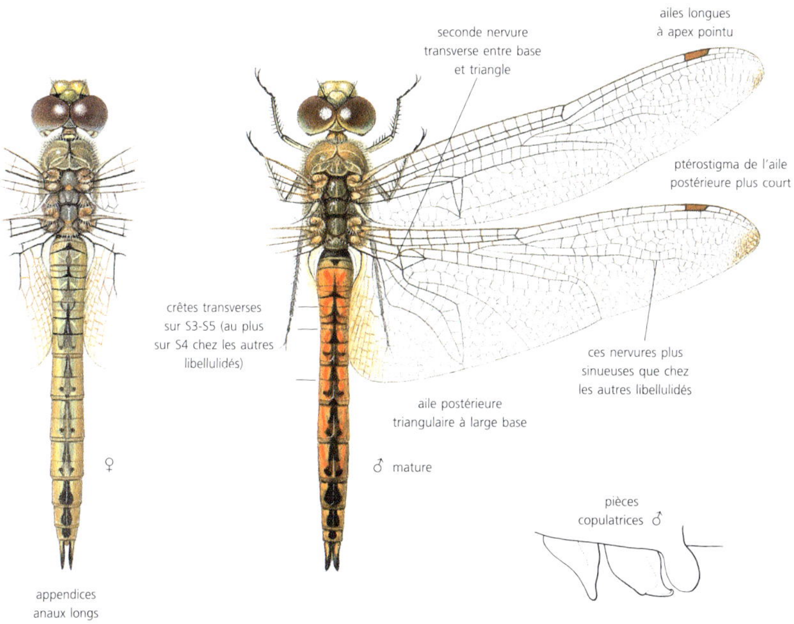

aussi : les mâles peuvent être roux vif mais la plupart sont orange.

Comportement Grand migrateur capable de boucler son développement larvaire en un mois. Peut donc se reproduire dans des milieux temporaires. Vole sans effort, souvent observé planant à hauteur de la canopée le long de layons ou patrouillant d'un vol puissant au-dessus des rizières. Contrairement aux autres libellulidés, se perche peu, en se suspendant verticalement (jamais en position horizontale).

Répartition et statut Très abondant sous les tropiques et en Amérique du Nord où des déplacements massifs sont souvent observés. Étonnamment rare dans le Paléarctique. Dans notre région, fréquent seulement à Chypre et dans le sud-est de la Turquie ; mentions dispersées ailleurs dans l'est de la Méditerranée. Rare plus à l'ouest ; l'origine des données espagnoles, françaises et anglaises est douteuse (transport par bateau ?). A récemment atteint pour la première fois la Croatie (2010), la Bulgarie (2012), les îles italiennes de Linosa et Lampedusa (2012), la mer Baltique à Kaliningrad (2013), Gran Canaria (2013), São Miguel aux Açores (2014), la Pologne (2016) et l'Allemagne (2019). Occasionnellement mentionné à la limite nord-est du Sahara depuis le milieu des années 1990 (quelques sites au Maroc et en Tunisie). La plupart des individus sont originaires d'Afrique tropicale mais ceux de la partie orientale de l'aire pourraient aussi venir d'Amérique.

Habitats Très mobile, cette espèce peut être observée n'importe où. Se reproduit dans des eaux stagnantes, de petite taille, dépourvues de végétaux, notamment des mares temporaires.

Période de vol Juin à septembre en Turquie ; vraisemblablement toute l'année dans le Sahara.

K.-D. B. Dijkstra

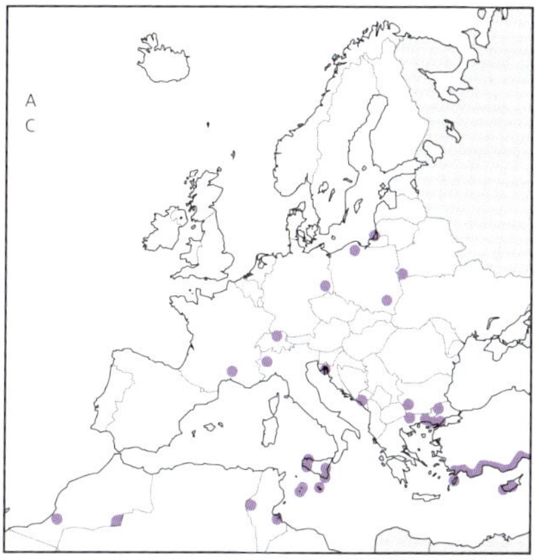

Tramea Hagen, 1861 — Traméas

Tramea basilaris (Palisot de Beauvois, 1817) — Traméa basilaire

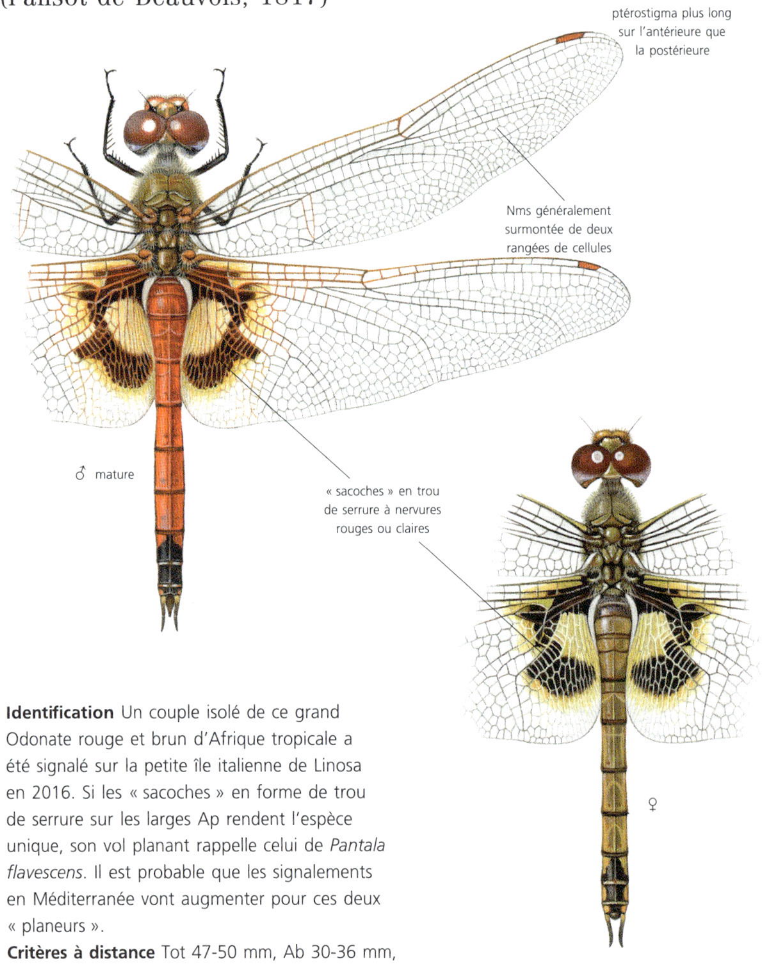

Identification Un couple isolé de ce grand Odonate rouge et brun d'Afrique tropicale a été signalé sur la petite île italienne de Linosa en 2016. Si les « sacoches » en forme de trou de serrure sur les larges Ap rendent l'espèce unique, son vol planant rappelle celui de *Pantala flavescens*. Il est probable que les signalements en Méditerranée vont augmenter pour ces deux « planeurs ».

Critères à distance Tot 47-50 mm, Ab 30-36 mm, Ap 38-43 mm. Ressemble à *P. flavescens* par la taille, la silhouette et la couleur, bien que non apparenté. Les deux sexes sont uniques dans notre région par les marques colorées à la base des Ap : deux taches sombres pouvant fusionner en un croissant irrégulier, entourées d'un halo jaune. Mâles matures : abdomen rouge brunâtre à marques noires au moins sur S8-S10 ; taches alaires brun rouge foncé à nervures rouges. Jeunes mâles et femelles : plus brun olive, taches alaires noirâtres à nervures claires.

Critères en main Petits Pt, plus courts aux Ap qu'aux Aa, comme chez *P. flavescens*. Mâle et femelle à appendices anaux encore plus longs que chez cette espèce. Seul libellulidé de notre région à avoir la Nms nettement surmontée de deux rangées de cellules aux Aa (pas une).

Variations Les individus illustrés ici viennent d'Afrique, car c'est l'origine la plus probable pour ceux observés en Europe. En Asie, sutures thoraciques et bordures apicales des segments abdominaux plus sombres, apparaissant comme des anneaux noirs, notamment chez les femelles. Ces populations plus foncées sont parfois traitées comme ssp. *burmeisteri*.

Comportement Généralement vu en vol, souvent en nuée avec *P. flavescens*. Les deux espèces migrent en suivant les pluies et se tiennent dans la végétation en se suspendant. Cependant, *T. basilaris* se pose aussi au sommet de perchoirs exposés, les ailes relevées et l'abdomen légèrement relevé ou abaissé. La technique de ponte est spécifique du genre : les partenaires volent en tandem et le mâle lâche la femelle à chaque fois qu'elle descend vers l'eau pour y plonger l'abdomen, puis la récupère.

Répartition et statut De l'Afrique tropicale au Japon en passant par l'Arabie et l'Inde ; Amérique du Sud et Caraïbes pour certains migrateurs. Un mâle et une femelle ont été photographiés sur l'île de Linosa entre Malte et la Tunisie en octobre 2016 (premier enregistrement dans le nord du Sahara et en Europe).

Habitats Se reproduit dans différents types d'eaux stagnantes, le plus souvent temporaires en milieu ouvert (mares saisonnières, marais herbeux), mais peut apparaître partout en migration.

Période de vol Toute l'année en Afrique, arrivant et se reproduisant en fonction des pluies. Juillet à septembre est la période la plus arrosée dans le sud du Sahara et les individus qui migrent vers le nord ont plus de chance d'être observés en automne.

K.-D. B. Dijkstra & A. Schröter

◀ *Tramea basilaris* mâle volant au-dessus de l'île méditerranéenne de Linosa, première observation en Europe de ce migrateur africain.

Rhyothemis Hagen, 1867 **Rhyothémis**

Rhyothemis semihyalina (Desjardins, 1832) Rhyothémis irisé

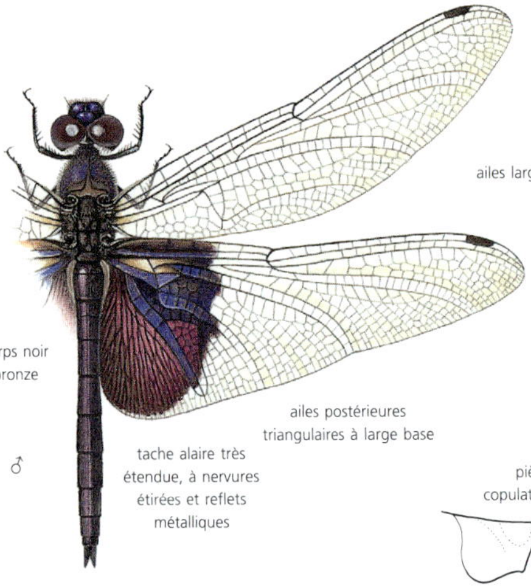

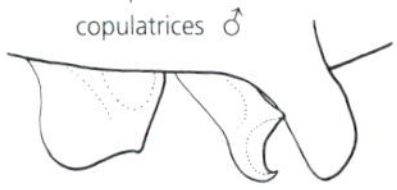

Identification Espèce d'Afrique tropicale mentionnée une fois d'Algérie dans la première moitié du XIXe siècle. Capable de grands déplacements, elle pourrait réapparaître. Impossible à confondre du fait de son vol papillonnant, son corps noir bronze et ses Ap très larges et marquées d'une grande tache basale aux reflets métalliques.
Critères à distance Tot 24-34 mm, Ab 15-22 mm, Ap 23-31 mm. De la taille d'un petit sympétrum mais au corps plus court et aux ailes plus larges, notamment l'Ap, de forme triangulaire. Pt courts et sombres. Tiers basal de l'Ap noir presque jusqu'au nodus, à reflets métalliques pourprés. Corps entièrement noir bronze.
Critères en main La nervation est caractéristique : généralement 7½ anténodales à l'Aa et nervures étirées à la base de l'Ap ; 2-3 cellules dans le triangle et 4-6 dans le subtriangle.
Variations La forme de la tache basale de l'Ap est variable, bien que toujours étendue.
Comportement Vol papillonnant unique dans notre région. S'observe souvent planant à une certaine hauteur avec quelques coups d'ailes lents et faibles. Se pose aussi sur des perchoirs dégagés, tenant ses ailes irisées légèrement relevées.

Répartition et statut Répandu et souvent abondant en Afrique tropicale (décrit originellement de l'île Maurice). Il existait probablement des populations relictuelles dans le nord-est de l'Algérie et le nord d'Israël mais elles ont probablement disparu.
Habitats Zones marécageuses comme les berges des lacs ou des points d'eau.
Période de vol Mai à août en Israël.

K.-D. B. Dijkstra

Urothemis Brauer, 1868 — Urothémis

Urothemis edwardsii (Selys, 1849) — Urothémis prune

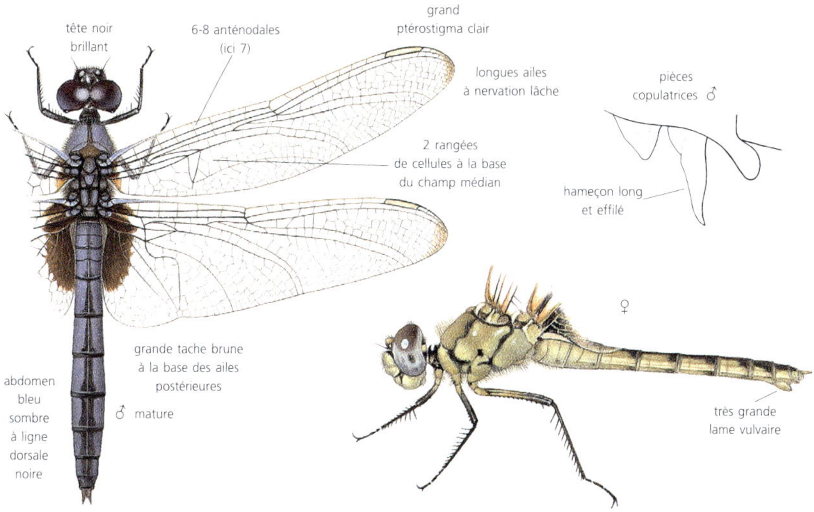

Identification Espèce d'Afrique tropicale, relativement grande et bleu sombre, uniquement connue dans notre région au nord-est de l'Algérie, où elle est en danger critique d'extinction. Confusion avec d'autres espèces peu probable.

Critères à distance Tot 38-47 mm, Ab 26-30 mm, Ap 35-37 mm. Taille intermédiaire entre *Orthetrum brunneum* et *O. cancellatum*. Ailes longues à grands Pt clairs. Base de l'Ap marquée d'une grande tache brun sombre. Mâles immatures et femelles brun jaune terne avec une large bande médiodorsale noire qui court tout au long de l'abdomen. Face et yeux des mâles devenant noir brillant ; abdomen et thorax couverts d'une pruinosité bleu sombre qui laisse transparaître la bande noire abdominale. La couleur générale rappelle *Libellula fulva* et *Trithemis festiva*, mais il n'existe aucun chevauchement d'aire entre ces espèces qui diffèrent en de nombreux points.

Critères en main Nervation très lâche, particulièrement pour une espèce aussi grande. Aa à 6-8 anténodales et 2 rangées de cellules à la base du champ discoïdal. Hameçon très long et pointu. Lame vulvaire grande, bilobée et peu saillante.

Variations Taille de la tache basale de l'Ap variable, souvent plus petite et fragmentée par des cellules hyalines chez les femelles. En Afrique tropicale, la tache des mâles pénètre dans le champ anal et atteint souvent la première nervure anténodale. Au nord d'Israël, elle n'atteint pas le triangle alors qu'en Algérie, elle en touche parfois la base.

Comportement Se perche en évidence sur des tiges, le long des berges. Réagit promptement au passage d'un intrus ou d'une proie.

Répartition et statut Répandu en Afrique tropicale. Une population relictuelle localisée dans une petite zone du nord-est de l'Algérie, où elle est sérieusement menacée. Une donnée provient d'une région tunisienne proche. Une autre population relictuelle du nord d'Israël est considérée comme éteinte.

Habitats Bordure des marais ; en Algérie, dépressions intradunaires colonisées par les roseaux (*Phragmites australis*) et les nymphéas (*Nymphaea alba*).

Période de vol Mai à septembre en Algérie, mais jusqu'en novembre en Israël.

K.-D. B. Dijkstra

Zygonyx Selys in Hagen, 1867 **Cascatelles**

Zygonyx torridus (Kirby, 1889) Cascatelle annelée

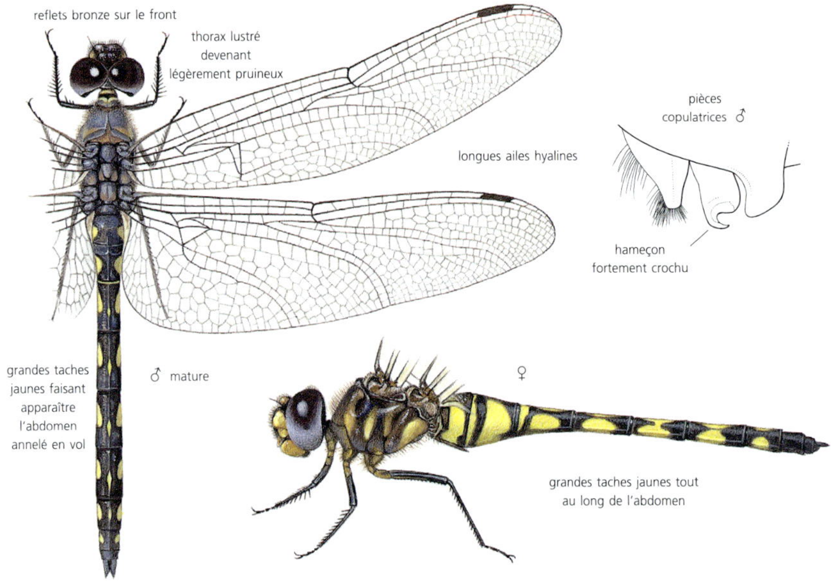

Identification La grande taille de cette espèce jaune et noir, au vol infatigable, fait immédiatement penser à un cordulégastre plutôt qu'à un libellulidé. Une observation plus attentive rend toute confusion impossible. Fréquente préférentiellement les cours d'eau rapides.
Critères à distance Tot 50-60 mm, Ab 35-43 mm, Ap 45-50 mm. Notre plus grand libellulidé, dont la taille s'approche de celle d'*Aeshna mixta*. Corps sombre à reflets bronze sur la face et le thorax. Abdomen noir avec des marques rondes et jaunes sur les côtés de l'abdomen ; S6-S7 apparaissent annelés en vol.
Critères en main Hameçon à fort crochet courbé et lamina antérieure densément velue.
Comportement Vol rapide et puissant. Les mâles arpentent inlassablement les zones de rapides, agressant tout éventuel intrus. Contrairement à la majorité des libellulidés, se perche rarement mais, quand il le fait, a plutôt tendance à se suspendre.

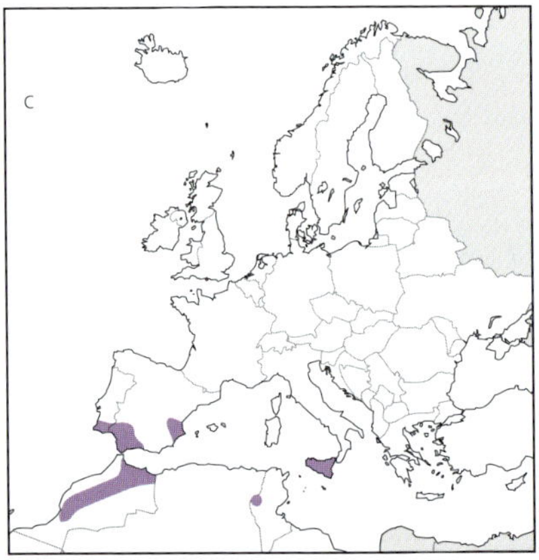

Répartition et statut Afrique tropicale ; atteint la péninsule Ibérique, les Canaries, le Proche-Orient et l'Inde. Dispersé dans notre région et seulement récemment découvert en Sicile et Tunisie. Pourrait apparaître dans le sud-est de la Turquie.
Habitats Cours d'eau à courant vif, particulièrement les zones de cascades et de rapides.
Période de vol Avril à août.

K.-D. B. Dijkstra

Annexe 1

Taxonomie retenue pour les Odonates européens

Analyse des genres

Tel que cela a été défini précédemment, les grands genres, tels que *Lestes*, *Aeshna*, *Gomphus*, *Libellula* et *Sympetrum*, sont souvent hétérogènes. En général, les divisions proposées ne reposaient pas sur des analyses solides, mais plutôt sur une distinction aléatoire entre espèces superficiellement dissemblables.

Le tableau ci-dessous résume les choix faits dans cet ouvrage en matière d'attribution de genre aux espèces. L'analyse taxonomique est : (0) insuffisante du fait de la méthode, du choix des critères et/ou des espèces ; (1) indécise, mais partiellement en faveur d'une modification ; (2) probante. Les changements induits sont : (1) division du genre ; (2) fusion de genres. Nous avons accepté les modifications si la somme des indices est égale ou supérieure à 3.

Comme nous avons pu le voir, la plupart des cas ont été résolus, avec, tout récemment, la confirmation de deux genres distincts pour *Chalcolestes* et *Lestes*. Il est probable qu'*Aeshna isoceles* et *Somatochlora borisi* seront aussi prochainement transférés dans d'autres genres. De la même façon, *Libellula quadrimaculata* ne paraît pas appartenir au même genre que *Libellula depressa*, *L. fulva* et *L. pontica*. Ici, l'incertitude ne concerne pas seulement leurs liens exacts, mais aussi l'utilisation ou non du nom *Libellula*, le plus ancien nom de genre dans cet ordre d'insectes, pour *L. depressa* ou *L. quadrimaculata*.

Genre actuel	Genre proposé	Espèce(s) concernée(s)	Analyse	Changement	Accepté
Lestes	*Chalcolestes*	*parvidens* *viridis*	2	1	oui
Cercion	*Erythromma*	*lindenii*	2	2	oui
Aeshna	non nommé	*isoceles*	1	1	pas encore
Aeshna	non nommé	*affinis* *mixta*	1	1	pas encore
Hemianax	*Anax*	*ephippiger*	1	2	oui
Gomphus	*Stylurus*	*flavipes* *ubadschii*	2	1	oui
Cordulegaster	*Thecagaster*	*bidentata*	0	1	non
Cordulegaster	*Sonjagaster*	*helladica* *insignis*	0	1	non
Somatochlora	*Corduliochlora*	*borisi*	1	1	pas encore
Libellula	*Ladona**	*depressa* *fulva* *pontica*	1	1	pas encore
Sympetrum	*Tarnetrum*	*fonscolombii*	0	1	non

* Les éléments en faveur de la création de genres supplémentaires, comme *Platetrum*, sont moins probants.

Analyse des espèces

Un désordre plus grand persiste en ce qui concerne les espèces. D'anciennes sous-espèces sont aujourd'hui considérées comme des espèces valides, et inversement. Environ un quart de nos espèces posent problème. Les controverses persistent sur les noms d'espèces (se terminant par -i, -ii ou -ei par exemple), les noms d'auteurs et les dates de description des genres ou des espèces. La liste de l'annexe 3 reprend les informations les plus fiables et les plus récentes. Elle s'appuie sur la discussion taxonomique de K.-D. B. Dijkstra et V. J. Kalkman et la liste de l'*Atlas of the European Dragonflies and Damselflies* de J.-P. Boudot & V. J. Kalkman (2015), la seule différence notable étant les genres *Gomphus* et *Stylurus* considérés comme distincts.

Nous avons appliqué une technique simple pour décider s'il était opportun d'élever au rang d'espèce des taxons problématiques. Les critères d'identification sont : (0) absents ; (1) peu fiables (par exemple coloration et taille) ; (2) fiables (morphologie ou ADN). Les aires : (0) s'interpénètrent ; (1) sont séparées et la possibilité d'hybridation ne peut être testée ; (2) se chevauchent sans hybridation ; (2*) se chevauchent avec un degré limité d'hybridation. Les bonnes espèces devant se reconnaître par leur apparence et ne pouvant s'hybrider facilement, nous avons élevé un taxon au rang d'espèce quand la somme des critères était égale ou supérieure à 3. Les cas indécis (?) ont eu le bénéfice du doute, mais demandent une confirmation par des études plus fines (*cf.* Étude et mise en collection, p. 7).

Taxon valide	Taxon controversé	Critères	Répartition	Espèce distincte
Calopteryx splendens	*exul*	2	1	oui
	xanthostoma	2	2*	oui
Calopteryx virgo	*meridionalis*	1	0	non
Lestes virens	*numidicus*	2 ?	2 ?	oui ?
Chalcolestes viridis	*parvidens*	2	2*	oui
Coenagrion hylas	*freyi*	0	1	non
Coenagrion puella	*intermedium*	2	1	oui
	syriacum	2	1	oui
Ceriagrion tenellum	*georgifreyi*	2	1	oui
Enallagma cyathigerum	*deserti*	2	2	oui
Ischnura elegans	*genei*	2	2	oui
	graellsii	2	2*	oui
Ischnura graellsii	*saharensis*	2	2	oui
Pyrrhosoma nymphula	*elisabethae*	2	1	oui
Aeshna serrata	*osiliensis*	0	1	non
Boyeria irene	*cretensis*	2	1	oui
Stylurus flavipes	*ubadschii*	2	1 ?	oui ?
Gomphus simillimus	*lucasii*	2	1 ?	oui ?
Gomphus vulgatissimus	*schneiderii*	2	0-2 ?	oui ?
Onychogomphus forcipatus	*albotibialis*	2	0	non
	lefebvrii	2	2	oui
	unguiculatus	2	0	non
Cordulegaster boltonii	*heros*	2	2	oui
	princeps	2	2 ?	oui ?
	trinacriae	2	2*	oui
Cordulegaster insignis	*helladica*	2	1	oui
Somatochlora metallica	*meridionalis*	1	2 ?	oui ?
Crocothemis servilia	*erythraea*	2	2	oui
Libellula fulva	*pontica*	1	2 ?	oui ?
Orthetrum coerulescens	*anceps*	2	0	non
Sympetrum striolatum	*nigrescens*	1	0 ?	non
	nigrifemur	1	1	non
Sympetrum vulgatum	*decoloratum*	1	0	non
	ibericum	1	0 ?	non

Annexe 2

Nous avons considéré qu'il était important d'attribuer un nom vernaculaire à chaque espèce décrite dans ce guide (*cf.* Annexe 3 et monographies). L'utilisation de noms communs, conjointement aux noms scientifiques, facilite une première approche vers l'odonatologie.

Pour certains Odonates, dénués d'appellation commune, il a été nécessaire de créer de nouveaux noms ; pour d'autres, les appellations existantes ont été reprises directement ; pour d'autres encore, des choix ont été formulés (quand plusieurs noms vernaculaires existent) ou de nouvelles propositions faites (quand les noms francophones actuels posent problème).

Il est impossible de commenter ici tous les choix effectués. Afin d'éviter toute décision arbitraire et de conserver la meilleure cohérence possible dans l'attribution des noms, nous avons suivi les règles suivantes :

- utiliser les noms les plus usités quand ceux-ci ne posent pas de problèmes particuliers ;
- préférer les appellations génériques vernaculaires qui s'accordent avec la systématique : il est aberrant, par exemple, de dénommer « agrion » des espèces appartenant à des familles aussi différentes que les *Coenagrionidae* ou les *Platycnemididae* ;
- préférer les appellations courtes (idéalement deux mots) : à Pseudagrion couleur de lait, nous préférons Pseudagrion laiteux, par exemple ;
- éviter, tant que faire se peut, les traductions directes des noms scientifiques quand elles n'apportent aucun élément pertinent (et surtout quand elles induisent en erreur). Nous dérogeons à cette règle quand les appellations de genres composant une même famille s'articulent autour d'une même racine. Ce type de dénomination permet intuitivement de classer une espèce dans la bonne famille, sans même la connaître. À cet égard, les cas des Gomphidae sont exemplaires : gomphes, paragomphes, ophiogomphes, onychogomphes, etc. ;
- favoriser les dénominations descriptives ou géographiques au détriment des dédicaces qui n'apportent aucun élément diagnostique ni support mnémotechnique et déroutent souvent le néophyte. Le cas des gomphes est là encore particulièrement criant avec les gomphes de Costa, de Gené, de Graslin, de Lucas, de Schneider, de David, etc. ;
- éviter les dénominations descriptives susceptibles d'induire en erreur : l'Agrion à larges pattes n'est pas *Platycnemis latipes* et a les pattes bien plus étroites que *Platycnemis dealbata* par exemple ;
- éviter les appellations se référant à des régions géographiques ou des habitats ne reflétant pas l'aire réelle de l'espèce : le Zygonyx du désert n'est pas inféodé aux zones désolées ;
- en cas de choix multiples, et dans la mesure où les points précédents sont respectés, favoriser les appellations usitées dans les pays où les taxons sont les plus abondants ;
- bien que le concept d'antériorité des noms ne s'applique pas aux noms communs, ce critère peut être pris en compte dans le choix, dans la mesure où l'appellation satisfait les recommandations précédentes.

La liste proposée en annexe 3 se veut être une contribution à l'établissement d'une future liste de référence des noms vernaculaires des Odonates du monde. Cette vocation a clairement orienté un certain nombre de choix nomenclaturaux, afin de rendre les noms européens compatibles avec le développement futur de cette liste. Concrètement, cette orientation s'est traduite par une correspondance accrue des taxonomies scientifiques et vernaculaires. En caricaturant un peu, les noms français actuels divisent les Odonates en agrions d'une part et en libellules d'autre part. Or, à l'échelle mondiale, des genres peu représentés en Europe et associés à ces deux catégories peuvent être composés de dizaines, voire de centaines d'espèces. Il est dès lors nécessaire de leur attribuer un nom de genre propre en français : Pennipatte pour les *Platycnemis*, Portecoupe pour les *Enallagma*, Chlorocordulie pour les *Somatochlora*, par exemple.

Les noms proposés dans ce guide diffèrent donc parfois des appellations classiques qui ont une vocation plus régionale et qui peuvent varier selon les pays. Nous les reprenons en synonymie.

Annexe 3

Liste des espèces traitées dans le guide

Les familles sont classées en fonction de leurs relations phylogénétiques, les genres sont présentés par ordre alphabétique. Les choix taxonomiques et de dénominations vernaculaires sont discutés en annexes 1 et 2, dans l'introduction (p. 15) et dans les monographies d'espèces, quand nécessaire. La synonymie est listée ci-dessous. Les synonymes fréquemment utilisés, les combinaisons génériques alternatives et les variations orthographiques sont précédés de « = ». Les espèces que nous n'avons pas reconnues mais qui ont été traitées en tant que sous-espèces sont précédées de « + ».

ZYGOPTERA	**Zygoptères/Demoiselles**	
Lestidae		
Chalcolestes Kennedy, 1920	**Leste**	
C. parvidens Artobolevskii, 1929	L. à cerques retroussés	= *Lestes parvidens* (Leste italien)
C. viridis (Vander Linden, 1825)	L. vert	= *Lestes viridis*
Lestes Leach, 1815	**Leste**	
L. barbarus (Fabricius, 1798)	L. barbare	(L. sauvage)
L. dryas Kirby, 1890	L. dryade	(L. des bois)
L. macrostigma (Eversmann, 1836)	L. à grands stigmas	(L. à grands ptérostigmas)
L. numidicus Samraoui et al., 2003	L. numide	
L. sponsa (Hansemann, 1823)	L. fiancé	
L. virens (Charpentier, 1825)	L. verdoyant	
Sympecma Burmeister, 1839	**Brunette**	
S. fusca (Vander Linden, 1820)	B. hivernale	(Leste brun)
S. paedisca (Brauer, 1877)	B. sibérienne	+ *S. annulata* (Selys, 1887) (Leste enfant)
Calopterygidae		
Calopteryx Leach, 1815	**Caloptéryx**	
C. exul Selys, 1853	C. maghrébin	
C. haemorrhoidalis (Vander Linden, 1825)	C. hémorroïdal	(C. exilé)
C. splendens (Harris, 1782)	C. éclatant	
C. virgo (Linnaeus, 1758)	C. vierge	
C. xanthostoma (Charpentier, 1825)	C. occitan	(C. ouest méditerranéen)
Euphaeidae		
Epallage Charpentier, 840	**Odalisques**	
E. fatime (Charpentier, 840)	O. pruineuse	(Déesse précieuse, Épallage fatime)
Platycnemididae		
Platycnemis Burmeister, 1839	**Pennipatte**	
P. acutipennis Selys, 1841	P. orangé	(Agrion orangé)
P. dealbata Selys in Selys & Hagen, 1850	P. ivoire	
P. kervillei (Martin, 1909)	P. pruineux	
P. latipes Rambur, 1842	P. blanchâtre	(Agrion blanchâtre)
P. pennipes (Pallas, 1771)	P. bleuâtre	(Agrion à larges pattes)
P. subdilatata Selys, 1849	P. maghrébin	(Agrion à pattes peu dilatées)
Coenagrionidae		
Ceriagrion Selys, 1876	Cériagrion	
C. georgifreyi Schmidt, 1953	C. turc	

C. tenellum (de Villers, 1789)	C. délicat	(Agrion délicat)
Coenagrion Kirby, 1890	**Agrion**	
C. armatum (Charpentier, 1840)	A. armé	(A. à longs cerques)
C. caerulescens (Fonscolombe, 1838)	A. à stigmas pointus	(A. bleuâtre, A. bleuissant)
C. hastulatum (Charpentier, 1825)	A. hasté	(A. ligné, A. à fer de lance)
C. hylas (Trybom, 1889)	A. sibérien	+ *C. freyi* (Bilek, 954) (Agrion de Frey)
C. intermedium Lohmann, 1990	A. crétois	
C. johanssoni (Wallengren, 1894)	A. boréal	(A. de Johansson)
C. lunulatum (Charpentier, 1840)	A. à lunules	
C. mercuriale (Charpentier, 1840)	A. de Mercure	
C. ornatum (Selys, 1850)	A. orné	
C. puella (Linnaeus, 1758)	A. jouvencelle	
C. pulchellum (Vander Linden, 1825)	A. exclamatif	(A. joli, A. gracieux)
C. scitulum (Rambur, 1842)	A. mignon	
C. syriacum (Morton, 1924)	A. de Syrie	
Enallagma Charpentier, 1840	Portecoupe	
E. cyathigerum (Charpentier, 1840)	P. holarctique	(Agrion portecoupe)
E. deserti (Selys, 1871)	P. du désert	(Agrion portecoupe du désert)
Erythromma Charpentier, 1840	**Naïade**	+ *Cercion* Navàs, 1907
E. lindenii (Selys, 1840)	N. aux yeux bleus	= *Cercion lindenii* (Agrion de Vander Linden, Agrion à longs cercoïdes)
E. najas (Hansemann, 1823)	N. aux yeux rouges	
E. viridulum (Charpentier, 1840)	N. au corps vert	(Agrion vert)
Ischnura Charpentier, 1840	**Ischnure**	
I. elegans (Vander Linden, 1820)	I. élégante	(Agrion élégant)
I. fountaineae Morton, 1905	I. des déserts	(Agrion de Fountaine)
I. genei (Rambur, 1842)	I. tyrrhénienne	(Agrion de Géné, Agrion de Gené)
I. graellsii (Rambur, 1842)	I. maghribérique	(Agrion de Graells)
I. hastata (Say, 1839)	I. citrine	= *Anomalagrion hastatum*
I. intermedia Dumont, 1974	I. intermédiaire	(Agrion intermédiaire)
I. pumilio (Charpentier, 1825)	I. naine	(Agrion nain)
I. saharensis Aguesse, 1958	I. saharienne	(Agrion saharien)
I. senegalensis (Rambur, 1846)	I. du Sénégal	(Agrion du Sénégal)
Nehalennia Selys, 1850	**Néhalennie**	
N. speciosa (Charpentier, 1840)	N. précieuse	(Déesse précieuse)
Pseudagrion Selys, 1876 S	**Pseudagrion**	
P. sublacteum (Karsch, 1893)	P. laiteux	(P. couleur de lait)
Pyrrhosoma Charpentier, 1840	**Nymphe**	
P. elisabethae Schmidt, 1948	N. de Grèce	
P. nymphula (Sulzer, 1776)	N. au corps de feu	(Petite nymphe au corps de feu)
ANISOPTERA	**Anisoptères/Libelles**	(Libellules)
Aeshnidae		
Aeshna Fabricius, 1775	**Æschne**	
A. affinis Vander Linden, 1820	A. affine	
A. caerulea (Ström, 1783)	A. azurée	
A. crenata Hagen, 1856	A. crénelée	
A. cyanea (Müller, 1764)	A. bleue	

A. grandis (Linnaeus, 1758)	A. grande	(Grande Æschne)
A. isoceles (Müller, 1767)	A. isocèle	
A. juncea (Linnaeus, 1758)	A. des joncs	
A. mixta Latreille, 1805	A. mixte	
A. serrata Hagen, 1856	A. denticulée	+ *A. osiliensis* (Mierzejewski, 1913)
A. subarctica Walker, 1908	A. subarctique	
A. viridis Eversmann, 1836	A. verte	
Anax Leach, 1815	**Anax**	
A. ephippiger (Burmeister, 1839)	A. porte-selle	= *Hemianax ephippiger*
A. immaculifrons Rambur, 1842	A. annelé	(A. à front jaune)
A. imperator Leach, 1815	A. empereur	
A. junius (Drury, 1773)	A. cyclope	(A. de juin)
A. parthenope (Selys, 1839)	A. napolitain	
Boyeria McLachlan, 1896	**Spectre**	
B. cretensis Peters, 1991	S. de Crète	
B. irene (Fonscolombe, 1838)	S. paisible	(Æschne paisible)
Brachytron Evans, 1845	**Æschne-velue**	
B. pratense (Müller, 1764)	A. printanière	(Æschne printanière)
Caliaeschna Selys, 1883	**Caliæschne**	
C. microstigma (Schneider, 1845)	C. à petits stigmas	(Æschne à petit ptérostigma)
Gomphidae		
Gomphus Leach, 1815	**Gomphe**	
G. davidi Selys, 1887	G. proche-oriental	
G. graslinii Rambur, 1842	G. de Graslin	
G. lucasii Selys, 1849	G. d'Algérie	(G. de Lucas)
G. pulchellus Selys, 1840	G. gentil	(G. joli)
G. schneiderii Selys, 1850	G. turc	
G. simillimus Selys, 1840	G. semblable	(G. similaire)
G. vulgatissimus (Linnaeus, 1758)	G. à pattes noires	(G. vulgaire, G. très commun)
Lindenia de Haan, 1826	**Lindénie**	(L. à quatre feuilles)
L. tetraphylla (Vander Linden, 1825)	L. caudifoliée	
Onychogomphus Selys, 1854	**Onychogomphe**	
O. assimilis (Schneider, 1845)	O. à bec	
O. boudoti Ferreira, 2014	O. de Boudot	
O. cazuma Barona, Cardo & Díaz, 2014	O. de Cazuma	
O. costae Selys, 1885	O. à sabres	(Gomphe de Costa)
O. flexuosus (Schneider, 1845)	O. flexueux	
O. forcipatus (Linnaeus, 1758)	O. à pinces	(Gomphe à forceps)
O. lefebvrii (Rambur, 1842)	O. à faucilles	
O. macrodon Selys, 1887	O. à grande dent	
O. uncatus (Charpentier, 1840)	O. à crochets	(Gomphe à crochets)
Ophiogomphus Selys, 1854	**Ophiogomphe**	
O. cecilia (Fourcroy, 1785)	O. serpentin	(Gomphe serpentin)
Paragomphus Cowley, 1934	**Paragomphe**	
P. genei (Selys, 1841)	P. vert	
P. lineatus (Selys, 1850)	P. sable	
Stylurus Needham, 1897		
S. flavipes (Charpentier, 1825)	G. à pattes jaunes	= *Gomphus flavipes*
S. ubadschii Schmidt, 1953	G. kurde	= *Gomphus (flavipes) lineatus* Bartenef, 1929

Cordulegastridae		
Cordulegaster Leach, 1815	**Cordulégastre**	
C. bidentata Selys, 1843	C. bidenté	= *C. bidentatus*
C. boltonii (Donovan, 1807)	C. annelé	(C. de Bolton)
C. helladica (Lohmann, 1993)	C. grec	
C. heros Theischinger, 1979	C. des Balkans	
C. insignis Schneider, 1845	C. aux yeux bleus	
C. picta Selys, 1854	C. pontique	= *C. pictus* (C. tacheté)
C. princeps Morton, 1916	C. de l'Atlas	(C. princier)
C. trinacriae Waterston, 1976	C. italien	(C. de Sicile)
Famille incertaine		
Oxygastra Selys, 1870	**Oxygastre**	
O. curtisii (Dale, 1834)	O. à corps fin	(Cordulie à corps fin, O. de Curtis)
Macromiidae		
Macromia Rambur, 1842	**Macromie**	
M. splendens (Pictet, 1843)	M. splendide	(Cordulie splendide)
Corduliidae		
Cordulia Leach, 1815	**Cordulie**	
C. aenea (Linnaeus, 1758)	C. bronze	
Epitheca Burmeister, 1839	**Épithèque**	
E. bimaculata (Charpentier, 1825)	E. à deux taches	(Cordulie à deux taches, E. bimaculée)
Somatochlora Selys, 1871	**Chlorocordulie**	
S. alpestris (Selys, 1840)	C. alpestre	(Cordulie alpestre, Cordulie des Alpes)
S. arctica (Zetterstedt, 1840)	C. arctique	(Cordulie arctique)
S. borisi Marinov, 2001	C. de Thrace	
S. flavomaculata (Vander Linden, 1825)	C. à taches jaunes	(Cordulie à taches jaunes)
S. meridionalis Nielsen, 1935	C. méridionale	(Cordulie méridionale)
S. metallica (Vander Linden, 1825)	C. métallique	(Cordulie métallique)
S. sahlbergi Trybom, 1889	C. polaire	(Cordulie de Sahlberg)
Libellulidae		
Acisoma Rambur, 1842	**Panorpoïde**	
A. inflatum Selys, 1882	P. renflé	
Brachythemis Brauer, 1868	**Brachythémis**	
B. fuscopalliata (Selys, 1887)	B. à ailes sombres	
B. impartita (Karsch, 1890)	B. à bandes brunes	
Crocothemis Brauer, 1868	**Crocothémis**	
C. erythraea (Brullé, 1832)	C. écarlate	(Libellule écarlate)
C. servilia (Drury, 1773)	C. d'Asie	
Diplacodes Kirby, 1889	**Diplacode**	
D. lefebvrii (Rambur, 1842)	D. noir	= *D. lefebvrei* (Diplacodes de Lefèbvre)
Leucorrhinia Brittinger, 1850	**Leucorrhine**	
L. albifrons (Burmeister, 1839)	L. à front blanc	
L. caudalis (Charpentier, 1840)	L. à large queue	
L. dubia (Vander Linden, 1825)	L. douteuse	
L. pectoralis (Charpentier, 1825)	L. à gros thorax	
L. rubicunda (Linnaeus, 1758)	L. rubiconde	

Libellula Linnaeus, 1758	**Libellule**	
L. depressa Linnaeus, 1758	L. déprimée	
L. fulva Müller, 1764	L. fauve	
L. pontica Selys, 1887	L. rouge brique	
L. quadrimaculata Linnaeus, 1758	L. à quatre taches	
Orthetrum Newman, 1833	**Orthétrum**	
O. albistylum (Selys, 1848)	O. à stylets blancs	
O. brunneum (Fonscolombe, 1837)	O. brun	
O. cancellatum (Linnaeus, 1758)	O. réticulé	
O. chrysostigma (Burmeister, 1839)	O. à taille fine	
O. coerulescens (Fabricius, 1798)	O. bleuissant	+ *O. anceps* (Schneider, 1845) ; + *O. ramburii* (Selys, 1848)
O. nitidinerve (Selys, 1841)	O. à nervures jaunes	
O. ransonnetii (Brauer, 1865)	O. de Ransonnet	
O. sabina (Drury, 1773)	O. en alêne	(O. des Sabines)
O. taeniolatum (Schneider, 1845)	O. aux yeux bruns	(O. à rubans)
O. trinacria (Selys, 1841)	O. effilé	(O. de Sicile)
Pachydiplax Brauer, 1868	**Sympétrule**	
P. longipennis (Burmeister, 1839)	S. à front blanc	
Pantala Hagen, 1861	**Pantale**	
P. flavescens (Fabricius, 1798)	Pantale globe-trotter	(Libellule globe-trotter, Pantala jaunâtre, P. lavescente)
Rhyothemis Hagen, 1867	**Rhyothémis**	
R. semihyalina (Desjardins, 832)	R. irisé	
Selysiothemis Ris, 1897	**Sélysiothémis**	
S. nigra (Vander Linden, 1825)	S. noir	
Sympetrum Newman, 1833	**Sympétrum**	
S. danae (Sulzer, 1776)	S. noir	
S. depressiusculum (Selys, 1841)	S. déprimé	
S. flaveolum (Linnaeus, 1758)	S. jaune	(S. jaune d'or)
S. fonscolombii (Selys, 1840)	S. à nervures rouges	= *S. fonscolombei* (S. de Fonscolombe)
S. haritonovi Borisov, 1983	S. nain	
S. meridionale (Selys, 1841)	S. méridional	
S. pedemontanum (Müller in Allioni, 1766)	S. du Piémont	
S. sanguineum (Müller, 1764)	S. sanguin	(S. rouge sang)
S. sinaiticum Dumont, 1977	S. éraflé	(S. du Sinaï)
S. striolatum (Charpentier, 1840)	S. strié	(S. fascié, S. à côtés striés)
S. (s.) nigrescens Lucas, 1912	S. strié noirâtre	
S. (s.) nigrifemur (Selys, 1884)	S. strié de Macaronésie	
S. vulgatum (Linnaeus, 1758)	S. vulgaire	+ *S. decoloratum* (Selys, 1884)
Tramea Hagen, 1861	**Traméa**	
T. basilaris (Palisot de Beauvois, 1817)	T. basilaire	
Trithemis Brauer, 1868	**Trithémis**	
T. annulata (Palisot de Beauvois, 1807)	T. pourpré	(Trithémis annelé)
T. arteriosa (Burmeister, 1839)	T. écarlate	
T. festiva (Rambur, 1842)	T. indigo	
T. kirbyi Selys, 1891	T. à ailes ambrées	(Trithémis de Kirby)
Urothemis Brauer, 1868	**Urothémis**	
U. edwardsii (Selys, 1849)	U. prune	
Zygonyx Selys in Hagen, 1867	**Cascatelle**	
Z. torridus (Kirby, 1889)	C. annelée	= *Z. torrida* (Zygonyx des torrents)

Crédits photographiques

Toni Alcocer 211 ; Jörg Arlt 176 ; Angelika Borkenstein 5, 9, 13 (en haut), 72 (en bas), 76 (en haut), 77, 81 (à droite), 84, 97 (en bas), 105, 113 (les deux), 121 (en haut, deuxième rangée à droite, au milieu, quatrième rangée), 135 (en bas), 139, 145, 152, 158, 164, 170, 188, 203, 240, 254, 255, 256 (en haut), 274, 278 (en haut à gauche et en bas à gauche), 288, 292, 293 ; Jean-Pierre Boudot 67, 92, 110, 112, 196, 314 ; Christophe Brochard 36 (toutes), 37 (toutes), 125 ; Stefan Cherrug 309 ; Amata Franco Ciro 90, 121 (deuxième rangée à gauche), 148, 150, 290, 291 ; Adolfo Cordero-Rivera 116 ; John Curd 316 ; Christian Dreifert 262 ; André Günther 97 (en haut), 151, 294 ; Rüdiger Heins 107 (en bas) ; Sebastian Hennigs 250 ; Reinhard Jödicke 72 (en haut), 107 (en haut), 117, 135 (en haut), 143, 152, 236, 256 (en bas), 259, 278 (en bas à droite), 301 ; Sami Karjalainen 40 ; Stefan Kohl 108, 109, 121 (en bas), 182, 194 ; Mathias Lohr 263 ; Cosmin Manci 248 ; Alex Minicò 200, 232, 241, 264 ; Hero Moorlag 278 (en haut à droite) ; Kent Olsen 166 ; Han Onderwater 93, 220 ; Robert Pieters 180 ; Paul Ritchie 182 ; Walter Sanford 174 ; Roberto Scherini 154, 244 ; Malte Seehausen 76 (en bas), 94, 204 (les deux) ; Norbert Steffan 156 ; Pipa Terrer 178, 281, 304 ; Jukka Toivanen 168 ; Antoine van der Heijden 80, 81 (à gauche), 186 ; Michele Viganò 319 ; Martin Waldhauser 218 ; Hansruedi Wildermuth 228, 242, 252.

Crédits cartographiques

Les cartes ont été dessinées par Asmus Schröter à partir de l'*Atlas of the European Dragonflies and Damselflies* (références complètes p. 8).

Index

Les numéros de page **en gras** renvoient aux descriptions principales, ceux *en italique* aux photographies.